Mathematik für Naturwissenschaftler für Dummies – Schummelseite

Strahlensätze

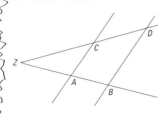

$$\frac{ZA}{ZB} = \frac{ZC}{ZD}$$

$$\frac{ZA}{AB} = \frac{ZC}{CD}$$

$$\frac{AC}{BD} = \frac{ZA}{ZB}$$

Spezielle Produkte – Binomische Formeln

Summe und Differenz:
$$(a+b)(a-b) = a^2 - b^2$$

Quadriertes Binom:
$$(a \pm b)^2 = a^2 \pm 2ab + b^2$$

Kubisches Binom:
$$(a+b)^3 = a^3 + 3a^2b + 3ab^2 + b^3$$

Regeln für Wurzeln

Wurzel eines Produkts:
$$\sqrt[n]{a \cdot b} = \sqrt[n]{a} \cdot \sqrt[n]{b}$$

Wurzel eines Quotienten:
$$\sqrt[n]{\frac{a}{b}} = \frac{\sqrt[n]{a}}{\sqrt[n]{b}}$$

Bruchexponent:
$$\sqrt[n]{a^m} = a^{m/n}$$

Permutationen und Kombinationen

	Variation (mit Reihenfolge)	Kombination (ohne Reihenfolge)
Mit Wiederholung (mit Zurücklegen)	n^k	$\binom{n+k-1}{k} = \frac{(n+k-1)!}{k! \cdot (n-1)!}$
Ohne Wiederholung (ohne Zurücklegen)	$\frac{n!}{(n-k)!}$	$\binom{n}{k} = \frac{n!}{k! \cdot (n-k)!} = \binom{n}{n-k}$

Standardgleichungen für Kegelschnitte

Parabeln:
$$y - k = a(x - h)^2$$
$$x - h = a(y - k)^2$$

Kreis:
$$(x-h)^2 + (y-k)^2 = r^2$$

Ellipse:
$$\frac{(x-h)^2}{a^2} + \frac{(y-k)^2}{b^2} = 1$$

Hyperbel:
$$\frac{(x-h)^2}{a^2} - \frac{(y-k)^2}{b^2} = 1$$

Logarithmusregeln

Äquivalenzen:
$$a^x = y \leftrightarrow \log_a y = x$$
$$e^x = y \leftrightarrow \ln y = x$$

Logarithmus eines Produkts:
$$\log_a(x \cdot y) = \log_a x + \log_a y$$
$$\ln(x \cdot y) = \ln x + \ln y$$

Logarithmus eines Quotienten:
$$\log_a \frac{x}{y} = \log_a x - \log_a y$$
$$\ln \frac{x}{y} = \ln x - \ln y$$

Logarithmus einer Potenz:
$$\log_a x^n = n \log_a x$$
$$\ln x^n = n \ln x$$

Logarithmus eines Reziprokes:
$$\log_a \frac{1}{x} = -\log_a x$$
$$\ln \frac{1}{x} = -\ln x$$

Logarithmus der Basis:
$$\log_a a = 1$$
$$\ln e = 1$$

Logarithmus von 1: $\log_a 1 = 0, \ln 1 = 0$

Quadratformel

Wenn $ax^2 + bx + c = 0$, so ist $x_{1,2} = \frac{-b \pm \sqrt{b^2 - 4ac}}{2a}$, sofern $a \neq 0$ und $b^2 \geq 4ac$.

Mathematik für Naturwissenschaftler für Dummies – Schummelseite

Summe von Folgen

Summe der ersten n positiven ganzen Zahlen:
$$\sum_{k=1}^{n} k = \frac{n(n+1)}{2}$$

Summe der ersten n Quadratzahlen:
$$\sum_{k=1}^{n} k^2 = \frac{n(n+1)(2n+1)}{6}$$

Summe der ersten n Kubikzahlen:
$$\sum_{k=1}^{n} k^3 = \frac{n^2(n+1)^2}{4}$$

Summe der ersten n Terme einer arithmetischen Folge:
$$S_n = \frac{n}{2}(2a_1 + (n-1)d) = \frac{n}{2}(a_1 + a_n)$$

Summe der ersten n Terme einer geometrischen Folge:
$$S_n = \frac{g_1(1-r^n)}{1-r}$$

Summe aller Terme einer geometrischen Folge mit $|r| < 1$:
$$S_n \to \frac{g_1}{1-r}$$

Logarithmus von 1: $\log_a a = 1$

Koordinatengoemetrie

Für zwei Punkte (x_1, y_1) und (x_2, y_2) gilt:

Anstieg/Steigung $= \frac{y_2 - y_1}{x_2 - x_1}$

Distanz $= \sqrt{(x_2 - x_1)^2 + (y_2 - y_1)^2}$

Mittelpunkt $= \left(\frac{x_1 + x_2}{2}, \frac{y_1 + y_2}{2}\right)$

Die noch wunderbarere Trigonometrietabelle

Trigonometrie des rechtwinkligen Dreiecks

H = Hypotenuse $\quad A$ = Ankathete
G = Gegenkathete

$\sin \alpha = \frac{G}{H}$ $\qquad \csc \alpha = \frac{H}{G}$

$\cos \alpha = \frac{A}{H}$ $\qquad \sec \alpha = \frac{H}{A}$

$\tan \alpha = \frac{G}{A}$ $\qquad \cot \alpha = \frac{A}{G}$

Die wunderbare Geometrietabelle

Alle Dreiecke:
Fläche = $\frac{1}{2} \cdot$ Grundlinie $\cdot$ Höhe

Gleichseitiges Dreieck:
Fläche = $\frac{\text{Seite}^2 \cdot \sqrt{3}}{4}$

Rechtwinkliges Dreieck Satz des Pythagoras:
$a^2 + b^2 = c^2$
(c ist die Hypotenuse).

Kreis:
Fläche = πr^2
Umfang = $2\pi r = \pi d$

Kugel:
Volumen = $\frac{4}{3} \pi r^3$
Oberfläche = $4 \pi r^2$

Kreisabschnitt:
Fläche = $\pi r^2 \frac{\alpha}{360°}$
(α = Winkel in der Mitte)
Bogenlänge = $2\pi r \frac{\alpha}{360°}$

Parallelogramm:
Fläche = Grundlinie $\cdot$ Höhe

Trapez:
Fläche = $\frac{\text{Grundlinie}_1 + \text{Grundlinie}_2}{2} \cdot$ Höhe

Kegel oder Pyramide:
Volumen = $\frac{1}{3} \cdot A \cdot h$
(A ist die Grundfläche.)

Gerader Kreiszylinder, gerades Prisma oder Quader:
Volumen = $A \cdot h$ (A ist die Fläche der Basis.)
Seitenfläche = $U_G \cdot$ Höhe (U_G ist der Umfang der Grundfläche.)

Mathematik für Naturwissenschaftler für Dummies – Schummelseite

Grad und Radianten

- 2π Radianten = $360°$
- π Radianten = $180°$
- $\frac{\pi}{2}$ Radianten = $90°$
- $\frac{\pi}{3}$ Radianten = $60°$
- $\frac{\pi}{4}$ Radianten = $45°$
- $\frac{\pi}{6}$ Radianten = $30°$
- Um von Radianten in Grad umzurechnen, multiplizieren Sie mit $\frac{180°}{\pi}$.
- Um von Grad in Radianten umzurechnen, multiplizieren Sie mit $\frac{\pi}{180°}$.

Trigonometrische Identitäten

Reziprokidentitäten:

$$\csc\alpha = \frac{1}{\sin\alpha}$$
$$\sec\alpha = \frac{1}{\cos\alpha}$$
$$\cot\alpha = \frac{1}{\tan\alpha}$$

Quotientenidentitäten:

$$\tan\alpha = \frac{\sin\alpha}{\cos\alpha}$$
$$\cot\alpha = \frac{\cos\alpha}{\sin\alpha}$$

Pythagoreische Identitäten:

$$\sin^2\alpha + \cos^2\alpha = 1$$
$$\tan^2\alpha + 1 = \sec^2\alpha$$
$$1 + \cot^2\alpha = \csc^2\alpha$$

Einfache Formeln:

Fläche = $\frac{\text{Seite}^2 \cdot \sqrt{3}}{4}$

Doppelwinkelformeln:

$$\sin(2\alpha) = 2\sin\alpha\cos\alpha$$
$$\cos(2\alpha) = 2\cos^2\alpha - 1$$

Reduktionsformeln:

$$\sin(-\alpha) = -\sin\alpha$$
$$\cos(-\alpha) = \cos\alpha$$
$$\tan(-\alpha) = -\tan\alpha$$

Formeln für die Summe von Winkeln:

$$\cos(\alpha+\beta) = \cos\alpha \cdot \cos\beta - \sin\alpha \cdot \sin\beta$$
$$\sin(\alpha+\beta) = \cos\alpha \cdot \sin\beta + \sin\alpha \cdot \cos\beta$$

Wichtige Grenzwerte für $n \to \infty$

$\sqrt[n]{a} \to 1$ $\quad$ $\sqrt[n]{n} \to 1$ $\quad$ $\sqrt[n]{n!} \to \infty$ $\quad$ $\frac{1}{n}\sqrt[n]{n!} \to \frac{1}{e}$

$\left(\frac{n+1}{n}\right)^n \to e$ $\quad$ $\left(\frac{n+1}{n}\right)^n \to e$ $\quad$ $\left(1+\frac{x}{n}\right)^n \to e^x$ $\quad$ $\left(1-\frac{x}{n}\right)^n \to e^{-x}$

$\binom{a}{n} \to 0$ $\quad$ $\frac{a^n}{n!} \to 0$ $\quad$ $\frac{n^n}{n!} \to \infty$ $\quad$ $\frac{a^n}{n^k} \to \begin{cases} 0 & \text{wenn } a > 1 \\ \infty & \text{wenn } 0 < a < 1 \end{cases}$

für $a > -1$

Mathematik für Naturwissenschaftler für Dummies – Schummelseite

Die handliche Ableitungstabelle

Produktregel: $\frac{d}{dx}(uv) = u'v + uv'$ **Quotientenregel:** $\frac{d}{dx}\left(\frac{u}{v}\right) = \frac{u'v - uv'}{v^2}$

$\frac{d}{dx}c = 0$ $\quad\frac{d}{dx}x = 1$ $\quad\frac{d}{dx}cx = c$ $\quad\frac{d}{dx}x^n = nx^{n-1}$

$\frac{d}{dx}e^x = e^x$ $\quad\frac{d}{dx}\ln x = \frac{1}{x}$ $\quad\frac{d}{dx}a^x = a^x \ln a$ $\quad\frac{d}{dx}\log_a x = \frac{1}{x} \cdot \frac{1}{\ln a}$

$\frac{d}{dx}\sin x = \cos x$ $\quad\frac{d}{dx}\cos x = -\sin x$ $\quad\frac{d}{dx}\tan x = \sec^2 x$ $\quad\frac{d}{dx}\cot x = -\csc^2 x$

$\frac{d}{dx}\sec x = \sec x \tan x$ $\quad\frac{d}{dx}\arcsin x = \frac{1}{\sqrt{1-x^2}}$ $\quad\frac{d}{dx}\arccos x = -\frac{1}{\sqrt{1-x^2}}$ $\quad\frac{d}{dx}\csc x = -\csc x \cot x$

$\frac{d}{dx}\arctan x = \frac{1}{1+x^2}$ $\quad\frac{d}{dx}\text{arccot}\, x = -\frac{1}{1+x^2}$ $\quad\frac{d}{dx}\text{arcsec}\, x = \frac{1}{|x|\sqrt{x^2-1}}$ $\quad\frac{d}{dx}\text{arccsc}\, x = -\frac{1}{|x|\sqrt{x^2-1}}$

Die noch handlichere Integral-Tabelle

$\int dx = x + c$ $\quad\int x^n dx = \frac{x^{n+1}}{n+1} + c$ für $(n \neq -1)$ $\quad\int e^x dx = e^x + c$

$\int \frac{dx}{x} = \ln|x| + c$ $\quad\int \ln x\, dx = x \cdot (\ln x - 1) + c$ $\quad\int a^x dx = \frac{1}{\ln a} a^x + c$

$\int \sin x\, dx = -\cos x + c$ $\quad\int \tan x\, dx = -\ln|\cos x| + c$ $\quad\int \cos x\, dx = \sin x + c$

$\int \cot x\, dx = \ln|\sin x| + c$ $\quad\int \sec x\, dx = \ln|\sec x + \tan x| + c$ $\quad\int \csc^2 x\, dx = -\cot x + c$

$\int \sec x \tan x\, dx = \sec x + c$ $\quad\int \csc x\, dx = -\ln|\csc x + \cot x| + c$ $\quad\int \sec^2 x\, dx = \tan x + c$

$\int \frac{dx}{\sqrt{a^2-x^2}} = \arcsin \frac{x}{a} + c$ $\quad\int \csc x \cot x\, dx = -\csc x + c$ $\quad\int \frac{dx}{a^2+x^2} = \frac{1}{a}\arctan\frac{x}{a} + c$

$\int \frac{dx}{x^2-a^2} = \frac{1}{2a} \ln\left|\frac{x-a}{x+a}\right| + c$ $\quad\int \frac{dx}{x\sqrt{x^2-a^2}} = \frac{1}{a}\text{arcsec}\frac{|x|}{a} + c$

Wahrscheinlichkeitsregeln

Additionsregel: $P(A \cup B) = P(A) + P(B) - P(A \cap B)$

Wenn A und B einander ausschließen: $P(A \cup B) = P(A) + P(B)$

Multiplikationsregel: $P(A \cap B) = P(A) \cdot P(B \mid A) = P(B) \cdot P(A \mid B)$

Wenn A und B unabhängig sind: $P(A \cap B) = P(A) \cdot P(B)$

Komplementregel: $P(A^c) = 1 - P(A)$

Wahrscheinlichkeitsdefinitionen

A und B schließen einander aus, wenn $P(A \cap B) = 0$

A und B sind unabhängig, wenn $P(A \mid B) = P(A)$ oder $P(B \mid A) = P(B)$

Wahrscheinlichkeitsgesetze

Gesetz der totalen Wahrscheinlichkeit: $P(B) = \sum_i P(A_i) \cdot P(B \mid A_i)$

Satz von Bayes: $P(A_i \mid B) = \dfrac{P(A_i) \cdot P(B \mid A_i)}{\sum_i P(A_i) \cdot P(B \mid A_i)}$

Mathematik für Naturwissenschaftler für Dummies

Thoralf Räsch, Deborah Rumsey und Mark Ryan

Mathematik für Naturwissenschaftler für Dummies

Herausgegeben von Thoralf Räsch

WILEY-VCH Verlag GmbH & Co. KGaA

**Bibliografische Information
der Deutschen Nationalbibliothek**

Die Deutsche Nationalbibliothek verzeichnet diese Publikation in der Deutschen Nationalbibliografie; detaillierte bibliografische Daten sind im Internet über http://dnb.d-nb.de abrufbar.

1. Auflage 2009

© 2009 WILEY-VCH Verlag GmbH & Co. KGaA, Weinheim

Original English language edition Copyright © 2003 (Calculus For Dummies), 2006 (Probability For Dummies), 2003 (Statistics For Dummies) by Wiley Publishing, Inc. All rights reserved including the right of reproduction in whole or in part in any form. This translation published by arrangement with John Wiley and Sons, Inc.

Copyright der englischsprachigen Originalausgabe © 2003 (Analysis für Dummies), 2006 (Wahrscheinlichkeitsrechnung für Dummies), 2003 (Statistik für Dummies) by Wiley Publishing, Inc.
Alle Rechte vorbehalten inklusive des Rechtes auf Reproduktion im Ganzen oder in Teilen und in jeglicher Form. Diese Übersetzung wird mit Genehmigung von John Wiley and Sons, Inc. publiziert.

Wiley, the Wiley logo, Für Dummies, the Dummies Man logo, and related trademarks and trade dress are trademarks or registered trademarks of John Wiley & Sons, Inc. and/or its affiliates, in the United States and other countries. Used by permission.

Wiley, die Bezeichnung »Für Dummies«, das Dummies-Mann-Logo und darauf bezogene Gestaltungen sind Marken oder eingetragene Marken von John Wiley & Sons, Inc., USA, Deutschland und in anderen Ländern.

Das vorliegende Werk wurde sorgfältig erarbeitet. Dennoch übernehmen Autoren und Verlag für die Richtigkeit von Angaben, Hinweisen und Ratschlägen sowie eventuelle Druckfehler keine Haftung.

Printed in Germany

Gedruckt auf säurefreiem Papier

Korrektur: Petra Heubach-Erdmann und Jürgen Erdmann, Düsseldorf
Satz: Druckhaus „Thomas Müntzer", Bad Langensalza
Druck und Bindung: CPI – Ebner & Spiegel, Ulm
Coverfoto: Mathematik © Jasper Grahl

ISBN: 978-3-527-70419-4

Cartoons im Überblick
von Rich Tennant

Seite 31

Seite 93

Seite 165

Seite 455

Seite 211

Seite 321

Seite 375

Fax: 001-978-546-7747
Internet: www.the5thwave.com
E-Mail: richtennant@the5thwave.com

Über die Autoren

Dr. Thoralf Räsch ist Akademischer Rat am Mathematischen Institut der Universität Bonn und unterrichtet dort Mathematik in den Bachelorstudiengängen der Mathematisch-Naturwissenschaftlichen Fakultät. Zusätzlich hat er sich in den letzten zehn Jahren in verschiedenen Projekten für Schüler und Schülerinnen zunächst aus dem Berliner und schließlich Bonner Raum engagiert, in denen auf unterschiedlichem Niveau begeistert in die Welt der Mathematik eingeführt wird. Die Projekte sind inhaltlich verständlich und dennoch unterhaltsam motivierend angelegt. Thoralf Räsch studierte Mathematik und Informatik an der Humboldt-Universität zu Berlin und promovierte anschließend an der Universität Potsdam im Bereich der Mathematischen Logik.

Dr. Deborah Rumsey promovierte 1993 in Statistik an der Ohio State University. Nach ihrer Graduierung wechselte sie zum Department of Statistics der Kansas State University, wo sie den renommierten Presidential Teaching Award gewann. Im Jahr 2000 kehrte sie an die Ohio State University zurück und ist heute Mitglied des Department of Statistics. Deborah Rumsey war Mitglied des Statistics Education Executive Committee der American Statistical Association und Lektorin des Teaching-Bits-Abschnitts des Journal of Statistics Education. Ihre Forschungsinteressen liegen auf der Lehrplanentwicklung, der Weiterbildung und Unterstützung von Lehrern und auf immersiven Lernumgebungen.

Mark Ryan ist Absolvent der Brown University und der University of Wisconsin Law School sowie Mitglied des National Council of Teachers of Mathematics. Er lehrt seit 1989 Mathematik. Er leitet das Math Center in Winnetka, Illinois (www.themathcenter.com), wo er Kurse für höhere Mathematik gibt, wie unter anderem eine Einführung in die Analysis und einen Workshop für Eltern, der auf einem von ihm selbst entwickelten Programm basiert.

Danksagung

Vor allem danke ich meiner Frau, Karen Räsch, die mich im letzten halben Jahr immer wieder mit Ideen und Halt versorgte und die die letzten 30 Wochenenden stark auf mich verzichten musste, wenn ich an diesem Projekt arbeitete. Sie fand aber dennoch die Kraft, nicht nur täglich selbst innerhalb ihres Mathematikstudiums erfolgreich ihre Frau zu stehen, sondern neben den projektbezogenen inhaltlichen Diskussionen mit mir obendrein zahlreiche Abbildungsvorlagen in diesem Buch mit viel Geduld zu fabrizieren.

Ich danke darüber hinaus den Mathematikstudenten Julian Külshammer, Anika Markgraf und Melanie Schirmer, die sich neben ihrer dienstlichen Aufgabe als Übungsleiter mit Begeisterung in ihrer Freizeit ans Korrekturlesen gemacht haben. Viele kleine und große wichtige Details sind so ans Tageslicht gekommen, die das Lesen dieses Buches nicht mehr stören werden.

Dank gilt auch den Studierenden des ersten Bachelorstudienjahres 2007/08 in der Informatik an der Universität Bonn, die ich ein Jahr lang mit meiner Vorlesung begleiten konnte und die mich zum Teil mit ihren Fragen inspirierten. Zum anderen beteiligten sie sich am Korrekturlesen in den für die Vorlesung im Vordergrund stehenden Kapiteln.

Des Weiteren möchte ich meiner Lektorin, Frau Anne Jonas, für die professionelle und unkomplizierte Unterstützung bei Umsetzung dieses Projektes danken.

Thoralf Räsch

Inhaltsverzeichnis

Über die Autoren — 11
Danksagung — 11

Einleitung — 25
Über dieses Buch — 25
Ein leicht verständlicher Einstieg in die Mathematik anhand von Beispielen — 25
Törichte Annahmen über den Leser — 26
Konventionen in diesem Buch — 26
Wie dieses Buch aufgebaut ist — 27
    Teil I: Algebraische und analytische Grundlagen — 27
    Teil II: Differentiation – die Kunst des Ableitens — 27
    Teil III: Integration – eine Kunst für sich — 27
    Teil IV: Lineare Algebra — 27
    Teil V: Grundlagen der Statistik und Wahrscheinlichkeitsrechnung — 28
    Teil VI: Fortgeschrittene Statistik und Wahrscheinlichkeitsrechnung — 28
    Teil VII: Der Top-Ten-Teil — 28
Anhang — 28
Symbole, die in diesem Buch verwendet werden — 28
Wie es weitergeht — 29

Teil I
Algebraische und analytische Grundlagen — 31

Kapitel 1
Die Krabbelkiste der Mathematik — 33
Logische Grundlagen — 33
    Wahre und falsche Aussagen — 33
    Aussagen verknüpfen — 34
    Quantoren in den Griff bekommen — 35
Zahlen und Fakten — 36
    Die Zahlbereiche im Visier — 36
    Aufgaben mit Klammern richtig lösen — 37
    Das Summenzeichen — 37
Bruchrechnung überleben — 38
Potenzen und Wurzeln — 39
Einfache (Un-)Gleichungen und Beträge auflösen — 40
    Gleichungen in Angriff nehmen — 40
    Ungleichungen in den Griff bekommen — 43
    Beträge ins Spiel bringen — 46

Kapitel 2
Mengen, Induktionen, Prozente und Zinsen — 49

- Alles über Mengen — 49
  - Mengen im Supermarkt? — 49
  - Alles, nichts, oder? – Spezielle Mengen — 50
  - Von Zahlen, Mengen und Intervallen — 52
  - Mit Mengen einfach rechnen können — 52
  - Venn-Diagramme — 57
- Vollständige Induktion bezwingt die Unendlichkeit — 58
- Prozentrechnung für den Alltag — 60
  - Nur zwei Prozent Mieterhöhung — 61
  - Das eigene Heim trotz Provision? — 61
  - Die Bären kommen – Sinkende Aktienkurse — 61
  - Bullen im Vormarsch – Steigende Kurse — 61
  - Wie viel Bullen hätten die Bären gezähmt? — 62
  - Immer auf die genaue Formulierung achten — 62
  - Preissenkungsschnäppchen mitnehmen — 62
- Zinsrechnung zum Verstehen — 63
  - Lohnender Zinsertrag — 63
  - Höhe des Zinssatzes für Ihre Träume — 63
  - Suche nach dem Startkapital — 64
  - Taggenaue Zinsen — 64
- Kapitalwachstum: Zinseszins — 64
  - Eine feste Anlage für zehn Jahre — 64
  - Das sich verdoppelnde Kapital bei festem Zins — 65
  - Das sich verdoppelnde Kapital bei fester Jahresanzahl — 65

Kapitel 3
Elementare Funktionen, Grenzwerte und Stetigkeit — 67

- Grundlegendes zu Funktionen — 67
  - Was sind eigentlich Funktionen? — 67
- Grafische Darstellung von Funktionen — 68
- Grundlegende Funktionen — 70
  - Polynome — 70
  - Rationale Funktionen — 73
  - Exponentialfunktionen — 74
  - Logarithmusfunktionen — 75
  - Von Umkehr- und inversen Funktionen — 76
  - Trigonometrische Funktionen — 77
- Bis an die Grenzen gehen — 80
  - Drei Funktionen erklären den Grenzwert — 80
- Weiter zu den einseitigen Grenzwerten — 81
  - Die formale Definition eines Grenzwertes – wie erwartet! — 82
  - Unendliche Grenzwerte und vertikale Asymptoten — 82
  - Grenzwerte für x gegen unendlich — 83

Grenzwerte und Stetigkeit verknüpfen	83
Einfache Grenzwerte auswerten	86
Grenzwerte, die Sie sich merken sollten	86
Einsetzen und Auswerten	86
Echte Aufgabenstellungen mit Grenzwerten	86
Faktorisieren aus Leidenschaft	87
Konjugierte Multiplikation	87
Algebraische Hilfe – Einfache Umformungen	87
Machen Sie eine Pause – mit einem Grenzwert-Sandwich	88
Grenzwerte bei unendlich auswerten	90
Grenzwerte bei unendlich und horizontale Asymptoten	90
Algebraische Tricks für Grenzwerte bei unendlich verwenden	91

Teil II
Differentiation – die Kunst des Ableitens   93

Kapitel 4
Idee und Regeln des Ableitens – was sein muss, muss sein   95

Erste Schritte des Ableitens	95
Steigungen gesucht!	95
Steigung von Geraden	97
Steigung von Parabeln	98
Der Differenzenquotient	99
Sein oder nicht sein? Drei Fälle, in denen die Ableitung nicht existiert	103
Grundlegende Regeln der Differentiation	105
Die Konstantenregel	105
Die Potenzregel	105
Die Koeffizientenregel	106
Die Summenregel – und die kennen Sie schon	106
Trigonometrische Funktionen differenzieren	106
Exponentielle und logarithmische Funktionen differenzieren	106
Differentiationsregeln für Profis – Wir sind die Champs!	107
Die Produktregel	108
Die Quotientenregel	108
Die Kettenregel	108
Implizite Differentiation	111
Logarithmische Differentiation	112
Differentiation von Umkehrfunktionen	113
Keine Angst vor höheren Ableitungen	114

Kapitel 5
Extrem-, Wende- und Sattelpunkte   117

Ein Ausflug mit der Analysisgruppe	117
Über die Berge und durch die Täler: Positive und negative Steigungen	117

Konvexität und Wendepunkte	118
Das Tal der Tränen: Ein lokales Minimum	119
Ein atemberaubender Ausblick: Das globale Maximum	119
Autopanne: Auf dem Scheitelpunkt hängen geblieben	119
Von nun an geht's bergab!	119
Ihr mathematisches Reisetagebuch	120
Lokale Extremwerte finden	121
Die kritischen Werte suchen	121
Der Test mit der ersten Ableitung – wachsend oder fallend?	122
Der Test mit der zweiten Ableitung – Krümmungsverhalten!	124
Globale Extremwerte für ein abgeschlossenes Intervall finden	124
Die globalen Extremwerte über den gesamten Definitionsbereich einer Funktion finden	126
Konvexität und Wendepunkte bestimmen	129
Die Graphen von Ableitungen – jetzt wird gezeichnet!	131
Der Zwischenwertsatz – Es geht nichts verloren	134
Der Mittelwertsatz – Es bleibt Ihnen nicht(s) erspart!	135
Das nützliche Taylerpolynom	137
Die Regel von l'Hospital	140
Nicht akzeptable Formen in Form bringen	141
Drei weitere nicht akzeptable Formen	142

Kapitel 6
Von Folgen und Reihen — 145

Folgen und Reihen: Worum es eigentlich geht	145
Folgen aneinanderreihen	145
Reihen summieren	148
Konvergenz oder Divergenz? Das ist hier die Frage!	150
Das einfachste Kriterium auf Divergenz: Eine notwendige Bedingung	150
Drei grundlegende Reihen und die zugehörigen Prüfungen auf Konvergenz beziehungsweise Divergenz	151
Drei Vergleichskriterien für Konvergenz beziehungsweise Divergenz	153
Quotienten- und Wurzelkriterium	156
Alternierende Reihen	158
Absolute oder normale Konvergenz – das ist die Frage!	158
Das Kriterium mit den alternierenden Reihen	159
Ableitungen und Integrale für Grenzprozesse nutzen	162

Teil III
Integration – Eine Kunst für sich — 165

Kapitel 7
Integration: Die Rückwärts-Differentiation — 167

Flächenberechnung – eine Einführung	167
Flächen mithilfe von Rechtecksummen annähern	168

Exakte Flächen mithilfe des bestimmten Integrals ermitteln	173
Stammfunktionen suchen – rückwärts Ableiten	174
Das Vokabular: Welchen Unterschied macht es?	176
Die müßige Flächenfunktion	176
Ruhm und Ehre mit dem Hauptsatz der Differential- und Integralrechnung	179
Die erste Version des Hauptsatzes	179
Der andere Hauptsatz der Differential- und Integralrechnung	182
Warum der Hauptsatz funktioniert: Flächenfunktionen	184
Stammfunktionen finden – Drei grundlegende Techniken	186
Umkehrregeln für Stammfunktionen	186
Raten und prüfen	187
Die Substitutionsmethode	198
Flächen mithilfe von Substitutionsaufgaben bestimmen	190

Kapitel 8
Integration: Praktische Tricks für Profis   193

Partielle Integration: Teile und herrsche!	193
Das richtige u auswählen	195
Partielle Integration: Beim zweiten wie beim ersten Mal	196
Alles im Kreis!	197
Integrale mit Sinus und Kosinus	198
Fall 1: Die Potenz von Sinus ist ungerade und positiv	198
Fall 2: Die Potenz von Kosinus ist ungerade und positiv	199
Fall 3: Die Potenzen von Sinus und Kosinus sind gerade und nicht negativ	199
Das ABC der Partialbrüche	200
Fall 1: Der Nenner enthält nur lineare Faktoren	200
Fall 2: Der Nenner enthält nicht zu kürzende quadratische Faktoren	201
Fall 3: Der Nenner enthält lineare oder quadratische Faktoren in höherer Potenz	202
Bonusrunde – Der Koeffizientenvergleich	203
Grau ist alle Theorie – Praktische Integrale!	204
Die Fläche zwischen zwei Funktionen berechnen	204
Bogenlängen bestimmen	207
Drehoberflächen entstehen durch Drehen!	208

Teil IV
Lineare Algebra   211

Kapitel 9
Grundlagen der Vektorräume   213

Vektoren erleben	213
Vektoren veranschaulichen	214
Mit Vektoren anschaulich rechnen	216
Mit Vektoren abstrakt rechnen	217
Betrag eines Vektors	219

Skalarprodukt von Vektoren	220
Schöne Vektorraumteilmengen = Untervektorräume	222
Vektoren und ihre Koordinaten	223
Punkte, Geraden und Ebenen im dreidimensionalen Raum	226
Punkte im Raum	226
Parametergleichung für Geraden	227
Zweipunktegleichung für Geraden	229
Parametergleichung für Ebenen	229
Dreipunktegleichung für Ebenen	230
Koordinatengleichung für Ebenen	231
Umrechnungen der einzelnen Ebenengleichungen	231
Lagebeziehungen zwischen Geraden und Ebenen	233
Kollision während einer Flugshow in Las Vegas?	240

Kapitel 10
Lineare Gleichungssysteme und Matrizen   243

Arten von linearen Gleichungssystemen	243
Homogene Gleichungssysteme	244
Inhomogene Gleichungssysteme	244
Überbestimmte Gleichungssysteme	245
Unterbestimmte Gleichungssysteme	245
Quadratische Gleichungssysteme	245
Nicht lösbare Gleichungssysteme	246
Grafische Lösungsansätze für LGS	246
Einfache Geraden im zweidimensionalen Raum	246
Beliebige Geraden im zweidimensionalen Raum	247
Punkte im zweidimensionalen Raum	248
Ebenen im zweidimensionalen Raum	248
Der dreidimensionale Raum	248
Die vierte Dimension	249
Was sind eigentlich Matrizen?	250
Rechnen mit Matrizen	251
Matrizen in Produktionsprozessen der Praxis	252
Transponieren und Invertieren	254
Matrizen und lineare Gleichungssysteme	255
Das Lösungsverfahren: Der Gaußsche Algorithmus	256
Der Rang von Matrizen	260
Matrizen invertieren in der Praxis	262
Kriterien für die Lösbarkeit von linearen Gleichungssystemen	263
Matrizen und lineare Abbildungen	264
Was sind lineare Abbildungen?	264
Matrizen als lineare Abbildungen	265
Bilder und Kerne, Ränge und Defekte – in der Theorie	265
Bilder und Kerne, Ränge und Defekte – in der Praxis	266
Darstellung von linearen Abbildungen durch Matrizen	268

Kapitel 11
Matrizen – Das Finale! — 271

- Matrizen und ihre Determinanten — 271
  - Determinanten von 2x2-Matrizen — 271
  - Determinanten von 3x3-Matrizen — 272
  - Determinanten von allgemeinen Matrizen — 272
  - Determinanten, Matrizen & lineare Gleichungssysteme — 275
  - Die Cramersche Regel — 276
  - Berechnung der Inversen mittels der Adjunktenformel — 278
  - Flächen und Volumina mittels Determinanten — 279
  - Kreuzprodukt von Vektoren — 280
- Basistransformation — 282
  - Auf den Maßstab kommt es an! — 282
  - Geben Sie mir Ihre Koordinaten! — 283
  - Matrixdarstellung bezüglich verschiedener Basen — 285
  - Basistransformationsmatrizen — 287
  - Überzeugende Diagramme — 288
- Eigenwerte und Eigenvektoren — 290
  - Was sind Eigenwerte und Eigenvektoren? — 290
  - Eigenwerte einer Matrix berechnen — 291
  - Eigenvektoren einer Matrix berechnen — 292
  - Eigenräume finden und analysieren — 293
- Matrizen diagonalisieren — 294
- Drehungen und Spiegelungen — 298
  - Drehungen in der Ebene — 299
  - Berechnung des Drehwinkels in der Ebene — 301
  - Spiegelungen in der Ebene — 301
  - Berechnung der Spiegelachse in der Ebene — 303
  - Drehungen im dreidimensionalen Raum — 305

Kapitel 12
Nicht reell, aber real: Komplexe Zahlen — 309

- Was sind komplexe Zahlen? — 309
  - Komplexe Rechenoperationen — 310
  - Komplexe quadratische Gleichungen — 313
  - Darstellung komplexer Zahlen als Paare reeller Zahlen — 314
  - Darstellung komplexer Zahlen durch Polarkoordinaten — 315
  - Anwendungen komplexer Zahlen — 318

Teil V
Grundlagen der Statistik und Wahrscheinlichkeitsrechnung — 321

Kapitel 13
Das Handwerkszeug des Statistikers — 323

- Die Grundgesamtheit — 323
- Die Stichprobe — 324

Die Zufallsstichprobe 325
Daten 325
Statistik 324
Das arithmetische Mittel – der Mittelwert 326
Der Median 326
Die Standardabweichung 327
Perzentil vs. Quantil 328
Der Standardwert 328
Die Normalverteilung 329
Schätzwerte 330
Der Zentrale Grenzwertsatz 330
Das Gesetz der großen Zahlen 331
Das Konfidenzintervall 332
Korrelation und Kausalzusammenhang 332

Kapitel 14
Von Mittelwerten, Quantilen und vertrauenswürdigen Zusammenhängen 335

Daten mit statistischen Größen beschreiben 335
Qualitative Daten beschreiben 336
Quantitative Daten beschreiben 339
    Lagemaße 339
    Berechnen von Variationen 343
    Mit Perzentilen die relative Position ermitteln 348
Die Suche nach dem Zusammenhang: Korrelationen und ihre Koeffizienten 351
    Streudiagramme erstellen 352
    Interpretation eines Streudiagramms 352
    Die Beziehung zwischen zwei quantitativen Variablen quantifizieren 353

Kapitel 15
Grundbegriffe der Wahrscheinlichkeitsrechnung 357

Arten der Wahrscheinlichkeit 357
    Wahrscheinlichkeitsnotation 358
    Totale Wahrscheinlichkeit 359
    Wahrscheinlichkeit der Vereinigung 359
    Wahrscheinlichkeiten des Durchschnitts 359
    Komplementäre Wahrscheinlichkeit 360
    Bedingte Wahrscheinlichkeit 360
Wahrscheinlichkeitsregeln verstehen und anwenden 361
    Die Komplementärregel 362
    Die Multiplikationsregel 363
    Die Additionsregel 364
Unabhängigkeit mehrerer Ereignisse 364
    Die Unabhängigkeit zweier Ereignisse anhand der Definition prüfen 365
    Die Multiplikationsregel für unabhängige Ereignisse nutzen 366
Einander ausschließende Ereignisse berücksichtigen 366

Einander ausschließende Ereignisse erkennen	367
Die Additionsregel mit einander ausschließenden Ereignissen vereinfachen	367
Unabhängige und einander ausschließende Ereignisse unterscheiden	368
Ein Vergleich von unabhängig und einander ausschließend	368
Unabhängigkeit beziehungsweise einander Ausschließen in einem Kartenspiel prüfen	369
Nützliche Zählregeln und Kombinatorik	370
Urnen und Kugeln	370
Ziehung mit Berücksichtigung der Reihenfolge	371
Ziehung ohne Berücksichtigung der Reihenfolge	372
Abschließende Betrachtungen	372

Teil VI
Fortgeschrittene Statistik und Wahrscheinlichkeitsrechnung 375

Kapitel 16
Wahrscheinlichkeiten darstellen: Venn-Diagramme und der Satz von Bayes 377

Wahrscheinlichkeiten mit Venn-Diagrammen darstellen	377
Mit Venn-Diagrammen Wahrscheinlichkeiten ermitteln	378
Beziehungen mit Venn-Diagrammen ordnen und darstellen	379
Umwandlungsregeln für Mengen in Venn-Diagrammen	380
Die Grenzen von Venn-Diagrammen	381
Wahrscheinlichkeiten in komplexen Aufgaben mit Venn-Diagrammen ermitteln	382
Wahrscheinlichkeiten mit Baumdiagrammen darstellen	384
Mehrstufige Ergebnisse mit einem Baumdiagramm darstellen	386
Bedingte Wahrscheinlichkeiten mit einem Baumdiagramm darstellen	388
Die Grenzen der Baumdiagramme	391
Mit einem Baumdiagramm Wahrscheinlichkeiten für komplexe Ereignisse ermitteln	391
Das Gesetz der totalen Wahrscheinlichkeit und der Satz von Bayes	393
Eine totale Wahrscheinlichkeit mit dem Gesetz der totalen Wahrscheinlichkeit berechnen	393
Die A-posteriori-Wahrscheinlichkeit mit dem Satz von Bayes berechnen	398

Kapitel 17
Grundlagen der Wahrscheinlichkeitsverteilungen 403

Die Wahrscheinlichkeitsverteilung einer diskreten Zufallsvariablen	403
Was ist eine Zufallsvariable?	403
Die Wahrscheinlichkeitsverteilung finden und anwenden	405
Die Verteilungsfunktion ermitteln und anwenden	409
Die Verteilungsfunktion interpretieren	410
Die Verteilungsfunktion grafisch darstellen	411
Wahrscheinlichkeiten mit der Verteilungsfunktion ermitteln	412
Die Wahrscheinlichkeitsfunktion aus der Verteilungsfunktion herleiten	413

Erwartungswert, Varianz und Standardabweichung einer diskreten
Zufallsvariablen ... 415
    Den Erwartungswert von X berechnen ... 415
    Die Varianz von X berechnen ... 417
    Die Standardabweichung von X berechnen ... 418
Erwartungswert, Varianz und Standardabweichung einer stetigen
Zufallsvariablen ... 419

Kapitel 18
Die wunderbare Welt der Wahrscheinlichkeitsverteilungen   421

Diskrete Wahrscheinlichkeitsverteilungen ... 421
    Diskrete Gleichverteilung ... 421
    Binomialverteilung ... 423
    Poissonverteilung ... 428
    Geometrische Verteilung ... 433
    Hypergeometrische Verteilung ... 435
Stetige Wahrscheinlichkeitsverteilungen ... 439
    Stetige Gleichverteilung ... 440
    Normalverteilung ... 441
    Exponentialverteilung ... 450

Teil VII
Der Top-Ten-Teil   455

Kapitel 19
Zehn häufig gemachte Fehler im (Stochastik-) Alltag   457

Vergessen, dass eine Wahrscheinlichkeit zwischen 0 und 1 liegen muss ... 457
Kleine Wahrscheinlichkeiten fehlinterpretieren ... 457
Wahrscheinlichkeiten für kurzfristige Vorhersagen verwenden ... 458
Nicht glauben, dass 1-2-3-4-5-6 gewinnen kann ... 458
An Glückssträhnen beim Würfeln glauben ... 458
Jeder Situation eine 50-50-Chance einräumen ... 459
Bedingte Wahrscheinlichkeiten verwechseln ... 459
Die falsche Wahrscheinlichkeitsverteilung anwenden ... 459
Die Voraussetzungen für ein Wahrscheinlichkeitsmodell nicht richtig prüfen ... 459
Unabhängigkeit von Ereignissen annehmen ... 460

Kapitel 20
Zehn Ratschläge für einen erfolgreichen Abschluss Ihres Mathekurses   461

Der Kurs beginnt pünktlich in der ersten Vorlesung ... 461
Besuchen Sie die Vorlesungen und Übungen ... 461
Verschaffen Sie sich ordentliche Mitschriften ... 462
Schauen Sie auch in die Bücher ... 462
Lösen Sie die wöchentlichen Übungsaufgaben ... 462

Gruppenarbeit nicht ausnutzen	462
Lernen Sie nicht nur für die Klausur	463
Klausurvorbereitung beginnt nicht einen Tag vorher	463
Aus Fehlern lernen	463
Der eigene Kurs ist immer der wichtigste!	464

Anhang Tabellen beliebter Verteilungsfunktionen 465

Tabelle für die Binomialverteilung	465
Tabelle für die Normalverteilung	469
Tabelle für die Poissonverteilung	472

Stichwortverzeichnis 475

Einleitung

Ich freue mich und möchte Ihnen danken, dass Sie sich für dieses Buch entschieden haben – eine gute Wahl, wie ich finde. Dieses Buch vermittelt Ihnen die mathematischen Zusammenhänge, die Sie als angehender Naturwissenschaftler brauchen werden. Sie werden jetzt vielleicht sagen, dass ein Biologe und beispielsweise ein Physiker sehr unterschiedliche Herangehensweisen an die Mathematik benötigen. Stimmt. Aber was Sie gemeinsam haben, sind die mathematischen Grundkonzepte und Grundideen.

Die mathematischen und praxisrelevanten Grundlagen brauchen in der Tat *alle* Naturwissenschaftler. Und diese finden Sie in diesem Buch, und das möglichst leicht verständlich mit vielen Beispielen – das war mein Ziel bei der Zusammenstellung der einzelnen Kapitel.

Über dieses Buch

Mathematik für Naturwissenschaftler für Dummies basiert teilweise im Bereich der Stochastik auf der Vorarbeit der Autorin *Deborah Rumsey*, Dozentin an der Ohio State University, und im Bereich der Analysis auf der des Autors *Mark Ryan*, Lehrer an einer Highschool und Leiter des Math Centers in Winnetka, Illinois. Ich habe beide Vorlagen an die hierzulande üblichen Studienthemen angepasst – inhaltlich geeignet durch zusätzliche Einschübe in Bezug auf die Interessen eines Naturwissenschaftlers erweitert bzw. wenn nötig gekürzt. Ich selbst konnte meine Lehrerfahrung an den Universitäten Bonn und Potsdam in den anderen Teilen des Buches einfließen lassen, um Ihnen schließlich einen inhaltlich abgerundeten Streifzug durch den Dschungel der Mathematik bieten zu können, der Sie zu Ihrem persönlichen Erfolg bringen kann.

Ein leicht verständlicher Einstieg in die Mathematik anhand von Beispielen

Beispiele aus dem täglichen (mathematischen) Leben spielen eine wesentliche Rolle in diesem Buch. Sie erkennen die Beispiele im Text durch eine hervorgehobene Einleitung wie »Ein Beispiel« oder »Noch ein Beispiel« oder auch »Und noch ein Beispiel« usw. In diesen Beispielrechnungen sehen Sie, wie Sie praktisch die theoretischen Zusammenhänge anwenden und so sind Sie etwas besser vorbereitet, wenn Sie später konkrete Probleme lösen müssen.

Darüber hinaus finden Sie über das gesamte Buch verteilt immer mal wieder Anwendungen aus verschiedenen Bereichen der Naturwissenschaften, die Ihnen zeigen, wie man die jeweils gerade zu lernende Mathematik im praktischen Leben anwenden kann.

Dieses Buch ist für Studierende der Naturwissenschaften geschrieben, die Mathematik in ihrem Studium anwenden und so viel Mathematik verstehen müssen, dass sie sich später mit Mathematikern unterhalten können. Aber auch nicht alle Naturwissenschaftler sind gleich: Physiker brauchen in der Regel einen anderen Teil der Mathematik als beispielsweise

Biologen – so benötigt ein Physiker tiefe Kenntnisse der Analysis, ein Biologe eher vertiefte Kenntnisse in der Statistik.

Aber in diesem Buch ist für jeden etwas dabei – ein leicht verständlicher Einstieg in die Mathematik anhand von Beispielen aus der Praxis eben.

Törichte Annahmen über den Leser

Oder anders ausgedrückt: Für wen ist dieses Buch geschrieben? Zunächst einmal haben Sie sich nicht vom Titel abschrecken lassen – weder von dem Wort »Mathematik« noch von »Dummie«. Ich bin stolz auf Sie, aber es gäbe auch keinen Grund!

Dieses Buch ist geschrieben für …

- ✔ Schüler, die an der Mathematik interessiert sind und erste Einblicke in die schillernde Welt der Mathematik bekommen möchten. Sie könnten auch ein Schüler sein, der einen Einblick in die Universitätsmathematik bekommen möchte.

- ✔ Studenten, die Mathematik in ihrem Studienfach haben und ein wenig frustriert von der eigentlich in der Veranstaltung angegebenen Literatur sind. Dieses Buch gibt Ihnen Ein- und Überblicke. Sie werden nicht genervt mit technischen Details. Sie finden praktische Hinweise und jede Menge Beispiele. Die mathematischen Begriffe werden erklärt und erläutert; insbesondere sehen Sie Querverbindungen und Zusammenhänge.

- ✔ Interessierte Personen jeden Alters, die einfach die Grundlagen der Mathematik auffrischen möchten. Wie peinlich ist es für einen Elternteil, der seinem Kind nicht bei den Hausaufgaben helfen kann. (Gerade Väter können sich schließlich schlecht eingestehen, etwas nicht zu können.) Eltern möchten doch (fast) perfekt sein. In diesem Sinne: Zeigen Sie keine Blöße – wiederholen Sie mit diesem Buch die Prozentrechnung! Beeindrucken Sie Menschen mit mathematischen Konzepten, die es nicht von Ihnen erwarten. Und nebenbei, sollte man sich nicht immer weiterbilden – vielleicht auch gerade mathematisch? So folgen Sie mir auf den Spuren einer der ältesten Wissenschaften …

Konventionen in diesem Buch

Es gibt nicht viele Regeln für dieses Buch, in die ich Sie vorher einführen müsste. Mir war beim Schreiben des Buches wichtig, dass Sie mit Spaß und einem Lächeln kompetent durch die Mathematik geführt werden. Mathematik kann nämlich Spaß machen und ist keineswegs so trocken, wie oftmals (fälschlicherweise) vermutet. Lassen Sie sich (ver)führen.

Ein paar Kleinigkeiten zur Darstellung: Ich werde Ihnen die Zusammenhänge mit der Praxis aufzeigen. Sie werden viele Beispiele vorgerechnet sehen. Manchmal bitte ich Sie, dies schnell einmal selbst durchzurechnen. Ich würde dies nicht als Übungsaufgaben verkaufen wollen, aber das selbstständige Üben ist in der Mathematik ein wesentlicher Bestandteil des Erlernens. Nutzen Sie die Chancen, wenn ich Ihnen diese gebe.

Die Symbole am Rand werden Ihnen helfen, schnell und übersichtlich die wichtigen Passagen zu erkennen. Begriffe und Schlüsselwörter werden *kursiv* gesetzt. So haben Sie alles Wichtige immer schnell im Blick.

Nützliche Bezüge zur Praxis finden Sie in regelmäßigen Abständen in grauen Kästen. Diese dienen der Auflockerung – dort können Sie ein wenig aufatmen und verschnaufen.

Wie dieses Buch aufgebaut ist

Dieses Buch ist in sieben Teile plus einen Anhang geteilt. Die jeweiligen Teile sind in kleinere und handliche Portionen, die Kapitel, geteilt, so dass Sie den Stoff besser aufnehmen können. Die angegebenen Teile unterscheiden grundsätzlich vier mathematische Teilgebiete: Analysis, lineare Algebra, Wahrscheinlichkeitsrechnung und Statistik.

Teil I: Algebraische und analytische Grundlagen

In diesem Teil geht es um den mathematischen Kindergarten. Ich zeige Ihnen Grundrechenarten, erläutere noch einmal die Bruchrechnung und entlüfte Geheimnisse rund um die Prozent- und Zinsrechnung. Anschließend können Sie Grundlagen der mathematischen Logik und der Mengenlehre wiederholen.

Dann machen wir einen kleinen Sprung. Sie lernen, wie man mithilfe der vollständigen Induktion die Unendlichkeit der natürlichen Zahlen bezwingen kann, und schließlich zeige ich Ihnen elementare Funktionen, die wir immer wieder in späteren Kapiteln zu Rate ziehen werden.

Teil II: Differentiation – die Kunst des Ableitens

Dies ist der erste Teil zur Analysis. Sie kümmern sich hier um das Finden von Steigungen von Funktionen in einem Punkt. Die so genannte Ableitung einer Funktion in einem Punkt gibt an, wie steil die Funktion in diesem Punkt ist – beispielsweise eine wichtige Information bei Ihrer nächsten Bergwandertour.

Teil III: Integration – eine Kunst für sich

Dieser Teil behandelt das zweite große Thema der Analysis – die Integration. Dieses beschäftigt sich beispielsweise mit dem Finden von Flächeninhalten, die durch die Graphen von Funktionen begrenzt werden. Sie werden lernen, wie man diese Methoden in der Praxis einsetzen kann, um beispielsweise auch das Volumen einer Weinflasche oder eines beliebig anderen Drehkörpers zu bestimmen.

Teil IV: Lineare Algebra

Mein Vielleicht-Lieblingsteil behandelt hauptsächlich das Lösen von Gleichungssystemen. Solche Systeme von Gleichungen spielen in der Praxis eine sehr wesentliche Rolle, wenn es darum geht, komplexe Systeme zu beschreiben. In der Schule haben Sie kennen gelernt, wie man relativ leicht und schnell zwei Gleichungen mit zwei Unbekannten in den Griff bekommt. Ich zeige Ihnen, wie Sie genauso einfach systematisch Systeme mit zehn Gleichungen und zehn Unbekannten lösen können, ohne daran zu verzweifeln. Diese Methoden und Herangehensweisen spielen in der Praxis eine wesentliche Rolle und funktionieren sogar genauso gut für beliebig viele Gleichungen und Unbekannten.

Ein anderes wichtiges, aber auch mit Gleichungssystemen verwandtes Thema ist durch besonders schöne Funktionen, so genannte lineare Abbildungen, gegeben. Diese beschreiben in der Praxis beispielsweise die Bewegungen eines Roboterarms in der Produktion. Ich zeige Ihnen, wie man diese Bewegungen möglichst effektiv darstellen kann und wie man mit ihnen rechnen kann.

Teil V: Grundlagen der Statistik und Wahrscheinlichkeitsrechnung

Dieser Teil führt Sie in die Welt der Stochastik ein. Stochastik ist ein Teilgebiet der Mathematik, das die Wahrscheinlichkeitsrechnung und Statistik umfasst. Ich zeige Ihnen, wie Sie überzeugende Statistiken des täglichen Lebens interpretieren, und vor allem, was Sie aus solchen herauslesen können und auch was eben nicht. Außerdem gebe ich Ihnen Tipps, wie Sie geeignet die Methoden der Statistik benutzen können, um Ihre Ergebnisse geschickt darzustellen – im positiven Sinne natürlich!

Teil VI: Fortgeschrittene Statistik und Wahrscheinlichkeitsrechnung

Dieser Teil setzt den vorhergehenden fort. Wir betrachten etwas weitergehende Methoden zur Beschreibung von praktischen Vorgehensweisen und nehmen die immer wieder auftauchenden Wahrscheinlichkeitsverteilungen etwas genauer unter die Lupe.

Teil VII: Der Top-Ten-Teil

Dieser Teil besteht aus zwei Kapiteln. Im ersten zeige ich Ihnen zehn beliebte Fehler in der Stochastik. Glauben Sie mir, Sie werden überrascht sein, wie oft man sich im täglichen Leben einfach übers Ohr hauen lässt, da gewisse Behauptungen doch so wunderbar schlüssig erscheinen.

Das zweite Kapitel in diesem Teil gibt Ihnen zehn wirklich gut gemeinte Ratschläge, die Sie immer und besonders am Anfang eines Kurses beherzigen sollten. Diese Lebensweisheiten erzähle ich in jedem neuen Kurs und jedes Mal denke ich, dass es nicht nötig gewesen wäre, doch dennoch gibt es immer wieder Fälle, die mir das Gegenteil beweisen. Lassen Sie sich unterhalten, doch nehmen Sie bitte die Ratschläge ernst.

Anhang

In diesem Abschnitt finden Sie drei wichtige Tabellen (über Wahrscheinlichkeitsverteilungen), die Sie in der Statistik und Wahrscheinlichkeitsrechnung immer wieder benötigen.

Symbole, die in diesem Buch verwendet werden

Sie werden an vielen Stellen in diesem Buch Symbole am linken Rand einer Seite entdecken. Ich verwende vier verschiedene, um Ihre Aufmerksamkeit auf besonders wichtige Informationen zu lenken. Die Bedeutung dieser Symbole möchte ich Ihnen jetzt erläutern.

Dieses Symbol kennzeichnet wichtige Hinweise, Tipps und auch Ideen, die Ihnen das Leben in der mathematischen Welt erleichtern werden. Dies können Eselsbrücken oder praktische Vorgehensweisen sein. Manchmal finden Sie auch sehr einfache, aber dennoch wichtige Zusammenhänge zwischen einzelnen mathematischen Begriffen.

Dieses Symbol deutet auf Begriffserklärungen hin. Es werden auch mathematische Objekte genau angegeben – sie werden definiert. Manchmal finden Sie auch nachhaltig einzuprägende Ideen und Zusammenhänge. Sie werden dieses Symbol sehr häufig in diesem Buch finden.

Dieses Symbol weist auf eine beliebte Fehlerquelle hin. Verstehen Sie es wie ein *Achtung*-Zeichen. In der Vorlesung würden Sie mich an solchen Stellen laut und deutlich sagen hören: *Aufpassen!* Konzentrieren Sie sich bitte an diesen Stellen besonders, um nicht ähnliche Fehler zu machen wie auch schon viele Generationen vor Ihnen. Lernen Sie auch aus den Fehlern anderer.

Dieses Symbol gibt Ihnen die Möglichkeit, einen Hauch der wahren Mathematik hinter den Konzepten zu spüren. Sie werden merken, dass Mathematik schnell technisch werden kann und wir gemeinsam viel Energie aufwenden müssten, um uns da durchzuarbeiten. In der Regel dienen die technischen Zusammenhänge hinter diesem Symbol als Information für den interessierten Leser. Wenn Sie dies nicht sofort verstehen, dann können Sie dennoch beruhigt weiterlesen, ohne den Anschluss verpasst zu haben.

Wie es weitergeht

Dieses Buch ist modular aufgebaut, das heißt, Sie können geschickt zwischen den einzelnen Themenbereichen springen, wenn Sie sich nur einen kleinen Überblick verschaffen möchten. Ich zeige Ihnen kurz, welche Kapitel dennoch zusammenhängen.

In den ersten beiden Kapiteln können Sie noch einmal die mathematischen Grundlagen wiederholen, die Sie größtenteils aus der Schule kennen und (hoffentlich) lieben gelernt haben. Nutzen Sie ruhig noch einmal die Chance der Auffrischung. Sollten Sie sich aber noch fit fühlen, können Sie auch in Kapitel 3 einsteigen. Dort zeige ich Ihnen die ersten analytischen Zusammenhänge in Bezug auf elementare Funktionen.

In Kapitel 4 und 5 geht es ums Ableiten, in Kapitel 7 und 8 ums Integrieren. Beides können Sie unabhängig voneinander verstehen, wobei ich die vorgegebene Reihenfolge empfehlen möchte. Kapitel 6 gibt Ihnen einen Überblick über die Folgen und Reihen mit all den hilfreichen Kriterien. Es ist relativ unabhängig von den restlichen Kapiteln aus den Teilen II und III, außer dass es ein, zwei Kriterien gibt, die Methoden aus denselben anwenden. Grundsätzlich müssen Sie aber für dieses Kapitel kein Analysisexperte sein, um es zu verstehen.

Die Kapitel 9, 10 und 11 bauen aufeinander auf. Sie entwickeln die lineare Algebra. Das Kapitel 12 ist eine Anwendung der Anfangskonzepte in Kapitel 9 und kann auch schnell getrennt von den restlichen Kapiteln durchgearbeitet werden. Komplexe Zahlen spielen in den Anwendungen der Mathematik eine wesentliche Rolle.

Kapitel 13 gibt Ihnen einen Überblick über die wichtigsten Hilfsmittel in der Statistik. Lesen Sie dies, um einen Eindruck zu bekommen, worum es überhaupt geht. In den folgenden drei Kapiteln werden diese Begriffe und Darstellungsformen dann im Detail ausführlich und an vielen Beispielen erläutert.

Die Kapitel 17 und 18 führen Sie in die Wahrscheinlichkeitsverteilungen ein, die Sie benötigen, um die reale Welt mittels mathematischer Methoden nachzubilden. Dieser Prozess ist wichtig, denn nur wenn Sie wissen, was möglich ist, können Sie Probleme aus der Praxis richtig innerhalb der Mathematik modellieren und so zu einer Lösung kommen.

Es ist viel Stoff auf den folgenden Seiten untergebracht. Ich habe mir Mühe gegeben, dies unterhaltsam und doch inhaltsreich für Sie aufzuarbeiten. Seien Sie gespannt und folgen Sie mir …

Teil I

Algebraische und analytische Grundlagen

In diesem Teil ...

Im ersten Teil zeige ich Ihnen noch einmal die Grundlagen der Mathematik auf. Diese Grundlagen werden an Beispielen ausführlich erklärt, nur kurz genannt oder auch nur angerissen. Sie werden das meiste in diesem ersten Kapitel schon einmal gehört haben, werden aber feststellen, dass Ihnen die Aufgaben in der Regel Schwierigkeiten bereiten, sie selbstständig zu lösen. Die Grundlagen der Grundlagen spreche ich im ersten Kapitel an. Im zweiten Kapitel gebe ich Ihnen alles Wissenswerte über Mengenlehre, Prozent- und Zinsrechnung an die Hand. Im dritten Kapitel wiederhole ich mit Ihnen die wichtigsten, im Alltag auftauchenden Funktionen.

Die Krabbelkiste der Mathematik

In diesem Kapitel

- Logische Verknüpfungen und Aussagen
- Zahlbereiche unterscheiden können
- Rechnen mit Brüchen, Potenzen und Wurzeln
- Gleichungen und Ungleichungen auflösen können
- Betrags(un)gleichungen auflösen können

Ich habe lange überlegt, was ich in diese Krabbelkiste hineinlege. Es gibt viele mathematische Voraussetzungen, die so grundlegend sind, dass Sie jeder von Ihnen wissen sollte. Ich müsste Ihnen eigentlich nichts mehr über Bruchrechnung erzählen, aber ich möchte, dass Sie sicher im Umgang mit Brüchen sind. Prozentrechnung ist Bestandteil des täglichen Lebens – eine kurze Wiederholung schadet nicht. Gleichungen und Ungleichungen spielen in der Mathematik (und auch in den späteren Kapiteln) eine große Rolle. Ich setze diese Dinge ab Kapitel 2 voraus, lesen Sie bitte nicht darüber hinweg. Nehmen Sie sich Zeit für dieses erste Kapitel.

Logische Grundlagen

Die Mathematische Logik ist ein Grundbestandteil der Mathematik. Wenn Sie einen Mathematiker sprechen hören, dann definiert er Begriffe, die er dann im Weiteren verwendet, insbesondere auch in mathematischen Aussagen, die er behauptet und beweist.

Wahre und falsche Aussagen

Eine solche Aussage kann sich hinreichend kompliziert gestalten und dieses Buch wimmelt vor Aussagen, durch die ich Sie schrittweise führen werde. Die Aussagen, die ich hier in diesem Buch behaupte, so behaupte ich jetzt hier, sind alle wahr, also nicht falsch. Und hier erkennen Sie eine der wesentlichen Eigenschaften von mathematischen Aussagen: Man kann ihnen einen so genannten Wahrheitswert zuordnen, nämlich entweder »wahr« oder »falsch«. So ist die Aussage *Sonntag ist ein Wochentag* eine wahre Aussage.

Manchmal jedoch hängt dieser Wahrheitswert vom jeweiligen Auge des Betrachters ab. So ist die Aussage *Sonntags arbeite ich nicht* für die meisten Arbeitnehmer wahr, aber dennoch bin ich froh, dass der Bäcker meines Vertrauens mich jeden Sonntag mit frischen Brötchen versorgt. Für diese Angestellten ist die obige Aussage nicht immer wahr.

In der Mathematik werden Sie häufig sehen, dass viele Objekte mit Buchstaben, so genannten *Variablen*, abgekürzt werden. Dabei verwendet man fast alle Buchstaben, die man so finden kann – große und kleine, dabei jeweils lateinische ($a, b, c, \ldots$) und griechische ($\alpha, \beta, \gamma, \ldots$), selbst vor kyrillischen Buchstaben (а, б, в, …) scheut man sich heute nicht mehr.

Aussagen verknüpfen

Im Folgenden verwende ich lateinische Großbuchstaben für Aussagen: A, B usw. Es gibt einfache Verknüpfungen zwischen Aussagen, die Sie immer wieder benötigen werden.

Bezeichnung	Symbole	Sprechweise
Negation	$\neg A$	Nicht A
Konjunktion	$A \wedge B$	A und B
Disjunktion	$A \vee B$	A oder B
Implikation	$A \rightarrow B$	Aus A folgt B
Äquivalenz	$A \leftrightarrow B$	A genau dann, wenn B

Tabelle 1.1: Die aussagenlogischen Verknüpfungen

- Die *Negation* $\neg A$ ist wahr, wenn die Aussage A falsch ist, und umgekehrt.

- Die *Konjunktion* $A \wedge B$ ist wahr, wenn *beide* Teilaussagen A und B wahr sind, und falsch in allen anderen drei Fällen.

- Die *Disjunktion* $A \vee B$ ist wahr, wenn *mindestens eine* Teilaussage A oder B wahr ist, und sie ist nur falsch, wenn beide Teilaussagen falsch sind.

- Die *Implikation* ist eine einfache, aber dennoch meistens verkannte Verknüpfung. Sie ist nur falsch, wenn aus der wahren Aussage A eine falsche Aussage B gefolgert wird, aber ansonsten wahr!

- Die *Äquivalenz* $A \leftrightarrow B$ besagt, dass die Aussage A den gleichen Wahrheitswert hat wie die Aussage B – das heißt, beide sind wahr oder beide sind falsch.

Einige Beispiele: Die Aussage $1 \leq 2$ bezeichnen wir jetzt mit A. Damit ist A eine wahre Aussage. Die Negation $\neg A$ ist also die Aussage $1 > 2$ und somit offenbar falsch. Zusammen mit den Aussagen B beziehungsweise C gegeben durch $1 \cdot 1 = 2$ beziehungsweise $1 + 1 = 2$ ist die Aussage $A \wedge B$, also $1 \leq 2 \wedge 1 \cdot 1 = 2$, falsch, da B eine falsche Aussage ist, aber $A \wedge C$, also $1 \leq 2 \wedge 1 + 1 = 2$, wahr, da sowohl A als auch C wahr sind. Weiterhin sind die Aussagen $A \vee B$ und $A \vee C$, also $1 \leq 2 \vee 1 + 1 = 2$ und $1 \leq 2 \vee 1 \cdot 1 = 2$ beide wahr, denn mindestens ein Bestandteil ist wahr.

Jetzt bitte aufpassen! Die Implikation $A \rightarrow C$ und $B \rightarrow A$, also $1 \leq 2 \rightarrow 1 + 1 = 2$ und $1 \cdot 1 = 2 \rightarrow 1 \leq 2$, sind wahr, aber die Aussage $A \rightarrow B$, also $1 \leq 2 \rightarrow 1 \cdot 1 = 2$, ist falsch! Dagegen ist die Aussage $A \leftrightarrow C$ und auch $A \leftrightarrow \neg B$ wahr, also $1 \leq 2 \leftrightarrow 1 + 1 = 2$ und $1 \leq 2 \leftrightarrow 1 \cdot 1 \neq 2$.

Insbesondere sehen Sie, dass die beiden Bedingungen links und rechts von einem (Doppel-)Pfeil nicht unbedingt etwas miteinander zu tun haben müssen.

Folgende Äquivalenzen werden Ihnen das Leben erleichtern:

- Die Aussage $\neg\neg A$ ist äquivalent zu A.
- Die Implikation $A \to B$ ist äquivalent zu $\neg A \vee B$ und ebenfalls zu $\neg B \to \neg A$.
- Die Äquivalenz $A \leftrightarrow B$ ist äquivalent zu $\neg A \leftrightarrow \neg B$ und vor allem auch zu $(A \to B) \wedge (B \to A)$.
- Es ist $\neg(A \wedge B)$ äquivalent zu $\neg A \vee \neg B$.
- Es ist $\neg(A \vee B)$ äquivalent zu $\neg A \wedge \neg B$.

Ein Beispiel: Wenn Sie sich in den reellen Zahlen bewegen, dann ist die Aussage $x^2 = 4$ äquivalent zu der Aussage $x = -2 \vee x = 2$. Wenn Sie allerdings nur die natürlichen Zahlen betrachten, dann gibt es dort keine negativen Zahlen. Dann gilt sogar $x^2 = 4 \leftrightarrow x = 2$, das heißt, Sie müssen immer genau wissen, über welche Zahlbereiche Ihre Variablen laufen.

In mathematischen Aussagen kommen sehr häufig Äquivalenzen vor; meistens in der ausgeschriebenen Form: *Es gilt genau dann A, wenn B gilt.* Insbesondere stecken darin die beiden Implikationen *Wenn A, dann auch B* und *Wenn B, dann auch A*.

Eine Implikation $A \to B$ sagt also nichts über B aus, wenn A falsch ist! Mein Lieblingsbeispiel ist das folgende: *Wenn es morgen regnet, nehme ich meinen Schirm mit.* Dies sagt nichts darüber aus, ob ich meinen Schirm mitnehme oder nicht, wenn morgen die Sonne scheint. Insbesondere verbietet mir diese Aussage es auch nicht, den Schirm beim Sonnenschein mitzunehmen. Ein solches Verbot hätte ich bei der Formulierung: *Genau dann, wenn es morgen regnet, nehme ich meinen Schirm mit* oder gleichbedeutend *Ich nehme meinen Schirm genau dann mit, wenn es morgen regnet.* Machen Sie sich den Unterschied zwischen einer Implikation und einer Äquivalenz klar!

Quantoren in den Griff bekommen

Wenn Sie tiefer in die Mathematik einsteigen, kommen Sie an bestimmten Schreibweisen nicht vorbei. So werden häufig die so genannten *Quantoren* $\forall$ und $\exists$ verwendet. Hierbei bedeutet das auf dem Kopf stehende »A« die Wortgruppe »für alle« und das gespiegelte »E« die Wortgruppe »es existiert«.

Ein Beispiel: Die Aussage $\forall x\,(x^2 \geq 0)$ über den reellen Zahlen besagt, dass das Quadrat einer beliebigen reellen Zahl nicht negativ ist. Dagegen besagt die Aussage $\forall x \exists y\,(x + y = 0)$, dass es zu jedem x ein y gibt, so dass die Summe beider Variablen $x + y$ gerade 0 ist.

Achten Sie immer auf die *Reihenfolge von Quantoren*, denn die Änderung derselben führt in der Regel zu einer nicht äquivalenten Aussage.

So ist es ein Unterschied, ob es zu jedem x ein y gibt oder ob es ein einziges y gibt, so dass für alle x eine Aussage gilt.

Ein Beispiel: Betrachten Sie die Aussage $\forall x \exists y (x < y)$ und $\exists x \forall y (x < y)$ über den reellen Zahlen. Die erste Aussage besagt, dass es zu jeder Zahl eine größere gibt – das ist sicherlich wahr. Die zweite dagegen behauptet, dass es eine Zahl gibt, so dass alle Zahlen größer sind als die vorgegebene – das ist mit Sicherheit falsch!

Zahlen und Fakten

Es gibt viele Gesetze, die ich nennen könnte, aber dies soll keine Formelsammlung werden. Stattdessen möchte ich vor allem auf die Schummelseiten vorn in diesem Buch verweisen, die wesentliche Fakten, Regeln und Gesetze enthalten. Ein paar Dinge bleiben aber noch zu erwähnen.

Die Zahlbereiche im Visier

Wenn Sie in der Grundschule rechnen gelernt haben, dann haben Sie angefangen, die Zahlen aufzuzählen als: $1, 2, 3, 4, \ldots$. Nie konnten Sie ahnen, dass da noch etwas kommen wird. Diese Zahlen werden *natürliche Zahlen* genannt und mit dem Symbol $\mathbb{N}$ abgekürzt. Ehrlich gesagt, zähle ich die 0 noch dazu, aber Sie finden genauso viele Bücher, in denen 0 eine natürliche Zahl ist, wie andere, in denen sie es nicht ist. Das ist mathematische Kosmetik. Unabhängig davon können Sie in den natürlichen Zahlen addieren und multiplizieren, aber nur eingeschränkt subtrahieren und fast gar nicht dividieren.

Wenn Sie die natürlichen Zahlen alle noch einmal kopieren, an der 0 spiegeln und vor jede dieser Kopien ein Minuszeichen schreiben, dann erhalten Sie die *ganzen Zahlen*, nämlich: $\ldots, -4, -3, -2, -1, 0, 1, 2, 3, 4, \ldots$. Diese kürzen Sie mit $\mathbb{Z}$ ab. Im Unterschied zu den natürlichen Zahlen gibt es hier keine kleinste Zahl. Dafür können Sie weiterhin addieren, multiplizieren und sogar subtrahieren – nur dividieren ist immer noch kaum möglich.

Die *rationalen Zahlen* haben die Gestalt $\frac{p}{q}$, wobei p eine natürliche und $q \neq 0$ eine ganze Zahl ist. Das sind die Brüche, die wir alle so lieben und die ich Ihnen im Abschnitt *Bruchrechnung überleben* weiter hinten in diesem Kapitel näher bringen werde. Hier können Sie nun endlich addieren, multiplizieren, subtrahieren und dividieren. Diese Zahlen kürzen Sie mit $\mathbb{Q}$ ab.

Der eigentliche, uns immer wieder interessierende Zahlbereich ist die Menge der *reellen Zahlen*, abgekürzt mit $\mathbb{R}$. Auch hier können Sie addieren, subtrahieren, multiplizieren und dividieren. Ein wesentlicher Unterschied zu den rationalen Zahlen ist, dass Sie hier nun aus allen positiven Zahlen Wurzeln ziehen können. Das liegt unter anderem daran, dass die reellen Zahlen im Gegensatz zu den rationalen Zahlen *vollständig* sind – das bedeutet grob gesagt, dass die rationalen Zahlen zwar sehr dicht gesät sind, aber erst durch die reellen Zahlen schließlich die Lücken gefüllt werden.

1 ➤ Die Krabbelkiste der Mathematik

Im Kapitel 12 werden Sie darüber hinaus die *komplexen Zahlen* kennen lernen, abgekürzt mit $\mathbb{C}$. Diese spielen aber im gesamten Buch sonst keine Rolle, da wir jeweils nicht so tief in die Materie hineinsteigen werden. Die Anwendungen dieser Zahlen sind allerdings weitreichend.

Diese fünf Zahlbereiche erweitern sich in der Reihenfolge ihrer Nennung, das heißt natürliche Zahlen sind auch ganze Zahlen, die wiederum rationale Zahlen sind und selbst wieder als reelle und sogar komplexe Zahlen aufgefasst werden können.

Aufgaben mit Klammern richtig lösen

Hier gibt es nicht viel zu erläutern, aber wenn ich es nicht erkläre, dann fehlt es. Da die Addition und die Multiplikation assoziativ sind, können Klammern meistens weggelassen werden. Sie müssen also nicht $((0+(1+2)+(3+4))+5)$ schreiben, sondern können dies einfach als $0+1+2+3+4+5$ notieren. Allerdings müssen Sie aufpassen, wenn Sie subtrahieren, denn: *Steht ein Minuszeichen vor der Klammer, ändern sich alle Zeichen in der Klammer!* Das bedeutet, aus einem Pluszeichen innerhalb der Klammer wird beim Weglassen ein Minuszeichen und umgekehrt, das heißt:

$-(-1+2+3-4-5)$ ist das Gleiche wie $1-2-3+4+5$.

Klammern werden dann interessant, wenn Sie damit eine Reihenfolge zwischen verschiedenen Operationen festlegen. So ist $1+2\cdot 3 = 1+(2\cdot 3) = 7$, aber natürlich gilt $(1+2)\cdot 3 = 9$. Im ersten Fall habe ich eine weitere Regel verwendet, nämlich *Punktrechnung geht vor Strichrechnung* – erinnern Sie sich an Ihre Schulzeit?

Das Summenzeichen

In der Mathematik geht es oft darum, komplizierte Zusammenhänge geschickt kompakt darzustellen. Dieses Prinzip werden Sie immer wieder erkennen – nicht immer wird es Ihnen im ersten Moment verständlich sein, da Sie erst die Symbole lesen lernen müssen, aber auf den zweiten oder dritten Blick werden Sie mir recht geben.

Genauso schreibt man $\sum_{i=0}^{n} a_i = a_0 + a_1 + \cdots + a_{n-1} + a_n$. Manchmal schreibt man diese Summe auch als $\sum_{i=0}^{n} a_i$. Dies nimmt aber sehr viel Platz weg und so bevorzuge ich die erste Schreibweise.

Ein Beispiel: Es gilt

$$\sum_{i=0}^{3} 2i+1 = (2\cdot 0+1)+(2\cdot 1+1)+(2\cdot 2+1)+(2\cdot 3+1)$$
$$= 1+3+5+7 = 16$$

Natürlich müssen Sie nicht immer bei 0 starten. So ist $\sum_{i=4}^{6} i = 4+5+6 = 15$.

Bruchrechnung überleben

Brüche – Sie kommen nicht daran vorbei. Natürlich haben Sie immer Ihre Geheimwaffe, den Taschenrechner, griffbereit, aber glauben Sie mir, erstens ist es in der Regel gut zu wissen, was man eigentlich hier macht, und zweitens, Sie werden sie im Verlaufe des Buches an mehreren Stellen benötigen. Und so schwer ist es nun auch nicht!

Einen Bruch $\frac{1}{2}$, $-\frac{7}{18}$ oder eben $\frac{a}{b}$ für ganze Zahlen a,b könnten Sie auch mittels der Division schreiben, also $\frac{1}{2} = 1 : 2$ sowie $-\frac{7}{18} = (-7) : 18 = 7 : (-18)$ und schließlich $\frac{a}{b} = a : b$. Das ist einfach. In einem Bruch $\frac{a}{b}$ nennt man a den Zähler und b den Nenner. Entscheidend sind die Rechengesetze, die ich im Folgenden wiederhole.

Einen Bruch können Sie immer einfach *erweitern*, das heißt, bei der Multiplikation des Zählers und des Nenners mit der gleichen Zahl ändert sich der Bruch nicht: Es gilt $\frac{a}{b} = \frac{c \cdot a}{c \cdot b}$. Sie dürfen daher auch einfach einen gemeinsamen Faktor herausstreichen, also *kürzen*, ohne den Bruch zu ändern.

Ein Beispiel: Es gilt $\frac{1}{2} = \frac{2}{4} = \frac{200}{400}$, aber auch $\frac{15}{3} = \frac{3 \cdot 5}{3} = 5$.

Ein letzter einführender Begriff sei erlaubt – der *Kehrwert* oder das *Reziproke*: Für $\frac{a}{b}$ nennt man $\frac{b}{a}$ das Reziproke.

Addition von Brüchen: Für zwei Brüche $\frac{a}{b}$ und $\frac{c}{d}$ gilt $\frac{a}{b} + \frac{c}{d} = \frac{ad+bc}{bd}$ oder finden Sie den Hauptnenner und erweitern Sie!

Ein Beispiel: Es gilt $\frac{1}{2} + \frac{3}{4} = \frac{1 \cdot 4 + 2 \cdot 3}{2 \cdot 4} = \frac{10}{8} = \frac{5}{4}$. Sie könnten auch erst die beiden Einzelbrüche auf das *kleinste gemeinsame Vielfache* erweitern: $\frac{1}{2} + \frac{3}{4} = \frac{2}{4} + \frac{3}{4} = \frac{5}{4}$.

Die Subtraktion muss ich nicht weiter einführen, da diese durch die Addition bereits klar ist, denn $\frac{a}{b} - \frac{c}{d} = \frac{a}{b} + \left(-\frac{c}{d}\right)$.

Multiplikation von Brüchen: Für zwei Brüche $\frac{a}{b}$ und $\frac{c}{d}$ gilt $\frac{a}{b} \cdot \frac{c}{d} = \frac{a \cdot c}{b \cdot d}$.

Das ist so leicht, wie es aussieht. Es gilt: $\frac{1}{2} \cdot \frac{3}{4} = \frac{1 \cdot 3}{2 \cdot 4} = \frac{3}{8}$.

Division von Brüchen: Für zwei Brüche $\frac{a}{b}$ und $\frac{c}{d}$ gilt $\frac{\frac{a}{b}}{\frac{c}{d}} = \frac{a}{b} : \frac{c}{d} = \frac{a}{b} \cdot \frac{d}{c}$. Die Division von zwei Brüchen ist gleich der Multiplikation mit dem Reziproken.

Das ist auch leicht, aber die meisten tun sich damit schwer.

Noch ein Beispiel: So gilt $\frac{\frac{1}{2}}{\frac{3}{4}} = \frac{1}{2} : \frac{3}{4} = \frac{1}{2} \cdot \frac{4}{3} = \frac{4}{6} = \frac{2}{3}$.

Mehr ist es nicht! Versuchen Sie es selbst an verschiedenen, selbst gewählten Beispielen.

Wenn ich Sie bis hierher von der Leichtigkeit überzeugt habe, dann lassen Sie mich noch einen daraufsetzen und Variablen ins Spiel bringen – keine Angst, das Prinzip ist das gleiche.

Und noch ein Beispiel: Berechnen Sie die Summe, das Produkt und den Quotienten von $\frac{a}{2}$ und $\frac{3b}{a^2}$. Sie rechnen daher ganz in Ruhe $\frac{a}{2} + \frac{3b}{a^2} = \frac{a \cdot a^2 + 2 \cdot 3b}{2a^2} = \frac{a^3 + 6b}{2a^2}$ sowie $\frac{a}{2} \cdot \frac{3b}{a^2} = \frac{3ab}{2a^2} = \frac{3b}{2a}$ und schließlich $\frac{\frac{a}{2}}{\frac{3b}{a^2}} = \frac{a}{2} : \frac{3b}{a^2} = \frac{a}{2} \cdot \frac{a^2}{3b} = \frac{a^3}{6b}$. Auch nicht wirklich schwieriger, oder?

Denken Sie immer daran, dass Sie nichts aus Summen und Differenzen kürzen – also konkret: In dem Bruch $\frac{a^3+6b}{2a^2}$ können Sie *nichts* kürzen!

Manchmal sehen Sie auch *gemischte Zahlen*, beispielsweise $1\frac{1}{3}$. Dann handelt es sich um eine verkürzte Form von $1 + \frac{1}{3}$. Da man dies auch mit einem weggelassenen Multiplikationszeichen verwechseln kann, benutzen Sie diese Schreibweise sehr vorsichtig, es gilt $1\frac{1}{3} = \frac{3}{3} + \frac{1}{3} = \frac{4}{3}$.

Potenzen und Wurzeln

Folgen Sie mir weiter zu den *Potenzen*. Jeder kennt sie – es gilt $3^2 = 9$ und $2^3 = 8$. Potenzen können Sie zunächst einfach als Kurzschreibweise der Multiplikation betrachten, das macht das Leben einfacher:

Es gilt für *natürliche* Zahlen n einfach $a^n = \underbrace{a \cdot \ldots \cdot a}_{n\text{-mal}}$. Damit sind die einfachsten Potenzen festgelegt. Hierbei haben Sie bei a^n die *Basis a* und den *Exponenten n*. Für einen *negativen Exponenten* setzen Sie a^{-n} als $\frac{1}{a^n}$ an.

Damit können Sie auch gleich über *Wurzeln* sprechen. Es gilt $\sqrt{16} = 4$ aber auch $\sqrt[3]{8} = 2$. Dabei ist eine solche allgemeine Wurzel $\sqrt[n]{a}$ für natürliche Zahlen $n > 0$ über die bisher beschriebenen Potenzen definiert – es gilt nämlich genau dann $\sqrt[n]{a} = b$, wenn $b^n = a$. In dem Term $\sqrt[n]{a}$ nennt man n wieder den *Exponenten* und a den *Radikanten*.

Mithilfe dieser allgemeinen Wurzeln können Sie nun noch allgemeine Potenzen definieren, genauer gesagt Potenzen mit rationalem Exponenten: Es gilt nämlich für eine ganze Zahl n und eine natürliche Zahl m genau dann $a^{\frac{n}{m}} = b$, wenn $\sqrt[m]{b} = a^n$.

Ein Beispiel: $\sqrt[3]{\left(\frac{1}{27}\right)^2} = \left(\frac{1}{27}\right)^{\frac{2}{3}} = \left(\left(\frac{1}{27}\right)^{\frac{1}{3}}\right)^2 = \left(\frac{1}{27^{\frac{1}{3}}}\right)^2 = \left(\frac{1}{\sqrt[3]{27}}\right)^2 = \left(\frac{1}{3}\right)^2 = \frac{1}{3^2} = \frac{1}{9}$

Wichtige Rechengesetze für Potenzen und Wurzeln:

$a^n \cdot a^m = a^{n+m}$ $\quad\quad$ $\frac{a^n}{a^m} = a^{n-m}$ $\quad\quad$ $\sqrt[n]{a^n} = \left(\sqrt[n]{a}\right)^n = a$

$a^n \cdot b^n = (ab)^n$ $\quad\quad$ $\frac{a^n}{b^n} = \left(\frac{a}{b}\right)^n$ $\quad\quad$ $\sqrt[n]{\sqrt[m]{a}} = \sqrt[n \cdot m]{a}$

$\left(a^n\right)^m = a^{n \cdot m}$ $\quad\quad$ $a^0 = 1$ $\quad\quad$ $\frac{a}{\sqrt{a}} = \frac{\sqrt{a} \cdot \sqrt{a}}{\sqrt{a}} = \sqrt{a}$

$\sqrt[n]{1} = 1$ $\quad\quad$ $\frac{\sqrt[n]{a}}{\sqrt[n]{b}} = \sqrt[n]{\frac{a}{b}}$ $\quad\quad$ $\sqrt[n]{a} \cdot \sqrt[n]{b} = \sqrt[n]{a \cdot b}$

Einfache (Un-)Gleichungen und Beträge auflösen

Gleichungen und Ungleichungen (mit oder ohne Beträge) werden Sie in allen Bereichen der Mathematik wiederfinden.

Gleichungen in Angriff nehmen

Gleichungen können ganz unterschiedliche Struktur haben. Es gibt ganz einfache Gleichungen – wie die *linearen* Gleichungen in *einer* Unbekannten, zum Beispiel $3x + 4 = 13$, oder *lineare* Gleichungen in *zwei* Unbekannten, zum Beispiel $3y - 6x = 3$. Dann kann die Unbekannte aber auch in höheren Potenzen auftauchen, wie in *quadratischen* Gleichungen, zum Beispiel: $x^2 + 2 = 3x$. Wie Sie sehen, Gleichungen können schnell recht kompliziert werden: Ich könnte Ihnen quadratische Gleichungen in mehreren Unbekannten oder gar kubische oder noch höhere Potenzen anbieten – aber das ist wirklich viel komplizierter. Konzentrieren Sie sich zunächst auf die drei einfachen Fälle: lineare Gleichungen in einer Unbekannten, lineare Gleichungen in zwei Unbekannten und quadratische Gleichungen in einer Unbekannten.

Lineare Gleichungen in einer Unbekannten

Ein Beispiel: Eine Gleichung der Form $3x + 4 = 13$ ist sehr leicht zu lösen. Sie ziehen auf beiden Seiten die 4 ab und erhalten $3x = 9$ und nun dividieren Sie durch den Koeffizienten vor dem x, nämlich durch 3, und erhalten die Lösung $x = 3$. Sie können die Probe machen, indem Sie die Lösung für die Unbekannte einsetzen und prüfen, ob eine wahre Aussage herauskommt: $3 \cdot 3 + 4 = 9 + 4 = 13$. Stimmt also.

Wenn Sie auf beiden Seiten einer Gleichung das Gleiche addieren beziehungsweise subtrahieren oder wenn Sie auf beiden Seiten der Gleichung mit einer von 0 verschiedenen Zahl multiplizieren oder durch eine solche dividieren, ändern Sie nicht das Lösungsverhalten (beziehungsweise die Lösungsmenge) der Gleichung.

Durch dieses erlaubte Umformen können Sie schrittweise die Unbekannte auf eine Seite und den Rest auf die andere Seite der Gleichung bringen und somit die Lösung ablesen.

Noch ein Beispiel: Wenn die Gleichung in der Unbekannten x und einem Parameter a gegeben ist als $3x + 4a = 18$, dann lösen Sie diese genauso: Ziehen Sie die $4a$ auf beiden Seiten ab und teilen Sie das Ergebnis auf beiden Seiten durch 3. Sie erhalten schließlich: $x = \frac{1}{3}(18 - 4a)$ beziehungsweise $x = 6 - \frac{4}{3}a$.

Ein Parameter ist einfach eine Variable, nach der Sie nicht suchen, sondern die von außen als Eingabe vorgegeben werden kann. Mit einem Parameter in einer Gleichung rechnen Sie wie mit einer Zahl. Nur bei der Division müssen Sie aufpassen, dass dieser nicht 0 werden kann.

Und noch ein Beispiel: Betrachten Sie die Gleichung $ax + 4 = 13$. Dann ist dies ein Sonderfall für das allererste Beispiel – dort war $a = 3$. Sie ziehen wieder die 4 auf beiden Seiten ab und erhalten $ax = 9$. Jetzt müssen Sie zwei Fälle unterscheiden – nämlich $a = 0$ und $a \neq 0$.

Die Methode der *Fallunterscheidung* ist wesentlich in der Mathematik und insbesondere auch hier beim Lösen von (Un-)Gleichungen.

Im *ersten Fall*, $a = 0$, ist natürlich $ax = 0 \cdot x = 0$, und zwar unabhängig, welchen Wert x annehmen würde, das heißt, die Gleichung reduziert sich auf die Form $0 = 9$ und dies ist eine falsche Aussage. Es gibt keine Lösung für diesen Fall.

Im *zweiten Fall* ist $a \neq 0$, so dass Sie durch a teilen können. So erhalten Sie die Gleichung $x = \frac{9}{a}$. Dies ist die Lösung und diese deckt sich auch mit unserer obigen Lösung, denn für $a = 3$ ist dann $x = \frac{9}{3} = 3$.

Zahnräder im Getriebe

In einem Getriebe stehen sich zwei Zahnräder gegenüber – das eine hat 12, das andere 30 Räder. Wie schnell dreht sich das größere, wenn das kleinere 1600 Umdrehungen pro Minute macht?

Dies entspricht offenbar einem umgekehrten Proportionsverhältnis. Es gilt also die Gleichung: $\frac{12}{30} = \frac{x}{1600}$. Nach der Unbekannten umgestellt erhalten Sie $x = \frac{12 \cdot 1600}{30} = 640$. Das größere Zahnrad dreht sich also 640 Mal in der Minute.

Lineare Gleichungen in zwei Unbekannten

Mit den Vorüberlegungen aus dem letzten Abschnitt ist dieses Thema leicht abzuhandeln. Betrachten Sie die Gleichung $3y - 6x = 3$ in den Unbekannten x und y. Dann können Sie diese Gleichung genauso umstellen wie vorhin, nur dass Sie sich für eine Variable entscheiden müssen. Sie können schreiben $x = \frac{1}{2}y - \frac{1}{2}$, aber auch $y = 2x + 1$. Letzteres wird meistens bevorzugt, denn interpretiert in einem x-y-Koordinatensystem stellt $y = 2x + 1$ eine Gerade dar, wie Sie diese in Abbildung 1.1 sehen können.

Geraden haben allgemein die Form $y = mx + n$ mit dem Anstieg m und dem absoluten Glied n. Wir werden darauf später in Kapitel 9 noch näher und allgemeiner eingehen.

Was hat diese Gerade nun mit dem Lösungsverhalten unserer Gleichung zu tun? Ganz einfach: Jeder Punkt auf der Geraden ist eine Lösung der Gleichung, das heißt, jedes Paar (x, y), wobei die Beziehung $y = 2x + 1$ zwischen beiden besteht, löst die Gleichung $3y - 6x = 3$. Manchmal schreibt man auch die allgemeine Lösung als Paare der Form $(x, 2x + 1)$, wobei x eine beliebige reelle Zahl ist. Insbesondere gibt es unendlich viele Lösungen in diesem Fall.

Solche lineare Gleichungen mit mehreren Unbekannten und sogar mit mehreren Gleichungen werden Hauptgegenstand unserer Betrachtungen im Teil IV dieses Buches sein.

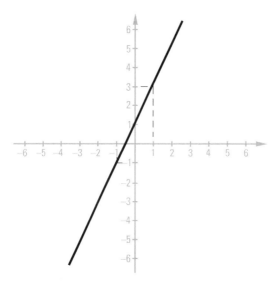

Abbildung 1.1: Die Gerade $y = 2x + 1$ im Koordinatensystem dargestellt

Gemeinsam geht's voran!

Die beiden Brüder Peter und Paul sollen Kirschen pflücken. Peter braucht für den gesamten Baum drei Stunden; Paul ist generell schneller und würde nur zwei Stunden benötigen. Wie schnell wären beide fertig, wenn sie gemeinsam an die Arbeit gingen?

Gesucht ist die Zeit t (in Stunden), die beide gemeinsam benötigen. Peter schafft in einer Stunde ein Drittel, Paul sogar die Hälfte des Baums. Daher stellen Sie die Gleichung auf: $\frac{1}{3}t + \frac{1}{2}t = 1$, denn Sie sind daran interessiert, wann der Baum (ein Baum) abgeerntet ist. Vereinfacht als $\frac{5}{6}t = 1$ und umgestellt nach der Unbekannten erhalten Sie schließlich die Antwort: $t = \frac{6}{5}$, das heißt nach $\frac{6}{5} = 1 + \frac{1}{5}$ Stunden, also nach einer Stunde und zwölf Minuten sind die Brüder fertig. Teamarbeit lohnt sich!

Quadratische Gleichungen in einer Unbekannten

Nicht-lineare Gleichungen sind deutlich schwieriger zu lösen. Quadratische Gleichungen, als die nächste Stufe, haben wir gerade noch im Griff und das kennen Sie auch schon. Sie kennen nämlich die so genannte *p-q-Formel*, die Folgendes besagt:

 Eine quadratische Gleichung $x^2 + px + q = 0$ hat im Fall, dass $\frac{p^2}{4} - q \geq 0$, folgende zwei Lösungen: $x_1 = -\frac{p}{2} + \sqrt{\frac{p^2}{4} - q}$ und $x_2 = -\frac{p}{2} - \sqrt{\frac{p^2}{4} - q}$. Wenn $\frac{p^2}{4} - q < 0$, gibt es keine (reellen) Lösungen.

Ein Beispiel: Was hilft Ihnen diese Regel, wenn Sie etwa die Gleichung $x^2 + 2 = 3x$ vor sich haben? Viel, denn Sie können diese Gleichung auf die *p–q*-Form bringen, indem Sie $3x$ auf beiden Seiten abziehen und ordnen: $x^2 - 3x + 2 = 0$. Damit ist $p = -3$ und $q = 2$. (Achten

Sie auf das Minuszeichen bei p.) Nun ist die Bedingung $\frac{p^2}{4} - q = \frac{(-3)^2}{4} - 2 = \frac{9}{4} - \frac{8}{4} = \frac{1}{4} \geq 0$ erfüllt und so gibt es die beiden Lösungen:

- ✔ $x_1 = -\frac{p}{2} + \sqrt{\frac{p^2}{4} - q} = -\frac{(-3)}{2} + \sqrt{\frac{1}{4}} = \frac{3}{2} + \frac{1}{2} = \frac{4}{2} = 2$
- ✔ $x_2 = -\frac{p}{2} - \sqrt{\frac{p^2}{4} - q} = -\frac{(-3)}{2} - \sqrt{\frac{1}{4}} = \frac{3}{2} - \frac{1}{2} = \frac{2}{2} = 1$

Die Lösungsmenge besteht aus zwei Elementen; hat nämlich die Gestalt $\{1,2\}$.

Noch ein Beispiel: Lösen Sie $x^2 + 2x + 1 = 0$. Sie erkennen sofort, dass $p = 2$ und $q = 1$. Die Bedingung ist auch erfüllt, denn $\frac{p^2}{4} - q = \frac{2^2}{4} - 1 = \frac{4}{4} - \frac{4}{4} = 0 \geq 0$. Die Lösungen ergeben sich dann durch:

- ✔ $x_1 = -\frac{p}{2} + \sqrt{\frac{p^2}{4} - q} = -\frac{2}{2} + \sqrt{0} = -1 + 0 = -1$
- ✔ $x_1 = -\frac{p}{2} - \sqrt{\frac{p^2}{4} - q} = -\frac{2}{2} - \sqrt{0} = -1 - 0 = -1$

Damit besteht die Lösungsmenge aus einem Element, hat nämlich die Gestalt $\{-1\}$.

Und noch ein Beispiel: Betrachten Sie die Gleichung $x^2 + x + 1 = 0$. Dann ist $p = 1$ und $q = 1$, aber die Lösungsbedingung ist nicht mehr erfüllt, denn es gilt: $\frac{p^2}{4} - q = \frac{1^2}{4} - 1 = \frac{1}{4} - \frac{4}{4} = -\frac{3}{4} < 0$. Die Gleichung hat keine (reellen) Lösungen. (In Kapitel 12 werden Sie die komplexen Zahlen kennen lernen und sehen, wie diese Ihnen helfen, solche Aufgaben zu lösen.)

Achten Sie bei Anwendung der p-q-Formel immer darauf, die gegebene quadratische Gleichung auf die p-q-Form zu bringen, das heißt, sie muss die Gestalt $x^2 + px + q = 0$ haben. So können Sie durch Umformen die Gleichung $3x = 6 + 3x^2$ auf die Gestalt $x^2 - x + 2 = 0$ bringen; lesen Sie dann erst die Parameter p und q ab!

Grafisch können Sie Lösungen der Gleichungen der Form $x^2 + px + q = 0$ als Schnittpunkte mit der x-Achse der Funktionen $f(x) = x^2 + px + q$ auffassen. Im ersten Beispiel $x^2 + 2 = 3x$ hat die Funktion $f(x) = x^2 - 3x + 2$ also solche Schnittpunkte in $x = 1$ und $x = 2$. Im zweiten Beispiel $x^2 + 2x + 1 = 0$ hat die Funktion $g(x) = x^2 + 2x + 1$ nur einen solchen Schnittpunkt, nämlich in $x = -1$, und schließlich im dritten Beispiel $x^2 + x + 1 = 0$ hat die Funktion $h(x) = x^2 + x + 1$ keine Schnittpunkte mit der x-Achse. Betrachten Sie dazu die drei Funktionen in Abbildung 1.2.

Ungleichungen in den Griff bekommen

Ungleichungen haben die gleiche Struktur wie Gleichungen, nur dass anstelle des Gleichheitszeichens ein Ungleichheitszeichen steht, also wie in $3x + 4 \leq 13$. Sie behandeln diese auch ähnlich – bis auf eine zusätzliche Sache, die Sie beachten müssen, ist die Herangehensweise die gleiche.

Wenn Sie eine Ungleichung mit einer *negativen Zahl* multiplizieren (oder durch eine solche dividieren), dann dreht sich zusätzlich noch das Ungleichheitszeichen um.

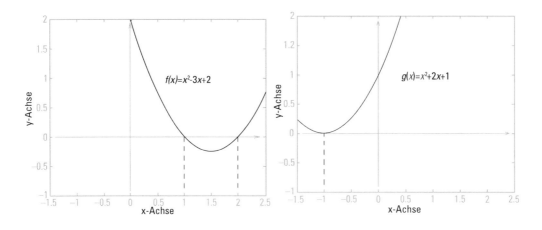

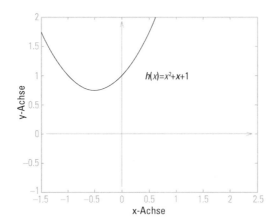

Abbildung 1.2: Quadratische Funktionen im Koordinatensystem

Lineare Ungleichungen im Griff haben

Wenn Sie das obige Beispiel lösen möchten, dann ziehen Sie wieder die 4 ab und teilen durch (die positive) 3 und erhalten schließlich: $x \leq 3$. Das war's. Alle Zahlen, die kleiner oder gleich 3 sind, lösen die Ungleichung $3x + 4 \leq 13$. Fertig!

Spielen wir ein wenig mit diesem Beispiel, um die Materie zu verstehen. Bringen Sie die rechte auf die linke und die linke auf die rechte Seite, so erhalten Sie: $-13 \leq -3x - 4$. Nicht besonders clever, sagen Sie – stimmt. Aber stellen Sie sich vor, das wäre die Ausgangsgleichung. Die Lösung müsste nun aber die gleiche sein. Addieren Sie 4 auf beiden Seiten und so erhalten Sie: $-9 \leq -3x$. Jetzt dividieren Sie durch den noch störenden Faktor, aber Vorsicht – dieser ist nun eine negative Zahl! Sie erhalten nach dem Drehen/Umkehren des Ungleichungszeichens wie gewünscht: $3 \geq x$. Anders geschrieben bedeutet dies aber gerade $x \leq 3$ und Sie erhalten das gleiche Ergebnis!

Quadratische Ungleichungen zähmen

Bei *quadratischen* Ungleichungen wird es schon wieder komplizierter, aber für Sie ist das nun kein Problem mehr.

Einige Beispiele: Betrachten Sie dazu die folgenden Ungleichungen: $x^2 + 2 \leq 3x$, $x^2 + 2x + 1 \leq 0$ und $x^2 + x + 1 \leq 0$.

Zunächst tun Sie so, als ob Sie Gleichungen hätten, und berechnen die Lösungen dafür. Im ersten Fall haben Sie im Abschnitt *Quadratische Gleichungen in einer Unbekannten* weiter vorn in diesem Kapitel bereits die Lösungen $x = 1$ und $x = 2$ herausbekommen. Jetzt müssen Sie überlegen. Entweder liegt der Bereich der gesuchten Lösungen zwischen beiden Lösungen, also $\{x \mid 1 \leq x \leq 2\}$, oder gerade im *Fast*-Komplement $\{x \mid x \leq 1 \text{ oder } x \geq 2\}$. Dazu müssen Sie nur einen Wert aus einer der beiden Mengen testen, der nicht gerade einer der Grenzen ist, also nicht 1 oder 2. Einfach ist in der Regel die 0. Testen Sie: $0^2 + 2 \not\leq 3 \cdot 0$, also liegt die 0 nicht in der Lösungsmenge und somit ist die Lösungsmenge gleich $\{x \mid 1 \leq x \leq 2\}$.

Mit der Schreibweise $\{x \mid 1 \leq x \leq 2\}$ bezeichnet man die Menge aller Zahlen zwischen 1 und 2 (inklusive der Grenzen). Mit $\{x \mid x \leq 1 \text{ oder } x \geq 2\}$ bezeichnet man alle Zahlen, die kleiner gleich 1 oder größer gleich 2 sind.

Im zweiten Beispiel $x^2 + 2x + 1 \leq 0$ hatte die dazugehörige Gleichung nur die Lösung $x = -1$. Damit besteht die Lösungsmenge entweder genau aus diesem Element $\{-1\}$ oder ist gleich der gesamten Zahlenmenge $\mathbb{R}$. Der Test mit der Null ergibt, dass die erste Variante richtig ist.

Im dritten Beispiel $x^2 + x + 1 \leq 0$ hatte die dazugehörige Gleichung keine Lösung, somit ist die Lösungsmenge entweder die leere Menge oder wieder die gesamte Menge $\mathbb{R}$. Testen Sie erneut mit 0 und schon sehen Sie, dass Sie die leere Menge bevorzugen müssen.

Echte Ungleichungen akzeptieren

Was ändert sich bei *echten* Ungleichungen?

Einige Beispiele: Betrachten Sie folgende echte Ungleichungen: $x^2 + 2 < 3x$, $x^2 + 2x + 1 < 0$ und $x^2 + x + 1 < 0$? Es ändert sich nicht viel, nur dass Sie Ihre Grenzen bei der Angabe der Mengen überdenken müssen; diese gehören nämlich dann nicht mehr dazu. Die Überlegungen sind aber die gleichen.

Im ersten Fall kommen Sie (ähnlich wie im letzten Abschnitt) auf die Entscheidung zwischen $\{x \mid 1 < x < 2\}$ und $\{x \mid x < 1 \text{ oder } x > 2\}$. Diesmal gehören die Grenzen 1 und 2 nicht mehr dazu. Sie testen wie im vorigen Abschnitt angegeben und erhalten auch in diesem Fall die erste Menge.

Im zweiten Fall haben Sie nur eine Grenze, die natürlich auch nicht dazugehören darf, so dass Sie sich (ähnlich wie im letzten Abschnitt) zwischen der leeren Menge und $\{x \mid x \neq -1\}$ entscheiden. Der obige Test verweist Sie auf die leere Menge.

Im dritten Fall hatten Sie keine Lösungen für die zugehörige Gleichung, so dass Sie auch keine Grenzen ausschließen müssen. Die Wahl zwischen der leeren Menge und der gesamten Menge $\mathbb{R}$ bleibt. Der Test ist auch der gleiche und Sie entscheiden sich als Lösung für die leere Menge.

Beträge ins Spiel bringen

Betrachten Sie die Gleichung $|x| = 3$, dann haben Sie zwei Lösungen, nämlich $x = 3$ und auch $x = -3$, denn auch $|-3| = 3$.

Sie lösen *Betragstriche* auf, indem Sie die beiden Fälle unterscheiden, dass der Wert zwischen den Betragstrichen einmal größer gleich 0 und einmal negativ ist. Im ersten Fall ersetzen Sie ihn durch Klammern und im zweiten Fall ersetzen Sie ebenfalls durch Klammern, aber schreiben ein Minuszeichen davor.

Ein Beispiel: Betrachten Sie die Gleichung $|x - 3| = 1$. Dann betrachten Sie den ersten Fall ($x - 3 \geq 0$, also $x \geq 3$) und lösen die Gleichung $(x - 3) = 1$ und zum anderen den zweiten Fall ($x - 3 < 0$, also $x < 3$) und lösen die Gleichung $-(x - 3) = 1$. Im ersten Fall erhalten Sie $x = 4$, im zweiten Fall zunächst $-x + 3 = 1$ und damit $x = 2$. Beide Ergebnisse lösen die Ausgangsgleichung – machen Sie die Probe!

Bei *Ungleichungen* wird es ein wenig komplizierter, da Sie sorgfältig arbeiten und etwas buchführen müssen. Sie merken sich auf der einen Seite die Bedingung des Falls, den Sie beim Auflösen des Betrages gerade untersuchen, und auf der anderen Seite lösen Sie die entstandene Ungleichung. Beide Bedingungen, die durch den Fall gegebene und die durch die Ungleichung entstandene, müssen gelten. Anschließend gehen Sie zum anderen Fall über und wiederholen das Vorgehen.

Noch ein Beispiel: Haben Sie die Ungleichung $|x - 3| \leq 1$, dann lösen Sie diese wie oben angegeben und mit den generellen Überlegungen über Ungleichungen, die Sie bereits aus den vorhergehenden Abschnitten wissen. Sie erhalten nach Auflösen der Betragstriche zwei Fälle, zum einen $x - 3 \leq 1$, für den (ersten) Fall, dass $x - 3 \geq 0$, und zum anderen $-x + 3 \leq 1$ für den (zweiten) Fall, dass $x - 3 < 0$. Der erste Fall ergibt aus der Ungleichung $x \leq 4$ und aus der Fallbedingung $x \geq 3$; der zweite Fall ergibt zunächst $-x \leq -2$ und schließlich $x \geq 2$ aus der Ungleichung und zusätzlich $x < 3$ aus der Fallbedingung. Daraus erhalten Sie formal die folgende Bedingung:

$(x \geq 3$ und $x \leq 4)$ oder $(x < 3$ und $x \geq 2)$

Etwas geschickter notiert ergibt sich daraus die gewünschte Lösungsmenge $\{x \mid 2 \leq x < 3$ oder $3 \leq x \leq 4\}$, was das Gleiche ist wie $\{x \mid 2 \leq x \leq 4\}$. Fertig!

Ein komplexeres Beispiel: Betrachten Sie die folgende Ungleichung mit zwei Beträgen: $|x - 1| + |x - 2| \leq 3$. Gehen Sie ganz formal vor, entsprechend des obigen Rezepts, und untersuchen Sie der Reihe nach folgende vier Fälle:

- ✔ **Fall 1:** $x - 1 \geq 0$ und $x - 2 \geq 0$. Dann ist $(x - 1) + (x - 2) \leq 3$ zu lösen.
- ✔ **Fall 2:** $x - 1 \geq 0$ und $x - 2 < 0$. Dann ist $(x - 1) - (x - 2) \leq 3$ zu lösen.
- ✔ **Fall 3:** $x - 1 < 0$ und $x - 2 \geq 0$. Dann ist $-(x - 1) + (x - 2) \leq 3$ zu lösen.
- ✔ **Fall 4:** $x - 1 < 0$ und $x - 2 < 0$. Dann ist $-(x - 1) - (x - 2) \leq 3$ zu lösen.

Damit haben Sie alle Möglichkeiten abgedeckt, nämlich je zwei für jeden auftretenden Betrag in der Ungleichung.

- ✔ *Zu Fall 1:* Die Fallbedingung ergibt einerseits $x \geq 1$ und andererseits $x \geq 2$. Die Ungleichung in diesem Fall löst sich auf zu $2x - 3 \leq 3$ und damit zu $x \leq 3$. Alle drei Bedingungen müssen erfüllt sein, so dass Sie die endgültige Lösungsbedingung $2 \leq x \leq 3$ erhalten. (Die Bedingung $x \geq 1$ wird durch $x \geq 2$ einfach geschluckt.)

- ✔ *Zu Fall 2:* Die Fallbedingung ergibt wieder $x \geq 1$, aber auch $x < 2$. Die Ungleichung löst sich in diesem Fall auf zu $x - 1 - x + 2 \leq 3$, also zu $1 \leq 3$. Dies ist eine von x wahren Aussagen, so dass Sie als endgültige Lösungsbedingung $1 \leq x < 2$ erhalten.

- ✔ *Zu Fall 3:* Die Fallbedingung ergibt nun $x < 1$ und $x \geq 2$. Hier brauchen Sie gar nicht weiterzurechnen, denn diese Bedingung kann schon nicht mehr erfüllt werden.

- ✔ *Zu Fall 4:* Die Fallbedingung ergibt $x < 1$ und $x < 2$. Die Ungleichung löst nun auf zu $-x + 1 - x + 2 \leq 3$ und damit zu $-2x + 3 \leq 3$, also gilt $-2x \leq 0$. Umgestellt ist das äquivalent zu $x \geq 0$. Als endgültige Lösungsbedingung erhalten Sie $0 \leq x < 1$.

Wenn Sie nun alle vier Fälle zusammennehmen, erhalten Sie die Lösungsmenge für die gesamte Ungleichung $|x - 1| + |x - 2| \leq 3$, gegeben durch:

$$\{x \mid 2 \leq x < 3 \vee 1 \leq x < 2 \vee 0 \leq x < 1\}$$

Das ist aber das Gleiche wie die Menge $\{x \mid 0 \leq x < 3\}$. Fertig.

Mengen, Induktionen, Prozente und Zinsen

In diesem Kapitel

▷ Mengenlehre im Supermarkt

▷ Rechnen mit Mengen

▷ Vollständige Induktion über den natürlichen Zahlen

▷ Prozentrechnung verstehen

▷ Zinsrechnung im Alltag

Dieses Kapitel können Sie als Fortführung der Einführung in die mathematischen Grundlagen ansehen. Mengenlehre kennen Sie vielleicht noch aus der Schule, Prozent- und Zinsrechnung sowieso. Nehmen Sie es leicht: Wenn Sie die Theorie noch im Kopf haben, werden Sie schnell durch diese Abschnitte kommen. (Und wenn nicht, lohnt es sich noch mehr.) Neu wird für Sie vielleicht das Prinzip der vollständigen Induktion sein. Dieses werden Sie immer wieder benötigen, so dass Sie darum nicht herumkommen. Bereit für die Mengenlehre?

Alles über Mengen

In der Mathematik spielt der Begriff der Menge eine wesentliche Rolle, ohne dass er sehr im Vordergrund steht. Die Mathematiker des 19. Jahrhunderts haben bemerkt, dass es immer wieder sprachliche Schwierigkeiten gibt, wenn man allzu sorglos mit den ganzen Begriffen innerhalb der Mathematik um sich wirft.

Mengen im Supermarkt?

So möchte man eine Menge umgangssprachlich einführen als Gesamtheit verschiedener Objekte mit einer gemeinsamen Eigenschaft. Also etwa die Menge der Leser dieses informativen Buches oder die Menge der Bäume im Schwarzwald oder eben auch die Menge der ganzen Zahlen, die gerade sind.

Allgemein gibt es also eine Grundgesamtheit von Objekten, von der Sie ausgehen können. Eine solche sollte natürlich immer hinreichend groß sein, damit dort auch alle Objekte zu finden sind, über die Sie sprechen möchten. Das kann also die Grundgesamtheit aller Objekte in unserem Universum sein (damit sind Sie auf der sicheren Seite, nur ist diese doch arg groß) oder etwas überschaubarer im Hinblick auf dieses Buch vielleicht nur die Grundgesamtheit der mathematischen Objekte (im Universum) oder noch besser, wenn Sie über Zahlen sprechen, vielleicht auch nur die Grundgesamtheit der Zahlen mit einer gewissen Eigenschaft.

Sie werden sich fragen, worin nun die Schwierigkeit besteht. Ich werde es Ihnen sagen. Denken Sie einfach mit mir gemeinsam über das Konzept der Mengen nach.

Ein Beispiel: Sie gehen im Supermarkt einkaufen. Zunächst an der Fleischtheke. Sie erhalten eine Packung mit herzhaftem Inhalt. Sie nehmen noch einen Beutel Kartoffeln. Danach die üblichen Kleinigkeiten, zweimal Joghurt und einen Schokoriegel. An der Kasse packen Sie alles in eine Tüte und gehen nach Hause.

Was hat diese Geschichte mit Mengen zu tun, werden Sie fragen. Die gesamte Einkaufstüte stellt eine Menge dar, nämlich die Menge der eingekauften Objekte: eine Packung Aufschnitt, ein Beutel Kartoffeln, zweimal Joghurt, ein Schokoriegel. Insbesondere haben Sie in dieser Menge selbst wieder zwei Mengen von eingekauften Produkten, nämlich die Menge der Kartoffeln im Beutel und die Packung mit den verschiedenen Wurstsorten. Das bedeutet, dass Ihre Menge wieder Mengen enthält, die selbst Objekte enthalten, usw. Betrachten Sie dazu die Abbildung 2.1.

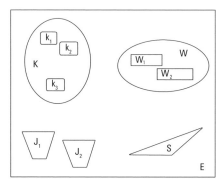

Abbildung 2.1: Eine ganz normale Einkaufstüte E – betrachtet als Menge von Objekten

Die Einkaufstüte heißt E, der Beutel Kartoffeln K, die Packung mit dem Aufschnitt W, die zwei Joghurtbecher J_1, J_2 und der Schokoriegel heißt S. In dem Beutel Kartoffeln sind drei Kartoffeln k_1, k_2 und k_3 enthalten, in der Packung mit dem Aufschnitt gibt es einmal den Belag w_1 und den Belag w_2. Dann besteht die Menge E aus den Objekten K, W, J_1, J_2, S, wobei die Menge K die Objekte k_1, k_2, k_3 und die Menge W die Objekte w_1, w_2 enthält. Man benutzt dafür die so genannte *Mengenschreibweise* und schreibt: $E = \{K, W, J_1, J_2, S\}$ und auch $K = \{k_1, k_2, k_3\}$ sowie $W = \{w_1, w_2\}$. Sie können diese Schreibweisen auch miteinander verbinden und schreiben, dass die Menge E gerade die Menge $\{\{k_1, k_2, k_3\}, \{w_1, w_2\}, J_1, J_2, S\}$ ist. Insbesondere können Mengen auch wieder Mengen enthalten. (In der Mathematik geht man noch einen Schritt weiter und betrachtet (fast) alles aus dem normalen Leben als Mengen, aber auf die Diskussion möchte ich mich hier nicht einlassen.)

Alles, nichts, oder? – Spezielle Mengen

Sie haben im letzten Abschnitt bereits gesehen, dass man Mengen mit der Mengenschreibweise direkt angeben kann. Also beispielsweise, wenn ich die Elemente der Menge einfach angebe: $A = \{0, 1, 4, 9\}$.

Man sagt, dass 4 ein *Element* der Menge $A = \{0,1,4,9\}$ ist und schreibt $4 \in A$. Die Zahl 5 ist kein Element von A; man schreibt in einem solchen Fall $5 \notin A$.

Bei Mengen kommt es auch nicht auf Reihenfolge und Wiederholungen der Elemente an. So sind damit die beiden Mengen $A = \{0,1,4,9\}$ und $\{0,0,4,0,4,4,9,0,1,4,0,9\}$ gleich.

Zwei Mengen sind genau dann gleich, wenn sie die gleichen Elemente enthalten.

Lassen Sie mich Ihre Aufmerksamkeit auf die *leere Menge* richten. Diese Menge enthält keine Elemente. Sie wird mit dem Symbol $\emptyset$ abgekürzt. Stellen Sie sich in Anlehnung an das Einkaufsbeispiel im letzten Abschnitt vor, Sie stehen noch vor dem Supermarkt und haben Ihre leere Einkaufstüte in der Hand. Jetzt stecken Sie diese leere Tüte in eine andere leere Tüte hinein. Dann enthält die zweite Tüte die erste, ist damit nicht leer, obwohl sie die leere Tüte als Element enthält. Denken Sie darüber nach – es ist ganz einfach. Aber der mathematische Sachverhalt ist wirklich wichtig und wird oft falsch verstanden.

Es gilt, dass die leere Menge von der Menge, die die leere Menge enthält, verschieden ist, also: $\emptyset \neq \{\emptyset\}$.

Der bisher verwendete Trick bei der Angabe von Mengen, einfach die Elemente nacheinander aufzureihen, funktioniert leider nur bei endlichen Mengen. Das reicht immerhin, um die Einkaufstüte zu beschreiben, sogar die Menge der Objekte im Supermarkt selbst. Aber es gibt Situationen, in denen Sie über unendliche Mengen sprechen müssen. Das gilt natürlich innerhalb der Mathematik, wenn Sie etwa über Zahlen sprechen, aber auch im Alltag kommt dies vor. Wenn Sie beispielsweise die Autos an einer Kreuzung zählen, dann ist die Anzahl zwar immer endlich, aber Sie können von vornherein keine obere Grenze angeben – je nach Ausdauer beim Zählen könnten Sie diese Grenze sprengen.

Bleiben wir aber bei der obigen Menge $A = \{0,1,4,9\}$. Diese Menge könnten Sie auch als Menge der natürlichen Zahlen kleiner 10 beschreiben, die Quadratzahlen sind – Sie werden dieses Beispiel des Öfteren in der Literatur finden. Man benutzt dafür eine Schreibweise für Mengen, die den Ansatz hat, dass man all die Objekte zusammenfasst, die eine gewisse Eigenschaft erfüllen. So können Sie die Eigenschaft $\varphi(x)$ für eine Zahl x definieren als »x ist eine natürliche Zahl, $x \leq 10$ und es gibt ein $y \in \mathbb{N}$, so dass $x = y^2$ gilt«. Dann können Sie die Menge $A = \{0,1,4,9\}$ auch schreiben als $\{x \mid \varphi(x)\}$.

Ich kann Ihre Unzufriedenheit praktisch fühlen. Ja, es stimmt, in diesem einfachen Fall mussten Sie es nicht in diese Form pressen, aber stellen Sie sich vor, Sie möchten die Menge *aller* natürlichen Quadratzahlen oder aller Primzahlen betrachten. Dann reicht Ihnen eine Eigenschaft und schon können Sie über die Sie interessierende Menge sprechen.

Einige Beispiele: So ist die Menge $\{x \in \mathbb{N} \mid x = x\}$ die Menge der natürlichen Zahlen selbst und offenbar sind die Mengen $\{x \in \mathbb{N} \mid x \neq x\}$ und $\{x \in \mathbb{R} \mid x \neq x\}$ nichts anderes als Darstellungen der leeren Menge. Denken Sie daran, ein und dieselbe Menge kann ich Ihnen auf unendlich viele verschiedene Arten darstellen, es kommt nur auf die beschriebenen Elemente, die in der Menge enthalten sind, an.

Von Zahlen, Mengen und Intervallen

Sie haben die Bezeichnungen der Zahlbereiche bereits im Kapitel 1 kennen gelernt. Diese Zahlbereiche sind auch Mengen, nämlich Mengen von Zahlen. So besteht die Menge der natürlichen Zahlen $\mathbb{N}$ aus den Zahlen $0,1,2,3,\ldots$. Diese bilden eine Teilmenge der ganzen Zahlen $\mathbb{Z}$, bestehend aus den Zahlen $\ldots,-3,-2,-1,0,1,2,3,\ldots$ usw.

Die Menge der reellen Zahlen $\mathbb{R}$ werden Sie am häufigsten benötigen. Diese Menge können Sie nicht so einfach aufzählen wie die beiden oberen Mengen. Manchmal sprechen Sie auch nur über die positiven reellen Zahlen $\mathbb{R}^+ := \{x \in \mathbb{R} \mid x > 0\}$ oder die so genannten *nichtnegativen reellen Zahlen* $\mathbb{R}_0^+ := \{x \in \mathbb{R} \mid x \geq 0\}$, bestehend aus den positiven reellen Zahlen und der 0. Manchmal werde ich Ihnen auch nur Teilmengen der reellen Zahlen anbieten, die einen kleinen Abschnitt der reellen Achse darstellen – die Intervalle.

Man unterscheidet zwischen offenen und abgeschlossenen Intervallen. *Offene Intervalle* werden als $]a,b[$ abgekürzt und bezeichnen die Menge $\{x \in \mathbb{R} \mid a < x < b\}$, die Menge der reellen Zahlen, die echt zwischen den beiden Intervallgrenzen a und b liegen. Bei den *abgeschlossenen Intervallen* $[a,b]$ gehören die beiden Intervallgrenzen dazu, das heißt, es gilt $[a,b] := \{x \in \mathbb{R} \mid a \leq x \leq b\}$.

Neben diesen beiden Formen kann man auch noch halboffene Intervalle $[a,b[$ und $]a,b]$ betrachten, wobei je nachdem die eine Grenze dazugehört, aber die andere nicht.

In der Literatur werden offene Intervalle manchmal auch mit runden Klammern geschrieben, also in der Form (a,b). Ich verzichte hier darauf, um den Unterschied zu dem geordneten Paar deutlich zu machen.

Mit Mengen einfach rechnen können

Auch mit Mengen können Sie rechnen. Es gibt Operationen auf ihnen, die ich Ihnen jetzt zeigen möchte.

Das Leben mit Teilmengen

Betrachten Sie noch einmal die Menge $A = \{0,1,4,9\}$. Dann können Sie feststellen, dass alle Elemente der Menge A natürliche Zahlen sind, das heißt, alle Elemente von A sind auch Elemente von $\mathbb{N}$. Man sagt in einem solchen Fall, dass A eine Teilmenge von $\mathbb{N}$ ist.

 Wenn für zwei Mengen A und B gilt, dass jedes Element a von A auch ein Element von B ist, also: $a \in A \rightarrow a \in B$, dann sagt man, dass A eine *Teilmenge* von B ist und schreibt hierfür: $A \subseteq B$.

Teilmengen von größeren Mengen finden Sie überall. Die leere Menge ist eine Teilmenge jeder Menge – denken Sie bitte darüber nach, warum dies so ist!

Ein Beispiel: Die verschiedenen Zahlbereiche stehen in der gewohnten Teilmengenbeziehung, und zwar wie folgt: $\emptyset \subseteq \mathbb{N} \subseteq \mathbb{Z} \subseteq \mathbb{Q} \subseteq \mathbb{R}$.

Mengengleichheit

Die Mengengleichheit kann auch über diese Art von Beziehung ausgedrückt werden.

Mengengleichheit: Zwei Mengen A und B sind genau dann gleich, wenn die folgenden Bedingungen erfüllt sind: $A \subseteq B$ und $B \subseteq A$.

Ein Beispiel: Mithilfe dieser Bedingungen erkennen Sie sofort, dass die beiden Mengen $A = \{0,1,4,9\}$ und $B = \{x \in \mathbb{N} \mid x \leq 10 \land \exists y \in \mathbb{N}(x = y \cdot y)\}$ gleich sind, denn für die Inklusion $A \subseteq B$ nehmen Sie sich nacheinander die Elemente aus A und prüfen ihre Zugehörigkeit zur Menge B: Offenbar sind alle vier Elemente aus A natürliche Zahlen kleiner gleich 10; außerdem gilt $0 = 0 \cdot 0$, $1 = 1 \cdot 1$, $4 = 2 \cdot 2$ und $9 = 3 \cdot 3$, so dass jeweils die Existenz eines solchen y gesichert ist.

Für die fehlende Inklusion $B \subseteq A$ gehen Sie der Reihe nach alle natürlichen Zahlen zwischen 0 und 10 durch und streichen die Zahlen x weg, für die nicht ein solches $y \in \mathbb{N}$ existiert, so dass $x = y \cdot y$ gilt. Sie erhalten dann folgendes Bild: 0 1 ̶2̶ ̶3̶ 4 ̶5̶ ̶6̶ ̶7̶ ̶8̶ 9 ̶1̶0̶. Es bleiben daher genau die vier Zahlen übrig, die auch in der Menge A enthalten sind.

Durchschnitt und Vereinigung von Mengen

Betrachten Sie zwei Teilmengen A und B einer größeren Menge M. Dann können Sie einerseits die Menge betrachten, die aus Elementen beider besteht, und zum anderen die Menge, die aus Elementen besteht, die in beiden gleichzeitig sind – das eine nennt man die Vereinigung, das andere den Durchschnitt zweier Mengen.

Die Menge $A \cup B$ heißt die *Vereinigung* der beiden Mengen und ist definiert durch die Menge $\{x \mid x \in A \text{ oder } x \in B\}$.

Die Menge $A \cap B$ heißt der *Durchschnitt* der beiden Mengen und ist definiert durch die Menge $\{x \mid x \in A \text{ und } x \in B\}$.

Ein Beispiel: Schauen Sie sich die beiden Mengen $A = \{0,1,4,9\}$ und $B = \{2,5,9\}$, jeweils Teilmengen der natürlichen Zahlen, an. Prüfen Sie dann nach, ob die Vereinigung $A \cup B = \{0,1,2,4,5,9\}$ und der Durchschnitt $A \cap B = \{9\}$ ist.

Zwei Mengen A und B, die kein Element gemeinsam haben (es gilt also $A \cap B = \emptyset$), heißen *disjunkt*.

Mengendifferenz und Komplementbildung

Betrachten Sie zwei Teilmengen A und B einer größeren Menge M. Dann können Sie jetzt die Menge betrachten, die aus den Elementen der einen, aber nicht der anderen besteht, und zum anderen die Menge, die genau aus denjenigen Elementen der Grundmenge M besteht, die nicht in der Ausgangsmenge sind. Das eine nennt man die Mengendifferenz, das andere das Komplement (bezüglich M).

Die Menge $A \setminus B$ heißt die *Differenz* der beiden Mengen und ist definiert durch die Menge $\{x \mid x \in A \text{ und } x \notin B\}$.

Die Menge A^c heißt das *Komplement* von A (bezüglich der Grundmenge M) und ist definiert durch die Menge $\{x \in M \mid x \notin A\}$.

Ein Beispiel: Schauen Sie sich die beiden Mengen $A = \{0,1,4,9\}$ und $B = \{2,5,9\}$ an, die jeweils Teilmengen der natürlichen Zahlen bis 10 sind, das heißt $M = \{x \in \mathbb{N} \mid x \leq 10\}$. Prüfen Sie dann nach, dass die Differenz $A \setminus B = \{0,1,4\}$ und das Komplement $A^c = \{2,3,5,6,7,8,10\}$ ist.

Für zwei Teilmengen A und B einer größeren Menge M gelten die in Tabelle 2.1 zusammengefassten Gesetze, die im praktischen Umgang mit Mengen nützlich sind.

Kommutativität	$A \cup B = B \cup A$	$A \cap B = B \cap A$
Assoziativität	$A \cup (B \cup C) = (A \cup B) \cup C$	$A \cap (B \cap C) = (A \cap B) \cap C$
Distributivität	$A \cup (B \cap C) = (A \cup B) \cap (A \cup C)$	$A \cap (B \cup C) = (A \cap B) \cup (A \cap C)$
Idempotenz	$A \cup A = A$	$A \cap A = A$
Adjunktivität	$A \cup (A \cap B) = A$	$A \cap (A \cup B) = A$
Komplementarität	$A \cup A^c = M$	$A \cap A^c = \emptyset$
De Morgansche Gesetze	$(A \cup B)^c = A^c \cap B^c$	$(A \cap B)^c = A^c \cup B^c$

Tabelle 2.1: Nützliche Mengengleichheiten

Potenzmenge einer Menge

Für eine Menge A kann man alle ihre Teilmengen betrachten und in einer neuen Menge zusammenfassen – die *Potenzmenge* von A.

Für eine Menge A definiert man die *Potenzmenge* $\wp(A)$ als die Menge aller Teilmengen von A, das heißt $\wp(A) = \{B \mid B \subseteq A\}$.

Zwei Beispiele: Für $A = \{a\}$, eine einelementige Menge, ist die Potenzmenge gegeben durch $\wp(A) = \wp(\{a\}) = \{\emptyset, \{a\}\}$; für eine zweielementige Menge $A = \{a,b\}$ gilt dementsprechend $\wp(A) = \wp(\{a,b\}) = \{\emptyset, \{a\}, \{b\}, \{a,b\}\}$.

Noch ein Beispiel: Betrachten Sie die leere Menge. Welche Teilmengen hat diese? Natürlich die leere Menge selbst, denn diese ist immer eine Teilmenge jeder Menge. Aber das war es auch schon, das heißt $\wp(\emptyset) = \{\emptyset\}$.

Beachten Sie, dass durch die Potenzmengenkonstruktion die Elementbeziehung vielleicht zunächst ungewohnte Effekte hat, es gilt offenbar, dass jede Menge sich selbst als Teilmenge hat (also $A \subseteq A$) und somit auch $A \in \wp(A)$ gilt. So weit, so gut, aber die Potenzmenge ist selbst wieder eine Menge, so dass Sie von dieser wieder die Potenzmenge betrachten können – also gilt dafür auch, dass $\wp(A) \in \wp(\wp(A))$ usw.

Und noch ein Beispiel: Es gilt die Kette $\emptyset \in \wp(\emptyset) \in \wp(\wp(\emptyset)) \in \wp(\wp(\wp(\emptyset)))$ usw.

Dies können Sie leicht sehen, indem Sie diese Potenzmengen berechnen:

- ✔ $\wp(\emptyset) = \{\emptyset\}$
- ✔ $\wp(\wp(\emptyset)) = \wp(\{\emptyset\}) = \{\emptyset, \{\emptyset\}\}$
- ✔ $\wp(\wp(\wp(\emptyset))) = \wp(\wp(\{\emptyset\})) = \wp(\{\emptyset, \{\emptyset\}\}) = \{\emptyset, \{\emptyset\}, \{\{\emptyset\}\}, \{\emptyset, \{\emptyset\}\}\}$

Dann gilt offenbar wie gewünscht: $\emptyset \in \{\emptyset\} \in \{\emptyset, \{\emptyset\}\} \in \{\emptyset, \{\emptyset\}, \{\{\emptyset\}\}, \{\emptyset, \{\emptyset\}\}\}$.

Sie sehen, Mathematik muss nicht immer mit dem Hantieren von großen Zahlen zu tun haben – manchmal (eigentlich meistens) – geht es um das geschickte Sortieren von Symbolen, mit deren Hilfe Mathematiker versuchen, große, abstrakte und komplexe Probleme aus der Praxis in den Griff zu bekommen.

Im Abschnitt *Vollständige Induktion bezwingt die Unendlichkeit* weiter hinten in diesem Kapitel zeige ich Ihnen, wie groß endliche Potenzmengen werden können.

Kreuzprodukt von Mengen

Sie haben bereits gesehen, dass es bei Mengen nicht auf die Reihenfolge ankommt, so ist $\{a,b\} = \{b,a\}$. Zum anderen werden Dopplungen einfach kompensiert, das heißt, es gilt $\{a,b,a\} = \{a,b\}$. Das kann sehr nützlich sein.

Nichtsdestotrotz gibt es viele Situationen, in denen Sie gerade dies nicht haben möchten. Wenn ein Dozent nacheinander die Klausurnoten anhand einer vorgegebenen Teilnehmerliste vorliest, dann sind Dopplungen sehr erwünscht und es kommt dabei sehr auf die Reihenfolge an. Dafür benötigen Sie ein anderes Konzept.

Die Zweiermenge $\{a,b\}$ wird auch als *ungeordnetes Paar* bezeichnet. Das *geordnete Paar* dagegen ist durch die Schreibweise (a,b) gegeben. Hierbei gilt, dass zwei geordnete Paare genau dann gleich sind, wenn sie jeweils in beiden Komponenten übereinstimmen, das heißt, es gilt $(a,b) = (c,d)$ genau dann, wenn $a = c$ und $b = d$. Mithilfe dieser geordneten Paare können Sie das Kreuzprodukt zweier Mengen angeben.

Für zwei Mengen A und B ist das *Kreuzprodukt* $A \times B$ die Menge aller geordneten Paare, wobei die erste Komponente aus der einen und die zweite Komponente aus der anderen Menge stammt, das heißt

$$A \times B = \{(a,b) \mid a \in A \text{ und } b \in B\}$$

Dieses Konzept können Sie auch mehrmals hintereinander ausführen und so schreiben Sie: $A \times B \times C = \{(a,b,c) \mid a \in A \text{ und } b \in B \text{ und } c \in C\}$ und noch allgemeiner schließlich $A_1 \times \cdots \times A_n = \{(a_1, \ldots, a_n) \mid a_1 \in A_1 \text{ und } \ldots \text{ und } a_n \in A_n\}$. Wenn die beteiligten Mengen alle gleich sind, so schreiben Sie dies kurz als: $A \times A = A^2$, $A \times A \times A = A^3$ und allgemein $A \times \cdots \times A = A^n$.

Diese Schreibweise werden Sie sehr oft in den späteren Kapiteln sehen, denn Sie werden oftmals über die reelle Ebene $\mathbb{R}^2$ sprechen, die Sie bisher als das normale x–y-Koordinatensystem kennen gelernt haben. Dies ist formal nichts anderes als die Menge der einzelnen Punkte (x,y), wobei $x,y \in \mathbb{R}$ sind. Also sprechen Sie hier über die Menge $\mathbb{R} \times \mathbb{R} = \mathbb{R}^2$.

Genauso ist der dreidimensionale reelle Raum nichts anderes als $\mathbb{R} \times \mathbb{R} \times \mathbb{R} = \mathbb{R}^3$. In Teil IV zeige ich Ihnen noch, wie Sie leicht in höheren Dimensionen rechnen können, also in $\mathbb{R}^4$, $\mathbb{R}^5$ usw. Folgen Sie mir einfach weiter.

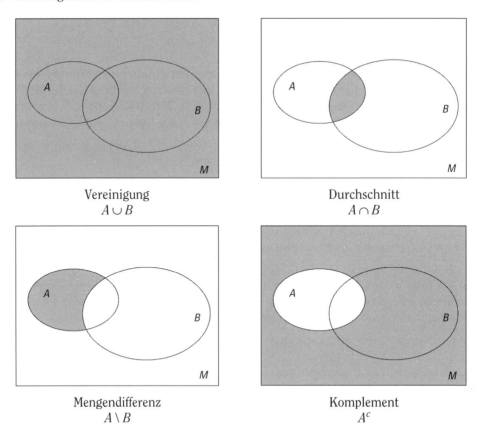

Abbildung 2.2: Venn-Diagramme zu verschiedenen Mengenoperationen

Venn-Diagramme

Das folgende Hilfsmittel wird Ihnen gefallen. Sie stellen sich Mengen nun abstrakt, aber grafisch vor. Diese Art der Darstellung nennt man *Venn-Diagramme*. Dadurch kann man die Mengenoperationen teilweise sehr einfach veranschaulichen. Betrachten Sie dazu die Abbildung 2.2.

Mit solchen Diagrammen können Sie sich relativ übersichtlich Zusammenhänge veranschaulichen und ein Gefühl für Mengengleichungen bekommen. Betrachten Sie beispielsweise die Distributivität $A \cup (B \cap C) = (A \cup B) \cap (A \cup C)$, die Sie bereits weiter vorn kennen gelernt haben. Betrachten Sie dazu für die linke Seite der Gleichung Abbildung 2.3 und für die rechte Seite Abbildung 2.4. Wenn Sie jeweils die rechten Bilder anschauen, sehen Sie, dass Sie die gleiche eingefärbte Fläche erhalten.

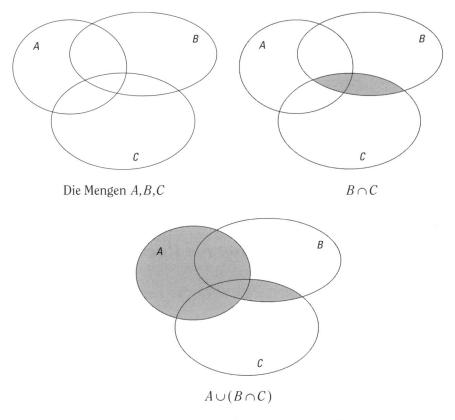

Abbildung 2.3: Darstellung von $A \cup (B \cap C)$

Beachten Sie allerdings, dass solche Diagramme keinen Beweis für Mengengleichungen darstellen, sondern lediglich der Veranschaulichung dienen. Aber mit einer Vorstellung im Hinterkopf ist ein Beweis viel leichter zu finden. Mathematik hat viel mit der Fähigkeit zu tun, sich abstrakte Dinge vorstellen zu können.

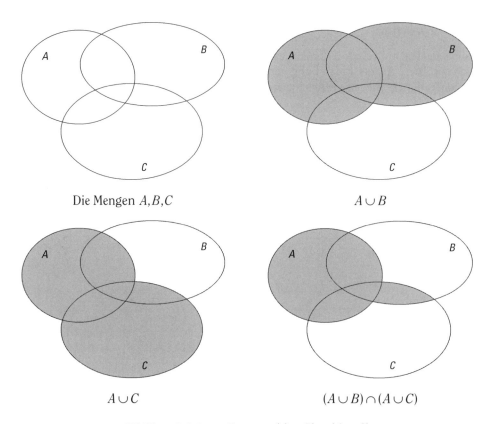

Abbildung 2.4: Darstellung von $(A \cup B) \cap (A \cup C)$

Vollständige Induktion bezwingt die Unendlichkeit

Haben Sie manchmal auch das Gefühl, dass Sie mehr erledigen wollen, als Sie letztendlich geschafft haben? In der Mathematik ist eine solche Situation auch denkbar.

Ein Beispiel: Sie sind Hotelbesitzer und Sie wollen von Ihrem Putzpersonal wissen, ob alle Zimmer geputzt sind, dann können Sie Ihre Zimmer einfach einzeln abfragen. Das kann je nach Größe des Hotels länger dauern, aber es funktioniert, denn es gibt in Ihrem Hotel nur endlich viele Zimmer. Irgendwann wären Sie mit dieser Fragestunde – hoffentlich zufrieden – fertig. Sie könnten allerdings auch anders an die Sache herangehen und fragen, ob im ersten Zimmer geputzt wurde und ob jedes Mal, wenn ein Zimmer fertig geputzt wurde, das nächste Nachbarzimmer in Angriff genommen wurde. Erkennen Sie das Prinzip?

Was ist der Vorteil von dieser Art Herangehensweise? Offenbar hängt diese Art der Fragerei nicht von der Anzahl der Zimmer ab, so dass Sie bei zehn Zimmern genauso schnell wären wie bei 100 Zimmern. Sogar hypothetisch angenommene zehn Millionen Zimmer könnten genauso erfragt werden, wie auch unendlich viele Zimmer.

Sie haben damit eine Möglichkeit gefunden, wie Sie unendlich viele Objekte in endlich vielen Fragen abwickeln können. Das verdanken Sie der Struktur der natürlichen Zahlen, die

2 ➤ Mengen, Induktionen, Prozente und Zinsen

gerade einen Startwert haben, nämlich die 0 und dann die Eigenschaft besitzen, dass mit dem jeweiligen Übergang zum Nachfolger der aktuell betrachteten Zahl auch letztendlich alle natürlichen Zahlen überprüft sind. Dieses Prinzip ist als *vollständige Induktion* bekannt.

Vollständige Induktion über natürliche Zahlen: Es sei $A(n)$ eine Eigenschaft für die natürliche Zahl n. Wenn dann $A(0)$ gilt und zusätzlich aus der Annahme von $A(n)$ stets $A(n+1)$ folgt, dann gilt $A(n)$ für alle natürlichen Zahlen!

Ein Beispiel: Betrachten Sie die Aussage $A(n): n^2 + 1 > n$. $A(n)$ besagt, dass der Nachfolger des Quadrates einer natürlichen Zahl stets größer ist als die Ausgangszahl selbst.

1. **Beginnen Sie mit dem Induktionsanfang.**

    Es gilt $A(0)$, denn $0^2 + 1 = 1 > 0$.

2. **Anschließend kommt der Induktionsschritt.**

    - *Induktionsvoraussetzung:* Nehmen Sie an, dass $A(n)$ gilt, also $n^2 + 1 > n$.

    - *Induktionsbehauptung:* Dann soll auch die Aussage $A(n+1)$ gelten, das heißt $(n+1)^2 + 1 > (n+1)$. Sie zeigen daher die Induktionsbehauptung:

    $$(n+1)^2 + 1 = (n^2 + 2n + 1) + 1$$
    $$= (n^2 + 1) + 2n + 1 \underset{\text{Ind.-Vor.}}{>} n + 2n + 1 \underset{2n \geq 0}{\geq} n + 0 + 1$$
    $$= n + 1$$

Wenn Sie aus $A(n)$ die Aussage $A(n+1)$ erzeugen möchten, dann ersetzen Sie jedes Vorkommen von n stur durch ein $(n+1)$.

Noch ein Beispiel: Es sei $A(n)$ die Aussage, dass die Summe der ersten n natürlichen Zahlen gerade $\frac{1}{2}n(n+1)$ ist. Mithilfe der Summenformel können Sie diese Behauptung schreiben als: $\sum_{i=0}^{n} i = \frac{1}{2}n(n+1)$. Sie beweisen dies durch das Prinzip der vollständigen Induktion.

1. **Beginnen Sie mit dem Induktionsanfang.**

    Es gilt $A(0)$, denn $\sum_{i=0}^{0} i = 0 = \frac{1}{2} \cdot 0 \cdot (0+1)$.

2. **Anschließend kommt der Induktionsschritt.**

    - *Induktionsvoraussetzung:* Es gelte $A(n)$, also $\sum_{i=0}^{n} i = \frac{1}{2}n(n+1)$.

    - *Induktionsbehauptung:* Dann soll auch $A(n+1)$ gelten, das heißt: $\sum_{i=0}^{n+1} i = \frac{1}{2}(n+1)(n+2)$. Sie zeigen daher die Induktionsbehauptung:

    $$\sum_{i=0}^{n+1} i = \left(\sum_{i=0}^{n} i\right) + (n+1) \underset{\text{Ind.-Vor.}}{=} \frac{1}{2}n(n+1) + (n+1)$$
    $$\underset{\text{Ausklammern}}{=} (n+1) \cdot \left(\tfrac{1}{2}n + 1\right) \underset{\text{Ausklammern}}{=} (n+1) \cdot \left(\tfrac{1}{2}(n+2)\right) = \tfrac{1}{2}(n+1)(n+2)$$

Ein weiteres Beispiel: Es sei $A(n)$ die Aussage, dass die Potenzmenge einer Menge mit n Elementen genau 2^n viele Elemente enthält.

1. **Beginnen Sie mit dem Induktionsanfang.**

   Es gilt $A(0)$, denn es gibt nur eine Menge mit null Elementen, nämlich die leere Menge. Für diese Menge gilt dann, dass $\wp(\emptyset) = \{\emptyset\}$, und somit ist die Potenzmenge der leeren Menge einelementig. Bestätigend gilt ebenfalls $2^0 = 1$.

2. **Anschließend kommt der Induktionsschritt.**

   - *Induktionsvoraussetzung:* Es gelte $A(n)$, also für eine Menge $\bar{M} = \{a_1, \ldots, a_n\}$ hat die Potenzmenge $\wp(\{a_1, \ldots, a_n\})$ genau 2^n Elemente.
   - *Induktionsbehauptung:* Dann soll auch $A(n+1)$ gelten, das heißt, für eine Menge $M = \{a_1, \ldots, a_n, a_{n+1}\}$ hat die Potenzmenge $\wp(\{a_1, \ldots, a_n, a_{n+1}\})$ genau 2^{n+1} Elemente.

   Sie zeigen daher die Induktionsbehauptung wie folgt: Es sei eine Menge $M = \{a_1, \ldots, a_n, a_{n+1}\}$ mit $n+1$ Elementen gegeben. Definieren Sie die Menge $\bar{M} = \{a_1, \ldots, a_n\}$ als die Menge der ersten n Elemente aus M. Eine Teilmenge von M ist entweder bereits eine Teilmenge von $\bar{M}$ oder sie enthält das Element a_{n+1}. Mit dieser Art Überlegung können Sie folgende Mengengleichung rechtfertigen:

   $$\wp(\{a_1, \ldots, a_n, a_{n+1}\}) = \{A \mid A \in \wp(\{a_1, \ldots, a_n\})\} \cup \{A \cup \{a_{n+1}\} \mid A \in \wp(\{a_1, \ldots, a_n\})\}$$

   Nach Induktionsvoraussetzung enthalten beide Teile der Vereinigung gerade 2^n Elemente, so dass die disjunkte Vereinigung beider (das heißt, beide Teile haben kein Element gemeinsam) wie gewünscht $2^n + 2^n = 2 \cdot 2^n = 2^{n+1}$ viele Elemente enthält.

Prozentrechnung für den Alltag

Reduzierte Ware im Winterschlussverkauf – wer kennt nicht die lockenden Prozente, die dort immer wieder genannt werden und so anziehend wirken. Oder die Prozente für den Makler, der seine Provision möglichst klein aussehen lassen möchte. Mehrwertsteuer. Wissen Sie, wie Sie den Netto-Wert vom gekauften Objekt berechnen oder wie Sie als Händler den Brutto-Verkaufswert berechnen, damit Sie wissen, für wie viel Sie es verkaufen müssen, um Ihr gewünschtes Geld zu bekommen? Prozentrechnung finden Sie an jeder Ecke des alltäglichen Lebens und dabei ist sie mindestens genauso beliebt wie Bruchrechnung.

Dabei kann alles so einfach sein. Sie müssen sich nur *eine* Formel merken. Ja, eine, nur eine Formel und mit der können Sie durch geschicktes Interpretieren der Aufgabenstellung die meisten Probleme lösen.

Für den *Prozentwert* W, den *Prozentsatz* p und den *Grundwert* G gilt der Zusammenhang: $\dfrac{W}{G} = \dfrac{p}{100}$.

Nur zwei Prozent Mieterhöhung

Eine Mieterhöhung steht an, aber »nur zwei Prozent«, so versicherte Ihnen der Vermieter. Analysieren Sie die Ausgangslage. Sie haben einen Prozentsatz gegeben, also ist $p = 2$. Sie haben Ihren Grundwert gegeben, nämlich die Miete von 1.000 Euro, die bislang zugrunde lag, also ist $G = 1000$. Gesucht ist also W. Sie stellen die Formel $\frac{W}{G} = \frac{p}{100}$ nach der gesuchten Größe W um und erhalten: $W = G \cdot \frac{p}{100}$. Sie berechnen: $W = G \cdot \frac{p}{100} = 1000 \cdot \frac{2}{100} = 20$. Was bedeutet diese Zahl nun in Ihrem Kontext? Diese 20 Euro entsprechen gerade den zwei Prozent vom Grundwert, also der Mieterhöhung. Somit müssen Sie fortan 1.020 Euro an Ihren Vermieter zahlen.

Das eigene Heim trotz Provision?

Diese Mieterhöhung ließ das Fass überkochen und Sie möchten eine andere Wohnung kaufen. Diese kostet 85.000 Euro, allerdings möchte der Makler 3,5 Prozent Provision haben. Wie viel kostet Sie diese Wohnung nun? Der Grundwert ist mit $G = 85000$ gegeben. Der Prozentsatz beträgt $p = 3,5$. Sie stellen die Formel nach dem Prozentwert um und berechnen wieder: $W = G \cdot \frac{p}{100} = 85000 \cdot \frac{3,5}{100} = 2975$ Euro. Knapp 3.000 Euro kommen also noch einmal dazu und Sie sind bereits bei ungefähr 88.000 Euro Gesamtkosten. Das sind 103,5 Prozent zum ursprünglichen Wert der Wohnung.

Die Bären kommen – Sinkende Aktienkurse

Schlechte Nachrichten für Ihr Depot. Ihre Aktien im Wert von 1.000 Euro haben nur noch einen Wert von 85 Prozent. Das bedeutet, dass Sie einen Grundwert $G = 1000$ und einen Prozentsatz $p = 85$ haben. Sie berechnen den Prozentwert W, indem Sie wieder nach W umstellen: $W = G \cdot \frac{p}{100} = 1000 \cdot \frac{85}{100} = 850$. Es tut mir leid, aber Ihre Aktien haben nur noch einen Wert von 850 Euro. Viel Glück beim nächsten Mal.

Bullen im Vormarsch – Steigende Kurse

Ihr im Wert etwas geschmälertes Depot von 850 Euro steigt sofort wieder um 15 Prozent. Sie möchten wissen, wie viel es jetzt wert ist. Sie haben also einen neuen Grundwert $G = 850$ und einen Prozentsatz von $p = 15$. Sie rechnen also: $W = G \cdot \frac{p}{100} = 850 \cdot \frac{15}{100} = 127,50$. Ihr Gewinn beläuft sich also auf 127,50 Euro, so dass sich der Gesamtwert des Depots auf $850 + 127,50 = 977,50$ Euro beläuft.

Wie kann es sein, dass Ihr Ausgangsdepot im Wert von 1.000 Euro einmal 15 Prozent Wert verliert und dann wieder 15 Prozent an Wert gewinnt und dennoch nur 977,50 Euro wert ist – und nicht die ursprünglichen 1.000 Euro? Wo sind die fehlenden 22,50 Euro geblieben? Das sind keine Bankgebühren, sondern es liegt an dem fehlenden Grundwert bei der prozentualen Steigerung. Ihr Depot hat 15 Prozent von 1.000 Euro verloren, also 150 Euro, aber nur 15 Prozent von 850 Euro dazubekommen, also 127,50 Euro. Die Differenz beider Zahlen erklären die fehlenden 22,50 Euro.

Wie viel Bullen hätten die Bären gezähmt?

Um wie viel Prozent hätte Ihr Depot von 850 Euro steigen müssen, um die ursprünglichen 1.000 Euro wieder zu erreichen? Eine gute Frage, wie ich finde. Sie haben nun also zwei Zahlen und müssen entscheiden, welche dem Grundwert und welche dem Prozentwert entspricht. Der Grundwert ist immer der erste Wert, von dem Sie ausgehen, also hier der Wert des Ausgangsdepots $G = 850$. Damit ist der Prozentwert also $W = 1000$. Sie stellen die Formel nach p um und rechnen: $p = \frac{W}{G} \cdot 100 = \frac{1000}{850} \cdot 100 \approx 117{,}65$. Was bedeutet diese Zahl nun für Sie? Der Wert von 1.000 Euro entspricht 117,64 Prozent, wenn 850 Euro als Ausgangswert den 100 Prozent entsprechen. Damit benötigen Sie eine Steigerung von 17,65 Prozent. Dagegen ist Ihr Depot – ausgehend von 850 Euro – nun mit den 1.000 Euro immerhin 117,65 Prozent (relativ zum Ausgangswert) wert. Sie haben eine Wertsteigerung *um* 17,65 Prozent erlebt beziehungsweise eine Wertsteigung *auf* 117,65 Prozent. Beachten Sie die feinen Unterschiede.

Immer auf die genaue Formulierung achten

Nehmen Sie an, Sie wären Manager eines Kaufhauses und Sie sollten die Aufschrift verschiedener Werbeschilder bestimmen, die die reduzierte Ware anpreist. Wenn Sie 20 Prozent Rabatt geben, klingt es nach mehr, als wenn Sie eine Reduzierung auf 80 Prozent ankündigen. Wenn Sie dagegen einen Preisnachlass von 80 Prozent anstreben, dann werden Sie dies auch so kennzeichnen. Nehmen Sie beispielsweise an, dass Ihre Hose im Wert von 150 Euro auf 30 Euro reduziert wird. Das sind $p = \frac{W}{G} \cdot 100 = \frac{30}{150} \cdot 100 = 20$ Prozent. Das bedeutet, dass die Hose *um* 80 Prozent *auf* 20 Prozent reduziert wurde, nämlich auf 30 Euro.

Preissenkungsschnäppchen mitnehmen

Sie kaufen sich eine neue Lederjacke im Winterschlussverkauf. Ein Schnäppchen von 240 Euro. Sie lesen die Werbung darüber: Reduziert um 70 Prozent. Wie viel haben Sie nun gespart? Eine solche Frage ist gut für das Ego. Analysieren wir. Um 70 Prozent wurde reduziert, das heißt, die 240 Euro entsprechen daher 30 Prozent des Ausgangswerts. Sie haben also einen Prozentsatz von $p = 30$ und einen Prozentwert von $W = 240$ Euro, denn die 240 Euro entsprechen den 30 Prozent. Sie sind an dem Grundwert interessiert. Sie stellen die Formel nach G um und berechnen: $G = W \cdot \frac{100}{p} = 240 \cdot \frac{100}{30} = 800$ Euro. Daher hat die Jacke einmal 800 Euro gekostet und Sie haben genugtuende 560 Euro gespart. Wenn das nicht ein Schnäppchen ist!

Zusammenfassend können Sie folgende Formeln ableiten, jeweils umgestellt nach *Prozentsatz*, *Prozentwert* und *Grundwert*:

$$p = \frac{W}{G} \cdot 100 \qquad W = G \cdot \frac{p}{100} \qquad G = W \cdot \frac{100}{p}$$

Prozentsatz   Prozentwert   Grundwert

Zinsrechnung zum Verstehen

Eigentlich ist Zinsrechnung zunächst nichts anderes als Prozentrechnung. Denn Zinsen stellen den Prozentwert zu einem gewissen Zins- beziehungsweise Prozentsatz dar. Damit können Sie im Wesentlichen die gleiche Formel benutzen, nur dass ich Ihnen die verwendeten Variablen ein wenig anpasse:

 Sie arbeiten jetzt mit dem *(Start-)Kapital* K, dem *Zinssatz* p und den *(Jahres-) Zinsen* Z und benutzen die Formel: $\frac{Z}{K} = \frac{p}{100}$.

Auch hier können Sie die Formel nach der im jeweiligen Einzelfall eigentlich interessierenden Größe umstellen und erhalten wie im vorigen Abschnitt Folgendes:

$$p = \frac{Z}{K} \cdot 100 \qquad Z = K \cdot \frac{p}{100} \qquad K = Z \cdot \frac{100}{p}$$

Zinssatz   (Jahres-)Zinsen   (Start-)Kapital

Damit haben Sie alle Hilfsmittel für den normalen Gebrauch.

Lohnender Zinsertrag

Sie nehmen Ihren Sparstrumpf mit 2.500 Euro und wollen diesen endlich gewinnbringend bei der Bank Ihres Vertrauens anlegen. Die Bank bietet Ihnen einen verlockenden Zinssatz von fünf Prozent an. Sie überlegen, auf wie viel Zinsen Sie sich nach einem Jahr freuen können. Sie haben das Startkapital von $K = 2500$ Euro und einen Jahreszinssatz von $p = 5$ Prozent und Sie rechnen schließlich gespannt:

$$Z = K \cdot \frac{p}{100} = 2.500 \cdot \frac{5}{100} = 125 \text{ Euro}.$$

Nicht die Welt, aber es lohnt sich.

Höhe des Zinssatzes für Ihre Träume

Die gerade berechneten 125 Euro reichen Ihnen nicht ganz und Sie überlegen, wie viel Prozent die Bank Ihnen bieten müsste, damit Sie mindestens 150 Euro bekommen würden. Sie analysieren: Sie haben ein Startkapital von $K = 2500$ Euro und möchten als Jahreszinsen mindestens $Z = 150$ Euro erhalten. Sie suchen den Zinssatz, der Ihnen diese Träume erfüllt, und so rechnen Sie voller Erwartung:

$$p = \frac{Z}{K} \cdot 100 = \frac{150}{2500} \cdot 100 = 6 \text{ Prozent}$$

Das leuchtet auch ein, denn die fehlenden 25 Euro von den 125 Euro zu den 150 Euro entsprechen gerade einem Prozent vom Ausgangskapital, den 2.500 Euro, so dass aus den angebotenen fünf Prozent schnell gewünschte sechs Prozent werden. Na, dann viel Glück bei der Verhandlung mit der Bank.

Suche nach dem Startkapital

Nachdem Sie die angestrebten sechs Prozent nicht bekommen haben, fragen Sie sich, wie viel Sie hätten anlegen müssen, um mit den angebotenen 5 Prozent 150 Euro zu erreichen. Eine einfache Rechnung: Sie haben den Zinssatz $p = 5$ Prozent und die Zinsen $Z = 150$ Euro. Sie suchen das Startkapital K und rechnen erneut:

$$K = Z \cdot \frac{100}{p} = 150 \cdot \frac{100}{5} = 3.000 \text{ Euro}$$

Das sind immerhin 500 Euro mehr, als Sie in Ihrem Sparstrumpf haben. Harte Zeiten.

Taggenaue Zinsen

Wenn die Zinsen dagegen pro Tag berechnet werden, müssen Sie eine andere Formel benutzen – hierbei kommt zusätzlich die Anzahl der Tage t ins Spiel:

Die *Tageszinsen* Z_t zu einem *Tageszinssatz* p_t nach einer Anlage von t Tagen berechnen sich durch:

$$Z_t = K \cdot \frac{p_t}{100} \cdot \frac{t}{360}$$

Stellen Sie sich vor, Sie möchten 5.000 Euro für einen Monat, also 30 Tage, für sechs Prozent anlegen. Dann ist $K = 5.000$ Euro, $p_t = 6$ Prozent und $t = 30$. Dann erhalten Sie schließlich nach Ablauf des Monats folgende Zinsen gutgeschrieben:

$$Z_t = K \cdot \frac{p_t}{100} \cdot \frac{t}{360} = 5000 \cdot \frac{6}{100} \cdot \frac{30}{360} = 25 \text{ Euro}$$

Kapitalwachstum: Zinseszins

Wenn Sie Ihr Geld für mehrere Jahre anlegen und die Zinsen nach Ausschüttung wieder auf das Kapital aufschlagen möchten, dann wächst das Kapitel und bereits im zweiten Jahr gibt es mehr Zinsen bei gleichem Zinssatz, denn das neue Grundkapital ist größer als das Ausgangsgrundkapital. Dies wird im Allgemeinen als *Zinseszinsrechnung* bezeichnet.

Zinseszinsrechung: Sie bezeichnen das Ausgangskapitel mit K_0 und das angesparte Kapital nach n Jahren mit K_n. Zugrunde legen Sie hier den Jahreszins p. Die Formel hierfür lautet:

$$K_n = K_0 \cdot \left(1 + \frac{p}{100}\right)^n$$

Eine feste Anlage für zehn Jahre

Sie haben ein Startkapital von 50.000 Euro und möchten dies zehn Jahre lang zu einem Prozentsatz von fünf Prozent anlegen. Sie erhoffen sich, damit endlich eine Wohnung kaufen zu können, und rechnen siegesgewiss:

$$K_n = K_0 \cdot \left(1 + \tfrac{p}{100}\right)^n = 50.000 \cdot \left(1 + \tfrac{5}{100}\right)^{10} \approx 81.444,73 \text{ Euro}$$

Das sind in zehn Jahren immerhin mehr als 30.000 Euro Zinsen. Nicht schlecht.

Das sich verdoppelnde Kapital bei festem Zins

Sie sind wieder neugierig geworden und fragen sich, wie lange Sie Ihr Geld hätten anlegen müssen, damit es sich bei einem Zinssatz von fünf Prozent verdoppelt. Offenbar ist dies unabhängig vom gewählten Ausgangskapital, denn Sie suchen die Jahresanzahl n, wobei das Zielkapital K_n eben gerade das Doppelte des Startkapitals K_0 ist, also gilt $K_n = 2 \cdot K_0$. In die obige Formel eingesetzt, erhalten Sie $2 \cdot K_0 = K_0 \cdot \left(1 + \tfrac{p}{100}\right)^n$ und somit nach Kürzen die Formel $2 = \left(1 + \tfrac{p}{100}\right)^n$. Mithilfe des Logarithmus, den ich Ihnen in Kapitel 3 erkläre, können Sie nun dieses Problem lösen. Ich zeige Ihnen jetzt schon, wie man dies in diesem Fall angehen kann. Sie nehmen einen Taschenrechner und suchen darauf, welchen Logarithmus Sie damit berechnen können. Meistens gibt es dort Tasten für den natürlichen Logarithmus ln und dem dekadischen Logarithmus lg. Ich verwende jetzt den natürlichen Logarithmus. Wenn Sie die Gesetze des Logarithmus anwenden, die Sie noch kennen lernen werden, dann können Sie schließlich folgende Formel herleiten:

$$n = \frac{\ln 2}{\ln\left(1 + \tfrac{p}{100}\right)}$$

Damit können Sie nun Ihre Berechnung durchführen und Sie erhalten:

$$n = \frac{\ln 2}{\ln\left(1 + \tfrac{p}{100}\right)} = \frac{\ln 2}{\ln\left(1 + \tfrac{5}{100}\right)} = \frac{\ln 2}{\ln 1,05} = 14,21 \text{ Jahre}$$

Damit benötigen Sie knapp mehr als 14 Jahre, um bei einem Zinssatz von fünf Prozent das Kapital zu verdoppeln.

Das sich verdoppelnde Kapital bei fester Jahresanzahl

Sie streben eine Verdoppelung nach zehn Jahren an und schauen sich erneut die obige Formel $2 = \left(1 + \tfrac{p}{100}\right)^n$ an. Die Anzahl der Jahre $n = 10$ steht nun bereits fest und Sie stellen daher die Formel nach dem Zinssatz um:

$$p = 100 \cdot \left(\sqrt[n]{2} - 1\right)$$

Sie setzen $n = 10$ ein und berechnen voller Erwartung den Zinssatz:

$$p = 100 \cdot \left(\sqrt[10]{2} - 1\right) = 100 \cdot \left(2^{\tfrac{1}{10}} - 1\right) = 100 \cdot (1,0718 - 1) \approx 7,18 \text{ Prozent}$$

Somit haben Sie bei einem Zinssatz von knapp 7,2 Prozent Ihr Kapital bereits nach zehn Jahren verdoppelt. Das ist mit einer guten Aktienfondanlage durchaus möglich!

Elementare Funktionen, Grenzwerte und Stetigkeit

In diesem Kapitel

▷ Grundlegendes und grundlegende Funktionen

▷ Polynome, rationale Funktionen, Exponential- und Logarithmusfunktionen

▷ Trigonometrische Funktionen kennen lernen

▷ Stetigkeit verstehen

▷ Grenzwerte an praktischen Methoden erleben

---

*F*unktionen sind einer der Grundbestandteile der Mathematik, die ich Ihnen in diesem Kapitel erklären werde. Sie erlernen das Basiswissen und praktisch relevante Beispiele kennen. Im zweiten Teil des Kapitels geht es um erste Zusammenhänge und komplexere Vorgänge rund um das Thema Funktionen: Wir werden über Grenzwerte sprechen, also über das Verhalten von Funktionen im Unendlichen, und besprechen in diesem Zusammenhang eine der wichtigsten Eigenschaften von Funktionen – die Stetigkeit.

Grundlegendes zu Funktionen

Zunächst kläre ich, was Funktionen sind, einfache Eigenschaften und wie man prinzipiell mit ihnen umgeht. Los geht's!

Was sind eigentlich Funktionen?

Ein Beispiel: Starten wir bei Ihrem Geburtstag. Obwohl ich diesen nicht kenne, weiß ich, dass Sie dabei nur ein Datum im Kopf haben. Jedem Menschen ist dieser Tag eindeutig zugeordnet. Sie können eine Geburtstagszuordnung aufstellen und so jedem Namen ein Datum zuordnen, beispielsweise: Paul $\mapsto$ 29.7.2006 oder anders geschrieben: geb(Paul) = 29.7.2006 oder kürzer g(Paul) = 29.7.2006. Das ist eine Funktion. Dabei handelt es sich um eine Vorschrift mit der Eindeutigkeitsbedingung, das heißt, keinem Objekt werden zwei Dinge zugeordnet. Dabei gibt es die Menge der Objekte, von denen Sie starten – den *Definitionsbereich*, hier etwa eine Menge von Menschen. Darüber hinaus gibt es die Menge der Werte, in die Sie abbilden – den *Bildbereich* oder Wertebereich, in unserem Beispiel die Menge der Daten.

Sie kürzen eine solche Vorschrift f mit dem Definitionsbereich D und dem Wertebereich W wie folgt ab: $f : D \to W$ und lesen »f ist eine *Funktion von D nach W*«.

Noch ein Beispiel: Betrachten Sie die beiden Funktionen $f_1 : \mathbb{R} \to \mathbb{R}_0^+$, $f_1(x) = x^2$ und $f_2 : \mathbb{R} \to \mathbb{R}$, $f_2(x) = x^2$. Unterscheiden sich die beiden Funktionen? Ja, denn die Wertebereiche stimmen nicht überein, bei der ersten Funktion betrachten Sie die nichtnegativen reellen Zahlen, bei der zweiten Funktion alle reellen Zahlen. Allerdings sind die Zuordnungsvorschriften und der Definitionsbereich gleich. Auch die Graphen beider Funktionen stimmen überein, wie Sie in Abbildung 3.2b sehen können.

Zwei Funktionen sind *gleich*, wenn sie in Definitions-, Wertebereich und Zuordnungsvorschrift übereinstimmen.

Umgekehrt gilt diese Eindeutigkeitseigenschaft bei Funktionen nicht immer: Kommen wir noch einmal zum Ausgangsbeispiel zurück. Es gibt durchaus Menschen, die am gleichen Tag Geburtstag haben – so etwa Pauls Zwillingsschwester Paula: $g(\text{Paula}) = 29.7.2006$. Oder betrachten Sie die Funktion f_1. Es gilt: $f_1(-1) = (-1)^2 = 1 = 1^2 = f_1(1)$.

Dagegen erfüllt die Funktion $h : \mathbb{R} \to \mathbb{R}$, $h(x) = 2x^3$ neben der Eindeutigkeitsbedingung auch die umgekehrte Eineindeutigkeitsbedingung. Wenn $2x^3 = 2y^3$, so auch $x^3 = y^3$ und $x = y$. Eine solche Funktion heißt injektiv.

Eine Funktion $f : D \to W$ heißt *injektiv*, wenn aus $f(x) = f(y)$ immer auch $x = y$ folgt.

Und noch ein Beispiel: Schauen Sie sich noch einmal die beiden Funktionen $f_1 : \mathbb{R} \to \mathbb{R}_0^+$, $f_1(x) = x^2$ und $f_2 : \mathbb{R} \to \mathbb{R}$, $f_2(x) = x^2$ an. Sie unterschieden sich in den Wertebereichen. Die erste Funktion f_1 hat die Eigenschaft, dass jede Zahl in ihrem Wertebereich auch erreicht oder angenommen wird. Solche Funktionen nennt man surjektiv. Die zweite Funktion f_2 dagegen wird beispielsweise die Zahl -1 aus ihrem Wertebereich nie annehmen, das heißt, es gibt kein x, so dass $f_2(x) = -1$.

Eine Funktion $f : D \to W$ heißt *surjektiv*, wenn für jedes $w \in W$ ein $d \in D$ existiert, so dass $f(d) = w$.

Funktionen, die beide Eigenschaften erfüllen, heißen bijektiv. So ist die obige Funktion h bijektiv, wie Sie sich anhand des Graphen (nämlich $p_3(x)$ in Abbildung 3.5) überlegen können.

Eine Funktion heißt *bijektiv*, wenn sie injektiv und surjektiv ist.

Die vier Schemata in Abbildung 3.1 fassen diese wichtigen Eigenschaften einer Funktion zusammen.

Grafische Darstellung von Funktionen

Funktionen grafisch darzustellen, ist sehr hilfreich, um sich ein Bild von ihnen zu machen. Sie können besser Zusammenhänge erkennen, wenn Sie sich etwas vorstellen können. Eine Funktion grafisch darzustellen, ist in der Regel sehr einfach. Stellen Sie sich vor, Sie haben etwa die bereits angesprochene Funktion $f_2 : \mathbb{R} \to \mathbb{R}$, $f_2(x) = x^2$. Diese wird auch als *Normalparabel* bezeichnet.

3 ➤ Elementare Funktionen, Grenzwerte und Stetigkeit

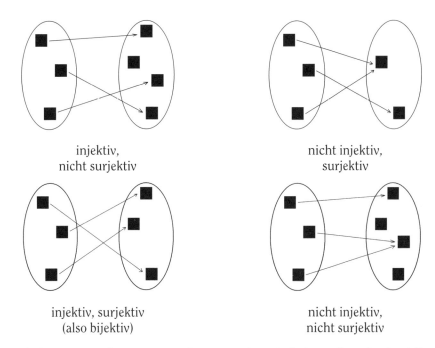

Abbildung 3.1: Injektivität vs. Surjektivität – Schematische Darstellung der vier Fälle

Sie zeichnen zunächst ein so genanntes *Koordinatensystem*, indem Sie waagerecht die x-Achse einzeichnen und senkrecht dazu die y-Achse. Am Schnittpunkt beider Achsen befindet sich der Koordinatenursprung, der Nullpunkt. Schauen Sie schon einmal auf Abbildung 3.2a, dort können Sie dieses Gebilde erkennen.

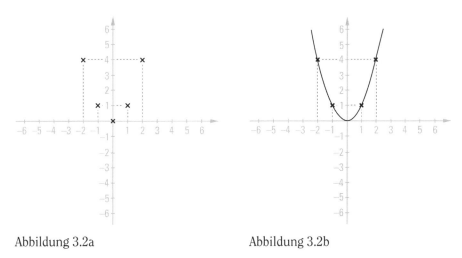

Abbildung 3.2a   Abbildung 3.2b

Abbildung 3.2: Die Entwicklung des Graphen der Normalparabel

In der Abbildung 3.2a erkennen Sie aber bereits mehr, nämlich einzeln eingetragene Punkte: die Punkte $(0,0)$, $(1,1)$, $(2,4)$, aber auch $(-1,1)$ und $(-2,4)$. Diese Punkte haben alle die Form $(x, f_2(x))$, also (x, x^2). Erkennen Sie es?

Verbinden Sie alle diese Punkte und Sie erhalten eine Kurve wie in Abbildung 3.2b. Dies ist der Graph der Funktion f_2.

Der *Graph* einer Funktion $f : X \to Y$ ist die Menge aller Punkte $(x, f(x))$ für $x \in X$, eingetragen (und verbunden) in einem x-y-Koordinatensystem.

Wir werden im folgenden Abschnitt immer wieder den Graphen wichtiger Funktionen angeben.

Grundlegende Funktionen

Nachdem Sie nun wissen, was Funktionen sind, betrachten wir einige Beispiele, auf die Sie in der Praxis immer wieder stoßen. Je nach Schwierigkeitsgrad müssen Sie diese mal mehr, mal weniger besprechen. Wir starten mit den einfachen Polynomen.

Polynome

Das sind die wohl einfachsten und dennoch wichtigsten Funktionen. Für unsere Polynome werden wir als Definitions- und Wertebereich die reellen Zahlen betrachten. Stellen Sie sich zunächst die konstante Funktion vor, die immer auf die 1 abbildet. Alle reellen Zahlen werden auf die 1 abgebildet – langweilig, mögen Sie finden, aber damit haben Sie Ihr erstes Polynom: $p_1(x) = 1$. Abbildung 3.3a zeigt Ihnen den Graphen: eine Gerade, parallel zur x-Achse, die die y-Achse im Punkt $y = 1$ schneidet.

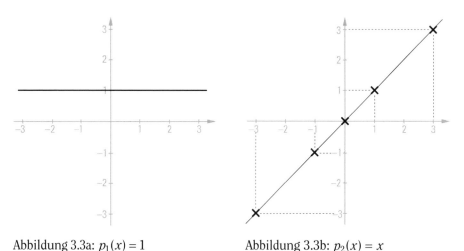

Abbildung 3.3a: $p_1(x) = 1$ Abbildung 3.3b: $p_2(x) = x$

Abbildung 3.3: Zwei (sehr) einfache Polynome

Schauen Sie sich jetzt die Funktion $p_2(x) = x$ in Abbildung 3.3b an. Diese ist nicht komplizierter. Jede reelle Zahl wird auf sich selbst abgebildet. In der Abbildung 3.3b sehen Sie den Graphen. Dieser ist eine Gerade, die durch den Koordinatenursprung (0,0) geht und eine *Winkelhalbierende* im ersten und dritten Quadranten darstellt. (Dabei wird der 90-Grad-Winkel der beiden Koordinatenachsen halbiert.)

Ein x–y-Koordinatensystem wird in vier Teile eingeteilt, die so genannten *Quadranten*. Bezeichnet werden diese – beginnend oben rechts – mit dem ersten Quadranten, entgegen dem Uhrzeigersinn bis zum vierten Quadranten (siehe Abbildung 3.4).

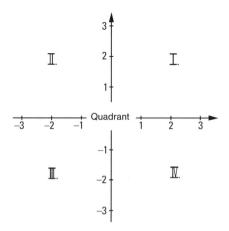

Abbildung 3.4: Die vier Quadranten eines Koordinatensystems

Die Normalparabel $f_2(x) = x^2$ stellt ebenfalls ein Polynom dar. Diese haben Sie in Abbildung 3.2b bereits kennen gelernt. Allgemein kann man sagen, dass Polynome zusammengesetzte Potenzen von x sind, die jeweils noch mit einem Faktor skaliert werden können.

Ein reelles Polynom $p: \mathbb{R} \to \mathbb{R}$ ist eine Funktion, so dass es reelle Zahlen $a_0, a_1, \ldots, a_n$ gibt mit: $p(x) = a_n x^n + \cdots + a_2 x^2 + a_1 x + a_0$.

Einige Beispiele: In diesem Sinne sind folgende Funktionen ebenfalls Polynome: $p_3(x) = 2x^3$, $p_4(x) = 2x^3 - 3x + \frac{1}{4}$ und $p_5(x) = x^6 - 5x^3 - 7x^2 + 2$, aber auch

$$p_6(x) = x^7 + 3x^6 - 29x^5 - 95x^4 + 160x^3 + 736x^2 + 768x + 768$$

Die Graphen sehen Sie in Abbildung 3.5.

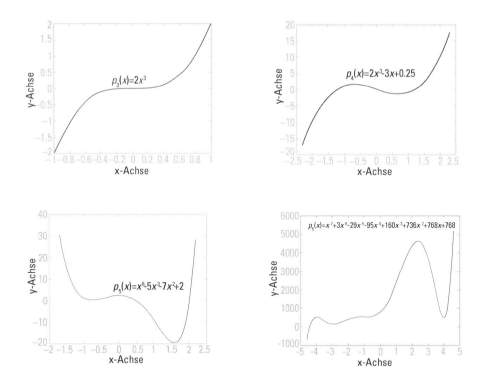

Abbildung 3.5: Vier Beispiele für Polynome

Rollende Kugeln im Produktionsprozess

Eine Eisenkugel rollt in einer Bahn im Verlaufe eines Produktionsabschnitts von einem Tisch in einen Behälter, der auf dem Boden steht. Die Tischplatte hat eine Höhe von 1 Meter. Die Kugel hat eine Anfangsgeschwindigkeit von zwei Meter pro Sekunde. In welchem Abstand vom Tisch ist mit dem Aufschlag der Kugel zu rechnen, damit dort ein Auffangbehälter stehen kann?

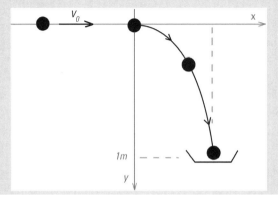

Keine ganz einfache Aufgabenstellung, in die ein wenig Physik hineinspielt. Sie stellen sich die Ereignisse in Abhängigkeit der Zeit t (in Sekunden) vor: Ihre x-Koordinate gibt den horizontalen Verlauf an. Diese Bewegung hängt von der Anfangsgeschwindigkeit $v_0 = 2$ Meter pro Sekunde ab, also gilt $x = v_0 \cdot t$. Die y-Koordinate hängt von der Fallbeschleunigung $g = 9{,}81$ Meter je Sekundenquadrat ab; der so genannte *freie Fall* kann dabei als die folgende Parabel (also ein quadratisches Polynom) dargestellt werden: $y = \frac{1}{2} \cdot g \cdot t^2$. Damit haben Sie alle Grundlagen zusammen. Stellen Sie die erste Gleichung nach t um und Sie erhalten $t = \frac{x}{v_0}$. Dies können Sie in die zweite Gleichung einsetzen und schon haben Sie das t dort eliminiert. Sie erhalten also: $y = \frac{1}{2} \cdot g \cdot t^2 = \frac{1}{2} \cdot g \cdot \left(\frac{x}{v_0}\right)^2 = \frac{g}{2 \cdot v_0^2} \cdot x^2$, also ebenfalls ein quadratisches Polynom in x. Da das gesuchte x, der Aufprall auf den Boden, positiv ist, stellen Sie die Gleichung wie folgt um und setzen schließlich alle bekannten Größen ein:

$$x = \sqrt{\frac{2 \cdot v_0^2}{g} \cdot y} = \sqrt{\frac{2 \cdot (2\frac{m}{s})^2}{9{,}81\frac{m}{s^2}} \cdot 1 \text{ m}} \approx 0{,}90 \text{ m}$$

Somit sollte der Auffangbehälter in einer Entfernung von 90 Zentimetern stehen.

Rationale Funktionen

Betrachten Sie Brüche von Polynomen, also Funktionen $g(x)$ der Form $\frac{p(x)}{q(x)}$, wobei $p(x)$ und $q(x)$ Polynome über den reellen Zahlen sind, also etwa die Funktion $g_1(x) = \frac{x^2-1}{x-1}$. Offensichtlich liegt die Zahl 1 nicht im Definitionsbereich dieser Funktion, denn für 1 ist dieser Quotient nicht definiert, also können Sie sie bestenfalls als Funktion $g_1 : \mathbb{R} \setminus \{0\} \to \mathbb{R}$ betrachten.

Erkennen Sie, dass der Zähler des in g_1 definierten Terms eine binomische Formel ist? Es gilt nämlich: $x^2 - 1 = (x-1)(x+1)$, so dass Sie versucht sind, den Term $x-1$ im Zähler und Nenner zu kürzen, denn es gilt: $\frac{(x-1)(x+1)}{x-1} = x+1$. Aber es gibt einen sehr wichtigen Unterschied zwischen der Funktion g_1 und $x \mapsto x+1$. Die erste ist im Gegensatz zur zweiten Funktion nicht in $x = 1$ definiert! Seien Sie also vorsichtig mit dem Kürzen in solchen Funktionstermen. Zum besseren Verständnis noch einmal den entscheidenden Unterschied im Graphen der beiden Funktionen in Abbildung 3.6.

Rationale Funktionen werden uns unter anderem im Abschnitt *Das ABC der Partialbrüche* des Kapitels 11 beschäftigen, da sie sehr häufig in Anwendungsbeispielen zu finden sind.

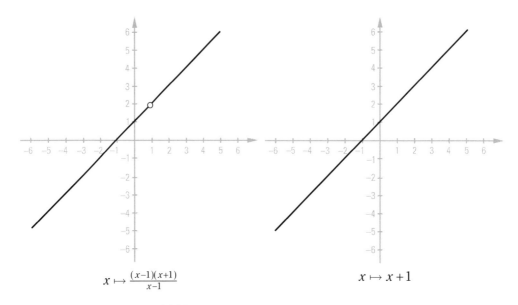

Abbildung 3.6: Zwei Funktionen im Vergleich

Exponentialfunktionen

Eine Exponentialfunktion hat eine Potenz, die eine Variable enthält, beispielsweise $f(x) = 2^x$ oder $g(x) = 10^x$. Abbildung 3.7 zeigt die Graphen dieser beiden Funktionen in einem einzigen x-y-Koordinatensystem.

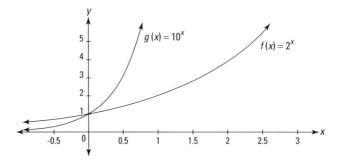

Abbildung 3.7: Die Graphen von $f(x) = 2^x$ und $g(x) = 10^x$

Beide Funktionen laufen durch den Punkt $(0,1)$, so wie alle Exponentialfunktionen der Form $f(x) = a^x$ für $a > 0$. Wenn $a > 1$, liegt ein *exponentielles Wachstum* vor. Alle diese Funktionen wachsen nach rechts hin relativ schnell, und wenn sie links gegen $-\infty$ gehen, schmiegen sie sich an die x-Achse an und kommen ihr immer näher, ohne sie jedoch ganz zu berühren. Mit diesen und ähnlichen Funktionen stellen Sie beispielsweise Investitionen, Inflation oder ein Populationswachstum dar.

Liegt a zwischen 0 und 1, haben Sie eine Funktion mit *exponentieller Abnahme*. Die Graphen solcher Funktionen stellen das Gegenteil der exponentiellen Wachstumsfunktionen dar. Funktionen für eine exponentielle Abnahme schneiden die y-Achse ebenfalls im Punkt $(0,1)$, aber sie steigen endlos nach links und nähern sich der x-Achse *rechts* an. Diese Funktionen stellen Zusammenhänge dar, die mit der Zeit kleiner werden, beispielsweise den Zerfall von Uran.

Logarithmusfunktionen

Eine logarithmische Funktion können Sie sich als Exponentialfunktion mit vertauschten x- und y-Achsen vorstellen. Sie sehen diese Beziehung in Abbildung 3.8 verdeutlicht, indem $f(x) = 2^x$ und $g(x) = \log_2(x)$ in einem Koordinatensystem dargestellt sind.

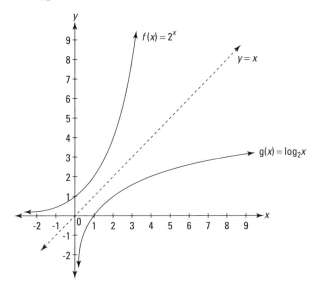

Abbildung 3.8: Die Graphen für $f(x) = 2^x$ und $g(x) = \log_2(x)$

Sowohl Exponentialfunktionen als auch logarithmische Funktionen sind *monoton*.

Eine *monotone Funktion* steigt entweder innerhalb ihres gesamten Definitionsbereichs (und heißt dann monoton *steigende* Funktion), oder sie fällt innerhalb ihres gesamten Definitionsbereichs (und heißt dann monoton *fallende* Funktion).

Beachten Sie die Symmetrie der beiden Funktionen in Abbildung 3.8 zur Geraden $y = x$, der Winkelhalbierenden des ersten Quadranten. Dies macht sie zu zueinander inversen Funktionen, womit Sie zum nächsten Thema kommen.

Von Umkehr- und inversen Funktionen

Die Funktionen $f(x) = x^2$ (für $x \geq 0$) und die Funktion $f^{-1}(x) = \sqrt{x}$ (für $x \geq 0$, sprich »f hoch minus 1 von x«) sind zueinander *inverse* Funktionen, weil die eine jeweils rückgängig macht, was die andere bewirkt. Mit anderen Worten, $f(x) = x^2$ nimmt die Eingabe 3 entgegen und erzeugt die Ausgabe 9; $f^{-1}(x) = \sqrt{x}$ nimmt die 9 entgegen und macht wieder die 3 daraus. Beachten Sie, dass $f(3) = 9$ und $f^{-1}(9) = 3$. Sie können das Ganze in einem einzigen Schritt als $f^{-1}(f(3)) = 3$ schreiben. Es funktioniert auch, wenn Sie mit f^{-1} beginnen: $f(f^{-1}(16)) = 16$.

Man bezeichnet eine Funktion $g(x)$ als *inverse Funktion* oder *Umkehrfunktion* einer Funktion $f(x)$, wenn für alle x gilt: $g(f(x)) = x$ und $f(g(x)) = x$. In diesem Fall bezeichnet man $g(x)$ auch als $f^{-1}(x)$. (Definition- und Wertebereiche vernachlässigen Sie hier.)

Das Vernachlässigen des Definitions- und Wertebereichs ist grundsätzlich gefährlich. Denken Sie an die Funktion $f(x) = x^2$, die prinzipiell auf *allen* reellen Zahlen definiert ist und in dieselben abbildet – Sie schreiben kurz $f: \mathbb{R} \to \mathbb{R}$. Die oben angegebene Umkehrfunktion $f^{-1}(x) = \sqrt{x}$ ist allerdings nicht auf den ganzen reellen Zahlen gegeben, sondern nur auf den *positiven* reellen Zahlen (Kurzschreibweise $\mathbb{R}_0^+$), so dass $f(x) = x^2$ nur eine Umkehrfunktion für die positiven reellen Zahlen besitzt, das heißt aufgefasst als Abbildung $f: \mathbb{R}_0^+ \to \mathbb{R}_0^+$.

Verwechseln Sie $f^{-1}(x)$ nicht mit $f(x^{-1})$ oder gar $(f(x))^{-1} = \frac{1}{f(x)}$; dies sind im Allgemeinen völlig verschiedene Dinge nur mit einer ähnlichen Schreibweise.

Wenn Sie zueinander inverse Funktionen grafisch darstellen, ist jede der Funktionen das Spiegelbild der jeweils anderen, und zwar gespiegelt an der Geraden $y = x$. Betrachten Sie Abbildung 3.9, in der die zueinander inversen Funktionen $f(x) = x^2$ (für $x \geq 0$) und $f^{-1}(x) = \sqrt{x}$ dargestellt sind.

Wenn Sie den Graphen aus Abbildung 3.9 gegen den Uhrzeigersinn drehen, damit die Gerade $y = x$ vertikal verläuft, erkennen Sie, dass $f(x) = x^2$ und $f^{-1}(x) = \sqrt{x}$ Spiegelbilder voneinander sind. Eine Folge aus dieser Symmetrie ist, dass, wenn ein Punkt wie $(2,4)$ auf einer der Funktionen liegt, der Punkt $(4,2)$ auf der anderen Funktion liegt. Der Definitionsbereich von $f(x)$ ist der Wertebereich von $f^{-1}(x)$, und der Wertebereich von $f(x)$ ist der Definitionsbereich von $f^{-1}(x)$.

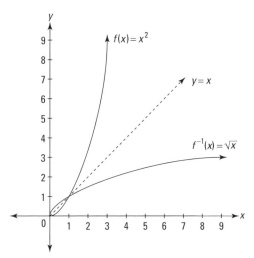

Abbildung 3.9: Die Graphen von $f(x) = x^2$ (für $x \geq 0$) und $f^{-1}(x) = \sqrt{x}$

Trigonometrische Funktionen

Jeder kennt sie, aber kaum einer mag mit ihnen rechnen – Sinus, Kosinus und Tangens. Schauen Sie sich aber zunächst den Zusammenhang dieser Funktion zum rechtwinkligen Dreieck in Abbildung 3.10 an.

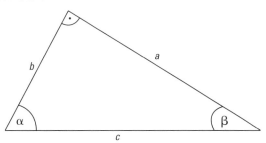

Abbildung 3.10: Das rechtwinklige Dreieck in Zusammenhang mit den trigonometrischen Funktionen

Man definiert den so genannten *Sinus*, *Kosinus* und *Tangens* eines Winkels als die folgenden Quotienten:

✔ $\sin\alpha = \frac{\text{Gegenkathete}}{\text{Hypothenuse}} = \frac{a}{c}$ und $\cos\alpha = \frac{\text{Ankathete}}{\text{Hypothenuse}} = \frac{b}{c}$ sowie

✔ $\tan\alpha = \frac{\sin\alpha}{\cos\alpha} = \frac{\frac{\text{Gegenkathete}}{\text{Hypothenuse}}}{\frac{\text{Ankathete}}{\text{Hypothenuse}}} = \frac{\text{Gegenkathete}}{\text{Ankathete}} = \frac{a}{b}$.

 Am rechtwinkligen Dreieck wie in Abbildung 3.10 bezeichnet man die längste Seite c als Hypothenuse und die beiden anderen als Katheten. Für den Winkel α ist die Seite a die Gegenkathete und b die Ankathete. Für den Winkel β ist die Seite b die Gegenkathete und a die Ankathete.

Manchmal benötigen Sie auch die entsprechenden Kehrwertfunktionen:

✔ *Kosekans* $\csc\alpha = \frac{1}{\sin\alpha}$ und *Sekans* $\sec\alpha = \frac{1}{\cos\alpha}$ sowie *Kotangens* $\cot\alpha = \frac{1}{\tan\alpha}$.

Trigonometrische Funktionen zeichnen

Abbildung 3.11 zeigt die Graphen von Sinus, Kosinus und Tangens, die Sie auch auf einem grafischen Taschenrechner oder einem Computer erzeugen können.

Sinus, Kosinus und Tangens – und ihre reziproken Versionen Kosekans, Sekans und Kotangens – sind *periodische Funktionen*, das heißt, ihre Graphen haben eine grundlegende Form, die sich immer wieder unendlich oft nach links und rechts wiederholt. Die *Periode* einer solchen Funktion ist die Länge eines ihrer Zyklen.

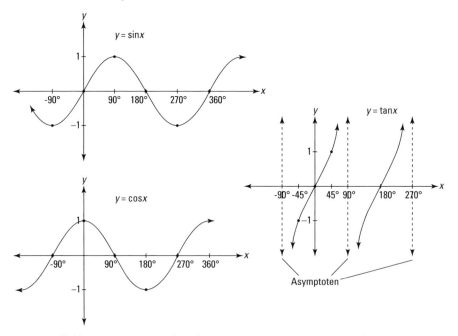

Abbildung 3.11: Die Graphen der Funktionen Sinus, Kosinus und Tangens

Beachten Sie, dass die Graphen für Sinus und Kosinus dieselbe Form haben: der Kosinus ist dasselbe wie der Sinus, nur um 90 Grad (also $\frac{\pi}{2}$) nach links verschoben. Beachten Sie außerdem, dass die einfache Wellenform der Graphen höchstens bis 1 und −1 geht und dass sie endlos nach links und rechts verläuft und sich dabei alle 360 Grad wiederholt. Das ist die *Periode* der beiden Funktionen, also 360 Grad beziehungsweise 2π. Beachten Sie weiterhin in Abbildung 3.11, dass die Periode der Tangensfunktion gleich 180 Grad (also π) ist. Wenn Sie sich das merken, ebenso wie das grundlegende Muster der sich wiederholenden umgekehrten S-Formen, ist es nicht schwierig, eine Skizze anzufertigen. Weil sowohl $\tan(\frac{\pi}{2})$ als auch $\tan(-\frac{\pi}{2})$ undefiniert sind, zeichnen Sie vertikale *Asymptoten* an den Stellen $\frac{\pi}{2}$ und $-\frac{\pi}{2}$ ein.

Eine *Asymptote* ist eine imaginäre Linie, der eine Funktion immer näher kommt, die sie aber nie berührt.

Inverse trigonometrische Funktionen

Eine inverse trigonometrische Funktion kehrt, wie jede inverse Funktion, das um, was die ursprüngliche Funktion bewerkstelligt hat.

Ein Beispiel: Sie haben $\sin 30° = \sin\frac{\pi}{3} = \frac{1}{2}$; die inverse Sinus-Funktion (dargestellt als $\sin^{-1}(x)$ beziehungsweise $\arcsin(x)$) kehrt also Eingabe und Ausgabe um. Sie erhalten $\sin^{-1}(\frac{1}{2}) = \arcsin(\frac{1}{2}) = \frac{\pi}{3} = 30°$. Mit den anderen trigonometrischen Funktionen verhält es sich genauso.

Die hochgestellte -1 für die inverse Sinus-Funktion ist keine negative erste Potenz, auch wenn es vielleicht so aussieht. Wenn Sie etwas in die negative erste Potenz erheben, erhalten Sie das Reziproke, also $\frac{1}{\sin(x)}$, aber das kennen Sie bereits als den Kosekans, $\csc(x)$. Um diese Doppeldeutung zu vermeiden, benutzt man für die trigonometrischen Umkehrfunktionen die Vorsilbe arc, wie beispielsweise bei $\arcsin(x)$.

Der einzige Trick bei inversen trigonometrischen Funktionen besteht darin, sich ihre Wertebereiche zu merken – das heißt das Intervall ihrer Ausgaben. Weil sowohl $\sin 30° = \frac{1}{2}$ als auch $\sin(150°) = \frac{1}{2}$, wissen Sie nicht, ob $\sin^{-1}(\frac{1}{2}) = \arcsin(\frac{1}{2})$ gleich $30°$ oder $150°$ ist, es sei denn, Sie wissen, wie das Ausgabeintervall definiert ist. Beachten Sie außerdem, dass es bei einer Funktion keine Mehrdeutigkeiten bei der Ausgabe für eine bestimmte Eingabe geben darf. Wenn Sie die Sinus-Funktion an der Geraden $y = x$ spiegeln, um ihr Inverses zu erzeugen, erhalten Sie eine vertikale Welle, bei der es sich nicht um eine Funktion handelt. Um die Umkehrfunktion des Sinus zu einer Funktion zu erhalten, müssen Sie einen kleinen Bereich der vertikalen Welle auswählen, der eine Funktion ist. Schauen Sie sich die Wertebereiche an:

✔ Der Wertebereich von $\arcsin(x)$ ist $\left[-\frac{\pi}{2}, \frac{\pi}{2}\right]$ oder $[-90°, 90°]$.

✔ Der Wertebereich von $\arccos(x)$ ist $[0, \pi]$ oder $[0°, 180°]$.

✔ Der Wertebereich von $\arctan(x)$ ist $\left[-\frac{\pi}{2}, \frac{\pi}{2}\right]$ oder $[-90°, 90°]$.

✔ Der Wertebereich von $\text{arccot}(x)$ ist $[0, \pi]$ oder $[0°, 180°]$.

Beachten Sie das Muster: Der Wertebereich von $\arcsin(x)$ ist derselbe wie der Wertebereich von $\arctan(x)$ und der Wertebereich von $\arccos(x)$ ist derselbe wie der Wertebereich von $\text{arccot}(x)$.

Identifikation mit trigonometrischen Identitäten

Erinnern Sie sich an die trigonometrischen Identitäten, wie $\sin^2(x) + \cos^2(x) = 1$ oder $\sin(2x) = 2\sin(x)\cos(x)$? Geben Sie es einfach zu – die meisten Menschen erinnern sich an die trigonometrischen Identitäten so gut wie an alle Kurfürsten des Mittelalters. In der Analysis können sie jedoch sehr praktisch sein, deshalb finden Sie eine Liste der wichtigsten davon auf der Schummelseite ganz vorne in diesem Buch.

Bis an die Grenzen gehen

Grenzwerte können kompliziert sein. Machen Sie sich also keine Gedanken, wenn Sie das Konzept nicht sofort verstehen.

Der *Grenzwert* einer Funktion (falls er denn existiert) für einen x-Wert, a, ist die Höhe der Funktion, der sich die Funktion immer weiter annähert, wenn x sich von links und rechts immer weiter an a annähert.

Verstanden? – Ernsthaft? Ich werde es noch anders ausdrücken. Eine Funktion hat einen Grenzwert für einen bestimmten x-Wert, wenn die Funktion an einem bestimmten Punkt nicht mehr weiter steigt, während sich x dem gegebenen Wert immer weiter und weiter annähert. Hat Ihnen das geholfen? Wahrscheinlich nicht. Am einfachsten versteht man das Konzept des Grenzwerts, indem man Beispiele betrachtet.

Drei Funktionen erklären den Grenzwert

Ein Beispiel: Betrachten Sie die Funktion $f(x) = 3x+1$ in Abbildung 3.12. Wenn Sie sagen, dass der Grenzwert von $f(x)$, wenn sich x dem Wert 2 annähert, gleich 7 ist, dargestellt als $\lim_{x \to 2} f(x) = 7$, meinen Sie damit, dass sich $f(x)$, wenn sich x von links oder rechts immer weiter an 2 annähert, immer mehr dem Wert 7 annähert. Sie werden jetzt vielleicht denken, das ist einfach, denn ich könnte einfach die 2 in meine Funktionsvorschrift einsetzen und erhalte $f(2) = 3 \cdot 2 + 1 = 7$. Das klappt auch, wenn die Funktion keine Löcher bzw. Lücken hat.

Die Funktion $g(x)$ in Abbildung 3.12 ist identisch mit der Funktion $f(x)$, außer dass sie an der Stelle $x = 2$ einen anderen Funktionswert hat, nämlich $g(2) = 5$. Sie können es noch weiter treiben. Stellen Sie sich vor, nicht nur, dass der Funktionswert nicht wie erwartet 7 wäre, nein, es gäbe gar keinen – dann sind Sie auch schon bei der Funktion $h(x)$.

Für $g(x)$ und $h(x)$ nähert sich y immer weiter einer Höhe von 7 an, wenn x sich von links und rechts immer weiter an 2 annähert. Für alle drei Funktionen ist der Grenzwert, wenn sich x dem Wert 2 annähert, gleich 7; es gilt nämlich:

$$\lim_{x \to 2} f(x) = \lim_{x \to 2} g(x) = \lim_{x \to 2} h(x) = 7$$

Damit kommen wir zu einem kritischen Punkt: Wenn man den Grenzwert einer Funktion bestimmt, ist der Wert der Funktion in diesem Punkt – und sogar die Tatsache, ob dieser überhaupt existiert – völlig irrelevant. Erschreckend, oder?

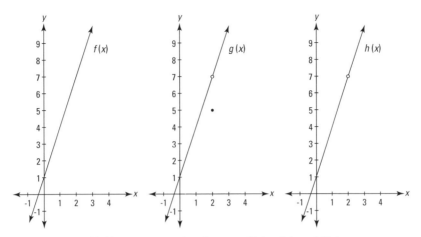

Abbildung 3.12: Die Graphen von $f(x)$, $g(x)$ und $h(x)$

Weiter zu den einseitigen Grenzwerten

Einseitige Grenzwerte verhalten sich wie normale (»zweiseitige«) Grenzwerte, außer dass sich x dem x-Wert nur von links oder nur von rechts annähert. Um einen einseitigen Grenzwert darzustellen, schreiben Sie ein Minuszeichen neben den x-Wert, wenn sich x dem x-Wert von links annähert, oder ein Pluszeichen, wenn sich x dem x-Wert von rechts annähert. Etwa so: $\lim_{x \to 5^-} f(x)$ oder $\lim_{x \to 0^+} g(x)$.

Ein Beispiel: Betrachten Sie Abbildung 3.13. Wenn Sie den Grenzwert $\lim_{x \to 3} p(x)$ angeben sollen, so ist dies nicht möglich, da der Grenzwert nicht existiert, weil sich $p(x)$ zwei unterschiedlichen Werten annähert, je nachdem, ob sich x von links oder rechts der 3 annähert! Es existieren jedoch beide Grenzwerte; es gilt $\lim_{x \to 3^-} p(x) = 6$ und $\lim_{x \to 3^+} p(x) = 2$.

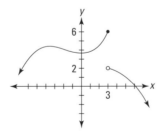

Abbildung 3.13: Die Funktion $p(x)$ – eine Darstellung einseitiger Grenzwerte

Eine Funktion wie $p(x)$ in Abbildung 3.13 wird als *stückweise Funktion* bezeichnet, weil sie in separaten Stücken vorliegt. Jeder Teil einer *stückweisen* Funktion hat eine eigene Gleichung – wie beispielsweise die folgende dreiteilige Funktion:

$$p(x) = \begin{cases} x^2 & \text{für} \quad x \le 1 \\ 3x - 2 & \text{für} \quad 1 < x \le 10 \\ x + 5 & \text{für} \quad x > 10 \end{cases}$$

Manchmal verbindet sich ein Abschnitt einer stückweisen Funktion mit seinem benachbarten Abschnitt, dann ist die Funktion dort stetig. Manchmal verbindet sich jedoch ein Stück nicht mit dem benachbarten Abschnitt, wie bei $p(x)$ – dann entsteht eine Unstetigkeitsstelle.

Die formale Definition eines Grenzwertes – wie erwartet!

Nachdem Sie die einseitigen Grenzwerte kennen gelernt haben, kann ich Ihnen die formale mathematische Definition eines Grenzwerts vorstellen:

Definition des Grenzwertes: Sei f eine Funktion und a eine reelle Zahl. Dann existiert der Grenzwert $\lim_{x \to a} f(x)$, wenn folgende Bedingungen erfüllt sind: $\lim_{x \to a^-} f(x)$ und $\lim_{x \to a^+} f(x)$ existieren sowie $\lim_{x \to a^-} f(x) = \lim_{x \to a^+} f(x)$.

Nur um sicherzugehen, dass es richtig angekommen ist: Wenn Sie sagen, ein Grenzwert existiert, dann bedeutet das, dass der Grenzwert eine Zahl und somit endlich ist. Dennoch geben Sie in besonderen (schönen) Fällen der Nicht-Existenz des Grenzwerts an, wie er nicht existiert, nämlich, wenn die Werte gegen ∞ oder $-\infty$ streben. Mehr dazu gleich weiter unten.

Unendliche Grenzwerte und vertikale Asymptoten

Eine *rationale* Funktion, wie $f(x) = \frac{(x+2)(x-5)}{(x-3)(x+1)}$, hat vertikale Asymptoten an den Stellen $x = -1$ und $x = 3$. Erinnern Sie sich an die Asymptoten? Es handelt sich dabei um imaginäre Linien, an die sich eine Funktion immer weiter annähert, wenn sie nach oben, unten, links oder rechts Richtung unendlich geht. Betrachten Sie den Grenzwert der Funktion in Abbildung 3.14 für x gegen 3. Wenn sich x dem Wert 3 von links annähert, geht $f(x)$ nach oben gegen ∞, und wenn sich x dem Wert 3 von rechts annähert, geht $f(x)$ nach unten gegen $-\infty$. Dies wird folgendermaßen geschrieben: $\lim_{x \to 3^-} f(x) = \infty$ beziehungsweise $\lim_{x \to 3^+} f(x) = -\infty$. Lassen Sie sich nicht durch die Schreibweise beirren. Die Grenzwerte existieren nicht – dies ist nur eine Schreibweise.

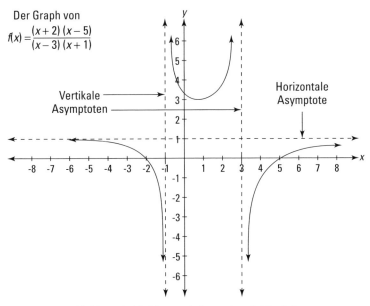

Abbildung 3.14: Eine typische rationale Funktion

Grenzwerte für x gegen unendlich

Bisher haben wir Grenzwerte betrachtet, bei denen sich x einer Zahl annähert. Aber x kann sich auch ∞ oder $-\infty$ annähern. Grenzwerte bei ∞ existieren, wenn eine Funktion eine horizontale Asymptote hat. Beispielsweise hat die Funktion in Abbildung 3.14, $f(x) = \frac{(x+2)(x-5)}{(x-3)(x+1)}$, eine horizontale Asymptote in $y = 1$, an der sich die Funktion entlangtastet, wenn sie von rechts gegen ∞ und von links gegen $-\infty$ geht. Die Grenzwerte sind gleich der Höhe der horizontalen Asymptote und werden geschrieben als $\lim_{x \to \infty} f(x) = 1$ und $\lim_{x \to -\infty} f(x) = 1$. Weitere Informationen über Grenzwerte bei ∞ finden Sie am Ende dieses Kapitels.

Grenzwerte und Stetigkeit verknüpfen

Bevor ich weiter auf die wunderbare Welt der Grenzwerte eingehe, die ich in den vorigen Abschnitten dieses Kapitels vorgestellt habe, will ich ein verwandtes Konzept erwähnen – die *Stetigkeit* von Funktionen. Dies ist zwar allgemein betrachtet kein ganz einfaches Konzept, aber da Sie sich hier in relativ seichten Gewässern bewegen, kommen Sie ohne große Probleme da durch. Eine *stetige* Funktion wird oft lax als *eine Funktion ohne Lücken und Sprünge* beschrieben, also als eine Funktion, die Sie zeichnen können, ohne Ihren Bleistift vom Papier abzuheben. Das stimmt zumindest für unsere Betrachtungen – und das kann man sich doch leicht merken, oder? Betrachten Sie etwa die vier Funktionen in Abbildung 3.15.

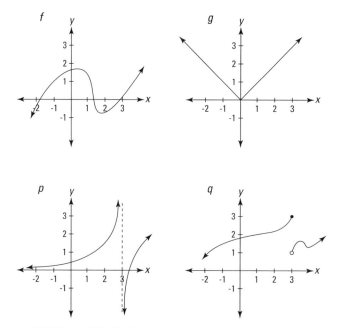

Abbildung 3.15: Die Graphen für f(x), g(x), p(x) und q(x)

Die beiden ersten Funktionen in Abbildung 3.15 $f(x)$ und $g(x)$ haben keine Lücken oder Sprünge – sie sind stetig. Die beiden nächsten Funktionen $p(x)$ und $q(x)$ haben Lücken beziehungsweise Sprünge an der Stelle $x = 3$, sie sind also nicht stetig. So weit nicht schwer, oder? Na gut, nicht ganz. Beachten Sie, dass Teile dieser Funktionen dennoch stetig sind. Und manchmal ist eine Funktion überall dort stetig, wo sie definiert ist. Eine solche Funktion wird als *stetig auf dem gesamten Definitionsbereich* bezeichnet, das heißt, ihre Lücken oder Sprünge treten an x-Werten auf, wo die Funktion sowieso nicht definiert ist. Die Funktion $p(x)$ ist stetig auf ihrem gesamten Definitionsbereich; $q(x)$ dagegen ist in ihrem gesamten Definitionsbereich nicht stetig, weil sie an der Stelle $x = 3$ nicht stetig ist, die im Definitionsbereich der Funktion enthalten ist. Diese Lücken oder Sprünge bezeichnet man auch als *Unstetigkeitsstellen*.

Zwei Beispielklassen von Funktionen: Alle Polynome sind in jeder Stelle stetig. Alle rationalen Funktionen (eine rationale Funktion ist der Quotient von zwei Polynomfunktionen) sind über ihren gesamten Definitionsbereich stetig (wie $p(x)$ aus Abbildung 3.15).

Ein Beispiel: Betrachten Sie nun die vier Funktionen in Abbildung 3.15 in der Stelle $x = 3$. Überlegen Sie, ob jede Funktion dort stetig ist und ob es in diesem x-Wert einen Grenzwert gibt. Die beiden ersten Funktionen $f(x)$ und $g(x)$ sind in der Stelle $x = 3$ stetig, haben dort auch Grenzwerte und in beiden Fällen ist der Grenzwert gleich dem jeweiligen Funktionswert. Denn wenn x sich von links und rechts immer weiter an 3 annähert, nähern sich die Funktionswerte immer weiter an $f(3)$ beziehungsweise $g(3)$ an.

Die Funktionen p und q dagegen sind nicht stetig in der Stelle $x = 3$. Beide Funktionen haben in dieser Stelle auch keinen Grenzwert; sie pendeln sich *nicht* auf einem bestimmten Funktionswert ein.

Es gibt noch einen Fall: Betrachten Sie jetzt die beiden Funktionen in Abbildung 3.16.

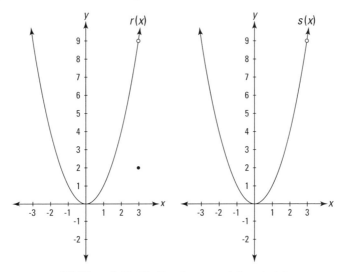

Abbildung 3.16: Die Graphen von $r(x)$ und $s(x)$

Diese Funktionen haben Lücken an der Stelle $x = 3$ und offensichtlich sind sie dort nicht stetig, aber sie *haben* Grenzwerte, wenn sich x dem Wert 3 annähert. In beiden Fällen ist der Grenzwert gleich der Höhe (dem y-Wert) der Lücke; in beiden Fällen 9.

Definition der Stetigkeit: Eine Funktion $f(x)$ ist *stetig* in der Stelle $x = a$, wenn die beiden folgenden Bedingungen erfüllt sind:

1. $f(a)$ ist definiert und $\lim_{x \to a} f(x)$ existiert sowie

2. $f(a) = \lim_{x \to a} f(x)$.

Sie haben es fast geschafft, aber ich zeige Ihnen noch drei Güteklassen von Unstetigkeitsstellen:

✔ eine *hebbare Unstetigkeitsstelle* (das ist ein seltsames Wort für »schöne Lücke«) wie die Lücken der Funktionen r und s in Abbildung 3.16

✔ eine *unendliche Unstetigkeit* wie bei $x = 3$ für die Funktion p in Abbildung 3.15

✔ eine *Sprung-Unstetigkeit*, wie bei $x = 3$ für die Funktion q in Abbildung 3.15

Ich beende jetzt den kleinen Ausflug in die Welt der stetigen Funktionen und komme zurück zu den Grundkonzepten der Grenzwerte.

Einfache Grenzwerte auswerten

Einige Grenzwertprobleme sind *sehr* einfach, man muss nicht lange darüber sprechen und dennoch sollten Sie diese unbedingt kennen. Machen wir uns an die Arbeit. Bereit?

Grenzwerte, die Sie sich merken sollten

Sie sollten unbedingt die folgenden Grenzwerte kennen. Wenn Sie sich die letzten drei nicht merken, könnten Sie *sehr* viel Zeit damit vergeuden, sie herauszufinden.

$$\lim_{x \to a} c = c \quad \lim_{x \to 0^+} \frac{1}{x} = \infty \quad \lim_{x \to 0^-} \frac{1}{x} = -\infty \quad \lim_{x \to \infty} \frac{1}{x} = 0$$

$$\lim_{x \to -\infty} \frac{1}{x} = 0 \quad \lim_{x \to 0} \frac{\sin x}{x} = 1 \quad \lim_{x \to 0} \frac{\cos x - 1}{x} = 0 \quad \lim_{x \to \infty} \left(1 + \frac{1}{x}\right)^x = e$$

Einsetzen und Auswerten

Aufgabenstellungen, bei denen Sie einsetzen und dann weiterrechnen, gehören zur zweiten Kategorie einfacher Grenzwerte. Sie setzen einfach den x-Wert in die Grenzwertfunktion ein und wenn die Berechnung durchführbar ist (also ein Ergebnis herauskommt), haben Sie die Lösung. Betrachten Sie folgendes Beispiel:

$$\lim_{x \to 3}(x^2 - 10) = -1$$

Diese Methode funktioniert für Grenzwerte von stetigen Funktionen sowie für Funktionen, die über ihren gesamten Definitionsbereich stetig sind. Dies sind wunderbare Aufgabenstellungen für Grenzwerte. Aber wenn ich ganz ehrlich bin, sind sie nicht besonders aufregend. Der Grenzwert ist der Funktionswert.

Wenn Sie den x-Wert in einen Grenzwert wie $\lim_{x \to 5} \frac{10}{x-5}$ einsetzen und eine beliebige Zahl (ungleich 0) erhalten, die durch 0 dividiert wird, etwa $\frac{10}{5-5} = \frac{10}{0}$, wissen Sie, dass der Grenzwert *nicht* existiert.

Echte Aufgabenstellungen mit Grenzwerten

Für »echte« Grenzwertprobleme verwenden Sie zwei wichtige Techniken aus dem algebraischen Sandkasten der Mathematik: Faktorisieren und konjugierte Multiplikation. Alle algebraischen Methoden enthalten dieselbe grundlegende Idee. Wenn die Substitution in der ursprünglichen Funktion nicht funktioniert (das liegt normalerweise vor, weil es eine Lücke in der Funktion gibt), können Sie mit der Algebra die Funktion so lange umformen, bis die Substitution funktioniert. Diese Umformung funktioniert, weil Ihre Umformung die Lücke geschickt füllt.

Faktorisieren aus Leidenschaft

Ein Beispiel: Berechnen Sie $\lim_{x \to 5} \frac{x^2-25}{x-5}$. Versuchen Sie, die Zahl 5 für x einzusetzen, dabei sollten Sie *immer* zuerst die Substitution probieren. Sie erhalten eine Division durch 0 – nicht gut, weiter mit Plan B: Der Zähler $x^2 - 25$ kann faktorisiert werden; es gilt nämlich $\lim_{x \to 5} \frac{x^2-25}{x-5} = \lim_{x \to 5} \frac{(x-5)(x+5)}{x-5}$. Kürzen Sie nun $(x-5)$ aus dem Nenner und Zähler und Sie erhalten $\lim_{x \to 5} \frac{(x-5)(x+5)}{x-5} = \lim_{x \to 5}(x+5) = 5+5 = 10$. Also gilt $\lim_{x \to 5} \frac{x^2-25}{x-5} = 10$. War gar nicht schwer, oder?

Übrigens ist die Funktion, die Sie nach dem Kürzen von $(x-5)$ erhalten haben, nämlich $(x+5)$, identisch mit der ursprünglichen Funktion, $\frac{x^2-25}{x-5}$, außer dass die Lücke in der ursprünglichen Funktion an der Stelle $x = 5$ gefüllt wurde.

Konjugierte Multiplikation

Probieren Sie diese Methode zum Beispiel für rationale Funktionen aus, die Quadratwurzeln enthalten. Die konjugierte Multiplikation *rationalisiert* den Zähler oder den Nenner eines Bruchs, das heißt, man schafft sich die Quadratwurzel vom Leib.

Ein Beispiel: Berechnen Sie dazu $\lim_{x \to 4} \frac{\sqrt{x}-2}{x-4}$ und substituieren Sie: Setzen Sie 4 ein und Sie kommen nicht weiter – weiter mit Plan B: Multiplizieren Sie Zähler und Nenner mit dem Konjugierten von $\sqrt{x} - 2$, das ist dann $\sqrt{x} + 2$.

Die Konjugierte von $(a+b)$ ist $(a-b)$, so dass dabei im Produkt die dritte binomische Formel zum Greifen kommt; es gilt nämlich: $(a+b)(a-b) = a^2 - b^2$.

Dies können Sie für das Beispiel anwenden, um schließlich den Grenzwert $\lim_{x \to 4} \frac{\sqrt{x}-2}{x-4}$ zu berechnen:

$$\lim_{x \to 4} \frac{\sqrt{x}-2}{x-4} = \lim_{x \to 4} \frac{(\sqrt{x}-2)}{(x-4)} \times \frac{(\sqrt{x}+2)}{(\sqrt{x}+2)} = \lim_{x \to 4} \frac{(\sqrt{x})^2 - 2^2}{(x-4)(\sqrt{x}+2)} = \lim_{x \to 4} \frac{(x-4)}{(x-4)(\sqrt{x}+2)}$$
$$= \lim_{x \to 4} \frac{1}{(\sqrt{x}+2)} = \frac{1}{(\sqrt{4}+2)} = \frac{1}{4}$$

Nach dem Kürzen konnten Sie die Substitution wieder problemlos anwenden und so erhalten Sie schließlich die Lösung: $\lim_{x \to 4} \frac{\sqrt{x}-2}{x-4} = \frac{1}{4}$.

Algebraische Hilfe – Einfache Umformungen

Wenn die Faktorisierung und die konjugierte Multiplikation nicht funktionieren, probieren Sie es mit anderer Algebra, wie dem Addieren und Subtrahieren von Brüchen, dem Multiplizieren oder Dividieren von Brüchen, dem Kürzen oder irgendeiner anderen Art der Vereinfachung.

Ein Beispiel: Bestimmen Sie $\lim_{x \to 0} \frac{\frac{1}{x+4} - \frac{1}{4}}{x}$. Probieren Sie es mit Substitution. Setzen Sie 0 ein. Sie erhalten nichts Gutes. Vereinfachen Sie daher den komplexen Bruch (das ist ein großer Bruch, der wiederum Brüche enthält), indem Sie zum Beispiel den Hauptnenner suchen.

$$\lim_{x \to 0} \frac{\frac{1}{x+4} - \frac{1}{4}}{x} = \lim_{x \to 0} \frac{\left(\frac{1}{x+4} - \frac{1}{4}\right)}{x} \cdot \frac{4(x+4)}{4(x+4)} = \lim_{x \to 0} \frac{4 - (x+4)}{4x(x+4)} = \lim_{x \to 0} \frac{-x}{4x(x+4)} = \lim_{x \to 0} \frac{-1}{4 \cdot (x+4)} = \frac{-1}{4 \cdot (0+4)} = -\frac{1}{16}$$

Am Ende der Berechnung hat die Substitution wieder funktioniert.

Eine ganz wichtige Regel werden Sie in Kapitel 5 noch kennen lernen: die *Regel von l'Hospital*. Diese sehr nützliche Regel dient der Lösung von Grenzwerten bei kritischen Quotienten, nur müssen Sie zunächst den Begriff der Ableitung einer Funktion klären, weshalb ich Sie leider noch auf das nächste Kapitel vertrösten muss – aber seien Sie gespannt!

Machen Sie eine Pause – mit einem Grenzwert-Sandwich

Eine weitere nützliche Methode ist das so genannte Grenzwert-Sandwich. Am besten verstehen Sie die Sandwich-Methode, indem Sie die Abbildungen 3.17 und 3.18 betrachten.

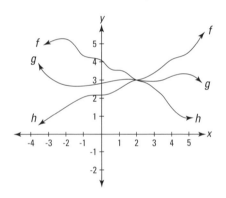

Abbildung 3.17: Die Sandwich-Methode für die Bestimmung eines Grenzwerts der Funktion g

Abbildung 3.18: Der Graph von $f(x) = |x|$, $h(x) = -|x|$ und $g(x) = x \sin \frac{1}{x}$

Ein Beispiel: Betrachten Sie die Funktionen f, g und h in Abbildung 3.17: Die Werte von g liegen immer zwischen den Werten von f und h, das heißt, es gilt immer $f(x) \geq g(x) \geq h(x)$. In einem Punkt, in dem $\lim_{x \to 2} f(x) = \lim_{x \to 2} h(x)$ gilt, muss die Funktion g dann den gleichen Grenzwert haben, also gilt: $\lim_{x \to 2} f(x) = \lim_{x \to 2} g(x) = \lim_{x \to 2} h(x)$, weil g zwischen f und h eingeklemmt ist.

Ein Beispiel: Bestimmen Sie $\lim_{x \to 0} \left(x \cdot \sin \frac{1}{x} \right)$.

1. Probieren Sie es mit Substitution.

Setzen Sie 0 für x ein. Durch 0 kann man nicht dividieren. Weiter mit Plan B.

3 ▶ Elementare Funktionen, Grenzwerte und Stetigkeit

2. **Probieren Sie die algebraischen Methoden aus oder andere Rechentricks, die Sie auf Lager haben.**

   Auch das bringt Sie nicht weiter. Sie nutzen Plan C.

3. **Sie möchten ein Grenzwert-Sandwich.**

   Das Schwierige bei der Sandwich-Methode ist, die »Brot«-Funktionen zu finden, das heißt die begrenzenden Funktionen. Es gibt keinen Algorithmus dafür. In unserem Beispiel überlegen Sie wie folgt: Da der Wertebereich der Sinusfunktion von −1 bis 1 geht, behält das Ergebnis, wenn Sie eine Zahl mit dem Sinus von irgendetwas multiplizieren, entweder denselben Abstand von 0 oder es rückt näher an 0 heran. Die Funktion $x \cdot \sin\frac{1}{x}$ gelangt also nie über $|x|$ oder unter $-|x|$. Versuchen Sie es daher mit den Funktionen $f(x) = |x|$ und $h(x) = -|x|$ und zeichnen Sie beide zusammen mit $g(x)$ in ein Koordinatensystem ein, um zu prüfen, ob Sie richtig liegen. Betrachten Sie dazu Abbildung 3.18.

Die *Sandwich-Methode*: Wenn $f(x) \geq g(x) \geq h(x)$, so gilt $\lim_{x \to a} f(x) \geq \lim_{x \to a} g(x) \geq \lim_{x \to a} h(x)$; insbesondere gilt: Wenn $f(x) \geq g(x) \geq h(x)$ und $\lim_{x \to a} f(x) = \lim_{x \to a} h(x)$, so gilt $\lim_{x \to a} f(x) = \lim_{x \to a} g(x) = \lim_{x \to a} h(x)$.

Eine lange und kurvige Straße bis zum Ziel

Betrachten Sie den Grenzwert $g(x) = x \cdot \sin\frac{1}{x}$, den ich in Abbildung 3.18 gezeigt und im Abschnitt über das Grenzwert-Sandwich beschrieben habe. Die Funktion ist an jeder Stelle definiert, außer bei 0. Wenn Sie sie jetzt leicht verändern, indem Sie $f(0) := 0$ und $f(x) := x \cdot \sin\frac{1}{x}$ für $x \neq 0$ definieren, erzeugen Sie eine Funktion mit seltsamen Eigenschaften. Die Funktion ist jetzt überall stetig; mit anderen Worten: Sie hat keine Lücken. Aber an der Stelle (0,0) scheint sie dem grundlegenden Konzept der Stetigkeit scheinbar zu widersprechen, das besagt, dass Sie die Funktion verfolgen können, ohne Ihren Stift vom Papier abzuheben.

Stellen Sie sich vor, Sie starten irgendwo auf $g(x)$ links auf der y-Achse und fahren die kurvige Straße in Richtung Ursprung. Sie können Ihre Fahrt so nah am Ursprung beginnen, wie Sie wollen, zum Beispiel ein Proton vom Ursprung entfernt, und die Länge der Straße zwischen Ihnen und dem Ursprung ist *unendlich* lang! Die Straße windet sich umso mehr nach oben und unten, je näher Sie an den Ursprung gelangen. Dadurch sehen Sie, dass die Länge Ihrer Fahrt tatsächlich unendlich ist: Auf dieser langen, kurvigen Straße kommen Sie niemals ans Ziel.

Diese veränderte Funktion ist scheinbar in jedem Punkt stetig (mit der möglichen Ausnahme von (0,0)), weil sie eine glatte, zusammenhängende und kurvige Straße ist und weil $\lim_{x \to 0} \left(x \cdot \sin\frac{1}{x} \right) = 0$ (siehe den Abschnitt *Machen Sie eine Pause – mit einem Grenzwert-Sandwich* in diesem Kapitel) und $f(0) = 0$ definiert ist. Die Funktion ist also überall stetig.

Aber wie kann die Kurve je den Ursprung erreichen oder von links oder von rechts eine Verbindung zum Ursprung schaffen? Angenommen, Sie können eine unendliche Distanz überwinden, indem Sie unendlich schnell fahren. Wenn Sie schließlich durch den Ursprung fahren, befinden Sie sich dann auf einem Weg nach unten oder auf einem Weg nach oben? Nichts von beidem scheint möglich zu sein, denn egal wie nah Sie am Ursprung sind, Sie haben immer unendlich viele Wege und unendlich viele Kurven vor sich. Es gibt keine letzte Kurve, bevor Sie den Ursprung erreichen. Es scheint also, die Funktion kann keine Verbindung zum Ursprung herstellen. Aber dank des Grenzwert-Sandwiches wissen Sie es besser. Solche Fragen können unsere grauen Zellen wirklich beschäftigen.

Grenzwerte bei unendlich auswerten

In den vorigen Abschnitten haben Sie Grenzwerte betrachtet, für die sich x an eine Zahl annähert, aber Sie könnten auch Grenzwerte haben, bei denen sich x plus oder minus unendlich (∞ bzw. $-\infty$) annähert.

Ein Beispiel: Betrachten Sie dazu die Funktion $f(x) = \frac{1}{x}$; den dazugehörigen Graphen sehen Sie in Abbildung 3.19.

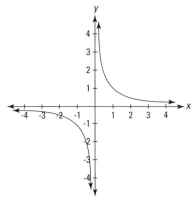

Abbildung 3.19: Der Graph von $f(x) = \frac{1}{x}$

Sie sehen auf dem Graphen, dass, wenn x immer größer wird, das heißt, wenn x gegen ∞ strebt, die Höhe der Funktion immer kleiner wird, aber nie 0 erreicht. Dieser Graph hat also eine horizontale Asymptote von $y = 0$ (die x-Achse) und Sie sagen, $\lim\limits_{x \to \infty} \frac{1}{x} = 0$. Die Funktion f nähert sich auch dann 0 an, wenn x gegen $-\infty$ geht, was geschrieben wird als $\lim\limits_{x \to -\infty} \frac{1}{x} = 0$.

Grenzwerte bei unendlich und horizontale Asymptoten

Horizontale Asymptoten und Grenzwerte bei ∞ gehen immer Hand in Hand. Wenn Sie eine rationale Funktion wie $f(x) = \frac{3x-7}{2x+8}$ haben, ist die Bestimmung des Grenzwerts bei ∞ oder $-\infty$ dasselbe, als wenn Sie die Position der horizontalen Asymptote suchen. Und das geht wie folgt:

3 ▶ Elementare Funktionen, Grenzwerte und Stetigkeit

Stellen Sie zuerst fest, welchen Grad der Zähler (das heißt die höchste Potenz von x im Zähler) und welchen Grad der Nenner haben. Es gibt drei Möglichkeiten:

- ✔ Wenn der Grad des Zählers größer als der Grad des Nenners ist, beispielsweise bei $f(x) = \frac{6x^4 + x^3 - 7}{2x^2 + 8}$, gibt es keine horizontale Asymptote und der Grenzwert der Funktion für x gegen ∞ (oder $-\infty$) existiert nicht.

- ✔ Wenn der Grad des Nenners größer als der Grad des Zählers ist, beispielsweise bei $g(x) = \frac{4x^2 - 9}{x^3 + 12}$, ist die x-Achse die horizontale Asymptote und es gilt $\lim\limits_{x \to \infty} g(x) = \lim\limits_{x \to -\infty} g(x) = 0$.

- ✔ Wenn Zähler und Nenner den gleichen Grad haben (wie bei unserem Ausgangsbeispiel), setzen Sie den Koeffizienten der höchsten Potenz von x in den Zähler und dividieren ihn durch den Koeffizienten der höchsten Potenz von x im Nenner. Dieser Quotient ist die Lösung für das Grenzwertproblem und die Höhe der Asymptote. Wenn beispielsweise
- ✔ $h(x) = \frac{4x^3 - 10x + 1}{5x^3 + 2x^2 - x}$, dann ist $\lim\limits_{x \to \infty} h(x) = \lim\limits_{x \to -\infty} h(x) = \frac{4}{5}$ und die Funktion h hat eine horizontale Asymptote an der Stelle $y = \frac{4}{5}$.

Die Substitution funktioniert für die Aufgabenstellungen in diesem Abschnitt nicht. Wenn Sie versuchen, ∞ für x in die rationalen Funktionen in diesem Abschnitt einzusetzen, erhalten Sie $\frac{\infty}{\infty}$, und das ist *nicht* gleich 1. Dieses Ergebnis sagt Ihnen daher nichts über die Lösung für ein Grenzwertproblem.

Algebraische Tricks für Grenzwerte bei unendlich verwenden

Ein Beispiel: Probieren Sie, folgenden Grenzwert zu bestimmen: $\lim\limits_{x \to \infty} \left(\sqrt{x^2 + x} - x \right)$. Probieren Sie es mit der Substitution – eine gute Idee. Aber Sie haben keinen Erfolg. Sie erhalten $\infty - \infty$, das Ihnen gar nichts sagt. Weiter mit Plan B. Da $\left(\sqrt{x^2 + x} - x \right)$ eine Quadratwurzel enthält, wäre die konjugierte Multiplikation die Methode der Wahl, außer dass diese Methode für Bruchfunktionen verwendet wird. Multiplizieren Sie Zähler und Nenner mit der konjugierten Form von $\left(\sqrt{x^2 + x} - x \right)$ und kürzen Sie:

$$\lim\limits_{x \to \infty} \left(\sqrt{x^2 + x} - x \right) = \lim\limits_{x \to \infty} \frac{\left(\sqrt{x^2+x}-x\right)}{1} = \lim\limits_{x \to \infty} \frac{\left(\sqrt{x^2+x}-x\right)}{1} \cdot \frac{\left(\sqrt{x^2+x}+x\right)}{\left(\sqrt{x^2+x}+x\right)}$$

$$= \lim\limits_{x \to \infty} \frac{x^2+x-x^2}{\sqrt{x^2+x}+x} = \lim\limits_{x \to \infty} \frac{x}{x \cdot \left(\sqrt{1+\frac{1}{x}}+1\right)} = \lim\limits_{x \to \infty} \frac{1}{\sqrt{1+\frac{1}{x}}+1}$$

Jetzt funktioniert auch die Substitution wieder – weiter geht's:

$$= \lim\limits_{x \to \infty} \frac{1}{\sqrt{1+\frac{1}{x}}+1} = \frac{1}{\sqrt{1+\frac{1}{\infty}}+1} = \frac{1}{\sqrt{1+0}+1} = \frac{1}{1+1} = \frac{1}{2}$$

Das Ergebnis lautet:

$$\lim\limits_{x \to \infty} \left(\sqrt{x^2 + x} - x \right) = \frac{1}{2}$$

Teil II

Differentiation – die Kunst des Ableitens

»Was genau wollten wir nochmal beweisen?«

In diesem Teil ...

Die Differentiation ist das erste der beiden großen Konzepte der Analysis. Das zweite Konzept ist die Integration (um die es in Teil III gehen wird). Differentiation und Integration bilden das Herz des Analysislehrplans. Bei der Differentiation sucht man eine Ableitung. Eine Ableitung ist eine Änderungsrate, wie *Kilometer pro Stunde* oder *Euro pro Artikel*. Auf dem Graphen einer Kurve teilt Ihnen die Ableitung die Steigung in einem Punkt mit.

Idee und Regeln des Ableitens – was sein muss, muss sein

In diesem Kapitel

▶ Die einfache Algebra hinter der Analysis entdecken
▶ Seltsame Symbole der Analysis verstehen lernen
▶ Die grundlegenden Regeln für die Differentiation kennen lernen
▶ Zu Profiregeln fortschreiten
▶ Spezielle Funktionen ableiten
▶ Zweite und dritte Ableitungen finden

Sie werden zunächst einen grundlegenden Überblick erhalten, worum es sich bei einer Ableitung eigentlich handelt – letztlich ist sie eine Änderungsrate wie beispielsweise die Geschwindigkeit und damit die Steigung einer Funktion. Es ist wichtig, dass Sie diese grundlegenden Konzepte wirklich verstanden haben.

Außerdem werden Sie die mathematischen Grundlagen des Ableitens und die technische Definition unter Verwendung des Differenzenquotienten kennen lernen. Ein Teil dieser Dinge ist sehr trocken – was kaum zu vermeiden ist. Wenn Sie Probleme damit haben, sich wach zu halten, während Sie diese Regeln durcharbeiten, denken Sie immer daran: Unzählige Aufgabenstellungen aus der Wirtschaft, der Medizin, der Naturwissenschaft und der Technik beschäftigen sich damit, wie schnell eine Funktion steigt oder fällt, und genau das teilt uns die Ableitung mit. Häufig muss man wissen, an welchen Stellen eine Funktion am schnellsten steigt oder fällt und an welchen sie ihre Maxima und Minima hat. (Dies zeige ich Ihnen in Kapitel 5.) Bevor Sie allerdings diese interessanten Aufgaben in Angriff nehmen können, müssen Sie lernen, Ableitungen zu bestimmen. Los geht's …

Erste Schritte des Ableitens

Die Steigung (oder der Anstieg) einer Tangente in einem Punkt ist gleich der Steigung der Funktion in diesem Punkt und wird als *Ableitung der Funktion in diesem Punkt* bezeichnet. Die Technik des Ableitens wird als *Differentiation* bezeichnet und ist Gegenstand dieses Kapitels.

Steigungen gesucht!

Die Differentiation ist der Prozess, die Ableitung einer Funktion (wie $y = x^2$) zu finden. Ableitungen haben etwas mit Steigungen zu tun. Stellen Sie sich vor, Sie machen einen Spaziergang entlang des Graphen einer Funktion. Der *Anstieg* oder die *Steigung* kann auf Ihrem Weg variieren.

Ein Beispiel: Betrachten Sie dazu Abbildung 4.1. Eine Steigung von $\frac{1}{2}$ bedeutet, dass Sie, wenn Sie um einen Meter nach rechts gehen, um einen halben Meter nach oben gehen; ist die Steigung 3, gehen Sie drei Meter nach oben und einen Meter nach rechts. Ist die Steigung gleich 0, geht es weder nach oben noch nach unten. An Stellen, an denen die Steigung negativ ist, geht es nach unten. Eine Steigung von −2 bedeutet beispielsweise, dass Sie für jeden Meter, den Sie nach rechts gehen, um zwei Meter nach *unten* gehen.

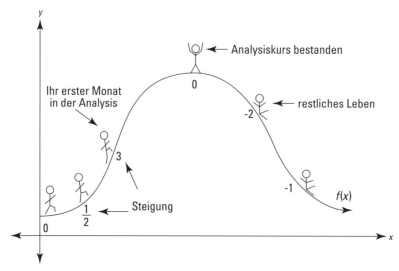

Abbildung 4.1: Differentiation bedeutet, die Steigung zu finden

Vielfalt ist (auch) die Würze des (mathematischen) Lebens

Jeder weiß, dass $3^2 = 9$ ist. Wäre es nicht verrückt, wenn Sie irgendwann diese mathematische Tatsache als $^2 3 = 9$ oder gar $_2 3 = 9$ lesen würden? Wie wäre es mit $3\overset{2}{=}9$? Diese Vielfalt ist nicht das Thema der Mathematiker und das ist auch gut so. Aber halten Sie sich fest. Für die Ableitung gibt es die folgenden verschiedenen Symbole – und sie bedeuten alle genau dasselbe: $\frac{dy}{dx}$ oder $\frac{df}{dx}$ oder $\frac{df(x)}{dx}$ oder auch $\frac{d}{dx}f(x)$ oder eben $f'(x)$ oder y' oder auch $D_x f$ oder nur Df oder $D_x y$. Und es gibt noch mehr. Jetzt haben Sie zwei Möglichkeiten:

(i) Sie zerbrechen sich den Kopf darüber, herauszufinden, warum ein Autor einmal ein bestimmtes Symbol verwendet, ein anderes Mal ein anderes Symbol und was genau d oder D überhaupt bedeuten.

(ii) Sie versuchen gar nicht erst, den tieferen Sinn dieser Begriffe zu verstehen. Sie behandeln diese unterschiedlichen Symbole wie Wörter in unterschiedlichen Sprachen für dasselbe Ding. Mit anderen Worten: Nehmen Sie es nicht zu schwer.

Ich empfehle Ihnen die zweite Möglichkeit.

Steigung von Geraden

Bleiben wir beim Konzept der Steigung. Sie wissen mittlerweile, dass es bei der Differentiation um die Steigung geht. Betrachten Sie den Graphen der Geraden $y = 2x + 3$, wie in Abbildung 4.2 gezeigt.

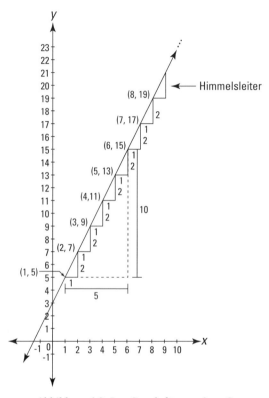

Abbildung 4.2: Der Graph für $y = 2x + 3$

Sie wissen bestimmt, wie man die Steigung oder den Anstieg dieser Geraden berechnet. Ich sage Ihnen aber, dass hier überhaupt keine Berechnung erforderlich ist – Sie gehen zwei Einheiten nach oben, wenn Sie eine Einheit nach rechts gehen, die Steigung ist also gleich 2. Wie kommt man darauf? – Ganz einfach, die Steigung oder der Anstieg ist durch folgende Formel gegeben: Steigung = Anstieg = $\frac{\text{Höhenunterschied}}{\text{Schrittweite}}$.

Der Höhenunterschied ist die Distanz, die Sie nach oben zurücklegen (der vertikale Teil einer Treppenstufe), und die Schrittweite ist die Distanz, die Sie nach vorne gehen (der horizontale Teil einer Treppenstufe). Jetzt nehmen Sie zwei beliebige Punkte von der Geraden, beispielsweise (1,5) und (6,15), und bestimmen Höhe und Länge. Der Höhenunterschied beträgt $15 - 5 = 10$. Und die Länge ist $6 - 1 = 5$. Jetzt dividieren Sie, um die Steigung zu erhalten: Steigung = $\frac{\text{Höhenunterschied}}{\text{Schrittweite}} = \frac{15-5}{6-1} = \frac{10}{5} = 2$.

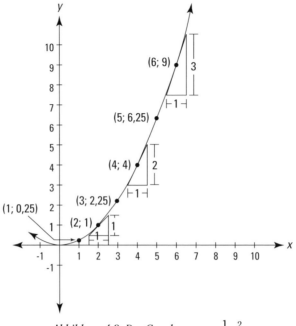

Abbildung 4.3: Der Graph von $y = \frac{1}{4}x^2$

 Sie sehen sofort, dass der Anstieg einer Geraden immer gleich ist – egal welche zwei Punkte Sie anfangs nehmen.

Das ist natürlich nicht bei allen Funktionen so. Schon im Eingangsbeispiel in Abbildung 4.1 kann man dies mit den dort eingezeichneten Steigungen 0, $\frac{1}{2}$, 3, –2 und –1 erkennen.

Steigung von Parabeln

Ein Beispiel: Betrachten Sie den Graphen der Parabel $y = \frac{1}{4}x^2$. Beachten Sie, dass die Parabel immer steiler wird, je weiter Sie (vom Ursprung kommend) nach rechts wandern. An dem Graphen erkennen Sie, dass im Punkt (2;1) die Steigung gleich 1 ist; im Punkt (4;4) ist die Steigung gleich 2; im Punkt (6;9) ist die Steigung gleich 3 usw. Es wird sich herausstellen, dass die Ableitung dieser Funktion gleich $\frac{1}{2}x$ ist, wie ich Ihnen im Abschnitt *Grundlegende Regeln der Differentiation* dieses Kapitels zeigen werde. Um die Steigung der Parabel in einem beliebigen Punkt zu finden, setzen Sie die x-Koordinate des Punkts in die Ableitung $\frac{1}{2}x$ ein. Wenn Sie beispielsweise die Steigung im Punkt (3; 2,25) ermitteln wollen, setzen Sie 3 für x ein und erhalten $\frac{1}{2} \cdot 3 = 1{,}5$. Tabelle 4.1 zeigt einige Punkte auf der Parabel und deren Steigung in diesen Punkten.

Und hier folgt die versprochene Analysis. Sie schreiben kurz: $\frac{dy}{dx} = \frac{1}{2}x$ oder $y' = \frac{1}{2}x$. Und Sie sagen: Die Ableitung der Funktion $y = \frac{1}{4}x^2$ ist $y' = \frac{1}{2}x$.

4 ➤ Idee und Regeln des Ableitens – was sein muss, muss sein

x (horizontale Position)	1	2	3	4	5	6	usw.
y (Höhe)	0,25	1	2,25	4	6,25	9	usw.
$\frac{1}{2}x$ (Steigung/Anstieg)	0,5	1	1,5	2	2,5	3	usw.

Tabelle 4.1: Punkte auf der Parabel $y = \frac{1}{4}x^2$ und die Steigung in diesen Punkten

Wie Sie auf die Ableitung $y' = \frac{1}{2}x$ ausgehend von $y = \frac{1}{4}x^2$ kommen, werden Sie recht schnell sehen, wenn Sie sich die ersten Regeln zur Differentiation weiter unten anschauen – versprochen!

Der Differenzenquotient

Tusch! Sie kommen jetzt zu dem, was sehr wahrscheinlich als einer der Meilensteine der Analysis dargestellt werden kann: der Differenzenquotient – die Brücke zwischen Grenzwerten und Ableitungen. In Abbildung 4.3 habe ich Ihnen bereits die Steigungen einer Parabel in mehreren Punkten gezeigt. Es geht weiter mit dem mathematischen Hintergrund. Halten Sie sich fest!

Sie erinnern sich: Anstieg = $\frac{\text{Höhenunterschied}}{\text{Schrittweite}} = \frac{y_2 - y_1}{x_2 - x_1}$. Um die Steigung einer Geraden zu berechnen, brauchen Sie zwei Punkte, die Sie in diese Formel einsetzen können. Sie wählen zwei beliebige Punkte auf der Geraden aus und setzen sie ein.

Ein Beispiel: Bestimmen Sie die Steigung der in Abbildung 4.4 gezeigten Parabel im Punkt $(2,4)$.

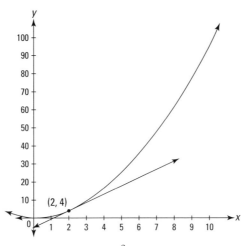

Abbildung 4.4: Der Graph von $y = x^2$ mit einer Tangente im Punkt $(2,4)$

Sie sehen die *Tangente* der Funktion im Punkt $(2,4)$ und da die Steigung der Tangente gleich der Steigung der Parabel im Punkt $(2,4)$ ist, müssen Sie nur die Steigung der Tangente berechnen. Aber Sie kennen die Gleichung für die Tangente nicht, deshalb können Sie den zweiten Punkt nicht bestimmen (zusätzlich zu $(2,4)$), den Sie für die obige Steigungsformel benötigen.

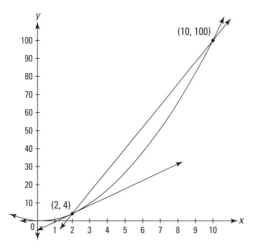

Abbildung 4.5: Der Graph von $y = x^2$ mit einer Tangente und einer Sekante

Abbildung 4.5 zeigt die Tangente erneut, ebenso wie eine Sekante, die die Parabel in den Punkten $(2,4)$ und $(10,100)$ schneidet. Erinnern Sie sich: Eine *Sekante* ist eine Gerade, die eine Funktion in zwei Punkten schneidet. Das ist etwas vereinfacht ausgedrückt, aber es reicht.

Der Steigung dieser Sekante erhalten Sie durch die Steigungsformel:

$$\text{Steigung} = \frac{\text{Höhenunterschied}}{\text{Schrittweite}} = \frac{y_2 - y_1}{x_2 - x_1} = \frac{100-4}{10-2} = \frac{96}{8} = 12$$

Anhand der Grafik erkennen Sie, dass diese Sekante etwas steiler als die Tangente ist und damit die Steigung der Sekante höher als die gesuchte Steigung ist.

Jetzt fügen Sie einen weiteren Punkt an der Stelle $(6,36)$ ein und zeichnen unter Verwendung dieses Punkts und des Punkts $(2,4)$ eine weitere Sekante ein. Betrachten Sie dazu Abbildung 4.6.

Berechnen Sie die Steigung dieser zweiten Sekante:

$$\text{Anstieg} = \frac{\text{Höhenunterschied}}{\text{Schrittweite}} = \frac{y_2 - y_1}{x_2 - x_1} = \frac{36-4}{6-2} = \frac{32}{4} = 8$$

Sie sehen an der Abbildung 4.6, dass diese Sekante eine bessere Annäherung der Tangente darstellt als die erste Sekante.

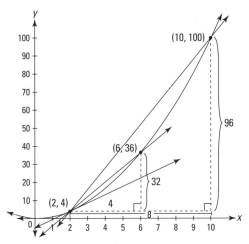

Abbildung 4.6: Der Graph von $y = x^2$ mit einer Tangente und zwei Sekanten

Stellen Sie sich jetzt vor, was passieren würde, wenn Sie den Punkt an der Stelle $(6,36)$ nehmen und ihn an der Parabel nach unten in Richtung von $(2,4)$ schieben würden, wobei Sie die Sekante mitnehmen. Erkennen Sie, dass, wenn der Punkt immer näher an $(2,4)$ rückt, die Sekante immer näher an die Tangente rückt und dass die Steigung dieser Sekante damit immer näher an die Steigung der Tangente rückt?

Sie erhalten also die Steigung der Tangente, wenn Sie den *Grenzwert* der Steigungen dieser verschobenen Sekante verwenden. Jetzt geben Sie dem bewegten Punkt die Koordinaten (x_2, y_2). Wenn dieser Punkt (x_2, y_2) immer näher an (x_1, y_1) rückt, nämlich $(2,4)$, rückt die Schrittweite (das heißt die Differenz $x_2 - x_1$) immer näher an 0 heran. Und nun der Grenzwert, den Sie hierfür betrachten:

$$\text{Anstieg der Tangente} = \lim_{\substack{\text{wobei der Punkt in} \\ \text{Richtung}(2,4)\text{rückt}}} (\text{Anstieg der bewegten Sekante})$$

$$= \lim_{\text{Schrittweite} \to 0} \frac{\text{Höhenunterschied}}{\text{Schrittweite}}$$

$$= \lim_{\text{Schrittweite} \to 0} \frac{y_2 - y_1}{x_2 - x_1} = \lim_{(x_2 - 2) \to 0} \frac{y_2 - 4}{x_2 - 2} = \lim_{x_2 \to 2} \frac{y_2 - 4}{x_2 - 2}$$

Beobachten Sie, was mit diesem Grenzwert passiert, wenn Sie drei weitere Punkte in die Parabel einsetzen, die immer näher an $(2,4)$ liegen:

✔ Wenn der Punkt (x_2, y_2) an die Stelle $(2,1; 4,41)$ rückt, ist die Steigung gleich $4,1$.

✔ Wenn der Punkt an die Stelle $(2,01; 4,0401)$ rückt, ist die Steigung gleich $4,01$.

✔ Wenn der Punkt an die Stelle $(2,001; 4,004001)$ rückt, ist die Steigung gleich $4,001$.

Es sieht also aus, als ginge die Steigung gegen 4.

Wie bei den Grenzwertproblemen nähert sich die Variable in dieser Aufgabenstellung, nämlich die *Schrittweite*, der 0 an, wird aber niemals gleich 0. Wenn sie gleich 0 wäre – was passierte, wenn Sie den ausgewählten Punkt an der Parabel entlangschieben, bis er wirklich gleich $(2,4)$ ist –, hätten Sie einen Quotienten $\frac{0}{0}$, der nicht definiert ist. Mit dem obigen Grenzwert erhalten Sie die *exakte* Steigung der *Tangente*, auch wenn die Grenzwertfunktion Steigungen der Sekanten erzeugt.

 Die Ableitung einer Funktion $f(x)$ an einer Stelle x_0, dargestellt als $f'(x_0)$, ist die Steigung der Tangente von f an der Stelle x_0.

Schauen Sie sich noch einmal den Grenzwertquotienten an. Er besteht aus Differenzen und wird daher als *Differenzquotienten* bezeichnet und stellt die Grundlage für die Definition der Ableitung dar. Allerdings schreibt man diesen Quotienten typischerweise um: Zum einen wird die Schrittweite $x_2 - x_1$ als h bezeichnet und somit kann man die Laufvariable x_2 auch als $x_1 + h$ schreiben, so dass $y_2 = f(x_2)$ nichts anderes als $f(x_1 + h)$ ist.

Fortsetzung des Beispiels: Nachdem Sie alle diese Ersetzungen vorgenommen haben, erhalten Sie für das obige Beispiel die Definition der Ableitung von $f(x) = x^2$ an der Stelle $x_0 = 2$ als den Grenzwert des Differenzquotieten, so dass $f'(2) = \lim\limits_{h \to 0} \frac{f(2+h)-f(2)}{h}$ gilt.

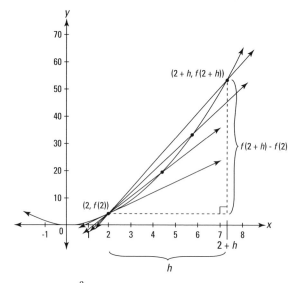

Abbildung 4.7: Der Graph von $y = x^2$ zeigt, wie ein Grenzwert die Steigung der Tangente an der Stelle $(2,4)$ erzeugt

Mithilfe der mathematischen Grundlagen können Sie schließlich unsere Vermutung von eben bestätigen:

$$f'(2) = \lim_{h \to 0} \frac{f(2+h)-f(2)}{h} = \lim_{h \to 0} \frac{(2+h)^2 - 2^2}{h} = \lim_{h \to 0} \frac{(4+4h+h^2)-4}{h}$$
$$= \lim_{h \to 0} \frac{4h+h^2}{h} = \lim_{h \to 0} (4+h) = 4 + 0 = 4$$

Die Steigung an der Stelle $x_0 = 2$ ist also gleich $f'(2) = 4$.

4 ➤ Idee und Regeln des Ableitens – was sein muss, muss sein

Differenzenquotient zur Definition von Ableitungen: Die Ableitung einer (differenzierbaren) Funktion $f(x)$ ist gegeben durch:

$$f'(x) = \lim_{h \to 0} \frac{f(x+h)-f(x)}{h}$$

Abbildung 4.8 stellt diese allgemeine Definition grafisch dar. Beachten Sie, dass Abbildung 4.8 fast identisch mit Abbildung 4.7 ist, außer dass hier die 2 durch x ersetzt wurde und dass der Punkt in Abbildung 4.8 nach unten auf irgendeinen beliebigen Punkt $(x, f(x))$ statt auf den Punkt $(2, f(2))$ verschoben wird.

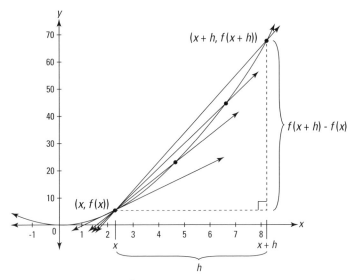

Abbildung 4.8: Der Graph von $y = x^2$, wobei gezeigt wird, wie ein Grenzwert die Steigung der Tangente im allgemeinen Punkt $(x, f(x))$ erzeugt

Jetzt berechnen Sie diesen Grenzwert und erhalten die Ableitung für die Parabel $f(x) = x^2$ ganz allgemein:

$$f'(x) = \lim_{h \to 0} \frac{f(x+h)-f(x)}{h} = \lim_{h \to 0} \frac{(x+h)^2 - (x)^2}{h} = \lim_{h \to 0} \frac{(x^2 + 2xh + h^2) - x^2}{h}$$
$$= \lim_{h \to 0} \frac{2xh + h^2}{h} = \lim_{h \to 0} (2x + h) = 2x + 0 = 2x$$

Für diese Parabel ist also die Ableitung, die gleich der Steigung der Tangente ist, gleich $2x$. Setzen Sie eine beliebige Zahl für x ein, dann erhalten Sie die Steigung der Parabel in diesem x-Wert. Probieren Sie es aus! Für $x = 2$ erhalten Sie in der Tat $f'(2) = 2 \cdot 2 = 4$.

Sein oder nicht sein? Drei Fälle, in denen die Ableitung nicht existiert

Haben Sie es bemerkt, ich habe in der obigen Definition der Ableitung nur »differenzierbare« Funktionen zugelassen. Ich möchte Sie nicht mit Details quälen, aber Sie müssen wissen, dass nicht jede Funktion an allen Stellen eine Tangente hat, deren Steigung Sie berechnen könnten. Also, nicht jede Funktion besitzt überall Ableitungen, ist also nicht überall differenzierbar. Eine Funktion heißt *differenzierbar* in einem Punkt x_0, wenn der Differenzenquotient in diesem Punkt x_0 existiert. Selbstverständlich heißt eine Funktion (überall) differenzierbar, wenn sie in jedem Punkt differenzierbar ist.

Ich stelle Ihnen im Folgenden drei Situationen vor, in denen eine Ableitung nicht existiert, damit Sie ein Gefühl dafür entwickeln. Bisher wissen Sie, dass die Ableitung einer Funktion an einem bestimmten Punkt die Steigung der Tangente in diesem Punkt ist. Wenn Sie also keine Tangente einzeichnen können, gibt es auch keine Ableitung – das passiert in den beiden ersten Fällen. Im dritten Fall gibt es eine Tangente, aber ihre Steigung und die Ableitung sind nicht definiert.

✔ Es gibt keine Tangente und damit keine Ableitung in jeder Art *Unstetigkeit*: egal ob entfernbar (»hebbar«) oder Sprung. (Diese Arten der Unstetigkeit sind in Kapitel 3 im Abschnitt *Grenzwerte und Stetigkeit verknüpfen* genauer beschrieben.) Die Stetigkeit ist also eine *notwendige* Bedingung für die Differenzierbarkeit. Sie ist jedoch keine *hinreichende* Bedingung, wie die beiden nächsten Fälle zeigen.

✔ Es gibt keine Tangente und damit keine Ableitung in Punkten, in denen der Graph eine Spitze hat, siehe Funktion f in Abbildung 4.9.

✔ Wenn eine Funktion einen vertikalen Wendepunkt hat, ist die Steigung nicht definiert, und damit kann auch die Ableitung nicht existieren. Betrachten Sie dazu Funktion g in Abbildung 4.9. (Wendepunkte werden in Kapitel 5 erklärt.)

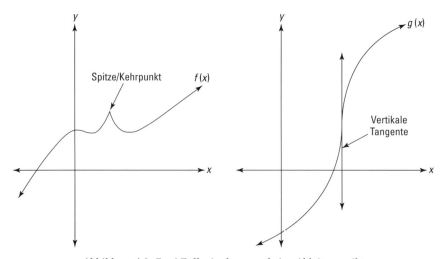

Abbildung 4.9: Zwei Fälle, in denen es keine Ableitung gibt

Wege, Geschwindigkeiten und Beschleunigungen

Sie erinnern sich wahrscheinlich noch an Ihren Physikunterricht, als Sie die Geschwindigkeit durchnahmen. Es heißt, dass die Geschwindigkeit die Änderung des Weges nach der Zeit ist, das heißt $v = \frac{s}{t}$ beziehungsweise $v = \frac{\Delta s}{\Delta t} = \frac{s_2 - s_1}{t_2 - t_1}$. Diese Formel beschreibt die Durchschnittsgeschwindigkeit. Wenn Sie nun an einer Momentanaufnahme interessiert sind, das heißt an der Momentangeschwindigkeit, dann kann dies von der Durchschnittsgeschwindigkeit abweichen. Sie möchten die Änderung der Zeit Δt gegen 0 laufen lassen; nach der Theorie des Differenzierens bedeutet dies gerade, dass die (Momentan-)Geschwindigkeit die Ableitung des Weges nach der Zeit ist, das heißt $v = \lim_{\Delta t \to 0} \frac{\Delta s}{\Delta t} = \frac{ds}{dt} = s'$.

Das Gleiche können Sie noch eine Stufe weiter treiben. Die Änderung der Geschwindigkeit nach der Zeit entspricht der Beschleunigung, es gilt $a = \frac{\Delta v}{\Delta t}$. Mit dem gleichen Argument sehen Sie, dass die Beschleunigung die Ableitung der Geschwindigkeit nach der Zeit ist, das heißt, die Beschleunigung ist die zweite Ableitung des Weges nach der Zeit – also $a = \frac{dv}{dt} = v' = s''$. Sie benutzen hier, dass der Weg eine Funktion der Zeit ist, das heißt, eigentlich müssten Sie statt s immer $s(t)$ schreiben, aber das ersparen wir uns hier.

Grundlegende Regeln der Differentiation

Bisher haben Sie gelernt, was die Ableitung einer Funktion in einem Punkt bedeutet und wie man diese (per Definition) berechnet. Sie sollten aber nicht immer den Differenzenquotienten verwenden – das würde zu lange dauern. Dafür gibt es praktische Regeln.

Es ist ganz einfach, diese ersten paar Regeln zu lernen. Allerdings sollten Sie sich auf ein paar Herausforderungen im nächsten Abschnitt gefasst machen.

Die Konstantenregel

Diese Regel ist ganz einfach. Eine konstante Funktion $f(x) = c$ ist eine horizontale Gerade mit einer Steigung von 0, damit ist ihre Ableitung ebenfalls überall 0, also $f'(x) = 0$. Sie können auch schreiben $\frac{d}{dx} c = 0$. Fertig!

Die Potenzregel

Betrachten Sie die Funktion $f(x) = x^n$. Dann ist die Ableitung durch $f'(x) = n \cdot x^{n-1}$ gegeben. Ganz einfach! Um die Ableitung der Funktion zu bestimmen, nehmen Sie den Exponenten und stellen diesen als Faktor vor das x und verringern dann die Potenz um 1. Sie erinnern sich an den Differenzenquotienten von $f(x) = x^2$? Mit der Potenzregel kommen Sie zum gleichen Ergebnis und berechnen die Ableitung wie folgt:

$f'(x) = 2 \cdot x^{2-1} = 2x$

Einige Beispiele: Übrigens, die Potenzregel funktioniert für jede Potenz, egal ob positive, negative oder ein Bruch:

- ✔ Für $f(x) = \frac{1}{x^2} = x^{-2}$ ist $f'(x) = -2x^{-3} = -\frac{2}{x^3}$.
- ✔ Für $g(x) = \sqrt[3]{x^2} = x^{\frac{2}{3}}$ ist $g'(x) = \frac{2}{3} x^{-\frac{1}{3}} = \frac{2}{3\sqrt[3]{x}}$.
- ✔ Für $h(x) = x = x^1$ ist $h'(x) = 1 \cdot x^0 = 1$.

Die Koeffizientenregel

Was machen Sie, wenn die zu differenzierende Funktion mit einem Koeffizienten beginnt? Das macht keinen Unterschied. Ein Koeffizient wirkt sich nicht auf den Prozess der Differentiation aus.

Koeffizientenregel: Ist $f(x) = c \cdot g(x)$, so ist $f'(x) = c \cdot g'(x)$.

Einige Beispiele: Wenn also $f(x) = 25x$, so ist $f'(x) = 25$. Wenn $g(x) = \frac{1}{3x} = \frac{1}{3} \cdot \frac{1}{x} = \frac{1}{3}x^{-1}$, so ist $g'(x) = \frac{1}{3} \cdot (-1) \cdot x^{-2} = -\frac{1}{3x^2}$. Auch einfach, oder?

Die Summenregel – und die kennen Sie schon

Wenn Sie die Ableitung einer Summe von Termen suchen, bestimmen Sie die Ableitung jedes Terms einzeln.

Summenregel: Wenn $f(x) = f_1(x) + f_2(x)$, so ist $f'(x) = f_1'(x) + f_2'(x)$.

Ein Beispiel: Wenn $f(x) = x^6 + 2x^2 + 4$, so ist $f'(x) = 6x^5 + 4x$.

Trigonometrische Funktionen differenzieren

Meine Damen und Herren: Ich habe die große Ehre und das unzweifelhafte Vergnügen, Ihnen die Ableitungen der sechs trigonometrischen Funktionen vorstellen zu dürfen.

$\frac{d}{dx}\sin x = \cos x$ $\qquad$ $\frac{d}{dx}\tan x = \sec^2 x$ $\qquad$ $\frac{d}{dx}\csc x = -\csc x \cot x$

$\frac{d}{dx}\cos x = -\sin x$ $\qquad$ $\frac{d}{dx}\cot x = -\csc^2 x$ $\qquad$ $\frac{d}{dx}\csc x = -\csc x \cot x$

Exponentielle und logarithmische Funktionen differenzieren

Es gibt wieder etwas zu lernen. Diese Freude …

Exponentialfunktionen

Sie werden es nicht glauben, aber es ist $\frac{d}{dx}e^x = e^x$. Es stimmt wirklich, die Ableitung von e^x ist gleich e^x. Das ist eine *besondere Funktion*. Überlegen Sie, was das bedeutet. Betrachten Sie den Graphen von $y = e^x$ in Abbildung 4.10.

Wählen Sie einen beliebigen Punkt dieser Funktion aus, etwa $(2, e^2)$. Die Höhe der Funktion an diesem Punkt, also $e^2 \approx 7{,}4$, ist gleich der Steigung in diesem Punkt.

Wenn die Basis eine andere als die Eulersche Zahl e ist, müssen Sie die Ableitung etwas in Form bringen, indem Sie sie mit dem natürlichen Logarithmus der Basis multiplizieren: Wenn $f(x) = 2^x = e^{\ln(2^x)} = e^{x \cdot \ln 2}$, so ist $f'(x) = \ln 2 \cdot 2^x$. Das werden Sie später (mit der Kettenregel) auch begründen können.

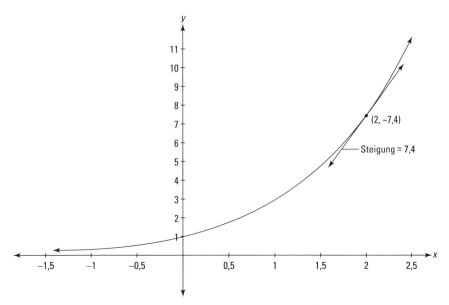

Abbildung 4.10: Der Graph von $y = e^x$

Exponentialfunktion: Wenn $f(x) = a^x$, so ist $f'(x) = \ln a \cdot a^x$.

Logarithmische Funktionen

Und jetzt kommt, worauf Sie bereits gewartet haben – die Ableitungen von logarithmischen Funktionen. Die Ableitung des *natürlichen* Logarithmus (das ist der Logarithmus zur Basis e) ist $\frac{d}{dx}\ln x = \frac{1}{x}$.

Wenn die Basis des Logarithmus eine andere Zahl als e ist, bringen Sie diese Ableitung in Form – wie bei den Exponentialfunktionen, außer dass Sie hier durch den natürlichen Logarithmus der Basis dividieren müssen, statt zu multiplizieren. Sie haben also $\frac{d}{dx}\log_2 x = \frac{\frac{1}{x}}{\ln 2} = \frac{1}{x \cdot \ln 2}$. (Auch das können Sie später mit der Kettenregel rechtfertigen.)

Logarithmusfunktion: Wenn $f(x) = \log_a x$, so ist $f'(x) = \frac{1}{x \cdot \ln a}$.

Differentiationsregeln für Profis – Wir sind die Champs!

Nachdem Sie nun wirklich alle grundlegenden Regeln vollständig verstanden haben, lehnen Sie sich zurück und genießen Sie Ihren Erfolg. Dennoch: Sind Sie fertig für die nächste Hürde?

Die Produktregel

Diese Regel verwenden Sie für das *Produkt* von zwei Funktionen, wie $y = x^3 \cdot \sin x$.

 Produktregel: Wenn $f(x) = g(x) \cdot h(x)$, so ist $f'(x) = g'(x) \cdot h(x) + g(x) \cdot h'(x)$.

Ein Beispiel: Für $y = x^3 \cdot \sin x$ erhalten Sie daher:

$$y' = \left(x^3\right)' \cdot \sin x + x^3 \cdot (\sin x)' = 3x^2 \cdot \sin x + x^3 \cdot \cos x$$

Die Quotientenregel

Diese Regel verwenden Sie für den *Quotienten* von zwei Funktionen, wie bei $y = \frac{\sin x}{x^4}$.

 Quotientenregel: Wenn $f(x) = \frac{g(x)}{h(x)}$, so ist $f'(x) = \frac{g'(x) \cdot h(x) - g(x) \cdot h'(x)}{h(x) \cdot h(x)}$.

Ein Beispiel: Schauen Sie sich die Ableitung von $y = \frac{\sin x}{x^4}$ an:

$$y' = \frac{(\sin x)' \cdot x^4 - \sin x \cdot (x^4)'}{x^4 \cdot x^4} = \frac{x^4 \cos x - 4x^3 \sin x}{x^8} = \frac{x^3 (x \cos x - 4 \sin x)}{x^8} = \frac{x \cdot \cos x - 4 \cdot \sin x}{x^5}$$

Auf diese Art und Weise können Sie auch die Ableitungsregel für den Tangens herleiten. Es ist $\tan x = \frac{\sin x}{\cos x}$. Wenn Sie die Ableitung von $\tan x$ brauchen, wenden Sie die Quotientenregel an:

$$(\tan x)' = \frac{(\sin x)' \cdot \cos x - \sin x \cdot (\cos x)'}{\cos^2 x} = \frac{\cos x \cdot \cos x - \sin x \cdot (-\sin x)}{\cos^2 x} = \frac{\cos^2 x + \sin^2 x}{\cos^2 x} = \frac{1}{\cos^2 x} = \sec^2 x$$

Dies ist natürlich ein gewisser Aufwand, statt sich die Lösung zu merken, aber es ist gut zu wissen, dass es immer noch einen Ausweg gibt, wenn man wirklich alles vergessen hat.

Die Kettenregel

Die Kettenregel ist zwar die trickreichste Ableitungsregel, aber nicht schwierig, wenn Sie sich sorgfältig auf ein paar wichtige Punkte konzentrieren.

Ein Beispiel: Betrachten Sie die Funktion $y = \sqrt{4x^3 - 5}$. Sie erkennen zwei Funktionen, nämlich $g(z) = \sqrt{z}$ und $h(x) = 4x^3 - 5$, die ineinander verschachtelt sind. Mit anderen Worten: Es handelt sich um eine *zusammengesetzte Funktion*. Sie suchen nun die Ableitung von $f(x) = g(h(x)) = \sqrt{4x^3 - 5}$. Für solche Zwecke brauchen Sie die Kettenregel.

Wichtig ist, dass Sie zusammengesetzte Funktionen erkennen. Wenn das Argument einer Funktion irgendetwas Komplizierteres als eine Variable ist, haben Sie eine zusammengesetzte Funktion. Achten Sie sorgfältig darauf, eine zusammengesetzte Funktion von etwas wie $y = \sqrt{x} \cdot \sin x$ zu unterscheiden, weil dies nämlich das *Produkt* von zwei Funktionen ist, nämlich von $\sqrt{x}$ und $\sin x$.

Kettenregel: Für eine zusammengesetzte Funktion $f(x) = g(h(x))$ gilt: $f'(x) = g'(h(x)) \cdot h'(x)$.

Sieht gar nicht schwer aus, oder? Ist es auch nicht, wenn Sie sich auf die einzelnen Bestandteile konzentrieren. Schauen Sie sich das obige Beispiel an: $y = \sqrt{4x^3 - 5}$.

1. **Beginnen Sie mit der *äußeren* Funktion und differenzieren diese. Damit Sie die innere Funktion auch wirklich ignorieren, ersetzen Sie sie vorübergehend durch eine neue Variable, zum Beispiel z.**

   Sie haben also $g(z) = \sqrt{z}$. Also differenzieren Sie $g(z) = \sqrt{z}$ genau so, wie Sie $g(x) = \sqrt{x}$ differenzieren, nur eben nach z und nicht nach x. Weil $g(z) = \sqrt{z} = z^{\frac{1}{2}}$, erhalten Sie mit der Potenzregel $g'(z) = \frac{1}{2} z^{-\frac{1}{2}} = \frac{1}{2\sqrt{z}}$.

2. **Ersetzen Sie die temporäre Variable z jetzt wieder durch die innere Funktion.**

   Die innere Funktion ist $h(x) = 4x^3 - 5$, so dass Sie schreiben können:
   $g'(h(x)) = \frac{1}{2\sqrt{h(x)}} = \frac{1}{2\sqrt{4x^3 - 5}}$

3. **Leiten Sie die *innere* Funktion ab.**

   Die innere Funktion $h(x) = 4x^3 - 5$ können Sie sofort ableiten; es gilt:
   $h'(x) = 4 \cdot 3 \cdot x^2 = 12x^2$

4. **Multiplizieren Sie die beiden Ergebnisse aus Schritt 2 und 3 miteinander und vereinfachen Sie, falls möglich.**

   Sie setzen das Produkt zusammen und erhalten $g'(h(x)) \cdot h'(x) = \frac{1}{2\sqrt{4x^3 - 5}} \cdot 12x^2$. Sie können noch einmal kürzen und erhalten schließlich die gesuchte Ableitung:
   $f'(x) = \frac{6x^2}{\sqrt{4x^3 - 5}}$

Noch ein Beispiel: Diesmal geht es um eine trigonometrische Funktion: $f(x) = \sin(x^2)$. Dann ist die innere Funktion $h(x) = x^2$ und die äußere Funktion $g(z) = \sin z$, denn damit ist $f(x) = g(h(x))$. Leiten Sie die äußere Funktion ab und Sie erhalten $g'(z) = \cos z$. Setzen Sie nun die innere Funktion ein: $g'(h(x)) = \cos(x^2)$. Leiten Sie anschließend die innere Funktion ab: $h'(x) = 2x$; und setzen Sie beides zusammen zu der gewünschten Ableitung: $f'(x) = \cos(x^2) \cdot 2x = 2x \cos(x^2)$

Manchmal kann es kompliziert sein, zu bestimmen, welche Funktion die innere ist – insbesondere, wenn eine Funktion sich innerhalb einer anderen befindet und dann beide innerhalb einer *dritten* Funktion liegen.

Nehmen Sie sich Zeit zur Analyse der Funktion. Schauen Sie genau, welche Funktion im »Innersten« liegt. Das ist die, die Sie zuerst auswerten, wenn Sie einen konkreten Wert für die Variable x einsetzen. Beobachten Sie sich, wie Sie schrittweise den Funktionswert berechnen, und Sie erkennen, wie die einzelnen Funktionen zusammengehören.

Und noch ein Beispiel: Differenzieren Sie die Funktion $y = \sin^3(5x^2 - 4x)$; und das ist nicht ganz einfach, machen Sie sich also auf etwas gefasst! Setzen Sie einmal irgendetwas für x ein, zum Beispiel $x = 0$. Rechnen Sie zuerst den Sinuswert aus? – Nein, Sie rechnen $5 \cdot 0^2 - 4 \cdot 0$ aus. Dann berechnen Sie davon den Sinus und schließlich die dritte Potenz vom Ergebnis. Dieses Endergebnis ist der Funktionswert für $x = 0$. Also haben Sie drei Funktionen: $g_1(x) = 5x^2 - 4x$, die innerste Funktion; $g_2(z) = \sin z$, die mittlere Funktion, und schließlich $g_3(u) = u^3$, die äußerste Funktion. Dann gilt offenbar $y = \sin^3(5x^2 - 4x) = g_3(g_2(g_1(x)))$.

Nachdem Sie die Reihenfolge der Funktionen kennen, können Sie von *außen* nach *innen* differenzieren. Die Ableitung der äußeren Funktion $g_3(u) = u^3$ ist $g_3'(u) = 3u^2$. (Sie behandeln das u wie ein x.) Setzen Sie jetzt die mittlere Funktion ein:

$$y' = 3\big(\sin(5x^2 - 4x)\big)^2 \cdot \big(\sin(5x^2 - 4x)\big)'$$

Sehen Sie, was passiert ist? Sie haben das Problem um eine Stufe herabgesetzt. Der zweite Faktor, $\big(\sin(5x^2 - 4x)\big)'$, ist noch eine Ableitung, die Sie bestimmen müssen, aber dort gibt es nur eine innere und eine äußere Funktion, nämlich g_1 und g_2.

Somit wenden Sie erneut die Kettenregel an. Finden Sie die Ableitung der jetzt äußeren (vorher mittleren) Funktion: $g_2'(z) = \big(\sin z\big)' = \cos z$ und setzen Sie die innere Funktion wieder ein: $g_2'(g_3(x)) = \big(\sin(g_3(x))\big)' = \cos(g_3(x)) = \cos\big(5x^2 - 4x\big)$. Leiten Sie anschließend die innere Funktion ab: $g_3'(x) = \big(5x^2 - 4x\big)' = 10x - 4$.

Jetzt setzen Sie alles zusammen und erhalten schließlich:

$$y' = 3\big(\sin(5x^2 - 4x)\big)^2 \cdot \big(\sin(5x^2 - 4x)\big)'$$
$$= 3\big(\sin(5x^2 - 4x)\big)^2 \cdot \cos\big(5x^2 - 4x\big) \cdot (10x - 4)$$

Das kann noch etwas vereinfacht werden zu

$$y' = (30x - 12) \cdot \sin^2(5x^2 - 4x) \cdot \cos\big(5x^2 - 4x\big)$$

Fertig! Das war ein gutes Stück Arbeit! Haben Sie alles verstanden?

Prüfen Sie sich selbst. Legen Sie das Buch kurz zur Seite und versuchen Sie noch einmal, die gleiche Aufgabe zu lösen – diesmal aber ohne Anleitung! Dann merken Sie, ob Sie es verstanden haben.

Ein letztes Beispiel und ein letzter Tipp: Differenzieren Sie die Funktion $f(x) = 4x^2 \sin(x^3)$. Diese Aufgabe enthält eine neue Hürde – hier benötigen Sie die Kettenregel *und* die Produktregel. Wie fangen Sie an?

Wenn Sie nicht sicher sind, wo Sie mit der Differenzierung eines komplexen Ausdrucks beginnen, stellen Sie sich vor, Sie setzen eine Zahl für x ein und werten dann den Ausdruck aus. Ihre *letzte* Berechnung ist das, was Sie als *Erstes* tun sollten – die äußerste Funktion.

Setzen Sie einen Wert ein. Was ist Ihre letzte Operation – Sie multiplizieren. Also ist der *erste* Schritt bei der Differentiation die Anwendung der Produktregel. Für $f(x) = 4x^2 \sin(x^3)$ erhalten Sie also:

$$f'(x) = (4x^2)' \cdot (\sin(x^3)) + (4x^2) \cdot (\sin(x^3))'$$

Jetzt stellen Sie die Aufgabe fertig, indem Sie die Ableitung von $4x^2$ mit der Potenzregel und die Ableitung von $\sin(x^3)$ mit der Kettenregel bestimmen:

$$f'(x) = (8x)(\sin(x^3)) + (4x^2)(\cos(x^3) \cdot 3x^2)$$

Und jetzt vereinfachen Sie – war also gar nicht schwer:

$$f'(x) = 8x \sin(x^3) + 12x^4 \cos(x^3)$$

> ### Warum die Kettenregel funktioniert
>
> Anhand der schwierigen Mathematik in diesem Abschnitt oder der abstrakten Kettenregel können Sie womöglich nicht sofort erkennen, dass die Kettenregel auf einem **sehr** einfachen Konzept basiert. Angenommen, eine Person geht spazieren, eine andere joggt und eine dritte fährt Rad. Wenn der Jogger zweimal so schnell läuft wie der Spaziergänger und der Radfahrer viermal so schnell fährt wie der Jogger, dann geht der Radfahrer 2 × 4, also 8-mal schneller als der Spaziergänger. Das ist die Kettenregel in Kürze. Man multipliziert die verschiedenen Verhältnisse.

Implizite Differentiation

Bisher waren alle Beispielfunktionen *explizit* als Funktion der Variable x dargestellt wie $y = x^2 + 4x$ oder $f(x) = \sin^2(x^3)$. Das bedeutet, dass der Funktionswert y alleine auf einer Seite der Gleichung steht.

Manchmal werden Sie jedoch aufgefordert, eine Gleichung zu differenzieren, die nicht nach y aufgelöst werden kann, wie $y^5 + 3x^2 = \sin x - 4y^3$. Diese Gleichung definiert *implizit* eine Funktion von x und Sie können sie *nicht* als explizite Funktion ausdrücken, weil sie *nicht* nach y aufgelöst werden kann. Für eine solche Aufgabenstellung brauchen Sie die Methode der *impliziten Differentiation*. Wenn Sie implizit differenzieren, verhalten sich alle Ableitungsregeln gleich, mit einer Ausnahme: Wenn Sie einen Term mit einem darin enthaltenen y differenzieren, wenden Sie die Kettenregel an.

Die Kettenregel lässt sich für das folgende Beispiel auch so formulieren: $(\sin y)' = \cos y \cdot y'$. Das Konzept ist genau dasselbe und Sie können sich y als irgendeine unbekannte, geheimnisvolle Funktion von x vorstellen. Aber weil Sie nicht wissen, welche Funktion das ist, können Sie auch am Ende der Aufgabe nicht wieder zu x zurückwechseln, wie es bei einer regulären Kettenregelaufgabe der Fall ist.

Kommen wir zurück zur gegebenen Aufgabe: Sie möchten $y^5 + 3x^2 = \sin x - 4y^3$ differenzieren.

1. **Differenzieren Sie jeden Term auf *beiden* Seiten der Gleichung.**

   $5y^4 \cdot y' + 6x = \cos x - 12y^2 \cdot y'$

   Für den ersten und den vierten Term verwenden Sie die Potenzregel und die Kettenregel. Für den zweiten Term verwenden Sie die reguläre Potenzregel.

2. **Sammeln Sie alle Terme mit einem y' auf der linken Seite der Gleichung und alle anderen Terme auf der rechten Seite.**

   $5y^4 \cdot y' + 12y^2 \cdot y' = \cos x - 6x$

3. **Klammern Sie y' aus.**

   $y'(5y^4 + 12y^2) = \cos x - 6x$

4. **Lösen Sie die Gleichung nach y' auf.**

   $y' = \frac{\cos x - 6x}{5y^4 + 12y^2}$

Beachten Sie, dass diese Ableitung, anders als die bisherigen, in Hinblick auf x und y ausgedrückt wird und nicht nur durch x. Wenn Sie also die Ableitung bestimmen wollen, um die Steigung an einem bestimmten Punkt zu berechnen, brauchen Sie Werte sowohl für x als auch für y, die Sie in die Ableitung einsetzen können.

Beachten Sie außerdem, dass in vielen Lehrbüchern statt y' in jedem Lösungsschritt das Symbol $\frac{dy}{dx}$ verwendet wird. Ich finde y' einfacher und übersichtlicher. Aber $\frac{dy}{dx}$ hat den Vorteil, dass es Sie daran erinnert, dass Sie die Ableitung von y nach x suchen. Beides ist in Ordnung. Wählen Sie eines für sich aus.

Logarithmische Differentiation

Ein Beispiel: Stellen Sie sich vor, Sie wollen

$$f(x) = (x^3 - 5)(3x^4 + 10)(4x^2 - 1)(2x^5 - 5x^2 + 10)$$

differenzieren. Jetzt könnten Sie die Terme ausmultiplizieren und dann differenzieren, aber das wäre ein gewaltiger Plan. Sie könnten auch ein paar Mal die Produktregel anwenden, aber auch das wäre mühselig und zeitaufwendig. Am besten wenden Sie die logarithmische Differentiation an. Schauen Sie mal:

1. **Ermitteln Sie den natürlichen Logarithmus beider Seiten.**

   $\ln f(x) = \ln\left((x^3 - 5)(3x^4 + 10)(4x^2 - 1)(2x^5 - 5x^2 + 10)\right)$

2. **Jetzt wenden Sie die Eigenschaft für den Logarithmus eines Produkts an, an die Sie sich natürlich noch erinnern (falls nicht, lesen Sie in Kapitel 3 nach).**

    $\ln f(x) = \ln(x^3 - 5) + \ln(3x^4 + 10) + \ln(4x^2 - 1) + \ln(2x^5 - 5x^2 + 10)$

3. **Differenzieren Sie beide Seiten.**

    Gemäß der Kettenregel ist die Ableitung von $\ln f(x) = \frac{1}{f(x)} \cdot f'(x) = \frac{f'(x)}{f(x)}$. Wenden Sie für jeden der vier Terme auf der rechten Seite der Gleichung die Kettenregel an und Sie erhalten:

    $\frac{f'(x)}{f(x)} = \frac{3x^2}{(x^3-5)} + \frac{12x^3}{(3x^4+10)} + \frac{8x}{(4x^2-1)} + \frac{10x^4-10x}{2x^5-5x^2+10}$

4. **Multiplizieren Sie beide Seiten mit $f(x)$ – fertig!**

    $f'(x) = \left(\frac{3x^2}{(x^3-5)} + \frac{12x^3}{(3x^4+10)} + \frac{8x}{(4x^2-1)} + \frac{10x^4-10x}{2x^5-5x^2+10} \right) \cdot \left(x^3 - 5\right)\left(3x^4 + 10\right)\left(4x^2 - 1\right)\left(2x^5 - 5x^2 + 10\right)$

Diese Antwort ist offenbar hoch kompliziert und der Lösungsprozess ist auch kein Spaziergang, aber glauben Sie es mir, diese Methode ist *sehr* viel schneller als die Alternativen.

Differentiation von Umkehrfunktionen

Sie haben eine Funktion $g(x)$ gegeben und suchen die Ableitung der Umkehrfunktion $g^{-1}(x)$, ohne diese explizit berechnen zu wollen (oder zu können). Für die Ableitungen von Umkehrfunktionen gibt es eine Formel, die extrem schwierig aussieht, aber eigentlich recht einfach ist. Bevor wir dazu kommen, betrachten Sie Abbildung 4.11, die einen praktischen Überblick über das gesamte Konzept bietet.

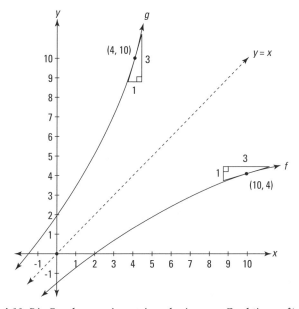

Abbildung 4.11: Die Graphen zweier zueinander inverser Funktionen $f(x)$ und $g(x)$

Die Abbildung 4.11 zeigt ein Paar zueinander inverser Funktionen $f(x)$ und $g(x)$, das heißt, es gilt $f(g(x)) = x$ und $g(f(x)) = x$. Sie wissen, dass zueinander inverse Funktionen symmetrisch zur Geraden $y = x$ sind. Wie bei jedem Paar inverser Funktionen gilt, wenn der Punkt $(10,4)$ auf dem Graphen einer Funktion liegt, dann liegt der Punkt $(4,10)$ auf ihrer Inversen. Die Inverse einer Funktion $f(x)$ wird meistens auch *Umkehrfunktion* von $f(x)$ genannt. Und aufgrund der Graphensymmetrie erkennen Sie, dass die Steigung an dem einen Punkt das Reziproke (das heißt Kehrwerte) der Steigung an dem anderen Punkt ist: Am Punkt $(10,4)$ ist die Steigung gleich $\frac{1}{3}$, und am Punkt $(4,10)$ ist die Steigung gleich $\frac{1}{\frac{1}{3}} = 3$. Dies ist die grafische Darstellung des Konzepts. Wenn Sie mir bisher folgen konnten, haben Sie es also schon visuell verstanden.

Die algebraische Erklärung ist jedoch etwas komplexer. Der Punkt $(10,4)$ auf dem Graphen von $f(x)$ kann als $(10, f(10))$ geschrieben werden und die Steigung in diesem Punkt – und damit die Ableitung – kann als $f'(10)$ ausgedrückt werden. Der Punkt $(4,10)$ auf dem Graphen von $g(x)$ kann als $(4, g(4))$ geschrieben werden. Und weil $f(10) = 4$ ist, können Sie die 4 in $(4, g(4))$ durch $f(10)$ ersetzen, so dass Sie $(f(10), g(f(10)))$ erhalten. Die Steigung und die Ableitung in diesem Punkt können als $g'(f(10))$ angegeben werden. Die Steigungen sind also Reziproke voneinander und so erhalten Sie die Gleichung $f'(10) = \frac{1}{g'(f(10))}$. Diese schwierige Gleichung besagt nicht mehr und nicht weniger, als die beiden Dreiecke auf den beiden Funktionen in Abbildung 4.11 ausdrücken.

Wenn Sie diese Überlegung allgemein durchführen (also statt 10 ein x einsetzen), erhalten Sie die allgemeine Formel: $f'(x) = \frac{1}{g'(f(x))}$. Wenn Sie dies nun noch mit der Schreibweise der Umkehrfunktion $f = g^{-1}$ verknüpfen, kommen Sie zu der Formel, die Sie unter diesem Stichwort überall finden werden:

Differentiation einer Umkehrfunktion: Ist g eine stetige und streng monotone Funktion, so ist die Ableitung der Umkehrfunktion g^{-1} gegeben durch: $\left(g^{-1}\right)'(y) = \frac{1}{g'(g^{-1}(y))}$ (oder für $y = g(x)$ äquivalent dazu $\left(g^{-1}\right)'(g(x)) = \frac{1}{g'(x)}$), sofern der Nenner nicht 0 wird.

Das mathematische Kleingedruckte, das wir bisher ignoriert haben, sollte Sie nicht weiter stören. Beide angegebenen Eigenschaften stellen sicher, dass die Umkehrfunktion vernünftig (definiert) ist. Ihre meisten Anwendungen werden diese Bedingungen erfüllen. Allerdings prüfen, ob diese jeweils erfüllt sind, müssen Sie natürlich trotzdem immer.

Keine Angst vor höheren Ableitungen

Es ist unglaublich einfach, eine zweite, dritte, vierte oder höhere Ableitung zu berechnen, wenn man das Prinzip für die erste Ableitung verstanden hat. Die zweite Ableitung einer Funktion ist die (erste) Ableitung ihrer ersten Ableitung. Die dritte Ableitung ist die (erste) Ableitung der zweiten Ableitung usw.

4 ➤ Idee und Regeln des Ableitens – was sein muss, muss sein

Höhere Ableitungen: Die zweite Ableitung ist die erste Ableitung der ersten Ableitung. Die $(n+1)$-te Ableitung ist die erste Ableitung der n-ten Ableitung.

Einige Beispiele: Nachfolgend sehen Sie eine Funktion und ihre erste, zwei, dritte und die nachfolgenden Ableitungen. In diesem Beispiel erhalten Sie alle Ableitungen mit Hilfe der Potenzregel.

$$f(x) = x^4 - 5x^2 + 12x - 3 \qquad f'(x) = 4x^3 - 10x + 12$$
$$f''(x) = 12x^2 - 10 \qquad f'''(x) = 24x$$
$$f^{(4)}(x) = 24 \qquad f^{(5)}(x) = 0$$
$$f^{(6)}(x) = 0 \qquad f^{(7)}(x) = 0$$

Alle Polynomfunktionen wie diese werden bei wiederholter Differentiation irgendwann 0. Rationale Funktionen wie $f(x) = \frac{x^2-5}{x+8}$ dagegen werden immer komplizierter, je mehr Ableitungen Sie bestimmen. Und die höheren Ableitungen von Sinus und Kosinus sind zyklisch, zum Beispiel:

$$y = \sin x \qquad y' = \cos x \qquad y'' = -\sin x \qquad y''' = -\cos x$$
$$y^{(4)} = \sin x \qquad y^{(5)} = \cos x \qquad y^{(6)} = -\sin x \qquad y^{(7)} = -\cos x$$

Der Zyklus wiederholt sich mit jedem Vielfachen von 4 endlos oft.

Lassen Sie mich noch einen kleinen Ausblick geben: In Kapitel 5 werde ich Ihnen einige Anwendungen höherer Ableitungen zeigen – hauptsächlich der zweiten Ableitung. Nur in aller Kürze eine Vorschau: Eine erste Ableitung gibt bekanntermaßen an, wie schnell sich eine Funktion ändert – wie schnell sie nach oben oder unten verläuft –, das ist ihre Steigung. Eine zweite Ableitung teilt Ihnen mit, wie schnell sich die erste Ableitung ändert – mit anderen Worten, wie schnell sich die Steigung ändert. Eine dritte Ableitung teilt Ihnen mit, wie schnell sich die zweite Ableitung ändert, woran Sie erkennen, wie schnell sich die Änderungsrate der Steigung ändert. Es wird unglaublich schwierig zu verdeutlichen, was Sie anhand einer höheren Ableitung erkennen, wenn Sie über die zweite Ableitung hinausgehen, weil Sie dann die Änderungsrate einer Änderungsrate einer Änderungsrate usw. betrachten.

Extrem-, Wende- und Sattelpunkte

In diesem Kapitel

▸ Das Auf und Ab von Funktionen erkennen

▸ Tests zum Finden von Extremwerten und Wendepunkten

▸ Die Graphen von Funktionen und Ableitungen interpretieren

▸ Freude mit dem Zwischenwertsatz und dem Mittelwertsatz haben

▸ Mit dem Taylorpolynom Funktionen annähern

▸ Mit der Regel von l'Hospital zum Erfolg

*W*enn Sie Kapitel 4 gelesen haben, sind Sie wahrscheinlich schon fast ein Profi in Sachen Ableitung. Das ist gut so, denn in diesem Kapitel verwenden Sie die Ableitungen, um das Verhalten von Funktionen zu verstehen – wo sie steigen, wo sie fallen, an welchen Stellen sie Maxima und Minima haben, wie sie sich krümmen usw. Dazu werden Sie Ihr Wissen über die Form von Funktionen anwenden, um Aufgabenstellungen aus der Praxis zu lösen. Am Ende des Kapitels zeige ich Ihnen zusätzlich, wie man komplizierte Funktionen aus der Praxis durch einfache Polynome annähern kann.

Ein Ausflug mit der Analysisgruppe

Ein Beispiel: Betrachten Sie den Graphen in Abbildung 5.1. Stellen Sie sich vor, Sie fahren entlang dieser Funktion von links nach rechts. Während Ihrer Fahrt gibt es zwischen a und l mehrere interessante Punkte. Alle davon (außer Start- und Endpunkte) beziehen sich auf die Steigung der Straße – mit anderen Worten, auf ihre Ableitung.

Machen Sie sich auf etwas gefasst – ich werde hier mit sehr vielen neuen Begriffen und Definitionen hantieren. Sie sollten jedoch keine größeren Schwierigkeiten mit diesen Konzepten haben, weil sie alle die Vorstellung aus dem Alltag nachbilden, beispielsweise wenn Sie eine Strecke mit starkem Gefälle nach oben oder unten fahren oder wenn Sie eine Bergkuppe überqueren.

Über die Berge und durch die Täler: Positive und negative Steigungen

Bei Ihrem Ausflug von a aus beobachten Sie als Erstes, dass Sie bergauf fahren. Die Funktion *steigt* also und ihre Steigung (und damit ihre Ableitung) ist *positiv*. Sie fahren den Berg hinauf, bis Sie die Spitze an der Stelle b erreicht haben, wo die Straße wieder gerade wird. Die Straße ist eben, also ist die Steigung (und auch die Ableitung) gleich 0.

Weil die Ableitung an der Stelle b gleich 0 ist, bezeichnet man b auch als *Extrempunkt* der Funktion. Punkt b ist ein *lokales Maximum* oder ein *relatives Maximum* von f, weil es sich um eine »Bergspitze« handelt. Damit b ein lokales Maximum sein kann, muss es sich dabei um den höchsten Punkt in seiner unmittelbaren Umgebung handeln. Es spielt dabei keine Rolle, dass der nahe gelegene »Berg« an der Stelle g noch höher ist.

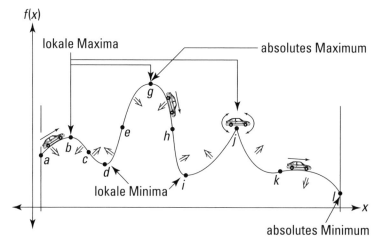

Abbildung 5.1: Der Graph von $f(x)$ mit mehreren interessanten Punkten

Nachdem Sie die Bergkuppe an der Stelle b erreicht haben, fahren Sie wieder nach unten. Hinter b wird die Steigung (und die Ableitung) also *negativ* und die Funktion *fällt*. Links von jedem lokalen Maximum ist die Steigung positiv, rechts von jedem Maximum ist die Steigung negativ.

Konvexität und Wendepunkte

Der nächste interessante Punkt ist c. Erkennen Sie, dass bei der Fahrt nach unten von b nach c die Straße immer steiler wird, aber dass Sie nach c immer noch nach unten fahren und die Straße langsam beginnt, sich wieder nach oben zu krümmen und weniger steil zu werden? Der kleine Pfeil nach unten zwischen b und c in Abbildung 5.1 weist darauf hin, dass sich dieser Abschnitt der Straße nach unten krümmt – man sagt, die Funktion ist dort *konkav*. Wie Sie sehen, ist die Straße auch zwischen a und b konkav.

 Wenn eine Funktion *konkav* ist, fällt ihre Ableitung; wenn eine Funktion *konvex* ist, steigt ihre Ableitung.

Die Straße ist also konkav bis zum Punkt c, wo sie dann konvex wird. Weil sich die Konkavität im Punkt c umkehrt, handelt es sich bei c um einen *Wendepunkt*. Der Punkt c ist gleichzeitig der steilste Punkt auf diesem Straßenabschnitt. Die steilsten Punkte auf einer Funktion – ebenso wie die flachsten Punkte – treten immer an Wendepunkten auf.

Seien Sie vorsichtig mit Funktionsabschnitten, die eine negative Steigung haben. Punkt c ist der steilste Punkt in seiner Umgebung, weil er eine größere negative Steigung hat als alle anderen nahe gelegenen Punkte. Beachten Sie jedoch, dass eine große negative Zahl eigentlich eine sehr *kleine* Zahl ist, wodurch die Steigung und Ableitung in c eigentlich die *geringste* Steigung in der Umgebung ist. Von b nach c *fällt* die Ableitung der Funktion (weil sie zu einer größeren negativen Zahl wird). Von c nach d *steigt* die Ableitung (weil sie zu einer kleineren negativen Zahl wird).

Das Tal der Tränen: Ein lokales Minimum

Zurück zu unserem Ausflug. Nach Punkt c fahren Sie weiterhin nach unten, bis Sie d erreichen, die Talsohle. Punkt d ist ebenfalls ein Extrempunkt, weil die Straße dort eben ist und die Ableitung gleich 0 ist. Punkt d ist außerdem ein *lokales* oder *relatives Minimum*, weil es sich dabei um den niedrigsten Punkt in seiner unmittelbaren Umgebung handelt.

Ein atemberaubender Ausblick: Das globale Maximum

Nach d fahren Sie nach oben und durchqueren dabei e, wobei es sich um einen weiteren Wendepunkt handelt. Es ist der steilste Punkt zwischen d und g und der Punkt, an dem die Ableitung am größten ist. Sie halten am Ausblickspunkt an der Stelle g an, einem weiteren stationären Punkt und einem weiteren lokalen Maximum. Darüber hinaus ist der Punkt g das *globale Maximum* im Intervall von a bis l, weil es sich dabei um den allerhöchsten Punkt auf der Straße zwischen a und l handelt.

Autopanne: Auf dem Scheitelpunkt hängen geblieben

Wenn Sie von g aus nach unten fahren, durchqueren Sie einen weiteren Wendepunkt in h, ebenso wie ein lokales Minimum in i und fahren dann nach oben bis j, wo Sie in einem Anfall von Wahnsinn versuchen, über die Spitze zu fahren. Ihre Vorderräder schaffen das gerade noch, aber dann bleibt das Auto auf der Klippe hängen, so dass Sie ein bisschen schaukeln können, während sich Ihre Räder drehen. Ihr Auto schaukelt an der Stelle j, weil Sie dort keine Tangente ziehen können. Keine Tangente – keine Steigung. Keine Steigung – keine Ableitung. Sie können sagen, die Ableitung an der Stelle j ist *nicht definiert*. Die Funktion ist an dieser Stelle also nicht differenzierbar.

Von nun an geht's bergab!

Nachdem Sie Ihr Auto wieder aus seiner misslichen Lage befreit haben, wird die Straße immer flacher, bis sie für einen Moment lang am Punkt k völlig abflacht. (Beachten Sie auch hier, dass die Steigung und damit die Ableitung auf dem Weg nach k zu immer kleineren *negativen* Zahlen werden und sie damit eigentlich *steigen*.) Der Punkt k ist ebenfalls ein besonderer Punkt, weil seine Ableitung gleich 0 ist. Es handelt sich dabei um einen Wendepunkt, weil die Konvexität im Punkt k von konvex zu konkav wechselt. Man nennt einen solchen Punkt auch *Sattelpunkt*. Nachdem Sie k durchquert haben, fahren Sie weiter nach unten zu l, Ihrem Ziel. Der Endpunkt l ist das *globale Minimum* im gesamten Intervall zwischen a und l, weil es sich dabei um den allerniedrigsten Punkt zwischen a und l handelt.

Ich hoffe, der Ausflug hat Ihnen Spaß gemacht!

Ihr mathematisches Reisetagebuch

Ich möchte hier noch einmal auf Ihren Ausflug und die dabei verwendeten Begriffe und Definitionen eingehen – und noch ein paar weitere Begriffe einführen:

✔ Die Funktion f in Abbildung 5.1 hat eine Ableitung gleich 0 in den Punkten b, d, g, i und k. Wenn Sie dieser Liste j hinzufügen – an der Stelle j ist die Ableitung nicht definiert –, erhalten Sie die vollständige Liste aller *kritischen Punkte* der Funktion.

Kritische Punkte sind die x-Werte der Stellen, an denen die Ableitung gleich 0 oder nicht definiert ist.

✔ Alle lokalen Maxima und Minima – die Berge und Täler – müssen in kritischen Punkten liegen. Nicht alle kritischen Punkte sind jedoch notwendigerweise lokale Maxima oder Minima. Der Punkt k beispielsweise ist ein kritischer Punkt, aber weder ein Maximum noch ein Minimum. Lokale Maxima oder Minima werden in ihrer Gesamtheit als die lokalen *Extremwerte* der Funktion bezeichnet. Ein einzelnes lokales Maximum oder Minimum ist ein lokaler *Extremwert*.

Notwendige Bedingung für einen relativen Extremwert: Relative Extremwerte sind kritische Punkte, das heißt, wenn x_0 ein relativer Extremwert für die Funktion $f(x)$ ist, dann gilt: $f'(x_0) = 0$.

Hinreichende Bedingung für einen relativen Extremwert: Wenn $f'(x_0) = 0$ und $f''(x_0) \neq 0$, dann ist x_0 ein relativer Extremwert für die Funktion $f(x)$. In diesem Fall ist x_0 ein lokales Maximum, wenn $f''(x_0) < 0$, beziehungsweise ein lokales Minimum, wenn $f''(x_0) > 0$.

Beachten Sie, dass beide Kriterien nicht vollständig charakterisierend sind. Dafür gibt es die etwas allgemeinere Formulierung:

Allgemeines Kriterium für einen relativen Extremwert: Es sei $f'(x_0) = 0$. Wenn zusätzlich gilt, dass $f^{(n)}(x_0) \neq 0$ für ein $n \in \mathbb{N}$ und alle kleineren Ableitung an dieser Stelle gleich 0 sind, dann ist x_0 ein relativer Extremwert für die Funktion $f(x)$, wenn n gerade ist. In diesem Fall ist x_0 ein lokales Maximum, wenn $f^{(n)}(x_0) < 0$, beziehungsweise ein lokales Minimum, wenn $f^{(n)}(x_0) > 0$.

✔ Die Funktion steigt, wenn Sie nach oben fahren – die Ableitung ist positiv; sie fällt, wenn Sie nach unten fahren – die Ableitung ist negativ. Die Funktion fällt auch im Punkt k, einem horizontalen Wendepunkt beziehungsweise Sattelpunkt, auch wenn die Steigung und die Ableitung dort gleich 0 sind. Ich weiß, dass sich das etwas seltsam anhört. An allen horizontalen Wendepunkten steigt oder fällt eine Funktion. An den lokalen Extremwerten b, d, g, i und j steigt und fällt die Funktion nicht.

Hinreichende Bedingung für einen Wendepunkt: Wenn $f''(x_0) = 0$ und $f'''(x_0) \neq 0$, dann ist x_0 ein Wendepunkt für die Funktion $f(x)$. Ist zusätzlich $f'(x_0) = 0$, so nennen Sie diesen Wendepunkt auch *Sattelpunkt*.

Lokale Extremwerte finden

Nachdem Sie den vorigen Abschnitt verarbeitet haben und wissen, was lokale Extremwerte sind, sollten Sie die Mathematik üben, mit deren Hilfe Sie sie suchen. Im vorigen Abschnitt haben Sie erfahren, dass alle lokalen Extremwerte an kritischen Punkten einer Funktion auftreten – das heißt an Stellen, an denen die Ableitung gleich 0 ist oder an denen sie undefiniert ist (denken Sie jedoch daran, dass nicht alle kritischen Punkte lokale Extremwerte sein müssen). Beim ersten Schritt auf der Suche nach den lokalen Extremwerten einer Funktion suchen Sie zunächst ihre kritischen Werte.

Die kritischen Werte suchen

Ein Beispiel: Finden Sie die kritischen Werte von $f(x) = 3x^5 - 20x^3$. Betrachten Sie dazu Abbildung 5.2.

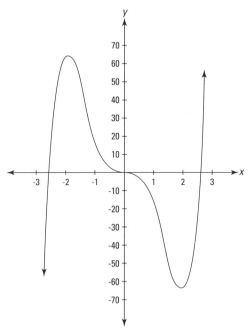

Abbildung 5.2: Der Graph von $f(x) = 3x^5 - 20x^3$

Dazu gehen Sie wie folgt vor:

1. **Suchen Sie die erste Ableitung von f unter Anwendung der Potenzregel.**
   Sie erhalten: $f'(x) = 15x^4 - 60x^2$

2. **Setzen Sie die Ableitung gleich 0 und lösen Sie nach x auf.**
   $0 = f'(x) = 15x^4 - 60x^2 = 15x^2(x^2 - 4) = 15x^2(x+2)(x-2) = 0$

Nun wissen Sie, dass ein Produkt genau dann gleich 0 ist, wenn mindestens ein Faktor gleich 0 ist, also gilt: $15x^2 = 0$ oder $x + 2 = 0$ oder $x - 2 = 0$, das heißt $x = 0$, $x = -2$ oder $x = 2$.

Diese drei x-Werte sind die kritischen Werte von $f(x) = 3x^5 - 20x^3$. Es könnte weitere kritische Werte geben, wenn die erste Ableitung an einigen x-Werten nicht definiert wäre, aber da die Ableitung von $f'(x) = 15x^4 - 60x^2$ für alle Eingabewerte definiert ist, bilden die oben gezeigten Lösungen die vollständige Liste aller kritischen Werte. Weil die Ableitung von f für diese drei kritischen Werte gleich 0 ist, hat die Kurve an diesen Werten horizontale Tangenten.

Nachdem Sie die Liste der kritischen Werte kennen, müssen Sie bestimmen, ob sich an diesen Werten Gipfel oder Täler befinden. Dazu können Sie einen Test mit der ersten Ableitung oder einen Test mit der zweiten Ableitung durchführen.

Der Test mit der ersten Ableitung – wachsend oder fallend?

Der Test der ersten Ableitung basiert auf nobelpreisverdächtigen Konzepten, nämlich dass Sie, wenn Sie über den Gipfel eines Berges wollen, zuerst nach oben und dann nach unten gehen, und dass Sie, wenn Sie ein Tal durchqueren, erst nach unten und dann nach oben gehen. Erstaunlich, oder?

Fortsetzung des Beispiels: Und so gehen Sie bei dem Test vor. Sie legen einen Zahlenstrahl an und tragen darunter die kritischen Werte ein, die Sie oben bestimmt haben, nämlich $0, -2, 2$. Betrachten Sie dazu Abbildung 5.3.

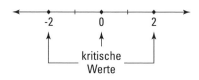

Abbildung 5.3: Die kritischen Werte von $f(x) = 3x^5 - 20x^3$

Dieser Zahlenstrahl wird jetzt in vier Bereiche unterteilt: von $-\infty$ bis -2, von -2 bis 0, von 0 bis 2 und schließlich von 2 bis ∞. Jetzt wählen Sie aus jedem dieser Bereiche einen Wert aus, setzen ihn in die erste Ableitung ein und sehen nach, ob Ihr Ergebnis positiv oder negativ ist. Sie verwenden für die Überprüfung der Bereiche die vier Werte $-3; -1; 1; 3$; es gilt dann für $f'(x) = 15x^4 - 60x^2$:

5 ➤ Extrem-, Wende- und Sattelpunkte

$$f'(-3) = 15 \cdot (-3)^4 - 60 \cdot (-3)^2$$
$$= 15 \cdot 81 - 60 \cdot 9$$
$$= 675$$

$$f'(-1) = 15 \cdot (-1)^4 - 60 \cdot (-1)^2$$
$$= 15 - 60$$
$$= -45$$

$$f'(1) = 15 \cdot 1^4 - 60 \cdot 1^2$$
$$= 15 - 60$$
$$= -45$$

$$f'(3) = 15 \cdot 3^4 - 60 \cdot 3^2$$
$$= 15 \cdot 81 - 60 \cdot 9$$
$$= 675$$

Diese vier Ergebnisse sind jeweils positiv, negativ, negativ und positiv. Markieren Sie die Bereiche auf dem Zahlenstrahl mit einem Plus- oder mit einem Minussymbol und kennzeichnen Sie die Stellen, an denen die Funktion steigt (also die Ableitung positiv ist) und an denen sie fällt (also die Ableitung negativ ist). Das Ergebnis ist ein so genannter *Vorzeichengraph*, wie in Abbildung 5.4 gezeigt.

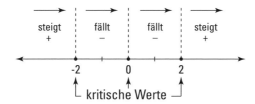

Abbildung 5.4: Der Vorzeichengraph für $f(x) = 3x^5 - 20x^3$

Die Funktion wechselt also am Punkt −2 von steigend nach fallend; mit anderen Worten, Sie gehen aufwärts bis −2 und dann wieder abwärts. An der Stelle −2 haben Sie also einen Gipfel oder ein lokales Maximum. Da die Funktion dagegen am Punkt 2 von fallend nach steigend wechselt, haben Sie hier ein Tal oder ein lokales Minimum. Und da die Vorzeichen der ersten Ableitung im Punkt 0 nicht wechseln, gibt es in diesem Punkt weder ein Minimum noch ein Maximum.

Im letzten Schritt ermitteln Sie die Funktionswerte, das heißt die Höhen dieser beiden lokalen Extremwerte, indem Sie die x-Werte in die ursprüngliche Funktion $f(x) = 3x^5 - 20x^3$ einsetzen:

$$f(-2) = 3(-2)^5 - 20(-2)^3 = 64 \text{ und } f(2) = 3(2)^5 - 20(2)^3 = -64$$

Das lokale Maximum befindet sich also an der Stelle (−2, 64) und das lokale Minimum befindet sich an der Stelle (2, −64). Fertig!

 Wenn Sie mithilfe der ersten Ableitung nach einem lokalen Extremwert in einem bestimmten kritischen Wert suchen, muss die Funktion in diesem x-Wert *stetig* sein.

Der Test mit der zweiten Ableitung – Krümmungsverhalten!

Wenn Ihnen der Test mit der ersten Ableitung nicht gefällt, können Sie mithilfe der zweiten Ableitung die lokalen Extremwerte einer Funktion bestimmen.

Der Test mit der zweiten Ableitung basiert auf zwei weiteren preisverdächtigen Ideen: Erstens, am Gipfel eines Berges hat die Straße eine bucklige Form – mit anderen Worten, sie krümmt sich nach unten; sie ist konkav. Zweitens, an einer Talsohle hat die Straße die Form einer Tasse, das heißt, sie krümmt sich nach oben, sie ist konvex.

Die Konvexität einer Funktion an einem bestimmten Punkt wird durch ihre zweite Ableitung bestimmt: Eine positive zweite Ableitung bedeutet, dass die Funktion *konvex* ist, eine *negative* zweite Ableitung bedeutet, dass die Funktion *konkav* ist, und eine zweite Ableitung gleich 0 bedeutet nichts, das heißt, der Test ist *ergebnislos* (die Funktion könnte konvex oder konkav sein und es könnte sich ein Wendepunkt dort befinden). Für unsere Funktion f brauchen Sie also nur die zweite Ableitung zu bestimmen und dann die ermittelten kritischen Werte einzusetzen und festzustellen, ob Ihre Ergebnisse positiv, negativ oder gleich 0 sind.

Zurück zum Beispiel: $f(x) = 3x^5 - 20x^3$. Mithilfe der Potenzregel erhalten Sie schließlich: $f'(x) = 15x^4 - 60x^2$ und $f''(x) = 60x^3 - 120x$, so dass gilt:

- ✔ $f''(-2) = 60 \cdot (-2)^3 - 120 \cdot (-2) = -240$
- ✔ $f''(0) = 60 \cdot 0^3 - 120 \cdot 0 = 0$
- ✔ $f''(2) = 60 \cdot 2^3 - 120 \cdot 2 = 240$

An der Stelle -2 ist die zweite Ableitung negativ. Daran erkennen Sie, dass f an der Stelle $x = -2$ konkav ist und dass sich an der Stelle -2 ein lokales Maximum befindet. An der Stelle 2 ist die zweite Ableitung positiv, so dass f an der Stelle $x = 2$ konvex ist und ein lokales Minimum vorliegt. Weil die zweite Ableitung für $x = 0$ gleich 0 ist, schlägt der Test der zweiten Ableitung fehl – er sagt nichts über die Konvexität an der Stelle $x = 0$ aus und auch nichts darüber, ob sich dort ein lokales Minimum oder Maximum befindet. Wenn dies passiert, müssen Sie den Test der ersten Ableitung anwenden oder weitere Ableitungen anschauen, entsprechend dem obigen allgemeinen Kriterium: Sie erhalten $f'''(x) = 180x^2 - 120$ und somit $f'''(0) = 180 \cdot 0^2 - 120 = -120$. Damit ist die dritte Ableitung an der Stelle $x = 0$ aber ungleich 0 und somit haben Sie einen Sattelpunkt (insbesondere natürlich einen Wendepunkt).

Globale Extremwerte für ein abgeschlossenes Intervall finden

Jede Funktion, die für ein abgeschlossenes Intervall stetig ist, hat einen maximalen und einen minimalen Wert in diesem Intervall – mit anderen Worten, einen höchsten und einen niedrigsten Punkt –, aber wie Sie im folgenden Beispiel sehen werden, kann es ein Problem für den höchsten oder niedrigsten Wert geben.

5 ➤ Extrem-, Wende- und Sattelpunkte

 Ein *abgeschlossenes Intervall*, beispielsweise [2,5], enthält die Endpunkte 2 und 5 und alle Werte zwischen beiden. Ein *offenes Intervall* wie]2,5[enthält die Endpunkte nicht.

Es ist ein Kinderspiel, das globale Maximum und das globale Minimum zu finden. Sie berechnen nur die kritischen Werte der Funktion im vorgegebenen Intervall, bestimmen die Höhe der Funktion an jedem dieser kritischen Werte und bestimmen dann die Höhe der Funktion an den beiden Endpunkten des Intervalls. Die größte dieser Höhen ist das globale Maximum. Die niedrigste dieser Höhen ist das globale Minimum.

Ein Beispiel: Finden Sie das globale Maximum und globale Minimum von $h(x) = \cos(2x) - 2\sin x$ im abgeschlossenen Intervall $\left[\frac{\pi}{2}, 2\pi\right]$.

1. **Bestimmen Sie die kritischen Werte im *offenen* Intervall $\left]\frac{\pi}{2}, 2\pi\right[$.**

   (Wenn Sie nicht mehr ganz fit im Hinblick auf trigonometrische Funktionen sind, lesen Sie in Kapitel 3 nach.)

   Sie berechnen die erste Ableitung $h'(x) = -2 \cdot \sin(2x) - 2\cos x$ mithilfe der Kettenregel und setzen diese gleich 0: $0 = -2 \cdot \sin(2x) - 2\cos x$. Durch Division durch -2 erhalten Sie: $0 = \sin(2x) + \cos x$. Durch die trigonometrische Identität (siehe auch die Schummelseiten), nämlich $\sin 2x = 2\sin x \cos x$ erhalten Sie daher:

   $$0 = 2\sin x \cos x + \cos x = \cos x \cdot (2\sin x + 1)$$

   Damit ist der erste Faktor, $\cos x$, oder der zweite, $2\sin x + 1$, gleich 0. Im ersten Fall erhalten Sie die Lösung $x = \frac{3}{2}\pi$; im zweiten Fall stellen Sie die Gleichung um und erhalten erst $2\sin x = -1$ und schließlich $\sin x = -\frac{1}{2}$. Dies gilt für $x = \frac{7}{6}\pi$ und $x = \frac{11}{6}\pi$.

   Die Nullstellen von $h'(x)$ im Intervall $\left]\frac{\pi}{2}, 2\pi\right[$ sind also $\frac{3}{2}\pi$, $\frac{7}{6}\pi$, $\frac{11}{6}\pi$ und weil $h'(x)$ für alle Eingabewerte definiert ist, ist dies die vollständige Liste aller kritischen Werte.

2. **Berechnen Sie die Funktionswerte (die Höhen) für jeden kritischen Wert.**

   $h\left(\frac{7}{6}\pi\right) = \cos\left(2 \cdot \frac{7}{6}\pi\right) - 2\sin\left(\frac{7}{6}\pi\right) = 0{,}5 - 2 \cdot (-0{,}5) = 1{,}5$
   $h\left(\frac{3}{2}\pi\right) = \cos\left(2 \cdot \frac{3}{2}\pi\right) - 2\sin\left(\frac{3}{2}\pi\right) = -1 - 2 \cdot (-1) = 1$
   $h\left(\frac{11}{6}\pi\right) = \cos\left(2 \cdot \frac{11}{6}\pi\right) - 2\sin\left(\frac{11}{6}\pi\right) = 0{,}5 - 2 \cdot (-0{,}5) = 1{,}5$

3. **Bestimmen Sie die Funktionswerte an den Endpunkten des Intervalls.**

   $h\left(\frac{\pi}{2}\right) = \cos\left(2 \cdot \frac{\pi}{2}\right) - 2\sin\left(\frac{\pi}{2}\right) = -1 - 2 \cdot 1 = -3$
   $h(2\pi) = \cos(2 \cdot 2\pi) - 2\sin(2\pi) = 1 - 2 \cdot 0 = 1$

In den Schritten 2 und 3 haben Sie fünf Höhen ermittelt: 1,5, 1, 1,5, −3 und 1. Die größte Zahl in dieser Liste entspricht dem globalen Maximum. Die kleinste Zahl entspricht dem globalen Minimum – aber Achtung: Dies sind die Funktionswerte der Extrema. Daher erhalten Sie: Das globale Maximum tritt an zwei Punkten auf: $\left(\frac{7}{6}\pi; 1{,}5\right)$ und $\left(\frac{11}{6}\pi; 1{,}5\right)$. Das globale Minimum tritt an einem der Endpunkte auf, nämlich im Punkt $\left(\frac{\pi}{2}; -3\right)$.

Tabelle 5.1 zeigt die Werte von $h(x) = \cos(2x) - 2\sin x$ an den drei kritischen Werten im abgeschlossenen Intervall $\left[\frac{\pi}{2}, 2\pi\right]$. Abbildung 5.5 zeigt den Graphen von h.

$h(x)$	−3	1,5	1	1,5	1
x	$\frac{\pi}{2}$	$\frac{7\pi}{6}$	$\frac{3\pi}{2}$	$\frac{11\pi}{6}$	2π

Tabelle 5.1: Werte von $h(x) = \cos(2x) - 2\sin x$ an den kritischen Werten und an den Endpunkten für das Intervall $\left[\frac{\pi}{2}, 2\pi\right]$

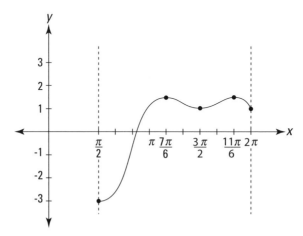

Abbildung 5.5: Der Graph von $h(x) = \cos(2x) - 2\sin x$

Einige Beobachtungen: *Erstens*, wie Sie in Abbildung 5.5 sehen, sind die Punkte $\left(\frac{7}{6}\pi; 1,5\right)$ und $\left(\frac{11}{6}\pi; 1,5\right)$ beide *lokale* Maxima von h und der Punkt $\left(\frac{3}{2}\pi; 1\right)$ ist ein lokales Minimum von h. Wenn Sie aber nur die *globalen* Extremwerte für ein abgeschlossenes Intervall suchen, brauchen Sie sich nicht darum zu kümmern, ob kritische Werte lokale Maxima, Minima oder keines von beiden sind. Sie müssen sich also nicht damit aufhalten, den Test der ersten oder zweiten Ableitung durchzuführen. Sie müssen nur die Höhen an den kritischen Werten und an ihren Endpunkten bestimmen und die größte und die kleinste Zahl aus der Liste auswählen.

Zweitens, das globale Maximum und das globale Minimum für das vorgegebene Intervall sagen nichts darüber aus, wie sich die Funktion außerhalb des Intervalls verhält. Die Funktion h beispielsweise könnte außerhalb des Intervalls $\left[\frac{\pi}{2}, 2\pi\right]$ sehr viel höher als auf 1 steigen (macht sie aber nicht) und sehr viel niedriger werden als −3 (was sie ebenfalls nicht tut).

Die globalen Extremwerte über den gesamten Definitionsbereich einer Funktion finden

Das *globale Maximum* und das *globale Minimum* einer Funktion über den *gesamten Definitionsbereich* sind der einzig höchste und der einzig kleinste Wert, die die Funktion überhaupt annimmt. Eine Funktion kann nur ein globales Maximum oder nur ein globales Minimum sowie beides oder keines von beiden haben. Beispielsweise hat die Normalparabel $y = x^2$ ein globales Minimum an der Stelle $(0,0)$ – die Talsohle ihrer Kurvenform –, aber kein globales Maximum, weil sie nach links und rechts endlos steigt. Sie könnten sagen, ihr globales Maximum ist ∞, wäre da nicht die Tatsache, dass ∞ keine Zahl ist und sich damit auch nicht als Maximum qualifiziert – und dasselbe gilt natürlich auch für $-\infty$ als Minimum.

Dabei gilt: Entweder erzeugt die Funktion irgendwo ein Maximum oder sie steigt bis ∞. Dasselbe gilt für das Minimum und $-\infty$.

Ich werde die grundlegende Methode beschreiben und dann einige Ausnahmen aufführen. Um das globale Maximum und das globale Minimum über den gesamten Definitionsbereich zu finden, suchen Sie die Höhe der Funktion für jeden ihrer kritischen Werte. Dies haben Sie im vorigen Abschnitt bereits gemacht, außer dass Sie jetzt *alle* kritischen Werte betrachten und nicht nur die kritischen Werte *innerhalb* eines bestimmten Intervalls. Der höchste dieser Werte ist das globale Maximum, es sei denn, die Funktion steigt irgendwo gegen ∞. In diesem Fall gibt es kein globales Maximum. Der kleinste dieser Werte ist das globale Minimum, es sei denn, die Funktion geht gegen $-\infty$, dann hat sie kein globales Minimum.

Wenn eine Funktion gegen ∞ steigt oder gegen $-\infty$ fällt, dann macht sie dies ganz rechts oder ganz links oder an einer vertikalen Asymptote.

Ihr letzter Schritt (nach Auswertung aller kritischen Werte) ist es also, die Grenzwerte $\lim_{x \to \infty} f(x)$ und $\lim_{x \to -\infty} f(x)$ zu bestimmen, ebenso wie den Grenzwert der Funktion, wenn sich x einer vertikalen Asymptote von links und von rechts annähert. Wenn einer dieser Grenzwerte gleich ∞ ist, hat die Funktion kein globales Maximum; ist dies nicht der Fall, ist das globale Maximum der Funktionswert an dem höchsten der kritischen Werte. Analog: Wenn einer dieser Grenzwerte $-\infty$ ist, hat die Funktion kein globales Minimum; ist keiner davon $-\infty$, ist das globale Minimum der Funktionswert für den kleinsten der kritischen Werte. Eigentlich nicht so schwer – wenn es da nicht die Ausnahmen gäbe, die ich Ihnen jetzt zeige.

Abbildung 5.6 zeigt einige Funktionen, für die die oben beschriebene Methode nicht funktioniert. Die Funktion $f(x)$ hat kein globales Maximum, obwohl sie nicht gegen ∞ steigt. Ihr Maximum ist nicht etwa 4, weil sie nie den Wert 4 annimmt, und ihr Maximum kann nicht kleiner als 4 sein. Was auch – etwa 3,999? Nein, sie wird noch größer, beispielsweise 3,9999. Die Funktion $g(x)$ hat kein globales Minimum, obwohl sie nicht gegen $-\infty$ fällt. Auf dem Weg nach links schmiegt sich $g(x)$ an die horizontale Asymptote $y = 0$, nimmt dabei aber nie den Wert 0 an, deshalb können weder 0 noch eine andere Zahl das globale Minimum sein.

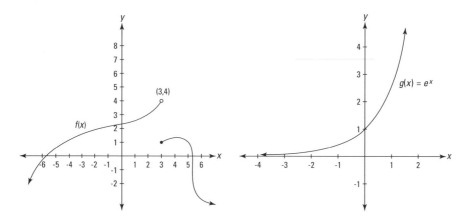

Abbildung 5.6: Zwei Funktionen ohne globale Extremwerte

Minimierung von Pauls Fahrtkosten

Paul möchte von Hamburg nach München fahren. Dies sind (knapp) 800 Kilometer. Sein Benzinverbrauch y in Liter pro 100 Kilometer hängt dabei von der Fahrgeschwindigkeit x in Kilometer pro Stunde entsprechend der Formel $y = \frac{x}{10} + \frac{200}{x}$ ab. Um die Geschwindigkeit mit dem geringsten Benzinverbrauch zu ermitteln, berechnen Sie die erste Ableitung $y' = \frac{1}{10} - \frac{200}{x^2}$. Diese Funktion hat die beiden Nullstellen $\pm\sqrt{2000} \approx \pm 44{,}72$. Nur die positive Lösung kommt hier in Betracht, so dass Paul bei einer Geschwindigkeit von 44,72 Kilometern pro Stunde einen minimalen Benzinverbrauch hat. Dass es wirklich ein Minimalverbrauch ist, stellen Sie fest, indem Sie die Lösung in die zweite Ableitung einsetzen: Die zweite Ableitung $y'' = \frac{400}{x^3}$ hat an der Stelle $x = \sqrt{2000}$ einen Wert echt größer 0, der betrachtete Extremwert ist daher wie erwartet ein Minimum.

Angenommen, Paul holt sich für die Strecke einen Leihwagen, der ihn für die Anmietung 40 Euro und anschließend pro Stunde zehn Euro kostet. Dazu müssen Sie eine andere Kostenfunktion betrachten. Ein Liter Benzin kostet 1,50 Euro. Damit entstehen in Abhängigkeit der Fahrgeschwindigkeit x für die 800 Kilometer $\left(\frac{x}{10} + \frac{200}{x}\right) \cdot 8 \cdot 1{,}50$ Euro Benzinkosten. Bei der Fahrgeschwindigkeit x benötigen Sie $\frac{800}{x}$ Stunden bis zum Ziel. Insgesamt betrachten Sie nun eine neue Kostenfunktion der Gestalt:

$$y = 40 + 10 \cdot \frac{800}{x} + \left(\frac{x}{10} + \frac{200}{x}\right) \cdot 8 \cdot 1{,}50$$

Zusammengefasst liest sich dies als $y = 40 + \frac{6}{5}x + \frac{10400}{x}$, so dass die erste Ableitung durch $y' = \frac{6}{5} - \frac{10400}{x^2}$ gegeben ist. Deren einzige positive Nullstelle liegt bei 93,1. Diese stellt sich ebenfalls als Minimum heraus, so dass Paul in diesem Fall mit einer Fahrgeschwindigkeit von 93,1 Kilometern pro Stunde minimale Kosten für die Fahrt mit dem Leihwagen hätte.

Konvexität und Wendepunkte bestimmen

Ein Beispiel: Betrachten Sie noch einmal die Funktion $f(x) = 3x^5 - 20x^3$ in Abbildung 5.2. Sie haben die drei kritischen Werte von f verwendet, um die lokalen Extremwerte der Funktion zu finden, nämlich $(-2,64)$ und $(2,-64)$. Wir haben ebenfalls festgestellt, dass $f'''(0) = 180 \cdot 0^2 - 120 = -120$ und somit an der Stelle $x = 0$ ein Wendepunkt vorliegt. Der folgende Abschnitt erklärt, was an der Stelle $x = 0$ im Hinblick auf die Konvexität passiert.

Der Prozess, Konvexität zu bestimmen und Wendepunkte zu finden, erfolgt analog zur Verwendung des Tests der ersten Ableitung und des Vorzeichengraphen, um lokale Extremwerte zu finden, außer dass Sie jetzt die zweite Ableitung verwenden. Im Abschnitt *Ihr mathematisches Reisetagebuch* weiter vorn in diesem Kapitel haben Sie bereits einen Test für Wendepunkte gesehen, in dem Sie sich die ersten drei Ableitungen angeschaut haben. Jetzt wollen Sie sich die Krümmungsrichtung mithilfe der zweiten Ableitung anschauen:

1. **Bestimmen Sie die zweite Ableitung von $f(x) = 3x^5 - 20x^3$.**

   $f'(x) = 15x^4 - 60x^2, f''(x) = 60x^3 - 120x$

2. **Setzen Sie die zweite Ableitung gleich 0 und lösen Sie auf.**

   $0 = f''(x) = 60x^3 - 120x = 60x(x^2 - 2)$

   Sie betrachten beide Faktoren: Im ersten Fall, $60x = 0$, haben Sie die Lösung $x = 0$. Im zweiten Fall, $x^2 - 2 = 0$, also $x^2 = 2$, haben Sie die beiden Lösungen $x = \pm\sqrt{2}$.

3. **Stellen Sie fest, ob die zweite Ableitung für irgendwelche x-Werte *nicht* definiert ist.**

   Die Funktionsgleichung $f''(x) = 60x^3 - 120x$ ist für alle reellen Zahlen definiert, es gibt also keine weiteren x-Werte, die der Auflistung aus Schritt 2 hinzuzufügen wären. Die vollständige Auflistung ist also $-\sqrt{2}$, 0 und $\sqrt{2}$.

   In den Schritten 2 und 3 haben Sie die so genannten »kritischen Werte der ersten Ableitung von f« bestimmt, weil sie analog zu den kritischen Werten von f sind, die Sie unter Verwendung der ersten Ableitung finden.

4. **Tragen Sie diese Zahlen in einen Zahlenstrahl ein und überprüfen Sie die Bereiche mit der *zweiten* Ableitung.**

   Verwenden Sie als Testwerte zum Beispiel $-2, -1, 1$ und 2, also:

   $f''(-2) = -240, f''(-1) = 60, f''(1) = -60, f''(2) = 240$

   Abbildung 5.7 zeigt den Vorzeichengraphen.

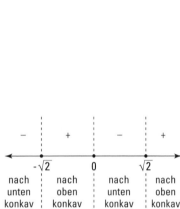

Abbildung 5.7: Ein Vorzeichengraph für die zweite Ableitung von $f(x) = 3x^5 - 20x^3$

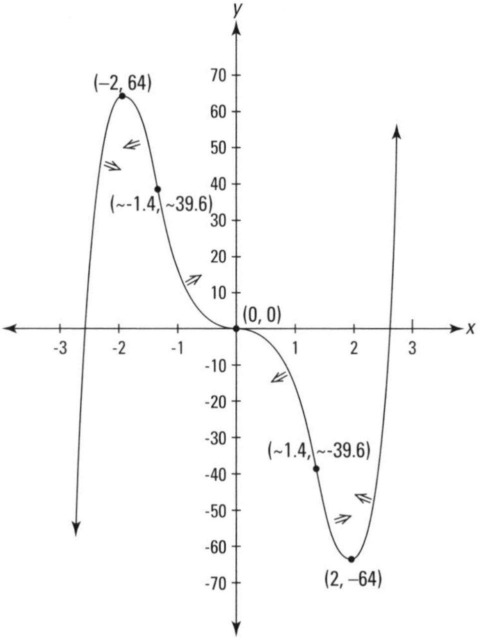

Abbildung 5.8: Ein Graph von $f(x) = 3x^5 - 20x^3$, der die lokalen Extremwerte, die Wendepunkte und die Konvexitätsintervalle zeigt

Ein positives Vorzeichen auf diesem Vorzeichengraphen teilt Ihnen mit, dass die Funktion in diesem Intervall konvex ist; ein negatives Vorzeichen bedeutet konkav. In der Regel hat die Funktion an den Stellen, an denen das Vorzeichen von positiv nach negativ oder umgekehrt wechselt, einen Wendepunkt – konkret bedeutet dies: Weil die Vorzeichen an den Stellen $-\sqrt{2}$, 0 und $\sqrt{2}$ wechseln und weil diese drei Werte Nullstellen von f' sind, befinden sich an diesen x-Werten Wendepunkte.

Wenn ihre erste Ableitung an ihrem Punkt, den Sie betrachten, nicht definiert ist, müssen Sie etwas weiter gehen. Ein Wendepunkt liegt nur dann in einem bestimmten x-Wert vor, wenn es in diesem Wert eine Tangente zur Funktion gibt. Das ist immer dann der Fall, wenn die erste Ableitung existiert oder wenn es eine vertikale Tangente gibt (also der Anstieg gleich ∞ ist).

5. **Setzen Sie diese drei x-Werte in $f(x) = 3x^5 - 20x^3$ ein, um die Funktionswerte der drei Wendepunkte zu erhalten.**

   $f(-\sqrt{2}) \approx 39{,}6$, $f(0) = 0$ und $f(\sqrt{2}) \approx -39{,}6$

   Es gibt also Wendepunkte an den Stellen ca. $\left(-\sqrt{2};39{,}6\right)$, $(0;0)$ und $\left(\sqrt{2};-39{,}6\right)$. Fertig! Abbildung 5.8 zeigt die Wendepunkte von f sowie die lokalen Extremwerte und die Konvexitätsintervalle.

5 ➤ Extrem-, Wende- und Sattelpunkte

Die Graphen von Ableitungen – jetzt wird gezeichnet!

Wenn Sie Funktionen und ihre Ableitungen nebeneinanderstellen und ihre wichtigsten Merkmale vergleichen, erfahren Sie eine Menge darüber.

Ein Beispiel: Durchlaufen Sie die Funktion $f(x) = 3x^5 - 20x^3$ von links nach rechts (siehe Abbildung 5.9), betrachten Sie dabei genauer ihre interessanten Punkte und beobachten Sie, was mit dem Graphen von $f'(x) = 15x^4 - 60x^2$ an denselben Stellen passiert.

 Wenn Sie sich den Graphen von f' in Abbildung 5.9 ansehen oder den Graphen einer beliebigen anderen Ableitung, müssen Sie immer daran denken, dass dies eine *Ableitung* ist und nicht die eigentliche Funktion – noch einmal: Dies ist *nicht* die Ausgangsfunktion f.

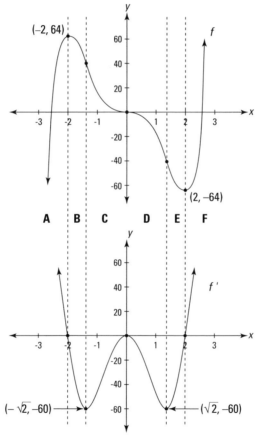

Abbildung 5.9: $f(x) = 3x^5 - 20x^3$ *und ihre erste Ableitung* $f'(x) = 15x^4 - 60x^2$

Sie müssen genau aufpassen, wenn Sie hier die Graphen interpretieren. Beispielsweise könnten Sie ein Intervall betrachten, das im Graphen der Ableitung nach oben verläuft, und irrtümlicherweise schließen, dass die Originalfunktion im selben Intervall ebenfalls steigen muss. Das ist ein häufiger Fehler.

Angenommen, Sie gehen einen Berg nach oben. Wenn Sie schon fast oben ankommen sind, gehen Sie weiterhin nach *oben*, aber im Allgemeinen mit geringerer Steigung, der Anstieg ist nicht mehr so groß beziehungsweise so steil. Die Steigung kann also *kleiner* werden, auch wenn Sie auf den Berg *steigen*. In einem solchen Intervall *steigt* der Graph der Funktion, aber der Graph der Ableitung *fällt*. Verstanden?

Sie beginnen ganz links. Die Funktion f steigt bis zum lokalen Maximum an der Stelle $(-2, 64)$. Sie steigt, deshalb ist der Anstieg *positiv*, aber f wird immer *weniger steil*, weshalb ihre Steigung *fällt*. Die Steigung fällt, bis sie an der Spitze zu 0 wird. Das entspricht dem Graphen von f', der *positiv* ist (er liegt oberhalb der x-Achse), aber *fällt*, weil sie abwärts zum Punkt $(-2, 0)$ verläuft.

Nachdem ich Sie nun schon verwirrt habe, können Sie sich auch gleich mit den Regeln beschäftigen, wie sich der Graph einer Funktion zum Graphen ihrer Ableitung verhält:

✔ Ein Intervall einer *wachsenden* Funktion entspricht einem Intervall auf dem Graphen ihrer Ableitung, in dem sie *positiv* ist (oder 0 für einen Punkt, wenn die Funktion einen horizontalen Wendepunkt hat). Mit anderen Worten, das Intervall einer wachsenden Funktion entspricht einem Teil des Ableitungsgraphen, der oberhalb der x-Achse liegt (oder die Achse an einem Punkt berührt, wenn es einen horizontalen Wendepunkt gibt). Betrachten Sie dazu die Intervalle A und F in Abbildung 5.9.

✔ Ein lokales *Maximum* auf dem Graphen einer Funktion entspricht einem Schnittpunkt mit der x-Achse in einem Intervall des Graphen ihrer Ableitung, der die x-Achse *nach unten* kreuzt.

✔ Ein Intervall einer *fallenden* Funktion entspricht einem negativen Abschnitt auf dem Graphen der Ableitung (oder *0* für einen Punkt, wenn die Funktion einen horizontalen Wendepunkt hat). Der negative Abschnitt auf dem Ableitungsgraphen liegt unterhalb der x-Achse (im Fall eines horizontalen Wendepunkts berührt der Ableitungsgraph die x-Achse in einem einzigen Punkt). Betrachten Sie dazu die Intervalle B, C, D und E in Abbildung 5.9, in denen f bis zum lokalen Minimum an der Stelle $(2, -64)$ fällt und in der f' negativ ist – außer für den Punkt $(0, 0)$ – bis die Funktion zum Punkt $(2, 0)$ gelangt.

✔ Ein lokales *Minimum* auf dem Graphen einer Funktion entspricht einem Schnittpunkt mit der x-Achse in einem Intervall auf dem Graphen ihrer Ableitung, der die x-Achse *nach oben* kreuzt.

Wenn Sie verschiedene Punkte auf dem Ableitungsgraphen betrachten, vergessen Sie nicht, dass die y-Koordinate eines Punkts auf einem Graphen einer *ersten Ableitung* Ihnen den Anstieg der Originalfunktion anzeigt, nicht die Höhe des Funktionswertes von f.

Jetzt vollziehen Sie die Schritte noch einmal nach und betrachten die Konvexität und die Wendepunkte von f in Abbildung 5.9. Betrachten Sie zuerst die Intervalle A und B in der Abbildung. Wenn Sie auch wieder von links beginnen, verläuft der Graph von f konkav – bis er zum Wendepunkt bei ca. $(-\sqrt{2};39,6)$ gelangt.

Der Graph von f' fällt also, bis er bei ca. $(-\sqrt{2};39,6)$ abflacht. Diese Koordinaten teilen Ihnen mit, dass der Wendepunkt an der Stelle $-\sqrt{2}$ auf f eine Steigung von -60 hat. Beachten Sie, dass der Wendepunkt an der Stelle $(-\sqrt{2};39,6)$ der steilste Punkt auf diesem Funktionsabschnitt ist, aber die *kleinste* Steigung hat, weil seine Steigung eine größere *negative* Zahl ist als die Steigung jedes Punkts in der Umgebung.

Zwischen $(-\sqrt{2};39,6)$ und dem nächsten Wendepunkt an der Stelle $(0,0)$ ist f konvex, was dasselbe ist wie ein *positiver* Anstieg. Der Graph von f' steigt also von $-\sqrt{2}$ bis hin zu seinem lokalen Maximum an der Stelle $(0,0)$. Betrachten Sie dazu das Intervall C in Abbildung 5.9.

Noch ein paar Regeln:

✔ Ein *konkaves* Intervall auf dem Graphen einer Funktion entspricht einem *fallenden* Intervall auf dem Graphen ihrer Ableitung – siehe Intervalle A, B und D in Abbildung 5.9. Und ein *konvexes* Intervall der Funktion entspricht einem *steigenden* Intervall auf der Ableitung – Intervalle C, E und F.

✔ Ein *Wendepunkt* einer Funktion (außer einem vertikalen Wendepunkt an einer Stelle, an der die Ableitung nicht definiert ist) entspricht einem *lokalen Extremwert* auf dem Graphen ihrer Ableitung. Ein Wendepunkt *minimaler* Steigung entspricht einem lokalen *Minimum* auf dem Ableitungsgraphen. Ein Wendepunkt *maximaler* Steigung entspricht einem lokalen *Maximum* auf dem Ableitungsgraphen.

Hinter $(0,0)$ ist f konkav, bis zum Wendepunkt bei ca. $(\sqrt{2};-39,6)$. Dies entspricht dem fallenden Abschnitt von f' von $(0,0)$ bis zu seinem Minimum an der Stelle $(\sqrt{2},-60)$. Siehe dazu das Intervall D in Abbildung 5.9. Den Rest des Weges ist f schließlich konvex, was dem steigenden Abschnitt von f' entspricht, der bei $(\sqrt{2},-60)$ beginnt – in der Abbildung die Intervalle E und F.

Damit sind Sie zunächst am Ziel angelangt. Das Wechseln zwischen den Graphen einer Funktion und ihrer Ableitung kann am Anfang sehr verwirrend sein. Wenn Ihnen der Kopf brummt, dann sollten Sie eine Pause machen und sich das Ganze später noch einmal ansehen.

Wenn Sie dagegen noch nicht vollständig verwirrt sind, dann schaffe ich es vielleicht mit diesem letzten Punkt. Betrachten Sie erneut den Graphen der Ableitung f' in Abbildung 5.9 und auch den Vorzeichengraphen in Abbildung 5.7. Dieser Vorzeichengraph besitzt, weil es sich um einen Vorzeichengraphen einer zweiten Ableitung handelt, genau (oder fast genau) dieselbe Beziehung zum Graphen von f' wie der Vorzeichengraph einer ersten Ableitung zum Graphen einer regulären Funktion. Mit anderen Worten, *negative* Intervalle auf dem Vorzeichengraphen in Abbildung 5.7, etwa links von $-\sqrt{2}$ und zwischen 0 und $\sqrt{2}$ zeigen Ihnen, wo f' *wächst*. Und ein Punkt, an dem die Vorzeichen von positiv nach negativ wechseln oder umgekehrt, ist ein lokaler Extremwert von f'. Auch klar, oder?

Der Zwischenwertsatz – Es geht nichts verloren

Es gibt wichtige Aussagen in der Mathematik, an denen kommt man nicht vorbei – hier ist eine davon, der Zwischenwertsatz. Dieser lautet:

Der Zwischenwertsatz: Eine im abgeschlossenen Intervall $[a,b]$ stetige Funktion f nimmt jeden beliebigen Wert zwischen $f(a)$ und $f(b)$ an, das heißt, wenn $f(a) \leq f(b)$, dann gibt es für ein beliebiges c mit $f(a) \leq c \leq f(b)$ ein $\overline{c} \in [a,b]$, so dass $c = f(\overline{c})$ gilt.

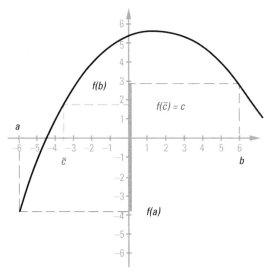

Abbildung 5.10: Eine Darstellung des Zwischenwertsatzes

Betrachten Sie zur Visualisierung des Geschehens Abbildung 5.10. Für jeden Wert im grau markierten Bereich der y-Achse gibt es einen x-Wert, der darauf abgebildet wird.

Ein Beispiel: Überlegen Sie, ob die Funktion $f(x) = e^x + x$ eine Nullstelle hat. Es ist kaum möglich, die Gleichung $0 = e^x + x$ mit einfachen Mitteln zu lösen. Aber der Zwischenwertsatz hilft hier ungemein. Setzen Sie zwei geeignete x-Werte ein, so dass Funktionswerte mit unterschiedlichen Vorzeichen herauskommen. So gilt beispielsweise für $x = -1$, dass $f(-1) = e^{-1} - 1 < 0$ und für $x = 1$, dass $f(1) = e^1 + 1 > 0$. Damit sehen Sie, es gilt $f(-1) < 0 < f(1)$, also muss es ein $\overline{c} \in [-1,1]$ geben, das die Gleichung $f(\overline{c}) = 0$ erfüllt und uns somit eine Nullstelle bereitstellt. Betrachten Sie dazu Abbildung 5.11.

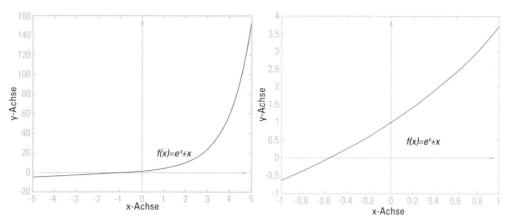

Abbildung 5.11: Die Funktion $f(x) = e^x + x$ dargestellt im Intervall $[-5,5]$ und $[-1,1]$

Der Mittelwertsatz – Es bleibt Ihnen nicht(s) erspart!

Ein weiterer wichtiger Satz, der die Differentialrechnung benutzt, ist der so genannte Mittelwertsatz. Dieser lautet:

 Der Mittelwertsatz: Wenn f stetig im abgeschlossenen Intervall $[a,b]$ und differenzierbar im offenen Intervall $]a,b[$ ist, dann gibt es mindestens eine Zahl $c \in]a,b[$, so dass gilt: $f'(c) = \frac{f(b)-f(a)}{b-a}$.

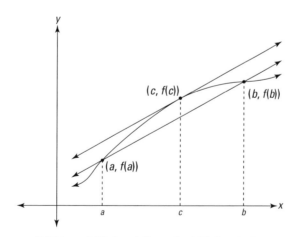

Abbildung 5.12: Darstellung des Mittelwertsatzes

Zuerst müssen Sie sich um das Kleingedruckte kümmern. Die Forderung im Satz, dass die Funktion stetig und differenzierbar sein muss, garantiert nur, dass es sich um eine Funktion ohne Lücken oder Spitzen handelt – das heißt, die Ableitung existiert in jedem Punkt. Diesem gehen wir jetzt nicht weiter nach.

Ich werde versuchen, Ihnen den Satz näher zu bringen: Die Sekante, die die Punkte $(a, f(a))$ und $(b, f(b))$ in Abbildung 5.12 verbindet, hat eine Steigung, die durch die Formel für den Anstieg angegeben ist:

$$\text{Anstieg} = \frac{y_2 - y_1}{x_2 - x_1} = \frac{f(b) - f(a)}{b - a}$$

Beachten Sie, dass dies dasselbe ist wie die rechte Seite der Gleichung im Mittelwertsatz. Die Ableitung an einem Punkt ist dasselbe wie der Anstieg der Tangente an diesem Punkt. Der Satz besagt also nur, dass es mindestens einen Punkt zwischen a und b geben muss, an dem der Anstieg der Tangente gleich dem Anstieg der Sekante von a nach b ist.

Warum muss das so sein? Hier ein visuelles Argument: Stellen Sie sich vor, Sie packen die Sekante, die $(a, f(a))$ und $(b, f(b))$ verbindet, und ziehen sie nach oben, wobei Sie sie parallel zur ursprünglichen Sekante halten. Sehen Sie, dass die beiden Schnittpunkte zwischen dieser verschobenen Linie und der Funktion – die beiden Punkte, die an $(a, f(a))$ und $(b, f(b))$ beginnen – immer näher aneinander rücken, bis sie schließlich in $(c, f(c))$ zu einem einzigen Punkt werden? Wenn Sie die Linie noch weiter anheben, entfernen Sie sich völlig von der Funktion. An diesem letzten Schnittpunkt, $(c, f(c))$, berührt die verschobene Linie die Funktion an einem einzigen Punkt und ist damit dort eine Tangente für die Funktion, während sie dieselbe Steigung wie die ursprüngliche Sekante hat. So kann man es sich vorstellen. Diese Erklärung ist etwas vereinfacht, aber sie funktioniert.

Und jetzt ein völlig anderes Argument, das sich an Ihren gesunden Menschenverstand richtet. Wenn Ihnen die Funktion in Abbildung 5.12 den Kilometerstand Ihres Autos als Funktion der Zeit angibt, dann zeigt Ihnen der Anstieg der Sekante von a nach b Ihre durchschnittliche Geschwindigkeit in diesem Zeitintervall, weil Sie durch die Division der zurückgelegten Strecke $f(b) - f(a)$ durch die vergangene Zeit $b - a$ die Durchschnittsgeschwindigkeit erhalten. Der Punkt $(c, f(c))$ ist, wie durch den Mittelwertsatz garantiert, ein Punkt, an dem Ihre unmittelbare Geschwindigkeit – die durch die Ableitung $f'(c)$ gegeben ist – gleich Ihrer Durchschnittsgeschwindigkeit ist.

Ein Beispiel: Stellen Sie sich jetzt vor, Sie machen einen Ausflug und fahren mit durchschnittlich 50 Kilometern pro Stunde. Der Mittelwertsatz garantiert, dass Sie an mindestens einem Zeitpunkt Ihrer Fahrt genau 50 Kilometer pro Stunde fahren. Ihre Durchschnittsgeschwindigkeit kann aber nicht 50 Kilometer pro Stunde sein, wenn Sie auf der gesamten Strecke langsamer als 50 Kilometer pro Stunde fahren oder wenn Sie auf der gesamten Strecke schneller als 50 Kilometer pro Stunde fahren. Um also einen Mittelwert von 50 Kilometer pro Stunde zu produzieren, fahren Sie entweder die ganze Zeit über 50 oder Sie müssen einen Teil davon langsamer und einen Teil davon schneller als 50 fahren. Und wenn Sie an einem Punkt weniger als 50 fahren und an einem später gelegenen Punkt schneller als 50 (oder umgekehrt), müssen Sie mindestens einmal während der Beschleunigung (oder während des Abbremsens) genau 50 fahren. Sie können die 50 nicht überspringen – und von 49 plötzlich auf 51 Kilometer pro Stunde gelangen –, weil die Geschwindigkeit stetig steigt, also auf der Skala hinaufgleitet und nicht springt. An irgendeiner Stelle gleitet Ihr Tacho also über 50 Kilometer pro Stunde und für mindestens einen Augenblick fahren Sie genau 50 Kilometer pro Stunde. Das ist alles, was der Mittelwertsatz besagt.

Das nützliche Taylerpolynom

In der Praxis ist es häufig notwendig, komplizierte Funktionen durch Vertreter einfacherer Funktionsgruppen anzunähern, beispielsweise durch Polynome. Das klappt in der Regel nicht über den gesamten Definitionsbereich – sonst wäre die Ausgangsfunktion auch unnötig kompliziert. Allerdings kann man versuchen, eine komplizierte Funktion etwa in einem kleinen Teil des Definitionsbereichs einfacher anzunähern.

Ein Beispiel: Schauen Sie sich die Funktion $f(x)$ in Abbildung 5.13a an. Wenn Sie diese Funktion um den Punkt x_0 vereinfacht darstellen möchten, könnten Sie zum Beispiel die in Abbildung 5.13b eingezeichnete Gerade verwenden. Dort ist die Tangente der Funktion $f(x)$ an der Stelle x_0 genommen worden.

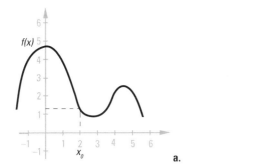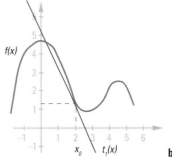

Abbildung 5.13: Eine Näherung einer komplizierten Funktion durch eine Gerade

Die Gleichung für diese Tangente können Sie leicht bestimmen: Sie haben zwei Anforderungen an diese Gerade, nennen Sie diese $t_1(x) = g(x) = ax + b$:

✔ Die Gerade $g(x)$ soll an der Stelle x_0 den gleichen Anstieg haben wie die ursprüngliche Funktion $f(x)$. Es gilt also $a = f'(x_0)$.

✔ Die Gerade $g(x)$ schneidet den Graphen von $f(x)$ an der Stelle $(x_0, f(x_0))$, das heißt, es gilt: $f(x_0) = g(x_0) = a \cdot x_0 + b = f'(x_0) \cdot x_0 + b$. Damit können Sie aber durch Umstellen den noch fehlenden Parameter b leicht bestimmen, es gilt nämlich $b = f(x_0) - f'(x_0) \cdot x_0$.

Damit haben Sie die Gleichung vollständig bestimmt, Sie haben also: $g(x) = a \cdot x + b = f'(x_0) \cdot x + f(x_0) - f'(x_0) \cdot x_0$ und somit $g(x) = f(x_0) + f'(x_0)(x - x_0)$.

 Die Gerade $g(x)$, die in einem Punkt x_0 mit einer (in dem Punkt x_0) differenzierbaren Funktion $f(x)$ übereinstimmt und an dieser Stelle den gleichen Anstieg besitzt, hat die Gestalt $g(x) = f(x_0) + f'(x_0)(x - x_0)$.

So schön wie diese Gerade sich in der Nähe des Punktes x_0 auch verhält, wird sie als Näherung der Ausgangsfunktion auch schnell ungenau, wenn man weiter von x_0 wegkommt. Wie wäre es mit einer anderen – vielleicht besseren – Näherung durch eine Parabel?

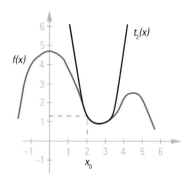

Abbildung 5.14: Eine Näherung einer komplizierten Funktion durch eine Parabel

In Abbildung 5.14 sehen Sie eine bereits genauere Näherung der Funktion $f(x)$ durch eine Parabel $t_2(x) = h(x)$. Wenn Sie eine ähnliche Rechnung wie oben anstellen würden, könnten Sie auch diese konkrete Näherung schrittweise berechnen. Ich erspare Ihnen dies und gebe gleich das Ergebnis bekannt:

$$h(x) = f(x_0) + f'(x_0)(x - x_0) + \tfrac{1}{2}f''(x_0)(x - x_0)^2$$

Erkennen Sie die Ähnlichkeit zu der Geraden $g(x) = f(x_0) + f'(x_0)(x - x_0)$? Die Parabel scheint eine Verbesserung zu sein, da ihr definierender Term den Term der Geraden erweitert – und so ist es auch. Man kann mathematisch rechtfertigen, dass der Fehler in der Näherung kleiner wird.

Sie können noch mehr Informationen von der Ausgangsfunktion einfließen lassen. Dann kommen Sie zu dem so genannten *Taylorpolynom*:

 Für eine (in einem Punkt x_0 hinreichend oft differenzierbare) Funktion $f(x)$ existiert ein eindeutig bestimmtes Polynom $t(x)$ mit der höchsten Potenz n (Grad des Polynoms), so dass folgende Gleichungen gelten: $t_n(x_0) = f(x_0)$, $t_n'(x_0) = f'(x_0)$, ..., $t_n^{(n)}(x_0) = f^{(n)}(x_0)$. Dieses Polynom hat dann folgende konkrete Gestalt: $t_n(x) = \sum_{k=0}^{n} \frac{f^{(k)}(x_0)}{k!}(x - x_0)^k$ und wird als *Taylorpolynom der Ordnung n der Funktion $f(x)$ an der Stelle x_0* bezeichnet.

Das Taylorpolynom hat also die Form:

$$t_n(x) = f(x_0) + \tfrac{1}{1!}f'(x_0)(x - x_0) + \tfrac{1}{2!}f''(x_0)(x - x_0)^2 + \cdots + \tfrac{1}{n!}f^{(n)}(x_0)(x - x_0)^n$$

5 ➤ Extrem-, Wende- und Sattelpunkte

Ein Beispiel: Schauen Sie sich die Exponentialfunktion $f(x) = e^x$ an. Diese Funktion sieht zwar unscheinbar aus, hat es aber in sich und kann durchaus als komplizierte Funktion gehandelt werden. Versuchen Sie, die ersten vier Taylorpolynome zu berechnen:

✔ Für $n = 1$ berechnen Sie:

$$t_1(x) = \sum_{k=0}^{1} \frac{f^{(k)}(x_0)}{k!}(x-0)^k = \frac{f(0)}{0!}(x-0)^0 + \frac{f'(0)}{1!}(x-0)^1 = \frac{1}{1}x^0 + \frac{1}{1}x^1 = 1 + x$$

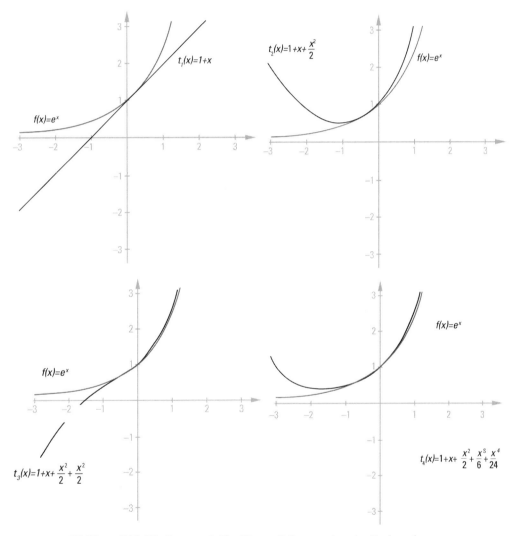

Abbildung 5.15: Die Exponentialfunktion mit ihren ersten vier Taylorpolynomen

- Für $n = 2$ berechnen Sie:

$$t_2(x) = \sum_{k=0}^{2} \frac{f^{(k)}(x_0)}{k!}(x-0)^k = \frac{f(0)}{0!}(x-0)^0 + \frac{f'(0)}{1!}(x-0)^1 + \frac{f''(0)}{2!}(x-0)^2$$
$$= \tfrac{1}{0!}x^0 + \tfrac{1}{1!}x^1 + \tfrac{1}{2!}x^2 = 1 + x + \tfrac{1}{2}x^2$$

- Für $n = 3$ berechnen Sie:

$$t_3(x) = \sum_{k=0}^{3} \frac{f^{(k)}(x_0)}{k!}(x-0)^k$$
$$= \frac{f(0)}{0!}(x-0)^0 + \frac{f'(0)}{1!}(x-0)^1 + \frac{f''(0)}{2!}(x-0)^2 + \frac{f'''(0)}{3!}(x-0)^3$$
$$= \tfrac{1}{0!}x^0 + \tfrac{1}{1!}x^1 + \tfrac{1}{2!}x^2 + \tfrac{1}{3!}x^3 = 1 + x + \tfrac{1}{2}x^2 + \tfrac{1}{6}x^3$$

- Für $n = 4$ berechnen Sie:

$$t_4(x) = \sum_{k=0}^{4} \frac{f^{(k)}(x_0)}{k!}(x-0)^k$$
$$= \frac{f(0)}{0!}(x-0)^0 + \frac{f'(0)}{1!}(x-0)^1 + \frac{f''(0)}{2!}(x-0)^2 + \frac{f'''(0)}{3!}(x-0)^3 + \frac{f''''(0)}{4!}(x-0)^4$$
$$= \tfrac{1}{0!}x^0 + \tfrac{1}{1!}x^1 + \tfrac{1}{2!}x^2 + \tfrac{1}{3!}x^3 + \tfrac{1}{4!}x^4 = 1 + x + \tfrac{1}{2}x^2 + \tfrac{1}{6}x^3 + \tfrac{1}{24}x^4$$

Sie sehen, es sieht sehr aufwendig aus, aber so ist es gar nicht. Die Rechnerei wiederholt sich sehr schnell. Damit Sie ein Gefühl für das unterschiedliche Näherungsverhalten bekommen, schauen Sie sich Abbildung 5.15 an. Dort sehen Sie die ursprüngliche Exponentialfunktion mit jeweils einer der vier berechneten Varianten des Taylorpolynoms.

Die Regel von l'Hospital

Diese Regel hat nichts mit Krankenhäusern zu tun. (Das habe ich nicht wirklich in dieses Buch geschrieben, oder?) Diese Regel bringt zwei grundlegende Konzepte der Analysis zusammen – Differentiation und Grenzwerte. Konkret geht es um Grenzwerte von Quotienten von Funktionen in besonderen Fällen.

Ein Beispiel: Betrachten Sie den Grenzwert: $\lim_{x \to 3} \frac{x^2-9}{x-3}$. Wenn Sie 3 für x einsetzen, erhalten Sie $\frac{0}{0}$, was nicht definiert ist. Wenn Sie aufgepasst haben, wissen Sie, dass Faktorisieren eine gute Idee ist, die auch hier zum Ziel führt. Es gilt nämlich: $x^2 - 9 = (x-3)(x+3)$, so dass Sie den Quotienten kürzen können und schließlich nur $x + 3$ erhalten, also:

$$\lim_{x \to 3} \frac{x^2-9}{x-3} = \lim_{x \to 3} \frac{(x-3)(x+3)}{x-3} = \lim_{x \to 3}(x+3) = 3 + 3 = 6$$

Sie fragen sich jetzt, was das mit Differentiation zu tun hat? – Das kommt jetzt. In diesem Fall sind Sie mit dem Faktorisieren ans Ziel gekommen, aber das klappt nicht immer. Beobachten Sie jetzt, wie einfach es ist, den Grenzwert mit Hilfe der Regel von l'Hospital zu berechnen. Sie bestimmen die Ableitung des Zählers und des Nenners getrennt, keine Quotientenregel anwenden! Die Ableitung von $x^2 - 9$ ist $2x$ und die Ableitung von $x - 3$ ist 1.

Die Regel von l'Hospital erlaubt Ihnen, den Zähler und den Nenner durch die jeweiligen Ableitungen zu ersetzen, nämlich wie folgt:

$$\lim_{x \to 3} \frac{x^2-9}{x-3} = \lim_{x \to 3} \frac{2x}{1} = \frac{2 \cdot 3}{1} = 6$$

Das ist alles. Die Regel von l'Hospital wandelt einen Grenzwert, den Sie nicht durch direkte Substitution lösen können, in einen Grenzwert um, der mit Substitution lösbar ist.

Und jetzt die dahinter stehende Mathematik:

Regel von l'Hospital: Für zwei differenzierbare Funktionen f und g, wobei die $g'(x) \neq 0$ für alle Argumente x ist, gelte weiterhin, dass $\lim f(x) = \lim g(x) = 0$ oder $\lim g(x) = \pm\infty$. Existiert der Grenzwert $\lim \frac{f'(x)}{g'(x)}$ im eigentlichen oder uneigentlichen Sinne, so existiert auch der Grenzwert $\lim \frac{f(x)}{g(x)}$ und die beiden sind gleich.

Noch ein Beispiel: Hier kommt der Fall $\frac{\infty}{\infty}$ vor. Wie wäre es mit: $\lim_{x \to \infty} \frac{\ln(x)}{x}$? Sie können also die Regel von l'Hospital anwenden. Die Ableitung von $\ln x$ ist $\frac{1}{x}$ und die Ableitung von x ist 1; Sie haben also:

$$\lim_{x \to \infty} \frac{\ln x}{x} = \lim_{x \to \infty} \frac{\frac{1}{x}}{1} = \frac{\frac{1}{\infty}}{1} = \frac{0}{1} = 0$$

Probieren Sie noch eine Aufgabe aus: Bestimmen Sie $\lim_{x \to 0} \frac{e^{3x}-1}{x}$. Mit der Substitution durch $f(x)$ und $g(x)$ erhalten Sie $\frac{0}{0}$, Sie können also die Regel von l'Hospital anwenden. Die Ableitung von $e^{3x} - 1$ ist $3e^{3x}$ und die Ableitung von x ist 1, somit erhalten Sie:

$$\lim_{x \to 0} \frac{e^{3x}-1}{x} = \lim_{x \to 0} \frac{3e^{3x}}{1} = \frac{3 \cdot 1}{1} = 3$$

Prüfen Sie immer, ob die Voraussetzungen für die Regel von l'Hospital erfüllt sind. Bringen Sie gegebenenfalls den Quotienten in Form, wenn dieser noch nicht passend ist.

Nicht akzeptable Formen in Form bringen

Wenn die Substitution eine bisher nicht akzeptable Form hat, also etwa ein Grenzwertverhalten von $\pm\infty$, 0 oder $\infty - \infty$, müssen Sie die Aufgabenstellung zuerst umformen, um eine akzeptable Form zu erhalten, bevor Sie die Regel von l'Hospital anwenden.

Ein Beispiel: Bestimmen Sie den Grenzwert $\lim_{x \to \infty}\left(e^{-x} \cdot \sqrt{x}\right)$. Mit der Einsetzmethode erhalten Sie $0 \cdot \infty$ und müssen also umformen:

$$\lim_{x \to \infty}\left(e^{-x} \cdot \sqrt{x}\right) = \lim_{x \to \infty}\left(\frac{\sqrt{x}}{e^x}\right)$$

Jetzt haben Sie den Fall $\frac{\infty}{\infty}$, Sie können also die Regel von l'Hospital anwenden. Die Ableitung von $\sqrt{x}$ ist $\frac{1}{2\sqrt{x}}$ und die Ableitung von e^x ist e^x, Sie erhalten also:

$$\lim_{x\to\infty}\left(\frac{\sqrt{x}}{e^x}\right) = \lim_{x\to\infty}\left(\frac{\frac{1}{2\sqrt{x}}}{e^x}\right) = \frac{\frac{1}{2\sqrt{\infty}}}{e^\infty} = \frac{\frac{1}{\infty}}{\infty} = \frac{0}{\infty} = 0$$

Drei weitere nicht akzeptable Formen

Wenn die Einsetzmethode die Werte $1^{\pm\infty}$, 0^0 oder ∞^0 erzeugt, wenden Sie den folgenden *Logarithmus-Trick* an, um eine akzeptable Form zu erhalten. Bestimmen Sie beispielsweise $\lim_{x\to 0^+}(\sin x)^x$. (Aus Kapitel 3 wissen Sie, dass $\lim_{x\to 0^+}$ bedeutet, dass sich x nur von rechts her der 0 annähert; es handelt sich also um einen *einseitigen* Grenzwert.)

Mit der Substitution erhalten Sie 0^0 und das ist ein Problem. Gehen Sie dafür wie folgt vor: Betrachten Sie die Gleichung $y = \lim_{x\to 0^+}(\sin x)^x$ und wenden Sie auf beiden Seiten den Logarithmus an: $\ln(y) = \ln\left(\lim_{x\to 0^+}(\sin x)^x\right)$. Damit erhalten Sie schließlich:

$$\ln(y) = \lim_{x\to 0^+}\ln(y) = \lim_{x\to 0^+}\left(\ln(\sin x)^x\right) = \lim_{x\to 0^+}(x\ln(\sin x))$$

Dieser Grenzwert entspricht dem Fall $0\cdot(-\infty)$, Sie müssen diesen also umformen:

$$\lim_{x\to 0^+}(x\ln(\sin x)) = \lim_{x\to 0^+}\left(\frac{\ln(\sin x)}{\frac{1}{x}}\right)$$

Jetzt haben Sie den Fall $\frac{-\infty}{\infty}$ und Sie können die Regel von l'Hospital anwenden. Die Ableitung von $\ln(\sin x)$ ist $\frac{1}{\sin x}\cdot\cos x$, oder $\cot(x)$, und die Ableitung von $\frac{1}{x}$ ist $-\frac{1}{x^2}$, Sie erhalten damit:

$$\lim_{x\to 0^+}\left(\frac{\ln(\sin x)}{\frac{1}{x}}\right) = \lim_{x\to 0^+}\frac{\cot x}{-\frac{1}{x^2}} = \lim_{x\to 0^+}\left(\frac{-x^2}{\tan x}\right)$$

Dies ist nun der Fall $\frac{0}{0}$. Sie können also erneut die Regel von l'Hospital anwenden und erhalten:

$$\lim_{x\to 0^+}\left(\frac{-x^2}{\tan x}\right) = \lim_{x\to 0^+}\left(\frac{-2x}{\sec^2 x}\right) = \frac{0}{1} = 0$$

Langsam! Das ist *nicht* die Lösung! Sie wissen jetzt, dass $\ln y = 0$ gilt. Jetzt lösen Sie nach y auf und erhalten: $y = 1$. Da y gerade der gesuchte Grenzwert ist, erhalten Sie schließlich die Lösung:

$$\lim_{x\to 0^+}(\sin x)^x = 1$$

Machen Sie nicht den Fehler, zu glauben, dass Sie beim Umgang mit den akzeptablen oder nicht akzeptablen Formen gewöhnliche Arithmetik oder die Exponentenregeln anwenden könnten. Es sieht vielleicht so aus, als ob $\infty - \infty$ gleich 0 wäre, aber das ist nicht immer so; beide Unendlichkeiten müssen sich in der Stärke ihrer Wirkung nicht aufheben. Auf dieselbe Weise gilt im Allgemeinen: $0 \cdot \infty \neq 0$; dies können Sie sich wie ein Tauziehen vorstellen: Die 0 zieht in die eine Richtung, ∞ zieht in die entgegengesetzte – der stärkere gewinnt und dies muss jeweils im Einzelfall entschieden werden, wie die 0 beziehungsweise ∞ zustande gekommen ist. Ähnlich können Sie sich vorstellen, dass im Allgemeinen $\frac{0}{0} \neq 1$, $\frac{\infty}{\infty} \neq 1$, $0^0 \neq 1$, $\infty^0 \neq 1$ und $1^\infty \neq 1$ gilt.

Von Folgen und Reihen

In diesem Kapitel

▷ Grenzwerte von Folgen

▷ Von Folgen zu Reihen übergehen

▷ Auf Konvergenz beziehungsweise Divergenz prüfen – zehn Kriterien

▷ Über Achilles und Schildkröten

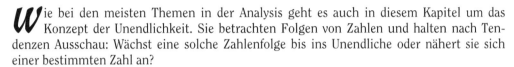

*W*ie bei den meisten Themen in der Analysis geht es auch in diesem Kapitel um das Konzept der Unendlichkeit. Sie betrachten Folgen von Zahlen und halten nach Tendenzen Ausschau: Wächst eine solche Zahlenfolge bis ins Unendliche oder nähert sie sich einer bestimmten Zahl an?

Wenn Sie dies verstanden haben, kümmern wir uns um unendliche Summen. Eine solche Summe wird auch Reihe genannt und hat mehr mit Zahlenfolgen zu tun, als es vielleicht auf den ersten Blick scheint. Da eine solche Summe unendlich lang ist, überrascht es nicht, dass sie den Wert ∞ annehmen kann. Bemerkenswert ist, dass einige unendliche Summen als Wert eine *endliche* Zahl haben. In diesem Kapitel zeige ich Ihnen zehn Prüfungen, mit denen Sie feststellen können, ob der Wert einer Summe einer Reihe endlich oder unendlich ist.

Folgen und Reihen: Worum es eigentlich geht

Eine *Zahlenfolge* ist eine Folge von Zahlen, etwa $\frac{1}{2}, \frac{1}{4}, \frac{1}{8}, \frac{1}{16}, \ldots$. Setzen Sie jeweils ein Pluszeichen zwischen die einzelnen Zahlen und schon haben Sie eine *Reihe*, wie in $\frac{1}{2} + \frac{1}{4} + \frac{1}{8} + \frac{1}{16} + \cdots$. Eigentlich ganz einfach, oder? Aber gehen wir etwas mathematischer vor.

Folgen aneinanderreihen

Eine *Folge* ist eine unendliche Liste von Zahlen. Die allgemeine Form lässt sich wie folgt beschreiben: $(a_n)_{n \in \mathbb{N}} := (a_1, a_2, a_3, \ldots, a_n, \ldots)$. Dabei läuft der Index durch alle natürlichen Zahlen. So ist das vierte Glied dieser Folge a_4; das n-te Glied der Folge ist a_n. Sie sind daran interessiert, was mit einer Folge unendlich weit rechts passiert oder, wie die Mathematiker sagen: im Grenzprozess, oder was der Grenzwert ist.

Es gibt verschiedene Arten, Folgen darzustellen oder anzugeben. Eine Form ist die so genannte *explizite* Definition. Die in der Einleitung verwendete Folge ist, weise durch die Formel $a_n = \frac{1}{2^n}$ definiert, also $(a_n)_{n \in \mathbb{N}} = \left(\frac{1}{2}, \frac{1}{4}, \frac{1}{8}, \frac{1}{16}, \ldots, \frac{1}{2^n}, \ldots\right)$. Eine andere Form der Angabe ist die so genannte *rekursive* Definition. So kann man die Folge b_n betrachten, gegeben durch $b_{n+1} = \frac{b_n}{2}$ mit dem Startwert $b_0 = \frac{1}{2}$. Wie Sie erkennen können, gilt für alle natürliche Zahlen n stets: $a_n = b_n$, so dass die beiden Zahlenfolgen gleich sind, obwohl wir sie völlig verschieden angegeben haben.

Was mit dieser Folge im Unendlichen passiert, ist offensichtlich. Die Terme werden immer kleiner. Und wenn Sie weit genug in der Folge nach rechts gehen, finden Sie ein Folgenglied, das (beliebig) nahe an der 0 liegt. Man nennt diesen fiktiven Wert *Grenzwert der Folge* und kürzt dies mit »lim« (aus dem Englischen »limit«) ab. Man schreibt daher: $\lim_{n\to\infty} a_n = \lim_{n\to\infty} \frac{1}{2^n} = 0$.

Wenn n gegen unendlich geht (es aber nie erreicht), wird 2^n immer größer und geht gegen unendlich, dadurch wird aber $\frac{1}{2^n}$ unendlich klein (aber bleibt positiv), und somit geht die ganze Zahlenfolge gegen 0. Sie können sich auch mit der Eselsbrücke $\lim_{n\to\infty} \frac{1}{2^n} = \frac{1}{2^\infty} = \frac{1}{\infty} = 0$ helfen.

Allgemein sagen Sie, dass die Zahlenfolge $(a_n)_{n\in\mathbb{N}}$ den *Grenzwert* a hat, kurz $\lim_{n\to\infty} a_n = a$, wenn in jeder noch so kleinen Umgebung um a herum alle bis auf endlich viele Glieder der Folge $(a_n)_{n\in\mathbb{N}}$ enthalten sind.

Sie haben das Konzept schon einmal gesehen, sagen Sie jetzt? – Richtig, in Kapitel 3 habe ich das Grenzwertprinzip bereits für Funktionen eingeführt. Dort haben wir uns auch schon erste Eigenschaften überlegt, die Sie jetzt durchaus nutzen können.

Folgende Rechenregeln für Grenzwerte werden Sie nützlich finden: Wenn a_n und b_n konvergente Folgen sind (das heißt, sie besitzen einen Grenzwert), dann gilt:

- $\lim_{n\to\infty}(a_n \pm b_n) = \lim_{n\to\infty} a_n \pm \lim_{n\to\infty} b_n$
- $\lim_{n\to\infty}(a_n \cdot b_n) = \lim_{n\to\infty} a_n \cdot \lim_{n\to\infty} b_n$
- Sind b_n und $\lim_{n\to\infty} b_n$ von 0 verschieden, so gilt weiterhin $\lim_{n\to\infty}\left(\frac{a_n}{b_n}\right) = \frac{\lim_{n\to\infty} a_n}{\lim_{n\to\infty} b_n}$.
- Gilt $a_n \leq b_n$ ab einem bestimmten Index (auf endlich viele Ausreißer kommt es dabei nicht an), so auch $\lim_{n\to\infty} a_n \leq \lim_{n\to\infty} b_n$. Insbesondere folgt dadurch: Wenn unter der Bedingung $a_n \leq b_n$ zusätzlich gilt, dass a_n gegen unendlich divergiert, so auch b_n; beziehungsweise wenn b_n konvergiert, so auch a_n.

Die letzte Eigenschaft lässt sich für das so genannte *Sandwich-Kriterium* ausnutzen:

Sandwich-Kriterium: Wenn Sie wissen möchten, ob die Folge b_n konvergiert, und Sie bereits wissen, dass $a_n \leq b_n \leq c_n$ gilt, wobei a_n und c_n bereits als konvergent bekannt sind, so muss auch b_n konvergieren. In diesem Fall können Sie den Grenzwert von beiden Seiten wie ein Sandwich eingrenzen:

$$\lim_{n\to\infty} a_n \leq \lim_{n\to\infty} b_n \leq \lim_{n\to\infty} c_n$$

Konvergenz und Divergenz von Folgen

Wenn der Grenzwert existiert, das heißt, wenn $\lim_{n\to\infty} a_n = a$ gilt, dann sagen Sie, diese Folge *konvergiert*; andernfalls *divergiert* die Folge. Konvergierende Zahlenfolgen pendeln sich auf eine bestimmte Zahl ein. Divergierende Folgen pendeln sich nie ein. Stattdessen können divergierende Folgen ...

- ✔ dauerhaft steigen, man schreibt auch $\lim_{n\to\infty} a_n = \infty$ dafür. Eine Folge kann auch dauerhaft sinken, also gegen minus unendlich gehen; man schreibt dafür: $\lim_{n\to\infty} a_n = -\infty$.

- ✔ oszillieren (nach oben und unten gehen), wie die Folge: $1, -1, 1, -1, 1, -1, \cdots$

- ✔ überhaupt kein Muster aufzeigen – was jedoch sehr selten ist.

Im ersten Fall der Divergenz (das heißt, die Folge steigt oder sinkt dauerhaft) sagt man auch, dass die Folge *uneigentlich konvergent* ist. Lassen Sie sich nicht beirren, sie ist dennoch divergent, also nicht konvergent – nur verhält sie sich eben trotzdem nicht ganz so wild wie in den beiden anderen Fällen der Divergenz.

Wie hilfreich die Rechenregeln mit den Grenzwerten sind, können Sie an folgendem Beispiel erkennen:

$$\lim_{n\to\infty} \frac{2n^2-1}{n^2+1} = \lim_{n\to\infty} \frac{2-\frac{1}{n^2}}{1+\frac{1}{n^2}} = \frac{\lim_{n\to\infty}\left(2-\frac{1}{n^2}\right)}{\lim_{n\to\infty}\left(1+\frac{1}{n^2}\right)} = \frac{2-\lim_{n\to\infty}\frac{1}{n^2}}{1+\lim_{n\to\infty}\frac{1}{n^2}} = \frac{2-0}{1+0} = 2$$

Grenzwerte mit Hilfe der Regel von l'Hospital bestimmen

Erinnern Sie sich an die Regel von l'Hospital aus Kapitel 5? Sie können diese jetzt anwenden, um Grenzwerte von Folgen zu bestimmen.

Ein Beispiel: Konvergiert oder divergiert die Folge $a_n = \frac{n^2}{2^n}$? Wenn Sie nacheinander die natürlichen Zahlen, beginnend bei 1, einsetzen, erhalten Sie die ersten paar Glieder der Folge $\frac{1}{2}, 1, \frac{9}{8}, 1, \frac{25}{32}, \frac{36}{64}, \frac{49}{128}, \frac{64}{256}, \ldots$

Nachdem Sie ein paar Glieder betrachtet haben, sehen Sie, dass die Glieder der Folge (ab dem fünften Glied) stets kleiner werden. Man sagt, die Folge ist ab dem fünften Glied *fallend*. Es scheint, als ob sie weiter fällt – so, als ob sie gegen 0 konvergiert. Die Regel von l'Hospital beweist diese Behauptung. Sie erkennen nämlich, dass Sie diese Regel anwenden können, um den Grenzwert der Funktion $f(x) = \frac{x^2}{2^x}$ zu bestimmen, die Hand in Hand mit der Zahlenfolge $\frac{n^2}{2^n}$ geht.

Für diese Aufgabenstellung müssen Sie die Regel von l'Hospital sogar zweimal anwenden, denn es gilt:

$$\lim_{x\to\infty} \frac{x^2}{2^x} = \lim_{x\to\infty} \frac{2x}{2^x \cdot \ln 2} = \lim_{x\to\infty} \frac{2}{2^x \cdot \ln 2 \cdot \ln 2} = \frac{2}{\infty} = 0$$

Da der Grenzwert der Funktion gleich 0 ist, ist es auch der der Folge, so dass die Folge $a_n = \frac{n^2}{2^n}$ gegen 0 konvergiert.

Ich wiederhole noch einmal die schwierige, aber sehr nützliche Regel von l'Hospital, die Sie auch hier bei der Auswertung von Grenzwertquotienten nutzen können. Achten Sie aber immer darauf, dass Sie bei dieser Regel eigentlich über differenzierbare Funktionen sprechen und dass die Voraussetzungen alle erfüllt sind.

Regel von l'Hospital: Für zwei differenzierbare Funktionen f und g, wobei die $g'(x) \neq 0$ für alle Argumente x ist, gelte weiterhin, dass $\lim f(x) = \lim g(x) = 0$ oder $\lim g(x) = \pm\infty$. Existiert der Grenzwert $\lim \frac{f'(x)}{g'(x)}$ im eigentlichen oder uneigentlichen Sinne, so existiert auch der Grenzwert $\lim \frac{f(x)}{g(x)}$ und die beiden sind gleich.

Reihen summieren

Eine *Reihe* ist die unendliche Summe der Glieder einer Zahlenfolge. Schauen Sie sich noch einmal die Folge aus dem vorigen Abschnitt an, $(a_n)_{n\in\mathbb{N}} = \left(\frac{1}{2},\frac{1}{4},\frac{1}{8},\frac{1}{16},\cdots,\frac{1}{2^n},\cdots\right)$. Die dazugehörige Reihe erhalten Sie mit:

$$\sum_{n=1}^{\infty} \frac{1}{2^n} = \frac{1}{2} + \frac{1}{4} + \frac{1}{8} + \frac{1}{16} + \cdots$$

Das Summensymbol teilt Ihnen mit, dass Sie 1 für n einsetzen, dann 2, dann 3 usw. und dann alle eingesetzten Terme addieren. Sie addieren natürlich nicht wirklich unendlich viele Terme auf, sondern es handelt sich hier wieder um einen Grenzwertprozess, nämlich:

$$\sum_{n=1}^{\infty} \frac{1}{2^n} = \lim_{b \to \infty} \sum_{n=1}^{b} \frac{1}{2^n}.$$

Partialsummen

Bleiben wir bei derselben Reihe und betrachten, wie die Summe wächst, indem Sie sich die endlichen Teilsummen anschauen:

$S_1 = \frac{1}{2}$ $\qquad$ $S_4 = \frac{1}{2} + \frac{1}{4} + \frac{1}{8} + \frac{1}{16} = \frac{15}{16}$
$S_2 = \frac{1}{2} + \frac{1}{4} = \frac{3}{4}$ $\qquad$ $\vdots$
$S_3 = \frac{1}{2} + \frac{1}{4} + \frac{1}{8} = \frac{7}{8}$ $\qquad$ $S_n = \frac{1}{2} + \frac{1}{4} + \frac{1}{8} + \frac{1}{16} + \frac{1}{32} + \frac{1}{64} + \cdots + \frac{1}{2^n}$

Die n-te Teilsumme, bestehend aus den ersten n Gliedern der Folge, heißt die n-te Partialsumme. An der obigen Definition erkennen Sie, dass $\sum_{n=1}^{\infty} \frac{1}{2^n} = \lim_{b \to \infty} \sum_{n=1}^{b} \frac{1}{2^n} = \lim_{b \to \infty} S_b$.

> ### Folge vs. Reihe – Entwirrung verwirrender Begriffe
>
> Wenn Sie ein wenig verwirrt über die Begriffe *Folge* und *Reihe* und ihre Beziehung zueinander sind, befinden Sie sich in bester Gesellschaft. Es ist kompliziert, die Konzepte verständlich zu erklären. Für Anfänger sei gesagt, dass jeder Reihe zwei Folgen zugeordnet sind. Für die hier betrachtete Reihe $\frac{1}{2} + \frac{1}{4} + \frac{1}{8} + \frac{1}{16} + \cdots$ haben Sie die zugrunde liegende Folge $\frac{1}{2},\frac{1}{4},\frac{1}{8},\frac{1}{16},\cdots$ und außerdem die Folge ihrer Partialsummen $\frac{1}{2},\frac{3}{4},\frac{7}{8},\frac{15}{16},\cdots$. Es ist wichtig, dies unterscheiden zu können.

Konvergenz oder Divergenz einer Reihe

Wenn Sie jetzt die obigen Partialsummen auflisten, haben Sie die folgende *Folge* der Partialsummen: $\frac{1}{2},\frac{3}{4},\frac{7}{8},\frac{15}{16},\cdots$

In diesem Abschnitt geht es hauptsächlich darum, ob eine solche Folge von Partialsummen konvergiert – sich bei einer endlichen Zahl einpendelt – oder divergiert. Wenn die Folge der Partialsummen konvergiert, so definieren Sie, dass die *dazugehörige Reihe konvergiert*; andernfalls divergiert die Reihe. Das restliche Kapitel ist den verschiedenen Techniken gewidmet, wie diese Entscheidung zu treffen ist.

Was ist nun mit der weiter vorn betrachteten Reihe $\sum_{n=1}^{\infty} \frac{1}{2^n} = \frac{1}{2} + \frac{1}{4} + \frac{1}{8} + \frac{1}{16} + \cdots$? Konvergiert sie oder divergiert sie? Man braucht nicht allzu viel Phantasie, um das folgende Muster zu erkennen:

$S_1 = \frac{1}{2} = 1 - \frac{1}{2}$ $\qquad S_2 = \frac{3}{4} = 1 - \frac{1}{4}$ $\qquad S_3 = \frac{7}{8} = 1 - \frac{1}{8}$
$S_4 = \frac{15}{16} = 1 - \frac{1}{16}$ $\qquad \cdots$ $\qquad S_n = 1 - \frac{1}{2^n}$

Die Bestimmung des Grenzwerts dieser Folge von Partialsummen ist mit den obigen Regeln ganz einfach zu bestimmen:

$$\lim_{n \to \infty} S_n = \lim_{n \to \infty} \left(1 - \frac{1}{2^n}\right) = 1 - \lim_{n \to \infty} \frac{1}{2^n} = 1 - \frac{1}{\infty} = 1 - 0 = 1$$

Damit ist eine Reihe also eigentlich ein Grenzwert (der Partialfolgen). Wenn Sie den Grenzwert kennen, bezeichnen Sie diesen als den Wert der Reihe. Unsere Beispielreihe konvergiert gegen 1, so dass Sie mit dem Reihensymbol nicht nur andeuten können, dass sie konvergiert, sondern Sie geben auch gleichzeitig den Wert wie folgt an:

$$\sum_{n=1}^{\infty} \frac{1}{2^n} = \frac{1}{2} + \frac{1}{4} + \frac{1}{8} + \frac{1}{16} + \ldots = 1$$

Dies erinnert Sie vielleicht an das Paradoxon, auf eine Mauer zuzugehen, wobei Ihr erster Schritt die halbe Entfernung zur Mauer, der zweite Schritt die Hälfte der restlichen Distanz, der dritte Schritt die Hälfte der restlichen Distanz usw. ist. Gelangen Sie je zu der Mauer? Lösung und mehr später im Abschnitt *Geometrische Reihen*.

Jetzt kennen Sie die Begriffe und haben (hoffentlich) verstanden, was sie bedeuten. Die zentrale Frage für Sie bezüglich Reihen ist nun, wie Sie erkennen können, ob die Reihe konvergiert oder nicht? Lesen Sie weiter, es lohnt sich!

Achilles und die Schildkröte – das ungleiche Rennen

Konvergente Reihen sind sehr interessant. Bei einer konvergenten Reihe addieren Sie unendlich viele Zahlen, die Summe wächst weiter, aber die Summe aller unendlich vielen Glieder ist eine (endliche) Zahl. Das überraschende Ergebnis führt mich zum berühmten Paradoxon von Achilles und der Schildkröte (Zenon von Elea, 5. Jahrhundert vor Christus).

Achilles tritt zu einem Rennen gegen eine Schildkröte an. Tapferer Krieger! Unser großzügiger Held gibt der Schildkröte beim Start einen Vorsprung von 100 Meter. Achilles läuft mit 20 Kilometer pro Stunde. Die Schildkröte »läuft« mit zwei Kilometer pro Stunde. Zenon verwendete das folgende Argument, um zu »beweisen«, dass Achilles die Schildkröte niemals erreicht oder überholt. Wenn Sie übrigens von diesem »Beweis« überzeugt sind, haben Sie noch ein gutes Stück Arbeit vor sich.

Stellen Sie sich vor, Sie sind der Journalist, der über das Rennen schreibt. Sie machen Fotos für Ihre Reportage. Sie machen das erste Foto in dem Moment, an dem Achilles den Punkt erreicht, von dem aus die Schildkröte startete. Wenn Achilles dort ankommt, ist die Schildkröte weitergelaufen und befindet sich jetzt zehn Meter vor Achilles. (Achilles läuft zehnmal so schnell wie die Schildkröte; in der Zeit, die Achilles für 100 Meter braucht, läuft die Schildkröte also zehn Meter.) Beim Rechnen stellen Sie fest, dass Achilles etwa zehn Sekunden braucht, um die 100 Meter zu laufen. (Der einfacheren Argumentation halber wollen Sie hier annehmen, dass er genau zehn Sekunden gebraucht hat.)

Immer wenn Achilles den Punkt erreicht, an dem die Schildkröte zuvor war, nehmen Sie ein neues Foto auf. Diese Fotoreihe nimmt kein Ende. Angenommen, Sie und Ihr Fotoapparat arbeiten unendlich schnell, dann erhalten Sie eine unendliche Anzahl an Fotos. Und *immer*, wenn Achilles den Punkt erreicht, wo sich die Schildkröte befand, hat die Schildkröte wieder Boden gut gemacht – selbst wenn es nur ein Millimeter oder ein millionstel Millimeter ist. Das Argument greift also, weil Sie nie ein Ende für Ihre unendliche Fotoreihe finden. Achilles wird die Schildkröte nie einholen. Wirklich nie?

Natürlich wissen Sie und ich, dass Achilles die Schildkröte erreicht und überholt – ein Paradoxon also. Die Mathematik unendlicher Reihen erklärt, wie diese unendliche Reihe an Zeitintervallen zu einer endlichen Zeitdauer summiert wird – die exakte Zeit, wann Achilles die Schildkröte überholt. Die uns interessierende unendliche Summe beziehungsweise Reihe ist: $10 + 1 + 0{,}1 + 0{,}01 + 0{,}001 + \cdots = 11{,}111\ldots = 11\frac{1}{9} = \frac{100}{9}$ (alles in Sekunden). Das bedeutet also, dass Achilles die Schildkröte nach $11\frac{1}{9}$ Sekunden an der $111\frac{1}{9}$-Meter-Marke überholt.

Unendliche Reihen sind ein Thema mit zahlreichen bizarren, teilweise gegen die eigene Intuition sprechenden Paradoxa. Neugierig geworden? – Dann lesen Sie weiter.

Konvergenz oder Divergenz? Das ist hier die Frage!

Ich zeige Ihnen insgesamt zehn Methoden, auch Kriterien genannt, mit denen Sie bestimmen, ob eine Reihe konvergiert oder divergiert. Seien Sie gespannt!

Das einfachste Kriterium auf Divergenz: Eine notwendige Bedingung

Wenn die einzelnen Glieder einer Reihe (mit anderen Worten, die Glieder der der Reihe zugrunde liegenden Folge) nicht gegen 0 konvergieren, muss die Reihe divergieren. Dies ist die Prüfung einer notwendigen Bedingung auf Divergenz.

Notwendige Bedingung für Konvergenz: Wenn $\lim\limits_{n \to \infty} a_n \neq 0$ ist, dann divergiert die Reihe $\sum_{n=1}^{\infty} a_n$.

Wenn eine Reihe konvergiert, pendelt sich die Summe auf eine bestimmte Zahl ein. Und das kann nur passieren, wenn die zu addierenden Zahlen unendlich klein werden – wie in der Reihe, die ich erwähnt habe, $\frac{1}{2} + \frac{1}{4} + \frac{1}{8} + \frac{1}{16} + \cdots$. Stellen Sie sich vor, die Terme einer Reihe konvergieren stattdessen etwa gegen 1, beispielsweise in der Reihe $\frac{1}{2}+\frac{2}{3}+\frac{3}{4}+\frac{4}{5}+\frac{5}{6}+\cdots$, erzeugt durch die Formel $a_n = \frac{n}{n+1}$. Wenn Sie in diesem Fall die Terme addieren, addieren Sie Zahlen, die immer näher an 1 liegen – und das muss unendlich ergeben.

Wenn die Glieder einer Reihe gegen 0 konvergieren, garantiert dies *nicht*, dass die Reihe konvergiert. Es handelt sich um eine notwendige, keine hinreichende Bedingung für die gewünschte Konvergenz.

Weil diese Prüfung sehr einfach anzuwenden ist, sollten Sie sie als eine der ersten Maßnahmen durchführen, wenn Sie herausfinden wollen, ob eine Reihe konvergiert oder divergiert. Wenn Sie beispielsweise feststellen sollen, ob $\sum_{n=1}^{\infty}\left(1+\frac{1}{n}\right)^n$ konvergiert oder divergiert, beachten Sie, dass jeder Term dieser Reihe eine Zahl größer 1 ist, die in eine positive Potenz erhoben wird. Das führt immer zu einer Zahl größer 1 und damit konvergieren die Terme dieser Reihe nicht gegen 0 und die Reihe muss also divergieren.

Drei grundlegende Reihen und die zugehörigen Prüfungen auf Konvergenz beziehungsweise Divergenz

Geometrische Reihen und die (verallgemeinerten) harmonischen Reihen sind relativ einfache, aber wichtige Reihen, die Sie als Benchmarks für die Bestimmung der Konvergenz oder Divergenz komplizierterer Reihen heranziehen können.

Geometrische Reihen

Eine geometrische Reihe ist eine Reihe der folgenden Form: $1 + q + q^2 + q^3 + q^4 + \ldots = \sum_{n=0}^{\infty} q^n$.

Betrachten Sie ein Beispiel mit $q = \frac{1}{10}$. Dann hat die entsprechende geometrische Reihe die Gestalt: $\sum_{n=0}^{\infty}\frac{1}{10^n} = 1 + 0{,}1 + 0{,}01 + 0{,}001 + \cdots$. Wenn Sie diese Reihe mit dem Faktor 100 multiplizieren, dann haben Sie die Reihe für das Paradoxon mit Achilles und der Schildkröte aus dem grauen Kasten *Achilles und die Schildkröte – das ungleiche Rennen* weiter vorn in diesem Kapitel.

Und wenn $q = \frac{1}{2}$, erhalten Sie das Doppelte der Reihe, die ich schon oft erwähnt habe, nämlich $2 \cdot \left(\frac{1}{2}+\frac{1}{4}+\frac{1}{8}+\frac{1}{16}+\cdots\right) = 1+\frac{1}{2}+\frac{1}{4}+\frac{1}{8}+\cdots$. Die Konvergenz/Divergenz-Regel für geometrische Reihen ist ein Kinderspiel.

Regel für geometrische Reihen: Wenn $0 < |q| < 1$, so konvergiert die geometrische Reihe $\sum_{n=0}^{\infty} q^n$ gegen $\frac{1}{1-q}$. Wenn $|q| \geq 1$, divergiert die Reihe. (Beachten Sie, dass diese Regel funktioniert, wenn $-1 < q < 0$; in diesem Fall erhalten Sie eine alternierende Reihe; mehr darüber am Ende dieses Kapitels im Abschnitt *Alternierende Reihen*.)

Im Beispiel des Schildkrötenrennens bekommen Sie dann wie im Kasten angedeutet das gewünschte Ergebnis: $100 \cdot \sum_{n=0}^{\infty} \frac{1}{10^n} = 100 \cdot \frac{1}{1-\frac{1}{10}} = 100 \cdot \frac{10}{9} = \frac{1000}{9} = 111\frac{1}{9}$.

In unserem zweiten Beispiel ist $q = \frac{1}{2}$, die Reihe konvergiert also gegen $\frac{1}{1-\frac{1}{2}} = 2$. So weit gehen Sie, wenn Sie einen Meter von der Wand entfernt stehen und dann die halbe Distanz zur Wand zurücklegen, dann die Hälfte der restlichen Distanz usw. Sie unternehmen eine unendliche Anzahl an Schritten, legen aber nur zwei Meter zurück. Wie lange brauchen Sie, bis Sie zur Mauer gelangen? Wenn Sie eine konstante Geschwindigkeit beibehalten und keine Pausen zwischen den Schritten machen (was natürlich unmöglich ist), gelangen Sie innerhalb derselben Zeit dorthin, wie Sie irgendeinen beliebigen Meter gehen. Wenn Sie jedoch Pausen zwischen den Schritten einlegen und sei es nur für eine milliardstel Sekunde, gelangen Sie *nie* zu der Mauer.

Harmonische Reihe

Die so genannte *harmonische Reihe* hat die Form $\sum_{n=1}^{\infty} \frac{1}{n} = 1 + \frac{1}{2} + \frac{1}{3} + \frac{1}{4} + \cdots = \infty$. Sie divergiert; ihr Wert ist plus unendlich. Die harmonische Reihe lässt sich bezüglich der Potenz verallgemeinern. Betrachten Sie etwa die Reihen der Gestalt: $\sum_{n=1}^{\infty} \frac{1}{n^p} = \frac{1}{1^p} + \frac{1}{2^p} + \frac{1}{3^p} + \frac{1}{4^p} + \cdots$.

Dabei ist p eine positive Potenz. Die harmonische Reihe erhalten Sie für $p = 1$. Obwohl diese harmonische Reihe *sehr* langsam wächst – nach 10.000 Termen beträgt die Summe nur etwa 9,79 –, divergiert sie letztlich gegen unendlich.

Man spricht übrigens von der *harmonischen* Reihe, weil die Zahlen in der Reihe etwas mit den Saiten eines Musikinstrumentes zu tun haben, beispielsweise damit, wie eine Gitarrensaite vibriert – fragen Sie mich aber nicht nach den Details. Für Geschichtsfreaks sei gesagt, im 6. Jahrhundert vor Christus erfand Pythagoras die harmonische Reihe und stellte ihre Verbindung zu den Musiknoten auf der Lyra fest.

Die verallgemeinerte harmonische Reihe $\sum_{n=1}^{\infty} \frac{1}{n^p}$ konvergiert, wenn $p > 1$, und sie divergiert, wenn $0 < p \leq 1$.

Für $p = 2, 3, 4$ erhalten Sie die auch verbreiteten Reihen mit bekannten Grenzwerten:

✓ $\sum_{n=1}^{\infty} \frac{1}{n^2} = \frac{1}{1^2} + \frac{1}{2^2} + \frac{1}{3^2} + \frac{1}{4^2} + \cdots = 1 + \frac{1}{4} + \frac{1}{9} + \frac{1}{16} + \ldots = \frac{\pi^2}{6}$

✓ $\sum_{n=1}^{\infty} \frac{1}{n^4} = \frac{\pi^4}{90}$ und $\sum_{n=1}^{\infty} \frac{1}{n^6} = \frac{\pi^6}{945}$

Anders als bei der Regel für geometrische Reihen teilt Ihnen die obige Regel jedoch nur mit, ob eine Reihe konvergiert, und nicht, gegen welche Zahl sie konvergiert. Die Berechnung des Werts der obigen Reihe würde den Inhalt dieses Buches sprengen.

Teleskop-Reihen

Sie werden nicht vielen Teleskop-Reihen begegnen, aber es ist sinnvoll, die Regel für Teleskop-Reihen in die Trickkiste aufzunehmen – man weiß nie, wann man sie vielleicht brauchen kann.

Ein Beispiel: Betrachten Sie die folgende Reihe:

$$\sum_{n=1}^{\infty} \frac{1}{n(n+1)} = \frac{1}{2} + \frac{1}{6} + \frac{1}{12} + \frac{1}{20} + \frac{1}{30} + \ldots$$

Um zu erkennen, dass es sich hierbei um eine Teleskop-Reihe handelt, müssen Sie die Technik der Partialbruchzerlegung anwenden (wird im Zusammenhang mit Integralen in Kapitel 8 im Abschnitt *Das ABC der Partialbrüche* behandelt), um $\frac{1}{n(n+1)}$ in $\frac{1}{n} - \frac{1}{n+1}$ umzuwandeln. Damit erhalten Sie für die Partialsumme S_m der ersten m Glieder:

$$\sum_{n=1}^{m}\left(\frac{1}{n} - \frac{1}{n+1}\right) = \left(1 - \frac{1}{2}\right) + \left(\frac{1}{2} - \frac{1}{3}\right) + \left(\frac{1}{3} - \frac{1}{4}\right) + \left(\frac{1}{4} - \frac{1}{5}\right) + \ldots + \left(\frac{1}{m} - \frac{1}{m+1}\right)$$

Erkennen Sie, wie alle diese Terme jetzt kollabieren oder sich wie ein Teleskop verhalten? Das zweite und dritte Glied heben sich auf, ebenso wie das vierte und fünfte usw. Es bleiben das erste (halbe) Glied, die 1, und das letzte (halbe) Glied, $\frac{1}{m+1}$. Die m-te Partialsumme ist also einfach der Term $1 - \frac{1}{m+1}$. Dann gilt für den Grenzwert, wenn m gegen unendlich geht:

$$\sum_{n=1}^{\infty} \frac{1}{n(n+1)} = \sum_{n=1}^{\infty}\left(\frac{1}{n} - \frac{1}{n+1}\right) = \lim_{m \to \infty} S_m = \lim_{m \to \infty}\left(1 - \frac{1}{m+1}\right) = 1 - \lim_{m \to \infty} \frac{1}{m+1} = 1 - 0 = 1$$

Also: Jedes Glied in einer Teleskop-Reihe kann als die Differenz von zwei Termen dargestellt werden – bezeichnen Sie diese mit h_i. Die Teleskop-Reihe kann dann geschrieben werden als:

$$\sum_{i=1}^{\infty} (h_i - h_{i+1}) = (h_1 - h_2) + (h_2 - h_3) \cdots + (h_m - h_{m+1}) + (h_{m+1} - h_{m+2}) + \cdots$$

Die Regel für Teleskop-Reihen: Eine Teleskop-Reihe der oben gezeigten Form konvergiert, wenn der Grenzwert $\lim\limits_{n \to \infty} h_i$ existiert. In diesem Fall konvergiert die Reihe gegen $h_1 - \lim\limits_{n \to \infty} h_i$. Wenn $\lim\limits_{n \to \infty} h_i$ nicht existiert, so divergiert auch die Reihe.

Drei Vergleichskriterien für Konvergenz beziehungsweise Divergenz

Angenommen, Sie wollen feststellen, ob eine Reihe konvergiert oder divergiert, aber keines der Ihnen bekannten Kriterien funktioniert. Keine Sorge. Sie suchen einfach eine Vergleichsreihe, von der Sie wissen, ob sie konvergiert oder divergiert, und vergleichen dann Ihre neue Reihe mit der bekannten (Benchmark-)Reihe.

Der direkte Vergleich – Minoranten-/Majorantenkriterium

Dies ist eine einfache Regel, die dem gesunden Menschenverstand entspricht. Wenn Sie eine Reihe haben, die *kleiner* als eine konvergente Vergleichsreihe ist, muss Ihre Reihe auch konvergieren. Wenn Ihre Reihe *größer* als eine divergente Vergleichsreihe ist, muss Ihre Reihe ebenfalls divergieren.

Direkter Vergleich (Minoranten-/Majorantenkriterium): Es gelte $0 \leq a_n \leq b_n$ für alle n. Dann gilt:

✔ Wenn $\sum_{n=1}^{\infty} b_n$ konvergiert, dann konvergiert $\sum_{n=1}^{\infty} a_n$.

✔ Wenn $\sum_{n=1}^{\infty} a_n$ divergiert, dann divergiert $\sum_{n=1}^{\infty} b_n$.

Ein Beispiel: Bestimmen Sie, ob $\sum_{n=1}^{\infty} \frac{1}{5+3^n}$ konvergiert oder divergiert. Ist gar nicht so schwer. Diese Reihe erinnert an $\sum_{n=1}^{\infty} \frac{1}{3^n}$, wobei es sich um eine geometrische Reihe handelt und $q = \frac{1}{3}$ ist. (Beachten Sie, dass Sie dies in Form der geometrischen Reihe als $\frac{1}{3} \cdot \sum_{n=0}^{\infty} \left(\frac{1}{3}\right)^n$ darstellen können.) Weil $0 < |q| < 1$, konvergiert diese Reihe. Und weil $\frac{1}{5+3^n} < \frac{1}{3^n}$ für alle Werte von n ist, muss auch $\sum_{n=1}^{\infty} \frac{1}{5+3^n}$ konvergieren.

Noch ein Beispiel: Konvergiert oder divergiert $\sum_{n=1}^{\infty} \frac{\ln n}{n}$? Diese Reihe erinnert an $\sum_{n=1}^{\infty} \frac{1}{n}$, die harmonische Reihe, von der man weiß, dass sie divergiert. Weil nun aber $\frac{\ln n}{n} > \frac{1}{n}$ für alle $n \geq 3$ ist, muss auch $\sum_{n=1}^{\infty} \frac{\ln n}{n}$ divergieren. Wenn Sie sich übrigens fragen, warum ich nur die Glieder betrachte, für die $n \geq 3$ ist, hier die Begründung:

Für alle Kriterien auf Konvergenz beziehungsweise Divergenz können Sie beliebig viele Glieder einer Reihe ignorieren. Und wenn Sie zwei Reihen vergleichen, können Sie beliebig viele Glieder am Anfang von beiden oder einer der Reihen ignorieren. Auf dem Weg zur Unendlichkeit kommt es nicht auf ein endliches Anfangsstück an!

Das Minoranten-/Majorantenkriterium sagt Ihnen *nichts*, wenn die Reihe, die Sie betrachten, *größer* als eine bekannte *konvergente* Reihe oder *kleiner* als eine bekannte *divergente* Reihe ist.

Ein Beispiel: Sie wollen feststellen, ob $\sum_{n=1}^{\infty} \frac{1}{10+\sqrt{n}}$ konvergiert. Diese Reihe erinnert an $\sum_{n=1}^{\infty} \frac{1}{\sqrt{n}}$, nämlich die verallgemeinerte harmonische Reihe für $p = \frac{1}{2}$. Nur bringt Sie dies nicht weiter, weil Ihre Reihe *kleiner* als diese bekannte divergente Vergleichsreihe ist. Stattdessen sollten Sie Ihre Reihe mit der ebenfalls divergenten harmonischen Reihe $\sum_{n=1}^{\infty} \frac{1}{n}$ vergleichen. Die Glieder $\frac{1}{10+\sqrt{n}}$ Ihrer Ausgangsreihe sind für alle $n \geq 14$ größer als $\frac{1}{n}$ (es ist etwas aufwendig, dies zu zeigen; probieren Sie es aus!). Weil Ihre Reihe *größer* als die *divergente* harmonische Reihe für $p = 1$ ist, muss auch Ihre Reihe divergieren.

Das Grenzwertkriterium

Wenn Sie eine bekannte konvergente Reihe haben und jeden ihrer Terme mit einer bestimmten Zahl multiplizieren, dann konvergiert die neue Reihe ebenfalls. Und dabei spielt es keine Rolle, ob dieser Multiplikator 100 oder 10.000 oder $\frac{1}{10.000}$ ist, weil jede Zahl, groß oder klein, multipliziert mit der endlichen Summe der Originalreihe, immer wieder eine (endliche) Zahl ist. Dasselbe gilt für eine divergente Reihe, die mit einer beliebigen Zahl multipliziert wird. Diese neue Reihe divergiert ebenfalls, weil jede Zahl, groß oder klein, multipliziert mit unendlich immer noch unendlich ist. Dies ist stark vereinfacht dargestellt – erst im Grenzwert erkennt man, dass eine Reihe eine Art Vielfaches einer anderen Reihe ist –, es trifft aber das Prinzip.

Sie erkennen, ob eine solche Verbindung zwischen zwei Reihen besteht, indem Sie das Verhältnis der *n*-ten Glieder der beiden Reihen für *n* gegen unendlich betrachten.

Grenzwertkriterium: Wenn für zwei Reihen $\sum a_n$ und $\sum b_n$ im Falle von positiven Folgegliedern a_n und b_n gilt, dass $\lim_{n \to \infty} \left(\frac{a_n}{b_n}\right)$ existiert und echt positiv ist, dann gilt, dass entweder beide Reihen konvergieren oder divergieren.

Ein Beispiel: Konvergiert oder divergiert $\sum_{n=1}^{\infty} \frac{1}{n^2 + \ln n}$? Diese Reihe erinnert an die konvergente verallgemeinerte harmonische Reihe $\sum_{n=1}^{\infty} \frac{1}{n^2}$, dies könnte also Ihre Vergleichsreihe sein. Aber Sie können das Minoranten-/Majorantenkriterium nicht anwenden, weil die Glieder Ihrer Reihe jeweils größer als $\frac{1}{n^2}$ sind. Stattdessen wenden Sie das Grenzwertkriterium wie folgt an:

Bestimmen Sie den Grenzwert des Quotienten der *n*-ten Glieder beider Reihen. Dabei spielt es keine Rolle, welche Reihe Sie in den Zähler oder in den Nenner schreiben. Wenn Sie die bekannte Vergleichsreihe in den Nenner schreiben, sind die Aufgabenstellungen jedoch meistens leichter zu lösen und die Ergebnisse besser zu verstehen. Durch zweimaliges Anwenden der Regel von l'Hospital erhalten Sie schließlich:

$$\lim_{n \to \infty} \frac{\frac{1}{n^2 - \ln n}}{\frac{1}{n^2}} = \lim_{n \to \infty} \frac{n^2}{n^2 - \ln n} = \lim_{n \to \infty} \frac{2n}{2n - \frac{1}{n}} = \lim_{n \to \infty} \frac{2}{2 + \frac{1}{n^2}} = \frac{2}{2 + \frac{1}{\infty}} = 1$$

Weil der Grenzwert endlich und positiv ist und weil die Vergleichsreihe konvergiert, muss auch Ihre Ausgangsreihe konvergieren.

Das Grenzwertkriterium eignet sich für Reihen, bei denen die Glieder der Reihe *rationale* Funktionen sind; mit anderen Worten, das allgemeine Glied der Reihe ist ein Quotient von zwei Polynomen.

Bestimmen Sie beispielsweise, ob $\sum_{n=1}^{\infty} \frac{5n^2-n+1}{n^3+4n+3}$ konvergiert oder divergiert.

1. **Bestimmen Sie die Vergleichsreihen.**

   Nehmen Sie die höchste Potenz von *n* im Zähler und im Nenner – und ignorieren Sie dabei alle Koeffizienten und alle anderen Terme – und vereinfachen Sie. Etwa wie folgt: $\frac{5n^2-n+1}{n^3+4n+3} \rightarrow \frac{n^2}{n^3} = \frac{1}{n}$.

2. **Bestimmen Sie den Grenzwert des Verhältnisses der *n*-ten Terme der beiden Reihen.**

   $$\lim_{n \to \infty} \frac{\frac{5n^2-n+1}{n^3+4n+3}}{\frac{1}{n}} = \lim_{n \to \infty} \frac{5n^3-n^2+n}{n^3+4n+3} = \lim_{n \to \infty} \frac{5-\frac{1}{n}+\frac{1}{n^2}}{1+\frac{4}{n^2}+\frac{3}{n^3}} = \frac{5-\frac{1}{\infty}+\frac{1}{\infty}}{1+\frac{4}{\infty}+\frac{3}{\infty}} = \frac{5-0+0}{1+0+0} = 5$$

3. **Da der Grenzwert aus Schritt 2 endlich und positiv ist und weil die Vergleichsreihe divergiert, muss Ihre Reihe ebenfalls divergieren.**

   Sie wissen also, dass $\sum_{n=1}^{\infty} \frac{5n^2-n+1}{n^3+4n+3}$ divergiert.

Das Grenzwertkriterium wird immer so formuliert, wie am Anfang dieses Abschnitts gezeigt, aber ich möchte darauf hinweisen, dass Sie sogar noch mehr aussagen könnten: Der Grenzwert des Quotienten muss nicht unbedingt endlich und positiv sein, wenn das Kriterium erfolgreich sein soll. Zum einen, wenn die Vergleichsreihe konvergent ist und Sie sie in den Nenner des Grenzwerts setzen und der Grenzwert gleich 0 ist, muss Ihre Ausgangsreihe ebenfalls konvergieren. Beachten Sie, dass, wenn der Grenzwert unendlich ist, Sie überhaupt nichts schließen können. Und zum anderen, wenn die Vergleichsreihe divergent ist und Sie sie in den Nenner schreiben und der Grenzwert *unendlich* ist, dann muss Ihre Reihe ebenfalls divergieren. Wenn der Grenzwert 0 ist, können Sie daraus überhaupt nichts ableiten.

Quotienten- und Wurzelkriterium

Anders als die drei Benchmark-Tests aus dem vorigen Abschnitt vergleichen das Quotienten- und das Wurzelkriterium *nicht* eine neue Reihe mit einer bekannten Vergleichsreihe. Sie betrachten lediglich die Art der Reihe, die Sie bestimmen wollen. Beide Kriterien sind sehr mächtig, dass man hier über eine besonders starke Form der Konvergenz spricht, nämlich die *absolute Konvergenz*, die die normale Konvergenz nach sich zieht. Darauf gehe ich insbesondere im nächsten Abschnitt über alternierende Reihen ein.

Das Quotientenkriterium

Das Quotientenkriterium betrachtet den Quotienten eines Glieds einer Reihe zu dem unmittelbar vorhergehenden Glied. Wenn der Grenzwert des Betrags des Verhältnisses echt kleiner 1 ist, konvergiert die Reihe; ist er echt größer 1 (einschließlich unendlich), divergiert die Reihe; ist er gleich 1, kann das Kriterium keine Aussage treffen.

Quotientenkriterium: Die Reihe $\sum_{n=0}^{\infty} a_n$ mit $a_n \neq 0$ konvergiert (absolut), wenn $\lim \left| \frac{a_{n+1}}{a_n} \right| < 1$. Die Reihe $\sum_{n=0}^{\infty} a_n$ mit $a_n \neq 0$ divergiert, wenn $\lim \left| \frac{a_{n+1}}{a_n} \right| > 1$.

Wichtig ist hier, dass der Grenzwert des betrachteten Quotienten echt kleiner 1 ist, damit die Reihe konvergiert. Kommt der Quotient nahe an 1 heran, gibt es Gegenbeispiele, wie die harmonische Reihe – probieren Sie es aus. Beachten Sie außerdem, dass das Quotientenkriterium vor allem gut für Reihen mit Fakultäten geeignet ist (wie $n!$) oder wenn n in der Potenz steht (wie 3^n).

Das *Fakultätssymbol* »!« teilt Ihnen mit, dass Sie wie folgt multiplizieren sollen: $6! = 6 \cdot 5 \cdot 4 \cdot 3 \cdot 2 \cdot 1$. Beachten Sie dabei, wie man kürzt, wenn Sie Fakultäten im Zähler und im Nenner eines Bruchs stehen haben: $\frac{6!}{5!} = \frac{6 \cdot 5 \cdot 4 \cdot 3 \cdot 2 \cdot 1}{5 \cdot 4 \cdot 3 \cdot 2 \cdot 1} = 6$ und $\frac{5!}{6!} = \frac{5 \cdot 4 \cdot 3 \cdot 2 \cdot 1}{6 \cdot 5 \cdot 4 \cdot 3 \cdot 2 \cdot 1} = \frac{1}{6}$. In beiden Fällen kann alles außer der 6 gekürzt werden. Auf dieselbe Weise ergibt sich $\frac{(n+1)!}{n!} = n+1$ und $\frac{n!}{(n+1)!} = \frac{1}{n+1}$. Alles außer $(n + 1)$ kann gekürzt werden.

Ein Beispiel: Konvergiert oder divergiert $\sum_{n=0}^{\infty} \frac{3^n}{n!}$? Gehen Sie wie nachfolgend gezeigt vor. Sie betrachten den Grenzwert des Quotienten vom $(n + 1)$-ten Term zum n-ten Term:

$$\lim_{n \to \infty} \frac{\frac{3^{n+1}}{(n+1)!}}{\frac{3^n}{n!}} = \lim_{n \to \infty} \frac{3^{n+1} \cdot n!}{(n+1)! \cdot 3^n} = \lim_{n \to \infty} \frac{3}{n+1} = \frac{3}{\infty+1} = 0$$

Weil dieser Grenzwert echt kleiner als 1 ist, konvergiert die Reihe $\sum_{n=0}^{\infty} \frac{3^n}{n!}$.

Und noch eine Reihe: $\sum_{n=1}^{\infty} \frac{n^n}{n!}$. Was glauben Sie? Konvergiert oder divergiert diese Reihe? Betrachten Sie den Grenzwert des Quotienten:

$$\lim_{n \to \infty} \frac{\frac{(n+1)^{n+1}}{(n+1)!}}{\frac{n^n}{n!}} = \lim_{n \to \infty} \frac{(n+1)^{n+1} \cdot n!}{(n+1)! \cdot n^n} = \lim_{n \to \infty} \frac{(n+1)^{n+1}}{(n+1) \cdot n^n} = \lim_{n \to \infty} \frac{(n+1)^n}{n^n} = \lim_{n \to \infty} \left(\frac{n+1}{n}\right)^n = \lim_{n \to \infty} \left(1 + \frac{1}{n}\right)^n = e$$

Den Grenzwert $\lim_{n \to \infty} \left(1 + \frac{1}{n}\right)^n = e$ sollten Sie sich unbedingt merken. Weil der Grenzwert größer als 1 ist, divergiert $\sum_{n=1}^{\infty} \frac{n^n}{n!}$.

Das Wurzel-Kriterium

Wie das Quotientenkriterium untersucht auch das Wurzelkriterium einen Grenzwert. Jetzt betrachten Sie den Grenzwert der n-ten Wurzel des n-ten Glieds Ihrer Reihe. Das Ergebnis teilt Ihnen dasselbe mit wie das Ergebnis des Quotientenkriteriums: Wenn der Grenzwert echt kleiner 1 ist, konvergiert die Reihe; ist er echt größer 1 (einschließlich unendlich), divergiert die Reihe; ist der Grenzwert gleich 1, können Sie nichts daraus ableiten.

Wurzelkriterium: Die Reihe $\sum_{n=0}^{\infty} a_n$ konvergiert (absolut), wenn $\lim \sqrt[n]{|a_n|} < 1$. Die Reihe $\sum_{n=0}^{\infty} a_n$ divergiert, wenn $\lim \sqrt[n]{|a_n|} > 1$.

Genau wie beim Quotientenkriterium ist es hier für die (absolute) Konvergenz wichtig, dass der betrachtete Grenzwert echt kleiner 1 ist.

Anhand des Wurzelkriteriums betrachtet man Reihen mit n-ten Potenzen.

Ein Beispiel: Konvergiert oder divergiert $\sum_{n=1}^{\infty} \frac{e^{2n}}{n^n}$? Gehen Sie wie folgt vor:

$$\lim_{n\to\infty} \sqrt[n]{\frac{e^{2n}}{n^n}} = \lim_{n\to\infty} \frac{e^{\frac{2n}{n}}}{n^{\frac{n}{n}}} = \lim_{n\to\infty} \frac{e^2}{n} = \frac{e^2}{\infty} = 0$$

Weil der Grenzwert echt kleiner 1 ist, konvergiert die Reihe. Sie können diese Reihe übrigens auch mit dem Quotientenkriterium überprüfen, aber das ist schwieriger.

Manchmal ist es sinnvoll, eine gezielte Schätzung zur Konvergenz oder Divergenz einer Reihe zu treffen, bevor man mit einem oder mehreren der Konvergenz/Divergenz-Tests beginnt. Dieser Tipp sollte Ihnen bei manchen Reihen helfen. Die folgenden Terme sollen Wachstumsgrößen angeben, der Größe nachgeordnet: $n^{10} \leq 10^n \leq n! \leq n^n$. (Die Konstante 10 ist eine zufällig gewählte Zahl; die Größe der Zahl wirkt sich nicht auf diese Reihenfolge aus. Diese Ungleichungen gelten jeweils für hinreichend großes n.) Eine Reihe mit einem »kleineren« Ausdruck über einem »größeren« konvergiert, beispielsweise $\sum_{n=1}^{\infty} \frac{n^{50}}{n!}$ oder $\sum_{n=1}^{\infty} \frac{n!}{n^n}$. Eine Reihe mit einem »größeren« Ausdruck über einem »kleineren« Ausdruck divergiert, beispielsweise $\sum_{n=1}^{\infty} \frac{n^n}{100^n}$ oder $\sum_{n=1}^{\infty} \frac{25^n}{n^{100}}$.

Etwas mathematischer ausgedrückt, nutzen wir gerade Folgendes aus: Für große Eingaben (Grenzwertprozess!) wachsen Polynome (n^{10}) nicht so schnell wie die Exponentialfunktionen (10^n), diese nicht so schnell wie Fakultäten ($n!$) und diese nicht so schnell wie n^n selbst.

Alternierende Reihen

In den vorigen Abschnitten haben wir uns um das Vorzeichen der Glieder einer Reihe keine Gedanken gemacht. Jetzt geht es um *alternierende Reihen* – Reihen, in denen die Terme zwischen positiv und negativ wechseln, etwa wie folgt:

$$\sum_{n=0}^{\infty} (-1)^n \frac{1}{2^n} = 1 - \frac{1}{2} + \frac{1}{4} - \frac{1}{8} + \frac{1}{16} - \frac{1}{32} + \frac{1}{64} - \ldots$$

Absolute oder normale Konvergenz – das ist die Frage!

Viele divergente Reihen mit positiven Gliedern konvergieren, wenn Sie die Vorzeichen ihrer Terme ändern, so dass sie zwischen positiv und negativ alternieren. Sie wissen beispielsweise, dass die harmonische Reihe divergiert:

$$1 + \frac{1}{2} + \frac{1}{3} + \frac{1}{4} + \frac{1}{5} + \frac{1}{6} + \ldots = \infty$$

Wenn Sie jedoch jedes zweite Vorzeichen ändern, wodurch es negativ wird, erhalten Sie die so genannte *alternierende harmonische Reihe*, die *konvergiert*:

$1 - \frac{1}{2} + \frac{1}{3} - \frac{1}{4} + \frac{1}{5} - \frac{1}{6} + \ldots$

Obwohl ich hier nicht zeigen werde, wie man dies berechnet, möchte ich Ihnen dennoch nicht verheimlichen, dass diese Reihe gegen ln 2 konvergiert, was etwa 0,6931… ist.

Eine alternierende Reihe wird als *absolut konvergent* bezeichnet, wenn sie auch dann noch konvergiert, wenn Sie anstelle der ursprünglichen Glieder die Beträge derselben nehmen – dadurch sind alle Glieder positiv. Jede dieser absolut konvergenten Reihen ist automatisch auch unverändert eine konvergente Reihe.

Ein Beispiel: Bestimmen Sie, ob die folgende alternierende Reihe konvergiert oder divergiert: $\sum_{n=0}^{\infty} (-1)^n \frac{1}{2^n} = 1 - \frac{1}{2} + \frac{1}{4} - \frac{1}{8} + \frac{1}{16} - \ldots$ Wären alle diese Glieder positiv, das heißt, wenn Sie die Beträge nähmen, hätten Sie die bekannte geometrische Reihe:

$\sum_{n=0}^{\infty} \frac{1}{2^n} = 1 + \frac{1}{2} + \frac{1}{4} + \frac{1}{8} + \frac{1}{16} + \ldots$

Diese Reihe konvergiert laut der Regel für geometrische Reihen gegen die Zahl 2. Weil die Reihe über die Beträge konvergiert, muss auch die ursprüngliche alternierende Reihe konvergieren und man sagt, die alternierende Reihe ist *absolut konvergent*.

Merken Sie sich, dass absolute Konvergenz auch die gewöhnliche Konvergenz impliziert, wie auch schon die Wahl der Begriffe andeutet. Die obige geometrische Reihe mit den positiven Gliedern konvergiert gegen 2. Würden Sie bei allen Gliedern das Vorzeichen ändern (von plus auf minus), würde die neue Reihe offenbar −2 ergeben, klar oder? Wenn also einige der Terme positiv und andere negativ sind, muss die Reihe gegen irgendetwas zwischen −2 und 2 konvergieren.

Haben Sie bemerkt, dass die oben gezeigte alternierende Reihe unverändert eine geometrische Reihe ist, mit $q = -\frac{1}{2}$? Das liegt daran, dass $(-1)^n \frac{1}{2^n} = \left(-\frac{1}{2}\right)^n$ gilt. Und da die Regel für geometrische Reihen allgemein gilt, kennen Sie den Wert dieser Reihe:

$\sum_{n=0}^{\infty} (-1)^n \frac{1}{2^n} = \frac{1}{1-q} = \frac{1}{1-\left(-\frac{1}{2}\right)} = \frac{2}{3}$

Das Kriterium mit den alternierenden Reihen

Kriterium für alternierende Reihen (Leibniz-Kriterium): Eine alternierende Reihe $\sum_{n=0}^{\infty} (-1)^n a_n$ konvergiert, wenn drei Bedingungen gelten:

- Die Folge der a_n ist eine Nullfolge.
- Es gilt $a_n \geq 0$ für alle natürlichen Zahlen n.
- Die Folge der a_n ist monoton fallend, das heißt, es gilt: $a_n \geq a_{n+1}$.

Mit diesem Test können Sie für viele alternierende Reihen angeben, dass sie konvergieren. Die alternierende harmonische Reihe $\sum_{n=1}^{\infty}(-1)^{n+1}\frac{1}{n} = 1 - \frac{1}{2} + \frac{1}{3} - \frac{1}{4} + \frac{1}{5} - \frac{1}{6} + \ldots$ konvergiert nach diesem Kriterium. Dasselbe gilt für die beiden folgenden Reihen:

$$\sum_{n=1}^{\infty}(-1)^{n+1}\frac{1}{\sqrt{n}} = 1 - \frac{1}{\sqrt{2}} + \frac{1}{\sqrt{3}} - \frac{1}{\sqrt{4}} + \frac{1}{\sqrt{5}} - \frac{1}{\sqrt{6}} + \ldots$$

$$\sum_{n=1}^{\infty}(-1)^{n+1}\frac{1}{n^2} = 1 - \frac{1}{2^2} + \frac{1}{3^2} - \frac{1}{4^2} + \frac{1}{5^2} - \frac{1}{6^2} + \ldots$$

Das Kriterium für alternierende Reihen kann Ihnen nur mitteilen, ob eine alternierende Reihe konvergiert. Das Kriterium kann Ihnen nicht sagen, ob eine Reihe absolut konvergent ist. Um diese Frage zu beantworten, müssen Sie die positive Reihe mit anderen Kriterien auswerten.

Jetzt probieren wir es mit ein paar Aufgaben: Bestimmen Sie, ob die folgenden Reihen konvergieren oder divergieren. Wenn sie konvergieren, bestimmen Sie, ob die Konvergenz absolut oder gewöhnlich ist. Sie betrachten zunächst: $\sum_{n=3}^{\infty}(-1)^{n+1}\frac{\ln n}{n}$.

1. Prüfen Sie, ob die Glieder der Reihe eine Nullfolge bilden und nichtnegativ sind.

Dazu betrachten Sie den Grenzwert mittels der Regel von l'Hospital: $\lim_{n\to\infty}\frac{\ln n}{n} = \lim_{n\to\infty}\frac{\frac{1}{n}}{1} = 0$. Offensichtlich ist $\frac{\ln n}{n} \geq 0$.

Prüfen Sie immer zuerst, ob die Glieder der Reihe eine Nullfolge sind. Ansonsten sind Sie bereits fertig und wissen, dass die Reihe divergiert.

2. Prüfen Sie, ob die Terme dem Betrage nach kleiner werden oder gleich bleiben.

Um zu zeigen, dass die Folge $\frac{\ln n}{n}$ monoton fallend ist, bestimmen Sie die Ableitung der Funktion $f(x) = \frac{\ln x}{x}$. Erinnern Sie sich noch an die Ableitungsregeln aus Kapitel 5 – nach der Quotientenregel gilt dann $f'(x) = \frac{\frac{1}{x} \cdot x - \ln x}{x^2} = \frac{1 - \ln x}{x^2}$.

Dieser Term ist für alle $x \geq 3$ negativ (weil der natürliche Logarithmus ab 3 immer größer als 1 ist und x^2 natürlich immer positiv ist), so dass die Ableitung und damit die Steigung der Funktion negativ ist und somit die Funktion fällt. Weil die Funktion fällt, gilt dies auch für die Glieder der Reihe. Das bedeutet schließlich, dass die Reihe $\sum_{n=3}^{\infty}(-1)^{n+1}\frac{\ln n}{n}$ nach dem Kriterium für alternierende Reihen konvergiert.

3. Prüfen auf absolute Konvergenz.

Sie sehen, dass für $n \geq 3$ die Beträge der Glieder der Reihe $\left|\frac{\ln n}{n}\right|$ größer als die Glieder der divergenten harmonischen Reihe $\sum \frac{1}{n}$ sind. Damit konvergiert die alternierende Reihe nicht absolut.

Wenn die alternierende Reihe die zweite Forderung für das Kriterium für alternierende Reihen nicht erfüllt, folgt daraus *nicht*, dass Ihre Reihe divergiert, sondern nur, dass dieses Kriterium keine Konvergenz beweisen kann. Auch dies ist nur eine notwendige, keine hinreichende Bedingung.

Sie sind jetzt schon sehr gut, deshalb hier noch eine Aufgabe. Prüfen Sie die Konvergenz der Reihe $\sum_{n=4}^{\infty}(-1)^n \frac{\ln n}{n^3}$. Weil die Beträge der Reihenglieder $\frac{\ln n}{n^3}$ an die Glieder der konvergenten (verallgemeinerten harmonischen) Reihe $\sum \frac{1}{n^3}$ erinnert, können Sie raten, dass sie konvergiert.

Wenn Sie glauben, Sie können zeigen, dass die *positive* Reihe konvergiert oder divergiert, könnten Sie dies auch probieren, bevor Sie das Kriterium mit den alternierenden Reihen anwenden, denn …

✔ Sie müssen dies vielleicht ohnehin später machen, wenn Sie auf absolute Konvergenz prüfen und

✔ wenn Sie zeigen können, dass die positive Reihe konvergiert, sind Sie in einem Schritt fertig und haben gezeigt, dass die alternierende Reihe absolut konvergent ist.

Noch ein Beispiel: Zeigen Sie die Konvergenz der Reihe $\sum \frac{\ln n}{n^3}$. Das Grenzwertkriterium scheint hier geeignet zu sein, und $\frac{1}{n^3}$ ist die ganz natürliche Auswahl für die Glieder der Vergleichsreihe, aber mit dieser Vergleichsreihe schlägt der Test fehl – probieren Sie es aus. Wenn das passiert, können Sie sich manchmal retten, indem Sie es mit einer größeren konvergierenden Reihe probieren. Probieren Sie also das Grenzwertkriterium mit der konvergenten verallgemeinerten harmonischen Reihe, gegeben durch die Glieder $\frac{1}{n^2}$, also
$$\lim_{n\to\infty} \frac{\frac{\ln n}{n^3}}{\frac{1}{n^2}} = \lim_{n\to\infty} \frac{\ln n}{n} = 0.$$
(Dass hier 0 herauskommt, haben Sie oben bereits gesehen.)

Weil aber dieser Grenzwert gleich 0 ist, konvergiert die positive Reihe $\sum_{n=4}^{\infty} \frac{\ln n}{n^3}$ nach dem Grenzwertkriterium. Und weil die Reihe der Beträge konvergiert, haben Sie sogar absolute Konvergenz für unsere Ausgangsreihe $\sum_{n=4}^{\infty}(-1)^n \frac{\ln n}{n^3}$.

Eine letzte Aufgabe, dann sind Sie entlassen. Prüfen Sie die Konvergenz von $\sum_{n=1}^{\infty}(-1)^{n+1} \frac{n}{n+1} = \frac{1}{2} - \frac{2}{3} + \frac{3}{4} - \frac{4}{5} + \frac{5}{6} - \cdots$. Das ist ganz einfach.

Da das n-te Glied $\frac{n}{n+1}$ gegen 1 konvergiert (das erhalten Sie sogar ohne Nachzudenken durch die Regel von l'Hospital), sind Sie fertig: Da die notwendige erste Bedingung nicht erfüllt ist, divergiert die Reihe.

Der springende Ball

Es gibt unzählige Paradoxa mit unendlichen Reihen. Hier beschreibe ich einen meiner Favoriten. Angenommen, Sie lassen einen Ball aus einem Meter Höhe auf den Boden fallen und er springt auf einen halben Meter zurück und springt dann nach jedem Fall immer wieder auf genau die halbe Höhe. Welchen Weg legt er zurück und wann hört er auf, zu springen? Die Berechnung der Gesamtdistanz ist ganz einfach. Zuerst ignorieren Sie vorübergehend den einen Meter, den der Ball beim Fallenlassen zurücklegt. Wenn er zum ersten Mal aufspringt, geht er einen halben Meter nach oben und dann einen halben Meter nach unten, was zusammen einen Meter ergibt. Beim zweiten Aufspringen geht er einen Viertelmeter nach oben und dann einen Viertelmeter nach unten, was insgesamt einen halben Meter ergibt, usw. Damit erhalten Sie die einfache geometrische Reihe $\sum_{n=0}^{\infty}\left(\frac{1}{2}\right)^n = 1 + \frac{1}{2} + \frac{1}{4} + \frac{1}{8} + \cdots = \frac{1}{1-\frac{1}{2}} = 2$. Jetzt addieren Sie den einen Meter, den Sie zuvor ignoriert haben, und erhalten eine Gesamtdistanz von drei Metern.

Und wie lange dauert es, bis der Ball aufhört zu springen? Diese Frage ist etwas komplizierter, weil dabei die Schwerkraftbeschleunigung von etwa $9{,}8\frac{m/s}{s}$ eine Rolle spielt. Ich erspare Ihnen die schrecklichen Details. Das Ergebnis lautet: etwa 2,63 Sekunden.

Aber halt, denken Sie sich jetzt. Wie kann der Ball je aufhören zu springen, wenn er jedes Mal abprallt, sobald er auf den Boden gelangt? Gute Frage. Diese Paradoxa sind erstaunlich. Der Ball springt immer wieder hoch, wenn er auf den Boden fällt, und springt damit unendlich oft zurück (im Prinzip können echte Bälle das gar nicht, weil es nicht möglich ist, dass sie gerade ein Milliardstel einer Atomhöhe springen). Nichtsdestotrotz legt der Ball eine *endliche* Distanz zurück und hört nach einer *endlichen* Zeitdauer auf zu springen. Kaum zu glauben, aber wahr. Wenn Sie ungläubig sind, betrachten Sie es einfach so: Sie zweifeln nicht daran, dass Achilles die Schildkröte innerhalb einer endlichen Distanz überholt, ebenso wie innerhalb einer endlichen Zeit, oder? (Lesen Sie noch einmal den grauen Kasten *Achilles und die Schildkröte – das ungleiche Rennen* weiter vorn in diesem Kapitel, wenn Sie sich nicht mehr an das Schildkrötenrennen von Achilles erinnern.) Die unendliche Anzahl der Sprünge des Balls ist vergleichbar mit der unendlichen Anzahl der Fotos, die von Achilles aufgenommen werden. Trotz der unendlichen Anzahl an Fotos überholt Achilles die Schildkröte definitiv irgendwann und trotz der unendlichen Anzahl an Sprüngen hört der Ball irgendwann auf, zu springen.

Ableitungen und Integrale für Grenzprozesse nutzen

Sie können Ihr Wissen in der Differential- und Integraltheorie teilweise nutzen, um geschickt Grenzwerte zu bestimmen. Der Trick besteht darin, in den allgemeinen Gliedern einer Folge beziehungsweise Reihe eine Funktion zu erkennen. Das Problem dabei ist, dass Sie eine differenzierbare beziehungsweise integrierbare Funktion brauchen; Sie haben aber nur das allgemeine Glied, das uns für jede natürliche Zahl n einen Wert a_n liefert. Bei explizit gegebenen Folgen beziehungsweise Reihen können Sie aber versuchen, diese Vorschrift für ein Intervall (oder sogar alle reellen Zahlen) auszudehnen.

Stellen Sie sich vor, Sie haben die Zahlenfolge $a_n = n^2$, dann erinnert dies leicht an die Funktion $x \mapsto x^2$, die jeder reellen Zahl ihr Quadrat zuordnet. Oder nehmen Sie die Folge $a_n = \ln n$. Auch hier erkennen Sie eine bekannte Funktion, den Logarithmus $x \mapsto \ln x$, der auf allen positiven reellen Zahlen definiert ist.

Ein Beispiel: Stellen Sie sich vor, Sie kombinieren diese Ideen: Sie suchen den Grenzwert $\lim_{n\to\infty} \frac{n^2}{2^n}$. Dann können Sie den Zähler und den Nenner jeweils als reelle Funktion auffassen: Sie betrachten $f(x) = x^2$ und $g(x) = 2^x$. Dann wissen Sie, dass die beiden entsprechenden Grenzwerte gleich sind: $\lim_{n\to\infty} \frac{n^2}{2^n} = \lim_{x\to\infty} \frac{f(x)}{g(x)}$. Da die beiden Funktionen f und g die Voraussetzungen für die Regel von l'Hospital erfüllen (schauen Sie noch einmal in Kapitel 5 im Abschnitt *Die Regel von l'Hospital* nach), können Sie die Ableitungen bilden und so den gewünschten Grenzwert bestimmen. Es gilt: $\lim_{n\to\infty} \frac{n^2}{2^n} = \lim_{x\to\infty} \frac{f(x)}{g(x)} = \lim_{x\to\infty} \frac{f'(x)}{g'(x)} = \lim_{x\to\infty} \frac{2x}{2^x \cdot \ln 2}$. Wenden Sie die Regel von l'Hospital noch einmal an, denn Sie kommen immer noch nicht weiter und die Voraussetzungen sind erneut erfüllt: $\lim_{x\to\infty} \frac{2x}{2^x \cdot \ln 2} = \lim_{x\to\infty} \frac{2}{2^x \cdot \ln 2 \cdot \ln 2} = \frac{1}{\infty} = 0$. Damit haben Sie das Ziel erreicht: $\lim_{n\to\infty} \frac{n^2}{2^n} = 0$.

Einen ähnlichen Trick für Reihen können Sie mit dem so genannten Integralkriterium nutzen. Mehr zu Integralen finden Sie in Kapitel 7 und 8. Aus Gründen der Vollständigkeit möchte ich es aber an dieser Stelle erwähnen.

Wenn Sie das allgemeine Glied einer Reihe als monoton fallende Funktion mit nur positiven Werten interpretieren können, dann hilft Ihnen unter Umständen das folgende

Integralkriterium: Für eine monoton fallende Funktion $f: \mathbb{R}^+ \to \mathbb{R}^+$ gilt: $\sum_{n=0}^{\infty} f(n)$ konvergiert genau dann, wenn $\int_0^{\infty} f(x)dx$ konvergiert.

Ein Beispiel: Stellen Sie fest, ob $\sum_{n=2}^{\infty} \frac{1}{n \ln n}$ konvergiert oder divergiert. Das Minoranten-/Majorantenkriterium funktioniert nicht, weil diese Reihe *kleiner* als die *divergente* harmonische Reihe ist. Die nächste natürliche Auswahl wäre das Grenzwertkriterium, aber auch dieses funktioniert nicht – probieren Sie es aus. Wenn Sie jedoch erkennen, dass es sich bei der Reihe um einen Ausdruck handelt, den Sie integrieren können, haben Sie es geschafft. (Sie haben es doch bemerkt?) Sie betrachten also die Funktion $x \mapsto \frac{1}{x \ln x}$. Berechnen Sie einfach das entsprechende uneigentliche Integral mit denselben Integrationsgrenzen wie im Index der Summe angegeben, etwa wie folgt:

$$\int_2^{\infty} \frac{1}{x \ln x} dx = \lim_{b\to\infty} \int_2^b \frac{1}{x \ln x} dx = \lim_{b\to\infty} \int_{\ln 2}^{\ln b} \frac{1}{u} du = \lim_{b\to\infty} \left[\ln u\right]_{\ln 2}^{\ln b}$$
$$= \lim_{b\to\infty} (\ln(\ln b) - \ln(\ln 2)) = \ln(\ln \infty) - \ln(\ln 2) = \infty - \ln(\ln 2) = \infty$$

Beim Übergang des zweiten Gleichheitszeichens haben Sie substituiert: $u = \ln x$ und $du = \frac{1}{x} dx$; wenn $x = 2$, dann $u = \ln 2$, und wenn $x = b$, dann $u = \ln b$. Sie erkennen: Da das Integral divergiert, divergiert auch die Reihe.

Nachdem Sie mit Hilfe des Integralkriteriums festgestellt haben, ob eine Reihe konvergiert oder divergiert, können Sie diese Reihe als Benchmark für die Betrachtung anderer Reihen unter Verwendung des Minoranten-/Majorantenkriteriums benutzen.

Beispielsweise hat Ihnen das oben durchgeführte Integralkriterium mitgeteilt, dass $\sum_{n=2}^{\infty} \frac{1}{n \ln n}$ divergiert. Jetzt können Sie diese Reihe benutzen, um $\sum_{n=3}^{\infty} \frac{1}{n \ln n - \sqrt{n}}$ mit dem Minoranten-/Majorantenkriterium zu untersuchen. Erkennen Sie, warum?

> ### Kosten vs. Nutzen bei der Produktion von zwei Gütern
>
> Eine Firma produziert zwei Güter x_1 und x_2, deren Wirtschaftlichkeit durch die Nutzenfunktion $f(x_1, x_2) = x_1^2 \cdot e^{-\frac{2}{x_2}}$ gegeben ist. Sie sehen, dass sich bei konstantem Verbrauch des ersten Produktes x_1 ein konstanter Sättigungsgrad ergibt, denn es gilt:
>
> $$\lim_{x_2 \to \infty} f(x_1, x_2) = \lim_{x_2 \to \infty} x_1^2 \cdot e^{-\frac{2}{x_2}} = x_1^2 \cdot \lim_{x_2 \to \infty} e^{-\frac{2}{x_2}} = x_1^2 \cdot 1 = x_1^2$$
>
> Wenn der Verbrauch des ersten Produkts immer mehr steigt, dafür aber der Absatz des zweiten Produktes konstant ist, wächst die Nutzenfunktion über alle Grenzen, denn:
>
> $$\lim_{x_1 \to \infty} f(x_1, x_2) = \lim_{x_1 \to \infty} x_1^2 \cdot e^{-\frac{2}{x_2}} = e^{-\frac{2}{x_2}} \cdot \lim_{x_1 \to \infty} x_1^2 = \infty$$

Teil III

Integration – Eine Kunst für sich

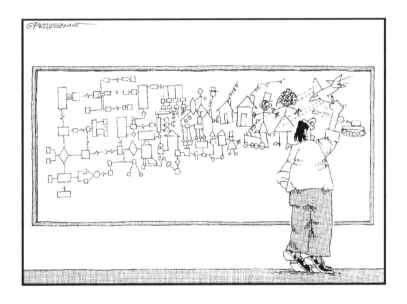

In diesem Teil ...

Die Integration ist eine Art eigenwillige Addition. Es handelt sich dabei um den Prozess, eine Fläche zu betrachten, deren Inhalt Sie nicht direkt bestimmen können, diese in winzige Teile zu zerlegen, deren Inhalte Sie bestimmen können, und all diese Teile geeignet zu addieren, um daraus die Fläche des Ganzen zu erhalten. Um diese Technik auch in der Praxis nutzbar zu machen, brauchen Sie praktische Regeln, die ich Ihnen zeigen werde.

Nachdem wir in Kapitel 7 erste Ideen gesammelt haben, betrachten wir in Kapitel 8 schließlich die Tricks für Profis. Seien Sie gespannt!

Integration: Die Rückwärts-Differentiation

In diesem Kapitel

▶ Flächenberechnungen mittels Rechtecksummen

▶ Stammfunktionen suchen und finden

▶ Die Flächenfunktion anwenden

▶ Sich mit dem Hauptsatz der Differential- und Integralrechnung vergnügen

▶ Techniken des Findens von Stammfunktionen

▶ Exakte Flächen auf die einfache Art bestimmen

*I*n diesem Kapitel lernen Sie die Umkehrung des Ableitens kennen – das Integrieren. Wir schauen uns zunächst den motivierenden Zusammenhang zur Bestimmung von Flächen an. Dies wird ein steiniger Weg, aber es lohnt sich. Außerdem geht es um wichtige Methoden, die notwendigen Werkzeuge, die Stammfunktionen, aufzuspüren. Und schließlich werden Sie am Ende des Kapitels die ersten Flächen berechnen und somit einen ersten Schritt in diese Richtung gehen; weitere Schritte folgen dann in Kapitel 8.

Flächenberechnung – eine Einführung

Die grundlegende Idee der Integration ist, etwas zu addieren. Und wenn Sie die Integration über einen Funktionsgraphen darstellen, erkennen Sie den Additionsprozess als Addition kleiner Abschnitte der Fläche, um schließlich die Gesamtfläche unter einer Kurve zu erhalten. Betrachten Sie dazu Abbildung 7.1.

Die schattierte Fläche in Abbildung 7.1 kann mit dem folgenden Integral berechnet werden: $\int_a^b f(x)dx$ oder auch als $\int_a^b f(x)dx$ dargestellt. Betrachten Sie das dünne Rechteck in Abbildung 7.1. Es hat eine Höhe von $f(x)$ und eine Breite von dx.

Sie bezeichnen mit dx eine kleine Änderung von x-Werten, das heißt eine Differenz $x_2 - x_1$, wobei diese Differenz relativ klein ist. Manchmal wird eine solche (kleine) Änderung auch als Δx bezeichnet. Sie verwenden allerdings dafür dx, da Sie dadurch sehr schnell zum Lösen praktischer Aufgaben kommen. Mathematiker können notfalls diese Sichtweise wunderbar rechtfertigen, nur ersparen wir uns diese Details.

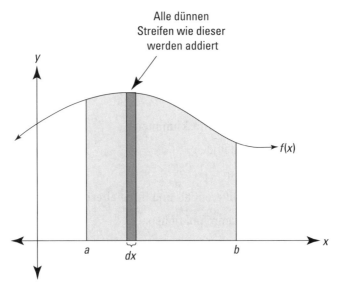

Abbildung 7.1: Die Integration von f(x) von a nach b bedeutet, es wird die Fläche unter der Kurve zwischen a und b berechnet.

Die Fläche des oben genannten Rechtecks (*Länge* mal *Breite*, natürlich) ist daher gegeben durch $f(x) \cdot dx$. Das oben gezeigte Integral teilt Ihnen mit, dass die Flächen aller schmalen rechteckigen Streifen zwischen a und b unter der Kurve $f(x)$ addiert werden sollen. Wenn die Streifen immer schmaler werden, erhalten Sie eine immer bessere Annäherung der Fläche. Die Integration einer Funktion teilt Ihnen die *exakte* Fläche mit, indem letztlich eine unendliche Anzahl unendlich schmaler Rechtecke addiert wird.

Bevor ich erkläre, wie man exakte Flächen berechnet, werde ich Ihnen zeigen, wie man Flächen annähert. Die Annäherungsmethode ist nicht nur deshalb praktisch, weil sie die Grundlage für die exakte Methode bildet – die Integration –, sondern auch, weil für einige Kurven eine Integration nicht möglich ist und man die Fläche bestenfalls annähern kann.

Flächen mithilfe von Rechtecksummen annähern

Ein Beispiel: Sie wollen die exakte Fläche unter der Kurve $f(x) = x^2 + 1$ zwischen 0 und 3 berechnen. Betrachten Sie dazu den schattierten Bereich im Graphen links in Abbildung 7.2.

Als Erstes erhalten Sie eine grobe Schätzung der Fläche, indem Sie drei Rechtecke unter die Kurve zeichnen, wie rechts in Abbildung 7.2 gezeigt, und ihre Flächen addieren.

Die Rechtecke in Abbildung 7.2 stellen eine so genannte *linke Rechtecksumme* dar, weil die obere linke Ecke jedes Rechtecks die Kurve berührt. Jedes Rechteck hat die Breite 1, und die Höhe wird durch die Höhe der Funktion an der linken Kante des Rechtecks angegeben. Rechteck 1 hat also eine Höhe von $f(0) = 0^2 + 1 = 1$; seine Fläche ist daher $1 \cdot 1 = 1$. Rechteck 2 hat eine Höhe von $f(1) = 2$ und eine Fläche von $2 \cdot 1 = 2$. Rechteck 3 hat die Höhe $f(2) = 5$ und eine Fläche von $5 \cdot 1 = 5$. Wenn Sie diese drei Flächen addieren, erhalten Sie insgesamt

7 ➤ Integration: Die Rückwärts-Differentiation

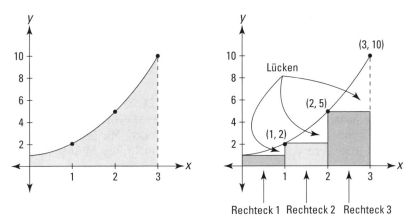

Abbildung 7.2: Die exakte Fläche unter $f(x) = x^2 + 1$ zwischen 0 und 3 (links) wird durch die Fläche von drei Rechtecken (rechts) angenähert

$1 + 2 + 5 = 8$. Sie erkennen, dass damit die Gesamtfläche unter der Kurve unterschätzt wird, weil es zwischen den Rechtecken und der Kurve Lücken gibt, wie in Abbildung 7.2 gezeigt.

Um eine bessere Annäherung vornehmen zu können, verdoppeln Sie die Anzahl der Rechtecke auf sechs. Abbildung 7.3 zeigt sechs »linke« Rechtecke unter der Kurve, und auch, wie die sechs Rechtecke beginnen, die Lücken zu füllen, die Sie in Abbildung 7.2 noch sehen.

Sehen Sie die drei kleinen schattierten Rechtecke im Graphen rechts in Abbildung 7.3? Sie sitzen auf den drei Rechtecken aus Abbildung 7.2 und sie stellen dar, um wie viel sich die Annäherung verbessert hat, wenn sechs Rechtecke anstelle von drei Rechtecken verwendet werden.

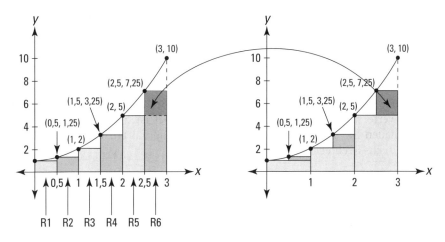

Abbildung 7.3: Sechs »linke« Rechtecke nähern die Fläche unter $f(x) = x^2 + 1$ an

Jetzt summieren Sie die Flächen der sechs Rechtecke. Jedes hat eine Breite von $\frac{1}{2}$ und die Höhen sind $f(0)$, $f(\frac{1}{2})$, $f(1)$, $f(\frac{3}{2})$ usw. Ich erspare Ihnen die reine Arithmetik. Die entsprechende Summe ist dann: $0{,}5 + 0{,}625 + 1 + 1{,}625 + 2{,}5 + 3{,}625 = 9{,}875$. Dies ist eine bessere Annäherung, aber immer noch unterschätzend, weil es die sechs Lücken gibt, die Sie im linken Graphen in Abbildung 7.3 sehen.

Tabelle 7.1 zeigt die Flächenannäherungen mit 3, 6, 12, 24, 48, 96, 192 und 384 Rechtecken. Sie brauchen die Anzahl der Rechtecke nicht jedes Mal zu verdoppeln, wie ich es hier gemacht habe. Sie können beliebig viele Rechtecke verwenden. Mir gefällt das Verdopplungsschema, weil bei jeder Verdopplung die Lücken immer mehr, wie in Abbildung 7.3 gezeigt, aufgefüllt werden.

Anzahl der Rechtecke	Angenäherte Fläche	Anzahl der Rechtecke	Angenäherte Fläche
3	8	6	9,875
12	10,906	24	11,445
48	11,721	96	11,860
192	11,930	384	11,965

Tabelle 7.1: Annäherung der Fläche unter $f(x) = x^2 + 1$ unter Verwendung wachsender Werte von »linken« Rechtecken

Können Sie schon erkennen, wohin die Annäherung aus Tabelle 7.1 läuft? Ich würde sagen: 12. Dazu schauen Sie sich die Formel für eine Summe linker Rechtecke an:

Die Regel linker Rechtecksummen: Sie können die exakte Fläche unter einer Kurve zwischen a und b, notiert als $\int_a^b f(x)dx$, mithilfe der so genannten linken Rechtecksumme annähern, indem Sie die folgende Formel anwenden. $L_n = \frac{b-a}{n} \cdot (f(x_0) + f(x_1) + f(x_2) + \ldots + f(x_{n-1}))$. Im Allgemeinen gilt, je mehr Rechtecke Sie verwenden, desto besser ist die Annäherung.

Dabei bezeichnet n die Anzahl der Rechtecke, $\frac{b-a}{n}$ ist die Breite der einzelnen Rechtecke und die Funktionswerte sind die Höhen der Rechtecke. Dabei ist x_i die linke Ecke des i-ten Rechtecks. Schauen Sie sich dazu noch einmal Abbildung 7.3 an. Und so wenden Sie die Formel für die sechs Rechtecke an:

$$L_6 = \frac{3-0}{6}[f(x_0) + f(x_1) + f(x_2) + f(x_3) + f(x_4) + f(x_5)]$$
$$= \frac{1}{2}[f(0) + f(0{,}5) + f(1) + f(1{,}5) + f(2) + f(2{,}5)]$$
$$= \frac{1}{2}(1 + 1{,}25 + 2 + 3{,}25 + 5 + 7{,}25) = \frac{1}{2}(19{,}75) = 9{,}875$$

7 ➤ Integration: Die Rückwärts-Differentiation

Bisher haben Sie die so genannten *linken Rechtecksummen* betrachtet. Sie ahnen es schon. Das Ganze funktioniert auch, wenn Sie die rechten Rechtecksecken oder Mittelpunkte nehmen würden. Betrachten Sie dazu die beiden Darstellungen in Abbildung 7.4.

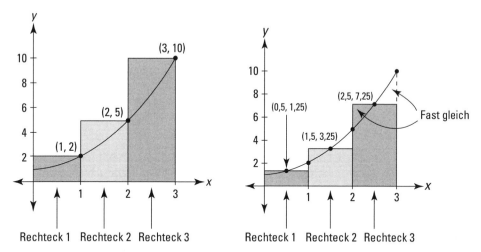

Abbildung 7.4: Drei rechte und drei Mittelpunktrechtecke, die verwendet werden, um die Fläche unter $f(x) = x^2 + 1$ anzunähern

Die Details ersparen wir uns, Sie sollten Ihnen aber anhand der Abbildung 7.4 keine Schwierigkeiten bereiten. So liest sich die Formel für die rechten Rechtecksummen wie folgt:

$$R_n = \tfrac{b-a}{n} \cdot (f(x_1) + f(x_2) + f(x_3) + \ldots + f(x_n))$$

Dieselbe Formel können Sie auch in Sigma-Notation als $R_n = \sum_{i=1}^{n} \left[f(x_i) \cdot \left(\tfrac{b-a}{n} \right) \right]$ darstellen. Jetzt arbeiten Sie dies für die sechs rechten Rechtecke in Abbildung 7.5 aus.

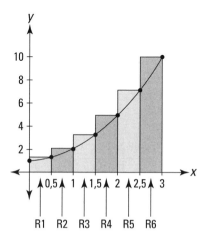

Abbildung 7.5: Sechs rechte Rechtecke nähern die Fläche unter $f(x) = x^2 + 1$ an

Sie ermitteln die Fläche unter $f(x) = x^2 + 1$ zwischen 0 und 3 mithilfe von sechs Rechtecken, die Breite von jedem dieser Rechtecke ist $\frac{b-a}{n} = \frac{3-0}{6} = \frac{3}{6} = \frac{1}{2}$. Damit haben Sie $R_6 = \sum_{i=1}^{6} f(x_i) \cdot \frac{1}{2}$. Weil die Breite jedes Rechtecks gleich $\frac{1}{2}$ ist, fallen die rechten Ecken dieser sechs Rechtecke auf die ersten sechs Vielfachen von $\frac{1}{2}$, also auf 0,5; 1; 1,5; 2; 2,5 und 3. Diese Werte sind die x-Koordinaten der sechs Punkte x_1 bis x_6. Sie können über den Ausdruck $\frac{1}{2}i$ erzeugt werden, wobei i gleich 1 bis 6 ist. Jetzt können Sie die x_i in der Formel durch $\frac{1}{2}i$ ersetzen und erhalten $R_6 = \sum_{i=1}^{6} f(\frac{1}{2}i) \cdot \frac{1}{2} = \sum_{i=1}^{6} ((\frac{1}{2}i)^2 + 1) \cdot \frac{1}{2}$, da $f(\frac{1}{2}i) = (\frac{1}{2}i)^2 + 1$.

Macht das Spaß? Es wird noch besser. Sie werden jetzt die allgemeine Summe für eine unbekannte Anzahl n rechter Rechtecke schreiben. Die Gesamtspannweite der Fläche ist immer noch 3. Sie dividieren diese Spannweite durch die Anzahl der Rechtecke, um die Breite jedes der Rechtecke zu erhalten. Bei sechs Rechtecken ist die Breite jedes einzelnen Rechtecks gleich i, bei n Rechtecken ist die Breite jedes einzelnen Rechtecks gleich $\frac{3}{n}$. Die rechten Ecken der n Rechtecke werden durch $\frac{3}{n}i$ erzeugt, wobei i gleich 1 bis n ist. Damit erhalten Sie:

$$R_n = \sum_{i=1}^{n} \left[f\left(\frac{3}{n}i\right) \cdot \frac{3}{n} \right] = \sum_{i=1}^{n} \left[\left(\left(\frac{3}{n}i\right)^2 + 1\right) \cdot \frac{3}{n} \right] = \sum_{i=1}^{n} \left[\left(\frac{9i^2}{n^2} + 1\right) \cdot \frac{3}{n} \right]$$

$$= \sum_{i=1}^{n} \left[\frac{27i^2}{n^3} + \frac{3}{n} \right] = \sum_{i=1}^{n} \frac{27i^2}{n^3} + \sum_{i=1}^{n} \frac{3}{n} = \frac{27}{n^3} \sum_{i=1}^{n} i^2 + \frac{3}{n} \sum_{i=1}^{n} 1$$

Für diesen letzten Schritt ziehen Sie $\frac{27}{n^3}$ und $\frac{3}{n}$ durch die Summenzeichen. Sie dürfen alles herausziehen, außer einer Funktion von i, dem so genannten *Summationsindex*. Darüber hinaus hat die zweite Summation im letzten Schritt nur eine 1 hinter dem Summenzeichen und kein i. Sie können also nirgendwo wirklich Werte von i einsetzen. Sie brauchen nur n-mal die 1 zu summieren und das ist gleich n. Vielleicht wissen Sie sogar, dass die Summe der ersten n Quadratzahlen $1^2 + 2^2 + 3^3 + \cdots + n^2$ gleich $\sum_{i=1}^{n} i^2 = \frac{n(n+1)(2n+1)}{6}$ ist. Dieses Wissen geht nun in unsere Rechnung ein und Sie schreiben in der Gleichungskette weiter:

$$= \frac{27}{n^3} \cdot \frac{n(n+1)(2n+1)}{6} + \frac{3}{n} \cdot n = \frac{27}{n^3} \cdot \left(\frac{n^3}{3} + \frac{n^2}{2} + \frac{n}{6}\right) + 3$$

$$= 9 + \frac{27}{2n} + \frac{9}{2n^2} + 3 = 12 + \frac{27}{2n} + \frac{9}{2n^2}$$

Fertig! Endlich! Dies ist die Formel für die Fläche von n rechten Rechtecken zwischen 0 und 3 unter der Funktion $f(x) = x^2 + 1$. Für die rechten Rechtecksummen gilt daher $R_n = 12 + \frac{27}{2n} + \frac{9}{2n^2}$. Das Gleiche kann man auch für die linken Rechtecksummen und die Summen der Mittelpunktrechtecke herleiten. Die Formel wären dann $L_n = 12 - \frac{27}{2n} + \frac{9}{2n^3}$ beziehungsweise $M_n = 12 - \frac{9}{4n^2}$. Aber kommen wir jetzt zu dem, worauf wir alle gewartet haben ...

7 ➤ Integration: Die Rückwärts-Differentiation

Exakte Flächen mithilfe des bestimmten Integrals ermitteln

Nachdem Sie alle erforderlichen Grundlagen besitzen, können Sie jetzt exakte Flächen bestimmen – das ist schließlich das Ziel der Integration. Sie brauchen die Analysis nicht für diese ganzen Annäherungen, die Sie in den vorigen Abschnitten kennen gelernt haben.

Wie Sie mithilfe der linken, rechten und Mittelpunktrechtecke in den Abschnitten zur Flächenannäherung erfahren haben, erhalten Sie umso bessere Annäherungen, je mehr Rechtecke Sie haben. Sie brauchen also zur Bestimmung der exakten Fläche unter einer Kurve »nur« eine unendliche Anzahl an Rechtecken zu verwenden. Sie können verständlicherweise nicht unendlich viele Rechtecke verwenden, aber mit der fantastischen Erfindung der Grenzwerte passiert genau das. Kommen wir gleich zur Definition des bestimmten Integrals, mit dem Sie die exakten Flächen berechnen:

Das bestimmte Integral (»einfache« Definition): Die exakte Fläche unter einer Kurve zwischen a und b ist gegeben durch das *bestimmte Integral*, das wie folgt definiert ist: $\int_a^b f(x)dx = \lim_{n \to \infty} \sum_{i=1}^n f(x_i) \cdot \left(\frac{b-a}{n}\right)$.

Die oben gezeigte Summation ist identisch mit der Formel für n rechte Rechtecke R_n, die ich Ihnen weiter vorn im Kapitel gezeigt habe. Der einzige Unterschied ist hier, dass Sie den Grenzwert dieser Formel verwenden, wobei die Anzahl der Rechtecke gegen unendlich geht.

Ein Beispiel: Wenden Sie diese Formel für die Berechnung der exakten Fläche unter unserer vertrauten Funktion $f(x) = x^2 + 1$ zwischen $a = 0$ und $b = 3$ an:

$$\int_0^3 (x^2+1)dx = \lim_{n \to \infty} \sum_{i=1}^n \left[f(x_i) \cdot \left(\frac{b-a}{n}\right)\right] = \lim_{n \to \infty}\left(12 + \frac{27}{2n} + \frac{9}{2n^2}\right)$$
$$= 12 + \frac{27}{2 \cdot \infty} + \frac{9}{2 \cdot \infty^2} = 12 + \frac{27}{\infty} + \frac{9}{\infty} = 12 + 0 + 0 = 12$$

Keine wirkliche Überraschung, aber gut zu wissen, dass Mathematik das macht, was wir erwarten.

Dieses Ergebnis ist recht erstaunlich, wenn Sie darüber nachdenken. Unter Verwendung des Grenzwertprozesses erhalten Sie eine *exakte* Lösung von 12 für die Fläche unter der glatten, gekrümmten Funktion $f(x) = x^2 + 1$ basierend auf den Flächen von oben flach abschließenden Rechtecken, die der Kurve in einer Art Sägezahnform folgen. Die Schönheit dieser Lösung treibt einem die Tränen in die Augen!

Die Bestimmung der exakten Fläche von 12 unter Anwendung des Grenzwerts einer Rechtecksumme bedeutete eine Menge Arbeit (Sie mussten zuerst die Formel für n rechte Rechtecke herleiten). Diese komplizierte Methode der Integration ist vergleichbar mit der Bestimmung einer Ableitung auf die harte Tour, indem die formale Definition angewendet wird, die auf dem Differenzenquotienten basiert (falls Sie nicht mehr wissen, was das ist, lesen Sie in Kapitel 4 nach). Und so wie Sie aufgehört haben, die formale Definition der Ableitung zu verwenden, nachdem Sie die Abkürzungen für die Differentiation kennen gelernt haben, müssen Sie auch die formale Definition des bestimmten Integrals, die auf einer Rechtecksumme basiert, nicht mehr anwenden. Die Abkürzungen lernen Sie in Kapitel 8 kennen. Die Definition der Ableitung müssen Sie natürlich trotzdem im Kopf haben.

Weil der Grenzwert aller Rechtecksummen gleich ist, sollten die Grenzwerte bei unendlich von n linken Rechtecken und n Mittelpunktrechtecken – für $f(x) = x^2 + 1$ zwischen 0 und 3 – genau dasselbe Ergebnis wie der Grenzwert für n rechte Rechtecke erzeugen, was auch der Fall ist:

$$\lim_{n \to \infty} \left(12 - \frac{27}{2n} + \frac{9}{2n^2}\right) = 12 - \frac{27}{2 \cdot \infty} + \frac{9}{2 \cdot \infty^2} = 12 - \frac{27}{\infty} + \frac{9}{\infty^2} = 12 - 0 + 0 = 12$$

Und das Ganze für die Mittelpunktrechtecke:

$$\lim_{n \to \infty} \left(12 - \frac{9}{4n^2}\right) = 12 - \frac{9}{4 \cdot \infty} = 12 - \frac{9}{\infty} = 12$$

Nicht nur die Grenzwerte für rechte, linke und Mittelpunktrechtecke sind bei ∞ gleich – der Grenzwert jeder Rechtecksumme erzeugt dieselbe Lösung.

Aber Sie können noch viel mehr machen: Sie können eine Reihe von Rechtecken mit ungleichmäßigen Breiten verwenden. Sie können eine Mischung aus linken, rechten und Mittelpunktrechtecken verwenden. Sie können die Rechtecke so konstruieren, dass sie die Kurve an einer anderen Stelle als an ihrer linken oder rechten oberen Ecke oder im Mittelpunkt der Oberseite berühren. Das Einzige, worauf es hier ankommt, ist, dass der Grenzwert der Rechtecksbreiten gegen 0 geht. Das bringt uns zu dem folgenden völlig extremen Integrationskonstrukt, das alle diese Möglichkeiten berücksichtigt:

Das bestimmte Integral (allgemeine Definition): Das bestimmte Integral von a bis b, geschrieben als $\int_a^b f(x)\,dx$, ist der Wert, zu dem alle Rechtecksummen konvergieren, wenn die Anzahl der Rechtecke gegen unendlich und die Breite aller Rechtecke gegen 0 geht:

$$\int_a^b f(x)\,dx = \lim_{n \to \infty} \sum_{i=1}^{n} [f(c_i) \Delta x_i]$$

Dabei ist Δx_i die Breite des i-ten Rechtecks und c_i ist die x-Koordinate des Punkts, an dem das i-te Rechteck $f(x)$ berührt.

Stammfunktionen suchen – rückwärts Ableiten

Nachdem Sie wissen, wie man Flächen annähern kann, suchen Sie nun nach einer einfacheren Methode. Der grundlegende Begriff ist dabei *die Stammfunktion*. Die Suche nach der Stammfunktion ist eine umgekehrte Differentiation. Die Ableitung von $\sin(x)$ ist $\cos(x)$, die Stammfunktion von $\cos(x)$ ist also $\sin(x)$; die Ableitung von x^3 ist $3x^2$, die Stammfunktion von $3x^2$ ist also x^3. Es ist bei konkreten Aufgaben nicht immer ganz so einfach, aber so sieht das grundlegende Konzept aus. Im Abschnitt *Ruhm und Ehre mit dem Hauptsatz der Differential- und Integralrechnung* weiter hinten in diesem Kapitel zeige ich Ihnen, wie Sie mithilfe von Stammfunktionen integrieren, also Flächen bestimmen. Das ist *sehr* viel einfacher, als Flächen mithilfe der Rechtecksummen zu ermitteln. Die Rechtecksummen gehen

7 ➤ Integration: Die Rückwärts-Differentiation

übrigens auf den Mathematiker Riemann zurück und werden daher auch *Riemannsummen* genannt.

Die Stammfunktion: Eine Funktion $F(x)$ ist eine Stammfunktion einer Funktion $f(x)$, wenn $F'(x) = f(x)$, das heißt, wenn die Ableitung von $F(x)$ gleich $f(x)$ ist.

Ein Beispiel: Betrachten Sie die Funktion $y = x^3$ und die dazugehörige Ableitung $y' = 3x^2$. Sie wissen aus Teil II dieses Buches: Die Ableitung von $x^3 + 10$ ist ebenfalls $3x^2$, ebenso wie die Ableitung von $x^3 - 5$. Jede Funktion der Form $x^3 + c$, wobei c eine beliebige Zahl ist, hat die Ableitung $3x^2$. Jede dieser Funktionen ist also eine Stammfunktion von $3x^2$. Zwei Stammfunktionen unterscheiden sich in der gleichen Funktion nur um eine konstante Zahl.

Das unbestimmte Integral: Das *unbestimmte Integral* einer Funktion $f(x)$, dargestellt als $\int f(x)dx$, ist die Familie *aller* Stammfunktionen der Funktion $f(x)$. Da beispielsweise die Ableitung von x^3 gleich $3x^2$ ist, muss das unbestimmte Integral von $3x^2$ gleich $x^3 + c$ sein, wobei c ein Platzhalter für eine beliebige Zahl ist, und Sie schreiben: $\int 3x^2 dx = x^3 + c$.

Sie haben dieses Integrationssymbol möglicherweise aus den Beschreibungen des *bestimmten* Integrals im Abschnitt *Flächenberechnung – eine Einführung* weiter vorn in diesem Kapitel wieder erkannt. Das Symbol für das bestimmte Integral enthält jedoch zwei kleine Zahlen oben und unten, die Ihnen mitteilen, dass die Fläche einer Funktion zwischen diesen beiden Werten berechnet werden soll, den so genannten *Integrationsgrenzen*. Die unbeschriftete Version des Symbols steht für ein *unbestimmtes Integral* oder eine *Stammfunktion*. Dieser Abschnitt beschäftigt sich mit der engen Beziehung zwischen diesen beiden Symbolen.

Abbildung 7.6 zeigt die Familie der Stammfunktionen von $3x^2$, nämlich $x^3 + c$. Beachten Sie, dass diese Kurvenfamilie eine unendliche Anzahl von Kurven enthält. Sie gehen endlos auf und ab und liegen unendlich dicht beieinander. Die grafische Darstellung der vertikalen Lücke von zwei Einheiten zwischen den Kurven in Abbildung 7.6 ist eine Erleichterung.

Noch einige Hinweise zu Abbildung 7.6: Die obere Kurve im Graphen ist $x^3 + 6$, die darunter ist $x^3 + 4$, die unterste ist $x^3 - 6$. Mit der Potenzregel fürs Ableiten ergibt sich, dass diese drei Funktionen sowie alle anderen Funktionen dieser Familie die Ableitung $3x^2$ haben. Betrachten Sie jetzt die Steigung aller Kurven an der Stelle $x = 1$ (sehen Sie sich dazu die Tangenten an den Kurven an). Die Ableitung jeder Kurve ist $3x^2$, wenn also $x = 1$, so ist der Anstieg jeder Kurve an dieser Stelle gleich $3 \cdot 1^2 = 3$. Also sind alle diese kleinen Tangenten parallel. Beachten Sie außerdem, dass alle Funktionen in Abbildung 7.6 identisch sind, außer dass sie nach oben oder unten verschoben sind. Weil sich die Kurven nur durch eine vertikale Verschiebung unterscheiden, ist die Steigung an jedem x-Wert, wie $x = 1$, für alle Kurven gleich. Deshalb haben sie alle dieselbe Ableitung und deshalb sind alle von ihnen Stammfunktionen derselben Funktion, nämlich $3x^2$.

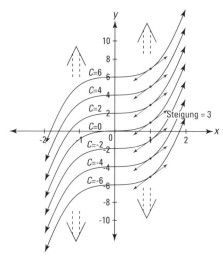

Abbildung 7.6: Die Familie der Kurven $x^3 + c$. Alle diese Funktionen haben die Ableitung $3x^2$

Das Vokabular: Welchen Unterschied macht es?

Definitionen und die Terminologie sind in der Mathematik sehr wichtig und daher sollten Sie darauf achten, sie richtig anzuwenden. Aber beim aktuellen Thema bin ich ein wenig schlampig mit der richtigen Terminologie und so erlaube ich Ihnen das hiermit auch.

Wenn Sie ein Pedant sind, sollten Sie sagen, dass das unbestimmte Integral von $3x^2$ gleich der Familie beziehungsweise Menge $\{x^3 + c \mid c \in \mathbb{R}\}$ ist, nämlich der Menge aller Stammfunktionen von $3x^2$ (Sie sagen nicht, $x^3 + c$ ist *die* Stammfunktion). Wir ersparen uns hier aber die Mengennotation. Bei einer Klausur sollten Sie natürlich auch $\int 3x^2 dx = x^3 + c$ schreiben. Aber lassen Sie nicht die Konstante c weg, sonst verlieren Sie wertvolle Punkte.

Aber wenn es schon darum geht, wird niemand darauf achten oder etwas nicht verstehen, wenn Sie nicht nach jedem unbestimmten Integral das c erwähnen und nur sagen, dass das unbestimmte Integral von $3x^2$ gleich x^3 ist. Sie können außerdem das Wort »unbestimmte« weglassen und sagen, »das Integral von $3x^2$ ist x^3«. Jeder weiß, was Sie meinen.

Die müßige Flächenfunktion

Jetzt wird es ernst. Angenommen, Sie haben irgendeine Funktion $f(x)$. Stellen Sie sich vor, dass Sie in einem t-y-Koordinatensystem an irgendeinem t-Wert, genannt s, eine fest verankerte vertikale Gerade zeichnen. Betrachten Sie dazu Abbildung 7.7.

7 ➤ Integration: Die Rückwärts-Differentiation

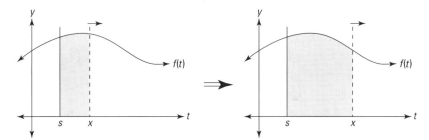

Abbildung 7.7: Die Veränderung der Größe der Fläche unter f(x) zwischen s und x in Abhängigkeit der Lage des Punktes x

Anschließend tragen Sie eine bewegliche vertikale Gerade ein, die am selben Punkt beginnt, s (übrigens, »s« steht für Startpunkt), und ziehen sie nach rechts. Wenn Sie die Gerade verschieben, decken Sie eine immer größer werdende Fläche unter der Kurve ab. Diese Fläche ist eine Funktion von x, der Position der sich bewegenden Gerade. In Symbolen schreiben Sie:

$$A_f(x) = \int_s^x f(t)\,dt$$

Beachten Sie, dass t die Eingabevariable in $f(t)$ ist und nicht x – die Variable x dagegen ist die Eingabevariable in $A_f(x)$. Der Index f in A_f gibt an, dass $A_f(x)$ die Flächenfunktion für die jeweilige Kurve f oder $f(t)$ ist. Eigentlich müsste in $A_f(x)$ noch der Startwert s vermerkt werden, aber einen solchen Index ersparen wir uns.

Anhand eines einfachen Beispiels erkläre ich Ihnen, wie eine Flächenfunktion arbeitet. Machen Sie sich keine Sorgen, wenn Ihnen das alles sehr schwierig erscheint – das wird besser werden.

Ein Beispiel: Betrachten Sie die einfache Funktion $f(t) = 10$; das ist eine horizontale Gerade bei $y = 10$. Wenn Sie über die Fläche gleiten und dabei an der Stelle $s = 3$ beginnen, erhalten Sie die folgende Flächenfunktion:

$$A_f(x) = \int_3^x 10\,dt$$

Sie sehen, dass die Fläche, die von 3 bis 4 aufgespannt wird, gleich 10 ist, wenn Sie die Gerade von 3 bis 4 ziehen. Dabei wird ein Rechteck abgedeckt, das die Breite 1 und die Höhe 10 hat, also eine Fläche des Rechtecks von $1 \cdot 10 = 10$ ist. Betrachten Sie dazu Abbildung 7.8.

Die Fläche $A_f(4)$, die Sie abdecken, wenn Sie bei 4 ankommen, ist also gleich 10. $A_f(5)$ ist gleich 20, denn wenn Sie die Gerade weiter auf 5 ziehen, haben Sie ein Rechteck mit einer Breite von 2 und einer Höhe von 10 abgedeckt und die Fläche ergibt sich dann als $2 \cdot 10 = 20$. Entsprechend ist $A_f(6)$ offenbar 30 usw.

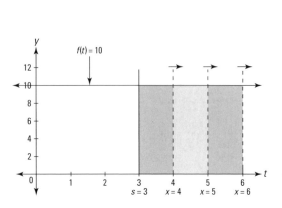
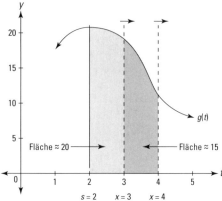

Abbildung 7.8: Die Fläche unter $f(t) = 10$ zwischen 3 und x wird durch die bewegte vertikale Gerade an der Stelle x abgedeckt

Abbildung 7.9: Die Fläche unter $g(t)$ zwischen 2 und x in Abhängigkeit von x

 Sie wissen aus Kapitel 4, dass die Ableitung eine Änderungsrate ist. Weil die Änderungsrate, mit der die oben gezeigte Flächenfunktion vorgeht, gleich zehn Quadrateinheiten pro Sekunde ist (Sie interpretieren hier die t-Achse als Zeitachse in der Einheit Sekunden), können Sie sagen, ihre Ableitung ist gleich 10. Sie können daher schreiben: $\frac{d}{dx} A_f(x) = 10$.

Auch daran erkennen Sie, dass mit jeder Einheit, die x anwächst, A_f (die Flächenfunktion) um zehn Einheiten wächst. Beachten Sie, dass diese Änderungsrate (oder Ableitung) 10 dasselbe ist wie die Höhe der ursprünglichen Funktion $f(t) = 10$, denn wenn Sie eine Einheit nach rechts gehen, decken Sie ein Rechteck ab, das $1 \cdot 10 = 10$ ergibt, nämlich die Höhe der Funktion.

Das gilt für alle Funktionen, nicht nur für horizontale Geraden. Betrachten Sie die Funktion $g(t)$ und ihre Flächenfunktion $A_g(x)$, die in Abbildung 7.9 eine Fläche startend bei $s = 2$ abdeckt.

Sie erkennen, dass $A_g(3)$ etwa 20 ist, weil die Fläche, die zwischen 2 und 3 abgedeckt wird, eine Breite von 1 und die gekrümmte Oberseite des »Rechtecks« eine durchschnittliche Höhe von etwa 20 hat. In diesem Intervall liegt die Wachstumsrate von $A_g(x)$ also bei etwa 20 Quadrateinheiten pro Sekunde. Zwischen 3 und 4 decken Sie etwa 15 Quadrateinheiten der Fläche ab, weil das etwa die durchschnittliche Höhe von $g(t)$ zwischen 3 und 4 ist. Während der zweiten Sekunde – dem Intervall von $x = 3$ bis $x = 4$ – ist die Wachstumsrate von $A_g(x)$ daher etwa 15.

Ich weiß, ich bin in meiner Beschreibung von Abbildung 7.9 ein wenig ungenau, da ich Wörter wie »etwa« oder »Durchschnitt« benutze. Aber glauben Sie mir, wenn Sie es nachrechnen, wird alles funktionieren. Am Anfang des Kapitels haben Sie gesehen, dass die Fläche unter einer Kurve immer besser angenähert wird, wenn eine steigende Anzahl immer schmaler werdender Rechtecke addiert wird, und dass die exakte Fläche bestimmt wird, indem die Flächen einer unendlichen Anzahl unendlich schmaler Rechtecke addiert werden. Derselbe Grenzwertprozess ist auch hier zu erkennen – die Fläche und die Änderungsraten, die »etwa« dies-und-das sind, werden im Grenzwert exakt. Beachten Sie hier, dass die Änderungsrate der Fläche, die unter einer Kurve abgedeckt wird, gleich der Höhe der Kurve ist.

Ruhm und Ehre mit dem Hauptsatz der Differential- und Integralrechnung

Nachdem Sie die Verbindung zwischen der Änderungsrate des Wachstums einer Flächenfunktion und der Höhe der betreffenden Kurve kennen gelernt haben, werden Sie jetzt den Hauptsatz der Analysis bestaunen dürfen.

Die erste Version des Hauptsatzes

Sie ahnen es bereits. Ja, es gibt verschiedene Versionen dieses wichtigen Satzes, aber Sie werden die Zusammenhänge bis zum Ende des Kapitels verstehen. Versprochen.

Der Hauptsatz der Differential- und Integralrechnung: Für eine Flächenfunktion A_f, die eine Fläche unter $f(t)$ abdeckt, gilt:

$$A_f(x) = \int_s^x f(t)\,dt$$

Weil die Änderungsrate gleich der Ableitung ist, muss die Ableitung der Flächenfunktion gleich der ursprünglichen Funktion sein, also gilt: $\frac{d}{dx}A_f(x) = f(x)$. Weil $A_f(x) = \int_s^x f(t)\,dt$, können Sie die obige Gleichung auch schreiben als:

$$\frac{d}{dx}\int_s^x f(t)\,dt = f(x)$$

Weil die Ableitung von $A_f(x)$ gleich $f(x)$ ist, muss $A_f(x)$ per Definition eine Stammfunktion von $f(x)$ sein.

Ein Beispiel: Überprüfen Sie, indem Sie wieder die einfache Funktion $f(t) = 10$ aus dem vorigen Abschnitt sowie ihre Flächenfunktion $A_f(x) = \int_s^x 10\,dt$ betrachten.

Gemäß dem obigen Hauptsatz gilt: $\frac{d}{dx}A_f(x) = 10$. Also muss A_f eine Stammfunktion von $f(t) = 10$ sein. Mit anderen Worten, A_f ist eine Funktion, deren Ableitung gleich 10 ist. Weil jede Funktion der Form $10x + c$, wobei c eine beliebige Zahl ist, eine Ableitung von 10 hat, ist die Stammfunktion von 10 gleich $10x + c$. Die jeweilige Zahl c ist von der Wahl von s abhängig, dem Punkt, an dem Sie beginnen, die Fläche abzudecken. Angenommen, für diese Funktion beginnen Sie mit der Abdeckung der Fläche bei $s = 0$, dann ist auch $c = 0$ und damit gilt: $A_f(x) = \int_0^x 10\,dt = 10x$. (Beachten Sie, dass c nicht unbedingt gleich s sein muss. Normalerweise ist es das nämlich nicht. Die Beziehung zwischen beiden ist im grauen Kasten *Null ist nicht immer null* weiter hinten in diesem Kapitel erklärt.)

Die Abbildung 7.10 zeigt, warum $A_f(x) = 10$ die richtige Flächenfunktion ist, wenn Sie bei 0 die Fläche von links begrenzen. In dem oberen Graphen in der Abbildung sehen Sie die Fläche unter der Kurve von 0 bis 3, also eine Fläche von 30, gegeben durch

$A_f(3) = 3 \cdot 10 = 30$. Und Sie erkennen, dass die Fläche von 0 bis 5 gleich 50 ist, was mit $A_f(5) = 5 \cdot 10 = 50$ übereinstimmt.

Wenn Sie stattdessen beginnen, die Fläche ab $s = -2$ zu begrenzen und eine neue Flächenfunktion zu definieren, sagen wir $B_f(x) = \int_{-2}^{x} 10\,dt$, dann ist $c = 20$, und $B_f(x)$ ist damit $10x + 20$. Diese Flächenfunktion ist um 20 größer als $A_f(x)$, das bei $s = 0$ beginnt, denn wenn Sie bei $s = -2$ beginnen, haben Sie bereits eine Fläche von 20 Einheiten hinter sich, wenn Sie zu $s = 0$ gelangen. Abbildung 7.10 zeigt, warum $B_f(3)$ um 20 größer ist als $A_f(3)$.

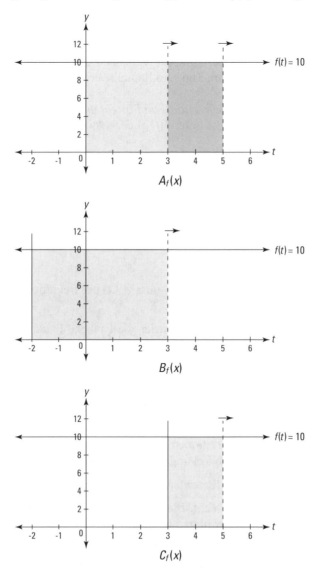

Abbildung 7.10: Drei Flächenfunktionen für $f(t) = 10$

Und wenn Sie mit der Flächenberechnung bei $s = 3$ beginnen, ist die Flächenfunktion gleich $C_f(x) = \int_3^x 10\,dt = 10x - 30$. Diese Funktion ist um 30 kleiner als $A_f(x)$, denn bei $C_f(x)$ verlieren Sie das $3 \cdot 10 = 30$ Einheiten große Rechteck zwischen 0 und 3, das in $A_f(x)$ enthalten ist (siehe unterer Graph in Abbildung 7.10).

Die Fläche, die unter der horizontalen Gerade $f(t) = 10$ von irgendeiner Zahl s bis x begrenzt wird, ist durch eine Stammfunktion von 10 gegeben, nämlich $10x + c$, wobei der Wert von c von der Wahl der linken Begrenzung der Fläche, dem s, abhängt.

Ein Beispiel: Betrachten Sie erneut die Parabel $x^2 + 1$, unseren alten Bekannten aus den Anfängen dieses Kapitels. Blättern Sie zurück zu Abbildung 7.2. Jetzt können Sie endlich die exakte Fläche in diesem Graphen auf einfache Weise berechnen.

Die Flächenfunktion für die Fläche unter dem Graphen von $x^2 + 1$ ist $A_f(x) = \int_s^x (t^2 + 1)\,dt$. Nach dem Hauptsatz der Differential- und Integralrechnung gilt dann $\frac{d}{dx} A_f(x) = x^2 + 1$ und damit ist A_f eine Stammfunktion von $x^2 + 1$. Jede Funktion der Form $\frac{1}{3} x^3 + x + c$ hat als Ableitung $x^2 + 1$ (probieren Sie es aus!), es handelt sich also hier um die Stammfunktion. Für diese Flächenfunktion sowie für das obige Beispiel ist $c = 0$, wenn $s = 0$, und damit gilt, dass:

$$A_f(x) = \int_0^x (t^2 + 1)\,dt = \tfrac{1}{3} x^3 + x$$

Die Fläche, die von 0 und 3 begrenzt wird – was wir im ersten Teil des Kapitels schon auf die harte Tour gemacht haben, indem wir den Grenzwert einer Rechtecksumme berechnet haben –, ist:

$$A_f(3) = \tfrac{1}{3} \cdot 3^3 + 3 = 9 + 3 = 12$$

Wunderbar. Das war doch schon *sehr* viel weniger Arbeit als bei der harten Tour.

Und nachdem Sie die Flächenfunktion kennen, die bei 0 beginnt, nämlich $\int_0^x (t^2 + 1)\,dt = \tfrac{1}{3} x^3 + x$, ist es ein Kinderspiel, die Fläche anderer Bereiche unter der Parabel zu bestimmen, die nicht bei 0 beginnen. Angenommen, Sie wollen die Fläche unter der Parabel zwischen 2 und 3 ermitteln. Sie können diese Fläche berechnen, indem Sie die Fläche zwischen 0 und 2 von der Fläche zwischen 0 und 3 abziehen. Sie haben die Fläche zwischen 0 und 3 eben berechnet – sie ist gleich 12. Und die Fläche zwischen 0 und 2 ist $A_f(2) = \tfrac{1}{3} \cdot 2^3 + 2 = \tfrac{14}{3}$. Die Fläche zwischen 2 und 3 ist also gerade die Differenz beider, also $12 - \tfrac{14}{3} = \tfrac{1}{3} \cdot (36 - 14) = \tfrac{22}{3}$. Diese Subtraktionsmethode bringt uns zu der zweiten Version des Hauptsatzes im folgenden Abschnitt in diesem Kapitel.

Skandal: Stammfunktionen vom Erbe ausgeschlossen, weil sie keinen x-Schnittpunkt hatten!

Betrachten Sie Abbildung 7.6. Alle Familien der Stammfunktionen sehen wie ein Stapel paralleler Kurven aus, die endlos auf und ab laufen. Aber nur eine Teilmenge jeder dieser Familien kann als Flächenfunktionen verwendet werden – nämlich die Stammfunktionen, die mindestens einen x-Schnittpunkt haben (manchmal ist diese Teilmenge die ganze Familie, so wie in Abbildung 7.6). Und hier die Erklärung: Wenn eine Flächenfunktion beispielsweise an der Stelle $x = 5$ anfängt, eine Fläche zu begrenzen, muss $A_f(5) = 0$ sein, weil an der Stelle 5 noch keine Fläche eingeschlossen wurde. Die Stammfunktion für die Flächenfunktion, die bei 5 beginnt, muss also einen x-Schnittpunkt, eine *Nullstelle*, bei $x = 5$ haben. Eine Stammfunktion ohne x-Schnittpunkte kann nicht als Flächenfunktion genutzt werden. Sie wird aus der Familie ausgeschlossen.

Null ist nicht immer null

In den beiden Beispielen $f(t) = 10$ und $f(t) = t^2 + 1$ haben die Flächenfunktionen, die bei $s = 0$ beginnen, den Wert 0 für die Konstante c in der Stammfunktion. Das ist für viele Funktionen der Fall – einschließlich aller Polynomfunktionen –, aber keineswegs für alle Funktionen. Für die Neugierigen unter Ihnen: Sie können den jeweiligen Wert von c für Ihre Auswahl von s bestimmen, indem Sie die Stammfunktion gleich 0 setzen, den Wert von s in x einsetzen und nach c auflösen.

Der andere Hauptsatz der Differential- und Integralrechnung

Jetzt sind Sie endlich bei der wunderbaren Abkürzung für den Integrationssatz angekommen, den Sie für den Rest Ihres Lebens anwenden werden – wenigstens, solange Sie es mit der Analysis zu tun haben werden. Diese Abkürzung ist alles, was Sie für die Integration der praxisnahen Beispiele in Kapitel 8 benötigen. Aber zuerst eine Warnung, die Sie im Hinterkopf behalten sollten, wenn Sie die Integration durchführen.

Wenn Sie eine Flächenfunktion anwenden, wertet die erste Version des Hauptsatzes der Analysis und auch seine zweite Version die Flächen *unterhalb* der x-Achse als *negative* Flächen. Das bedeutet, dass Sie zusätzlich die Beträge bilden müssen, da Flächen immer positiv sind. Schauen Sie daher immer genau in die Aufgabenstellung, ob der Wert des Integrals oder die dazugehörige Fläche berechnet werden soll.

Der andere Hauptsatz der Differential- und Integralrechnung (abgekürzte Version): Sei F eine beliebige Stammfunktion der Funktion f, dann gilt:

$$\int_a^b f(x)dx = F(b) - F(a)$$

7 ➤ Integration: Die Rückwärts-Differentiation

Ein Beispiel: Dieser Satz verschafft Ihnen die nützliche Abkürzung für die Berechnung eines bestimmten Integrals, wie $\int_2^3 (x^2+1)dx$, der Fläche unter der Parabel x^2+1 zwischen den Grenzen 2 und 3. Wie ich im vorigen Abschnitt gezeigt habe, können Sie diese Fläche ermitteln, indem Sie die Fläche zwischen 0 und 2 von der Fläche zwischen 0 und 3 abziehen, aber dazu brauchen Sie die Flächenfunktion, die als linke Begrenzung 0 hat, also $\int_0^x (t^2+1)dt$, und das ist $\frac{1}{3}x^3 + x$ (wobei $c = 0$).

Die Eleganz dieses abkürzenden Satzes ist, dass Sie nicht einmal eine Flächenfunktion wie $A_f(x) = \int_0^x (t^2+1)dt$ verwenden müssen. Sie bestimmen eine Stammfunktion $F(x)$ Ihrer Funktion und bilden die Differenz $F(b) - F(a)$. Die einfachste Stammfunktion, die Sie verwenden können, ist diejenige für $c = 0$. Mit diesem Satz bestimmen Sie die Fläche unter der Parabel von 2 bis 3. $F(x) = \frac{1}{3}x^3 + x$ ist eine Stammfunktion von $x^2 + 1$. Dabei gilt dann:

$$\int_2^3 (x^2+1)dx = F(3) - F(2)$$

Diese Differenz kürzen Sie mit der Schreibweise $\left[\frac{1}{3}x^3 + x\right]_2^3$ ab und damit schreiben Sie:

$$\int_2^3 (x^2+1)dx = \left[\frac{1}{3}x^3 + x\right]_2^3 = \left(\frac{1}{3} \cdot 3^3 + 3\right) - \left(\frac{1}{3} \cdot 2^3 + 2\right) = 12 - \frac{14}{3} = \frac{22}{3}$$

Das ist dieselbe Berechnung, wie ich sie im vorigen Abschnitt unter Verwendung der Flächenfunktion mit $s = 0$ durchgeführt habe, aber nur, weil für die Funktion $x^2 + 1$, wenn $s = 0$, die Konstante c ebenfalls gleich 0 ist. Es ist reiner Zufall und gilt nicht für alle Funktionen. Aber unabhängig von der Funktion funktioniert die Abkürzung und Sie brauchen sich keine Sorgen mehr über Flächenfunktionen oder s oder c zu machen. Sie berechnen entsprechend dem zweiten Hauptsatz nur die Differenz $F(b) - F(a)$.

Noch ein Beispiel: Wie groß ist die Fläche unter $f(x) = e^x$ zwischen $x = 3$ und $x = 5$? Die Ableitung von e^x ist e^x, also ist e^x selbst eine Stammfunktion von e^x und damit haben Sie schließlich:

$$\int_3^5 e^x dx = \left[e^x\right]_3^5 = e^5 - e^3 \approx 148{,}4 - 20{,}1 = 128{,}3$$

Einfacher geht es nicht. Und wenn Ihnen diese Abkürzung noch nicht reicht, sehen Sie sich folgende Aufzählung an, in der Sie einige Regeln zu bestimmten Integralen finden, die Ihnen das Leben sehr viel leichter machen können:

- ✔ Zwischen $x = a$ und $x = a$ gibt es keine Fläche: $\int_a^a f(x)dx = 0$
- ✔ Vertauschung der Integrationsgrenzen: $\int_b^a f(x)dx = -\int_a^b f(x)dx$
- ✔ Erste Additionsregel: $\int_a^b f(x)dx = \int_a^c f(x)dx + \int_c^b f(x)dx$
- ✔ Zweite Additionsregel: $\int_a^b [f(x) \pm g(x)]dx = \int_a^b f(x)dx + \int_a^b g(x)dx$
- ✔ Für eine Konstante k ist: $\int_a^b k \cdot f(x)dx = k \cdot \int_a^b f(x)dx$

Nachdem Sie diese Integrationsregeln kennen, heißt das nicht, dass Sie nun aus dem Schneider sind. Nachfolgend finden Sie eine kleine Erläuterung zum Hauptsatz. Sie können diese Erklärung auch überspringen, wenn Sie nur wissen wollen, wie man eine Fläche berechnet: Man ignoriert c und subtrahiert $F(a)$ von $F(b)$.

Warum der Hauptsatz funktioniert: Flächenfunktionen

Eine Möglichkeit, den Hauptsatz zu verstehen, ist die Betrachtung der Flächenfunktionen. Wie Sie in Abbildung 7.11a sehen, kann die Fläche zwischen a und b bestimmt werden, indem Sie mit der Fläche zwischen s und b beginnen und dann die Fläche zwischen s und a abschneiden (subtrahieren). Dabei spielt es keine Rolle, ob Sie als linken Rand der Flächen 0 verwenden oder irgendeinen anderen Wert von s.

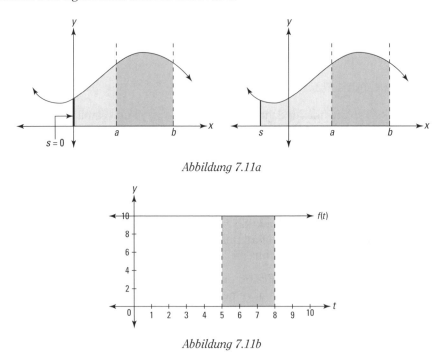

Abbildung 7.11a

Abbildung 7.11b

Abbildung 7.11: Darstellung verschiedener Flächenfunktionen

Ein Beispiel: Betrachten Sie $f(t) = 10$ (siehe Abbildung 7.11b), um die Diskussion weniger abstrakt zu machen. Angenommen, Sie suchen die Fläche zwischen 5 und 8 unter der horizontalen Geraden $f(t) = 10$. Verwenden Sie dafür die Analysis. Betrachten Sie noch einmal die beiden Flächenfunktionen für $f(t) = 10$ in Abbildung 7.10, nämlich $A_f(x)$ beginnend bei der linken Grenze $s = 0$ (und somit der Konstanten $c = 0$) sowie $B_f(x)$ beginnend bei einer anderen linken Grenze $s = -2$ (und damit einer anderen Konstanten $c = 20$). Die Ergebnisse lauten dann $A_f(x) = \int_0^x 10 \, dt = 10x$ und

7 ➤ Integration: Die Rückwärts-Differentiation

$B_f(x) = \int_{-2}^{x} 10\,dt = 10x + 20$. Mit $A_f(x)$ berechnen Sie die Fläche in Abbildung 7.11b zwischen 5 und 8 und erhalten dabei Folgendes:

$$\int_{5}^{8} 10\,dx = A_f(8) - A_f(5) = 10 \cdot 8 - 10 \cdot 5 = 80 - 50 = 30$$

Mit $B_f(x)$ berechnen Sie dieselbe Fläche und erhalten dasselbe Ergebnis:

$$\int_{5}^{8} 10\,dx = B_f(8) - B_f(5) = (10 \cdot 8 + 20) - (10 \cdot 5 + 20)$$
$$= (80 + 20) - (50 + 20) = 80 + 20 - 50 - 20 = 80 - 50 = 30$$

Beachten Sie, dass sich die beiden Werte von 20 aufheben. Sie wissen, dass alle Stammfunktionen von $f(t) = 10$ die Form $10x + c$ haben. Unabhängig davon, welchen Wert die Konstante c hat, in der Differenzbildung hebt sich dies auf, wie in diesem Beispiel gezeigt.

Bei der Flächenberechnung können Sie eine Stammfunktion mit einem beliebigen Wert für c verwenden. Der Bequemlichkeit halber verwendet man die Stammfunktion mit $c = 0$, damit man sich nicht mehr mit der Konstanten herumschlagen muss. Und was Sie dabei für s (dem Startpunkt, an dem die Flächenfunktion beginnt) wählen, ist irrelevant.

Schnell beschleunigender Sportwagen

Im grauen Kasten *Wege, Geschwindigkeiten und Beschleunigungen* in Kapitel 4 haben Sie bereits Ihr Physikwissen aufgefrischt und gesehen, dass die erste Ableitung des Weges nach der Zeit die Geschwindigkeit und die zweite Ableitung derselben die Beschleunigung ist. Umgekehrt kommt die Integrationstheorie ins Spiel: Stellen Sie sich vor, Ihr neuer Sportwagen beschleunigt konstant zehn Meter pro Sekunde zum Quadrat – das ist wirklich schnell! Welche Strecke haben Sie nach drei Sekunden zurückgelegt?

Wenden Sie die Formel an: Wenn $v'(t) = a(t)$, so gilt $v(t) = \int_{0}^{t} v'(x)\,dx = \int_{0}^{t} a(x)\,dx$. Somit gilt: $v(t) = \int_{0}^{t} 10\,dx = 10t$, das heißt, Ihre Geschwindigkeit hängt linear von der Zeit ab – nach der ersten Sekunde fahren Sie zehn, nach der zweiten Sekunde 20 und nach drei Sekunden 30 Meter pro Sekunde usw. Sie suchen Ihre Wegstrecke nach drei Sekunden. Daher integrieren Sie nochmals und erhalten schließlich die Funktion des Weges $s(t) = \int_{0}^{t} 10x\,dx = 5t^2$ und damit die Antwort, denn nach drei Sekunden haben Sie eine Strecke von $s(3) = 5 \cdot 3^2 = 45$ Metern zurückgelegt. Nach sechs Sekunden wären es bereits $s(6) = 5 \cdot 6^2 = 180$ Meter, aber dann wären Sie auch mit $v(6) = 60$ Metern pro Sekunde, also $60 \cdot \frac{3600}{1000} = 60 \cdot 3{,}6 = 216$ Kilometern pro Stunde auch schon reichlich schnell unterwegs und Ihr Sportwagen hätte alle Mühen, diese packende Beschleunigung zu halten. (Wir haben hier maßgeblich benutzt, dass wir zum Zeitpunkt 0 gestartet sind.)

Stammfunktionen finden – Drei grundlegende Techniken

Ich habe jetzt viel über Stammfunktionen geschrieben, aber wie findet man sie? In diesem Abschnitt zeige ich Ihnen dazu drei einfache Techniken. In Kapitel 8 werde ich Ihnen drei fortgeschrittenere Techniken vorstellen. Falls Sie es genau wissen wollen: Zu diesem Stoff werden Sie eine Prüfung schreiben, da bin ich mir sicher!

Umkehrregeln für Stammfunktionen

Die einfachsten Regeln für Stammfunktionen sind diejenigen, die das Umgekehrte der bereits bekannten Ableitungsregeln darstellen. (Falls Sie eine Auffrischung brauchen: Lesen Sie in Kapitel 4 nach.) Dabei handelt es sich um automatische, einstufige Stammfunktionen, mit Ausnahme der umgekehrten Potenzregeln, die aber auch nur unwesentlich schwieriger sind.

Umkehrregeln zum Aufwärmen

Sie wissen, dass die Ableitung von $\sin x$ gleich $\cos x$ ist; wenn Sie das Ganze also umkehren, können Sie sagen, dass eine Stammfunktion von $\cos x$ gleich $\sin x$ ist. Kann es noch einfacher sein? Aber vergessen Sie nicht, dass alle Funktionen der Form $\sin x + c$ Stammfunktionen von $\cos x$ sind. In Symbolen dargestellt, schreiben Sie:

$$\tfrac{d}{dx}\sin x = \cos x \text{ und damit } \int \cos x\, dx = \sin x + c$$

Tabelle 7.2 listet grundlegende Umkehrregeln für Stammfunktionen auf.

1.	$\int dx = x + C$	2.	$\int x^n dx = \dfrac{x^{n+1}}{n+1} + C, \quad (n \neq -1)$
3.	$\int e^x dx = e^x + C$	4.	$\int \dfrac{dx}{x} = \ln|x| + C$
5.	$\int a^x dx = \dfrac{1}{\ln a} a^x + C$		
6.	$\int \sin dx = -\cos x + C$	7.	$\int \cos x\, dx = \sin x + C$
8.	$\int \sec^2 x\, dx = \tan x + C$	9.	$\int \csc^2 x\, dx = -\cot x + C$
10.	$\int \sec x \tan x\, dx = \sec x + C$	11.	$\int \csc x \cot x\, dx = -\csc x + C$
12.	$\int \dfrac{dx}{\sqrt{a^2 - x^2}} = \arcsin\dfrac{x}{a} + C$	13.	$\int \dfrac{dx}{a^2 + x^2} = \dfrac{1}{a}\arctan\dfrac{x}{a} + C$
14.	$\int \dfrac{dx}{x\sqrt{x^2 - a^2}} = \dfrac{1}{a}\operatorname{arcsec}\dfrac{|x|}{a} + C$		

Tabelle 7.2: Grundlegende Formeln für die Stammfunktionen

7 ➤ Integration: Die Rückwärts-Differentiation

Die umgekehrte Potenzregel

Nach der Potenzregel wissen Sie, dass gilt:

$$\frac{d}{dx}x^3 = 3x^2 \text{ und damit } \int 3x^2 dx = x^3 + c$$

Wenn $f(x) = x^n$, dann ist $F(X) = \frac{1}{n+1} \cdot x^{n+1}$ eine Stammfunktion von $f(x)$.

Ein Beispiel: Es sei $f(x) = 20x^3$ gegeben. Den Faktor 20 können Sie getrost ignorieren und schon haben Sie die passende Form für $n = 3$. Das heißt, Sie *erhöhen* die Potenz um 1, erhalten $n + 1 = 4$ und schreiben: $F(X) = \frac{1}{4} \cdot 20 \cdot x^4 = 5x^4$, das heißt, Sie erhalten: $\int 20x^3 dx = 5x^4 + c$. (Machen Sie die Probe: $\frac{d}{dx}(5x^4) = 4 \cdot 5x^3 = 20x^3$. Stimmt also.)

Insbesondere, wenn Sie noch nicht viel Erfahrung mit dem Finden von Stammfunktionen gesammelt haben, sollten Sie Ihre Stammfunktionen testen, indem Sie sie differenzieren – Sie können dabei die Konstante c ignorieren. Wenn Sie zu Ihrer ursprünglichen Funktion zurückgelangen, wissen Sie, dass Ihre Stammfunktion korrekt ist.

Mit der eben gefundenen Stammfunktion und der zweiten Version des Hauptsatzes können Sie die Fläche unter $f(x) = 20x^3$ zwischen beispielsweise 1 und 2 ermitteln:

$$\int_1^2 20x^3 \, dx = \left[5x^4 \right]_1^2 = 5 \cdot 2^4 - 5 \cdot 1^4 = 80 - 5 = 75$$

Raten und prüfen

Die Raten-und-Prüfen-Methode funktioniert, wenn der *Integrand* – das heißt das, wofür Sie die Differentiation rückgängig machen wollen (der Ausdruck hinter dem Integralsymbol, natürlich ohne das dx) – ähnlich einer Funktion ist, für die Sie die Umkehrregel kennen. Angenommen, Sie suchen die Stammfunktion für $\cos(2x)$. Sie wissen, dass die Ableitung von Sinus gleich Kosinus ist. Wenn Sie dies umkehren, wissen Sie, dass die Stammfunktion von Kosinus gleich Sinus ist. Sie könnten jetzt die Stammfunktion von $\cos(2x)$ als $\sin(2x)$ ansetzen. Das *raten* Sie. Jetzt *prüfen* Sie, indem Sie (mittels Kettenregel) differenzieren, um zu sehen, ob Sie die ursprüngliche Funktion $\cos(2x)$ wieder erhalten:

$$\frac{d}{dx}\sin(2x) = 2\cos(2x).$$

Dieses Ergebnis liegt sehr nah an der ursprünglichen Funktion, außer dass Sie hier den zusätzlichen Koeffizienten 2 haben. Mit anderen Worten: Die Lösung ist doppelt so viel, wie Sie erhofft haben. Weil Sie ein Ergebnis haben wollen, das die Hälfte davon ausmacht, probieren Sie es mit einer Stammfunktion, die die Hälfte Ihrer ersten Schätzung darstellt: $\frac{1}{2}\sin(2x)$. Prüfen Sie die zweite Schätzung, indem Sie sie differenzieren. Damit erhalten Sie das gewünschte Ergebnis.

Ein Beispiel: Was ist die Stammfunktion von $(3x-2)^4$?

1. **Raten Sie die Stammfunktion.**

   Das Ganze sieht sehr nach einer Potenzregel aus, deshalb probieren Sie es mit der umgekehrten Potenzregel. Die Stammfunktion von x^4 ist nach der umgekehrten Potenzregel gleich $\frac{1}{5}x^5$, Ihre Schätzung ist also $\frac{1}{5}(3x-2)^5$. (Sie ahnen es bereits, dass Sie wahrscheinlich gleich noch etwas nachjustieren müssen.)

2. **Prüfen Sie Ihre Schätzung, indem Sie sie (mittels Potenz- und Kettenregel) differenzieren.**

   $\frac{d}{dx}\left[\frac{1}{5}(3x-2)^5\right] = 5 \cdot \frac{1}{5}(3x-2)^4 \cdot 3 = 3(3x-2)^4$

3. **Passen Sie Ihre erste Schätzung an.**

   Ihr Ergebnis, $3(3x-2)^4$ ist dreimal so hoch, deshalb verwenden Sie als zweite Schätzung *ein Drittel* Ihrer ersten Schätzung, das heißt, $\frac{1}{3} \cdot \frac{1}{5} \cdot (3x-2)^5 = \frac{1}{15}(3x-2)^5$.

4. **Prüfen Sie Ihre zweite Schätzung, indem Sie sie wieder differenzieren.**

   $\frac{d}{dx}\left[\frac{1}{15}(3x-2)^5\right] = 5 \cdot \frac{1}{15}(3x-2)^4 \cdot 3 = (3x-2)^4$

   Passt. Fertig! Die Stammfunktion von $(3x-2)^4$ ist $\frac{1}{15}(3x-2)^5 + c$.

Dieses letzte Beispiel zeigt, dass die *Raten-und-Prüfen-Methode* gut funktioniert, wenn die Funktion, für die Sie die Differentiation rückgängig machen wollen, ein Argument wie $3x+2$ hat (wobei x in die *erste* Potenz erhoben ist). Sie wissen, dass in einer Funktion wie $\sqrt{5x}$ der Term $5x$ als Argument bezeichnet wird. In diesem Fall brauchen Sie Ihre Schätzung nur noch ein bisschen anzupassen, nämlich mit dem Reziproken des Koeffizienten von x, also hier die 3 in $3x+2$. Für diese einfachen Aufgabenstellungen brauchen Sie aber letztlich kein Raten und Prüfen. Sie erkennen sofort, wie Sie Ihre Schätzung anpassen müssen. Reine Übungssache. Das Ganze wird zu einem einstufigen Prozess. Wenn das Argument der Funktion komplizierter als $3x+2$ ist, beispielsweise das x^2 wie in $\cos(x^2)$, müssen Sie es mit der nächsten Methode ausprobieren: die Substitution.

Die Substitutionsmethode

Wenn Sie noch einmal die Beispiele für die Methode *Raten und prüfen* aus dem vorigen Abschnitt betrachten, erkennen Sie, warum die erste Schätzung in keinem der Fälle funktioniert hat. Wenn Sie die erste Schätzung differenzieren, erzeugt die Kettenregel eine zusätzliche Konstante: 2 im ersten Beispiel, 3 im zweiten. Anschließend passen Sie die Schätzungen mit $\frac{1}{2}$ beziehungsweise $\frac{1}{3}$ an, um die zusätzliche Konstante auszugleichen.

Ein Beispiel: Sie suchen die Stammfunktion von $\cos(x^2)$ und raten, dass sie gleich $\sin(x^2)$ ist. Beobachten Sie jetzt, was passiert, wenn Sie $\sin(x^2)$ differenzieren, um das Ganze zu prüfen:

$\frac{d}{dx}\sin(x^2) = \cos(x^2) \cdot 2x = 2x\cos(x^2)$

7 ➤ Integration: Die Rückwärts-Differentiation

Hier erzeugt die Kettenregel ein zusätzliches $2x$, weil die Ableitung von x^2 gleich $2x$ ist, aber wenn Sie versuchen, dies zu kompensieren, indem Sie Ihrer Schätzung $\frac{1}{2x}$ hinzufügen, funktioniert das nicht. Probieren Sie es aus! Es liegt an der Variablen.

Raten und prüfen funktioniert also nicht für die umgekehrte Differentiation von $\cos(x^2)$ – aber Ihr bewundernswerter Versuch der Differentiation führt hier zu einer neuen Klasse an Funktionen, deren Stammfunktionen Sie suchen können. Weil die Ableitung von $\sin(x^2)$ gleich $2x\cos(x^2)$ ist, muss die Stammfunktion von $2x\cos(x^2)$ gleich $\sin(x^2)$ sein. Die Funktion $2x\cos(x^2)$ ist die Art Funktion, deren Stammfunktion Sie mithilfe der Substitutionsmethode finden.

Die *Substitutionsmethode* funktioniert, wenn der Integrand eine Funktion und die Ableitung des Funktionsarguments enthält. Mit anderen Worten: Wenn er den zusätzlichen Term enthält, den die Kettenregel produziert, oder etwas Ähnliches, außer einer Konstanten. Außerdem darf der Integrand nichts anderes enthalten.

Noch ein Beispiel: Die Ableitung von e^{x^3} ist $e^{x^3} \cdot 3x^2$ (nach der e^x-Regel und der Kettenregel). Die Stammfunktion von $3x^2 e^{x^3}$ ist also e^{x^3}. Und wenn Sie aufgefordert werden, die Stammfunktion von $3x^2 e^{x^3}$ zu bestimmen, wissen Sie, dass die Substitutionsmethode funktioniert, weil dieser Ausdruck $3x^2$ enthält, das die Ableitung des Arguments von e^{x^3} ist, nämlich x^3.

Und noch ein Beispiel: Nachfolgend finden Sie anhand der Funktion $2x\cos(x^2)$ die schrittweise Erklärung, wie Sie die Stammfunktion mithilfe der Substitution bestimmen.

1. **Setzen Sie u gleich dem Argument der Hauptfunktion.**

   Das Argument von $\cos(x^2)$ ist x^2, deshalb setzen Sie u gleich x^2.

2. **Bestimmen Sie die Ableitung von u nach x.**

   Es ist $u = x^2$, deshalb ist $\frac{du}{dx} = 2x$.

3. **Lösen Sie nach dx auf.**

   Sie haben $du = 2x\,dx$ und schließlich $\frac{du}{2x} = dx$.

4. **Führen Sie die Substitutionen durch.**

   In $\int 2x\cos(x^2)dx$ nimmt u die Stelle von x^2 ein, und $\frac{du}{2x}$ nimmt die Stelle von dx ein. Damit haben Sie den Ausdruck $\int 2x\cos u \frac{du}{2x}$ und Sie sehen, dass sich die beiden $2x$ aufheben, wodurch Sie $\int 2x\cos(x^2)dx = \int \cos u\,du$ erhalten.

5. **Suchen Sie die Stammfunktion unter Verwendung der einfachen Umkehrregel.**
   $$\int \cos u\,du = \sin u + c$$

6. **Setzen Sie für u wieder x^2 ein – womit sich der Kreis schließt.**

   Es ist u gleich x^2, deshalb wird x^2 für das u eingesetzt:
   $$\int 2x\cos(x^2)dx = \int \cos u\,du = \sin u + c = \sin x^2 + c$$

   Das ist alles.

Wäre statt $\int 2x\cos(x^2)dx$ die ursprüngliche Aufgabe $\int 5x\cos(x^2)dx$ gewesen, würden Sie denselben Schritten folgen, außer dass Sie in Schritt 4 nach der Substitution $\int 5x\cos u \frac{du}{2x}$ erhalten. Die jetzt störende Variable x hebt sich immer noch auf – das ist das Wichtige dabei –, aber nachdem Sie gekürzt haben, erhalten Sie $\int \frac{5}{2}\cos u\, du$, worin das zusätzliche $\frac{5}{2}$ enthalten ist. Keine Sorge. Sie ziehen die $\frac{5}{2}$ vor das Integrationssymbol, so dass Sie schließlich $\frac{5}{2}\int \cos u\, du$ erhalten. Jetzt erledigen Sie den Rest der Aufgabe wie in den Schritten 5 und 6 gezeigt, außer dass Sie hier das zusätzliche $\frac{5}{2}$ haben.

$$\int 5x\cos(x^2)dx = \frac{5}{2}\int \cos u\, du = \frac{5}{2}(\sin u + c)$$
$$= \frac{5}{2}\sin u + \frac{5}{2}c = \frac{5}{2}\sin(x^2) + \frac{5}{2}c = \frac{5}{2}\sin(x^2) + \overline{c}$$

Weil c irgendeine beliebige Konstante ist, ist auch $\frac{5}{2}c$ irgendeine beliebige Konstante, deshalb können Sie den Faktor $\frac{5}{2}$ vor dem c vernachlässigen (oder Sie nennen es in $\overline{c}$ um). Das scheint recht unmathematisch zu klingen, aber es ist korrekt. Ihre fertige Lösung ist also $\frac{5}{2}\sin(x^2) + c$. Überprüfen Sie es, indem Sie differenzieren.

Einige Beispiele: Und hier noch andere Stammfunktionen, die Sie durch die Substitutionsmethode erhalten.

✔ $\int 4x^2 \cos(x^3)dx$

Die Ableitung von x^3 ist $3x^2$. Weil der Integrand x^2 keine anderen zusätzlichen Schwierigkeiten enthält, funktioniert die Substitution. Probieren Sie es aus!

✔ $\int 10\sec^2 x \cdot e^{\tan x}dx$

Der Integrand enthält eine Funktion $e^{\tan x}$ und die Ableitung ihres Arguments, also von $\tan x$, ist $\sec^2 x$. Weil der Integrand keine anderen zusätzlichen Schwierigkeiten enthält, funktioniert die Substitution.

✔ $\int \frac{2}{3}\cos x \sqrt{\sin x}\, dx$

Weil der Integrand die Ableitung von $\sin x$ enthält, nämlich $\cos x$, und keine anderen zusätzlichen Schwierigkeiten, funktioniert die Substitution.

Flächen mithilfe von Substitutionsaufgaben bestimmen

Anhand des Hauptsatzes berechnen Sie die Fläche unter einer Funktion, die Sie mithilfe der Substitutionsmethode integrieren. Dazu gibt es zwei gleichwertige Methoden. Im vorigen Abschnitt verwende ich die Substitution, indem ich u gleich x^2 setze, um die Stammfunktion von $2x\cos(x^2)$ zu finden:

$$\int 2x\cos(x^2)dx = \sin(x^2) + c$$

7 ➤ Integration: Die Rückwärts-Differentiation

Wenn Sie die Fläche unter dieser Kurve beispielsweise von $\frac{1}{2}$ bis 1 berechnen wollen, hilft Ihnen der Hauptsatz:

$$\int_{\frac{1}{2}}^{1} 2x\cos(x^2)dx = \left[\sin(x^2)\right]_{\frac{1}{2}}^{1} = \sin(1^2) - \sin\left(\left(\frac{1}{2}\right)^2\right)$$
$$= \sin 1 - \sin\left(\frac{1}{4}\right) \approx 0{,}841 - 0{,}247 \approx 0{,}594$$

Eine weitere Methode, die natürlich dasselbe ergibt, ist es, die Integrationsgrenzen zu ändern und die gesamte Aufgabe mit u zu lösen.

Ein Beispiel: Auch hier wollen Sie die Fläche berechnen, die durch $\int_{\frac{1}{2}}^{1} 2x\cos(x^2)dx$ beschrieben wird.

1. **Setzen Sie u gleich x^2.**

2. **Bestimmen Sie die Ableitung von u nach x und lösen Sie nach dx auf.**
   Es ist $u = x^2$, deshalb ist $\frac{du}{dx} = 2x$. Sie haben $du = 2xdx$, also $\frac{du}{2x} = dx$.

3. **Bestimmen Sie die neuen Integrationsgrenzen.**
   Es ist $u = x^2$, wenn also $x = \frac{1}{2}$ ist, dann ist $u = \left(\frac{1}{2}\right)^2 = \frac{1}{4}$ und wenn $x = 1$ ist, dann ist $u = 1$.

4. **Nehmen Sie die Substitutionen vor, berücksichtigen Sie dabei die neuen Integrationsgrenzen.**

   $$\int_{\frac{1}{2}}^{1} 2x\cos(x^2)dx = \int_{\frac{1}{4}}^{1} 2x\cos u \frac{du}{2x} = \int_{\frac{1}{4}}^{1} \cos u \, du$$

5. **Wenden Sie die Stammfunktion und den Hauptsatz an, um die gewünschte Fläche zu erhalten.**

   $$\int_{\frac{1}{4}}^{1} \cos u \, du = \left[\sin u\right]_{\frac{1}{4}}^{1} = \sin 1 - \sin \frac{1}{4} \approx 0{,}594$$

Diese beiden Methoden sind offensichtlich gleichwertig. Der Arbeitsaufwand ist bei beiden derselbe. Wählen Sie eine aus!

Im folgenden Kapitel 8 lernen Sie weitere Techniken des Integrierens kennen und insbesondere am Ende auch noch weitere praktische Anwendungen zur Flächenberechnung.

Integration: Praktische Tricks für Profis

In diesem Kapitel

▶ Integrale in Teile zerlegen

▶ Trigonometrische Integrale lösen

▶ Das ABC der Partialbrüche verstehen

▶ Praktisch: Flächen, Bogenlängen und Drehkörper

Ich glaube, nach all der Theorie aus dem letzten Kapitel wird eine Pause nicht schaden. Dieses Kapitel verschafft Ihnen eine solche Pause und zeigt Ihnen praxisbezogene Integrationstechniken. In Kapitel 7 ging es um drei grundlegende Integrationsmethoden: die Umkehrregeln, die Raten-und-Prüfen-Methode und die Substitution. In diesem Kapitel lernen Sie drei fortgeschrittene Techniken kennen: Partielle Integration, trigonometrische Integrale und Partialbruchzerlegung. Am Ende des Kapitels gebe ich Ihnen noch Anwendungen an die Hand und Sie berechnen Flächen und Längen, wo Sie diese nicht erwarten. Bereit?

Partielle Integration: Teile und herrsche!

Die partielle Integration kann man als Produktregel für die Integration bezeichnen. Das grundlegende Konzept der partiellen Integration ist ein Integral, das Sie *nicht* integrieren können, in die Differenz aus einem einfachen Produkt und einem Integral umzuwandeln, das Sie besser und einfacher lösen können.

Die *partielle Integration* lässt sich zusammenfassen als

Schreibweise 1:
$$\int uv' = uv - \int u'v$$

Schreibweise 2:
$$\int u\,dv = uv - \int v\,du$$

Erinnern Sie sich noch an die Produktregel für die Differentiation aus dem Abschnitt *Differentiationsregeln für Profis – Wir sind die Champs!* aus dem Kapitel 4? Diese lautet: $(uv)' = u'v + uv'$. Wenn Sie diese Gleichung auf beiden Seiten integrieren, erhalten Sie: $uv = \int (uv)' = \int u'v + \int uv'$ und damit nach dem Umstellen die oben angegebene Gleichung.

Sie können aber auch die Ableitung u' als das abgeleitete u schreiben, also als du, und das Gleiche für das v tun. Dann erhalten Sie die zweite Formulierung (Schreibweise 2).

Die Schreibweise $\int u\,dv = uv - \int v\,du$ ist eine symbolische Hilfestellung, die den mathematischen Alltag erleichtert. Sie tun einfach so, als ob Sie mit den Größen du und dv genauso wie mit Variablen rechnen könnten. Mathematisch lässt sich dies wunderbar rechtfertigen.

Ein Beispiel: Was ist $\int \sqrt{x}\ln(x)\,dx$? Zuerst teilen Sie den Integranden in u und in v' auf, um die Formel anwenden zu können. Für diese Aufgabe soll $\ln(x)$ Ihr u sein. Alles andere ist dann v', also $\sqrt{x}\,dx$. (Ich werde Ihnen im nächsten Abschnitt zeigen, wie das u zu wählen ist – es ist nicht schwer.) Anschließend differenzieren Sie u, um Ihr du zu erhalten, und dann integrieren Sie dv, um Ihr v zu erhalten. Schließlich setzen Sie alles in die Formel ein und haben gewonnen.

Um alles möglichst einfach zu halten, ordnen Sie Ihre Aufgabenstellungen mit der partiellen Integration in einem Rahmen an, wie in Abbildung 8.1 gezeigt. Zeichnen Sie einen leeren 2×2-Rahmen, setzen Sie Ihr u in die obere linke Ecke ein und Ihr dv in die untere rechte Ecke. Betrachten Sie dazu Abbildung 8.1.

 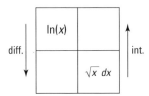

Abbildung 8.1: Der Rahmen für die partielle Integration – allgemein und am Beispiel

Die Pfeile in Abbildung 8.1 erinnern Sie daran, dass Sie links differenzieren und rechts integrieren. Stellen Sie sich die Differentiation – das ist das Einfachere – als von oben nach unten (wie beim Skifahren) vor, und die Integration – das ist das Schwierigere – als von unten nach oben (wie beim Bergsteigen).

Jetzt berechnen Sie die fehlenden Einträge für den Rahmen: Sie haben $u = \ln x$, also berechnen Sie die Ableitung $\frac{du}{dx} = \frac{1}{x}$ und stellen so um, dass Sie $du = \frac{1}{x}dx$ erhalten. Jetzt die rechte Seite: Sie haben dort $dv = \sqrt{x}\,dx$. Sie integrieren auf beiden Seiten der Gleichung und erhalten $\int dv = \int \sqrt{x}\,dx$, also schließlich durch Anwendung der umgekehrten Potenzregel: $v = \int dv = \int \sqrt{x}\,dx = \int x^{\frac{1}{2}}\,dx = \frac{2}{3}x^{\frac{3}{2}}$. Abbildung 8.2 zeigt den fertig ausgefüllten Rahmen.

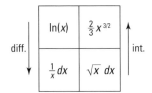 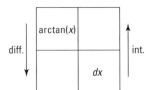

Abbildung 8.2: Der ausgefüllte Rahmen für $\int \sqrt{x}\ln(x)\,dx$

Abbildung 8.3: Der Rahmen für $\int \arctan(x)\,dx$

Setzen Sie alles in die Formel ein: $\int u\,dv = uv - \int v\,du$. Es gilt dann:

$$\int \sqrt{x}\ln x\,dx = \ln(x)\cdot \tfrac{2}{3}x^{\frac{3}{2}} - \int \tfrac{2}{3}x^{\frac{3}{2}}\cdot \tfrac{1}{x}dx$$

$$= \tfrac{2}{3}x^{\frac{3}{2}}\ln(x) - \tfrac{2}{3}\int x^{\frac{1}{2}}dx = \tfrac{2}{3}x^{\frac{3}{2}}\ln(x) - \tfrac{2}{3}\left(\tfrac{2}{3}x^{\frac{3}{2}} + c'\right)$$

$$= \tfrac{2}{3}x^{\frac{3}{2}}\ln(x) - \tfrac{4}{9}x^{\frac{3}{2}} - \tfrac{2}{3}c' = \tfrac{2}{3}x^{\frac{3}{2}}\ln(x) - \tfrac{4}{9}x^{\frac{3}{2}} + c$$

Im letzten Schritt ersetzen Sie $-\tfrac{2}{3}c'$ durch c, da dieser Faktor in der Konstanten untergeht.

Das richtige u auswählen

Und jetzt folgt eine wunderbare Eselsbrücke, wie Sie das u auswählen können (auch hier gilt: Wenn Sie das u ausgewählt haben, ist alles andere automatisch das dv).

Folgendes Ranking kann Ihnen behilflich sein, wie Sie das richtige u auswählen, wenn mehrere Möglichkeiten zur Auswahl stehen:

✔ Logarithmus – *Beispiel:* $\ln x$

✔ Trigonometrische Umkehrfunktionen – *Beispiel:* $\arctan(x)$

✔ Polynome – *Beispiel:* $2x^2 + 3$

✔ Trigonometrische Funktionen – *Beispiel:* $\tan(x)$

✔ Exponentialfunktionen – *Beispiel:* 2^x

Um das u auszuwählen, durchlaufen Sie diese Liste der Reihe nach: Der erste Funktionstyp in der Liste, der im Integranden auftaucht, ist das u, das Sie nehmen sollten.

Ein Beispiel: Integrieren Sie $\int \arctan(x)\,dx$. Beachten Sie, dass die partielle Integration manchmal für Integranden wie diesen funktioniert, der nur eine *einzige* Funktion enthält.

1. **Durchlaufen Sie die obige Liste und wählen Sie das u entsprechend aus.**

   Sie sehen, dass es in $\arctan(x)dx$ keine logarithmischen Funktionen gibt, aber es gibt eine trigonometrische Umkehrfunktion. Das ist also Ihr u. Alles andere ist Ihr dv, in diesem Fall nur das dx.

2. **Und jetzt zu unserem Rahmen.**

   Betrachten Sie dazu Abbildung 8.3.

3. **Lösen Sie das Problem mit der Formel für die partielle Integration.**

   $$\int \arctan(x)\,dx = \int u\,dv = uv - \int v\,du = x\cdot \arctan(x) - \int x\cdot \tfrac{1}{1+x^2}dx$$

Jetzt können Sie die Aufgabe lösen, indem Sie $\int x \cdot \frac{1}{1+x^2} dx$ mithilfe der Substitutionsmethode lösen. Dazu setzen Sie $u = 1 + x^2$. Probieren Sie es aus (in Kapitel 7 können Sie Details zur Substitutionsmethode nachlesen). Beachten Sie, dass das u in $u = 1 + x^2$ nichts mit dem u der partiellen Integration zu tun hat. (Sie hätten es auch w nennen können.) Ihre Antwort sollte dann lauten:

$$\int \arctan(x) dx = x \cdot \arctan(x) - \tfrac{1}{2} \ln(1 + x^2) + c$$

Und noch ein Beispiel: Integrieren Sie $\int x \sin(3x) dx$. Auch diesmal durchlaufen Sie die obige Liste und wählen das u aus: der erste Funktionstyp, den Sie in $x \sin(3x) dx$ finden, eine sehr einfache polynomielle Funktion, nämlich x. Das ist also Ihr u. Legen Sie nun den Rahmen an und betrachten Sie dazu Abbildung 8.4.

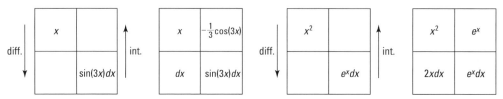

Abbildung 8.4: Der Rahmen für $\int x \sin(3x) dx$ Abbildung 8.5: Die Rahmen für $\int x^2 e^x dx$

Setzen Sie alles in die Formel für die partielle Integration ein und Sie erhalten:

$$\int x \sin(3x) dx = -\tfrac{1}{3} x \cos(3x) - \int (-\tfrac{1}{3}) \cos(3x) dx$$
$$= -\tfrac{1}{3} x \cos(3x) + \tfrac{1}{3} \int \cos(3x) dx$$

Sie können $\int \cos(3x) dx$ nun ganz leicht durch Substitution oder die Raten-und-Prüfen-Methode integrieren. Probieren Sie es! Ihr Ergebnis sollte aber immer $-\tfrac{1}{3} x \cos(3x) + \tfrac{1}{9} \sin(3x) + c$ sein.

Partielle Integration: Beim zweiten wie beim ersten Mal

Manchmal müssen Sie die Methode der partiellen Integration *mehrfach* anwenden, weil der erste Durchlauf nicht die endgültige Lösung erbringt.

Ein Beispiel: Bestimmen Sie $\int x^2 e^x dx$.

1. **Durchlaufen Sie die obige Liste und wählen Sie das u.**

   Der Ausdruck $x^2 e^x dx$ enthält eine polynomielle Funktion, nämlich x^2, ebenso wie die Exponentialfunktion e^x. Entsprechend der obigen Liste finden Sie als Erstes x^2 und so haben Sie das gewünschte u gefunden.

2. **Jetzt die Sache mit den Rahmen.**

   Betrachten Sie dazu Abbildung 8.5.

3. **Verwenden Sie die Formel für die partielle Integration.**

$$\int x^2 e^x dx = x^2 e^x - \int e^x \cdot 2x dx = x^2 e^x - 2\int x e^x dx$$

Sie erhalten ein weiteres Integral, $\int xe^x dx$, das Sie *nicht* mithilfe einer der einfacheren Methoden aus der Welt schaffen können – Umkehrregeln, Raten-und-Prüfen oder Substitution. Beachten Sie jedoch, dass die Potenz von x um 1 reduziert wurde, Sie haben also schon Fortschritte gemacht. Wenn Sie für $\int xe^x dx$ erneut die partielle Integration anwenden, verschwindet das x völlig und Sie sind fertig.

4. **Führen Sie erneut die partielle Integration durch.**

Diesmal machen Sie es selbst:

$$\int xe^x dx = xe^x - \int e^x dx = xe^x - e^x + x$$

5. **Nehmen Sie das Ergebnis aus Schritt 4 und setzen Sie es für das $\int xe^x dx$ in der Lösung aus Schritt 3 ein, um jetzt das Ganze zu erzeugen.**

$$\int x^2 e^x dx = x^2 e^x - 2\int xe^x dx = x^2 e^x - 2 \cdot (xe^x - e^x + c)$$
$$= x^2 e^x - 2xe^x + 2e^x - 2c = x^2 e^x - 2xe^x + 2e^x + c$$

Alles im Kreis!

Wenn Sie die partielle Integration zweimal verwenden, gelangen Sie manchmal an Ihre Ausgangsposition zurück – was, anders, als wenn Sie sich verirren, keine Zeitverschwendung ist.

Ein Beispiel: Integrieren Sie $\int e^x \cos x \, dx$ und Sie werden sehen, was ich meine!

Durchlaufen Sie die Liste und finden Sie u und dv. Das u ist offenbar $\cos x$ und $e^x dx$ ist das dv. Jetzt wenden Sie die Formel für die partielle Integration an:

$$\int e^x \cos(x) dx = e^x \cos(x) - \int e^x (-\sin(x)) dx = e^x \cos(x) + \int e^x \sin(x) dx$$

Wenn Sie erneut partiell für $\int e^x \sin(x) dx$ integrieren, erhalten Sie schließlich:

$$\int e^x \sin(x) dx = e^x \sin(x) - \int e^x \cos(x) dx$$

Damit sind Sie wieder an Ihrem Ausgangspunkt: $\int e^x \cos(x) dx$. Keine Sorge – setzen Sie zuerst die rechte Seite der obigen Gleichung für das $\int e^x \sin(x) dx$ in der ursprünglichen Lösung ein und Sie erhalten:

$$\int e^x \cos(x) dx = e^x \cos(x) + \int e^x \sin(x) dx$$
$$= e^x \cos(x) + e^x \sin(x) - \int e^x \cos(x) dx$$

Jetzt können Sie diese Gleichung nach dem Integral $\int e^x \cos(x)dx$ auflösen. Addieren Sie das gesamte Integral auf beiden Seiten:

$$2 \cdot \int e^x \cos(x)dx = e^x \cos(x) + e^x \sin(x)$$

Bringen Sie die 2 auf die andere Seite und Sie sind endlich am Ziel, denn es gilt:

$$\int e^x \cos(x)dx = \tfrac{1}{2}\left(e^x \cos(x) + e^x \sin(x)\right) = \tfrac{1}{2}e^x \cos(x) + \tfrac{1}{2}e^x \sin(x) + c$$

Integrale mit Sinus und Kosinus

Dieser Abschnitt beschäftigt sich mit Integralen, die Sinus und Kosinus enthalten.

Fall 1: Die Potenz von Sinus ist ungerade und positiv

Wenn die Potenz des Sinus ungerade und positiv ist, spalten Sie einen Sinus-Faktor ab und schreiben ihn rechts neben den restlichen Ausdruck, wandeln die restlichen (geraden) Sinus-Faktoren mithilfe der *Pythagoräischen Identität* in Kosinus um und integrieren dann mithilfe der Substitutionsmethode, wobei $u = \cos(x)$.

Die *Pythagoräische Identität* besagt, dass für jeden Winkel x die Gleichung $\sin^2 x + \cos^2 x = 1$ gilt. Damit folgt:

$$\sin^2 x = 1 - \cos^2 x \text{ und } \cos^2 x = 1 - \sin^2 x$$

Ein Beispiel: Integrieren Sie $\int \sin^3(x)\cos^4(x)dx$. Spalten Sie dazu einen Sinus-Faktor ab: $\int \sin^3(x)\cos^4(x)dx = \int \sin^2(x)\cos^4(x)\sin(x)dx$. Wandeln Sie nun den restlichen (geraden) Sinus mithilfe der Pythagoräischen Identität in Kosinus um:

$$\int \sin^2(x)\cos^4(x)\sin(x)dx = \int \left(1 - \cos^2(x)\right)\cos^4(x)\sin(x)dx$$
$$= \int \left(\cos^4(x) - \cos^6(x)\right)\sin(x)dx$$

Integrieren Sie durch Substitution, wobei $u = \cos(x)$, dann ist $\frac{du}{dx} = -\sin(x)$ und $du = -\sin(x)dx$. Passen Sie Ihr Integral etwas an und so erhalten Sie:

$$\int \left(\cos^4(x) - \cos^6(x)\right)\left(\sin(x)dx\right) = -\int \left(\cos^4(x) - \cos^6(x)\right)\left(-\sin(x)dx\right)$$

Jetzt substituieren Sie und lösen mithilfe der umgekehrten Potenzregel auf:

$$= -\int \left(u^4 - u^6\right)du = -\tfrac{1}{5}u^5 + \tfrac{1}{7}u^7 + c = \tfrac{1}{7}\cos^7(x) - \tfrac{1}{5}\cos^5(x) + c$$

Fall 2: Die Potenz von Kosinus ist ungerade und positiv

Diese Aufgabenstellung verhält sich genau wie Fall 1, außer dass hier die Rollen von Sinus und Kosinus vertauscht sind.

Ein Beispiel: Bestimmen Sie $\int \frac{\cos^3(x)}{\sqrt{\sin(x)}} dx$.

Spalten Sie einen Kosinus-Faktor ab und verschieben Sie ihn nach rechts:

$$\int \frac{\cos^3(x)}{\sqrt{\sin(x)}} dx = \int \cos^3(x)\left(\sin^{-\frac{1}{2}}(x)\right) dx = \int \cos^2(x)\left(\sin^{-\frac{1}{2}}(x)\right)\cos(x) dx$$

Wandeln Sie den übrigen (geraden) Kosinus mithilfe der Pythagoräischen Identität in Sinus um und vereinfachen Sie:

$$\int \cos^2(x)\left(\sin^{-\frac{1}{2}}(x)\right)\cos(x) dx = \int (1-\sin^2(x))\left(\sin^{-\frac{1}{2}}(x)\right)\cos(x) dx$$

$$= \int \left(\sin^{-\frac{1}{2}}(x) - \sin^{\frac{3}{2}}(x)\right)\cos(x) dx$$

Integrieren Sie schließlich durch Substitution, wobei $u = \sin(x)$ ist, dann haben Sie $\frac{du}{dx} = \cos(x)$ und $du = \cos(x)dx$ und so gilt:

$$= \int \left(u^{-1/2} - u^{3/2}\right) du$$

Jetzt integrieren Sie bis zum Ende wie in Fall 1.

Fall 3: Die Potenzen von Sinus und Kosinus sind gerade und nicht negativ

Hier wandeln Sie den Integranden in ungerade Kosinus-Potenzen um, indem Sie die folgenden trigonometrischen Identitäten anwenden:

Es gilt: $\sin^2(x) = \frac{1-\cos(2x)}{2}$ und $\cos^2(x) = \frac{1+\cos(2x)}{2}$.

Anschließend vervollständigen Sie die Aufgabe wie im zweiten Fall gezeigt. Hier ein Beispiel:

$$\int \sin^4(x)\cos^2(x) dx = \int \left(\sin^2(x)\right)^2 \cos^2(x) dx = \int \left(\frac{1-\cos(2x)}{2}\right)^2 \left(\frac{1+\cos(2x)}{2}\right) dx$$

$$= \frac{1}{8} \int \left(1 - \cos(2x) - \cos^2(2x) + \cos^3(2x)\right) dx$$

$$= \frac{1}{8}\int 1\, dx - \frac{1}{8}\int \cos(2x) dx - \frac{1}{8}\int \cos^2(2x) dx + \frac{1}{8}\int \cos^3(2x) dx$$

Über die erste Position in dieser Integralkette brauchen Sie nicht nachzudenken. Die zweite ist eine einfache Umkehrregel mit ein bisschen Detailarbeit. Für das dritte Integral wenden Sie die $\cos^2(x)$-Identität ein zweites Mal an. Das vierte Integral wird gemäß den Schritten im zweiten Fall verarbeitet. Probieren Sie es aus. Die Lösung sollte dann lauten: $\frac{1}{16}x - \frac{1}{64}\sin(4x) - \frac{1}{48}\sin^3(2x) + c$.

Das ABC der Partialbrüche

Sobald Sie denken, es könnte nicht mehr schlimmer kommen als mit der trigonometrischen Substitution, geht es weiter mit *Partialbrüchen*. Seien Sie stark – mit der Methode der Partialbrüche integrieren Sie rationale Funktionen.

Ein Beispiel: Integrieren Sie $\frac{6x^2+3x-2}{x^2+2x^2}$.

Die grundlegende Idee dabei ist, einen Bruch geeignet in Summanden aufzuspalten: $\frac{1}{2}+\frac{1}{3}=\frac{5}{6}$, Sie können also $\frac{5}{6}$ in die Summanden $\frac{1}{2}$ und $\frac{1}{3}$ aufsplitten. Wir beginnen mit einem Bruch wie $\frac{17}{20}$ und zerlegen ihn in eine Summe aus Brüchen, $\frac{3}{5}+\frac{1}{4}$, nur dass Sie es hier mit komplizierteren rationalen Funktionen zu tun haben und nicht mit gewöhnlichen numerischen Brüchen.

Bevor Sie die Partialbruchzerlegung anwenden, müssen Sie prüfen, ob Ihr Integrand ein »echter« Bruch ist, das heißt ein Bruch, bei dem der Grad des Zählers kleiner als der Grad des Nenners ist. Wenn der Integrand nicht »echt« ist, wie etwa $\int \frac{2x^3+x^2-10}{x^3-3x-2}dx$, müssen Sie zuerst eine *Polynomdivision* ausführen, um den unechten Bruch in eine Summe aus einem Polynom (was manchmal eine Zahl ist) und einem echten Bruch umzuwandeln. Machen Sie es doch bei diesem Beispiel: Grundsätzlich gehen Sie dabei vor wie bei gewöhnlichen schriftlichen Divisionen.

$$\begin{array}{l}(2x^3+1x^2+0x-10):(x^3-3x-2)=2\\ \underline{\;2x^3\qquad\;-6x-4\;}\\ \qquad\quad x^2+6x-6\end{array}$$

Mit der regulären Division erhalten Sie, wenn Sie 23 durch 4 teilen, den Quotienten 5 und den Rest 3. Daran erkennen Sie, dass $\frac{23}{4}$ gleich $5+\frac{3}{4}$ ist. Das Ergebnis der obigen Polynomdivision teilt Ihnen dasselbe mit. Der Quotient ist 2 und der Rest ist x^2+6x-6, Sie erhalten also $\frac{2x^3+x^2-10}{x^3-3x-2}=2+\frac{x^2+6x-6}{x^3-3x-2}$. Die ursprüngliche Aufgabenstellung, $\int\frac{2x^3+x^2-10}{x^3-3x-2}dx$ wird zu $\int 2dx+\int\frac{x^2+6x-6}{x^3-3x-2}dx$. Das erste Integral ist $2x$. Anschließend lösen Sie das zweite Integral mit der Partialbruchmethode. Nachfolgend erfahren Sie, wie das funktioniert. Das erste Beispiel ist grundlegend, beim zweiten wird es schon etwas komplizierter.

Fall 1: Der Nenner enthält nur lineare Faktoren

Ein Beispiel: Integrieren Sie $\int\frac{5}{x^2+x-6}dx$. Dies ist ein Problem wie in Fall 1, weil der faktorisierte Nenner (siehe Schritt 1) nur die *linearen* Faktoren $(x-2)$ und $(x+3)$ enthält – mit anderen Worten, Polynome ersten Grades.

1. **Faktorisieren Sie den Nenner, das heißt, finden Sie die Nullstellen der Nennerfunktion durch Probieren oder in diesem Fall der *p-q*-Formel.**

   $\frac{5}{x^2+x-6}=\frac{5}{(x-2)(x+3)}$

2. **Zerlegen Sie den Bruch auf der rechten Seite in eine Summe von Brüchen, wobei jeder Faktor des Nenners in Schritt 1 zum Nenner eines separaten Bruchs wird. Anschließend setzen Sie eine Unbekannte in den Zähler jedes Bruchs ein.**

   $\frac{5}{(x-2)(x+3)} = \frac{A}{(x-2)} + \frac{B}{(x+3)}$

3. **Multiplizieren Sie beide Seiten dieser Gleichung mit dem Nenner der linken Seite.**

   $5 = A \cdot (x+3) + B \cdot (x-2)$

4. **Bestimmen Sie die Nullstellen der linearen Faktoren und setzen Sie sie für das x in die Gleichung aus Schritt 3 ein. Lösen Sie nach den Unbekannten auf.**

   Wenn $x = 2$, dann erhalten Sie $5 = A \cdot (2+3) + B \cdot (2-2) = 5A$; also $A = 1$.

   Wenn $x = -3$, so erhalten Sie $5 = A \cdot (-3+3) + B \cdot (-3-2) = -5B$; also $B = -1$.

5. **Setzen Sie diese Ergebnisse für A und B in der Gleichung aus Schritt 2 ein.**

   $\frac{5}{(x-2)(x+3)} = \frac{1}{(x-2)} + \frac{-1}{(x+3)}$

6. **Teilen Sie das ursprüngliche Integral in die Teilbrüche aus Schritt 5 auf – fertig.**

   $\int \frac{5}{x^2+x-6} dx = \int \frac{1}{(x-2)} dx + \int \frac{-1}{(x+3)} dx = \ln|x-2| - \ln|x+3| + c = \ln\left|\frac{x-2}{x+3}\right| + c$

   Das letzte Gleichheitszeichen benutzt die Logarithmusregel $\ln a - \ln b = \ln \frac{a}{b}$.

Fall 2: Der Nenner enthält nicht zu kürzende quadratische Faktoren

Manchmal kann man einen Nenner nicht linear faktorisieren, da Quadrate nicht gekürzt werden können. Sie können überprüfen, ob ein quadratischer Ausdruck $ax^2 + bx + c$ in diesem Sinne reduzierbar ist, indem Sie seine Diskriminante $b^2 - 4ac$ überprüfen. Ist die Diskriminante negativ, ist der quadratische Ausdruck nicht reduzierbar. Die Anwendung der Technik von Partialbrüchen mit nicht reduzierbaren quadratischen Ausdrücken verhält sich etwas anders.

Ein Beispiel: Integrieren Sie $\int \frac{5x^3+9x-4}{x(x-1)(x^2+4)} dx$.

1. **Faktorisieren Sie den Nenner.**

   Das ist bereits passiert. Sagen Sie nicht, ich sei nicht gut zu Ihnen!

2. **Zerlegen Sie den Bruch in eine Summe von Partialbrüchen.**

   Wenn Sie einen nicht reduzierbaren quadratischen Faktor haben (wie etwa hier $x^2 + 4$, müssen Sie für den Zähler dieses Partialbruchs zwei Unbekannte in der Form $Cx + D$ nehmen, also:

   $\frac{5x^3+9x-4}{x(x-1)(x^2+4)} = \frac{A}{x} + \frac{B}{x-1} + \frac{Cx+D}{x^2+4}$

3. **Multiplizieren Sie beide Seiten dieser Gleichung mit dem Nenner auf der linken Seite.**

   $5x^3 + 9x - 4 = A(x-1)(x^2+4) + Bx(x^2+4) + (Cx+D)x(x-1)$

4. **Bestimmen Sie die Nullstellen der linearen Faktoren und setzen Sie sie für das x in die Gleichung aus Schritt 3 ein und lösen Sie auf.**

   - Wenn $x = 0$, dann $-4 = -4A$, also $A = 1$.
   - Wenn $x = 1$, dann $10 = 5B$, also $B = 2$.

   Anders als bei dem Beispiel aus dem ersten Fall können Sie hier nicht nach allen Unbekannten auflösen, indem Sie die Nullstellen der linearen Faktoren einsetzen, deshalb haben Sie ein wenig mehr Arbeit.

5. **Setzen Sie die bekannten Werte von A und B in die Gleichung aus Schritt 3 ein und zwei beliebige Werte für x, die in Schritt 4 nicht verwendet wurden, um ein System von zwei Gleichungen in Ausdrücken mit C und D zu erhalten.**

   - Sie nehmen daher $A = 1$ und $B = 2$, dann erhalten Sie für $x = -1$ die Gleichung $-18 = -10 - 10 - 2C + 2D$, also $2 = -2C + 2D$ und somit $1 = -C + D$.
   - Wenn Sie $x = 2$ einsetzen, erhalten Sie $54 = 8 + 32 + 4C + 2D$, also $14 = 4C + 2D$ und $7 = 2C + D$.

6. **Lösen Sie das Gleichungssystem $1 = -C + D$ und $7 = 2C + D$ auf:**

   Sie erhalten $C = 2$ und $D = 3$. Die Lösungen können Sie selbst nachprüfen.

7. **Teilen Sie das ursprüngliche Integral auf und integrieren Sie.**

   Unter Verwendung der Werte aus den Schritten 4 und 6, also $A = 1$, $B = 2$, $C = 2$, $D = 3$ und der Gleichung aus Schritt 2 können Sie das ursprüngliche Integral in drei Teile zerlegen:

   - $\int \frac{5x^3 + 9x - 4}{x(x-1)(x^2+4)} dx = \int \frac{1}{x} dx + \int \frac{2}{x-1} dx + \int \frac{2x+3}{x^2+4} dx$

   Mithilfe einfacher Bruchrechnung können Sie das dritte Integral auf der rechten Seite in zwei Teile zerlegen, so dass Sie die endgültige Partialbruchzerlegung erhalten:

   - $\int \frac{5x^3 + 9x - 4}{x(x-1)(x^2+4)} dx = \int \frac{1}{x} dx + \int \frac{2}{x-1} dx + \int \frac{2x}{x^2+4} dx + \int \frac{3}{x^2+4} dx$

   Die beiden ersten Integrale sind einfach. Für das dritte Integral verwenden Sie die Substitution mit $u = x^2 + 4$ und $du = 2x dx$. Das vierte Integral wird mithilfe der Arkustangens-Regel gelöst, die Sie auf der Schummelseite vorn in diesem Buch finden.

   - $\int \frac{5x^3 + 9x - 4}{x(x-1)(x^2+4)} dx = \ln|x| + 2\ln|x-1| + \ln|x^2+4| + \frac{3}{2}\arctan\left(\frac{x}{2}\right) + c$
   $= \ln\left|x(x-1)^2(x^2+4)\right| + \frac{3}{2}\arctan\left(\frac{x}{2}\right) + c$

Fall 3: Der Nenner enthält lineare oder quadratische Faktoren in höherer Potenz

Wenn der Nenner Faktoren wiederholt, wie beispielsweise in $(x+5)$ in $(x+5)^4$, gehen Sie wie folgt vor.

8 ➤ Integration: Praktische Tricks für Profis

Ein Beispiel: Sie wollen $\int \frac{1}{x^2(x-1)^3}dx$ integrieren. Das x im Nenner hat die Potenz 2, Sie erhalten zwei Partialbrüche für das x (für die Potenzen 1 und 2); das $(x-1)$ hat die Potenz 3, Sie erhalten drei Teilbrüche für diesen Faktor (für die Potenzen 1, 2 und 3), so dass Sie die folgende allgemeine Form für die Partialbruchzerlegung erhalten:

$$\frac{A}{x} + \frac{B}{x^2} + \frac{C}{(x-1)} + \frac{D}{(x-1)^2} + \frac{E}{(x-1)^3}$$

Noch ein Beispiel: Zerlegen Sie den Bruch $\frac{4x^3-x^2+8}{(2x-3)^2(x^2+1)^2}$ in $\frac{A}{(2x-3)} + \frac{B}{(2x-3)^2} + \frac{Cx+D}{(x^2+1)} + \frac{Ex+F}{(x^2+1)^2}$.

Die Lösung für diese Beispiele lasse ich hier weg. Die Methode ist dieselbe wie in den Fällen 1 und 2 – nur unübersichtlicher.

Bonusrunde – Der Koeffizientenvergleich

Und es gibt noch eine Methode, Ihre großbuchstabigen Unbekannten zu finden, die Sie unbedingt in Ihre Trickkiste aufnehmen sollten.

Ein Beispiel: Angenommen, Sie erhalten Folgendes für Ihre Gleichung aus Schritt 3 (das Ganze stammt aus einer Aufgabenstellung mit zwei nicht reduzierbaren quadratischen Faktoren):

$$2x^3 + x^2 - 5x + 4 = (Ax+B)(x^2+1) + (Cx+D)(x^2+2x+2)$$

Diese Gleichung hat keine linearen Faktoren, deshalb können Sie die Nullstellen auch nicht einsetzen, um die Unbekannten zu erhalten. Stattdessen lösen Sie die Klammern auf der rechten Seite der Gleichung auf:

$$2x^3 + x^2 - 5x + 4 = Ax^3 + Ax + Bx^2 + B + Cx^3 + 2Cx^2 + 2Cx + Dx^2 + 2Dx + 2D$$

Und jetzt fassen Sie ähnliche Terme (entsprechend der Potenz von x) zusammen:

$$2x^3 + x^2 - 5x + 4 = x^3(A+C) + x^2(B+2C+D) + x(A+2C+2D) + (B+2D)$$

Anschließend setzen Sie die Koeffizienten ähnlicher Terme von der linken und der rechten Seite der Gleichung gleich, das nennt man einen *Koeffizientenvergleich*:

$$2 = A+C \quad 1 = B+2C+D \quad -5 = A+2C+2D \quad 4 = B+2D$$

Jetzt können Sie dieses Gleichungssystem lösen, um A, B, C und D zu erhalten.

Sie können das Beispiel aus Fall 2 abschließen, indem Sie eine Kurzversion der Methode des Koeffizientenvergleichs anwenden. Betrachten Sie die Gleichung in Schritt 3 des zweiten Falls und setzen Sie die Koeffizienten des x^3-Terms auf der linken und auf der rechten Seite der Gleichung gleich. Erkennen Sie ohne genaues Auflösen der Klammern, dass Sie auf der rechten Seite $x^3(A+B+C)$ erhalten würden? (Wenn Sie es nicht erkennen, vergessen Sie diese Abkürzung.) Sie haben $5x^3 = (A+B+C)x^3$, das heißt, $5 = A+B+C$. Weil $A=1$ und $B=2$ (aus Schritt 4) ist, muss C gleich 2 sein. Mit diesen Werten für A, B und C und einem beliebigen Wert für x (außer 0 und 1) erhalten Sie D. Praktisch, oder?

Kurz gesagt, es gibt drei Möglichkeiten, die Unbekannten A, B, C usw. zu finden:

✔ Sie setzen die Nullstellen der linearen Faktoren des Nenners ein, falls es solche gibt.

✔ Sie setzen andere Werte für x ein und lösen das resultierende Gleichungssystem auf.

✔ Sie führen den Koeffizientenvergleich durch.

Mit ein wenig Übung werden Sie lernen, diese Methoden zu kombinieren und Ihre Unbekannten schnell zu bestimmen.

Grau ist alle Theorie – Praktische Integrale!

Sie wissen jetzt, wie man Integrale löst. Keine Angst – Übung macht auch hier den Meister. Dass Sie mit bestimmten Integralen Flächen berechnen können, wissen Sie auch. In diesem Abschnitt schauen wir uns drei praktische Fragestellungen an, die in verschiedenen Variationen immer wieder auftauchen.

Die Fläche zwischen zwei Funktionen berechnen

Dies ist das erste von drei Themen in diesem Kapitel, in dem Sie einen Ausdruck für ein winziges Stück von irgendetwas suchen und dann diese winzigen Stücke addieren, indem Sie integrieren. Für den ersten Aufgabentyp ist das winzige Stück ein schmales Rechteck, das auf einer Kurve sitzt und bis zu einer weiteren Kurve verläuft.

Ein Beispiel: Bestimmen Sie die Fläche zwischen $y = 2 - x^2$ und $y = \frac{1}{2}x$ von $x = 0$ bis $x = 1$. Betrachten Sie dazu Abbildung 8.6.

Um die Höhe des entsprechenden Rechtecks in Abbildung 8.6 zu erhalten, subtrahieren Sie die y-Koordinate seiner Unterseite von der y-Koordinate seiner Oberseite – das heißt

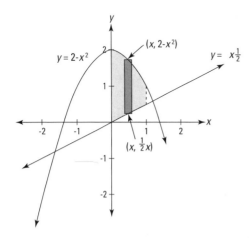

Abbildung 8.6: Die Fläche zwischen $y = 2 - x^2$ und $y = \frac{1}{2}x$ von $x = 0$ bis $x = 1$

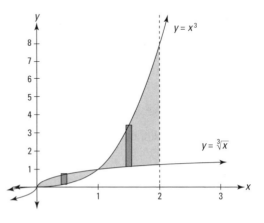

Abbildung 8.7: Welche Funktion ist wann über der anderen?

$(2-x^2)-\frac{1}{2}x$. Die Grundseite ist das (unendlich kleine) dx. Weil also *Fläche des Rechtecks* gleich *Höhe* mal *Grundseite* ist, gilt formal:

Fläche des repräsentativen Rechtecks $= \left((2-x^2)-\frac{1}{2}x\right)dx$

Jetzt addieren Sie die Flächen aller Rechtecke von 0 bis 1, indem Sie integrieren:

$$\int_0^1\left((2-x^2)-\frac{1}{2}x\right)dx = \left(2-\frac{1}{3}-\frac{1}{4}\right)-(0-0-0) = \frac{17}{12} \text{ Quadrateinheiten}$$

Beachten Sie, wir denken hier praktisch orientiert. Diese Methode lässt sich auch rein mathematisch rechtfertigen, aber Sie sind hier eher an Lösungen interessiert.

Noch ein Beispiel: Um das Ganze etwas komplizierter zu machen, schneiden sich in der nächsten Aufgabe die Graphen (siehe Abbildung 8.7). Wenn dies passiert, müssen Sie den gesamten schattierten Bereich in eigene Abschnitte unterteilen, bevor Sie integrieren. Das Prinzip ist aber das gleiche. Probieren Sie es aus: Finden Sie die Fläche zwischen $\sqrt[3]{x}$ und x^3 von $x=0$ bis $x=2$.

1. **Bestimmen Sie, wo sich die Graphen schneiden.**

   Sie schneiden sich im Punkt $(1,1)$. Sie haben also zwei separate Bereiche – einen von 0 bis 1 und einen weiteren von 1 bis 2.

2. **Bestimmen Sie die Fläche des linken Bereichs.**

   Für diesen Bereich liegt $\sqrt[3]{x}$ über x^3. Die Höhe eines repräsentativen Rechtecks ist also $\sqrt[3]{x}-x^3$. Seine Fläche ist also gegeben durch das folgende Integral:

   $$\int_0^1\left(\sqrt[3]{x}-x^3\right)dx = \left[\frac{3}{4}x^{\frac{4}{3}}-\frac{1}{4}x^4\right]_0^1 = \left(\frac{3}{4}-\frac{1}{4}\right)-(0-0) = \frac{1}{2}$$

3. **Bestimmen Sie die Fläche des Bereichs auf der rechten Seite.**

   Jetzt liegt x^3 über $\sqrt[3]{x}$, die Höhe eines Rechtecks ist also gleich $x^3-\sqrt[3]{x}$ und damit erhalten Sie

   $$\int_1^2\left(x^3-\sqrt[3]{x}\right)dx = \left[\frac{1}{4}x^4-\frac{3}{4}x^{\frac{4}{3}}\right]_1^2 = \left(4-\frac{3}{2}\sqrt[3]{2}\right)-\left(\frac{1}{4}-\frac{3}{4}\right) = \frac{9}{2}-\frac{3}{2}\sqrt[3]{2}.$$

4. **Addieren Sie die Flächen der beiden Bereiche, um die Gesamtfläche zu erhalten.**

   $\frac{1}{2}+\frac{9}{2}-\frac{3}{2}\sqrt[3]{2} \approx 3{,}11$ Flächeneinheiten

Beachten Sie, dass die Höhe eines repräsentativen Rechtecks immer *obere Begrenzung* minus *untere Begrenzung* ist, unabhängig davon, ob diese Zahlen positiv oder negativ sind. Beispielsweise hat ein Rechteck, das von 20 bis 30 reicht, eine Höhe von $30-20=10$; ein Rechteck, das von -3 bis 8 reicht, hat eine Höhe von $8-(-3)=11$; und ein Rechteck, das von -15 bis -10 reicht, hat eine Höhe von $-10-(-15)=5$.

Wenn Sie sich diese *Oben-minus-unten-Methode* vorstellen, um die Höhe eines Rechtecks zu ermitteln, erkennen Sie jetzt – vorausgesetzt, Sie haben es nicht schon längst gesehen –, warum das bestimmte Integral einer Funktion die Fläche unterhalb der x-Achse als negativ interpretiert. (Diese einführenden Ideen zur Flächenberechnung habe ich Ihnen in Kapitel 7 gezeigt.)

Und noch ein Beispiel: Betrachten Sie die Abbildung 8.8.

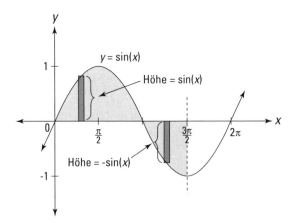

Abbildung 8.8: Wie groß ist die schattiert dargestellte Fläche?

*Hinweis: Diese ist **nicht** gleich dem Integral $\int_0^{\frac{3\pi}{2}} \sin(x)\,dx$*

Wenn Sie die Gesamtfläche des in Abbildung 8.8 gezeigten schattierten Bereichs bestimmen wollen, müssen Sie den schattierten Bereich in zwei Abschnitte zerlegen, wie Sie es bereits aus der vorigen Aufgabenstellung kennen. Ein Abschnitt verläuft von 0 bis π, der zweite von π bis $\frac{3\pi}{2}$.

Für den ersten Abschnitt von 0 bis π hat ein repräsentatives Rechteck die Höhe der eigentlichen Funktion, nämlich $y = \sin(x)$, weil seine Oberseite auf der Funktion liegt und seine Unterseite gleich 0 ist – und natürlich ergibt eine Zahl minus 0 wieder die Zahl selbst. Die Fläche dieses ersten Abschnitts ist also gegeben durch das bestimmte Integral $\int_0^{\pi} \sin(x)dx$.

Für den zweiten Abschnitt von π bis $\frac{3\pi}{2}$ liegt die Oberseite eines repräsentativen Rechtecks bei 0 (Sie wissen, dass die x-Achse die Linie $y = 0$ ist) und seine Unterseite liegt auf $y = \sin(x)$, deshalb ist seine Höhe gleich $0 - \sin(x)$ oder $-\sin(x)$. Um also die Fläche dieses zweiten Abschnitts zu ermitteln, berechnen Sie das bestimmte Integral des *Negativen* der Funktion, nämlich $\int_{\pi}^{\frac{3\pi}{2}} -\sin(x)dx$, was dasselbe ist wie $-\int_{\pi}^{\frac{3\pi}{2}} \sin(x)dx$. Weil dieses *negative* Integral Ihnen die *positive* Fläche des Abschnitts unterhalb der x-Achse mitteilt, erzeugt das *positive* bestimmte Integral $\int_{\pi}^{\frac{3\pi}{2}} \sin(x)dx$ eine *negative* Fläche. Wenn Sie also das bestimmte Integral $\int_{\pi}^{\frac{3\pi}{2}} \sin(x)dx$ über die gesamte Spanne berechnen, geht der Abschnitt unterhalb der x-Achse als negative Fläche ein und somit wird das Ergebnis verfälscht.

Bogenlängen bestimmen

Bisher haben Sie die Flächen von Rechtecken addiert, um Gesamtflächen zu erhalten. Jetzt werden Sie einen Funktionsgraphen in winzig kleine Abschnitte einteilen und die winzigen Längen dann addieren, um schließlich die Gesamtlänge des »Bogens« zu erhalten.

Die Idee dabei ist, die Länge der Kurve in kleine Abschnitte zu zerlegen, die Länge jedes dieser Abschnitte zu bestimmen und dann alle Längen zu addieren. Abbildung 8.9 zeigt, wie jeder Abschnitt einer Kurve durch die Hypotenuse eines winzigen rechtwinkligen Dreiecks angenähert werden kann.

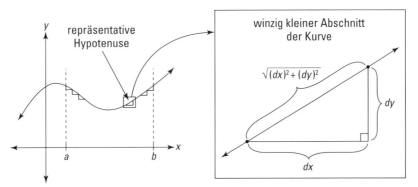

Abbildung 8.9: Der Satz des Pythagoras, $a^2 + b^2 = c^2$, ist der Schlüssel zur Bogenlängenformel.

Sie können sich vorstellen, dass bei immer weiteren Vergrößerungen, wenn die Kurve in immer mehr Abschnitte zerlegt wird, die Hypotenusen immer mehr zu Geraden werden. Je feiner die Zerlegung, desto besser ist die Annäherung an die ursprüngliche Kurve. Wenn also dieser Prozess, immer kleiner werdende Kurvenabschnitte zu addieren, bis auf die Spitze getrieben wird, erhalten Sie die *exakte* Länge der Kurve.

Sie brauchen nur alle Hypotenusen entlang der Kurve zwischen ihrem Anfangs- und ihrem Endpunkt zu addieren. Die Längen der Schenkel jedes unendlich kleinen Dreiecks sind dx und dy und damit ist die Länge der Hypotenuse – gemäß dem Satz des Pythagoras – gleich $\sqrt{(dx)^2 + (dy)^2}$. Um alle Hypotenusen von a bis b entlang der Kurve zu addieren, integrieren Sie $\int_a^b \sqrt{(dx)^2 + (dy)^2}$. Ein bisschen Feinarbeit und Sie haben die Formel für die Bogenlänge. Als Erstes ziehen Sie ein $(dx)^2$ unter der Quadratwurzel heraus und vereinfachen:

$$\int_a^b \sqrt{(dx)^2 \left[1 + \frac{(dy)^2}{(dx)^2}\right]} = \int_a^b \sqrt{(dx)^2 \left[1 + \left(\frac{dy}{dx}\right)^2\right]}$$

Jetzt können Sie die Wurzel aus $(dx)^2$ ziehen – das Ergebnis lautet dx – und bringen dann dx hinter die Wurzel. Und schon haben Sie die gewünschte Formel für die Bogenlänge:

Bogenlänge: Die Bogenlänge entlang einer Kurve $y = f(x)$ von a bis b ist durch das Integral $\int_a^b \sqrt{1+\left(\frac{dy}{dx}\right)^2}\,dx$ gegeben.

Der Ausdruck innerhalb des Integrals ist die Länge einer repräsentativen Hypotenuse. (Ich möchte noch einmal betonen, dass man diese Herangehensweise wunderbar mathematisch begründen kann!)

Ein Beispiel: Was ist die Länge entlang $y = (x-1)^{\frac{3}{2}}$ von $x = 1$ bis $x = 5$?

1. **Suchen Sie die Ableitung Ihrer Funktion.**
   Für $y = (x-1)^{\frac{3}{2}}$ ist $\frac{dy}{dx} = \frac{3}{2}(x-1)^{\frac{1}{2}}$.

2. **Setzen Sie dies in die Formel ein und integrieren Sie.**

$$\int_a^b \sqrt{1+\left(\frac{dy}{dx}\right)^2}\,dx = \int_1^5 \sqrt{1+\left(\frac{3}{2}(x-1)^{\frac{1}{2}}\right)^2}\,dx = \int_1^5 \sqrt{1+\frac{9}{4}(x-1)}\,dx$$

$$= \int_1^5 \left(\frac{9}{4}x - \frac{5}{4}\right)^{\frac{1}{2}} dx = \left[\frac{4}{9} \cdot \frac{2}{3}\left(\frac{9}{4}x - \frac{5}{4}\right)^{\frac{3}{2}}\right]_1^5$$

Erkennen Sie, wie ich darauf gekommen bin? Es ist die Schätzen-und-Prüfen-Integrationstechnik mit der umgekehrten Potenzregel. Das $\frac{4}{9}$ ist der Korrekturbetrag, den Sie für den Koeffizienten $\frac{9}{4}$ brauchen.

$$= \left[\frac{1}{27}(9x-5)^{\frac{3}{2}}\right]_1^5 = \frac{1}{27}\left(\sqrt{40}\right)^3 - \frac{1}{27} \cdot 8$$

$$= \frac{8}{27}\left(\left(\sqrt{10}\right)^3 - 1\right) \approx 9{,}07 \text{ Einheiten}$$

Wenn Sie sich also je auf einer Kurve mit der Form $y = (x-1)^{\frac{3}{2}}$ befinden und Ihr Kilometerzähler kaputt ist, können Sie die exakte Länge Ihrer Fahrt bestimmen. Ihre Freunde werden sehr beeindruckt (oder sehr besorgt) sein.

Drehoberflächen entstehen durch Drehen!

Eine Drehoberfläche ist eine dreidimensionale Fläche mit ringförmigen Querschnitten, wie eine Vase oder eine Glocke oder eine Weinflasche. Für diese Aufgabenstellungen unterteilen Sie die Oberfläche in schmale ringförmige Bänder, bestimmen die Oberfläche eines repräsentativen Bandes und addieren dann die Flächen aller Bänder, um die Gesamtoberfläche zu erhalten. Abbildung 8.10 zeigt eine solche Form mit einem repräsentativen Band.

Wie groß ist die Oberfläche des repräsentativen Bandes? Wenn Sie das Band auseinanderschneiden und aufrollen, erhalten Sie ein langes, schmales Rechteck, dessen Fläche natürlich gleich *Länge* mal *Breite* ist. Das Rechteck legt sich um die gesamte ringförmige Oberfläche, seine Länge ist also gleich dem Umfang des kreisförmigen Querschnitts oder $2\pi r$, wobei r die Höhe der Funktion ist (jedenfalls für normale Aufgabenstellungen). Die Breite des Rechtecks oder Bandes ist durch $\sqrt{1+\left(\frac{dy}{dx}\right)^2}\,dx$ gegeben. Diese Formel haben Sie bereits

8 ➤ Integration: Praktische Tricks für Profis

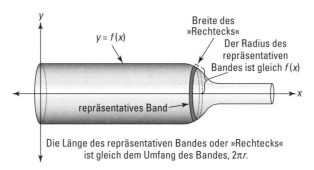

Abbildung 8.10: Das Weinflaschen-Problem

im letzten Abschnitt bestimmt. Die Oberfläche eines repräsentativen Bandes besteht dann aus *Länge* mal *Breite*, also $2\pi r \sqrt{1+\left(\frac{dy}{dx}\right)^2}\,dx$, womit Sie zur allgemeinen Formel kommen.

Drehoberfläche: Eine Oberfläche, die durch Drehung einer Funktion $f(x)$ um die x-Achse entsteht, hat eine Oberfläche – zwischen a und b –, die durch das folgende Integral gegeben ist:

$$\int_a^b 2\pi \cdot f(x) \cdot \sqrt{1+\left(\tfrac{dy}{dx}\right)^2}\,dx = 2\pi \int_a^b f(x) \cdot \sqrt{1+\left(\tfrac{dy}{dx}\right)^2}\,dx$$

Ein Beispiel: Wie groß ist die Oberfläche zwischen $x = 1$ und $x = 2$, die durch Drehen von $y = x^3$ um die x-Achse entsteht? Betrachten Sie dazu Abbildung 8.11.

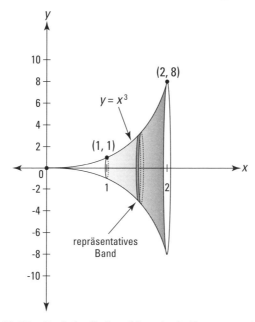

Abbildung 8.11: Eine Drehoberfläche – hier wie ein Trompetentrichter geformt

1. **Bestimmen Sie die Ableitung Ihrer Funktion.**

   Für $y = x^3$ ist $\frac{dy}{dx} = 3x^2$. Jetzt können Sie die Aufgabe fertigstellen, indem Sie alles in die Formel einsetzen. Ich möchte dies jedoch mit Ihnen Schritt für Schritt nachvollziehen.

2. **Bestimmen Sie die Oberfläche eines repräsentativen schmalen Bandes.**

   Der Radius des Bandes ist x^3, sein Umfang ist also $2\pi x^3$ – das ist die Länge des Bandes. Seine Breite ist $\sqrt{1+\left(\frac{dy}{dx}\right)^2}\,dx = \sqrt{1+(3x^2)^2}\,dx$. Damit ist die Fläche gleich $2\pi x^3 \sqrt{1+\left(3x^2\right)^2}\,dx$.

3. **Addieren Sie die Flächen aller Bänder von Schritt 1 bis 2, indem Sie integrieren.**

$$\int_1^2 2\pi x^3 \sqrt{1+\left(3x^2\right)^2}\,dx = 2\pi \int_1^2 x^3 \sqrt{1+9x^4}\,dx = \frac{2\pi}{36}\int_1^2 36 x^3 \sqrt{1+9x^4}\,dx$$

$$= \frac{\pi}{18}\int_{10}^{145} u^{\frac{1}{2}}\,du = \frac{\pi}{18}\left[\frac{2}{3}u^{\frac{3}{2}}\right]_{10}^{145} = \frac{\pi}{18}\left(\frac{2}{3}\cdot 145^{\frac{3}{2}} - \frac{2}{3}\cdot 10^{\frac{3}{2}}\right)$$

$$\approx 199{,}5 \text{ Quadrateinheiten}$$

Hierbei haben Sie substituiert, und zwar mittels $u = 1+9x^4$, $du = 36x^3\,dx$ und den entsprechenden substituierten Werten: wenn $x = 1$, dann $u = 10$; wenn $x = 2$, $u = 145$. Fertig!

Teil IV

Lineare Algebra

In diesem Teil ...

Die lineare Algebra ist ein grundlegendes Teilgebiet der Mathematik. Ich zeige Ihnen in den folgenden Kapiteln, wie man in der Praxis mit Geraden und Ebenen umgeht, wie man (lineare) Gleichungssysteme unkompliziert löst, auch wenn sie fünf, sechs oder gar mehr Gleichungen enthalten. Abschließend zeige ich Ihnen, wie man Drehungen und Spiegelungen in den Griff bekommt, ohne den Überblick zu verlieren. Als notwendiges Hilfsmittel werde ich Sie in die Welt der Matrizen einführen – seien Sie gespannt!

Grundlagen der Vektorräume

In diesem Kapitel

▸ Was sind Vektorräume?

▸ Mit Vektoren rechnen

▸ Vektoren veranschaulichen

▸ Geraden und Ebenen verstehen

▸ Lagebeziehungen von Geraden und Ebenen

▸ Flugzeugkollision in Las Vegas?

Im Alltag gibt es Größen, die nicht nur einen Zahlenwert, sondern auch eine Richtung haben, etwa die Geschwindigkeit eines Autos. Mit solchen Größen möchten Sie genauso gut umgehen und rechnen können wie mit den reellen Zahlen. Dazu werde ich Vektorräume einführen und Rechenoperationen und Begriffe klären. Als erste Anwendung diskutiere ich mit Ihnen, wie man mithilfe der Theorie der Vektoren Geraden und Ebenen beschreiben kann.

Vektoren erleben

In der Praxis sind Sie mit vielen Herausforderungen konfrontiert. Sie müssen Aufgaben lösen, in denen verschiedene Größen mit ihren Werten Ihnen das Leben manchmal etwas schwerer machen. So gehen Sie zum Arzt und er bescheinigt Ihnen, dass Ihr Gewicht etwas am oberen Limit ist. Sie fahren genervt nach Hause und plötzlich bekommen Sie einen Strafzettel, weil Sie (angeblich) zu schnell unterwegs waren. Sie sind genervt. Fahren zum Supermarkt. Einkaufen. Parken am Straßenrand. Sie stellen fest, dass dies eine Kurzzeitparkzone ist und so versuchen Sie, innerhalb der geforderten Stunde zurück zu sein. Sie legen die Parkscheibe so ins Auto, dass sie zu sehen ist, und schlagen die Tür zu. Sie fällt krachend ins Schloss. Unnötig, wie Sie feststellen müssen, denn Ihr Auto kann nichts für Ihren Ärger. Es ist nichts passiert, Sie haben lediglich mit zu viel Kraft die Tür zugeschlagen. Ein ganz normaler Tag.

Welche Alltags-Größen habe ich hier angesprochen:

✔ das Körpergewicht, gemessen in Kilogramm

✔ die Geschwindigkeit Ihres Autos, gemessen in Kilometer pro Stunde

✔ die Zeit beim Parken, gemessen in Stunden

✔ die aufgewendete Kraft beim Schließen der Tür, gemessen in Newton

Wenn Sie genau hinschauen, stellen Sie fest, dass wir hier zwei Arten von Größen haben. So genannte *skalare Größen*, wie das Gewicht oder die Zeit, die sich durch eine Zahl ausdrücken lassen, und kompliziertere Größen, bei denen mehrere Werte eine Rolle spielen, etwa die Geschwindigkeit oder die Kraft.

Ein Beispiel: Ich gebe Ihnen zur Veranschaulichung ein besseres Beispiel, das ich keinem wünsche: Wenn bei einem Unfall zwei Autos aufeinanderprallen und Sie wissen, dass beide Autos mit etwa 50 Kilometer pro Stunde unterwegs waren, macht es einen Unterschied, wie sie zusammenstoßen.

Wenn beide Autos an einer Kreuzung frontal zusammenstoßen, entspricht dies einem Aufprall von 100 Kilometer pro Stunde – eine Katastrophe. Die wirkenden Kräfte wirken entgegen. Schauen Sie auf Abbildung 9.1a.

Wenn dagegen beide Autos auf einer zweispurigen Straße nebeneinander fahren und beide sich versehentlich berühren, da der eine Fahrer abgelenkt war, dann gibt es auf beiden Seiten vielleicht nur Kratzer und einen Schreck. Die wirkenden Kräfte bildeten einen sehr spitzen Winkel. Betrachten Sie hierzu Abbildung 9.1b.

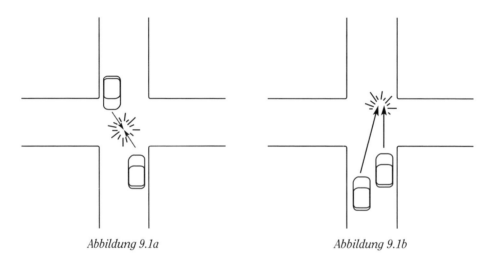

Abbildung 9.1a   *Abbildung 9.1b*

Abbildung 9.1: Die Veranschaulichung vektorieller Größen: Geschwindigkeit und Kraft

Sie erkennen, sowohl bei der Geschwindigkeit als auch der Kraft kommt es auf die Größe an – diese nennt man in diesem Zusammenhang auch *Betrag* – und zusätzlich in einem erheblichen Maße auch auf die wirkende *Richtung*. Solche Größen nennt man auch *vektorielle Größen*.

Vektoren veranschaulichen

Im mathematischen Leben ist alles etwas nüchterner. Wenn Sie vektorielle Größen, oder kurz *Vektoren*, darstellen möchten, können Sie dies in einem Koordinatensystem machen. Sie zeichnen dafür eine waagerechte (eine Gerade) und eine darauf senkrecht stehende Linie. Die waagerechte wird meistens als x-Achse bezeichnet, die senkrechte in der Regel als y-Achse. Die entsprechenden Einheiten tragen Sie ab – indem Sie die Achsen mit Zahlen beschriften, geben Sie ihnen mathematische Bedeutung.

Ein Beispiel: Schauen Sie auf Abbildung 9.2a. Dort sehen Sie zwei Vektoren gleicher Länge, aber entgegengesetzter Richtung. Dagegen erkennen Sie in Abbildung 9.2b zwei Vektoren immer noch gleicher Länge, aber in ähnlicher Richtung. Sie bilden nur einen sehr kleinen spitzen Winkel. Haben Sie es erkannt? Es handelt sich um eine Darstellung der Gegebenheit aus den Abbildungen 9.1a und 9.1b.

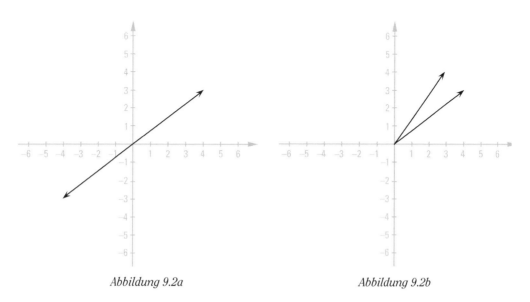

Abbildung 9.2a   *Abbildung 9.2b*

Abbildung 9.2: Vektoren mit verschiedenen Richtungen

Wenn Sie diese Vektoren mathematisch betrachten und beschreiben möchten, so nutzen Sie die entsprechenden Koordinaten. Die beiden Vektoren in Abbildung 9.2a haben die Koordinaten $x_1 = 4$ und $y_1 = 3$ beziehungsweise $x_2 = -4$ und $y_2 = -3$. Man notiert diese Werte in vektorieller Schreibweise, indem man sie geklammert untereinander schreibt. Die beiden Vektoren in Abbildung 9.2a haben daher die Form $\begin{pmatrix} 4 \\ 3 \end{pmatrix}$ und $\begin{pmatrix} -4 \\ -3 \end{pmatrix}$ bzw. die Vektoren in Abbildung 9.2b sind offenbar $\begin{pmatrix} 4 \\ 3 \end{pmatrix}$ und $\begin{pmatrix} 3 \\ 4 \end{pmatrix}$.

 Grafisch zeichnen Sie Vektoren in ein Koordinatensystem und markieren sie als Pfeile. Sie haben nämlich eine Länge und eine Richtung, wie Sie bereits wissen.

Mit Vektoren anschaulich rechnen

Ein Beispiel: Zeichnen Sie sich zwei (Orts-)Vektoren in das x-y-Koordinatensystem – wie ich das für Sie mit den zwei Vektoren $a = \begin{pmatrix} 3 \\ 1 \end{pmatrix}$ und $b = \begin{pmatrix} 2 \\ 3 \end{pmatrix}$ in Abbildung 9.3 vorbereitet habe.

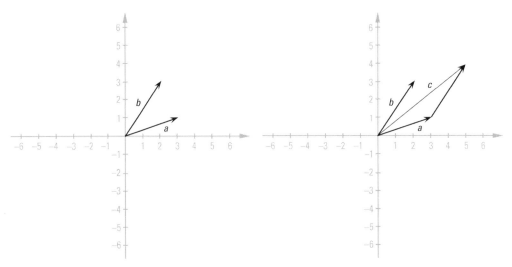

Abbildung 9.3: Zwei Vektoren in der Ebene   Abbildung 9.4: Die Summe zweier Vektoren

 In der Mathematik unterscheidet man zwischen *Punkten*, die durch die Koordinaten im Koordinatensystem gegeben sind, und *Vektoren*, also beispielsweise den Vektoren, die vom Koordinatenursprung zu einem Punkt zeigen. Diese Vektoren heißen auch *Ortsvektoren* des Punktes, auf den sie zeigen. Ich werde darauf noch einmal zurückkommen, wenn ich Punkte, Geraden und Ebenen erläutere.

Setzen Sie den Vektor b durch Parallelverschiebung an die Spitze des Vektors a heran und zeichnen Sie einen neuen Vektor, nämlich den Ortsvektor von der neuen Spitze – nennen Sie diesen Vektor c. Betrachten Sie dazu Abbildung 9.4. Dann ist dieser neue Vektor die Summe der beiden gegebenen Vektoren, das heißt, Sie können schreiben $c = a + b$. Sie hätten auch den Vektor a an die Spitze des Vektors b setzen können und wären zum gleichen Vektor c gekommen, das heißt, es gilt ebenfalls $c = b + a$.

Aber Sie können noch mehr mit diesen Vektoren machen. Sie können diese stauchen und strecken – Sie können diese skalieren.

Ein Beispiel: Betrachten Sie dazu Abbildung 9.5. Sie erkennen, dass das Doppelte des Vektors a der Vektor $a¢$ ist, da dieser doppelt so lang ist. In diesem Fall haben Sie hier den Faktor 2, das heißt, $a¢ = 2 \times a$. Dahingegen ist der Vektor $b¢$ des K-Systems nur halb so lang wie der Vektor b und dazu hat dieser die Richtung auch noch gewechselt – Sie sprechen hier über den Faktor $-\frac{1}{2}$, das heißt, $b' = -\frac{1}{2} \times b$. Natürlich ergeben sich daraus auch die eindeutigen Umkehrungen, das heißt, es gilt ebenfalls, dass $a = \frac{1}{2} \times a'$ und $b = -2 \times b'$.

 Selbstverständlich können Sie die Operationen auch in höheren Dimensionen ausführen.

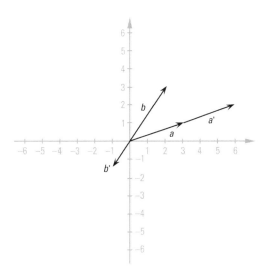

Abbildung 9.5: Stauchung und Streckung von Vektoren

Mit Vektoren abstrakt rechnen

Lassen Sie uns das Ganze mathematisch angehen. Keine Angst, ich übertreibe es nicht. Wenn Sie akzeptieren, dass Sie mit Vektoren eigentlich irgendwelche Pfeile in der Ebene oder dem (höher dimensionalen) Raum meinen und mit diesen rechnen wollen, uns aber eigentlich auf das Wesentliche konzentrieren, indem Sie nur mit den entsprechenden Koordinaten arbeiten, so sind Sie einen großen Schritt weitergekommen. Dies können Sie auch mathematisch rechtfertigen. Zunächst definieren Sie daher den Vektorraum.

 Eine Menge V zusammen mit zwei zweistelligen Operationen $+ : V \times V \to V$ und $\cdot : \mathbb{R} \times V \to V$ nennt man einen (reellen) *Vektorraum*, wenn folgende Rechenoperationen für beliebige Elemente v, v_1, v_2, v_3 aus V und beliebige reelle Zahlen $\lambda, \lambda_1, \lambda_2$ gelten:

- ✔ *Kommutativität der Addition:* $v_1 + v_2 = v_2 + v_1$
- ✔ *Assoziativität der Addition:* $(v_1 + v_2) + v_3 = v_1 + (v_2 + v_3)$
- ✔ *Existenz des Nullvektors:* $v + 0 = v$ und $0 + v = v$
- ✔ *Existenz der additiven Inversen:* $v + (-v) = 0$

- *Distributivität I:* $\lambda \cdot (v_1 + v_2) = \lambda \cdot v_1 + \lambda \cdot v_2$
- *Distributivität II:* $(\lambda_1 + \lambda_2) \cdot v = \lambda_1 \cdot v + \lambda_2 \cdot v$
- *Assoziativität der skalaren Multiplikation:* $\lambda_1 \cdot (\lambda_2 \cdot v) = (\lambda_1 \cdot \lambda_2) \cdot v$
- *Normierung durch die skalare 1:* $1 \cdot v = v$

Die dabei auftretende 0 ist ein besonderer Vektor im Vektorraum V, der allgemein *Nullvektor* genannt wird. Bei der unten stehenden 1 handelt es sich nur um die reelle Zahl 1.

Man nennt die Operation $+: V \times V \to V$ auch *Vektoraddition* und die zweite Operation $\cdot : \mathbb{R} \times V \to V$ auch *skalare Multiplikation*. Die reellen Zahlen werden *Skalare* genannt, da sie den Vektor bezüglich der Größe skalieren – die Länge (allgemein bezeichnen wir dies im nächsten Abschnitt als *Betrag*) des Vektors verändern. Die gerade aufgezählten Vektorraumbedingungen werden auch *Vektorraumaxiome* genannt.

Ein Beispiel: Der bekannteste Vektorraum ist der so genannte $\mathbb{R}^n$. In speziellen Fällen werde ich Ihnen diesen immer wieder vorsetzen, etwa für $n = 2$ oder $n = 3$, also die reelle Ebene $\mathbb{R}^2$ oder den reellen Raum $\mathbb{R}^3$. Allgemein besteht der $\mathbb{R}^n$ aus Vektoren, die n Einträge haben, also $\begin{pmatrix} x_1 \\ \vdots \\ x_n \end{pmatrix}$ für reelle Zahlen $x_1, \ldots, x_n$. Der Vektor $\begin{pmatrix} 0 \\ \vdots \\ 0 \end{pmatrix}$ ist dann gerade der Nullvektor. Ich bezeichne diesen weiterhin als 0. Die Operationen sind dann komponentenweise definiert, das heißt, Sie haben für die Addition $\begin{pmatrix} x_1 \\ \vdots \\ x_n \end{pmatrix} + \begin{pmatrix} y_1 \\ \vdots \\ y_n \end{pmatrix} := \begin{pmatrix} x_1 + y_1 \\ \vdots \\ x_n + y_n \end{pmatrix}$ und die skalare Multiplikation $\lambda \cdot \begin{pmatrix} x_1 \\ \vdots \\ x_n \end{pmatrix} := \begin{pmatrix} \lambda \cdot x_1 \\ \vdots \\ \lambda \cdot x_n \end{pmatrix}$.

Wenn Sie genau hinschauen, dann erkennen Sie bei der Definition des Vektorraums, dass dort die reellen Zahlen ins Spiel kamen. Wenn Sie in anderen Mathematikbüchern schauen, dann erkennen Sie hier die Rolle der reellen Zahlen als so genannter *Körper*. Man kann auch noch andere Körper nehmen. In der Physik werden häufig auch die komplexen Zahlen genommen. (Mehr über komplexe Zahlen finden Sie in Kapitel 12.) Wir beschränken uns hier auf so genannte *reelle Vektorräume*, das heißt, unsere Skalare sind immer reelle Zahlen.

In fortgeschrittenen Beispielen könnten anstelle der reellen Zahlen auch kompliziertere Skalare vorkommen, etwa die komplexen Zahlen. Achten Sie dabei immer auf den zugrunde liegenden Zahlkörper.

Der Grund, warum ich bei der Einführung des Vektorraums die Operationen mit »+« und »·« bezeichnet habe, liegt in der Natur der Mathematik. Obwohl Sie nicht wissen, wie der Vektorraum aussieht, habe ich Ihnen mit den obigen Regeln ein paar Zusammenhänge angegeben, die unabhängig von der konkreten Gestalt der Grundmenge V immer gelten sollen. Und da die Operationen anhand dieser Regeln den gewohnten Operationen auf den uns wohlbekannten Zahlen sehr ähnlich sind, möchte ich, dass Sie Ihre natürliche Intuition nutzen, wenn Sie mit Vektoren rechnen.

Ein Beispiel: Über die erste Regel $v_1 + v_2 = v_2 + v_1$ denken Sie kaum nach; diese gilt sowieso bei den Zahlen, mit denen Sie die ganze Zeit rechnen.

Wenn Sie in Vektorräumen rechnen, achten Sie darauf, dass das, was Sie vorhaben, auch wirklich existiert beziehungsweise eine korrekte Umformung ist.

Das angegebene Distributivgesetz ist beispielsweise ein so genanntes *Links-Distributivgesetz*, da Sie den skalaren Faktor nach links herausziehen. Sie haben keine Rechts-Distributivität. Das liegt auch schon daran, dass die skalare Multiplikation $\cdot : \mathbb{R} \times V \to V$ auf diese Art definiert ist. Der skalare Faktor steht *immer* links vom Multiplikationszeichen. Bei den gewohnten Zahlen spielte dies keine Rolle: es gilt $3 \cdot 4 = 12 = 4 \cdot 3$.

Betrag eines Vektors

Sie haben bereits eine Vorstellung davon, was die Länge eines Vektors ist. Betrachten Sie nun den Vektor v innerhalb der reellen Ebene in Abbildung 9.6. Dort erkennen Sie ein rechtwinkliges Dreieck und sehen, dass die Länge des Vektors gerade der Länge der Hypothenuse entspricht.

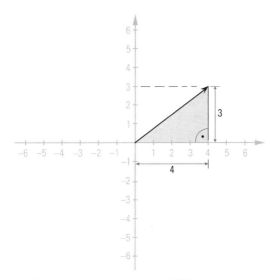

Abbildung 9.6: Der Betrag eines Vektors mithilfe des Satzes von Pythagoras

Nach dem Satz des Pythagoras – das Quadrat der Hypothenuse ist gleich der Summe der Quadrate der Katheten – interessieren Sie sich für die Längen der Katheten. Diese Längen entsprechen den jeweiligen Koordinaten des Vektors – schauen Sie noch einmal auf Abbildung 9.6. Damit ist klar, die Länge des Vektors mit $|v|$ bezeichnet, ist die folgende Summe $|v| = \sqrt{3^2 + 4^2} = \sqrt{9 + 16} = \sqrt{25} = 5$. Da diese Zahlen aber gerade die Koordinaten sind, können Sie dies allgemein festhalten mit der folgenden Definition:

Der *Betrag* (bzw. *Länge*) eines Vektors v des $\mathbb{R}^n$ wird mit $|v|$ bezeichnet. Sie ist für $v = \begin{pmatrix} x_1 \\ \vdots \\ x_n \end{pmatrix}$ als $\left|\begin{pmatrix} x_1 \\ \vdots \\ x_n \end{pmatrix}\right| := \sqrt{x_1^2 + \cdots + x_n^2}$ definiert.

Ein Beispiel: Beträge ausrechnen ist nicht schwer – sehen Sie selbst:

$$\left|\begin{pmatrix} 1 \\ 0 \\ 0 \end{pmatrix}\right| = \sqrt{1^2 + 0^2 + 0^2} = 1 \qquad \left|\begin{pmatrix} -4 \\ 6 \\ -12 \end{pmatrix}\right| = \sqrt{(-4)^2 + 6^2 + (-12)^2} = \sqrt{196} = 14$$

Kräfte an Kugeln

Eine Kugel rollt von einer Tischkante. Auf sie wirkt eine horizontale Kraft von vier Newton. Zusätzlich wirkt auf sie nach Verlassen des Tisches eine Kraft von drei Newton vertikal nach unten. Sie suchen nun die resultierende Kraft. Diese verläuft gerade in Richtung der Diagonalen des durch die beiden Ausgangskräfte gebildeten Rechtecks. Nach dem Satz von Pythagoras hat sie einen Wert von $\sqrt{3^2 + 4^2} = 5$ Newton.

Skalarprodukt von Vektoren

Die Multiplikation von Vektoren ist irgendwie anders. Bisher habe ich Ihnen nur eine Art der Multiplikation gezeigt, nämlich die Skalarmultiplikation, die der Streckung beziehungsweise Stauchung eines Vektors entspricht. Jetzt multiplizieren Sie zwei Vektoren miteinander. Aber als Ergebnis wird nicht wieder ein Vektor herauskommen, sondern eine Zahl. Diese neue Multiplikation ist nicht, wie Sie es erwarten würden. Dennoch wird sie für uns schöne Anwendungen haben.

Für zwei Vektoren $\bar{x} = \begin{pmatrix} x_1 \\ \vdots \\ x_n \end{pmatrix}$ und $\bar{y} = \begin{pmatrix} y_1 \\ \vdots \\ y_n \end{pmatrix}$ des Vektorraums $\mathbb{R}^n$ definiert man das (euklidische) *Skalarprodukt* als die folgende Summe:

$$\bar{x} \bullet \bar{y} := \sum_{i=1}^{n} x_i y_i = x_1 y_1 + \cdots + x_n y_n$$

Ein Beispiel: Gegeben seien die drei Vektoren $\bar{x} = \begin{pmatrix} 1 \\ 0 \\ 0 \end{pmatrix}$, $\bar{y} = \begin{pmatrix} 0 \\ 0 \\ 1 \end{pmatrix}$ und $\bar{z} = \begin{pmatrix} 3 \\ 4 \\ 5 \end{pmatrix}$. Dann gelten die folgenden Gleichungen:

$$\bar{x} \bullet \bar{y} = 1 \cdot 0 + 0 \cdot 0 + 0 \cdot 1 = 0 \qquad \bar{x} \bullet \bar{x} = 1 \cdot 1 + 0 \cdot 0 + 0 \cdot 0 = 1$$
$$\bar{x} \bullet \bar{z} = 1 \cdot 3 + 0 \cdot 4 + 0 \cdot 5 = 3 \qquad \bar{z} \bullet \bar{z} = 3 \cdot 3 + 4 \cdot 4 + 5 \cdot 5 = 50$$

Die nützlichen Rechenregeln für Vektoren $\overline{x}, \overline{y}, \overline{z} \in \mathbb{R}^n$ und Skalare $\lambda \in \mathbb{R}$ möchte ich Ihnen nicht vorenthalten:

$$\overline{x} \bullet (\overline{y} + \overline{z}) = \overline{x} \bullet \overline{y} + \overline{x} \bullet \overline{z} \qquad \overline{x} \bullet (\lambda \cdot \overline{y}) = \lambda \cdot (\overline{x} \bullet \overline{y})$$
$$(\overline{x} + \overline{y}) \bullet \overline{z} = \overline{x} \bullet \overline{z} + \overline{y} \bullet \overline{z} \qquad \overline{x} \bullet \overline{y} = \overline{y} \bullet \overline{x}$$
$$(\lambda \cdot \overline{x}) \bullet \overline{y} = \lambda \cdot (\overline{x} \bullet \overline{y}) \qquad \overline{x} \bullet \overline{x} = |\overline{x}|^2$$
$$|\overline{x} + \overline{y}| \leq |\overline{x}| + |\overline{y}| \qquad |\overline{x} \bullet \overline{y}| \leq |\overline{x}| \cdot |\overline{y}|$$

Außerdem gilt $\cos \angle (\overline{x}, \overline{y}) = \frac{\overline{x} \bullet \overline{y}}{|\overline{x}| \cdot |\overline{y}|}$, das heißt, wenn Sie zwei Vektoren $\overline{x}, \overline{y} \in \mathbb{R}^n$ für $n = 2$ oder $n = 3$ haben, dann schließen diese Vektoren einen Winkel ein. Dieser *Winkel* wird mit $\angle (\overline{x}, \overline{y})$ bezeichnet. Die Formel $\cos \angle (\overline{x}, \overline{y}) = \frac{\overline{x} \bullet \overline{y}}{|\overline{x}| \cdot |\overline{y}|}$ gibt an, wie Sie mithilfe des Skalarprodukts diesen Winkel berechnen können – das ist eine ganz wesentliche Anwendung dieses Konzepts.

Eine andere Schreibweise, die man auch oft findet, ist: $\overline{x} \bullet \overline{y} = \cos \angle (\overline{x}, \overline{y}) \cdot |\overline{x}| \cdot |\overline{y}|$.

Wenn Sie höherdimensionale Vektoren haben, ist gar nicht klar, wie der Winkelbegriff aussieht – in diesem Fall wird die obige Formel manchmal als Definition des Winkels benutzt.

Ein Beispiel: Geben Sie den Winkel an, der von den Vektoren $\overline{x} = \begin{pmatrix} 3 \\ 0 \end{pmatrix}$ und $\overline{y} = \begin{pmatrix} 5 \\ 5 \end{pmatrix}$ eingeschlossen wird. Nach der Formel gilt:

$$\cos \angle (a,b) = \frac{\begin{pmatrix} 3 \\ 0 \end{pmatrix} \bullet \begin{pmatrix} 5 \\ 5 \end{pmatrix}}{\left|\begin{pmatrix} 3 \\ 0 \end{pmatrix}\right| \left|\begin{pmatrix} 5 \\ 5 \end{pmatrix}\right|} = \frac{3 \cdot 5 + 0 \cdot 5}{\sqrt{3^2 + 0^2} \cdot \sqrt{5^2 + 5^2}} = \frac{15}{3\sqrt{2 \cdot 5^2}} = \frac{15}{15 \cdot \sqrt{2}} = \frac{1}{\sqrt{2}}$$

also ist $\angle (\overline{x}, \overline{y}) = \arccos \frac{1}{\sqrt{2}} = \frac{\pi}{4} = 45°$. Dies entspricht auch unserer Vorstellung, betrachten Sie dafür die Abbildung 9.7.

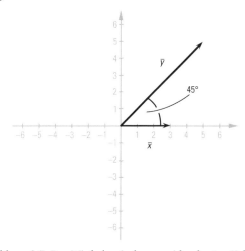

Abbildung 9.7: Der Winkel zwischen zwei konkreten Vektoren

Schöne Vektorraumteilmengen = Untervektorräume

Betrachten Sie nun die Teilmenge des $\mathbb{R}^3$, gegeben durch die Vektoren der Form $\begin{pmatrix} x \\ y \\ 0 \end{pmatrix}$, wobei x und y beliebige reelle Zahlen sind. Nennen Sie diese Menge zunächst U. Dann besteht diese Menge U gerade aus den Vektoren des dreidimensionalen Raums, die in der dritten Koordinate eine 0 stehen haben. Diese Teilmenge des $\mathbb{R}^3$ erfüllt allerdings sogar die Vektorraumbedingungen, die wir im letzten Abschnitt angegeben hatten. So führt die Addition nicht aus dieser Menge heraus, denn wenn Sie zwei Vektoren aus U addieren, so wird die Summe wieder eine 0 in der dritten Koordinate haben und damit ein Element aus U sein. Ebenso verhält es sich mit der Skalarmultiplikation. Solche Teilmengen, die sich gut mit den Operationen der Obermenge vertragen, nennt man Untervektorräume.

Untervektorräume U eines Vektorraums V sind ‚nichtleere' Teilmengen des gesamten Raums, die unter den beiden Operationen des Vektorraums – nämlich Vektoraddition und Skalarmultiplikation – abgeschlossen sind.

Somit gilt in Untervektorräumen $U \subseteq V$ für beliebige Vektoren $u_1, u_2 \in U$ und Skalare $\lambda \in \mathbb{R}$ sowohl $u_1 + u_2 \in U$ als auch $\lambda \cdot u_1 \in U$. Insbesondere sind Untervektorräume selbst wieder Vektorräume, das heißt, diese erfüllen die Vektorraumaxiome aus dem letzten Abschnitt.

Einige Beispiele: Schauen Sie sich ein paar Teilmengen des $\mathbb{R}^3$ an.

- Die mit U bezeichnete Ebene, die die x-y-Ebene darstellt, haben Sie bereits als Untervektorraum enttarnt. Diese können Sie als den eingebetteten $\mathbb{R}^2$ interpretieren.

- Jede Ursprungsgerade, das heißt, jede Gerade, die durch den Koordinatenursprung geht, ist ein Untervektorraum, denn eine solche Gerade hat die Form $y = m \cdot x$. Wenn Sie zwei Punkte auf der Geraden haben, also beispielsweise $y_1 = m \cdot x_1$ und $y_2 = m \cdot x_2$, dann liegt ihre Summe $y_1 + y_2 = mx_1 + mx_2 = m(x_1 + x_2)$ ebenfalls auf der Geraden. Genauso können Sie dies für die Skalarmultiplikation zeigen: $\lambda \cdot y = \lambda \cdot (m \cdot x) = m \cdot (\lambda \cdot x)$. (Ich habe Ihnen hier den bekannten Fall der Geraden im gewohnten x-y-Koordinatensystem vorgerechnet; dass man dies auch für den allgemeinen Fall bekommt und so die x und y auch als Vektoren interpretieren kann, erläutere ich Ihnen im Abschnitt *Parametergleichung für Geraden* weiter hinten in diesem Kapitel.)

- Genauso sind alle Ebenen, die durch den Koordinatenursprung verlaufen, Untervektorräume. Diesen Nachweis erspare ich Ihnen an dieser Stelle.

- Geraden und Ebenen, die nicht durch den Koordinatenursprung verlaufen, sind *keine* Untervektorräume, da die Addition aus der Menge herausführt.

Die letzten drei Punkte gelten allgemein für alle Teilmengen des Vektorraums $\mathbb{R}^n$ für beliebige $n \in \mathbb{N}$.

Vektoren und ihre Koordinaten

Wenn Sie die Vektoren darstellen möchten, stellen Sie diese in einem Koordinatensystem dar. Das bedeutet, dass Sie bestimmte Vektoren als Einheiten auf jeder Achse festhalten und anhand derer die Entfernungen messen.

Ein Beispiel: Schauen Sie noch einmal auf Abbildung 9.2a. Dort sehen Sie den Vektor $\begin{pmatrix} 4 \\ 3 \end{pmatrix}$, das heißt, die x-Koordinate hat den Wert 4 und die y-Koordinate den Wert 3.

Als *Einheiten* beziehungsweise *Einheitsvektoren* betrachten Sie dabei die Vektoren, die jeweils eine Einheit (vom Koordinatenursprung gesehen) auf den Achsen in die positive Richtung zeigen, also die beiden Vektoren $\begin{pmatrix} 1 \\ 0 \end{pmatrix}$ und $\begin{pmatrix} 0 \\ 1 \end{pmatrix}$. Sie können nun den Ausgangsvektor als Summe von Vielfachen dieser beiden grundlegenden Einheitsvektoren ausdrücken, nämlich als $\begin{pmatrix} 4 \\ 3 \end{pmatrix} = 4 \cdot \begin{pmatrix} 1 \\ 0 \end{pmatrix} + 3 \cdot \begin{pmatrix} 0 \\ 1 \end{pmatrix}$, das heißt, Sie gehen vom Koordinatenursprung vier Schritte auf der x-Achse nach rechts und drei Schritte auf der y-Achse nach oben. Betrachten Sie dazu Abbildung 9.6. Diese Art der Darstellung ist grundlegend in der linearen Algebra und wird uns die gesamte Zeit begleiten.

Für beliebige Vektoren $v_1, v_2, \ldots, v_n$ und Skalare $\lambda_1, \lambda_2, \ldots, \lambda_n$ nennt man die Summe $\lambda_1 v_1 + \lambda_2 v_2 + \ldots + \lambda_n v_n$ eine *Linearkombination* der Vektoren $v_1, v_2, \ldots, v_n$.

Die beiden Vektoren $\begin{pmatrix} 1 \\ 0 \end{pmatrix}$ und $\begin{pmatrix} 0 \\ 1 \end{pmatrix}$ bilden eine so genannte *Basis des Vektorraums* der reellen Ebene.

Eine *Basis* eines Vektorraums V ist eine Menge von Vektoren, die linear unabhängig sind und ein Erzeugendensystem für V bilden.

Die beiden hier noch fehlenden Begriffe reiche ich Ihnen sofort nach:

✔ Eine Familie von Vektoren $v_1, v_2, \ldots, v_n$ in einem Vektorraum V heißt *linear unabhängig*, wenn es nur die triviale Darstellung des Nullvektors gibt, das heißt, für jede Darstellung des Nullvektors als Linearkombination, also als Summe der $v_1, v_2, \ldots, v_n$, etwa als $0 = \lambda_1 v_1 + \lambda_2 v_2 + \ldots + \lambda_n v_n$, kommt nur die Belegung $\lambda_1 = 0$ bis hin zu $\lambda_n = 0$ in Frage.

✔ Eine Familie von Vektoren $v_1, v_2, \ldots, v_n$ in einem Vektorraum V heißt *Erzeugendensystem*, wenn es für jeden Vektor $v \in V$ Skalare $\lambda_1, \lambda_2, \ldots, \lambda_n$ gibt, so dass $v = \lambda_1 v_1 + \lambda_2 v_2 + \ldots + \lambda_n v_n$ gilt.

Ein Beispiel: Betrachten Sie die Vektoren $v_1 = \begin{pmatrix} 1 \\ 2 \end{pmatrix}$, $v_2 = \begin{pmatrix} 2 \\ 4 \end{pmatrix}$, $v_3 = \begin{pmatrix} 6 \\ 11 \end{pmatrix}$. Es gilt $v_2 = 2v_1$, so dass die Vektoren v_1, v_2 linear abhängig sind, denn es gilt die Gleichung $0 = 2v_1 - v_2 = 2v_1 + (-1)v_2$. (Daran erkennen Sie auch, dass zwei Vektoren genau dann linear abhängig sind, wenn der eine ein Vielfaches des anderen ist.) Dagegen sind sowohl v_1, v_3 als auch v_2, v_3 jeweils linear unabhängig.

Betrachten Sie die Vektoren $v_1 = \begin{pmatrix} 1 \\ 2 \\ 0 \end{pmatrix}$, $v_2 = \begin{pmatrix} 1 \\ 0 \\ 2 \end{pmatrix}$, $v_3 = \begin{pmatrix} 1 \\ 1 \\ 1 \end{pmatrix}$. Diese drei Vektoren sind *paarweise* linear unabhängig, aber *zusammen* linear abhängig, denn es gilt offenbar: $0 = v_1 + v_2 - 2v_3$. Überzeugen Sie sich!

Weiter vorn in diesem Kapitel habe ich Ihnen gezeigt, dass die beiden Vektoren $\begin{pmatrix} 1 \\ 0 \end{pmatrix}$ und $\begin{pmatrix} 0 \\ 1 \end{pmatrix}$ eine Basis des $\mathbb{R}^2$ bilden. Diese ist die einfachste und üblichste. Daher spricht man auch von der so genannten *kanonischen Basis*.

Für den Vektorraum $\mathbb{R}^n$ stellen die Vektoren $\begin{pmatrix} 1 \\ 0 \\ 0 \\ \vdots \\ 0 \end{pmatrix}, \begin{pmatrix} 0 \\ 1 \\ 0 \\ \vdots \\ 0 \end{pmatrix}, \ldots, \begin{pmatrix} 0 \\ 0 \\ 0 \\ \vdots \\ 1 \end{pmatrix}$ eine Basis dar.

Man nennt diese die *kanonische Basis* des $\mathbb{R}^n$.

Eine Basis ist eine Menge von linear unabhängigen Vektoren, die ein Erzeugendensystem für den gesamten Raum bilden. Sie werden es mir sofort glauben: Wenn ich eine Familie von Vektoren $v_1, v_2, \ldots, v_n, v_{n+1}$ habe, die linear unabhängig ist, dann ist auch jedes Teilsystem, also $v_1, v_2, \ldots, v_n$, linear unabhängig. Wenn die Familie $v_1, v_2, \ldots, v_n$ bereits ein Erzeugendensystem ist, dann bleibt sie ein Erzeugendensystem, wenn ich sie durch einen beliebigen Vektor erweitere. Insbesondere gilt dies also, wenn Sie etwa die Familie $v_1, v_2, \ldots, v_n, v_{n+1}$ betrachten.

Ein Beispiel: Für die Vektoren $v_1 = \begin{pmatrix} 1 \\ 2 \end{pmatrix}$, $v_2 = \begin{pmatrix} 2 \\ 4 \end{pmatrix}$ und $v_3 = \begin{pmatrix} 6 \\ 11 \end{pmatrix}$ gilt, dass die Menge $\{v_1, v_2, v_3\}$ ein Erzeugendensystem des $\mathbb{R}^2$ darstellt, aber auch die Mengen $\{v_1, v_3\}$ und $\{v_2, v_3\}$ – die Elemente der letzten beiden Mengen sind jeweils obendrein auch noch linear unabhängig – bilden daher eine Basis des $\mathbb{R}^2$. Die drei Vektoren in $\{v_1, v_2, v_3\}$ sind dagegen nicht linear unabhängig. Dahingegen sind die Elemente der Mengen $\{v_1\}$, $\{v_2\}$ und $\{v_3\}$ jeweils für sich linear unabhängig (diese sind einelementig und damit ist die Aussage nicht sehr aussagekräftig), aber keine dieser drei Mengen bildet für $\mathbb{R}^2$ ein Erzeugendensystem.

Mit diesen Überlegungen stimmen Sie mir hoffentlich zu, dass eine Basis ein ziemlich perfektes System ist: Es muss gerade noch so, also maximal, linear unabhängig sein und minimal erzeugend. Mit anderen Worten: Wenn ich einer Basis einen beliebigen Vektor hinzufüge, bleibt diese Menge von Vektoren zwar erzeugend, aber sie wird linear abhängig. Wenn ich aber einer Basis irgendeinen Vektor entziehe, dann ist sie zwar immer noch linear unabhängig, aber nicht mehr erzeugend.

Eine *Basis* ist eine Menge von Vektoren, die ein *minimales Erzeugendensystem* und eine *maximal linear unabhängige Menge* darstellt. Diese beiden Eigenschaften für sich sind äquivalent und charakterisieren die Basiseigenschaft.

Zwei linear unabhängige Vektoren des $\mathbb{R}^2$ müssen bereits erzeugend für $\mathbb{R}^2$ wirken und bilden daher eine Basis; drei Vektoren des $\mathbb{R}^2$ sind immer linear abhängig.

Die Anzahl der Elemente einer Basis ist offenbar etwas Besonderes – halten Sie sich fest: Diese Anzahl ist von der konkreten Wahl der Vektoren *unabhängig*. Das muss mathematisch gerechtfertigt werden. Daher bekommt diese Zahl, die nur vom gewählten zugrunde liegenden Vektorraum abhängt, einen besonderen Namen:

Die Anzahl der Elemente einer Basis eines Vektorraums V heißt *Dimension* von V und wird als dim$V$ notiert. Diese Anzahl ist unabhängig von der konkreten Wahl der Basis.

Ein Beispiel: Die Dimension des Vektorraums $\mathbb{R}^n$ ist gerade n, das heißt, eine Basis des $\mathbb{R}^2$ ist immer zweielementig und eine Basis des $\mathbb{R}^3$ immer dreielementig.

Die Art der Darstellung von Vektoren relativ zu einer festgelegten Basis führt dazu, dass man sich nur um die Koordinaten (des Vektors bezüglich der festen Basis) kümmern muss. Damit können Sie immer auf Elemente des $\mathbb{R}^n$ beschränken.

Egal von welchem Vektorraum aus Sie starten, Sie können immer mittels der Koordinatenabbildung eine Bijektion zwischen einem $\mathbb{R}^n$ und dem gegebenen Vektorraum finden und so über Koordinaten von Vektoren sprechen. Dabei ist das n gleich der Dimension des Ausgangsvektorraums V. Die gewählte Bijektion hängt entscheidend von der gewählten Basis ab – einen Vorgeschmack sehen Sie in Abbildung 11.3.

Wir beschränken uns hier nur auf Vektorräume endlicher Dimension. Das bedeutet, wir betrachten nur Vektorräume, in denen man eine endliche Basis finden kann.

Ich werde Ihnen in der Regel in den Betrachtungen Beispiele in den Dimensionen zwei oder drei zeigen, die den Vorteil haben, dass ich Ihnen dies anhand von Abbildungen zeigen kann. Manchmal schauen wir auch über den Tellerrand. Sie werden merken, dass es dabei nicht wirklich darauf ankommt. Sie können sich dort genauso gut bewegen wie in diesen kleinen Dimensionen.

Polynome – die ganz andere Art des Vektorraums

Lassen Sie mich Ihnen kurz einen Vektorraum zeigen, der nicht mit einer endlichen Basis auskommt: Betrachten Sie die Menge der bekannten Polynome in der Unbekannten x und nennen Sie diese P. Dann können Sie eine Addition und eine skalare Multiplikation darauf definieren, die Sie auch schon von allgemeinen Funktionen her kennen – ich erinnere Sie durch ein Beispiel:

$$\left(4x^5 + 2x^3 + 1\right) + \left(3x^4 + x^3 + 2x^2 + 4\right) = 4x^5 + 3x^4 + 3x^3 + 2x^2 + 5$$

beziehungsweise

$$4 \cdot \left(3x^4 + x^3 + 2x^2 + 4\right) = 12x^4 + 4x^3 + 8x^2 + 16$$

Der Nullvektor ist das Nullpolynom, das heißt das Polynom, bei dem alle Koeffizienten gleich 0 sind. Dann sind auch für diese Struktur die Vektorraumbedingungen erfüllt.

Wenn Sie zwei einfache Potenzen x^3 und x^7 betrachten, dann stellen Sie fest, dass es kein Skalar gibt, das die eine als Vielfaches der anderen darstellt – damit sind diese beiden Potenzen als spezielle Polynome linear unabhängig in P. Um eine Basis zu erhalten, müssen Sie daher beliebige Potenzen zulassen. Damit ist dieser Vektorraum unendlich dimensional – hätten Sie das gedacht? Eine Basis bildet dann die unendliche Menge $\{1, x, x^2, x^3, \ldots, x^n, \ldots\}$. Das ist in vielerlei Hinsicht ein Vektorraum der ganz anderen Art!

Allerdings, wenn Sie die Menge der Polynome auf Polynome höchstens vom Grad n einschränken, dann kommen Sie aufgrund dieser Kürzung bereits mit der endlichen Basis $\{1, x, x^2, x^3, \ldots, x^{n-1}, x^n\}$ aus und dieser Vektorraum ist wieder endlich dimensional.

Punkte, Geraden und Ebenen im dreidimensionalen Raum

Im dreidimensionalen Raum kann man null-, ein- und zweidimensionale Objekte untersuchen – das sind Punkte, Geraden und Ebenen. Geraden in der reellen Ebene (im $\mathbb{R}^2$, im x-y-Koordinatensystem) stellt man in der Form $y = mx + n$ dar. Im dreidimensionalen Raum (im $\mathbb{R}^3$, im x-y-z-Koordinatensystem) können Sie mithilfe der Vektorrechnung eine ähnliche Darstellung für Geraden, nun aber in der dritten Dimension, erhalten. In den folgenden Abschnitten erweitern Sie Ihr Wissen über Geraden auf Ebenen.

Punkte im Raum

Ich muss Ihnen eigentlich nichts mehr über Punkte im dreidimensionalen Raum erzählen. Punkte betrachtet man hier wie im zweidimensionalen Raum. Jeder Punkt hat seine Koordinaten bezüglich des Koordinatensystems. Sie können einem solchen Punkt auch den so genannten Ortsvektor zuordnen – siehe dazu Abbildung 9.8.

Der *Ortsvektor* eines Punktes ist der Vektor, der im Koordinatenursprung startet und auf den Punkt zeigt.

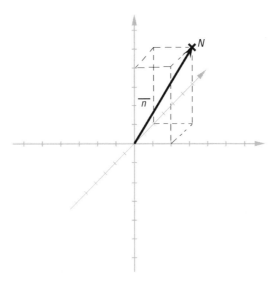

Abbildung 9.8: Ein Punkt N mit dazu gehörigem Ortsvektor n

In diesem Sinne werden Punkte und die zugehörigen Ortsvektoren unterschieden. In den folgenden Abschnitten bezeichne ich Punkte mit großen Buchstaben und Vektoren (auch die zugehörigen Ortsvektoren) mit kleinen Buchstaben. Gelegentlich werden in der Literatur Vektoren mit kleinen Pfeilen über dem Buchstaben bezeichnet, also in der Form $\vec{n}$. Das sind die gleichen Vektoren, von denen Sie hier auch sprechen. Ich verzichte auf den Pfeil, da es manchmal zu übertriebenen Überlagerungen von Symbolen führen kann. Allerdings gibt es einen Fall, den Sie gleich im nächsten Abschnitt kennen lernen werden, bei dem ich über einen Vektor $\bar{x}$ noch einen Balken setze, nämlich bei der Angabe von Gleichungen für Geraden und Ebenen. Sie werden sehen, was ich meine. Ich mache das nur, um bei der üblichen Bezeichnung zu bleiben und dennoch einen Unterschied zu der x-Koordinate dieses Vektors herauszustellen.

Parametergleichung für Geraden

Die erste Darstellung von Geraden ist geprägt durch die folgende Grundidee: Eine Gerade ist eindeutig durch einen festen Punkt und einer Richtung gegeben. Denken Sie darüber nach – das kennen Sie aus der zweidimensionalen Welt. Sie fixieren einen Punkt und geben nur noch die Richtung an, in der Sie laufen möchten.

Halten Sie einen beliebigen Punkt N im x-y-z-Koordinatensystem fest. Diesen Punkt können Sie durch seinen Ortsvektor n beschreiben (siehe dazu Abbildung 9.8).

Gehen Sie jetzt von diesem Punkt N aus in irgendeine Richtung, können Sie diese erneut durch einen Vektor beschreiben. Diesen Vektor bezeichnen Sie mit m. Dann können Sie jeden Punkt auf der so beschriebenen Geraden erreichen, indem Sie ein geeignetes Vielfaches des Vektors m an den fixierten Punkt N (gegeben durch n) heranaddieren.

Die *Parametergleichung einer Geraden* ist durch den so genannten *Stützvektor* n und den *Richtungsvektor* m gegeben und hat die Gestalt: $\bar{x} = n + \lambda \cdot m$, wobei $\lambda \in \mathbb{R}$ ein Skalar ist.

Eine solche Parametergleichung können Sie wie folgt interpretieren: Jeder Ortsvektor x zu einem Punkt X auf der betrachteten Geraden ist durch eine skalierte Form des Richtungsvektors $\lambda \cdot m$ ausgehend vom Stützvektor n zu erreichen. Betrachten Sie dazu die beiden Punkte A und B in Abbildung 9.9. Für A nehmen Sie den doppelten Richtungsvektor ($\lambda = 2$) und für B ziehen Sie den Richtungsvektor einmal ab ($\lambda = -1$).

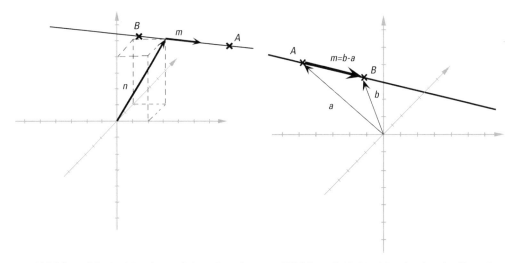

Abbildung 9.9: Zwei Punkte auf einer Geraden   *Abbildung 9.10: Zwei Punkte beschreiben eine Gerade.*

Ein Beispiel: Liegen die beiden gegebenen Punkte A und B auf der Geraden $\bar{x} = \begin{pmatrix} 1 \\ 2 \\ 3 \end{pmatrix} + \lambda \cdot \begin{pmatrix} 4 \\ 6 \\ 8 \end{pmatrix}$, wobei $A = \begin{pmatrix} 3 \\ 5 \\ 7 \end{pmatrix}$ und $B = \begin{pmatrix} 5 \\ 8 \\ 17 \end{pmatrix}$? Ein solcher Punkt liegt auf der Geraden, wenn Sie eine Lösung für λ finden können, die jeweils alle drei Gleichungen löst, nämlich für A haben Sie zu betrachten:
$$3 = 1 + \lambda \cdot 4$$
$$5 = 2 + \lambda \cdot 6$$
$$7 = 3 + \lambda \cdot 8$$
Hierfür erhalten Sie durch Umstellen in allen Fällen $\lambda = \frac{1}{2}$. Damit liegt A auf der obigen Geraden. Betrachten Sie die zum Punkt B gehörigen Gleichungen:
$$5 = 1 + \lambda \cdot 4$$
$$8 = 2 + \lambda \cdot 6$$
$$17 = 3 + \lambda \cdot 8$$
Die obersten beiden Gleichungen werden durch $\lambda = 1$ gelöst, die dritte jedoch durch $\lambda = 1{,}5$. Damit gibt es kein λ, das alle drei Gleichungen gleichzeitig erfüllt und somit liegt B nicht auf der Geraden.

Zweipunktegleichung für Geraden

Eine weitere Idee, eine Gerade erfolgreich zu beschreiben, liegt darin, dass eine solche bereits durch zwei Punkte eindeutig beschrieben wird. Wenn zwei Punkte gegeben sind, können Sie diese verbinden und damit eine Gerade beschreiben. Diese Art der Geradengleichung wird auf die Parametergleichung zurückgeführt, indem Sie als Stützvektor den Ortsvektor von einem der beiden gegebenen Punkte nehmen. Einen Richtungsvektor erhalten Sie, indem Sie die Ortsvektoren der beiden Punkte voneinander abziehen. Betrachten Sie dazu Abbildung 9.10.

Die *Zweipunktegleichung einer Geraden* durch die Punkte A und B ist durch die Gleichung $\bar{x} = a + \lambda \cdot (b - a)$ gegeben, wobei a beziehungsweise b jeweils der Ortsvektor für A beziehungsweise B ist.

Ein Beispiel: Stellen Sie die Zweipunktegleichung für die Gerade durch A und B mit den Ortsvektoren $a = \begin{pmatrix} 1 \\ 2 \\ 6 \end{pmatrix}$ und $b = \begin{pmatrix} 2 \\ 3 \\ 4 \end{pmatrix}$ auf. Das ist nun mit der obigen Definition leicht. Es gilt $b - a = \begin{pmatrix} 1-2 \\ 2-3 \\ 6-4 \end{pmatrix} = \begin{pmatrix} -1 \\ -1 \\ 2 \end{pmatrix}$, also haben Sie die Gerade $\bar{x} = \begin{pmatrix} 1 \\ 2 \\ 6 \end{pmatrix} + \lambda \cdot \begin{pmatrix} -1 \\ -1 \\ 2 \end{pmatrix}$.

Parametergleichung für Ebenen

Im dreidimensionalen Raum kann man neben Punkten und Geraden auch Ebenen betrachten. Das kann man auch im zweidimensionalen, nur gibt es hier nur eine Ebene, nämlich die gesamte zugrunde liegende Ebene. Das ist also eher langweilig.

Betrachten Sie daher im dreidimensionalen Raum die Abbildung 9.11, in der Sie zwei sich schneidende Geraden sehen.

Schauen Sie sich in Abbildung 9.11 die beiden eingezeichneten Vektoren m_1 und m_2 an. Dies könnten die beiden Richtungsvektoren für die beiden Geraden g_1 und g_2 sein. Erkennen Sie, dass durch diese beiden Geraden eine Ebene dargestellt wird, die beispielsweise durch die beiden Vektoren m_1 und m_2, fixiert am Schnittpunkt S der beiden Geraden, dargestellt werden kann? Dies führt uns zur Parametergleichung von Ebenen.

Die *Parametergleichung einer Ebene* ist durch den *Stützvektor* s und die beiden *Richtungsvektoren* m_1 und m_2 gegeben und hat die Gestalt: $\bar{x} = s + \lambda_1 \cdot m_1 + \lambda_2 \cdot m_2$, wobei $\lambda_1, \lambda_2 \in \mathbb{R}$ Skalare sind.

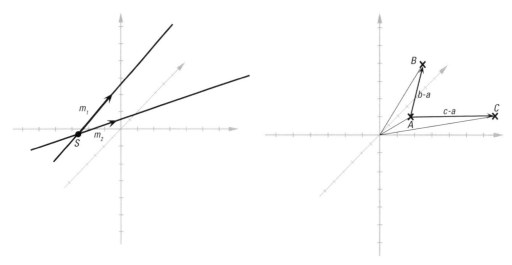

Abbildung 9.11: Zwei sich schneidende Geraden

Abbildung 9.12: Darstellung einer Ebene durch drei Punkte

Ein Beispiel: So können Sie jetzt feststellen, dass der Punkt $\begin{pmatrix} 7 \\ 6 \\ 6 \end{pmatrix}$ in der Ebene

$E : \bar{x} = \begin{pmatrix} 1 \\ 2 \\ 1 \end{pmatrix} + \lambda_1 \cdot \begin{pmatrix} 2 \\ 1 \\ 1 \end{pmatrix} + \lambda_2 \cdot \begin{pmatrix} 2 \\ 2 \\ 3 \end{pmatrix}$ liegt, denn es gilt: $\begin{pmatrix} 7 \\ 6 \\ 6 \end{pmatrix} = \begin{pmatrix} 1 \\ 2 \\ 1 \end{pmatrix} + 2 \cdot \begin{pmatrix} 2 \\ 1 \\ 1 \end{pmatrix} + 1 \cdot \begin{pmatrix} 2 \\ 2 \\ 3 \end{pmatrix}$

Dreipunktegleichung für Ebenen

So wie zwei Punkte eine Gerade eindeutig beschreiben, beschreiben drei Punkte eine Ebene. Wenn Sie die drei Punkte A, B und C mit den dazugehörigen Ortsvektoren a, b und c haben, können Sie den Vektor von A nach B, nämlich $b - a$, und den Vektor von A nach C, nämlich $c - a$, betrachten. Damit haben Sie wieder zwei Richtungsvektoren, die, ausgehend vom Ortsvektor für A, die Ebene, aufgespannt durch die drei Punkte A, B und C, eindeutig beschreiben. Sie gehen hierbei davon aus, dass die drei Ausgangspunkte A, B und C nicht alle auf einer Geraden lagen. Betrachten Sie zu diesen Überlegungen die Abbildung 9.12.

 Die *Dreipunktegleichung einer Ebene* durch die Punkte A, B und C ist durch die Gleichung $\bar{x} = a + \lambda_1 \cdot (b - a) + \lambda_2 \cdot (c - a)$ gegeben, wobei a, b beziehungsweise c jeweils der Ortsvektor für A, B beziehungsweise C ist.

Koordinatengleichung für Ebenen

Sie können als dritte Darstellungsart die Ebene auch durch eine lineare Gleichung in den Koordinaten x, y und z darstellen.

Die *Koordinatengleichung einer Ebene* ist immer von der Form $\lambda x + \mu y + \nu z = \rho$ und beschreibt für Skalare $\lambda, \mu, \nu, \rho \in \mathbb{R}$ die auf der Ebene liegenden Vektoren mit den Koordinaten $\begin{pmatrix} x \\ y \\ z \end{pmatrix}$.

Ein Beispiel: Um zu prüfen, ob der Punkt mit den Koordinaten $\begin{pmatrix} 1 \\ 2 \\ 3 \end{pmatrix}$ auf der Ebene dargestellt als $3x + 2y + z = 10$ liegt, müssen Sie die Koordinaten einsetzen und prüfen, ob die Gleichung erfüllt ist oder nicht. In diesem Fall liegt der Punkt auf der Ebene, denn es gilt: $3 \cdot 1 + 2 \cdot 2 + 3 = 10$. Einfach, oder?

Umrechnungen der einzelnen Ebenengleichungen

Vor allem die letzte Darstellungsform einer Ebene als Koordinatengleichung ist von den beiden anderen sehr verschieden. Dennoch sind alle in dem Sinne äquivalent, als dass man mit ihnen jeweils Ebenen darstellen kann, und wenn man eine Darstellung in der einen Form hat, kann man diese auch in eine der anderen umrechnen. Das möchte ich schnell mit Ihnen durchrechnen.

Dreipunkte → Parameter

Von der *Dreipunkte- zur Parametergleichung* ist keine Kunst, denn wenn Sie sich den Abschnitt noch einmal anschauen, dann erkennen Sie, dass wir aus den drei Punkten zwei Richtungsvektoren konstruiert haben und diese dann in die Parametergleichung eingesetzt haben.

Parameter → Dreipunkte

Umgekehrt von der *Parameter- zur Dreipunktegleichung*, wenn Sie also die Parametergleichung $\bar{x} = s + \lambda_1 \cdot m_1 + \lambda_2 \cdot m_2$ haben, können Sie zwei beliebige Wertepaare für die Skalare einsetzen, beispielsweise $\lambda_1 = 0$, $\lambda_2 = 1$ beziehungsweise $\lambda_1 = 1$, $\lambda_2 = 0$. Dann erhalten Sie zwei Punkte auf der Ebene, die zusammen mit dem Punkt, der den Stützvektor als Ortsvektor hat, die Ausgangsebene beschreiben.

Koordinaten → Parameter

Versuchen Sie jetzt aus der *Koordinaten- die Parametergleichung* zu konstruieren. Betrachten Sie dazu $3x + 2y + z = 10$. Dann können Sie das Ganze parametrisieren, indem Sie wie folgt ansetzen: $x = \lambda_1$, $y = \lambda_2$ und $z = 10 - 3x - 2y$. Wenn Sie die ersten beiden Gleichungen in die dritte einsetzen, erhalten Sie $z = 10 - 3\lambda_1 - 2\lambda_2$. Nun schreiben Sie die drei Gleichungen untereinander, ordnen nach dem Auftauchen der Skalare λ_1, λ_2 und schreiben es als Vektorgleichung – das heißt, Sie erhalten: $\begin{pmatrix} x \\ y \\ z \end{pmatrix} = \begin{pmatrix} 0 \\ 0 \\ 10 \end{pmatrix} + \lambda_1 \cdot \begin{pmatrix} 1 \\ 0 \\ -3 \end{pmatrix} + \lambda_2 \cdot \begin{pmatrix} 0 \\ 1 \\ -2 \end{pmatrix}$. Versuchen Sie es selbst einmal.

Koordinaten → *Dreipunkte*

Von der *Koordinatengleichung* geht es auch direkt zur *Dreipunktegleichung*, indem Sie aus ihr drei Punkte der Ebene ableiten. Setzen Sie beispielsweise immer zwei Variablen gleich 0 und überlegen Sie, welchen Wert die fehlende Variable haben muss, damit die Gleichung insgesamt erfüllt ist. Bei der Ebene $3x + 2y + z = 12$ setzen Sie also y, z gleich 0 und erhalten $3x = 12$, also ist $x = 4$. Sie haben Ihren ersten Punkt, nämlich $\begin{pmatrix} 4 \\ 0 \\ 0 \end{pmatrix}$, ähnlich erhalten Sie die Punkte $\begin{pmatrix} 0 \\ 6 \\ 0 \end{pmatrix}$ und $\begin{pmatrix} 0 \\ 0 \\ 12 \end{pmatrix}$, denn für $x = z = 0$ gilt $2y = 12$ für $y = 6$ und schließlich für $x = y = 0$ gilt $z = 12$. Damit haben Sie drei Punkte auf der Ebene, die dieselbige eindeutig beschreibt.

Parameter → *Koordinaten*

Wenn Sie von der *Parameter- zur Koordinatengleichung* möchten, dann schreiben Sie sich die drei Gleichungen, die durch die Parameterdarstellung gegeben sind, untereinander auf und kombinieren diese miteinander, so dass Sie schließlich die Parameter nach und nach eliminieren und die Koordinatengleichung vor sich haben. Wenn Sie beispielsweise die Ebenengleichung $\begin{pmatrix} x \\ y \\ z \end{pmatrix} = \begin{pmatrix} 1 \\ 2 \\ 1 \end{pmatrix} + \lambda_1 \cdot \begin{pmatrix} 2 \\ 1 \\ 1 \end{pmatrix} + \lambda_2 \cdot \begin{pmatrix} 2 \\ 2 \\ 3 \end{pmatrix}$ haben, erhalten Sie die drei Gleichungen:

$x = 1 + 2\lambda_1 + 2\lambda_2$
$y = 2 + \lambda_1 + 2\lambda_2$
$z = 1 + \lambda_1 + 3\lambda_2$

Wenn Sie die dritte von der zweiten abziehen, erhalten Sie eine Gleichung ohne den Parameter λ_1, nämlich $y - z = 1 - \lambda_2$. Genauso können Sie das Doppelte der dritten Gleichung von der ersten abziehen und erhalten: $x - 2z = -1 - 4\lambda_2$. Versuchen Sie jetzt, aus diesen beiden neuen Gleichungen den noch störenden Parameter λ_2 zu eliminieren, indem Sie das (-4)-Fache der ersten zur zweiten Gleichung addieren, also gilt: $(-4)(y - z) + (x - 2z) = (-4)(1 - \lambda_2) + (-1 - 4\lambda_2)$. Dieses vereinfachen Sie, indem Sie die Klammer jeweils auflösen. Dadurch erhalten Sie zunächst:

$-4y + 4z + x - 2z = -4 + 4\lambda_2 - 1 - 4\lambda_2$, also eine Darstellung ohne Parameter, nachdem Sie zusammengefasst haben: $x - 4y + 2z = -5$.

Dreipunkte $\to$ Koordinaten

Die noch fehlende Richtung von der *Dreipunkte- zur Koordinatengleichung* umgehe ich, indem ich darauf verweise, dass die Dreipunktegleichung eigentlich eine Parametergleichung ist und diesen Fall haben wir im vorangegangenen Abschnitt behandelt.

Lagebeziehungen zwischen Geraden und Ebenen

Jeder kennt ein paar Begriffe zu diesem Thema: sich schneidende Geraden, windschiefe Geraden, parallele Ebenen, usw. Aber was bedeuten diese Wortgruppen und woran kann man dies erkennen?

Lagebeziehungen zwischen zwei Geraden

Zwischen Geraden im dreidimensionalen Raum gibt es vier Arten von gegenseitiger Lage: Zwei Geraden können *sich schneiden, parallel zueinander, identisch* oder *windschief* sein. Betrachten Sie dazu Abbildung 9.13.

Bei zwei Geraden $g_1: \overline{x} = n_1 + \lambda_1 \cdot m_1$ und $g_2: \overline{x} = n_2 + \lambda_2 \cdot m_2$ unterscheidet man folgende vier Arten der gegenseitige Lage:

✔ *Sich schneidend:* In diesem Fall gibt es $\lambda_1, \lambda_2 \in \mathbb{R}$, so dass alle drei Gleichungen in der durch die Darstellung der beiden Geraden gegebenen Vektorgleichung $n_1 + \lambda_1 \cdot m_1 = n_2 + \lambda_2 \cdot m_2$ erfüllt sind.

✔ *Parallel:* In diesem Fall sind die beiden Richtungsvektoren linear abhängig, das heißt, es gibt einen Skalar $\mu \in \mathbb{R}$, so dass $m_1 = \mu \cdot m_2$.

✔ *Identisch:* In diesem Fall sind beide parallel und der Stützvektor der einen Geraden liegt auf der anderen, das heißt, es existiert ein $\mu \in \mathbb{R}$, so dass $m_1 = \mu \cdot m_2$, und es existiert ein $\lambda \in \mathbb{R}$, so dass $n_1 = n_2 + \lambda \cdot m_2$.

✔ *Windschief:* In diesem Fall sind die Geraden weder parallel noch schneiden sie sich.

Ein Beispiel: Betrachten Sie die folgenden drei Geraden jeweils gegeben durch die folgenden Geradengleichungen:

$$g_1: \overline{x} = \begin{pmatrix} 1 \\ 2 \\ 3 \end{pmatrix} + \lambda_1 \cdot \begin{pmatrix} 2 \\ 4 \\ 6 \end{pmatrix} \quad g_2: \overline{x} = \begin{pmatrix} 5 \\ 2 \\ 2 \end{pmatrix} + \lambda_2 \cdot \begin{pmatrix} 3 \\ 6 \\ 9 \end{pmatrix} \quad g_3: \overline{x} = \begin{pmatrix} 1 \\ 2 \\ 3 \end{pmatrix} + \lambda_3 \cdot \begin{pmatrix} 3 \\ 6 \\ 12 \end{pmatrix}$$

Die Geraden g_1 und g_2 sind parallel zueinander, denn es gilt, dass $\begin{pmatrix} 3 \\ 6 \\ 9 \end{pmatrix} = 1{,}5 \cdot \begin{pmatrix} 2 \\ 4 \\ 6 \end{pmatrix}$. Allerdings sind sie nicht identisch, denn es gibt kein λ, so dass für alle drei Gleichungen $1 = 5 + \lambda \cdot 3$, $2 = 2 + \lambda \cdot 6$ und $3 = 2 + \lambda \cdot 9$ gilt. Weiterhin sehen Sie, dass sich g_1 und g_3 schneiden, denn

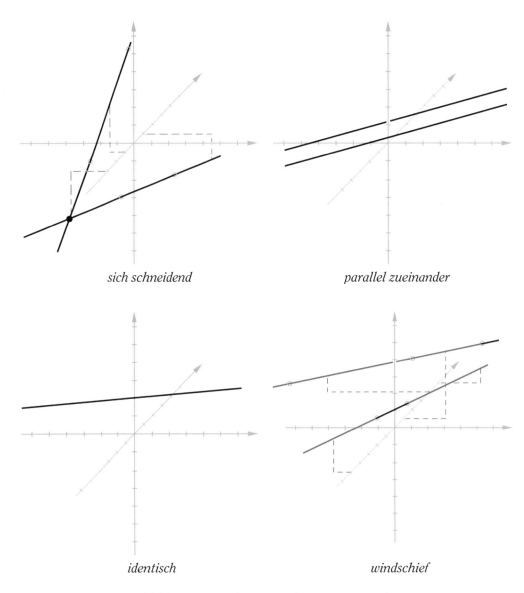

Abbildung 9.13: Die (Lage-)Beziehung zweier Geraden

in beiden Fällen ist der Stützvektor der gleiche und damit ist er auch der Schnittpunkt beider Geraden. Darüber hinaus liegen g_2 und g_3 zueinander windschief, denn ihre Richtungsvektoren sind nicht linear abhängig – es ist $3 = 1 \cdot 3$ und $6 = 1 \cdot 6$, aber $9 = \frac{3}{4} \cdot 12$ – und es gibt auch keinen Schnittpunkt. Dies erkennt man, indem man die Gleichungen auflöst: Wenn es einen Schnittpunkt gäbe, dann existierten Skalare $\lambda_2, \lambda_3 \in \mathbb{R}$, so dass:

$$\begin{pmatrix} 5 \\ 2 \\ 2 \end{pmatrix} + \lambda_2 \cdot \begin{pmatrix} 3 \\ 6 \\ 9 \end{pmatrix} = \begin{pmatrix} 1 \\ 2 \\ 3 \end{pmatrix} + \lambda_3 \cdot \begin{pmatrix} 3 \\ 6 \\ 12 \end{pmatrix}, \text{ also } \begin{array}{l} 5 + \lambda_2 \cdot 3 = 1 + \lambda_3 \cdot 3 \\ 2 + \lambda_2 \cdot 6 = 2 + \lambda_3 \cdot 6 \\ 2 + \lambda_2 \cdot 9 = 3 + \lambda_3 \cdot 12 \end{array}$$

Verdoppeln Sie die erste Gleichung und Sie erhalten $10 + \lambda_2 \cdot 6 = 2 + \lambda_3 \cdot 6$ und subtrahieren Sie davon die zweite. Sie erhalten somit: $8 = 0$ – eine falsche Aussage. Es gibt keine Lösung für dieses Gleichungssystem und damit keinen Schnittpunkt der Geraden.

Lagebeziehungen zwischen zwei Ebenen

Zwischen Ebenen im dreidimensionalen Raum gibt es erneut drei Arten von gegenseitiger Lage: Zwei Ebenen können *sich schneiden*, sie sind *parallel zueinander* oder *identisch*. Betrachten Sie dazu Abbildung 9.14.

Am einfachsten für die Auswertung ist es, wenn man die eine Ebene in Parameter- und die andere in Koordinatenform gegeben hat – da ich Ihnen gezeigt habe, wie das geht, gehe ich von diesem Fall aus.

Bei zwei Ebenen $\overline{x} = s + \lambda_1 \cdot m_1 + \lambda_2 \cdot m_2$ und $\lambda x + \mu y + \nu z = \rho$ unterscheidet man folgende drei Arten der gegenseitigen Lage:

✔ *Sich schneidend:* Setzen Sie die jeweiligen Gleichungen für x, y und z in die Koordinatengleichung $\lambda x + \mu y + \nu z = \rho$ ein. Dadurch erhalten Sie eine Abhängigkeit der beiden Parameter λ_1 und λ_2 zueinander. Diese Abhängigkeit setzen Sie in die erste Ebenengleichung ein und erhalten die Schnittgerade. Die *Schnittgerade* ist die Gerade, die in beiden Ebenen gleichzeitig verläuft.

✔ *Parallel:* Es gibt keinen Schnittpunkt, das heißt, beim Gleichsetzen beziehungsweise Ineinandereinsetzen der beiden Ebenengleichungen ergibt sich – egal wie λ_1 und λ_2 gewählt werden – eine falsche Aussage.

✔ *Identisch:* Beim Gleichsetzen beziehungsweise Ineinandereinsetzen der beiden Ebenengleichungen ergibt sich unabhängig von den konkreten Werten λ_1 und λ_2 eine immer wahre Aussage, das heißt, jeder Punkt der Ebene erfüllt diese Bedingung.

Ein Beispiel: Betrachten Sie folgende vier Ebenen, jeweils gegeben durch die folgenden Ebenengleichungen:

$$E_1 : x + 2y + 4z = 9 \qquad E_2 : \overline{x} = \begin{pmatrix} 1 \\ -4 \\ 4 \end{pmatrix} + \lambda_1 \cdot \begin{pmatrix} 8 \\ 4 \\ -4 \end{pmatrix} + \lambda_2 \cdot \begin{pmatrix} 6 \\ 5 \\ -4 \end{pmatrix}$$

$$E_3 : \overline{x} = \begin{pmatrix} 1 \\ 4 \\ 4 \end{pmatrix} + \lambda_1 \cdot \begin{pmatrix} 2 \\ 1 \\ -1 \end{pmatrix} + \lambda_2 \cdot \begin{pmatrix} 6 \\ 5 \\ -4 \end{pmatrix} \qquad E_4 : \overline{x} = \begin{pmatrix} 7 \\ 1 \\ 0 \end{pmatrix} + \lambda_1 \cdot \begin{pmatrix} -2 \\ 2 \\ 3 \end{pmatrix} + \lambda_2 \cdot \begin{pmatrix} 10 \\ 7 \\ 1 \end{pmatrix}$$

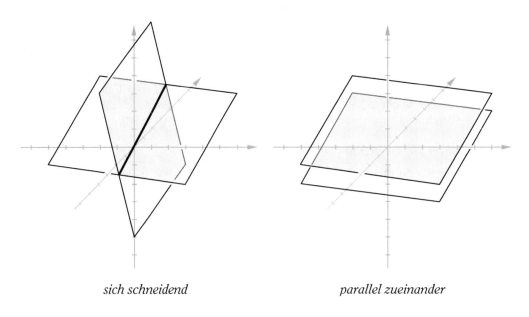

Abbildung 9.14: Die (Lage-)Beziehungen zweier Ebenen

✔ **Behauptung:** *Die Ebenen E_1 und E_2 sind identisch.*

Setzen Sie die drei rechten Gleichungen (der einzelnen Koordinaten) in die erste Ebenen-Koordinatengleichung ein und Sie erhalten die folgende behauptete Gleichung, die Sie auf Wahrheit testen:

9 ➤ Grundlagen der Vektorräume

$$(1 + 8\lambda_1 + 6\lambda_2) + 2(-4 + 4\lambda_1 + 5\lambda_2) + 4(4 - 4\lambda_1 - 4\lambda_2) \stackrel{!}{=} 9$$
$$(1 - 8 + 16) + \lambda_1(8 + 8 - 16) + \lambda_2(6 + 10 - 16) \stackrel{!}{=} 9$$
$$9 = 9$$

Dies ist wie gewünscht eine immer wahre Aussage.

(Das kleine Ausrufungszeichen über dem Gleichheitszeichen kennzeichnet eine behauptete Gleichheit. In diesem Fall prüfen Sie, ob diese Gleichung gilt oder nicht.)

✔ **Behauptung:** *Die Ebenen E_1 und E_3 sind parallel.*

Setzen Sie ineinander ein:

$$(1 + 2\lambda_1 + 6\lambda_2) + 2(4 + \lambda_1 + 5\lambda_2) + 4(4 - \lambda_1 - 4\lambda_2) \stackrel{!}{=} 9$$
$$(1 + 8 + 16) + \lambda_1(2 + 2 - 4) + \lambda_2(6 + 10 - 16) \stackrel{!}{=} 9$$
$$25 \neq 9$$

Dies ist wie gewünscht eine falsche Aussage.

✔ **Behauptung:** *Die Ebenen E_1 und E_4 schneiden sich.*

Setzen Sie ineinander ein:

$$(7 - 2\lambda_1 + 10\lambda_2) + 2(1 + 2\lambda_1 + 7\lambda_2) + 4(0 + 3\lambda_1 + \lambda_2) \stackrel{!}{=} 9$$
$$(7 + 2 + 0) + \lambda_1(-2 + 4 + 12) + \lambda_2(10 + 14 + 4) \stackrel{!}{=} 9$$
$$9 + 14\lambda_1 + 28\lambda_2 = 9$$
$$\lambda_1 + 2\lambda_2 = 0$$
$$\lambda_1 = -2\lambda_2$$

Setzen Sie nun die Abhängigkeit wieder in die Parametergleichung ein:

$$\overline{x} = \begin{pmatrix} 7 \\ 1 \\ 0 \end{pmatrix} - 2\lambda_2 \cdot \begin{pmatrix} -2 \\ 2 \\ 3 \end{pmatrix} + \lambda_2 \cdot \begin{pmatrix} 10 \\ 2 \\ 1 \end{pmatrix} = \begin{pmatrix} 7 \\ 1 \\ 0 \end{pmatrix} + \lambda_2 \cdot \begin{pmatrix} (-2)\cdot(-2) + 10 \\ (-2)\cdot 2 + 2 \\ (-2)\cdot 3 + 1 \end{pmatrix}$$

Sie erhalten die gewünschte Geradengleichung der Schnittgeraden:

$$\overline{x} = \begin{pmatrix} 7 \\ 1 \\ 0 \end{pmatrix} + \lambda \cdot \begin{pmatrix} 14 \\ -2 \\ -5 \end{pmatrix}$$

Aus der berechneten Parameterbeziehung $\lambda_1 + 2\lambda_2 = 0$ hätten Sie auch die Beziehung $\lambda_2 = -\frac{1}{2}\lambda_1$ berechnen können. Sie hätten in jedem Fall die gleiche Gerade bekommen. Natürlich hätten Sie nicht unbedingt die gleiche Darstellung der Schnittgeraden erhalten, das heißt, selbstverständlich hätte sich die Darstellung dieser Geraden durch andere Stütz- und Richtungsvektor ändern können.

Lagebeziehungen zwischen Gerade und Ebene

Zwischen einer Geraden und einer Ebene kann es auch drei zu unterscheidende Lagebeziehungen geben: Sie können sich *in einem Punkt schneiden*, die Gerade kann *vollständig in der Ebene* liegen oder die Gerade verläuft *parallel* zur Ebene. Betrachten Sie dazu Abbildung 9.15.

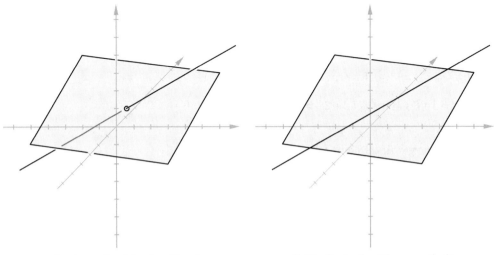

in einem Punkt schneidend   vollständig in der Ebene enthalten

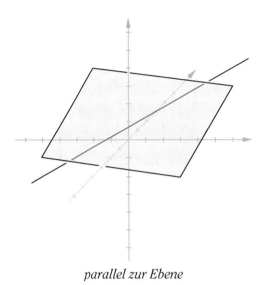

parallel zur Ebene

Abbildung 9.15: Der Verlauf einer Geraden relativ zu einer Ebene

Es hat sich als günstig erwiesen, wenn dabei die Ebene in Form einer Koordinatengleichung dargestellt ist – da Sie die verschiedenen Darstellungsformen beliebig ineinander überführen können, können wir uns darauf beschränken. (Siehe auch den Abschnitt *Umrechnungen der einzelnen Ebenengleichungen* weiter vorn in diesem Kapitel.)

Bei einer Geraden $\bar{x} = n + \delta \cdot m$ und einer Ebene $\lambda x + \mu y + \nu z = \rho$ unterscheidet man folgende drei Arten der gegenseitigen Lage:

- ✔ *Sich in einem Punkt schneidend:* Setzen Sie die jeweiligen Gleichungen für x, y und z in die Koordinatengleichung ein. Dadurch erhalten Sie einen Wert für den Parameter δ in der Geradengleichung. Setzen Sie diesen Wert in die Geradengleichung ein und Sie erhalten den *Schnittpunkt*.

- ✔ *Parallel:* Es gibt keinen Schnittpunkt, das heißt, beim Gleichsetzen beziehungsweise Ineinandereinsetzen der beiden Gleichungen ergibt sich ein Widerspruch, egal wie δ gewählt wird.

- ✔ *Identisch:* Beim Gleichsetzen beziehungsweise Ineinandereinsetzen der beiden Gleichungen ergibt sich unabhängig vom konkreten Wert von δ eine immer wahre Aussage, das heißt, jeder Punkt der Gerade erfüllt diese Bedingung.

Ein Beispiel: Betrachten Sie die folgende Ebene $E: x + 2y + 4z = 9$ sowie die drei Geraden g_1, g_2 und g_3, gegeben durch:

$$g_1 : \bar{x} = \begin{pmatrix} 1 \\ -4 \\ 4 \end{pmatrix} + \delta \cdot \begin{pmatrix} -2 \\ -1 \\ 1 \end{pmatrix} \quad g_2 : \bar{x} = \begin{pmatrix} 1 \\ 4 \\ 4 \end{pmatrix} + \delta \cdot \begin{pmatrix} 6 \\ 5 \\ -4 \end{pmatrix} \quad g_3 : \bar{x} = \begin{pmatrix} 7 \\ 1 \\ 0 \end{pmatrix} + \delta \cdot \begin{pmatrix} 2 \\ -2 \\ 3 \end{pmatrix}$$

✔ **Behauptung:** *Die Gerade g_1 verläuft vollständig in der Ebene E.*

Setzen Sie die drei rechten Gleichungen (der einzelnen Koordinaten) in die erste Ebenen-Koordinatengleichung ein und Sie erhalten die folgende behauptete Gleichung, die Sie auf Wahrheit testen:

$$(1 - 2\delta) + 2(-4 - \delta) + 4(4 + \delta) \stackrel{!}{=} 9$$

$$(1 - 8 + 16) + \delta(-2 - 2 + 4) \stackrel{!}{=} 9$$

$$9 = 9$$

Dies ist wie gewünscht immer eine wahre Aussage.

✔ **Behauptung:** *Die Gerade g_2 verläuft parallel zur Ebene E.*

Setzen Sie ineinander ein:

$$(1 + 6\delta) + 2(4 + 5\delta) + 4(4 - 4\delta) \stackrel{!}{=} 9$$

$$(1 + 8 + 16) + \delta(6 + 10 - 16) \stackrel{!}{=} 9$$

$$25 \neq 9$$

Dies ist wie gewünscht eine falsche Aussage.

✔ **Behauptung:** *Die Gerade g_3 schneidet die Ebene E in einem Punkt.*

Setzen Sie ineinander ein:

$$(7+2\delta)+2(1-2\delta)+4(0+3\delta) \stackrel{!}{=} 9$$
$$(7+2+0)+\delta(2-4+12) \stackrel{!}{=} 9$$
$$9+10\cdot\delta = 9$$
$$10\cdot\delta = 0$$
$$\delta = 0$$

Setzen Sie nun die Abhängigkeit wieder in die Parametergleichung ein:

$$\overline{x} = \begin{pmatrix} 7 \\ 1 \\ 0 \end{pmatrix} + \delta \cdot \begin{pmatrix} 2 \\ -2 \\ 3 \end{pmatrix} = \begin{pmatrix} 7 \\ 1 \\ 0 \end{pmatrix} + 0 \cdot \begin{pmatrix} 2 \\ -2 \\ 3 \end{pmatrix} = \begin{pmatrix} 7 \\ 1 \\ 0 \end{pmatrix}, \quad \text{also} \quad \overline{x} = \begin{pmatrix} 7 \\ 1 \\ 0 \end{pmatrix}.$$

Kollision während einer Flugshow in Las Vegas?

Ein Beispiel: Stellen Sie sich vor, Sie arbeiten an einem Radarbildschirm in einem Flugkontrollpunkt mitten in Las Vegas. Es wird eine Kunstflugshow geben und Sie müssen dafür sorgen, dass kein Flugzeug die angrenzenden Hotels beschädigt. Kümmern wir uns ausschnittweise nur um das Hotel Luxor, die große Pyramide. In Abbildung 9.16 können Sie die einzelnen Koordinaten der Messpunkte sehen.

$$A = \begin{pmatrix} 28 \\ -22 \\ 7,5 \end{pmatrix} \quad B = \begin{pmatrix} 24 \\ -18 \\ 7 \end{pmatrix} \quad C = \begin{pmatrix} 8 \\ 0 \\ 0 \end{pmatrix}$$

$$D = \begin{pmatrix} 0 \\ 8 \\ 0 \end{pmatrix} \quad E = \begin{pmatrix} -8 \\ 0 \\ 0 \end{pmatrix}$$

$$F = \begin{pmatrix} 0 \\ -8 \\ 0 \end{pmatrix} \quad G = \begin{pmatrix} 0 \\ 0 \\ 6 \end{pmatrix}$$

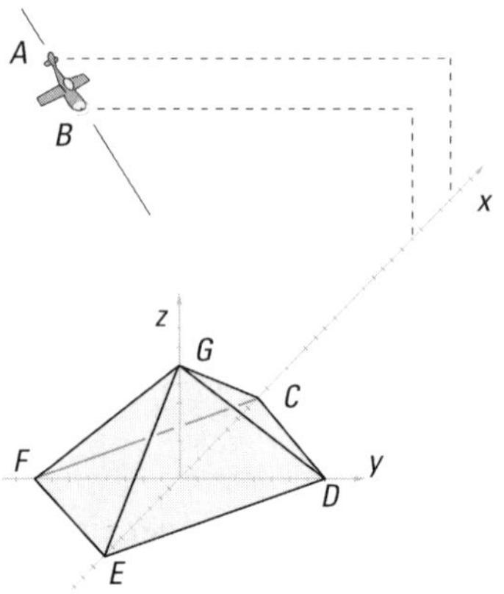

Abbildung 9.16: Skizze des Radarbildschirms einer Flugshow in Las Vegas

Müssen Sie etwas an der Flugbahn ändern, damit das Flugzeug nicht mit dem Bauwerk kollidiert?

Die Flugbahn ist durch die beiden Punkte *A* und *B* gegeben. Das Flugzeug fliegt also auf der Geraden, die durch beide Punkte verläuft. Diese können Sie durch die Zweipunktegleichung beschreiben und erhalten daher folgende Geradengleichung:

9 ▶ Grundlagen der Vektorräume

$$g: \bar{x} = \begin{pmatrix} 28 \\ -22 \\ 7,5 \end{pmatrix} + \delta \cdot \begin{pmatrix} 4 \\ -4 \\ 0,5 \end{pmatrix}, \quad \text{da} \quad \begin{pmatrix} 28 \\ -22 \\ 7,5 \end{pmatrix} - \begin{pmatrix} 24 \\ -18 \\ 7 \end{pmatrix} = \begin{pmatrix} 4 \\ -4 \\ 0,5 \end{pmatrix}$$

Sie müssen nun analysieren, wie Sie an die Aufgabenstellung herangehen, dass das Bauwerk berührt wird oder nicht.

1. **Stellen Sie sich zunächst die dem Flugzeug zugewandte Seitenfläche der Pyramide vor und stellen Sie die Ebenengleichung hierfür auf.**

   Als Stützvektor nehmen Sie den Ortsvektor des Punktes C; als Richtungsvektoren die jeweiligen Vektoren nach F und G jeweils ausgehend von C:

   $$E: \bar{x} = \begin{pmatrix} 8 \\ 0 \\ 0 \end{pmatrix} + \lambda_1 \cdot \begin{pmatrix} -8 \\ -8 \\ 0 \end{pmatrix} + \lambda_2 \cdot \begin{pmatrix} -8 \\ 0 \\ 6 \end{pmatrix}$$

2. **Wandeln Sie diese Parametergleichung in eine Koordinatengleichung um, indem Sie geschickt die einzelnen Parameter gegeneinander ausspielen.**

   Sie haben folgende drei Gleichungen zur Verfügung: $x = 8 - 8\lambda_1 - 8\lambda_2$, $y = -8\lambda_1$ und $z = 6\lambda_2$. Sie erhalten daraus sofort: $x - y = 8 - 8\lambda_2$ und schließlich damit $3x - 3y + 4z = 24$, denn es gilt mithilfe der obigen Gleichungen $3(x - y) + 4z = 3 \cdot (8 - 8\lambda_2) + 4 \cdot (6\lambda_2)$.

3. **Um den Schnittpunkt mit der dargestellten Ebene zu berechnen, setzen Sie die einzelnen Bestandteile der Geradengleichung in die Ebenengleichung in Koordinatenform ein und erhalten:**

   $$24 = 3 \cdot (28 + 4 \cdot \delta) - 3 \cdot (-22 - 4 \cdot \delta) + 4 \cdot (7,5 + 0,5 \cdot \delta)$$
   $$= 84 + 12 \cdot \delta + 66 + 12 \cdot \delta + 30 + 2 \cdot \delta$$
   $$= 180 + 26 \cdot \delta$$

4. **Stellen Sie nach δ um.**

   Sie erhalten schrittweise: $-156 = 26 \cdot \delta$, also $\delta = -6$.

5. **Setzen Sie diesen dort ein und Sie erhalten die Koordinaten des Schnittpunkts:**

   $$\begin{pmatrix} 28 \\ -22 \\ 7,5 \end{pmatrix} + \delta \cdot \begin{pmatrix} 4 \\ -4 \\ 0,5 \end{pmatrix} = \begin{pmatrix} 28 \\ -22 \\ 7,5 \end{pmatrix} + (-6) \cdot \begin{pmatrix} 4 \\ -4 \\ 0,5 \end{pmatrix} = \begin{pmatrix} 4 \\ 2 \\ 4,5 \end{pmatrix}$$

   Jetzt haben Sie die Koordinaten des Schnittpunkts der gesamten dargestellten Ebene, aber Sie sind nur an potenziellen Schnittpunkten mit dem Teil der Ebene interessiert, der die Begrenzung des Bauwerks darstellt.

6. **Berechnen Sie daher die Parameter des Schnittpunkts in der Ebenengleichung.**

   $$\begin{pmatrix} 4 \\ 2 \\ 4,5 \end{pmatrix} = \begin{pmatrix} 8 \\ 0 \\ 0 \end{pmatrix} + \lambda_1 \cdot \begin{pmatrix} -8 \\ -8 \\ 0 \end{pmatrix} + \lambda_2 \cdot \begin{pmatrix} -8 \\ 0 \\ 6 \end{pmatrix}, \quad \text{also} \quad \begin{array}{l} 4 = 8 - 8\lambda_1 - 8\lambda_2 \\ 2 = -8\lambda_1 \\ 4,5 = 6\lambda_2 \end{array}, \quad \text{somit} \quad \begin{array}{l} \lambda_1 = -\dfrac{1}{4} \\ \\ \lambda_2 = \dfrac{3}{4} \end{array}$$

7. Prüfen Sie, ob die Parameter des Schnittpunkts zwischen 0 und 1 liegen und die Summe kleiner gleich 1 ist.

Der Schnittpunkt läge in der das Bauwerk begrenzenden Ebene, wenn beide Parameter zwischen 0 und 1 lägen – in unserem Beispiel weicht der erste Parameter aber davon ab, so dass dieser Schnittpunkt der Ebene nicht auf der Bauwerksbegrenzung liegt.

Die Punkte *innerhalb* des Dreiecks, gegeben durch die drei Eckpunkte A, B und C – wie sie in Abbildung 9.17 dargestellt werden –, können durch die Ebenengleichung $\bar{x} = a + \lambda_1 \cdot (b-a) + \lambda_2 \cdot (c-a)$ für Parameter im Bereich $0 \leq \lambda_1 \leq 1$ und $0 \leq \lambda_2 \leq 1$, wobei $\lambda_1 + \lambda_2 \leq 1$ gilt, beschrieben werden.

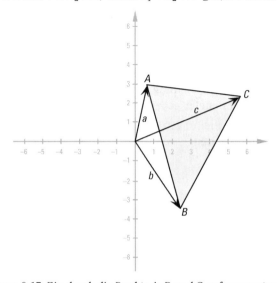

Abbildung 9.17: Ein durch die Punkte A, B und C aufgespanntes Dreieck

Das Flugzeug kollidiert nicht mit dieser Seite des Bauwerks. Sie könnten dies jetzt für die restlichen drei Seiten durchrechnen (oder argumentieren geschickt, warum Sie bereits früher fertig sind). Sie werden sehen, dass das Flugzeug (in Flugrichtung) rechts von der Pyramide vorbeifliegt. Glück gehabt, die Flugshow kann weitergehen.

Lineare Gleichungssysteme und Matrizen

In diesem Kapitel

▸ Lineare Gleichungssysteme, lineare Abbildungen und Matrizen

▸ Grafische Lösungsansätze für Gleichungssysteme

▸ Rechnen mit Matrizen

▸ Hilfsmittel erster Wahl: der Gaußsche Algorithmus

---

*I*n diesem Kapitel zeige ich Ihnen den sicheren Umgang mit einem der Grundbestandteile der linearen Algebra und dem täglichen Leben – den linearen Gleichungssystemen. Wir werden schrittweise die Auswirkung der Anzahl der Gleichungen und der Unbekannten in einem solchen System erkunden und Kriterien für dessen Lösbarkeit entwickeln. Abschließend zeige ich Ihnen Ansätze für das grafische Lösen eines Gleichungssystems. Darüber hinaus erkläre ich Ihnen die Matrizen. Diese dienen unter anderem zur vereinfachten Darstellung linearer Gleichungssysteme. Mit ihnen werden Sie auch *die* Methode des Lösens von solchen Gleichungssystemen in der Praxis verstehen – den Gaußschen Algorithmus.

Arten von linearen Gleichungssystemen

Ein lineares Gleichungssystem (LGS) besteht aus einer festen Anzahl von Gleichungen, die wir mit m bezeichnen, und einer Anzahl von Unbekannten, die wir mit n bezeichnen. Die Unbekannten – auch Variablen genannt – können in jeder Gleichung auftauchen (müssen aber nicht), wobei keine Potenz größer als 1 erlaubt ist; somit haben Sie eine allgemeine Form:

$$a_{11}x_1 + \cdots + a_{1n}x_n = b_1$$
$$\vdots$$
$$a_{m1}x_1 + \cdots + a_{mn}x_n = b_m$$

Hierbei bezeichnen a_{ij} und b_i die festen Zahlen und x_i die Unbekannten.

Als *Lösungsmenge* werden die Menge aller Lösungen bezeichnet, das heißt die Menge aller $x \in \mathbb{R}^n$, so dass x mit seinen Komponenten $x_1, \ldots, x_n$ die geforderten m Gleichungen gleichzeitig erfüllt. Die Zahlen a_{ij} werden als *Koeffizienten* bezeichnet; die b_i bezeichnet man als *rechte Seite*. Man schreibt ein solches LGS auch kurz in der Form $Ax = b$, wenn man unter dem Symbol A die Koeffizienten a_{ij} und mit dem Symbol b die b_i versteht. Warum diese Schreibweise nicht nur kurz, sondern auch viel wichtiger ist, als Sie jetzt vielleicht denken, erläutere ich Ihnen im Abschnitt *Was sind eigentlich Matrizen?*. In dieser Kurzschreibweise können Sie die Lösungsmenge als Menge $\{x \in \mathbb{R}^n \mid Ax = b\}$ schreiben.

Homogene Gleichungssysteme

Stellen Sie sich vor, alle b_is sind gleich 0, dann ist die rechte Seite der Gleichungen jeweils gleich 0. Ein solches System bezeichnet man als *homogen*. Wenn Sie die Lösungen als Vektor auffassen, also als Lösung ein x bezeichnen, das die Gestalt $x = \begin{pmatrix} x_1 \\ \vdots \\ x_n \end{pmatrix}$ hat, dann bildet die Menge der Vektoren, die Lösungen eines linearen Gleichungssystems sind, einen Vektorraum. Dabei ist die Schwierigkeit, dass die Summe zweier Lösungen oder auch ein Vielfaches einer Lösung selbst wieder eine Lösung ist. Wenn die Lösung des Systems eindeutig ist, so haben Sie als Lösungsraum einen Punkt, also einen nulldimensionalen (Unter-)Raum. Wenn die Lösung nicht eindeutig ist, haben Sie ebenfalls gleich unendlich viele Lösungen.

Ein *lineares homogenes Gleichungssystem* hat genau eine oder unendlich viele Lösungen. Es gibt kein lineares Gleichungssystem mit genau 2, 3 etc. vielen Lösungen

Ein Beispiel: Betrachten Sie die Gleichungen $\begin{matrix} x_1 - x_2 = 0 \\ x_1 + 2x_2 = 0 \end{matrix}$. Sie erkennen leicht, dass aus der ersten Gleichung folgt, dass $x_1 = x_2$ gilt, und eingesetzt in die zweite erhalten Sie $0 = x_2 + 2x_2 = 3x_2$, also ist $x_1 = x_2 = 0$. Es gibt *einen* Lösungsvektor, nämlich $x = \begin{pmatrix} 0 \\ 0 \end{pmatrix}$.

Noch ein Beispiel: Betrachten Sie die Gleichungen $\begin{matrix} x_1 - x_2 = 0 \\ 2x_1 - 2x_2 = 0 \end{matrix}$. Mit etwas Umstellen sehen Sie, dass beide Gleichungen das Gleiche aussagen, nämlich dass x_1 und x_2 gleich sind, aber auch nicht mehr. Eigentlich könnten Sie auf die zweite Gleichung verzichten, ohne die Lösungsmenge zu beeinflussen. Die Lösungsmenge ist damit unendlich, denn alle zweidimensionalen Vektoren mit gleichen Einträgen sind Lösungen, also alle Vektoren der Gestalt $x = \begin{pmatrix} p \\ p \end{pmatrix}$, wobei p eine beliebige reelle Zahl (auch Parameter genannt) ist. (Also sind etwa $\begin{pmatrix} 1 \\ 1 \end{pmatrix}$, aber auch $\begin{pmatrix} \pi \\ \pi \end{pmatrix}$, nicht aber $\begin{pmatrix} 1 \\ -1 \end{pmatrix}$ Lösungen.)

Inhomogene Gleichungssysteme

Ist das Gleichungssystem nicht homogen, dann nennt man es *inhomogen*. Die rechten Seiten der Gleichungen sind also nicht alle gleich 0. Allgemein lässt sich die Lösungsmenge eines solchen Systems leicht beschreiben.

Die allgemeine Lösung eines *inhomogenen linearen Gleichungssystems* $Ax = b$ lässt sich als Summe einer *speziellen Lösung* dieses Systems plus die *allgemeine Lösung* des dazugehörigen homogenen Systems beschreiben. Das

10 ➤ Lineare Gleichungssysteme und Matrizen

heißt, wenn x_s eine spezielle (eine einzelne) Lösung (die Sie vielleicht durch Raten gefunden haben) ist und wenn x_h eine beliebige Lösung des homogenen Systems $Ax = 0$ ist, dann ist auch $x_s + x_h$ eine Lösung des Ausgangssystems $Ax = b$.

Dies lässt sich leicht nachrechnen, denn mit den obigen Bezeichnungen sehen Sie, dass $A(x_s + x_h) = Ax_s + Ax_h = b + 0 = b$, das heißt, $x_s + x_h$ ist eine Lösung für $Ax = b$. So weit die allgemeine Theorie. Praktische Hilfsmittel und Tipps für das Finden von Lösungen zeige ich Ihnen gegen Ende des Kapitels. Aber zunächst weiter in der Theorie, halten Sie durch!

Überbestimmte Gleichungssysteme

Ein Gleichungssystem, das mehr Gleichungen als Unbekannte hat (also $m > n$) nennt man *überbestimmt*. Um eine Lösung eindeutig zu bestimmen, benötigen Sie bei n Unbekannten mindestens $m = n$ Gleichungen. Wenn Sie aber mehr als n Gleichungen haben, gehen Sie die Gefahr ein, einen Widerspruch zu beschreiben – oder bestenfalls mehr Gleichungen anzugeben, als nötig sind. Diese beiden Fälle sind der Reihe nach in den beiden Gleichungssystemen vertreten:

$$\begin{array}{l} x + y = 0 \\ y = 1 \\ x = 1 \end{array} \quad \text{und} \quad \begin{array}{l} x + y = 0 \\ y = 1 \\ x = -1 \end{array}$$

Unterbestimmte Gleichungssysteme

Bei Gleichungssystemen, bei denen es mehr Unbekannte als Gleichungen gibt (also $n > m$), spricht man von *unterbestimmten Systemen*. Ich denke, dafür haben Sie automatisch ein Gefühl, so dass ich dies nicht weiter ausführen muss.

Ein Beispiel: Betrachten Sie das unterbestimmte LGS $x + y = 0$ oder das LGS $y = 1$. Beide haben zwei Variablen aber nur jeweils eine Gleichung. Das zweite System von Gleichungen mag Sie vielleicht etwas verwirren: Gemeint ist die Gleichung $0 \cdot x + 1 \cdot y = 1$, aber dies ist eben das Gleiche wie $y = 1$.

Quadratische Gleichungssysteme

Das ist der Idealfall, wenn man eine eindeutig bestimmte Lösung anstrebt. Wenn also $m = n = 3$, so können Sie die Variablen $x = 1$, $y = 2$, $z = 3$ in den folgenden drei Gleichungssystemen sehr unterschiedlich beschreiben:

$$\begin{array}{l} x = 1 \\ y = 2 \\ z = 3 \end{array} \quad \text{und} \quad \begin{array}{l} x = 1 \\ x + y = 3 \\ x + y + z = 6 \end{array} \quad \text{und auch} \quad \begin{array}{l} x + y + z = 6 \\ x + 2y + 3z = 14 \\ 8x + 5y + z = 21 \end{array}$$

Aber Sie benötigen auch wirklich jeweils alle drei Gleichungen!

Natürlich kann man mit drei Gleichungen und drei Unbekannten mehr als nur genau einen dreidimensionalen Punkt (also einen Vektor) beschreiben. Man könnte genauso gut auch einen Widerspruch schaffen, dies werde ich Ihnen im folgenden Abschnitt für $m = n = 2$ zeigen. Andererseits könnten Sie versuchen, mit drei Gleichungen und drei Unbekannten mehr als einen Punkt zu beschreiben. So beschreibt das linke der beiden folgenden Gleichungssysteme eine eindimensionale Lösungsmenge und das rechte eine zweidimensionale Lösungsmenge. Beide sind sehr einfach: $\begin{matrix} x = 1 \\ y = 2 \\ z = z \end{matrix}$ und $\begin{matrix} x = 1 \\ y = y \\ z = z \end{matrix}$. Im ersten Fall lösen alle Vektoren der Gestalt $\begin{pmatrix} 1 \\ 2 \\ z \end{pmatrix}$, im zweiten Fall alle Vektoren der Gestalt $\begin{pmatrix} 1 \\ y \\ z \end{pmatrix}$, jeweils für beliebige reelle Zahlen y und z. Das erste System von Gleichungen ist äquivalent zu dem etwas komplizierteren System $\begin{matrix} x + y = 3 \\ 2x + y + z = 4 + z \\ x + 2y = x + 4 \end{matrix}$, nur falls Ihnen die erste Formulierung zu einfach und nicht nach einem echten Gleichungssystem aussah. Komplizierter kann man es immer darstellen. Aber was Sie an der einfachen Formulierung erkennen können, ist, dass Sie die dritte Gleichung gar nicht brauchen. Sie sagt sowieso nichts aus. Ließen Sie diese aber weg, hätten Sie nur zwei Gleichungen und damit wäre das Gleichungssystem *unterbestimmt*.

Nicht lösbare Gleichungssysteme

Schauen Sie sich folgende beide Gleichungssysteme an:

$\begin{matrix} x + y = 1 \\ x + y = 2 \end{matrix}$ und $\begin{matrix} 2x - 6y = -8 \\ -4x + 12y = 8 \end{matrix}$

Beim ersten System erkennen Sie es sofort: Sie werden keine Lösung finden, da die Summe beider Unbekannten nicht gleich 1 und gleichzeitig gleich 2 sein kann. Beim zweiten Gleichungssystem ist es vielleicht nicht sofort offensichtlich, aber wenn Sie die erste Gleichung durch 2 und die zweite durch −4 dividieren, dann erkennen Sie, dass die Differenz beider Variablen in der ersten Gleichung −4 und in der zweiten eben −2 ist – beides gleichzeitig ist nicht möglich. Beide Gleichungen widersprechen sich. Es gibt keine Lösung (für beide Gleichungen gleichzeitig). Die Lösungsmenge ist leer.

Grafische Lösungsansätze für LGS

Stellen Sie sich den zweidimensionalen Fall vor, das heißt, Sie betrachten Punkte in der reellen Ebene, also unser ganz normales Koordinatensystem.

Einfache Geraden im zweidimensionalen Raum

Ein einfaches Gleichungssystem ist etwa das folgende: $y = 1$. Wie Sie sehen können, besteht es nur aus einer Gleichung. Es beschreibt also die Menge der Punkte (Vektoren) in der reellen Ebene, die in der y-Koordinate eine 1 haben. Der x-Wert spielt keine Rolle, dieser wird nicht eingeschränkt und kann damit beliebige Werte annehmen. Die Lösungsmenge ist also die Menge $L_1 = \{(x,y) | y = 1\}$; eine Gerade, parallel zur x-Achse, die die y-Achse bei $y = 1$ schneidet. Betrachten Sie dazu Abbildung 10.1.

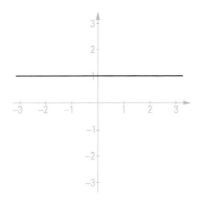 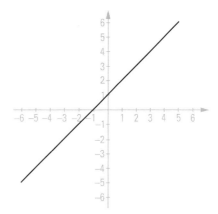

Abbildung 10.1: Die Lösungsmenge des Gleichungssystems $y = 1$

Abbildung 10.2: Die Lösungsmenge des Gleichungssystems $y - x = 1$

Kann man mit linearen Gleichungssystemen auch andere Geraden in unserem Koordinatensystem beschreiben? Betrachten Sie das Gleichungssystem $y - x = 1$. Okay, wieder nur eine Gleichung – Sie sind wahrscheinlich nicht wirklich überrascht. Aber welche Punkte beschreibt sie? Dazu stellen Sie die Gleichung um: $y = x + 1$. Nur umgestellt verändert sich nicht die Lösungsmenge, aber nun können Sie die Punkte besser angeben. Es handelt sich um die Menge $L_2 = \{(x,y) | y = x + 1\} = \{(x, x+1) | x \in \mathbb{R}\}$. Tragen Sie ein paar Punkte in ein Koordinatensystem ein und Sie erkennen die Struktur – eine Gerade, die wieder die y-Achse bei $y = 1$ schneidet, aber diesmal 45 Grad nach oben steigt. Schauen Sie sich dazu Abbildung 10.2 an.

Beliebige Geraden im zweidimensionalen Raum

Können Sie auch mit irgendeiner Geraden ein Gleichungssystem darstellen? Stellen Sie sich eine beliebige Gerade vor. Diese ist bereits durch zwei (beliebige, jedoch verschiedene) Punkte eindeutig bestimmt. Wählen Sie einfach zwei aus, etwa (x_1, y_1) und (x_2, y_2). Sie wissen, dass eine Gerade durch die Gleichung $y = mx + n$ bestimmt ist, wobei m der Anstieg und n der Schnittpunkt mit der y-Achse ist. Den Anstieg können Sie bestimmen, indem Sie das Steigungsdreieck bestimmen: $m = \frac{y_2 - y_1}{x_2 - x_1}$. Um n zu bestimmen, setzen Sie einen der beiden Punkte in die Gleichung ein und stellen nach n um. Das kann ich Ihnen sogar zeigen: $y_1 = mx_1 + n = \frac{y_2 - y_1}{x_2 - x_1} x_1 + n$. So erhalten Sie schließlich beide die Gerade beschreibende Parameter m und n. Damit haben Sie aber ein lineares Gleichungssystem, das die vorgegebene Gerade beschreibt, nämlich $y = mx + n$ selbst.

Punkte im zweidimensionalen Raum

Mit den Betrachtungen im vorangegangenen Abschnitt haben Sie das Thema Geraden im zweidimensionalen Raum abgeschlossen. Was kann man sonst noch darstellen? Punkte. Gleichungssysteme mit einer eindeutig bestimmten Lösung beschreiben einen Punkt im Koordinatensystem, beispielsweise beschreibt das System

$$x = 1$$
$$y = 1$$

den Punkt (1,1). Mit dem Wissen über Geraden erkennen Sie, dass dieses System von Gleichungen zwei jeweils eine Gerade beschreibende Gleichungen enthält. Insgesamt sind es also zwei sich schneidende Geraden, die genau einen Punkt gemeinsam haben, den Schnittpunkt, die Lösung des Gleichungssystems, nämlich hier (1,1). Betrachten Sie dazu Abbildung 10.3.

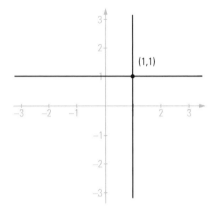

Abbildung 10.3: Die Lösungsmenge des Gleichungssystems $x = 1$, $y = 1$

Ebenen im zweidimensionalen Raum

Was kann man sonst noch darstellen? Punkte stellen die nulldimensionalen Lösungsmengen dar; Geraden spiegeln die eindimensionalen Lösungsmengen wider. Wie sehen die zweidimensionalen Mengen aus? Das sind die Ebenen. Aber es gibt nur eine Ebene innerhalb der reellen Ebene, nämlich die reelle Ebene *selbst*. Das passende Gleichungssystem sieht beispielsweise so aus: $0 = 0$.

Der dreidimensionale Raum

Betrachten Sie nun den dreidimensionalen reellen Raum. Punkte und Geraden können Sie genauso darstellen; Sie haben nur eine Variable mehr zur Verfügung. Aber natürlich haben Sie jetzt noch viel mehr Möglichkeiten, Ebenen darzustellen. Stellen Sie sich den dreidimensionalen Raum vor und nehmen Sie ein (überdimensionales) Messer zur Hand und schneiden Sie den Raum in zwei Hälften – die Schnittkante stellt eine Ebene dar. So wie ich Ihnen gezeigt habe, wie man im zweidimensionalen Raum beliebige Geraden darstellen kann, so kann man dies auch im dreidimensionalen Raum für Ebenen nachvollziehen. Aber das erspare ich Ihnen an dieser Stelle. (Sie haben im Kapitel 9 bereits die Koordinatenform einer Ebene gesehen. Diese entspricht einem linearen Gleichungssystem bestehend aus einer Gleichung mit drei Unbekannten.)

Die vierte Dimension

Nichts hält uns auf. Haben Sie keine Angst vor den Dimensionen. Es spielt fast keine Rolle, in welcher Dimension Sie rechnen. So lange Sie das Prinzip verstehen, kann nichts schiefgehen. Und wenn Sie sagen, dass Sie Schwierigkeiten haben, sich die vierte oder gar fünfte Dimension vorzustellen, dann sind Sie in guter Gesellschaft. Aber das macht nichts. Ich verspreche Ihnen, dass ich Sie in Kapitel 11 ein fünfdimensionales Gleichungssystem ausrechnen lasse und Sie werden mir folgen können! Weil Sie das Prinzip verstanden haben. Vertrauen Sie mir!

Kräfte am Ausleger

An einem alten Auslegerarm soll geprüft werden, ob dieser eine senkrecht nach unten zeigende Zugkraft von 15 Newton am Haken verträgt. Die Maße und Bezeichnungen entnehmen Sie der Abbildung:

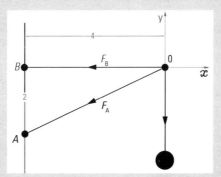

Befestigungspunkte an der Wand A, B mit wirkenden Kräften F_A, F_B

Angenommen, der Koordinatenursprung liegt am Gelenkpunkt O. Dann können Sie die beiden Auslegerstützen durch die beiden Vektoren $\overline{OA} = \begin{pmatrix} -4 \\ -2 \end{pmatrix}$ und $\overline{OB} = \begin{pmatrix} -4 \\ 0 \end{pmatrix}$ beschreiben. Die beiden gesuchten Kräfte an den Stützen sind dann von der Gestalt $F_A = \lambda_A \cdot \begin{pmatrix} -4 \\ -2 \end{pmatrix}$ und $F_B = \lambda_B \cdot \begin{pmatrix} -4 \\ 0 \end{pmatrix}$. Die auf den Arm einwirkende gegebene Kraft $F = 10$ Newton hat dann die Gestalt $F = \begin{pmatrix} 0 \\ 10 \end{pmatrix}$. Die Physik sagt uns, dass die drei Kräfte am Auslegerarm im Gleichgewicht stehen, so dass hierbei die Gleichung $F_A + F_B + F = 0$ gelten muss. Somit gilt die Vektorgleichung:

$$\begin{pmatrix} 0 \\ 0 \end{pmatrix} = \lambda_A \cdot \begin{pmatrix} -4 \\ -2 \end{pmatrix} + \lambda_B \cdot \begin{pmatrix} -4 \\ 0 \end{pmatrix} + \begin{pmatrix} 0 \\ 10 \end{pmatrix} = \begin{pmatrix} -4 \cdot \lambda_A - 4 \cdot \lambda_B \\ -2 \cdot \lambda_A + 10 \end{pmatrix}$$

Damit erhalten Sie die beiden Gleichungen: $-4 \cdot \lambda_A - 4 \cdot \lambda_B = 0$ und $-2 \cdot \lambda_A = -10$. Also ist $\lambda_A = 5$ und $\lambda_B = -5$.

Was sagen diese Zahlenwerte nun für die beiden Kräfte aus? Die Kraft F_A ist eine Druckkraft und wirkt entsprechend der Koordinaten $F_A = 5 \cdot \begin{pmatrix} -4 \\ -2 \end{pmatrix} = \begin{pmatrix} -20 \\ -10 \end{pmatrix}$ und hat einen Betrag von $\sqrt{(-20)^2 + (-10)^2} = \sqrt{500} = 22,4$ Newton. Die Kraft F_B ist eine Zugkraft und wirkt entsprechend der Koordinaten $F_B = -5 \cdot \begin{pmatrix} -4 \\ 0 \end{pmatrix} = \begin{pmatrix} 20 \\ 0 \end{pmatrix}$ und hat einen Betrag von $\sqrt{20^2 + 0^2} = 20$ Newton.

Was sind eigentlich Matrizen?

Was Matrizen sind, ist leicht gesagt. Was Sie mit ihnen machen können, wird mich eine Weile kosten, zu erklären. Aber zunächst zum einfachen Teil.

Die Menge der (reellen) $m \times n$-*Matrizen* wird mit der Bezeichnung Mat(m,n) abgekürzt. Die Elemente von Mat(m,n) sind die Matrizen – bestehend aus m Zeilen und n Spalten – und haben die Gestalt

$$\begin{pmatrix} a_{11} & a_{12} & a_{13} & \cdots & a_{1n} \\ a_{21} & a_{22} & a_{23} & \cdots & a_{2n} \\ a_{31} & a_{32} & a_{33} & \cdots & a_{3n} \\ \vdots & \vdots & \vdots & \ddots & \vdots \\ a_{m1} & a_{m2} & a_{m3} & \cdots & a_{mn} \end{pmatrix}$$

wobei die Einträge reelle Zahlen sind, das heißt, $a_{ij} \in \mathbb{R}$ für beliebige i,j. Man schreibt verkürzt die Matrix auch als $\left(a_{ij}\right)_{1 \leq i \leq m, 1 \leq j \leq n} \in$ Mat(m,n).

Wenn $m = n$, also Zeilenzahl gleich Spaltenzahl, spricht man von *quadratischen Matrizen*. Zwei Arten von quadratischen Matrizen bekommen einen besonderen Namen – die *Diagonal*- und die *oberen Dreiecksmatrizen*:

$$\begin{pmatrix} a_1 & 0 & 0 & \cdots & 0 \\ 0 & a_2 & 0 & \cdots & 0 \\ 0 & 0 & a_3 & \cdots & 0 \\ \vdots & \vdots & \vdots & \ddots & \vdots \\ 0 & 0 & 0 & \cdots & a_n \end{pmatrix} \quad \text{beziehungsweise} \quad \begin{pmatrix} a_{11} & a_{12} & a_{13} & \cdots & a_{1n} \\ 0 & a_{22} & a_{23} & \cdots & a_{2n} \\ 0 & 0 & a_{33} & \cdots & a_{3n} \\ \vdots & \vdots & \vdots & \ddots & \vdots \\ 0 & 0 & 0 & \cdots & a_{nn} \end{pmatrix}$$

Diagonalmatrizen sind dadurch gekennzeichnet, dass die Einträge außerhalb der Hauptdiagonalen (von links oben nach rechts unten) alle gleich 0 sind. Obere Dreiecksmatrizen haben unterhalb der Hauptdiagonalen nur Nullen.

Zwei besondere Matrizen in dem Fall $m = n$ sind die *Einheits-* und die *Nullmatrix*:

$$E_n := \begin{pmatrix} 1 & 0 & 0 & \cdots & 0 \\ 0 & 1 & 0 & \cdots & 0 \\ 0 & 0 & 1 & \cdots & 0 \\ \vdots & \vdots & \vdots & \ddots & \vdots \\ 0 & 0 & 0 & \cdots & 1 \end{pmatrix} \quad \text{beziehungsweise} \quad 0 := \begin{pmatrix} 0 & 0 & 0 & \cdots & 0 \\ 0 & 0 & 0 & \cdots & 0 \\ 0 & 0 & 0 & \cdots & 0 \\ \vdots & \vdots & \vdots & \ddots & \vdots \\ 0 & 0 & 0 & \cdots & 0 \end{pmatrix}$$

Rechnen mit Matrizen

Die Menge der Matrizen Mat(m,n) für festes m,n bilden einen Vektorraum mit den folgenden beiden Operationen – der Matrixaddition und der Skalarmultiplikation:

$$\begin{pmatrix} a_{11} & \cdots & a_{1n} \\ \vdots & \ddots & \vdots \\ a_{m1} & \cdots & a_{mn} \end{pmatrix} + \begin{pmatrix} b_{11} & \cdots & b_{1n} \\ \vdots & \ddots & \vdots \\ b_{m1} & \cdots & b_{mn} \end{pmatrix} := \begin{pmatrix} a_{11}+b_{11} & \cdots & a_{1n}+b_{1n} \\ \vdots & \ddots & \vdots \\ a_{m1}+b_{m1} & \cdots & a_{mn}+b_{mn} \end{pmatrix}$$

$$\lambda \cdot \begin{pmatrix} a_{11} & \cdots & a_{1n} \\ \vdots & \ddots & \vdots \\ a_{m1} & \cdots & a_{mn} \end{pmatrix} := \begin{pmatrix} \lambda \cdot a_{11} & \cdots & \lambda \cdot a_{1n} \\ \vdots & \ddots & \vdots \\ \lambda \cdot a_{m1} & \cdots & \lambda \cdot a_{mn} \end{pmatrix}$$

Aber in der Welt der Matrizen können Sie noch mehr erreichen. Sie werden nicht nur eine Skalarmultiplikation haben, sondern auch Matrizen selbst miteinander multiplizieren. Das ist ein wenig komplizierter.

Starten wir mit einer vereinfachten Darstellung. Eine Matrix A mit den Einträgen a_{ij} schreiben Sie kurz als $A = (a_{ij})$. Dann können Sie beispielsweise die Matrixaddition auch kurz als $(a_{ij}) + (b_{ij}) := (a_{ij} + b_{ij})$ notieren und die Skalarmultiplikation als $\lambda \cdot (a_{ij}) = (\lambda \cdot a_{ij})$.

Für zwei Matrizen $(a_{ij}) \in \text{Mat}(m,p)$ und $(b_{ij}) \in \text{Mat}(p,n)$ definiere eine Matrix $(c_{ij}) \in \text{Mat}(m,n)$ durch $c_{ij} := \sum_{k=1}^{p} a_{ik} b_{kj}$. Dann ist die Matrix $C := (c_{ij})$ das Matrixprodukt aus $A := (a_{ij})$ und $B := (b_{ij})$ und wird notiert als $C = AB = A \cdot B$.

Das sieht kompliziert aus. Aber es gibt eine *Eselsbrücke*, die ich Ihnen nicht vorenthalten möchte. Wenn Sie zwei Matrizen multiplizieren möchten, dann schreiben Sie die rechte etwas höher als die linke und ziehen Sie Hilfslinien, damit Sie wissen, was Sie zu tun haben:

Ein Beispiel: Sei $A := \begin{pmatrix} 1 & 2 & 3 \\ 3 & 2 & 1 \end{pmatrix}$ und $B := \begin{pmatrix} 1 & 2 \\ 2 & 3 \\ 3 & 4 \end{pmatrix}$. Sie möchten nun $A \cdot B$ berechnen.

Sie schreiben dann
$$\begin{array}{c} \phantom{\begin{pmatrix}1&2&3\\3&2&1\end{pmatrix}} \begin{pmatrix} 1 & 2 \\ 2 & 3 \\ 3 & 4 \end{pmatrix} \\ \begin{pmatrix} 1 & 2 & 3 \\ 3 & 2 & 1 \end{pmatrix} \begin{array}{cc} c_{11} & c_{12} \\ c_{21} & c_{22} \end{array} \end{array}, \text{wobei} \begin{array}{l} c_{11} := 1 \cdot 1 + 2 \cdot 2 + 3 \cdot 3 = 14 \\ c_{12} := 1 \cdot 2 + 2 \cdot 3 + 3 \cdot 4 = 20 \\ c_{21} := 3 \cdot 1 + 2 \cdot 2 + 1 \cdot 3 = 10 \\ c_{22} := 3 \cdot 2 + 2 \cdot 3 + 1 \cdot 4 = 16 \end{array}$$

Also ist $\begin{pmatrix} 1 & 2 & 3 \\ 3 & 2 & 1 \end{pmatrix} \cdot \begin{pmatrix} 1 & 2 \\ 2 & 3 \\ 3 & 4 \end{pmatrix} = \begin{pmatrix} 14 & 20 \\ 10 & 16 \end{pmatrix}$. Genauso ist $\begin{pmatrix} 1 & 2 \\ 2 & 3 \\ 3 & 4 \end{pmatrix} \cdot \begin{pmatrix} 1 & 2 & 3 \\ 3 & 2 & 1 \end{pmatrix} = \begin{pmatrix} 7 & 6 & 5 \\ 11 & 10 & 9 \\ 15 & 14 & 13 \end{pmatrix}$.

Haben Sie es bemerkt, ich konnte zwar in diesem Fall auch $B \cdot A$ berechnen, aber das Ergebnis ist eine 3×3-Matrix, obwohl $A \cdot B$ eine 2×2-Matrix ist.

Die Matrixmultiplikation ist selbst bei in beiden Fällen kompatiblen Matrizen im Allgemeinen *nicht* kommutativ.

Ein Beispiel: Es gilt:
$$\begin{pmatrix} 1 & 2 \\ 3 & 2 \end{pmatrix} \cdot \begin{pmatrix} 2 & 1 \\ 1 & 3 \end{pmatrix} = \begin{pmatrix} 4 & 7 \\ 8 & 9 \end{pmatrix} \neq \begin{pmatrix} 5 & 6 \\ 10 & 8 \end{pmatrix} = \begin{pmatrix} 2 & 1 \\ 1 & 3 \end{pmatrix} \cdot \begin{pmatrix} 1 & 2 \\ 3 & 2 \end{pmatrix}$$

Achten Sie bei der Matrixmultiplikation immer auf die *Kompatibilität der Matrizen*, das heißt, dass die Anzahl der Zeilen der linken Matrix gleich der Anzahl der Spalten der rechten Matrix ist.

Einen Sonderfall sollte ich hier noch erwähnen: Wenn man $n = 1$ beziehungsweise $m = 1$ hat, dann besteht die eine Matrix nämlich nur aus einer Zeile beziehungsweise Spalte. Insbesondere der zweite Fall wird uns später interessieren, denn dann hat man beispielsweise den folgenden Sachverhalt: Sie multiplizieren eine Matrix mit einem Vektor und erhalten als Ergebnis der Matrixmultiplikation erneut einen Vektor:

$$\begin{pmatrix} 1 & 2 & 3 \\ 3 & 2 & 1 \end{pmatrix} \cdot \begin{pmatrix} 1 \\ 2 \\ 3 \end{pmatrix} = \begin{pmatrix} 14 \\ 10 \end{pmatrix}$$

Matrizen in Produktionsprozessen der Praxis

Ein Beispiel: Stellen Sie sich vor, Sie haben einen *mehrstufigen Produktionsprozess*: Mehrere Rohstoffe werden zu verschiedenen Zwischenprodukten und schließlich zu Endprodukten verarbeitet. Ich möchte dies vom konkreten Beispiel fernhalten, da Sie hier fast jede Produktion einbinden könnten – Stahlindustrie, Halbleiterindustrie, Molkereiprodukte usw. Sie stellen sich einfach zwei Rohstoffe vor: R_1 und R_2. Daraus werden – verschieden kombiniert – vier Zwischenprodukte, etwa Z_1, Z_2, Z_3 und Z_4. Schließlich können daraus drei Endprodukte hergestellt werden: E_1, E_2 und E_3. Die benötigten Mengen jeweils für ein Zwischen- beziehungsweise Endprodukt können Sie der Abbildung 10.4 entnehmen.

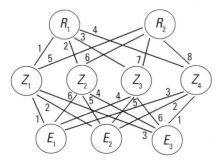

Abbildung 10.4: Darstellung eines zweistufigen Produktionsprozesses

Betrachten Sie den *ersten* Produktionsabschnitt. Mit den Eingaben R_1, R_2 erhalten Sie die Ausgaben Z_1, Z_2, Z_3, Z_4. Dies können Sie als Matrix darstellen:

	Z_1	Z_2	Z_3	Z_4
R_1	1	2	3	4
R_2	5	6	7	8

Ebenso für den *zweiten* Abschnitt:

	E_1	E_2	E_3
Z_1	1	2	3
Z_2	6	5	4
Z_3	4	5	6
Z_4	3	2	1

Wenn Sie nun wissen möchten, wie viel Rohstoffe Sie für *eine* Einheit Z_3 benötigen, multiplizieren Sie den Vektor $\begin{pmatrix} Z_1 \\ Z_2 \\ Z_3 \\ Z_4 \end{pmatrix}$, nämlich $\begin{pmatrix} 0 \\ 0 \\ 1 \\ 0 \end{pmatrix}$, an die erste Matrix und erhalten

$\begin{pmatrix} 1 & 2 & 3 & 4 \\ 5 & 6 & 7 & 8 \end{pmatrix} \cdot \begin{pmatrix} 0 \\ 0 \\ 1 \\ 0 \end{pmatrix} = \begin{pmatrix} 3 \\ 7 \end{pmatrix}$, also wie erwartet die Antwort: Dreimal den ersten und siebenmal den zweiten Rohstoff. Wenn Sie nun beide Produktionsmatrizen multiplizieren, erhalten Sie:

$$\begin{pmatrix} 1 & 2 & 3 & 4 \\ 5 & 6 & 7 & 8 \end{pmatrix} \cdot \begin{pmatrix} 1 & 2 & 3 \\ 6 & 5 & 4 \\ 4 & 5 & 6 \\ 3 & 2 & 1 \end{pmatrix} = \begin{pmatrix} 37 & 35 & 33 \\ 93 & 91 & 89 \end{pmatrix}$$

Damit erkennen Sie, dass Sie für *eine* Einheit E_1 genau 37 Einheiten R_1 und 93 Einheiten R_2 benötigen usw.

Wie viel Rohstoffeinheiten benötigen Sie also für zehn Einheiten E_1, 15 Einheiten E_2 und 25 Einheiten E_3? *Antwort:* 1720 Einheiten von R_1 und 4520 Einheiten von R_2, denn es gilt:

$$\begin{pmatrix} 37 & 35 & 33 \\ 93 & 91 & 89 \end{pmatrix} \cdot \begin{pmatrix} 10 \\ 15 \\ 25 \end{pmatrix} = \begin{pmatrix} 37 \cdot 10 + 35 \cdot 15 + 33 \cdot 25 \\ 93 \cdot 10 + 91 \cdot 15 + 89 \cdot 25 \end{pmatrix} = \begin{pmatrix} 1720 \\ 4520 \end{pmatrix}$$

Transponieren und Invertieren

In diesem Abschnitt zeige ich Ihnen die letzten geheimnisvollen Operationen mit Matrizen, die Sie noch kennen müssen, bevor wir zu den lang ersehnten praktischen Zusammenhängen kommen.

Für $A := \begin{pmatrix} a_{11} & a_{12} & a_{13} & \cdots & a_{1n} \\ a_{21} & a_{22} & a_{23} & \cdots & a_{2n} \\ a_{31} & a_{32} & a_{33} & \cdots & a_{3n} \\ \vdots & \vdots & \vdots & \ddots & \vdots \\ a_{m1} & a_{m2} & a_{m3} & \cdots & a_{mn} \end{pmatrix}$ heißt $A^t := \begin{pmatrix} a_{11} & a_{21} & a_{31} & \cdots & a_{m1} \\ a_{12} & a_{22} & a_{32} & \cdots & a_{m2} \\ a_{13} & a_{23} & a_{33} & \cdots & a_{m3} \\ \vdots & \vdots & \vdots & \ddots & \vdots \\ a_{1n} & a_{2n} & a_{3n} & \cdots & a_{mn} \end{pmatrix}$ die *trans-*

ponierte Matrix von A. Wenn $A \in \mathrm{Mat}(m,n)$, so $A^t \in \mathrm{Mat}(n,m)$.

Einige Beispiele: Wenn $A := \begin{pmatrix} 1 & 2 & 3 \\ 4 & 5 & 6 \\ 7 & 8 & 9 \end{pmatrix}$, so $A^t = \begin{pmatrix} 1 & 4 & 7 \\ 2 & 5 & 8 \\ 3 & 6 & 9 \end{pmatrix}$. Wie Sie bereits bemerkt haben werden, entsteht die transponierte Matrix, indem Sie sich eine Diagonale vom Eintrag oben links vorstellen und an dieser die Einträge spiegeln. Dies funktioniert auch für nichtquadratische Matrizen, denn wenn $B := \begin{pmatrix} 1 & 2 & 3 \\ 3 & 2 & 1 \end{pmatrix}$, so ist $B^t = \begin{pmatrix} 1 & 3 \\ 2 & 2 \\ 3 & 1 \end{pmatrix}$.

Eine Matrix $A \in \mathrm{Mat}(n.n)$ heißt *symmetrisch*, wenn $A = A^t$.

Eine Matrix nennt man daher symmetrisch, wenn bei diesem Spiegeln nichts passiert und die Matrix gleich bleibt. So ist $\begin{pmatrix} 1 & 2 & 3 \\ 2 & 4 & 5 \\ 3 & 5 & 6 \end{pmatrix}$ offenbar symmetrisch.

10 ➤ Lineare Gleichungssysteme und Matrizen

Nun zu einem etwas schwierigeren Begriff:

Für eine quadratische Matrix $A \in \text{Mat}(n,n)$ nennt man eine Matrix $B \in \text{Mat}(n,n)$ das *Inverse* oder die *inverse Matrix von A*, wenn $A \cdot B = E_n$ gilt. In diesem Fall gilt auch $B \cdot A = E_n$. Es gibt zu jedem A nur eine solche Matrix, die Sie von nun an A^{-1} nennen.

Wenn $A := \begin{pmatrix} 1 & 1 & -1 \\ -1 & 0 & 1 \\ 0 & -1 & 1 \end{pmatrix}$, so $A^{-1} = \begin{pmatrix} 1 & 0 & 1 \\ 1 & 1 & 0 \\ 1 & 1 & 1 \end{pmatrix}$, denn es gilt $A \cdot A^{-1} = A^{-1} \cdot A = E_3$.

Es ist klar, dass $\left(A^{-1}\right)^{-1} = A$ gilt. Gibt es zu einer Matrix ein Inverses, so nennen Sie die Ausgangsmatrix *invertierbar*. Eine immer wieder in der Literatur zu findende Formel für das Inverse einer Matrix möchte ich Ihnen nicht vorenthalten.

Formel für die inverse Matrix: $\begin{pmatrix} a_{11} & a_{12} \\ a_{21} & a_{22} \end{pmatrix}^{-1} = \frac{1}{a_{11}a_{22} - a_{12}a_{21}} \begin{pmatrix} a_{22} & -a_{12} \\ -a_{21} & a_{11} \end{pmatrix}$

Ich zeige Ihnen das Standardverfahren für das allgemeine Finden von inversen Matrizen im Abschnitt *Matrizen invertieren in der Praxis* weiter hinten in diesem Kapitel. Zwei abstrakte Eigenschaften zu inversen Matrizen kann ich Ihnen allerdings jetzt schon zeigen:

Sind $A, B \in \text{Mat}(n,n)$ zwei invertierbare Matrizen, so ist auch $A \cdot B \in \text{Mat}(n,n)$ invertierbar und es gilt:

$(A \cdot B)^{-1} = B^{-1} \cdot A^{-1}$

Das können Sie sich sofort auch selbst überlegen: Berechnen Sie anhand der beiden Matrizen das folgende Produkt und schauen Sie sich das Ergebnis an:

$(A \cdot B) \cdot \left(B^{-1} \cdot A^{-1}\right) = A \cdot \left(B \cdot B^{-1}\right) \cdot A^{-1} = A \cdot E_n \cdot A^{-1} = A \cdot A^{-1} = E_n$

Für eine invertierbare Matrix $A \in \text{Mat}(n,n)$ gilt: $\left(A^{-1}\right)^t = \left(A^t\right)^{-1}$

Beide Formeln für invertierbare Matrizen können Ihnen in der Praxis helfen, neue Inverse aus bereits berechneten Inversen zu bestimmen. Das kann viel Zeit sparen.

Matrizen und lineare Gleichungssysteme

Sie fragen sich, was Matrizen und lineare Gleichungssysteme verbinden? Hier die Antwort: Mit der Matrizenschreibweise notiert man effizient Gleichungssysteme. Effizienz in der Notation dient dazu, die Übersicht zu bewahren – und das ist wirklich sehr wichtig! Sie werden in diesem Abschnitt ein Gleichungssystem mit fünf Gleichungen und fünf Unbekannten lösen. Wenn Sie ein solches jedes Mal vollständig ausschreiben, könnten die wichtigsten Bestandteile untergehen – die Zahlenwerte. Sie werden sehen, dass die Matrixoperationen genau auf diese Anwendung passen.

Ein Beispiel: Schauen Sie selbst: Betrachten Sie das System $\begin{matrix} x_1 + 2x_2 = 5 \\ 2x_1 + 3x_2 = 8 \end{matrix}$. Definieren Sie eine Matrix $A := \begin{pmatrix} 1 & 2 \\ 2 & 3 \end{pmatrix}$ und Vektoren $x = \begin{pmatrix} x_1 \\ x_2 \end{pmatrix}$, $b = \begin{pmatrix} 5 \\ 8 \end{pmatrix}$. Dann ist dieses Gleichungssystem äquivalent zu der Schreibweise $Ax = b$, denn $\begin{pmatrix} 1 & 2 \\ 2 & 3 \end{pmatrix}\begin{pmatrix} x_1 \\ x_2 \end{pmatrix} = \begin{pmatrix} 5 \\ 8 \end{pmatrix}$ bedeutet auf der linken Seite ausmultipliziert $\begin{pmatrix} x_1 + 2x_2 \\ 2x_1 + 3x_2 \end{pmatrix} = \begin{pmatrix} 5 \\ 8 \end{pmatrix}$.

Aber selbst das können Sie noch einfacher notieren, indem Sie den Vektor x und die Klammer weglassen. So erhalten Sie schließlich das im Weiteren interessierende Schema, das Sie immer wieder benutzen werden: $\begin{matrix} 1 & 2 & | & 5 \\ 2 & 3 & | & 8 \end{matrix}$. Erkennen Sie die dahinter stehende Struktur? Sehen Sie das ursprüngliche System von Gleichungen? Sie werden dies gleich immer und immer wieder anwenden.

Das Lösungsverfahren: Der Gaußsche Algorithmus

Bereit für den nächsten Meilenstein? Der Gaußsche Algorithmus ist *das* Lösungsverfahren für lineare Gleichungssysteme. Dieses Verfahren basiert darauf, dass durch geschickte Zeilen- (oder Spalten-)Umformungen die Lösungsmenge der Gleichungen nicht verändert wird, aber dennoch diese leichter abgelesen werden kann.

Ein Beispiel: Betrachten Sie das einfache System von Gleichungen gegeben durch:

$x + 2y = 5$
$2x + 3y = 8$

Dies ist äquivalent zu $\begin{matrix} x + 2y = 5 \\ -y = -2 \end{matrix}$. Ich habe einfach das Doppelte der ersten Gleichung von der zweiten abgezogen. Damit habe ich inhaltlich nichts geändert, aber Sie können sofort eine Teillösung ablesen, nämlich $y = 2$. Dies setzen Sie in die verbleibende erste Gleichung ein und erhalten schließlich den noch fehlenden Lösungsanteil: $x + 2 \cdot 2 = 5$, also $x = 5 - 4 = 1$.

Gehen Sie etwas abstrakter an die Lösung heran. Wenn ich Ihnen mehr Gleichungen mit mehr Unbekannten gebe, dann ist es besser, sich nur auf das Wesentliche zu konzentrieren. Gehen Sie zur Matrizenschreibweise über. Dann hätten Sie einen Übergang von $\begin{matrix} 1 & 2 & | & 5 \\ 2 & 3 & | & 8 \end{matrix}$ zu

$\begin{array}{cc|c} 1 & 2 & 5 \\ 0 & -1 & -2 \end{array}$. Erkennen Sie es? Ich mache es noch einmal vor: das Doppelte der ersten Zeile von der zweiten abziehen – also systematisch vorgegangen die erste Zeile mal -2 und dann zur zweiten addieren. Die erste Zeile mal -2 ergibt $-2 \quad -4 \mid -10$. Jetzt addieren Sie dies zur zweiten Zeile und rechnen $-2 + 2 = 0$, $-4 + 3 = -1$ und schließlich $-10 + 8 = -2$ und erhalten somit die gewünschte neue zweite Zeile, nämlich: $0 \quad -1 \mid -2$.

Warum habe ich Sie die erste Zeile mit -2 multiplizieren lassen? Haben Sie es bemerkt? Wenn Sie dies danach zur zweiten Zeile addieren, entsteht eine 0. Das ist erwünscht, denn dadurch haben Sie in der zweiten Zeile eine Variable weniger. Das ist auch schon die ganze Idee hinter dem Gaußschen Algorithmus.

Der *Gaußsche Algorithmus* manipuliert schrittweise die Zeilen eines linearen Gleichungssystems, ohne die Lösungsmenge zu verändern, um möglichst viele Nullen zu erhalten und um letztendlich die Lösungsmenge leicht ablesen zu können. Erlaubte Operationen sind dabei:

- ✔ die Addition einer Zeile zu einer anderen
- ✔ die Multiplikation einer Zeile mit einer beliebigen Zahl ungleich 0
- ✔ das Vertauschen von Zeilen

Wenn Sie diese Operationen geschickt einsetzen, dann können Sie Ihr Gleichungssystem in Dreiecks- oder sogar Diagonalform bringen. In diesen Fällen ist das Ablesen der Lösungsmenge leicht.

Ein Beispiel: Schauen Sie sich das folgende Gleichungssystem an:

$$\begin{array}{ccc|c} 2 & 3 & -1 & 12 \\ 1 & -3 & 4 & -12 \\ 5 & -6 & 11 & -24 \end{array}$$

Sie haben bereits eine 1 in der ersten Spalte. Und mit einer solchen rechnet es sich ungemein leichter – Sie werden sehen!

1. Tauschen Sie die ersten beiden Zeilen und Sie erhalten:

$$\begin{array}{ccc|c} 1 & -3 & 4 & -12 \\ 2 & 3 & -1 & 12 \\ 5 & -6 & 11 & -24 \end{array}$$

2. Ihre Arbeitszeile ist die erste Zeile (nach der Vertauschung). Addieren Sie nun das -2-Fache der ersten Zeile zur zweiten und Sie erhalten:

$$\begin{array}{ccc|c} 1 & -3 & 4 & -12 \\ 0 & 9 & -9 & 36 \\ 5 & -6 & 11 & -24 \end{array}$$

3. **Addieren Sie das –5-Fache der ersten Zeile zur dritten Zeile und Sie erhalten:**

   $$\begin{array}{ccc|c} 1 & -3 & 4 & -12 \\ 0 & 9 & -9 & 36 \\ 0 & 9 & -9 & 36 \end{array}$$

4. **Widmen Sie sich dem nächsten Unterblock, das heißt der nächsten Variablen. Ihre neue Arbeitszeile ist die zweite Zeile. Dort steht eine 9. Multiplizieren Sie daher die zweite Zeile mit $\frac{1}{9}$ und Sie erhalten:**

   $$\begin{array}{ccc|c} 1 & -3 & 4 & -12 \\ 0 & 1 & -1 & 4 \\ 0 & 9 & -9 & 36 \end{array}$$

5. **Addieren Sie das –9-Fache der zweiten Zeile zur dritten Zeile und Sie erhalten:**

   $$\begin{array}{ccc|c} 1 & -3 & 4 & -12 \\ 0 & 1 & -1 & 4 \\ 0 & 0 & 0 & 0 \end{array}$$

   Sie können an dieser Stelle aufhören, da Sie eine obere Dreiecksform (beziehungsweise eine so genannte *Zeilenstufenform*) erhalten haben.

6. **Schreiben Sie sich die Gleichungen auf, die hinter diesem Gleichungssystem stehen:**

   $x - 3y + 4z = -12$
   $y - z = 4$

   Sie haben hier drei Unbekannte und zwei Gleichungen. Das kennen Sie bereits aus dem Abschnitt *Arten von linearen Gleichungssystemen* ganz vorn in diesem Kapitel – Sie sehen ein unterbestimmtes Gleichungssystem.

7. **Sie können eine Variable frei wählen, beispielsweise z. Lösen Sie die zweite Gleichung nach y auf.**

   Sie erhalten $y = 4 + z$. Damit haben Sie y in Abhängigkeit von der frei wählbaren Variablen dargestellt. Es bleibt noch die letzte Variable.

8. **Lösen Sie die erste Gleichung nach x auf und setzen Sie die Teillösung für y noch ein.**

   $x = 3y - 4z - 12 = 3 \cdot (4 + z) - 4z - 12 = 12 + 3z - 4z - 12 = -z$

9. **Schreiben Sie die erhaltene Lösungsmenge auf.**

   $$L = \left\{ \begin{pmatrix} -z \\ 4+z \\ z \end{pmatrix} \mid z \in \mathbb{R} \right\}$$

Ein Element dieser Menge, nämlich für $z = 1$, ist der Vektor mit den Koordinaten $x = -1$, $y = 5$ und $z = 1$. Diese Zahlen erfüllen alle drei Ausgangsgleichungen, aber auch wenn Sie eine beliebige andere Zahl für z einsetzen, wird es funktionieren.

Es gibt nicht *den* Weg bei der Anwendung des Gaußschen Algorithmus. Im Gegensatz zu anderen Autoren möchte ich Ihnen hier auch keinen sturen Plan vorschreiben. Das könnte Ihnen im Einzelfall das Finden der Lösung unnötig erschweren – Sie sind kein Computer, dem es egal ist, mit welchen konkreten Zahlen er rechnet.

Ob Sie beim Gaußschen Algorithmus das Gleichungssystem nur auf *Dreiecksgestalt* oder vollständig auf *Diagonalgestalt* bringen, bleibt Ihnen überlassen. Ich empfehle Ihnen bei großen Systemen die Diagonalgestalt, auch wenn es scheinbar mehr Arbeit ist, aber Sie müssten diese Arbeit auch anschließend bei der Dreiecksform in der Gleichungsanalyse hineinstecken. Entscheiden Sie selbst, was Ihnen besser erscheint. In diesem Abschnitt können Sie beide Methoden sehen und vergleichen.

Ein Beispiel: Anhand des folgenden Beispiels sehen Sie, wie man schnell und übersichtlich mit dem Gaußschen Algorithmus zum Ziel kommt. Selbst in Situationen, in denen Sie ansonsten vielleicht versagen würden, weil Sie den Überblick verlieren könnten. Ich werde die einzelnen Umformungsschritte nur knapp kommentieren. Analysieren Sie es selbstständig – es lohnt sich.

Betrachten Sie folgendes lineare Gleichungssystem:

$$\begin{aligned} x_1 + x_2 + x_3 + x_4 + x_5 &= 3 \\ 2x_1 - x_2 + x_3 - x_4 + 3x_5 &= 28 \\ 3x_1 + x_2 - 2x_3 + x_4 + x_5 &= -8 \\ x_1 - 4x_2 + x_3 - x_4 + 2x_5 &= 28 \\ 2x_1 + 3x_2 + x_3 - x_4 + x_5 &= 6 \end{aligned}$$

Analysieren Sie, was ich gerechnet habe, und rechnen Sie (zumindest teilweise) mit:

1	1	1	1	1	3
2	-1	1	-1	3	28
3	1	-2	1	1	-8
1	-4	1	-1	2	28
2	3	1	-1	1	6

1	1	1	1	1	3
0	-3	-1	-3	1	22
0	-2	-5	-2	-2	-17
0	-5	0	-2	1	25
0	1	-1	-3	-1	0

1	1	1	1	1	3
0	1	-1	-3	-1	0
0	-2	-5	-2	-2	-17
0	-5	0	-2	1	25
0	-3	-1	-3	1	22

Bisher habe ich die erste Spalte bearbeitet – Arbeitszeile war die erste Zeile. Bei der Auswahl der neuen Arbeitszeile habe ich die zweite und letzte Zeile getauscht. Jetzt werde ich die zweite Spalte komplett bearbeiten:

$$\begin{array}{ccccc|c} 1 & 0 & 2 & 4 & 2 & 3 \\ 0 & 1 & -1 & -3 & -1 & 0 \\ 0 & 0 & -7 & -8 & -4 & -17 \\ 0 & 0 & -5 & -17 & -4 & 25 \\ 0 & 0 & -4 & -12 & -2 & 22 \end{array} \qquad \begin{array}{ccccc|c} 1 & 0 & 2 & 4 & 2 & 3 \\ 0 & 1 & -1 & -3 & -1 & 0 \\ 0 & 0 & 2 & 6 & 1 & -11 \\ 0 & 0 & -5 & -17 & -4 & 25 \\ 0 & 0 & -7 & -8 & -4 & -17 \end{array} \qquad \begin{array}{ccccc|c} 1 & 0 & 0 & -2 & 1 & 14 \\ 0 & 2 & 0 & 0 & -1 & -11 \\ 0 & 0 & 2 & 6 & 1 & -11 \\ 0 & 0 & 0 & -4 & -3 & -5 \\ 0 & 0 & 0 & 26 & -1 & -111 \end{array}$$

Nachdem die zweite Spalte fertig war, habe ich wieder die neue Arbeitszeile durch Vertauschen der dritten und letzten Zeile gefunden; dabei habe ich die neue dritte Zeile nicht auf 1 normiert, da ansonsten unnötige Brüche ins Spiel gekommen wären. Anschließend wurde die dritte Spalte bearbeitet. Jetzt wird die vierte Zeile meine neue Arbeitszeile:

$$\begin{array}{ccccc|c} 2 & 0 & 0 & 0 & 5 & 33 \\ 0 & 2 & 0 & 0 & -1 & -11 \\ 0 & 0 & 4 & 0 & -7 & -37 \\ 0 & 0 & 0 & 4 & 3 & 5 \\ 0 & 0 & 0 & 0 & 41 & 287 \end{array} \qquad \begin{array}{ccccc|c} 2 & 0 & 0 & 0 & 0 & -2 \\ 0 & 2 & 0 & 0 & 0 & -4 \\ 0 & 0 & 4 & 0 & 0 & 12 \\ 0 & 0 & 0 & 4 & 0 & -16 \\ 0 & 0 & 0 & 0 & 1 & 7 \end{array} \qquad \begin{array}{ccccc|c} 1 & 0 & 0 & 0 & 0 & -1 \\ 0 & 1 & 0 & 0 & 0 & -2 \\ 0 & 0 & 1 & 0 & 0 & 3 \\ 0 & 0 & 0 & 1 & 0 & -4 \\ 0 & 0 & 0 & 0 & 1 & 7 \end{array}$$

Die vierte Spalte war schließlich fertig. Die Zahlen 41 und 287 waren erschreckend, aber beide waren durch 41 teilbar – das half. Anschließend habe ich die fünfte Spalte bearbeiten können. Fast fertig, aber im letzten Schritt wurde dann doch noch normiert.

Das war ein ganz schönes Stück Arbeit. Die Lösung lässt sich jetzt aufgrund der Diagonalgestalt leicht ablesen: $x_1 = -1$, $x_2 = -2$, $x_3 = 3$, $x_4 = -4$ und $x_5 = 7$.

Der Rang von Matrizen

Mithilfe des Gaußschen Algorithmus aus dem letzten Abschnitt komme ich nun zu einem weiteren sehr nützlichen Begriff rund um das Thema Matrizen.

Der *Rang* einer Matrix A, abgekürzt mit $\mathrm{Rg}(A)$, ist die maximale Anzahl der linear unabhängigen Spaltenvektoren. Diese Zahl ist gleich der maximalen Anzahl der linear unabhängigen Zeilenvektoren dieser Matrix.

Es gilt $\mathrm{Rg}(A) = \mathrm{Rg}(A^t)$, das heißt, der Rang einer Matrix ist gleich dem Rang der transponierten Matrix.

Sie wissen, dass Sie bei der Anwendung des Gaußschen Algorithmus im schlimmsten Fall lediglich Vielfache der einen Zeile oder Spalte zu einer anderen addieren. Dadurch verändern Sie nicht die Anzahl der linear unabhängigen Vektoren.

Genauer: Die den Rang einer Matrix nicht verändernden Zeilenumformungen sind:

✔ Vertauschung von Zeilen

✔ Multiplikation einer Zeile mit einer von 0 verschiedenen Zahl

✔ Addition eines Vielfachen einer Zeile zu einer anderen Zeile

10 ➤ Lineare Gleichungssysteme und Matrizen

Diese den Rang respektierenden elementaren Umformungen können Sie ausnutzen, um die Matrix schrittweise auf die bereits aus dem letzten Abschnitt bekannte *Zeilenstufenform* zu bringen. Dabei versucht man die Matrix in eine obere Dreiecksform zu bringen und somit so viele Nullzeilen am unteren Rand der Matrix durch elementare Umformungen zu schaffen wie möglich. Der Rang ist dann die Anzahl der Nicht-Nullzeilen, also ganz einfach zu bestimmen.

Der *Rang* einer Matrix ändert sich *nicht* durch die elementaren Umformungen des Gaußschen Algorithmus. Der Rang einer Matrix, bei der mithilfe dieser Umformungen eine maximale Anzahl von Nullzeilen erzielt wurde, ist gleich der *Anzahl der Nicht-Nullzeilen*. Es gilt für eine Matrix $A \in \text{Mat}(n,m)$, dass $1 \leq \text{Rg}(A) \leq \min(n,m)$, oder A ist die Nullmatrix.

In dem Beispiel aus dem letzten Abschnitt gab es gar keine Nullzeile. Der Rang ist maximal, in jenem Fall gleich 5.

Noch ein Beispiel: Bestimmen Sie den Rang der Matrix $\begin{pmatrix} -1 & 2 & 5 & 0 \\ 2 & 0 & -2 & 4 \\ 1 & -3 & -7 & -1 \\ 3 & 1 & -1 & 7 \end{pmatrix}$.

Formen Sie die Matrix A schrittweise durch die obigen Operationen in eine Matrix mit maximaler Anzahl von Nullzeilen (Gaußscher Algorithmus) um:

$$\begin{array}{cccc} -1 & 2 & 5 & 0 \\ 2 & 0 & -2 & 4 \\ 1 & -3 & -7 & -1 \\ 3 & 1 & -1 & 7 \end{array} \qquad \begin{array}{cccc} -1 & 2 & 5 & 0 \\ 0 & 4 & 8 & 4 \\ 0 & -1 & -2 & -1 \\ 0 & 7 & 14 & 7 \end{array} \qquad \begin{array}{cccc} -1 & 2 & 5 & 0 \\ 0 & 4 & 8 & 4 \\ 0 & 0 & 0 & 0 \\ 0 & 0 & 0 & 0 \end{array}$$

Sie haben relativ schnell die letzten beiden Zeilen zu Nullzeilen umformen können. Jetzt können Sie den Rang dieser Matrix leicht ablesen, da Sie nur zwei vom Nullvektor verschiedene Zeilen haben, ist dieser gleich 2.

Und noch ein Beispiel: Bestimmen Sie den Rang der Matrix $\begin{pmatrix} -1 & 2 & 5 & 0 \\ 2 & 0 & -2 & 4 \\ 1 & -3 & -7 & -1 \\ 3 & 1 & -1 & 8 \end{pmatrix}$.

Dies erreichen Sie wieder schrittweise durch den Gaußschen Algorithmus:

$$\begin{array}{cccc} -1 & 2 & 5 & 0 \\ 2 & 0 & -2 & 4 \\ 1 & -3 & -7 & -1 \\ 3 & 1 & -1 & 8 \end{array} \qquad \begin{array}{cccc} -1 & 2 & 5 & 0 \\ 0 & 4 & 8 & 4 \\ 0 & -1 & -2 & -1 \\ 0 & 7 & 14 & 8 \end{array} \qquad \begin{array}{cccc} -1 & 2 & 5 & 0 \\ 0 & 4 & 8 & 4 \\ 0 & 0 & 0 & 0 \\ 0 & 0 & 0 & 1 \end{array}$$

Die letzte Zeile konnte nun nicht mehr in eine komplette Nullzeile umgeformt werden, so dass es nur noch eine Nullzeile gibt und drei Nicht-Nullzeilen; daher ist der Rang gleich 3.

Matrizen invertieren in der Praxis

Im Abschnitt *Transponieren und Invertieren* weiter vorn in diesem Kapitel habe ich Ihnen gezeigt, was Sie über das Inverse einer Matrix wissen sollten. Wie bereits erwähnt, ist das Inverse einer gegebenen Matrix A gerade die Matrix A^{-1}, die die Eigenschaft $A \cdot A^{-1} = A^{-1} \cdot A = E_n$ hat. Aber es blieb bisher offen, wie man diese Matrix A^{-1} in der Praxis erzeugen kann.

Das Verfahren ist ganz einfach und gleichzeitig eine wunderbare Anwendung des Gaußschen Algorithmus. Sie gehen praktisch wie folgt vor:

1. *Voraussetzung:* Sie haben eine Matrix A gegeben und suchen das Inverse von A, sofern A überhaupt invertierbar ist.

2. *Lösung:* Sie schreiben rechts neben die Matrix die entsprechende Einheitsmatrix mit der gleichen Dimension wie A. *Tipp:* Trennen Sie beide Matrizen durch eine senkrechte Hilfslinie; das könnte bei der Unterscheidung helfen – ist aber nicht nötig. Formen Sie die Matrix A mithilfe des Gaußschen Algorithmus schrittweise in die Einheitsmatrix um und beziehen Sie dabei Ihre Schritte auf die gesamte Zeile, das heißt inklusive der Spalten, die ursprünglich der Einheitsmatrix rechts neben A gehörten.

3. *Antwort:* Wenn Sie A erfolgreich in die Einheitsmatrix überführen können, ist A invertierbar. Sie finden das Inverse von A auf der ursprünglichen Position der Einheitsmatrix. Wenn Sie mittels der elementaren Umformungen nicht auf die Einheitsmatrix kommen können, ist A auch nicht invertierbar.

Sie finden das Inverse einer invertierbaren Matrix $A \in \text{Mat}(n,n)$, indem Sie den Gaußschen Algorithmus auf die erweiterte Matrix der Form $A|E_n$ anwenden. Nach Anwendung des Verfahrens haben Sie: $E_n|A^{-1}$.

Ein Beispiel: Invertieren Sie die Matrix $A := \begin{pmatrix} 2 & 1 & -2 \\ 1 & 2 & 2 \\ -2 & 2 & -1 \end{pmatrix}$ wie folgt:

$$\begin{array}{ccc|ccc} 2 & 1 & -2 & 1 & 0 & 0 \\ 1 & 2 & 2 & 0 & 1 & 0 \\ -2 & 2 & -1 & 0 & 0 & 1 \end{array} \quad \begin{array}{ccc|ccc} 2 & 1 & -2 & 1 & 0 & 0 \\ 0 & -3 & -6 & 1 & -2 & 0 \\ 0 & 3 & -3 & 1 & 0 & 1 \end{array} \quad \begin{array}{ccc|ccc} 6 & 0 & -12 & 4 & -2 & 0 \\ 0 & -3 & -6 & 1 & -2 & 0 \\ 0 & 0 & -9 & 2 & -2 & 1 \end{array}$$

$$\begin{array}{ccc|ccc} 18 & 0 & 0 & 4 & 2 & -4 \\ 0 & -9 & 0 & -1 & -2 & -2 \\ 0 & 0 & -9 & 2 & -2 & 1 \end{array} \quad \begin{array}{ccc|ccc} 1 & 0 & 0 & \frac{2}{9} & \frac{1}{9} & -\frac{2}{9} \\ 0 & 1 & 0 & \frac{1}{9} & \frac{2}{9} & \frac{2}{9} \\ 0 & 0 & 1 & -\frac{2}{9} & \frac{2}{9} & -\frac{1}{9} \end{array} \quad A^{-1} = \begin{pmatrix} \frac{2}{9} & \frac{1}{9} & -\frac{2}{9} \\ \frac{1}{9} & \frac{2}{9} & \frac{2}{9} \\ -\frac{2}{9} & \frac{2}{9} & -\frac{1}{9} \end{pmatrix}$$

Ich überlasse Ihnen die Detailarbeit beim Durchgehen der Rechnungen. Sie werden erkennen, dass Sie in den meisten Schritten anders reagiert hätten. Eine gute Erfahrung, denn wie ich bereits erwähnte, es gibt nicht *den* Weg. Finden Sie Ihren eigenen! Ich habe es hier bei diesem Beispiel vorgezogen, wenn es möglich war, Brüche zu vermeiden, und habe so in der Regel die Arbeitszeilen mit geeigneten Faktoren multipliziert. Am Ende kam ich an den Brüchen nicht mehr vorbei und musste die Neuntel akzeptieren.

Schieben Sie so weit wie möglich das Auftreten von Brüchen innerhalb des Gaußschen Algorithmus hinaus, indem Sie geeignet multiplizieren. Das setzt die Gefahr von Rechenfehlern herab.

Kriterien für die Lösbarkeit von linearen Gleichungssystemen

Im Abschnitt *Arten von linearen Gleichungssystemen* weiter vorn in diesem Kapitel haben Sie bereits gesehen, dass es verschiedene Möglichkeiten für die Lösbarkeit gibt. Ich zeige Ihnen woran Sie erkennen, wann Gleichungssysteme lösbar sind.

Lösbarkeit von homogenen Gleichungssystemen

Ein homogenes lineares Gleichungssystem $Ax = 0$ ist immer lösbar, denn der Nullvektor selbst erfüllt stets dieses System von Gleichungen. Wenn aber nicht ausreichend viele Gleichungen vorhanden sind, dann gibt es vielleicht mehr als nur eine Lösung (siehe die Beispiele im Abschnitt *Homogene Gleichungssysteme* weiter vorn in diesem Kapitel). Aber was bedeutet »ausreichend viele« an dieser Stelle? Sie wissen, dass Sie, um den n-dimensionalen Nullvektor als einzige Lösung zu haben, n linear unabhängige Gleichungen benötigen. Damit kommt der Rang der Koeffizientenmatrix A des Gleichungssystems ins Spiel. Mithilfe des Rangs können Sie die Dimension des Lösungsraums eines solchen homogenen Gleichungssystems bestimmen.

Die Dimension des Lösungsraums eines homogenen linearen Gleichungssystems $Ax = 0$ für $A \in \text{Mat}(m,n)$ ist gleich $n - \text{Rg}(A)$.

Lösbarkeit von inhomogenen Gleichungssystemen

Für ein inhomogenes lineares Gleichungssystem $Ax = b$, wobei $A \in \text{Mat}(m,n)$, kann es *keine* Lösung, *genau eine* Lösung oder *unendlich viele* Lösungen geben – für Details lesen Sie noch einmal im Abschnitt *Inhomogene Gleichungssysteme* weiter vorn in diesem Kapitel nach. Entscheidend ist hierfür die rechte Seite $b \in \mathbb{R}^m$ des Gleichungssystem.

Dazu schauen Sie sich die erweiterte Koeffizientenmatrix an: Für $A \in \text{Mat}(m,n)$ und $b \in \mathbb{R}^m$ ist die *erweiterte Koeffizientenmatrix* die Matrix vom Typ $\text{Mat}(m,n+1)$ der Gestalt: $(A|b)$, das heißt, hinter die Matrix A schreiben Sie eine weitere Spalte, die die Einträge aus b enthält. Auf diese Matrix lassen Sie wieder den Gaußschen Algorithmus los und führen so lange die elementaren Zeilenumformungen aus, bis Sie maximal viele Nullzeilen in dieser erweiterten Koeffizientenmatrix erreicht haben. Nennen Sie diese umgeformte Matrix $\tilde{A}$.

- Das Ausgangsgleichungssystem $Ax = b$ ist genau dann lösbar, wenn der Rang von A gleich dem Rang von $\tilde{A}$ ist, das heißt, $\mathrm{Rg}(A) = \mathrm{Rg}(\tilde{A})$.
- Im Falle der Lösbarkeit hat der Lösungsraum wieder die Dimension $n - \mathrm{Rg}(A)$.

In der Praxis schauen Sie sich die (maximal elementar umgeformte erweiterte) Matrix $\tilde{A}$ an und streichen alle Nullzeilen, sofern welche entstanden sind:

- *Fall 1:* Wenn in der letzten Zeile nur der Eintrag in der letzten Spalte ungleich 0 ist, gibt es *keine* Lösung.
- *Fall 2:* Wenn nicht der Fall 1 eintritt und die wie oben bearbeitete Matrix selbst bei gestrichener letzter Spalte weniger Zeilen als Spalten enthält, dann gibt es *unendlich* viele Lösungen.
- *Fall 3:* Wenn nicht die Fälle 1 und 2 eintreten, dann gibt es *genau eine* Lösung.

Matrizen und lineare Abbildungen

In diesem Abschnitt zeige ich Ihnen eine andere Sicht auf Matrizen. Sie dienen nämlich nicht nur der kürzeren Schreibweise von linearen Gleichungssystemen, sondern Sie können diese auch als Abbildungen verstehen. Eine Abbildung ist insbesondere dadurch charakterisiert, dass es für eine Eingabe (genau) eine Ausgabe gibt. So können Sie für eine Ausgangsmatrix $A \in \mathrm{Mat}(m,n)$ und einen Eingabevektor $x \in \mathbb{R}^n$ das Matrizenprodukt $A \cdot x$ betrachten; dies wird wieder ein Vektor sein – nennen wir diesen $y \in \mathbb{R}^m$, das heißt, Sie haben dann die Gleichung $y = A \cdot x$. Wenn Sie sich jetzt vorstellen, diesen Zusammenhang als Funktion zu schreiben, das heißt als $y = f(x)$, dann ist diese Funktion f eine Abbildung zwischen den Vektorräumen $\mathbb{R}^n$ und $\mathbb{R}^m$, also in der üblichen Schreibweise können Sie dies als $f : \mathbb{R}^n \to \mathbb{R}^m$ notieren. Eine solche Abbildung wird *linear* genannt. In diesem Abschnitt zeige ich Ihnen, welche Eigenschaften lineare Abbildungen haben.

Was sind lineare Abbildungen?

Betrachten Sie nun Abbildungen zwischen beliebigen Vektorräumen V und W mit uns interessierenden Eigenschaften:

Eine Funktion $f : V \to W$ zwischen Vektorräumen V und W ist eine *lineare Abbildung*, wenn folgende Bedingungen erfüllt sind:

- Für alle Skalare (hier reelle Zahlen) λ und Vektoren $v \in V$ gilt: $f(\lambda \cdot v) = \lambda \cdot f(v)$.
- Für alle Vektoren $v_1, v_2 \in V$ gilt: $f(v_1 + v_2) = f(v_1) + f(v_2)$.

Ein Beispiel: Betrachten Sie zunächst die lineare Abbildung $f : \mathbb{R} \to \mathbb{R}$ zwischen reellen Zahlen. Einfache Streckungen beziehungsweise Stauchungen der Form $f(x) = 2x$ erfüllen die beiden obigen Bedingungen, denn:

✔ $f(\lambda x) = 2 \cdot (\lambda x) = \lambda \cdot (2x) = \lambda \cdot f(x)$ und

✔ $f(x_1 + x_2) = 2 \cdot (x_1 + x_2) = 2x_1 + 2x_2 = f(x_1) + f(x_2)$

Noch ein Beispiel: Aber auch kompliziertere Abbildungen wie $f: \mathbb{R}^2 \to \mathbb{R}$, gegeben durch die Vorschrift: $f\left(\begin{pmatrix} x \\ y \end{pmatrix}\right) = 2x + y$, erfüllen diese Bedingungen, denn:

$$f\left(\lambda \cdot \begin{pmatrix} x \\ y \end{pmatrix}\right) = f\left(\begin{pmatrix} \lambda \cdot x \\ \lambda \cdot y \end{pmatrix}\right) = 2 \cdot (\lambda \cdot x) + \lambda \cdot y = \lambda \cdot (2x) + \lambda \cdot y$$

$$= \lambda \cdot (2x + y) = \lambda \cdot f\left(\begin{pmatrix} x \\ y \end{pmatrix}\right)$$

und

$$f\left(\begin{pmatrix} x_1 \\ y_1 \end{pmatrix} + \begin{pmatrix} x_2 \\ y_2 \end{pmatrix}\right) = f\left(\begin{pmatrix} x_1 + x_2 \\ y_1 + y_2 \end{pmatrix}\right) = 2 \cdot (x_1 + x_2) + (y_1 + y_2)$$

$$= 2x_1 + 2x_2 + y_1 + y_2 = 2x_1 + y_1 + 2x_2 + y_2$$

$$= f\left(\begin{pmatrix} x_1 \\ y_1 \end{pmatrix}\right) + f\left(\begin{pmatrix} x_2 \\ y_2 \end{pmatrix}\right)$$

Die Nachweise sind länglich, aber nachvollziehbar. Übrigens, es gibt auch viele Abbildungen, die nicht linear sind – beispielsweise die beiden einfachen reellen Abbildungen $f, g: \mathbb{R} \to \mathbb{R}$ mit der Vorschrift $f(x) = x + 1$ oder $g(x) = x^2$, denn:

✔ $f(\lambda x) = (\lambda x) + 1 = \lambda x + 1 \neq \lambda x + \lambda = \lambda \cdot f(x)$, wenn $\lambda \neq 1$ und auch

✔ $g(\lambda x) = (\lambda x)^2 = \lambda^2 x^2 \neq \lambda x^2 = \lambda \cdot f(x)$, wenn $\lambda \neq 0$ und $\lambda \neq 1$.

Für $\lambda = 2$ und $x = 1$ erhalten Sie folgende Gleichungen, die wie gewünscht die beiden Gegenbeispiele bezeugen: So ist $f(2 \cdot 1) = f(2) = 3 \neq 4 = 2 \cdot 2 = 2 \cdot f(1)$ und auch $g(2 \cdot 1) = g(2) = 4 \neq 2 = 2 \cdot 1 = 2 \cdot g(1)$.

Matrizen als lineare Abbildungen

Stellen Sie sich eine beliebige Matrix $A \in \text{Mat}(m,n)$ vor. Dann können Sie die Abbildung $f: \mathbb{R}^n \to \mathbb{R}^m$ betrachten, die durch die Vorschrift $f(v) = A \cdot v$ gegeben ist. Aufgrund der Eigenschaften von Matrizen ist diese Abbildung in der Tat – unabhängig von der konkreten Wahl der Matrix – immer linear, denn:

✔ $f(\lambda v) = A \cdot \lambda v = \lambda \cdot (A \cdot v) = \lambda \cdot f(v)$ und

✔ $f(v_1 + v_2) = A \cdot (v_1 + v_2) = A \cdot v_1 + A \cdot v_2 = f(v_1) + f(v_2)$

Bilder und Kerne, Ränge und Defekte – in der Theorie

In diesem Abschnitt klären wir noch ein paar theoretische Begriffe, die bei linearen Abbildungen eine wesentliche Rolle spielen. Teilweise haben Sie die Begriffe bereits bei Matrizen kennen gelernt und diese stimmen glücklicherweise auch überein, aber glauben Sie nicht, dass dies immer gleich zu sehen ist.

Für eine lineare Abbildung $f : V \to W$ bezeichne Bild(f) die Menge der Vektoren $w \in W$, für die es ein $v \in V$ mit $f(v) = w$ gibt. Diese Menge wird als *Bild von f* bezeichnet.

Das Bild einer linearen Abbildung ist nicht nur eine Teilmenge, sondern auch ein Untervektorraum von W. Diese Menge ist also gerade die Menge der Bilder unter der linearen Abbildung, also die Vektoren in W, die auch wirklich durch diese Abbildung erreicht werden.

Für eine lineare Abbildung $f : V \to W$ bezeichne Kern(f) die Menge der Vektoren $v \in V$, für die $f(v) = 0$ gilt. Diese Menge wird als *Kern von f* bezeichnet.

Der Kern einer linearen Abbildung ist nicht nur eine Teilmenge, sondern auch ein Untervektorraum von V. Versuchen wir, beide Begriffe zusammenzubringen. Stellen Sie sich eine Basis des Vektorraums V vor. Ein Teil dieser Basisvektoren könnten auf den Nullvektor abgebildet werden. Dadurch würde die Dimension, die durch diese Vektoren repräsentiert wird, wie in einem schwarzen Loch einfach verschwinden. Der Nullvektor würde diese Eigenschaft absorbieren. Andere Basisvektoren haben vielleicht Glück und können ihre Eigenschaft der linearen Unabhängigkeit weiter auf die Bilder vererben.

Das bedeutet insbesondere (und man kann dies mathematisch rechtfertigen), dass die Dimensionsanteile von V, die nicht im Bild der linearen Abbildung wiederzufinden sind, vom Nullvektor verschlungen wurden und im Kern weiter existieren. Führt man diesen Gedanken aus, kommt man zu dem so genannten Dimensionssatz:

Für eine lineare Abbildung $f : V \to W$ gilt der folgende *Dimensionssatz*:
$\dim V = \dim \text{Kern}(f) + \dim \text{Bild}(f)$.

Da die Dimension des Kerns und des Bildes einer linearen Abbildung eine wesentliche Rolle spielt (Sie werden im Folgenden sehen, dass dies stimmt), gibt man diesen noch geeignete Namen:

Für eine lineare Abbildung $f : V \to W$ nennt man die Dimension des Bildes von f den *Rang von f*. Weiterhin heißt die Dimension des Kerns von f auch *Defekt von f*.

Den Begriff des Rangs kennen Sie bereits von Matrizen und in der Tat stimmt dieser mit der dortigen Definition überein.

Bilder und Kerne, Ränge und Defekte – in der Praxis

Genug der Theorie. Ich zeige Ihnen nun ein komplexes Beispiel, das Ihnen in der Praxis begegnen kann.

Ein Beispiel: Betrachten Sie die lineare Abbildung $f : \mathbb{R}^4 \to \mathbb{R}^5$, die durch die folgende Matrix $A \in \text{Mat}(5,4)$ und die Vorschrift $f(v) = A \cdot v$ gegeben ist:

10 ▶ Lineare Gleichungssysteme und Matrizen

$$A := \begin{pmatrix} -1 & 2 & 5 & 0 \\ 2 & 0 & -2 & 4 \\ 1 & -3 & -7 & -1 \\ 3 & 1 & -1 & 7 \\ 2 & -4 & -10 & 0 \end{pmatrix}$$

Sie wollen nun den Kern und das Bild sowie den Defekt und den Rang bestimmen.

1. **Führen Sie die schrittweisen elementaren Umformungen durch (Gaußscher Algorithmus) und überführen Sie die Matrix A in eine obere Dreiecksform (Zeilenstufenform).**

-1	2	5	0		-1	2	5	0		-1	2	5	0
2	0	-2	4		0	4	8	4		0	4	8	4
1	-3	-7	-1		0	-1	-2	-1		0	0	0	0
3	1	-1	7		0	7	14	7		0	0	0	0
2	-4	-10	0		0	0	0	0		0	0	0	0

2. **Bestimmen Sie den Rang und den Defekt durch Zählen der Nicht-Nullzeilen.**

Die endgültige Matrix nach der Umformung hat genau zwei Nicht-Nullzeilen, damit ist der Rang der Matrix A und damit der Abbildung f gleich 2 und der Defekt entsprechend dem Dimensionssatz aus dem letzten Abschnitt gleich $4 - 2 = 2$. Die Summe beider Werte ist gleich der Anzahl der Spalten der Matrix, das heißt der Dimension des Ausgangsraums, hier $\mathbb{R}^4$.

3. **Bestimmen Sie den Kern der linearen Abbildung.**

Im Kern der Abbildung f beziehungsweise der Matrix A sind all die Vektoren $v \in \mathbb{R}^4$, die mittels der Abbildung auf den Nullvektor abgebildet werden. Damit müssen Sie die Lösungsmenge des homogenen Gleichungssystems $Av = 0$ bestimmen und nutzen die Zeilenstufenform aus Schritt 1.

Lesen Sie die Lösungsmenge wie folgt ab: Die Koordinaten v_3 und v_4 können frei gewählt werden. Die Koordinate v_2 kann mittels der zweiten Zeile in Abhängigkeit der beiden Koordinaten v_3 und v_4 ausgedrückt werden, denn anhand der zweiten Zeile der Zeilenstufenform können Sie die Gleichung $4v_2 + 8v_3 + 4v_4 = 0$ ablesen und somit gilt: $v_2 = -2v_3 - v_4$. Genauso verfahren Sie für die Darstellung von v_1 mittels v_2, v_3 und v_4, denn die erste Zeile der Matrix gibt Ihnen die Gleichung: $-v_1 + 2v_2 + 5v_3 = 0$, also gilt $v_1 = 2v_2 + 5v_3 = 2(-2v_3 - v_4) + 5v_3 = v_3 - 2v_4$.

Damit sind für beliebige reelle Einträge v_3 und v_4 alle Vektoren der Form

$\begin{pmatrix} v_3 - 2v_4 \\ -2v_3 - v_4 \\ v_3 \\ v_4 \end{pmatrix}$, also Vektoren der Gestalt $\lambda_1 \cdot \begin{pmatrix} 1 \\ -2 \\ 1 \\ 0 \end{pmatrix} + \lambda_2 \cdot \begin{pmatrix} -2 \\ -1 \\ 0 \\ 1 \end{pmatrix}$ für reelle Zahlen (Skalare) λ_1

und λ_2, Lösungen des homogenen Gleichungssystems. Genau diese werden daher durch die gegebene lineare Abbildung auf den Nullvektor abgebildet und liegen somit im Kern dieser Abbildung. Welche Dimension hat dieser Kern? Da Sie zwei freie Variablen haben, ist die Dimension gleich 2. Dies stimmt auch mit dem berechneten Defekt aus Schritt 2 überein, denn der Defekt ist gerade die Dimension des Kerns.

4. Bestimmen Sie das Bild der linearen Abbildung.

Sie wissen bereits, dass der Rang der Abbildung, und damit die Dimension des Bildes, gleich 2 ist, das heißt, Sie suchen zwei linear unabhängige Vektoren, die durch die Abbildung erzeugt werden. Wenn Sie sich die Bilder der ersten beiden kanonischen Basisvektoren $\begin{pmatrix} 1 \\ 0 \\ 0 \\ 0 \end{pmatrix}$ und $\begin{pmatrix} 0 \\ 1 \\ 0 \\ 0 \end{pmatrix}$ anschauen, erhalten Sie die Vektoren $\begin{pmatrix} -1 \\ 2 \\ 1 \\ 3 \\ 2 \end{pmatrix}$ und $\begin{pmatrix} 2 \\ 0 \\ -3 \\ 1 \\ -4 \end{pmatrix}$, das sind die ersten beiden Spalten der Ausgangsmatrix. Diese müssen nicht unbedingt linear unabhängig sein, aber da das eine kein Vielfaches vom anderen ist, haben Sie in diesem Fall das Ziel erreicht. Diese beiden stellen eine Basis der Bildmenge der gegebenen Abbildung dar.

Rang und Defekt einer Matrix müssen nicht immer die gleiche Zahl sein.

Noch ein Beispiel: Betrachten Sie die transponierte Matrix aus dem obigen Beispiel, also:

$$B := \begin{pmatrix} -1 & 2 & 1 & 3 & 2 \\ 2 & 0 & -3 & 1 & -4 \\ 5 & -2 & -7 & -1 & -10 \\ 0 & 4 & -1 & 7 & 0 \end{pmatrix}$$

Da der Rang sich beim Transponieren nicht ändert, gilt in diesem Fall ebenfalls, dass der Rang gleich 2 ist. Aber Ihr Ausgangsvektorraum ist nun der $\mathbb{R}^5$, denn Sie betrachten hier eine Abbildung $g : \mathbb{R}^5 \to \mathbb{R}^4$, gegeben durch $f(v) = B \cdot v$ für $v \in \mathbb{R}^5$. Somit ist der Defekt, die Dimension des Kerns, gerade der Wert $5 - 2 = 3$. Üben Sie ruhig an diesem Beispiel die konkrete Berechnung anhand der gegebenen Anleitung beim vorhergehenden Beispiel.

Darstellung von linearen Abbildungen durch Matrizen

Zu Beginn des Abschnitts *Matrizen und lineare Abbildungen* aus diesem Kapitel habe ich Ihnen erklärt, wie man eine Matrix als lineare Abbildung verstehen kann. Jetzt gehen wir gewissermaßen den umgekehrten Weg und stellen eine beliebige lineare Abbildung als Matrix dar. Es ist zunächst gar nicht klar, dass dies möglich ist. Wenn dies aber so ist, müssten wir uns im Wesentlichen nur die Matrizen anschauen, um allgemeine Aussagen über jede lineare Abbildung zu treffen.

Im Kapitel 11 werden wir beliebige lineare Abbildungen zwischen Vektorräumen V und W untersuchen und dafür Möglichkeiten entwickeln, wie man in solchen Fällen so genannte *Darstellungsmatrizen* aufstellen kann. In diesem Abschnitt sind wir zunächst an linearen

Abbildungen zwischen den Vektorräumen der Gestalt $\mathbb{R}^n$ interessiert, das heißt, Sie betrachten eine Abbildung der Gestalt $f : \mathbb{R}^n \to \mathbb{R}^m$. Weiterhin nehmen Sie an, Sie betrachten die Vektoren in den beiden Vektorräumen bezüglich der jeweiligen kanonischen Basis.

Wenn keine bestimmte Basis angegeben wird, können Sie davon ausgehen, dass Ihre Vektoren bezüglich der kanonischen Basis dargestellt sind.

Die Methode des Aufstellens der Darstellungsmatrix ist leicht zu verstehen:

✔ *Ausgangssituation:* Gegeben sei eine lineare Abbildung $f : \mathbb{R}^n \to \mathbb{R}^m$.

✔ *Ziel:* Sie möchten diese lineare Abbildung als Matrix (bezüglich der kanonischen Basis) darstellen.

✔ *Lösungsalgorithmus:*

1. **Berechnen Sie die Koordinaten der Bilder der einzelnen Basiselemente.**
2. **Schreiben Sie diese Bildvektoren spaltenweise in eine Matrix.**

Diese so erhaltene Matrix ist Ihre gesuchte Darstellungsmatrix und wird ein Element von $\text{Mat}(m,n)$ sein. Man kürzt die Darstellungsmatrix auch mit $M(f)$ ab.

Die so erhaltene Darstellungsmatrix (bezüglich der kanonischen Basis) hat dann die Eigenschaft, dass für $A := M(f)$ und beliebige Vektoren $v \in \mathbb{R}^n$ stets $f(v) = A \cdot v$ gilt, das heißt, die Darstellungsmatrix verhält sich in ihrer Anwendung genau so wie die ursprüngliche Abbildung.

Ein Beispiel: Betrachten Sie die lineare Abbildung $f : \mathbb{R}^2 \to \mathbb{R}$ aus dem Abschnitt *Was sind lineare Abbildungen?* weiter vorn in diesem Kapitel, gegeben durch die Vorschrift: $f\left(\begin{pmatrix} x \\ y \end{pmatrix}\right) = 2x + y$. Dann ist $f\left(\begin{pmatrix} 1 \\ 0 \end{pmatrix}\right) = 2 \cdot 1 + 0 = 2$ und $f\left(\begin{pmatrix} 0 \\ 1 \end{pmatrix}\right) = 2 \cdot 0 + 1 = 1$, also $M(f) = (2 \ \ 1) \in \text{Mat}(1,2)$.

Noch ein Beispiel: Betrachten Sie die lineare Abbildung $f : \mathbb{R}^2 \to \mathbb{R}^3$, gegeben durch die Angabe der Bilder der Basiselemente: $f(e_1) = 2e_1' + 3e_3'$ und $f(e_2) = 2e_2' + e_3' - 4e_1'$. Hierbei sei $\{e_1, e_2\}$ die kanonische Basis des $\mathbb{R}^2$ und $\{e_1', e_2', e_3'\}$ die kanonische Basis des $\mathbb{R}^3$. Dann gilt also zusammenfassend, dass $f\left(\begin{pmatrix} 1 \\ 0 \end{pmatrix}\right) = \begin{pmatrix} 2 \\ 0 \\ 3 \end{pmatrix}$ und $f\left(\begin{pmatrix} 0 \\ 1 \end{pmatrix}\right) = \begin{pmatrix} -4 \\ 2 \\ 1 \end{pmatrix}$. Damit ist

$M(f) = \begin{pmatrix} 2 & -4 \\ 0 & 2 \\ 3 & 1 \end{pmatrix} \in \text{Mat}(3,2)$ die gesuchte Darstellungsmatrix.

Matrizen – Das Finale!

In diesem Kapitel

- Matrizen und ihre Determinanten
- Cramersche Regel kennen lernen
- Flächen und Volumina mittels Determinanten bestimmen
- Art des Blickwinkels: Basistransformation
- Eigenheiten von Matrizen: Eigenwerte und Eigenvektoren
- Diagonalisierbarkeit von Matrizen
- Drehungen und Spiegelungen im $\mathbb{R}^2$ und $\mathbb{R}^3$

In diesem Kapitel geht es ans Eingemachte! Wir kommen zum großen Finale der linearen Algebra. Ich zeige Ihnen zunächst ein weiteres grundlegendes Konzept der linearen Algebra: die Determinanten und ihre praktischen Anwendungen. Anschließend erkläre ich Ihnen, wie man Koordinatensysteme dreht (Basistransformation) und wie Sie, wenn Sie Glück haben, damit auf eine sehr einfache Darstellung von linearen Abbildungen kommen (mit dem so genannten Diagonalisierungsverfahren). Abschließend geht es um besondere, gerade in den Naturwissenschaften immer eine wichtige Rolle spielende Matrizen: Drehungen und Spiegelungen.

Matrizen und ihre Determinanten

Zunächst führe ich ein weiteres großes Hilfsmittel auf unserem Weg zum Finale ein: die Determinanten. Diese spielen in der linearen Algebra eine wichtige Rolle. Sie können als Abbildungen aufgefasst werden, die einer Matrix eine Zahl zuordnen. Diese Zahl soll bestimmte Eigenschaften der Matrix geeignet widerspiegeln. Für eine Matrix A bezeichnet $|A|$ oder $\det A$ die Determinante der Matrix A.

Sie werden sehen, dass man diese Zahl benutzen kann, um entsprechende Gleichungssysteme zu lösen oder auf lineare Unabhängigkeit der in der Matrix enthaltenen (Spalten-)Vektoren zu prüfen. Ich zeige Ihnen, wie man bei kleinen Matrizen vorgeht, um anschließend zum großen Paukenschlag auszuholen.

Determinanten von 2 × 2-Matrizen

Stellen Sie sich vor, Sie haben eine Matrix $A = \begin{pmatrix} a_{11} & a_{12} \\ a_{21} & a_{22} \end{pmatrix}$. Die Determinante wird als »Hauptdiagonale minus Nebendiagonale« bezeichnet, also: $\det A = a_{11}a_{22} - a_{12}a_{21}$.

Ein Beispiel: So gilt: $\det\begin{pmatrix} 4 & -1 \\ 2 & 1 \end{pmatrix} = \begin{vmatrix} 4 & -1 \\ 2 & 1 \end{vmatrix} = 4 \cdot 1 - (-1) \cdot 2 = 6$.

Determinanten von 3 × 3-Matrizen

Ähnlich können Sie vorgehen, wenn Sie eine Dimension höher gehen und eine Matrix wie $A := \begin{pmatrix} a_{11} & a_{12} & a_{13} \\ a_{21} & a_{22} & a_{23} \\ a_{31} & a_{32} & a_{33} \end{pmatrix}$ betrachten. Auch hier gilt die Eselsbrücke »Hauptdiagonale minus Nebendiagonale«, nur dass es hierbei jeweils drei dieser Diagonalen gibt, die Sie verarbeiten müssen. Eine Hauptdiagonale ist dann $a_{11}a_{22}a_{33}$, eine andere $a_{12}a_{23}a_{31}$ und eine weitere $a_{13}a_{21}a_{32}$. Ergänzen Sie die Matrix um die ersten beiden Spalten und Sie können schnell diese Diagonalen ablesen, wie in dem Schema:

$$\begin{matrix} a_{11} & a_{12} & a_{13} & a_{11} & a_{12} \\ a_{21} & a_{22} & a_{23} & a_{21} & a_{22} \\ a_{31} & a_{32} & a_{33} & a_{31} & a_{32} \end{matrix}$$

Die Nebendiagonalen können Sie damit ebenfalls leicht ablesen, nämlich $a_{13}a_{22}a_{31}$, $a_{11}a_{23}a_{32}$ und $a_{12}a_{21}a_{33}$. Die Determinante ist dann gegeben durch:

$$\begin{vmatrix} a_{11} & a_{12} & a_{13} \\ a_{21} & a_{22} & a_{23} \\ a_{31} & a_{32} & a_{33} \end{vmatrix} = a_{11}a_{22}a_{33} + a_{12}a_{23}a_{31} + a_{13}a_{21}a_{32} - a_{13}a_{22}a_{31} - a_{11}a_{23}a_{32} - a_{12}a_{21}a_{33}$$

Ein Beispiel: Berechnen Sie die Determinante von $A := \begin{pmatrix} -4 & -3 & -2 \\ 1 & 0 & 1 \\ 2 & 3 & 4 \end{pmatrix}$. Es gilt:

$$\det A = (-4) \cdot 0 \cdot 4 + (-3) \cdot 1 \cdot 2 + (-2) \cdot 1 \cdot 3 - (-2) \cdot 0 \cdot 2 - (-4) \cdot 1 \cdot 3 - (-3) \cdot 1 \cdot 4$$
$$= 0 + (-6) + (-6) - 0 - (-12) - (-12) = 12$$

Die beiden oben genannten Regeln für 2×2- und 3×3-Matrizen sind auch als *Regel von Sarrus* bekannt.

Determinanten von allgemeinen Matrizen

Jetzt wird es ein wenig theoretisch, aber da müssen Sie leider durch. Die beiden oben genannten Regeln für die Berechnung von Determinanten sind Sonderfälle für den allgemeinen Fall, den man wie folgt zusammenfassen kann:

Für eine Matrix $A \in \mathrm{Mat}(n,n)$ ist die Determinante von A gegeben durch: $\det A = \sum_{i=1}^{n}(-1)^{i+1} \cdot a_{i1} \cdot \det A_{i1}$, wobei die Streichungsmatrix A_{i1} aus der Matrix A durch Streichung der i-ten Zeile und der ersten Spalte hervorgeht. Dieses Verfahren wird als *Laplacescher Entwicklungssatz* bezeichnet. Hier wird nach der *ersten Spalte* entwickelt, erkennbar an der 1 im Index bei a_{i1} und A_{i1}.

Bevor ich Ihnen ein Beispiel für die Berechnung einer Determinanten zeige und Sie damit wieder etwas Luft bekommen, möchte ich erwähnen, dass diese Entwicklung nicht unbedingt nach der ersten Spalte vollzogen werden muss. Sie bekommen das gleiche Ergebnis, wenn Sie nach einer anderen Spalte entwickeln (und somit nicht wie oben immer die erste, sondern die andere Spalte streichen). Und wissen Sie was, es geht noch anders: Sie können auch nach einer beliebigen Zeile entwickeln – Mathematik kann so schön sein.

Wenn Sie sich die Summanden anschauen, erkennen Sie, dass sich das Vorzeichen jeweils ändert; es wechselt von Plus zu Minus und umgekehrt. Sie können sich die Lage des Vorzeichens mithilfe des Schachbrettmusters vorstellen, wobei Sie oben links mit einem Plus starten.

$$\begin{matrix} + & - & + & - & \cdots \\ - & + & - & + & \cdots \\ + & - & + & - & \cdots \\ - & + & - & + & \cdots \\ \vdots & \vdots & \vdots & \vdots & \ddots \end{matrix}$$

Dies kann von Interesse sein, wenn Sie nicht nach der ersten Spalte entwickeln.

Ein Beispiel: Berechnen Sie die Determinante von $\begin{pmatrix} 1 & 2 & 0 & 3 \\ 2 & 2 & 3 & 0 \\ 3 & 1 & 0 & 2 \\ 0 & 3 & 1 & 6 \end{pmatrix}$. Dann ist:

$$\begin{vmatrix} 1 & 2 & 0 & 3 \\ 2 & 2 & 3 & 0 \\ 3 & 1 & 0 & 2 \\ 0 & 3 & 1 & 6 \end{vmatrix} = 1 \cdot \begin{vmatrix} 2 & 3 & 0 \\ 1 & 0 & 2 \\ 3 & 1 & 6 \end{vmatrix} - 2 \cdot \begin{vmatrix} 2 & 0 & 3 \\ 1 & 0 & 2 \\ 3 & 1 & 6 \end{vmatrix} + 3 \cdot \begin{vmatrix} 2 & 0 & 3 \\ 2 & 3 & 0 \\ 3 & 1 & 6 \end{vmatrix} - 0 \cdot \begin{vmatrix} 2 & 0 & 3 \\ 2 & 3 & 0 \\ 1 & 0 & 2 \end{vmatrix}$$

$$= 1 \cdot (0 + 18 + 0 - 0 - 4 - 18) - 2 \cdot (0 + 0 + 3 - 0 - 4 - 0)$$
$$+ 3 \cdot (36 + 0 + 6 - 27 - 0 - 0) - 0$$
$$= 1 \cdot (-4) - 2 \cdot (-1) + 3 \cdot 15 - 0 = -4 + 2 + 45 = 43$$

Wenn Sie eine Determinante mit dem Laplaceschen Entwicklungssatz berechnen möchten, dann entwickeln Sie nach der Zeile beziehungsweise Spalte, die die *meisten Nullen* enthält. Damit stellen Sie sicher, dass viele Produkte in Ihrer zu berechnenden Summe gleich 0 sind. Das spart Zeit!

Ein Beispiel: Schauen Sie sich noch einmal das obige Beispiel an. In der dritten Spalte der Matrix tauchen zwei Nullen auf. Damit müssen eigentlich nur zwei Summanden berechnet werden. Es gilt:

$$\begin{vmatrix} 1 & 2 & 0 & 3 \\ 2 & 2 & 3 & 0 \\ 3 & 1 & 0 & 2 \\ 0 & 3 & 1 & 6 \end{vmatrix} = 0 \cdot \begin{vmatrix} 2 & 2 & 0 \\ 3 & 1 & 2 \\ 0 & 3 & 6 \end{vmatrix} - 3 \cdot \begin{vmatrix} 1 & 2 & 3 \\ 3 & 1 & 2 \\ 0 & 3 & 6 \end{vmatrix} + 0 \cdot \begin{vmatrix} 1 & 2 & 3 \\ 2 & 2 & 0 \\ 0 & 3 & 6 \end{vmatrix} - 1 \cdot \begin{vmatrix} 1 & 2 & 3 \\ 2 & 2 & 0 \\ 3 & 1 & 2 \end{vmatrix}$$

$$= 0 - 3 \cdot (6 + 0 + 27 - 0 - 6 - 36) + 0 - 1 \cdot (4 + 0 + 6 - 18 - 0 - 8)$$

$$= 0 - 3 \cdot (-9) - 0 - 1 \cdot (-16) = 27 + 16 = 43$$

Sie sehen, manchmal muss man sich das Leben nicht schwerer machen, als es ist. Folgende nützliche Regeln können Ihnen zusätzlich das Leben erleichtern:

Rechenregeln für Determinanten – es gelten folgende Gleichungen:

- ✓ $\det AB = \det A \cdot \det B$
- ✓ $\det A^t = \det A$ und $\det(A^{-1}) = \frac{1}{\det A}$
- ✓ Bei Matrizen mit einer Nullzeile oder -spalte ist die Determinante gleich 0.
- ✓ Vertauschen zweier Zeilen ändert das Vorzeichen der Determinante.
- ✓ Addieren eines Vielfachen einer Zeile zu einer anderen ändert nichts am Wert der Determinante. Das Gleiche gilt für Spaltenoperationen.
- ✓ Multiplikation einer Zeile oder Spalte mit einer von 0 verschiedenen Zahl verändert die Determinante um das gleiche Vielfache.

Diese Regeln können Ihnen in der Praxis helfen, die Determinante einer gegebenen Matrix effektiver zu berechnen. Mithilfe der letzten drei Punkte der obigen Aufzählung vereinfachen Sie zunächst Ihre Matrix, das heißt, Sie versuchen, mehr Nullen in der Matrix zu erzeugen. Dabei müssen Sie nur notieren, wie oft Sie Zeilen oder Spalten vertauscht haben (Vorzeichenwechsel!) beziehungsweise welche Multiplikation Sie bei einer Zeile oder Spalte angewendet haben.

Ein Beispiel: Berechnen Sie erneut die Determinante von $\begin{pmatrix} 1 & 2 & 0 & 3 \\ 2 & 2 & 3 & 0 \\ 3 & 1 & 0 & 2 \\ 0 & 3 & 1 & 6 \end{pmatrix}$. Betrachten Sie den ersten und zweiten Eintrag der ersten Spalte, eine 1 und eine 2. Wenn Sie zur zweiten Zeile das –2-Fache der ersten addieren, erhalten Sie eine 0 in der ersten Spalte, ohne die Determinante zu ändern. Und so können Sie schrittweise Folgendes berechnen:

$$\begin{vmatrix} 1 & 2 & 0 & 3 \\ 2 & 2 & 3 & 0 \\ 3 & 1 & 0 & 2 \\ 0 & 3 & 1 & 6 \end{vmatrix} = \begin{vmatrix} 1 & 2 & 0 & 3 \\ 0 & -2 & 3 & -6 \\ 3 & 1 & 0 & 2 \\ 0 & 3 & 1 & 6 \end{vmatrix} = \begin{vmatrix} 1 & 2 & 0 & 3 \\ 0 & -2 & 3 & -6 \\ 0 & -5 & 0 & -7 \\ 0 & 3 & 1 & 6 \end{vmatrix} = 1 \cdot \begin{vmatrix} -2 & 3 & -6 \\ -5 & 0 & -7 \\ 3 & 1 & 6 \end{vmatrix} - 0 + 0 - 0$$

$$= 0 + 3 \cdot (-7) \cdot 3 + (-6) \cdot (-5) \cdot 1 - 0 - (-2) \cdot (-7) \cdot 1 - 3 \cdot (-5) \cdot 6$$

$$= 0 - 63 + 30 - 14 - (-90) = 43$$

Haben Sie es bemerkt? Beim Übergang zur dritten Matrix haben Sie die dritte Zeile mithilfe der ersten Zeile manipuliert. Anschließend haben Sie die Determinante mit dem Laplaceschen Entwicklungssatz nach der ersten Spalte entwickelt. Das ist das gleiche Ergebnis wie weiter vorn in diesem Abschnitt, nur dass Sie viel schneller ans Ziel kamen – beeindruckend, oder?

Wie Sie sehen können, wird die Berechnung der Determinanten bereits sehr schnell sehr komplex. Und glauben Sie mir, Naturwissenschaftler haben eigentlich immer mit großen Matrizen zu tun. Scheuen Sie sich daher nicht, den Taschenrechner oder den Computer zu benutzen – Sie ersparen sich damit viel Nerven und Zeit!

Determinanten, Matrizen & lineare Gleichungssysteme

Einer der wichtigsten Sätze der linearen Algebra im Bereich der Welt der Matrizen ist durch die folgende Äquivalenz gegeben. Sie verbindet den Begriff der Determinante mit dem Rang, dem Kern und der Existenz der Inversen einer Matrix sowie gibt einen Zusammenhang zum Begriff der linearen Unabhängigkeit und den linearen Gleichungssystemen. Alles in einem. Lassen Sie die folgende Aussage auf sich wirken!

Für eine Matrix $A \in \text{Mat}(n,n)$ sind folgende Aussagen äquivalent:

✔ Die Determinante von A ist von 0 verschieden.

✔ Der Rang von A ist maximal, nämlich gleich n.

✔ Der Kern von A ist trivial, nämlich gleich der Menge $\{0\}$.

✔ Die Zeilenvektoren von A sind linear unabhängig.

✔ Die Spaltenvektoren von A sind linear unabhängig.

✔ Die Inverse von A existiert.

✔ Das homogene lineare Gleichungssystem $Ax = 0$ besitzt eine eindeutige Lösung, nämlich den Nullvektor.

✔ Das inhomogene lineare Gleichungssystem $Ax = b$ besitzt für eine beliebige rechte Seite b eine eindeutige Lösung.

All diese Aussagen sind *äquivalent*, das heißt, wenn die eine gilt, so auch jede andere und umgekehrt! Schauen Sie sich noch einmal die obige Aufzählung an, damit Sie Ihr Gefühl bestärken, was eine von 0 verschiedene Determinante einer Matrix alles aussagt.

Die Cramersche Regel

In diesem Abschnitt zeige ich Ihnen eine weitere wesentliche Anwendung der Determinanten. Wir beschäftigen uns hier nur mit linearen Gleichungssystemen, die auf einer invertierbaren Matrix beruhen. Also, wenn ein System $Ax = b$ gegeben ist, sei nun $\det A \neq 0$. Damit ist die Lösung eindeutig bestimmt – der Lösungsraum besteht nur aus einer einzigen Lösung, nämlich $x = A^{-1}b$. Wenn Sie nun die Inverse von A kennen würden, wären Sie fast fertig. Wie Sie aus dem Abschnitt *Matrizen invertieren in der Praxis* aus Kapitel 10 wissen, ist es nicht immer leicht, die inverse Matrix zu berechnen.

Nach dem Gaußschen Algorithmus zeige ich Ihnen nun ein Verfahren, das sich bei der Findung der Lösung von linearen Gleichungssystemen der Determinanten bedient. Welches Verfahren Sie letztendlich benutzen, überlasse ich Ihnen.

Ein lineares Gleichungssystem $Ax = b$, wobei $\det A \neq 0$, besitzt die eindeutige Lösung $x = \begin{pmatrix} x_1 \\ \vdots \\ x_n \end{pmatrix}$. Dann ist $x_1 = \frac{D_1}{D}, \ldots, x_n = \frac{D_n}{D}$, wobei $D := \det A$ und $D_i := \det A_i$ und A_i aus A hervorgeht, indem man die i-te Spalte durch die rechte Seite b ersetzt. Diese Art der Lösungsangabe eines LGS ist als *Cramersche Regel* bekannt.

Ein Beispiel: Das klingt alles abenteuerlich. Um diese Regel schmackhaft zu machen, zeige ich Ihnen daher eine Lösung für das folgende Gleichungssystem:

$$\begin{pmatrix} 2 & 3 & 1 \\ 0 & 4 & 2 \\ 1 & 0 & -2 \end{pmatrix} \begin{pmatrix} x_1 \\ x_2 \\ x_3 \end{pmatrix} = \begin{pmatrix} 1 \\ 0 \\ 1 \end{pmatrix}, \text{ also } A := \begin{pmatrix} 2 & 3 & 1 \\ 0 & 4 & 2 \\ 1 & 0 & -2 \end{pmatrix} \text{ und } b := \begin{pmatrix} 1 \\ 0 \\ 1 \end{pmatrix}.$$

1. **Berechnen Sie zunächst die Determinante der Matrix.**

$$D := \det A = \begin{vmatrix} 2 & 3 & 1 \\ 0 & 4 & 2 \\ 1 & 0 & -2 \end{vmatrix} = 2 \cdot 4 \cdot (-2) + 3 \cdot 2 \cdot 1 + 0 - 1 \cdot 4 \cdot 1 - 0 - 0 = -14$$

2. **Da $\det A \neq 0$, können Sie die Determinanten entsprechend der Regel berechnen.**

$$D_1 = \det A_1 = \begin{vmatrix} 1 & 3 & 1 \\ 0 & 4 & 2 \\ 1 & 0 & -2 \end{vmatrix} = -6 \text{ und } D_2 = \det A_2 = \begin{vmatrix} 2 & 1 & 1 \\ 0 & 0 & 2 \\ 1 & 1 & -2 \end{vmatrix} = -2 \text{ sowie}$$

$$D_3 = \det A_3 = \begin{vmatrix} 2 & 3 & 1 \\ 0 & 4 & 0 \\ 1 & 0 & 1 \end{vmatrix} = 4$$

3. Berechnen Sie die noch fehlenden Quotienten.

$x_1 = \frac{D_1}{D} = \frac{-6}{-14} = \frac{3}{7}$ und $x_2 = \frac{D_2}{D} = \frac{-2}{-14} = \frac{1}{7}$ sowie $x_3 = \frac{D_3}{D} = \frac{4}{-14} = -\frac{2}{7}$

Damit haben Sie die Lösung gefunden. Machen Sie die Probe – es stimmt:

✔ $2 \cdot \frac{3}{7} + 3 \cdot \frac{1}{7} + 1 \cdot \left(-\frac{2}{7}\right) = \frac{1}{7} \cdot (6 + 3 - 2) = \frac{7}{7} = 1$

✔ $0 \cdot \frac{3}{7} + 4 \cdot \frac{1}{7} + 2 \cdot \left(-\frac{2}{7}\right) = \frac{1}{7} \cdot (0 + 4 - 4) = \frac{0}{7} = 0$

✔ $1 \cdot \frac{3}{7} + 0 \cdot \frac{1}{7} + (-2) \cdot \left(-\frac{2}{7}\right) = \frac{1}{7} \cdot (3 + 0 + 4) = \frac{7}{7} = 1$

Die Cramersche Regel kann *nicht* für eine Matrix A mit $\det A = 0$ angewendet werden.

Für ein *homogenes* lineares Gleichungssystem $Ax = 0$ mit $\det A \neq 0$ wird kein Lösungsverfahren angewendet, da es nur *eine* Lösung geben kann und der *Nullvektor* selbst eine Lösung eines homogenen Systems darstellt.

So schön, wie dieses Lösungsverfahren für lineare Gleichungssysteme auch sein mag, in der Praxis nehmen Sie eher den Gaußschen Algorithmus, denn die hier verwendeten Determinanten sind in der Regel zu aufwendig per Hand zu berechnen. Wenn Sie allerdings ein Computerprogramm für Determinantenberechnung haben, kann dies eine Abkürzung sein.

Ströme in Stromkreisen

Das in der Abbildung dargestellte Stromnetzwerk enthält zwei Widerstände $R_1 = 3$ Ohm und $R_2 = 2$ Ohm. Die Spannungsquelle liefert $U_q = 3$ Volt und die Stromquelle $I_q = 5$ Ampere. Berechnen Sie die beiden Zweigströme I_1 und I_2.

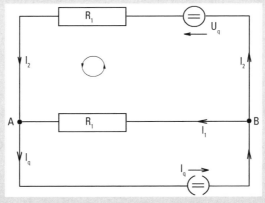

Stromnetzwerk mit einer Stromquelle I_q, einer Spannungsquelle U_q und zwei Widerständen R_1, R_2

Ich wende hier zwei physikalische Regeln an: Die beiden Knotenpunkte liefern aufgrund der so genannten *Knotenpunktregel* genau eine Gleichung, nämlich $I_1 + I_2 - I_q = 0$. Eine zweite Gleichung erhalten Sie mit der so genannten *Maschenregel*: $-R_1 \cdot I_1 + R_2 \cdot I_2 + U_q = 0$. Zusammen liefern diese beiden Gleichungen das inhomogene lineare Gleichungssystem der Gestalt:

$$\begin{pmatrix} 1 & 1 \\ -R_1 & R_2 \end{pmatrix} \cdot \begin{pmatrix} I_1 \\ I_2 \end{pmatrix} = \begin{pmatrix} I_q \\ -U_q \end{pmatrix}$$

Sie lösen daher das Gleichungssystem $\begin{pmatrix} 1 & 1 \\ -3 & 2 \end{pmatrix} \cdot \begin{pmatrix} I_1 \\ I_2 \end{pmatrix} = \begin{pmatrix} 5 \\ -3 \end{pmatrix}$ und erhalten die Lösungsströme $I_1 = 3{,}8$ Ampere und $I_2 = 1{,}2$ Ampere. Probieren Sie es aus!

Berechnung der Inversen mittels der Adjunktenformel

Es sei eine Matrix $A \in \text{Mat}(n,n)$ gegeben. Sie wissen bereits, dass diese Matrix genau dann invertierbar ist, wenn ihre Determinante ungleich 0 ist. Diesen Fall nehmen Sie an und geben mittels der Determinantentheorie eine Berechnungsvorschrift der Inversen an.

A_{ij} bezeichnet die Matrix vom Typ $(n-1) \times (n-1)$, die aus A hervorgeht, indem die i-te Zeile und die j-Spalte gestrichen werden. Dann wird eine Matrix definiert, wobei der Eintrag in der i-ten Zeile und der j-Spalte, etwa $\hat{a}_{ij}$, gerade den Wert $(-1)^{i+j} \det(A_{ji})$ bekommt – beachten Sie hierbei den Index von A_{ji}. Diese Matrix $\hat{A} = (\hat{a}_{ij})$ wird als *Adjunkte* von A bezeichnet und hat die Eigenschaft:

$$\hat{A} \cdot A = A \cdot \hat{A} = \det(A) \cdot E_n$$

Damit kann die Adjunkte zur Berechnung der Inversen von A benutzt werden, denn es gilt nach der obigen Gleichung: $A^{-1} = \frac{1}{\det(A)} \cdot \hat{A}$.

Ein Beispiel: Betrachten Sie die Matrix $A := \begin{pmatrix} 1 & 1 & -1 \\ -1 & 0 & 1 \\ 0 & -1 & 1 \end{pmatrix}$, deren Inverse Sie bereits in dem Abschnitt *Transponieren und Invertieren* des Kapitels 10 gesehen haben. Versuchen Sie nun, diese nach dem obigen Schema zu berechnen. Die Matrix A ist vom Typ 3×3. Berechnen Sie schrittweise die Einträge der Matrix $\hat{A}$:

Es ist $A_{11} = \begin{pmatrix} 0 & 1 \\ -1 & 1 \end{pmatrix}$ und somit gilt $\det A_{11} = 0 \cdot 1 - 1 \cdot (-1) = 1$. Der erste Eintrag der Adjunkten ist dann gegeben durch: $\hat{a}_{11} = (-1)^{1+1} \cdot \det A_{11} = 1$. Das war nicht schwer. Berechnen Sie die restlichen zu betrachtenden Determinanten:

$$|A_{12}| = \begin{vmatrix} -1 & 1 \\ 0 & 1 \end{vmatrix} = -1 \qquad |A_{13}| = \begin{vmatrix} -1 & 0 \\ 0 & -1 \end{vmatrix} = 1$$

$$|A_{21}| = \begin{vmatrix} 1 & -1 \\ -1 & 1 \end{vmatrix} = 0 \qquad |A_{22}| = \begin{vmatrix} 1 & -1 \\ 0 & 1 \end{vmatrix} = 1 \qquad |A_{23}| = \begin{vmatrix} 1 & 1 \\ 0 & -1 \end{vmatrix} = -1$$

$$|A_{31}| = \begin{vmatrix} 1 & -1 \\ 0 & 1 \end{vmatrix} = 1 \qquad |A_{32}| = \begin{vmatrix} 1 & -1 \\ -1 & 1 \end{vmatrix} = 0 \qquad |A_{33}| = \begin{vmatrix} 1 & 1 \\ -1 & 0 \end{vmatrix} = 1$$

Die Einträge der Adjunkten ergeben sich dann wie folgt:

$$\hat{a}_{11} = (-1)^{1+1} \cdot \det A_{11} = 1 \qquad \hat{a}_{12} = (-1)^{1+2} \cdot \det A_{21} = 0 \qquad \hat{a}_{13} = 1$$
$$\hat{a}_{21} = (-1)^{2+1} \cdot \det A_{12} = 1 \qquad \hat{a}_{22} = (-1)^{2+2} \cdot \det A_{22} = 1 \qquad \hat{a}_{23} = 0$$
$$\hat{a}_{31} = (-1)^{3+1} \cdot \det A_{13} = 1 \qquad \hat{a}_{32} = (-1)^{3+2} \cdot \det A_{23} = 1 \qquad \hat{a}_{33} = 1$$

Somit hat die Inverse die Gestalt, die Sie auch schon im letzten Kapitel gesehen haben:

$$A^{-1} = \begin{pmatrix} 1 & 0 & 1 \\ 1 & 1 & 0 \\ 1 & 1 & 1 \end{pmatrix}$$

In der Praxis hilft Ihnen dies allerdings eher selten, denn auch hier – wie auch schon bei der Cramerschen Regel – müssen sehr viele Determinanten berechnet werden und dies kann im Einzelfall (für große Matrizen) sehr aufwendig werden. Zur Berechnung der Inversen ist in der Regel die Methode mittels des Gaußschen Algorithmus am besten geeignet. Wie schon im letzten Abschnitt erwähnt: Wenn Sie allerdings ein Computerprogramm für Determinantenberechnung haben, dann kann dies eine Abkürzung sein.

Flächen und Volumina mittels Determinanten

Eine der ursprünglichen Motivationen der Determinanten möchte ich Ihnen nicht vorenthalten. Wenn Sie eine quadratische Matrix aus Mat(2,2) oder Mat(3,3) haben, dann können Sie die Spaltenvektoren einzeln betrachten und insbesondere die durch diese aufgespannte Fläche im $\mathbb{R}^2$ beziehungsweise den damit aufgespannten Körper im $\mathbb{R}^3$.

Ein Beispiel: Wenn Sie jeweils die Einheitsvektoren betrachten, dann erhalten Sie im $\mathbb{R}^2$ ein Quadrat und im $\mathbb{R}^3$ einen Würfel jeweils mit der Kantenlänge 1. Wenn Sie diese Einheitsvektoren jeweils (geeignet) in eine Matrix schreiben, erhalten Sie die Einheitsmatrix, zum einen E_2 und zum anderen E_3.

Folgende zwei Aussagen werden Ihnen das Leben erleichtern:

✔ Im $\mathbb{R}^2$ ist der Betrag der Determinante einer Matrix $A \in \text{Mat}(2,2)$ gleich dem Flächeninhalt des durch die Spaltenvektoren von A aufgespannten Parallelogramms.

✔ Im $\mathbb{R}^3$ ist der Betrag der Determinante einer Matrix $A \in \text{Mat}(3,3)$ gleich dem Volumen des durch die Spaltenvektoren von A aufgespannten Spats.

Ein Spat ist ein dreidimensionales Parallelogramm, genauer ausgedrückt sind die Seitenflächen des Spats Parallelogramme. Betrachten Sie dazu Abbildung 11.1.

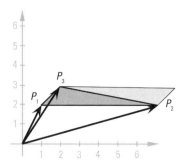

Abbildung 11.1: Ein durch drei Vektoren aufgespannter Spat

Abbildung 11.2: Gesucht ist der Flächeninhalt des Dreiecks $P_1P_2P_3$

Ein Beispiel: Berechnen Sie den Flächeninhalt des Dreiecks mit den Eckpunkten $P_1 = \begin{pmatrix} 1 \\ 2 \end{pmatrix}$, $P_2 = \begin{pmatrix} 7 \\ 2 \end{pmatrix}$ und $P_3 = \begin{pmatrix} 2 \\ 3 \end{pmatrix}$. Betrachten Sie dazu Abbildung 11.2. Dort sehen Sie das durch die drei Punkte P_1, P_2, P_3 aufgespannte Dreieck. Sie erkennen weiterhin, dass der Flächeninhalt dieses Dreiecks die Hälfte des durch die Vektoren $v_1 := P_2 - P_1$ und $v_2 := P_3 - P_1$ aufgespannten Parallelogramms ist. Daher berechnen Sie die Vektoren v_1, v_2 und benutzen die Determinantenformel, um den Flächeninhalt zu bestimmen.

Die gesuchten Vektoren ergeben sich als Differenz der entsprechenden Punkte, also $v_1 = P_2 - P_1 = \begin{pmatrix} 7-1 \\ 2-2 \end{pmatrix} = \begin{pmatrix} 6 \\ 0 \end{pmatrix}$ und $v_2 = P_3 - P_1 = \begin{pmatrix} 2-1 \\ 3-2 \end{pmatrix} = \begin{pmatrix} 1 \\ 1 \end{pmatrix}$. Somit ist der gesuchte Flächeninhalt des Dreiecks $\frac{1}{2} \cdot \left| \det \begin{pmatrix} 6 & 1 \\ 0 & 1 \end{pmatrix} \right| = \frac{1}{2} \cdot |6 \cdot 1 - 1 \cdot 0| = 3$ Flächeneinheiten.

Kreuzprodukt von Vektoren

Ich zeige Ihnen jetzt noch eine weitere Anwendung der Determinanten – an einer Stelle, an der Sie es vielleicht nicht erwarten würden. Wir haben uns bereits eine Art von Produkt von Vektoren angeschaut, das so genannte Skalarprodukt. Jetzt gebe ich Ihnen ein weiteres Produkt an, das zwei Vektoren einen Vektor zuordnet, der gerade für die Naturwissenschaften nützliche Eigenschaften haben wird – das Kreuzprodukt. Allerdings wird es nur für Vektoren im reellen dreidimensionalen Raum definiert, da dort auch die praktischen Anwendungen zu finden sind.

11 ➤ Matrizen – Das Finale!

 Das *Kreuzprodukt* von zwei Vektoren a und b, geschrieben als $a \times b$, wobei $a := \begin{pmatrix} a_1 \\ a_2 \\ a_3 \end{pmatrix}$ und $b := \begin{pmatrix} b_1 \\ b_2 \\ b_3 \end{pmatrix}$, ist definiert als der Vektor $\begin{pmatrix} a_2 b_3 - a_3 b_2 \\ a_3 b_1 - a_1 b_3 \\ a_1 b_2 - a_2 b_1 \end{pmatrix}$.

Dieser Vektor lässt sich mittels der Determinantentheorie formal über eine Eselsbrücke sehr leicht merken. Man schreibt die beiden Vektoren als Spalten nebeneinander und setzt anschließend noch die drei Einheitsvektoren dahinter. Dann kann man das Kreuzprodukt als formale Ausführung der Determinantenberechung ansehen, denn es gilt:

$\begin{pmatrix} a_1 \\ a_2 \\ a_3 \end{pmatrix} \times \begin{pmatrix} b_1 \\ b_2 \\ b_3 \end{pmatrix} = \det \begin{pmatrix} a_1 & b_1 & e_1 \\ a_2 & b_2 & e_2 \\ a_3 & b_3 & e_3 \end{pmatrix}$. Bedenken Sie, dies ist nur eine Eselsbrücke, denn die e_i sind selbst Vektoren und haben eigentlich in dieser reellen Matrix nichts verloren.

Ein Beispiel: Berechnen Sie das Kreuzprodukt von $a := \begin{pmatrix} 1 \\ 2 \\ 3 \end{pmatrix}$ und $b := \begin{pmatrix} 4 \\ 5 \\ 6 \end{pmatrix}$.

$$\begin{pmatrix} 1 \\ 2 \\ 3 \end{pmatrix} \times \begin{pmatrix} 4 \\ 5 \\ 6 \end{pmatrix} = \det \begin{pmatrix} 1 & 4 & e_1 \\ 2 & 5 & e_2 \\ 3 & 6 & e_3 \end{pmatrix}$$
$$= 1 \cdot 5 \cdot e_3 + 3 \cdot 4 \cdot e_2 + 2 \cdot 6 \cdot e_1 - 3 \cdot 5 \cdot e_1 - 1 \cdot 6 \cdot e_2 - 2 \cdot 4 \cdot e_3$$
$$= (-3) \cdot e_1 + 6 \cdot e_2 + (-3) \cdot e_3 = \begin{pmatrix} -3 \\ 6 \\ -3 \end{pmatrix}$$

Folgende wesentliche Eigenschaften erfüllt das Kreuzprodukt von zwei Vektoren:

✔ Der Vektor $a \times b$ steht senkrecht auf den beiden Vektoren a und b.

✔ Der Betrag von $a \times b$ ist gleich dem Flächeninhalt des von den beiden Vektoren a und b aufgespannten Parallelogramms.

✔ Es gilt $b \times a = -a \times b$ sowie

✔ $(\lambda a + \mu b) \times c = \lambda(a \times c) + \mu(b \times c)$ und $a \times (\lambda b + \mu c) = \lambda(a \times b) + \mu(a \times c)$.

Die Eigenschaft, dass das Kreuzprodukt senkrecht auf den beiden Eingangsvektoren steht, ist eine der wichtigsten Eigenschaften, die in der physikalischen Praxis ständig ausgenutzt wird.

Noch ein Beispiel: Gegeben sei die folgende Ebene als Parametergleichung:

$$E : \overline{x} = \begin{pmatrix} 1 \\ 2 \\ 1 \end{pmatrix} + \lambda_1 \cdot \begin{pmatrix} 2 \\ 1 \\ 1 \end{pmatrix} + \lambda_2 \cdot \begin{pmatrix} 2 \\ 2 \\ 3 \end{pmatrix}$$

Berechnen Sie die Gerade, die durch den Stützvektor der Ebene geht und senkrecht zu dieser Ebene verläuft!

Den Stützvektor für die Gerade haben Sie bereits vorgegeben. Es fehlt Ihnen also nur noch der Richtungsvektor. (Lesen Sie für Details noch einmal im Kapitel 9 im Abschnitt *Parametergleichung für Geraden* nach.) Sie suchen einen Vektor, der senkrecht zur Ebene verläuft – die Richtungen der Ebene sind durch ihre beiden (Richtungs-)Vektoren gegeben. Nehmen Sie diese beiden und rechnen Sie das Kreuzprodukt aus: $\begin{pmatrix}2\\1\\1\end{pmatrix} \times \begin{pmatrix}2\\2\\3\end{pmatrix} = \begin{pmatrix}1\\-4\\2\end{pmatrix}$. Dann steht dieser Ergebnisvektor senkrecht auf den beiden anderen, so dass die jeweiligen Skalarprodukte gleich 0 sind, denn es gilt:

$$\begin{pmatrix}2\\1\\1\end{pmatrix} \bullet \begin{pmatrix}1\\-4\\2\end{pmatrix} = 2\cdot 1 - 1\cdot 4 + 1\cdot 2 = 0 \quad \text{und} \quad \begin{pmatrix}2\\2\\3\end{pmatrix} \bullet \begin{pmatrix}1\\-4\\2\end{pmatrix} = 2\cdot 1 - 2\cdot 4 + 3\cdot 2 = 0$$

Die gesuchte Geradengleichung ist dann also:

$$g: \overline{x} = \begin{pmatrix}1\\2\\1\end{pmatrix} + \lambda \cdot \begin{pmatrix}1\\-4\\2\end{pmatrix}$$

Fertig.

Basistransformation

Betrachten Sie $A = \begin{pmatrix} \frac{\sqrt{3}-3}{4} & -\frac{\sqrt{3}+7}{4} & \frac{7\sqrt{3}-15}{4} \\ \frac{\sqrt{3}-5}{2} & 0 & \frac{5\sqrt{3}-9}{2} \\ \frac{3-\sqrt{3}}{4} & \frac{\sqrt{3}+3}{4} & \frac{11-3\sqrt{3}}{4} \end{pmatrix}$ und $B = \begin{pmatrix} -1 & 0 & 0 \\ 0 & 2 & 0 \\ 0 & 0 & 1 \end{pmatrix}$. Die zweite Matrix ist dabei einfacher als die erste. Sie würden daher lieber mit der zweiten Matrix rechnen als mit der ersten. Keine Angst, Sie sind in guter Gesellschaft mit diesem Wunsch. In diesem Abschnitt lernen Sie die ersten Schritte, wie man die Matrix A geschickt durch Wahl einer geeigneten Basis als Matrix B betrachten kann. Mit anderen Worten: Wenn Sie geschickt eine neue Basis Ihres dreidimensionalen Raums wählen (das ist natürlich der Trick dabei!), dann bekommt die Matrix A eine neue Gestalt. Später im Abschnitt *Matrizen diagonalisieren* zeige ich Ihnen, wie Sie es anstellen können, dass dabei die Gestalt B herauskommt. Eine kleine Ernüchterung: Ein solches Zauberkunststück ist nicht immer möglich, aber wir werden uns anschauen, in welchen Fällen Sie diesen Trick durchführen können. Ich hoffe, ich konnte Sie hinreichend motivieren, bevor wir jetzt in die Tiefen eintauchen …

Auf den Maßstab kommt es an!

Ein Beispiel: Stellen Sie sich vor, Sie gehen zu zwei Ärzten und lassen Ihre Körpergröße messen. Der eine antwortet Ihnen »knapp eins-siebzig«; der andere »gut fünfeinhalb«. Was soll das bedeuten? Es wurde die jeweilige Einheit weggelassen. Ihnen wurde nur die Zahl genannt, mit der Sie die Einheit multiplizieren müssen, um Ihre Körpergröße zu erhalten – ein Meter beziehungsweise ein Fuß. Ein amerikanischer Arzt misst in Fuß, ein europäischer Arzt in Meter. Wenn Sie die Einheit kennen, die zugrunde liegt, spielt dies auch keine Rolle.

Noch ein Beispiel: Nehmen Sie sich eine Weltkarte und eine Deutschlandkarte. Suchen Sie sich irgendeine Stadt heraus – zum Beispiel Bonn. Ich kenne Ihre Karten nicht, aber ich rate einmal: Wenn Sie auf der Weltkarte einen Zentimeter nach Westen gehen, sind Sie mitten in Frankreich, auf der Deutschlandkarte haben Sie noch nicht einmal die französische Grenze erreicht. Klar, werden Sie sagen, die Maßstäbe sind verschieden. Ein Zentimeter sagt absolut gesehen nicht viel aus – wir müssen ihn umrechnen. Recht haben Sie!

Jetzt abstrahieren wir ein wenig. Eine Landkarte mit einem Maßstab ist mathematisch gesehen nichts anderes als ein Koordinatensystem mit den beschrifteten Koordinatenachsen. Schauen Sie sich die Abbildung 11.3 an. Dort sehen Sie zwei Koordinatensysteme (in einem) mit unterschiedlichen Maßstäben und einen eingezeichneten Vektor, der einmal die Koordinaten $\begin{pmatrix} 2 \\ 2 \end{pmatrix}$ und zum anderen $\begin{pmatrix} 4 \\ 6 \end{pmatrix}$ hat!

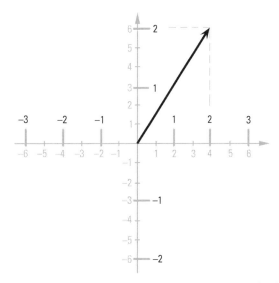

Abbildung 11.3: Ein Vektor in zwei Koordinatensystemen mit unterschiedlichen Maßstäben

Geben Sie mir Ihre Koordinaten!

In Vektorräumen geben Sie die Vektoren in Abhängigkeit der gewählten Basis an. Sie haben Vektoren auserkoren, an denen Sie alles messen möchten.

Ein Beispiel: Betrachten Sie die kanonische Basis $B = \{e_1, e_2\}$ der reellen Ebene, wobei $e_1 = \begin{pmatrix} 1 \\ 0 \end{pmatrix}$ und $e_2 = \begin{pmatrix} 0 \\ 1 \end{pmatrix}$. Wenn Sie vom Vektor $\begin{pmatrix} 4 \\ 2 \end{pmatrix}$ sprechen, meinen Sie, dass Sie vier Einheiten auf der x-Achse und zwei Einheiten auf der y-Achse gehen, also viermal e_1 und zweimal e_2. Rechnen Sie selbst:

$$4 \cdot e_1 + 2 \cdot e_2 = 4 \cdot \begin{pmatrix} 1 \\ 0 \end{pmatrix} + 2 \cdot \begin{pmatrix} 0 \\ 1 \end{pmatrix} = \begin{pmatrix} 4 \cdot 1 + 2 \cdot 0 \\ 4 \cdot 0 + 2 \cdot 1 \end{pmatrix} = \begin{pmatrix} 4 \\ 2 \end{pmatrix}$$

Man sagt, dass die Koordinatendarstellung dieses Vektors bezüglich der Basis $B = \{e_1, e_2\}$ wie gerade gesehen $\begin{pmatrix} 4 \\ 2 \end{pmatrix}$ ist. Betrachten Sie nun eine andere Basis, zum Beispiel $B' = \{e'_1, e'_2\}$, wobei $e'_1 = \begin{pmatrix} 2 \\ 0 \end{pmatrix}$, $e'_2 = \begin{pmatrix} 0 \\ 2 \end{pmatrix}$. Dann gilt offenbar:

$$2 \cdot e'_1 + 1 \cdot e'_2 = 2 \cdot \begin{pmatrix} 2 \\ 0 \end{pmatrix} + 1 \cdot \begin{pmatrix} 0 \\ 2 \end{pmatrix} = \begin{pmatrix} 2 \cdot 2 + 1 \cdot 0 \\ 2 \cdot 0 + 1 \cdot 2 \end{pmatrix} = \begin{pmatrix} 4 \\ 2 \end{pmatrix}$$

Das bedeutet, dass die Koordinatendarstellung des betrachteten Vektors bezüglich der Basis $B' = \{e'_1, e'_2\}$ offenbar $\begin{pmatrix} 2 \\ 1 \end{pmatrix}$ ist. Ich würde Ihnen zur Klarstellung in solchen Fällen empfehlen, deutlich zu kennzeichnen, wann Sie welche Basis benutzen – beispielsweise durch Indizierung an den Koordinaten. Wir haben gerade Folgendes festgestellt: Der Vektor $\begin{pmatrix} 4 \\ 2 \end{pmatrix}_B$, das heißt der Vektor mit den Koordinaten $\begin{pmatrix} 4 \\ 2 \end{pmatrix}$ bezüglich der Basis B, ist der gleiche wie der Vektor $\begin{pmatrix} 2 \\ 1 \end{pmatrix}_{B'}$, das heißt der Vektor mit den Koordinaten $\begin{pmatrix} 2 \\ 1 \end{pmatrix}$ bezüglich der Basis B', oder noch deutlicher: $\begin{pmatrix} 4 \\ 2 \end{pmatrix}_B = \begin{pmatrix} 2 \\ 1 \end{pmatrix}_{B'}$. Sind Sie überrascht?

Noch ein Beispiel: Betrachten Sie folgende Basis der reellen Ebene: $B'' = \{e''_1, e''_2\}$, wobei $e''_1 = \begin{pmatrix} -1 \\ 2 \end{pmatrix}$ und $e''_2 = \begin{pmatrix} 1 \\ 3 \end{pmatrix}$. (Da das eine kein Vielfaches des anderen ist, habe ich Ihnen wirklich eine Basis gegeben – überlegen Sie, warum!) Sie suchen jetzt eine Darstellung des obigen Vektors bezüglich dieser Basis. Erschreckend, oder? Aber rechnen Sie mit mir gemeinsam – es gilt:

$$(-2) \cdot e''_1 + 2 \cdot e''_2 = (-2) \cdot \begin{pmatrix} -1 \\ 2 \end{pmatrix} + 2 \cdot \begin{pmatrix} 1 \\ 3 \end{pmatrix} = \begin{pmatrix} (-2) \cdot (-1) + 2 \cdot 1 \\ (-2) \cdot 2 + 2 \cdot 3 \end{pmatrix} = \begin{pmatrix} 4 \\ 2 \end{pmatrix}$$

Also gilt letztendlich: $\begin{pmatrix} 4 \\ 2 \end{pmatrix}_B = \begin{pmatrix} 2 \\ 1 \end{pmatrix}_{B'} = \begin{pmatrix} -2 \\ 2 \end{pmatrix}_{B''}$. Haben Sie es verstanden?

Und noch ein Beispiel: Wenn Sie das Gefühl haben, Sie haben es bisher verstanden, versuchen Sie das Folgende: Betrachten Sie die Basis der reellen Ebene $B''' = \{e_1''', e_2'''\}$, wobei $e_1''' = \begin{pmatrix} 4 \\ 2 \end{pmatrix}$ und $e_1''' = \begin{pmatrix} 2 \\ 4 \end{pmatrix}$. Dann folgt offenbar, dass:

$$1 \cdot e_1'' + 0 \cdot e_2'' = 1 \cdot \begin{pmatrix} 4 \\ 2 \end{pmatrix} + 0 \cdot \begin{pmatrix} 2 \\ 4 \end{pmatrix} = \begin{pmatrix} 1 \cdot 4 + 0 \cdot 2 \\ 1 \cdot 2 + 0 \cdot 4 \end{pmatrix} = \begin{pmatrix} 4 \\ 2 \end{pmatrix}.$$

Damit gilt die Gleichung: $\begin{pmatrix} 4 \\ 2 \end{pmatrix}_B = \begin{pmatrix} 2 \\ 1 \end{pmatrix}_{B'} = \begin{pmatrix} -2 \\ 2 \end{pmatrix}_{B''} = \begin{pmatrix} 1 \\ 0 \end{pmatrix}_{B'''}$.

 Der Übergang von einem Vektor $v \in V$, wobei V ein n-dimensionaler Vektorraum ist, zu seiner Koordinatendarstellung bezüglich einer Basis B wird oftmals durch die *Koordinatenabbildung* $K_B : V \to \mathbb{R}^n$ dargestellt. Dabei ist der Wert der Abbildung, also $K_B(v)$, gerade die Koordinatendarstellung des Vektors v bezüglich B.

In dieser Sprechweise gilt nach den obigen Betrachtungen das Folgende:

$$K_{B'}(v) = \begin{pmatrix} 2 \\ 1 \end{pmatrix} \quad \text{und} \quad K_{B''}(v) = \begin{pmatrix} -2 \\ 2 \end{pmatrix} \quad \text{sowie} \quad K_{B'''}(v) = \begin{pmatrix} 1 \\ 0 \end{pmatrix},$$

wobei $v = \begin{pmatrix} 4 \\ 2 \end{pmatrix} \in V$ und V die reelle Ebene (also $V = \mathbb{R}^2$ und $\dim V = 2$) sowie B, B', B'', B''' Basen wie oben sind.

Matrixdarstellung bezüglich verschiedener Basen

Machen Sie sich bereit für den nächsten Schritt. In Kapitel 10 im Abschnitt *Matrizen und lineare Abbildungen* haben Sie bereits gelernt, wie man lineare Abbildungen grundsätzlich als Matrix darstellt. Jetzt, wo ich Sie für die relative Sicht betreffs Basisdarstellung sensibilisiert habe, sehen Sie, dass diese Art Darstellung bezüglich der kanonischen Basis stattfand. Scheuen Sie sich nicht, noch einmal zurückzublättern.

Aber das gleiche Prinzip können Sie bezüglich jeder anderen Basis nachvollziehen. Bei dieser Art Betrachtung können Sie sogar zwischen der Basisdarstellung der Eingangsdaten und der Basisdarstellung der Ausgangsdaten unterscheiden. Keiner zwingt Sie, in beiden Fällen die gleiche Basis anzuwenden. Dies ist insbesondere entscheidend, wenn Sie eine Abbildung zwischen zwei verschiedenen Vektorräumen haben. Aber dies spielt im Moment eine untergeordnete Rolle.

Sie fragen sich, warum man sich diesen Ärger antun sollte? – Gegenfrage: Finden Sie nicht auch, dass die Matrix $A' = \begin{pmatrix} 1 & 0 & 0 \\ 0 & 2 & 0 \\ 0 & 0 & 3 \end{pmatrix}$ einfacher ist als $A = \begin{pmatrix} 0 & -1 & -2 \\ 2 & 3 & 2 \\ 1 & 1 & 3 \end{pmatrix}$? Ich bin mir sicher, dass Sie meiner Meinung sind – mehr Nullen in der Matrix machen das Rechnen und damit das Verarbeiten der dahinter steckenden Abbildung um einiges einfacher. Ich würde gern Ihr Gesicht sehen, wenn ich Ihnen jetzt sage, dass es sich um die gleiche lineare Abbildung handelt – nur dass die zweite Matrix bezüglich der normalen kanonischen Basis und die erste bezüglich einer clever gewählten Basis dargestellt ist. Daher würde ich die Matrix A' korrekterweise als $M_{B_1}(f)$ darstellen, wobei f die durch A gegebene lineare Abbildung ist (also insbesondere $A = M_{B_0}(f)$ mit der kanonischen Basis B_0), wobei die andere Basis gegeben ist durch:

$$B_1 = \left\{ \begin{pmatrix} 1 \\ -1 \\ 0 \end{pmatrix}, \begin{pmatrix} 1 \\ 0 \\ -1 \end{pmatrix}, \begin{pmatrix} -1 \\ 1 \\ 1 \end{pmatrix} \right\}.$$

Sie wollen das auch können? Ich zeige Ihnen, wie man solche Basen finden kann. Ein schönes Stück Arbeit, aber es lohnt sich! Aber bevor wir diesem Projekt in den nächsten Abschnitten nachgehen, zeige ich Ihnen noch, dass die Matrix A' wirklich die Matrix $M_{B_1}(f)$ ist, also die Matrixdarstellung bezüglich der Basis B_1 der durch f beziehungsweise A gegebenen linearen Abbildung.

Betrachten Sie die Bilder der Basisvektoren. Da sowohl die Koordinaten der Basiselemente als auch die Matrix A selbst bezüglich der kanonischen Basis notiert sind, können Sie die drei Bildvektoren ausrechnen. Es ist:

$$\begin{pmatrix} 0 & -1 & -2 \\ 2 & 3 & 2 \\ 1 & 1 & 3 \end{pmatrix} \begin{pmatrix} 1 \\ -1 \\ 0 \end{pmatrix} = \begin{pmatrix} 1 \\ -1 \\ 0 \end{pmatrix} \text{ und } \begin{pmatrix} 0 & -1 & -2 \\ 2 & 3 & 2 \\ 1 & 1 & 3 \end{pmatrix} \begin{pmatrix} 1 \\ 0 \\ -1 \end{pmatrix} = \begin{pmatrix} 2 \\ 0 \\ -2 \end{pmatrix} \text{ sowie } \begin{pmatrix} 0 & -1 & -2 \\ 2 & 3 & 2 \\ 1 & 1 & 3 \end{pmatrix} \begin{pmatrix} -1 \\ 1 \\ 1 \end{pmatrix} = \begin{pmatrix} -3 \\ 3 \\ 3 \end{pmatrix}$$

Jetzt haben Sie die Bilder der Basis, aber Sie müssen diese natürlich noch bezüglich der neuen Basis B_1 darstellen – bisher haben Sie die Vektoren als Koordinaten bezüglich der kanonischen Basis bekommen. Das ist in diesem Fall aber sehr leicht. Wenn Sie genau hinschauen, sehen Sie, dass diese Bilder gerade Vielfache der ursprünglichen Basis sind. Es gilt nämlich:

$$\begin{pmatrix} 1 \\ -1 \\ 0 \end{pmatrix} = 1 \cdot \begin{pmatrix} 1 \\ -1 \\ 0 \end{pmatrix} + 0 \cdot \begin{pmatrix} 1 \\ 0 \\ -1 \end{pmatrix} + 0 \cdot \begin{pmatrix} -1 \\ 1 \\ 1 \end{pmatrix} \quad \text{und} \quad \begin{pmatrix} 2 \\ 0 \\ -2 \end{pmatrix} = 0 \cdot \begin{pmatrix} 1 \\ -1 \\ 0 \end{pmatrix} + 2 \cdot \begin{pmatrix} 1 \\ 0 \\ -1 \end{pmatrix} + 0 \cdot \begin{pmatrix} -1 \\ 1 \\ 1 \end{pmatrix}, \quad \text{aber auch}$$

$$\begin{pmatrix} -3 \\ 3 \\ 3 \end{pmatrix} = 0 \cdot \begin{pmatrix} 1 \\ -1 \\ 0 \end{pmatrix} + 0 \cdot \begin{pmatrix} 1 \\ 0 \\ -1 \end{pmatrix} + 3 \cdot \begin{pmatrix} -1 \\ 1 \\ 1 \end{pmatrix} \quad \text{und somit gilt für die Vektoren insgesamt, dass}$$

$$\begin{pmatrix} 1 \\ -1 \\ 0 \end{pmatrix}_{B_0} = \begin{pmatrix} 1 \\ 0 \\ 0 \end{pmatrix}_{B_1} \quad \text{und} \quad \begin{pmatrix} 2 \\ 0 \\ -2 \end{pmatrix}_{B_0} = \begin{pmatrix} 0 \\ 2 \\ 0 \end{pmatrix}_{B_1} \quad \text{sowie} \quad \begin{pmatrix} -3 \\ 3 \\ 3 \end{pmatrix}_{B_0} = \begin{pmatrix} 0 \\ 0 \\ 3 \end{pmatrix}_{B_1}.$$

Damit haben Sie nachgewiesen, dass die Darstellungsmatrix bezüglich der neuen Basis B_1 in der Tat die Diagonalmatrix A' ist.

- ✔ *Ausgangssituation:* Sie haben eine lineare Abbildung (dargestellt als Matrix oder nicht) bezüglich einer Basis B_0.
- ✔ *Ziel:* Sie möchten diese lineare Abbildung als Matrix in einer Basis B_1 darstellen.
- ✔ *Universelle Lösungsmöglichkeit:*

    1. **Finden Sie die Koordinatendarstellung jedes Vektors aus B_1 bezüglich B_0.**
    2. **Wenden Sie auf diese Koordinatendarstellungen jeweils die Abbildung an.**
    3. **Finden Sie für die so erhaltenen Bildvektoren umgekehrt nun die Koordinatendarstellung bezüglich B_1.**

Wenn Sie dies für jeden Vektor in B_1 erledigt haben, reihen Sie die erhaltenen (Bild-)Koordinaten nacheinander so auf, dass Sie eine Matrix spaltenweise füllen. Am Ende ist dies Ihre gesuchte Darstellungsmatrix bezüglich B_1.

Basistransformationsmatrizen

Im letzten Abschnitt habe ich Ihnen erklärt, wie man mithilfe von neuen Basen eine neue Darstellungsmatrix (einer gegebenen linearen Abbildung) finden kann und warum dies wie funktioniert. Nun zeige ich Ihnen, wie Sie in der Praxis schnell damit fertig werden.

Voraussetzung: Sie haben bereits eine Matrixdarstellung und Ihre neue Basis ist bezüglich der alten Basis dargestellt.

Diese Voraussetzung ist in fast allen praktischen (und klausurrelevanten) Aufgaben der Fall, so auch in unserem Fall.

Zurück zu dem Beispiel aus dem letzten Abschnitt: Gegeben ist die Matrix $A = \begin{pmatrix} 0 & -1 & -2 \\ 2 & 3 & 2 \\ 1 & 1 & 3 \end{pmatrix}$.

Nehmen Sie sich die Basis $B_1 = \left\{ \begin{pmatrix} 1 \\ -1 \\ 0 \end{pmatrix}, \begin{pmatrix} 1 \\ 0 \\ -1 \end{pmatrix}, \begin{pmatrix} -1 \\ 1 \\ 1 \end{pmatrix} \right\}$ und schreiben Sie die Basisvektoren spaltenweise in eine dadurch definierte Matrix $T := \begin{pmatrix} 1 & 1 & -1 \\ -1 & 0 & 1 \\ 0 & -1 & 1 \end{pmatrix}$. Sie erhalten $T^{-1} = \begin{pmatrix} 1 & 0 & 1 \\ 1 & 1 & 0 \\ 1 & 1 & 1 \end{pmatrix}$ als inverse Matrix. Dann ist das Matrixprodukt $T^{-1}AT$ gerade die gewünschte Diagonalgestalt und insbesondere damit die Darstellungsmatrix der gegebenen linearen Abbildung bezüglich der neuen Basis. Fertig! Lassen Sie mich noch einmal zusammenfassen:

- ✔ *Ausgangssituation:* Sie haben eine lineare Abbildung in einer Matrix bezüglich einer Basis B_0 dargestellt.
- ✔ *Ziel:* Sie möchten diese lineare Abbildung in einer neuen Basis B_1 dargestellt haben. (Die Koordinaten der neuen Basis sind bezüglich der alten gewählt.)
- ✔ *Einfache Lösungsmöglichkeit:*
   1. **Schreiben Sie die neue Basis spaltenweise in eine Matrix T.**
   2. **Invertieren Sie T und erhalten so T^{-1}.**

   Die gesuchte Darstellungsmatrix bezüglich der neuen Basis ist durch das Matrixprodukt $T^{-1}AT$ gegeben, das Sie nun noch ausrechnen müssen.

Überzeugende Diagramme

Eine Möglichkeit der Darstellung der Problematik habe ich Ihnen bisher vorenthalten. Dafür gab es Gründe, aber ich werde das nun nachholen. Diese grafischen Darstellungen werden Sie immer wieder in Büchern zu diesem Thema finden. Sie werden Ihnen zum besseren Verständnis nützen.

Nehmen Sie an, Sie haben eine lineare Abbildung $f : V \to V$. Hierbei sei V ein Vektorraum, für den Sie zwei Basen haben, zum einen B_0 und zum anderen B_1. Sie können jetzt versuchen, die lineare Abbildung f bezüglich der einen Basis B_0 darzustellen, und erhalten $M_{B_0}(f)$ oder Sie stellen die Abbildung f bezüglich der anderen Basis B_1 dar und erhalten $M_{B_1}(f)$. Prinzipiell ist das eine so legitim wie das andere. Vielleicht ist B_0 die kanonische Basis und deswegen wird sie öfter verwendet und die Darstellung als $M_{B_0}(f)$ kommt uns vertrauter vor – oder aber B_1 eignet sich in der Tat besser, da die entsprechende Darstellungsmatrix $M_{B_1}(f)$ vielleicht mehr Nullen enthält oder andere angenehme Eigenschaften hat.

Es kann unter verschiedenen Voraussetzungen wichtig oder zumindest günstig sein, verschiedene Darstellungsmatrizen zu verschiedenen Basen ein und derselben linearen Abbildung zu betrachten.

Im letzten Abschnitt habe ich Ihnen gezeigt, wie man mittels der Matrixmultiplikation den Akt der Basistransformation in Form eines solchen Produkts mit einer geeigneten (Transformations-)Matrix ausdrücken konnte. All diese Ideen und Umsetzungen können Sie in dem Diagramm in Abbildung 11.4 wiederfinden.

Ich möchte Ihren Fokus auf zwei Teile des Diagramms beschränken – zum einen betrachten Sie den Ausschnitt, den ich in Abbildung 11.5 noch einmal wiederholt habe. Dort sehen Sie die lineare Abbildung f, die mittels der Koordinatenabbildung mit der Darstellungsmatrix $M_{B_0}(f)$ identifiziert werden kann. Man spricht auch von einem *kommutativen Diagramm*. Das bedeutet, dass, wenn Sie (im Diagramm oben links) einen Vektor $v \in V$ haben und das Bild unter der Abbildung f suchen (also $f(v)$ – im Diagramm oben rechts), dann können Sie mittels der Koordinatenabbildung, die bijektiv ist, zu den Koordinaten des Vektors v über

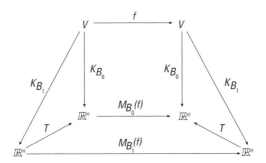

Abbildung 11.4: Das Prinzip der Basistransformation

gehen (also zu $K_{B_0}(v)$ – im Diagramm unten links) und können die Matrix (also die Darstellungsmatrix von f) darauf anwenden. Sie erhalten das Bild des Koordinatenvektors unter der Darstellungsmatrix. Im Diagramm sind Sie jetzt unten rechts. Dieses Bild können Sie mittels der (umgekehrten) Koordinatenabbildung (also mittels $(K_{B_0})^{-1}$) wieder in den entsprechenden Vektor aus V verwandeln. Das Diagramm sagt Ihnen, dass dies der gesuchte Vektor $f(v)$ sein muss.

 In Formeln ausgedrückt liest es sich als $f(v) = (K_{B_0})^{-1}(M_{B_0}(K_{B_0}(v)))$.

Versuchen Sie nicht, diese Gleichung auswendig zu lernen. Versuchen Sie lieber, das zugrunde liegende Diagramm zu verstehen – das ist einfacher und auch sinnvoller.

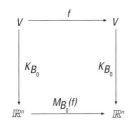 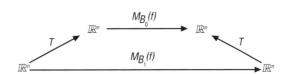

Abbildung 11.5: Darstellungsmatrizen linearer Abbildungen

Abbildung 11.6: Basistransformation – Darstellungsmatrizen bezüglich zweier Basen

Den zweiten Diagrammausschnitt, auf den ich Ihre Blicke richten möchte, sehen Sie in Abbildung 11.6. Am oberen waagerechten Pfeil ist die Darstellungsmatrix der ursprünglichen linearen Abbildung f bezüglich der Basis B_0 dargestellt, nämlich $M_{B_0}(f)$. Am unteren waagerechten Pfeil die entsprechende Matrix bezüglich der Basis B_1, also $M_{B_1}(f)$. Die schrägen Pfeile geben die Transformationsmatrix T wieder, die den Koordinatenübergang von der Basis B_1 zur Basisdarstellung bezüglich B_0 darstellt. Wie Sie sich selbst überlegen können, ist auch diese Matrix T, genauer beschrieben im letzten Abschnitt *Basistransformationsmatrizen*, als Abbildung bijektiv und invertierbar. Die Inverse zu T, also T^{-1}, gibt uns den umgekehrten Koordinatenübergang, also den Übergang von der Darstellung bezüglich der Basis B_0 zu der Darstellung bezüglich B_1.

Damit können Sie auch hier die entsprechende Formel aus dem letzten Abschnitt wiederfinden, die sich in dieser Bezeichnung liest als: $M_{B_1}(f) = T^{-1} \cdot M_{B_0}(f) \cdot T$.

In der obigen Gleichung erkennen Sie wieder das Prinzip des kommutativen Diagramms. Sie starten links unten und möchten nach rechts, um dann die Abbildung $M_{B_1}(f)$ beschritten zu haben. Sie gehen dafür mittels der Transformationsmatrix T zunächst hoch, von links oben gehen Sie nach rechts oben und nutzen dabei $M_{B_0}(f)$, um dann schließlich wieder mittels der umgekehrten Transformationsmatrix, also T^{-1}, wie gewünscht rechts unten anzukommen.

Schauen Sie jetzt, nachdem wir das Diagramm im Detail durchgegangen sind, noch einmal auf Abbildung 11.4. Sie werden sie mit anderen Augen betrachten – besser verstanden!

Eigenwerte und Eigenvektoren

Neben der Determinante sagen die Eigenwerte mit dazugehörigen Eigenvektoren sehr viel über die zugrunde liegende Matrix aus. *Eigenvektoren* (zu gegebenen Eigenwerten) einer Matrix haben die Eigenschaft, dass ihr Bild unter der Matrix (verstanden als Abbildung) sehr einfach ist, nämlich nur eine Streckung beziehungsweise Stauchung um einen Faktor, der gerade der *Eigenwert* ist. Wir benötigen die Eigenwerttheorie auf dem Weg zum Diagonalisieren von Matrizen.

Was sind Eigenwerte und Eigenvektoren?

Diese Frage beantworte ich Ihnen gern sofort.

Für eine gegebene Matrix A ist eine Zahl λ ein *Eigenwert* der Matrix A, wenn es einen vom Nullvektor verschiedenen Vektor v gibt, so dass $Av = \lambda v$ gilt. Ein solcher Vektor v heißt dann *Eigenvektor* der Matrix A zum Eigenwert λ.

Beachten Sie, dass hier der Nullvektor ausgeschlossen wird. Dieser spielt eine Sonderrolle, denn er erfüllt die betrachtete Gleichung für beliebiges λ, da $A \cdot 0 = 0 = \lambda \cdot 0$. Achten Sie darauf, denn dies wird gern vergessen!

Ein Beispiel: Es sei $A := \begin{pmatrix} 4 & -1 \\ 2 & 1 \end{pmatrix}$ und $\lambda := 2$ sowie $v := \begin{pmatrix} 1 \\ 2 \end{pmatrix}$. Dann ist (rechnen Sie mit):
$Av = \begin{pmatrix} 4 & -1 \\ 2 & 1 \end{pmatrix}\begin{pmatrix} 1 \\ 2 \end{pmatrix} = \begin{pmatrix} 4\cdot 1 + (-1)\cdot 2 \\ 2\cdot 1 + 1\cdot 2 \end{pmatrix} = \begin{pmatrix} 2 \\ 4 \end{pmatrix} = 2\cdot\begin{pmatrix} 1 \\ 2 \end{pmatrix} = \lambda\cdot v$. Damit ist $\lambda = 2$ ein Eigenwert von $A = \begin{pmatrix} 4 & -1 \\ 2 & 1 \end{pmatrix}$ und $v = \begin{pmatrix} 1 \\ 2 \end{pmatrix}$ ein dazugehöriger Eigenvektor.

Ich kann Ihre Fragen fast schon hören: Gibt es zu einer Matrix immer einen Eigenwert? Hat die obere Matrix vielleicht noch mehr Eigenwerte? Wie viele Eigenvektoren gibt es? Dass Sie einen Vektor als Eigenvektor zu einem Eigenwert einer Matrix enttarnen, ist eine Sache, aber zu einer gegebenen Matrix alle Eigenwerte und -vektoren zu bestimmen, ist eine andere. Lesen Sie weiter.

Eigenwerte einer Matrix berechnen

Schauen Sie sich noch einmal die Eigenwertgleichung $Av = \lambda v$ an. Ziehen Sie die rechte auf die linke Seite und Sie erhalten $Av - \lambda v = 0$. Nun muss das v irgendwie nach rechts ausgeklammert werden, aber Sie erkennen sofort, dass es hier um Abbildungen geht, so dass man vorsichtiger sein muss.

Aber es geht dennoch mit einem *Trick*. Es ist: $\lambda v = (\lambda\cdot E)v$, wobei E erneut die Einheitsmatrix ist, die eben nicht viel mit einem Vektor macht, als diesen auf sich selbst abbilden. Dann können Sie die obige Betrachtung weiterführen und erhalten schließlich: $0 = Av - \lambda v = (A - \lambda E)v$. Damit ist also v ein Eigenvektor einer Matrix A zu einem Eigenwert λ, wenn $(A - \lambda E)v = 0$, das heißt, wenn v Lösung des homogenen Gleichungssystems $(A - \lambda E)v = 0$ ist.

Gut, aber damit wissen Sie nur, wie Sie die Eigenvektoren v bestimmen können, wenn Sie bereits einen Eigenwert λ als einen solchen enttarnt haben. Sie wissen hoffentlich noch, dass solche vom Nullvektor verschiedenen Lösungen genau dann existieren, wenn die zugrunde liegende Matrix $A - \lambda E$ des homogenen Systems nicht invertierbar ist, also einen nichttrivialen Kern besitzt, oder noch anders, wenn $\det(A - \lambda E) = 0$.

Nennen Sie dieses Objekt $p_A(\lambda) := \det(A - \lambda E)$; es ist ein Polynom in dem Parameter λ. Im nächsten Beispiel werde ich Ihnen dies vorrechnen.

Für eine Matrix $A \in \text{Mat}(n,n)$ heißt das Polynom $p_A(\lambda) := \det(A - \lambda E)$ das *charakteristische Polynom für die Matrix* A. Ausgerechnet ist es ein reelles Polynom n-ten Grades. Die *Nullstellen* des charakteristischen Polynoms sind genau die *Eigenwerte* der Matrix.

Ein Beispiel: Versuchen Sie, an dem oberen Beispiel die Eigenwerte auszurechnen:

1. Berechnen Sie das charakteristische Polynom für die Matrix $A := \begin{pmatrix} 4 & -1 \\ 2 & 1 \end{pmatrix}$.

$A - \lambda E = \begin{pmatrix} 4 & -1 \\ 2 & 1 \end{pmatrix} - \begin{pmatrix} \lambda & 0 \\ 0 & \lambda \end{pmatrix} = \begin{pmatrix} 4-\lambda & -1 \\ 2 & 1-\lambda \end{pmatrix}$

2. **Berechnen Sie davon die Determinante.**

$$\det\begin{pmatrix} 4-\lambda & -1 \\ 2 & 1-\lambda \end{pmatrix} = \begin{vmatrix} 4-\lambda & -1 \\ 2 & 1-\lambda \end{vmatrix} = (4-\lambda)(1-\lambda) - (-1) \cdot 2$$
$$= 4 - 4\lambda - \lambda + \lambda^2 + 2 = \lambda^2 - 5\lambda + 6$$

3. **Berechnen Sie die Nullstellen dieses (charakteristischen) Polynoms.**

Eine Nullstelle kennen Sie bereits – nämlich $\lambda_1 = 2$. Die andere können Sie beispielsweise durch Polynomdivision berechnen:

$$\begin{array}{l} (\lambda^2 - 5\lambda + 6) : (\lambda - 2) = \lambda - 3 \\ \underline{-(\lambda^2 - 2\lambda)} \\ -3\lambda + 6 \\ \underline{-3\lambda + 6} \\ 0 \end{array}$$

Somit ist $\det\begin{pmatrix} 4-\lambda & -1 \\ 2 & 1-\lambda \end{pmatrix} = \lambda^2 - 5\lambda + 6 = (\lambda-2)(\lambda-3)$ und Sie haben die beiden Nullstellen des charakteristischen Polynoms, $\lambda_1 = 2$ und $\lambda_2 = 3$. *Polynomdivision* ist bei quadratischen Polynomen (wie hier) aufgrund der expliziten *p-q*-Lösungsformel nicht nötig. (Mehr dazu im Abschnitt *Quadratische Gleichungen in einer Unbekannten* des Kapitels 1.) Allerdings hilft sie Ihnen bei Polynomen höheren Grades, da Sie dafür in der Regel keine solche Lösungsvorschrift parat haben.

Damit haben Sie auch schließlich beide Eigenwerte der Matrix A. Mehr Eigenwerte kann es nicht geben, da ein Polynom *n*-ten Grades höchstens *n* Nullstellen besitzt – in unserem Fall hier ist $n = 2$ und Sie haben bereits zwei Eigenwerte.

Eigenvektoren einer Matrix berechnen

Eigenvektoren zu berechnen ist, nachdem Sie bis hierher gekommen sind, gar nicht mehr schwer. Sie müssen nur das zugehörige homogene lineare Gleichungssystem lösen.

Eigenvektoren (der Matrix A zum Eigenwert λ) sind die Lösungen v des Gleichungssystems $(A - \lambda E)v = 0$.

Da die *Menge der Eigenvektoren zu einem festen Eigenwert* (den Nullvektor hinzugenommen) als Lösungsraum eines homogenen LGS betrachtet werden kann, bilden sie insbesondere einen *Vektorraum*, das heißt, jedes Vielfache eines Eigenvektors ist wieder ein Eigenvektor und die Summe zweier ist auch wieder ein Eigenvektor. Somit können Sie sich einen schönen – etwa mit einfachen Zahlwerten – heraussuchen, wenn Sie einen angeben sollen.

Ein Beispiel: Betrachten Sie immer noch die Matrix $A := \begin{pmatrix} 4 & -1 \\ 2 & 1 \end{pmatrix}$. Sie wissen bereits, dass $\lambda_1 = 2$ und $\lambda_2 = 3$ die Eigenwerte sind. Berechnen Sie nun die dazugehörigen Eigenvektoren, indem Sie das entsprechende Gleichungssystem lösen. Ich zeige es Ihnen am Beispiel für den Eigenwert $\lambda_1 = 2$:

1. **Passen Sie die Matrix an, indem Sie $A - \lambda_1 E$ berechnen.**

$$A - \lambda_1 E = A - 2E = \begin{pmatrix} 4-2 & -1 \\ 2 & 1-2 \end{pmatrix} = \begin{pmatrix} 2 & -1 \\ 2 & -1 \end{pmatrix}$$

2. **Vereinfachen Sie das LGS mithilfe des Gaußschen Algorithmus.**

$$\begin{matrix} 2 & -1 \\ 2 & -1 \end{matrix} \xrightarrow[\text{plus 1.Zeile}]{\text{2.Zeile mal }(-1)} \begin{matrix} 2 & -1 \\ 0 & 0 \end{matrix} \text{, also } \begin{matrix} 2x - y = 0 \\ 0x + 0y = 0 \end{matrix} \text{, also } y = 2x$$

Somit haben alle Eigenvektoren zum Eigenwert $\lambda_1 = 2$ die Gestalt $\begin{pmatrix} x \\ 2x \end{pmatrix}$ für beliebige reelle Zahlen x.

3. **Finden Sie eine Basis des Lösungsraums und somit die Eigenvektoren.**

Setzen Sie für x eine einfache Zahl ein, beispielsweise $x = 1$, dann berechnet sich y durch $y = 2 \cdot 1 = 2$. Ein Lösungsvektor und damit ein Eigenvektor der Matrix A zum Eigenwert $\lambda_1 = 2$ ist also $v_1 = \begin{pmatrix} 1 \\ 2 \end{pmatrix}$. Dieser bildet eine Basis des Eigenraums zum Eigenwert $\lambda_1 = 2$. Genauso könnten Sie auch $x = 3$ einsetzen und hätten als (einen anderen, aber gleichwertigen) Basisvektor $v_1 = \begin{pmatrix} 3 \\ 6 \end{pmatrix}$ erhalten.

4. **Machen Sie die Probe – prüfen Sie, ob $Av_1 = \lambda_1 v_1$.**

Es gilt: $Av_1 = \begin{pmatrix} 4 & -1 \\ 2 & 1 \end{pmatrix}\begin{pmatrix} 1 \\ 2 \end{pmatrix} = \begin{pmatrix} 4 \cdot 1 + (-1) \cdot 2 \\ 2 \cdot 1 + 1 \cdot 2 \end{pmatrix} = \begin{pmatrix} 2 \\ 4 \end{pmatrix} = 2 \cdot \begin{pmatrix} 1 \\ 2 \end{pmatrix} = \lambda_1 v_1$.

Versuchen Sie es selbst für den zweiten Eigenwert. Eine mögliche Lösung ist beispielsweise $v_2 = \begin{pmatrix} 1 \\ 1 \end{pmatrix}$.

Eigenräume finden und analysieren

Stellen Sie sich eine Matrix mit einem Eigenwert vor. Die Menge der Eigenvektoren zu diesem (festen) Eigenwert (und zusätzlich der Nullvektor) bilden einen Vektorraum – das habe ich Ihnen im letzten Abschnitt bereits gezeigt. Dieser Vektorraum spielt im Folgenden eine wesentliche Rolle.

Die Menge der Eigenvektoren zu einem festen Eigenwert einer gegebenen Matrix zusammen mit dem Nullvektor nennt man *Eigenraum* dieser Matrix (oder linearen Abbildung) zum betrachteten Eigenwert.

Ich möchte im nächsten Abschnitt eine Basis aus Eigenvektoren aufstellen. Folgendes wird eine große Rolle dabei spielen:

 Eigenvektoren zu verschiedenen Eigenwerten sind *linear unabhängig*.

Sie berechnen die Eigenvektoren für eine Ausgangsmatrix A zum Eigenwert λ als Lösungsmenge eines homogenen Gleichungssystems, nämlich zur Koeffizientenmatrix $A - \lambda E$.

 Die *Dimension* des Eigenraums ist der Rang von $A - \lambda E$.

Matrizen diagonalisieren

Ich habe Ihnen bereits im Abschnitt *Matrixdarstellung bezüglich verschiedener Basen* weiter vorn in diesem Kapitel, als ich Ihnen die Basistransformation erklärte, die Vorzüge des Diagonalisierens einer Matrix gezeigt.

 Unter dem Begriff *Diagonalisieren einer Matrix* versteht man das Finden einer geeigneten Basis, so dass die Ausgangsmatrix bezüglich der neuen Basis Diagonalgestalt hat.

Sie können nun das erlernte Wissen miteinander verknüpfen und das Vorgehen beim Diagonalisieren einer Matrix präzise angeben. Zunächst aber die Voraussetzungen an die gegebene Ausgangsmatrix A, damit das geplante Vorhaben nicht scheitert.

 Eine Matrix ist *genau dann* diagonalisierbar, *wenn* es eine Basis des Ausgangsraums bestehend *nur* aus Eigenvektoren der Matrix gibt.

Die entscheidende Aussage hier ist, dass es genügend viele linear unabhängige Eigenvektoren gibt, so dass Sie eine Basis des Ausgangsraums erhalten. Nach früheren Überlegungen wissen Sie bereits, dass die lineare Unabhängigkeit der Eigenvektoren zu verschiedenen Eigenwerten kein Problem darstellt. Wichtig ist, dass für einen mehrfachen Eigenwert hinreichend viele linear unabhängige Eigenvektoren und natürlich überhaupt genügend Eigenwerte existieren.

 Nicht jede Matrix lässt sich diagonalisieren!

11 ➤ Matrizen – Das Finale!

Es gibt noch eine andere und praxisnähere Formulierung der Bedingung an die Matrix, damit diese diagonalisierbar ist:

Eine Matrix A ist *genau dann* diagonalisierbar, *wenn* das charakteristische Polynom $p_A(\lambda)$ in Linearfaktoren zerfällt und es zu jedem k-fachen Eigenwert auch k linear unabhängige Eigenvektoren gibt.

Einige Beispiele: Schnallen Sie sich an. Ich zeige Ihnen jetzt anhand von vier Matrizen, wie Sie diagonalisieren:

$$A_1 = \begin{pmatrix} 3 & 0 & 0 \\ 0 & 0 & -1 \\ 0 & 1 & 0 \end{pmatrix} \quad A_2 = \begin{pmatrix} -1 & 0 & 0 \\ 0 & 1 & 1 \\ 0 & 0 & 1 \end{pmatrix} \quad A_3 = \begin{pmatrix} 0 & -1 & -2 \\ 2 & 3 & 2 \\ 1 & 1 & 3 \end{pmatrix} \quad A_4 = \begin{pmatrix} 1 & -4 & 8 \\ -4 & 7 & 4 \\ 8 & 4 & 1 \end{pmatrix}$$

Ich zeige Ihnen an jeder Matrix, wie Sie vorgehen müssen.

1. **Bestimmen Sie das charakteristische Polynom der Matrix.**

- $p_{A_1}(\lambda) = \begin{vmatrix} 3-\lambda & 0 & 0 \\ 0 & -\lambda & -1 \\ 0 & 1 & -\lambda \end{vmatrix} = \lambda^2 \cdot (3-\lambda) + (3-\lambda) = (3-\lambda)(\lambda^2+1)$

- $p_{A_2}(\lambda) = (-1-\lambda)(1-\lambda)^2$

- $p_{A_3}(\lambda) = -\lambda(3-\lambda)^2 - 2 - 4 + (6-2\lambda) + 2\lambda + (6-2\lambda)$

    $= -\lambda(\lambda^2 - 6\lambda + 9) + 6 - 2\lambda = -\lambda^3 + 6\lambda^2 - 11\lambda + 6$

    $= (1-\lambda)(2-\lambda)(3-\lambda)$

- $p_{A_4}(\lambda) = (1-\lambda)^2(7-\lambda) - 128 - 128 - 64(7-\lambda) - 16(1-\lambda) - 16(1-\lambda)$

    $= -\lambda^3 + 9\lambda^2 + 81\lambda - 729 = (-9-\lambda)(9-\lambda)^2$

2. *Abbruchkriterium I:* **Zerfällt das charakteristische Polynom nicht in Linearfaktoren, ist die Matrix *nicht* diagonalisierbar.**

Matrix A_1 besteht den Test nicht und ist aus dem Rennen, da das Polynom $\lambda^2 + 1$ nicht weiter in Faktoren zerlegt werden kann. (Beachten Sie, dass es hier immer um reelle Zahlen geht. Im Kapitel 12 zeige ich Ihnen potenzielle Auswege.) Die anderen Matrizen bestehen diesen Test.

3. **Berechnen Sie für jeden Eigenwert eine maximale Anzahl von linear unabhängigen Eigenvektoren im dazugehörigen Eigenraum. Diese Anzahl ist gleich der Dimension des Eigenraums.**

Für die verbleibenden Matrizen berechnen Sie jeweils die Ränge der jeweiligen Eigenräume.

- Matrix A_2 hat die Eigenwerte -1 (mit Vielfachheit 1) sowie 1 (mit Vielfachheit 2).

$\boxed{\lambda = -1}$: Lösen Sie $(A_2 + 1E)x = \begin{pmatrix} 0 & 0 & 0 \\ 0 & 2 & 1 \\ 0 & 0 & 2 \end{pmatrix} x = 0$. Der Vektor $\begin{pmatrix} 1 \\ 0 \\ 0 \end{pmatrix}$ bildet eine Basis des Lösungsraums.

$\boxed{\lambda = 1}$: Lösen Sie $(A_2 - 1E)x = \begin{pmatrix} -2 & 0 & 0 \\ 0 & 0 & 1 \\ 0 & 0 & 0 \end{pmatrix} x = 0$. Der Vektor $\begin{pmatrix} 0 \\ 1 \\ 0 \end{pmatrix}$ bildet eine Basis des Lösungsraums.

- Matrix A_3 hat die Eigenwerte 1, 2 und 3 (jeweils mit Vielfachheit 1).

  Sie haben im Abschnitt *Matrixdarstellung bezüglich verschiedener Basen* weiter vorn in diesem Kapitel bereits die Eigenvektoren gesehen: $\begin{pmatrix} 1 \\ -1 \\ 0 \end{pmatrix}, \begin{pmatrix} 1 \\ 0 \\ -1 \end{pmatrix}, \begin{pmatrix} -1 \\ 1 \\ 1 \end{pmatrix}$.

- Matrix A_4 hat die Eigenwerte -9 (mit Vielfachheit 1) und 9 (Vielfachheit 2).

  $\boxed{\lambda = -9}$: Lösen Sie $(A_4 + 9E)x = \begin{pmatrix} 10 & -4 & 8 \\ -4 & 16 & 4 \\ 8 & 4 & 10 \end{pmatrix} x = 0$. Vektor $\begin{pmatrix} 2 \\ 1 \\ -2 \end{pmatrix}$ bildet eine Basis des Lösungsraums.

  $\boxed{\lambda = 9}$: Lösen Sie $(A_4 - 9E)x = \begin{pmatrix} -8 & -4 & 8 \\ -4 & -2 & 4 \\ 8 & 4 & -8 \end{pmatrix} x = 0$. Die beiden Vektoren $\begin{pmatrix} 1 \\ 2 \\ 2 \end{pmatrix}, \begin{pmatrix} -2 \\ 2 \\ -1 \end{pmatrix}$ bilden eine Basis des Lösungsraums.

4. **Abbruchkriterium II:** Wenn diese gerade berechnete maximale Anzahl für einen *k*-fachen Eigenwert nicht gleich *k* ist, ist die Matrix nicht diagonalisierbar. (Im anderen Fall haben Sie jeweils eine hinreichend große Basis der Eigenräume gefunden!)

   Matrix A_2 besteht den Test nicht und ist aus dem Rennen, da der Eigenwert $\lambda = 1$ die Vielfachheit 2 hat, aber der entsprechende Eigenraum nur die Dimension 1. Die anderen Matrizen sind erfolgreich.

5. **Wenn Sie alle in Schritt 3 berechneten Basen (für die verschiedenen Eigenräume) zusammen in eine Menge schreiben, haben Sie Ihre Basis aus Eigenvektoren gefunden, bezüglich der die Ausgangsmatrix Diagonalgestalt hat.**

   Für A_3 haben Sie $\begin{pmatrix} 1 \\ -1 \\ 0 \end{pmatrix}, \begin{pmatrix} 1 \\ 0 \\ -1 \end{pmatrix}, \begin{pmatrix} -1 \\ 1 \\ 1 \end{pmatrix}$, für A_4 also $\begin{pmatrix} 2 \\ 1 \\ -2 \end{pmatrix}, \begin{pmatrix} 1 \\ 2 \\ 2 \end{pmatrix}, \begin{pmatrix} -2 \\ 2 \\ -1 \end{pmatrix}$.

6. **Schreiben Sie nacheinander für jeden Eigenwert die in Schritt 3 bestimmte Basis spaltenweise in eine Matrix – das Ergebnis ist die gesuchte Transformationsmatrix, die die**

Ausgangsmatrix in eine Diagonalgestalt überführt.

Definieren Sie daher $T_3 := \begin{pmatrix} 1 & 1 & -1 \\ -1 & 0 & 1 \\ 0 & -1 & 1 \end{pmatrix}$ und $T_4 := \begin{pmatrix} 2 & 1 & -2 \\ 1 & 2 & 2 \\ -2 & 2 & -1 \end{pmatrix}$. Dann gilt wie gewünscht,

dass $T_3^{-1} A_3 T_3 = \begin{pmatrix} 1 & 0 & 1 \\ 1 & 1 & 0 \\ 1 & 1 & 1 \end{pmatrix} \begin{pmatrix} 0 & -1 & -2 \\ 2 & 3 & 2 \\ 1 & 1 & 3 \end{pmatrix} \begin{pmatrix} 1 & 1 & -1 \\ -1 & 0 & 1 \\ 0 & -1 & 1 \end{pmatrix} = \begin{pmatrix} 1 & 0 & 0 \\ 0 & 2 & 0 \\ 0 & 0 & 3 \end{pmatrix}$

und schließlich, dass $T_4^{-1} A_4 T_4 = \dfrac{1}{9} \begin{pmatrix} 2 & 1 & -2 \\ 1 & 2 & 2 \\ -2 & 2 & -1 \end{pmatrix} \begin{pmatrix} 1 & -4 & 8 \\ -4 & 7 & 4 \\ 8 & 4 & 1 \end{pmatrix} \begin{pmatrix} 2 & 1 & -2 \\ -1 & 2 & 2 \\ -2 & 2 & -1 \end{pmatrix} = \begin{pmatrix} -9 & 0 & 0 \\ 0 & 9 & 0 \\ 0 & 0 & 9 \end{pmatrix}$.

Üben Sie das Rechnen an diesen Beispielen, indem Sie beispielsweise die inversen Matrizen berechnen. (Mehr zu diesem Thema finden Sie im Abschnitt *Berechnung der Inversen mittels der Adjunktenformel* weiter vorn in diesem Kapitel oder auch im Abschnitt *Matrizen invertieren in der Praxis* in Kapitel 10.)

Sie haben gesehen, dass es Matrizen gibt, die sich nicht diagonalisieren lassen. Man sieht es einer Matrix auch nicht immer sofort an, ob sie es ist oder nicht. Symmetrische Matrizen verhalten sich dagegen sehr einfach:

Jede (reelle) *symmetrische* Matrix erfüllt die Tests und ist diagonalisierbar. Die Eigenvektoren von (reellen) symmetrischen Matrizen zu verschiedenen Eigenwerten stehen senkrecht aufeinander, das heißt, ihr paarweises Skalarprodukt ist gleich 0.

Hauptachsentransformation

Die Übertragung der Darstellungen von linearen Abbildungen bezüglich unterschiedlicher Basen ist der Ansatzpunkt für ein weiteres Thema, das ich hier nur anreißen kann und gleichzeitig als Motivation in den Raum stellen möchte. Stellen Sie sich vor, Sie beschreiben Punkte in der Ebene durch Angabe von (nichtlinearen) Gleichungen, wie beispielsweise der folgenden:

$$-\tfrac{7}{2}x^2 - \tfrac{7}{2}y^2 + 25xy + 30\sqrt{2}x - 66\sqrt{2}y = 252$$

Diese beschriebene Punktemenge der Ebene stellt eine Kurve dar. Genauer ausgedrückt handelt es sich in diesem Fall um eine Hyperbel und im gewohnten x–y-Koordinatensystem hat sie die Gestalt, die Sie in der linken Abbildung sehen:

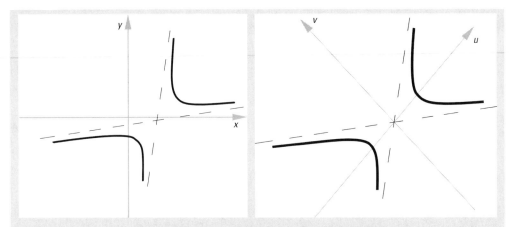

Links: Die Kurve im ursprünglichen Koordinatensystem
Rechts: Die gleiche Kurve im Koordinatensystem nach der Hauptachsentransformation

Wenn Sie jetzt Ihren Blickwinkel ändern, das heißt, Ihr Koordinatensystem stauchen, strecken, verschieben und drehen, dann können Sie diese Kurve in einem besseren Licht darstellen – anders ausgedrückt wird die Darstellung dieser Kurve mit einfacheren Mitteln möglich. Betrachten Sie dazu die rechte Abbildung (und drehen Sie Ihren Kopf um 45 Grad nach links).

Mithilfe der Eigenwerttheorie ist es möglich, in diesem Fall von der kanonischen Basis zur Basis $\left\{\binom{1}{1},\binom{-1}{1}\right\}$ zu kommen. Unter diesen Hauptachsen, die ich jetzt nicht mehr x und y, sondern u und v nenne, hat die gleiche Kurve die Gestalt:

$9u^2 - 16v^2 = 144$

Das ist offenbar eine gravierende Vereinfachung der Darstellung. Dies war durch eine Verschiebung des Koordinatenursprungs bei gleichzeitiger Drehung um 45° des gesamten Koordinatensystems möglich. Dies wird in der obigen rechten Abbildung dargestellt. Beeindruckend, oder?

Drehungen und Spiegelungen

Eine in der Praxis wesentliche Gruppe von Matrizen sind die Drehungen und Spiegelungen. Ich zeige Ihnen die wichtigsten Zusammenhänge und Eigenschaften zunächst in der reellen Ebene $\mathbb{R}^2$ und anschließend im reellen Raum $\mathbb{R}^3$.

Drehungen in der Ebene

Betrachten Sie einen beliebigen Vektor $a = \begin{pmatrix} x_1 \\ y_1 \end{pmatrix}$ und drehen Sie diesen um den Winkel γ.

Sie erhalten etwa den Vektor $b = \begin{pmatrix} x_2 \\ y_2 \end{pmatrix}$. Schauen Sie sich dazu die Abbildung 11.7 an.

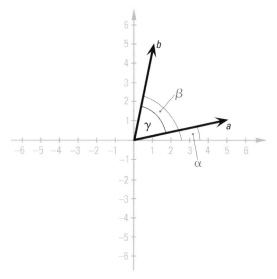

Abbildung 11.7: Drehung eines Vektors um den Winkel γ

Wie Sie sehen, steht der Vektor a bezüglich der x-Achse im Winkel α und der Vektor b im Winkel β. Offenbar gilt dann $\alpha + \gamma = \beta$. Aus den einfachen trigonometrischen Überlegungen (siehe die Schummelseiten ganz vorn im Buch) gilt entsprechend der Sinus- und Kosinussätze am rechtwinkligen Dreieck, dass:

$$\sin\alpha = \tfrac{y_1}{|a|} \quad \cos\alpha = \tfrac{x_1}{|a|} \quad \sin\beta = \tfrac{y_2}{|b|} \quad \cos\beta = \tfrac{x_2}{|b|}$$

Mithilfe der trigonometrischen Additionstheoreme (siehe Schummelseiten) können Sie folgende Gleichungen ausrechnen – beachten Sie hierbei, dass die beiden Hypotenusen der obigen Dreiecke gerade die beiden Längen der Vektoren sind, deren Beträge durch $|a|$ und $|b|$ gegeben sind, aber diese beiden Größen natürlich gleich sind, da der Vektor b durch Drehung des Vektors a entstanden ist. Also gilt:

$$\begin{aligned}
x_2 &= \cos\beta \cdot |b| = \cos(\alpha + \gamma) \cdot |b| \\
&= \cos(\alpha) \cdot \cos(\gamma) \cdot |b| - \sin(\alpha) \cdot \sin(\gamma) \cdot |b| = \\
&= \cos(\gamma) \cdot (\cos(\alpha) \cdot |a|) - \sin(\gamma) \cdot (\sin(\alpha) \cdot |a|) \\
&= \cos(\gamma) \cdot x_1 - \sin(\gamma) \cdot y_1
\end{aligned}$$

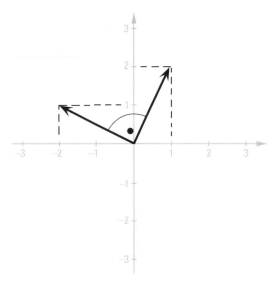

Abbildung 11.8: Drehung des Vektors $\begin{pmatrix} 1 \\ 2 \end{pmatrix}$ um 90 Grad

Und natürlich auch für die andere Koordinate:

$$\begin{aligned} y_2 &= \sin\beta \cdot |b| = \sin(\alpha+\gamma)\cdot|b| \\ &= \sin(\alpha)\cdot\cos(\gamma)\cdot|b| + \cos(\alpha)\cdot\sin(\gamma)\cdot|b| = \\ &= \cos(\gamma)\cdot(\sin(\alpha)\cdot|a|) + \sin(\gamma)\cdot(\cos(\alpha)\cdot|a|) \\ &= \cos(\gamma)\cdot y_1 + \sin(\gamma)\cdot x_1 \end{aligned}$$

Wenn Sie jetzt die Matrixschreibweise benutzen, können Sie diese Rechnung abkürzen als $\begin{pmatrix} x_2 \\ y_2 \end{pmatrix} = \begin{pmatrix} \cos\gamma & -\sin\gamma \\ \sin\gamma & \cos\gamma \end{pmatrix} \cdot \begin{pmatrix} x_1 \\ y_1 \end{pmatrix}$, also gilt insbesondere $b = \begin{pmatrix} \cos\gamma & -\sin\gamma \\ \sin\gamma & \cos\gamma \end{pmatrix} \cdot a$, das heißt, der Vektor a geht bei Anwendung der linearen Abbildung $D_\gamma := \begin{pmatrix} \cos\gamma & -\sin\gamma \\ \sin\gamma & \cos\gamma \end{pmatrix}$ auf den Vektor b über; oder anders: Der Vektor b ist das Bild des Vektors a unter der Matrix D_γ.

Ein Beispiel: Betrachten Sie den Vektor $a := \begin{pmatrix} 1 \\ 2 \end{pmatrix}$ und drehen Sie diesen um 90 Grad entgegen dem Uhrzeigersinn – man sagt auch: im *mathematisch positiven Sinn*. Schauen Sie sich die Abbildung 11.8 an und Sie erkennen, dass man dann den Vektor $b := \begin{pmatrix} -2 \\ 1 \end{pmatrix}$ erhält – tragen Sie dazu den rechten Winkel ab und lesen Sie die Koordinaten des Bildvektors ab. Das ist nicht schwer bei diesem Winkel. Lassen Sie uns nun prüfen, ob wir dies auch mithilfe der obigen *Drehmatrix* $D_{90°} = D_{\frac{\pi}{2}}$ nachweisen können – es gilt offenbar:

$$D_{\frac{\pi}{2}} := \begin{pmatrix} \cos\frac{\pi}{2} & -\sin\frac{\pi}{2} \\ \sin\frac{\pi}{2} & \cos\frac{\pi}{2} \end{pmatrix} = \begin{pmatrix} 0 & -1 \\ 1 & 0 \end{pmatrix}$$ und somit gilt:

$$\begin{pmatrix} \cos\frac{\pi}{2} & -\sin\frac{\pi}{2} \\ \sin\frac{\pi}{2} & \cos\frac{\pi}{2} \end{pmatrix} \cdot \begin{pmatrix} 1 \\ 2 \end{pmatrix} = \begin{pmatrix} 0 & -1 \\ 1 & 0 \end{pmatrix} \cdot \begin{pmatrix} 1 \\ 2 \end{pmatrix} = \begin{pmatrix} 0 \cdot 1 + (-1) \cdot 2 \\ 1 \cdot 1 + 0 \cdot 2 \end{pmatrix} = \begin{pmatrix} -2 \\ 1 \end{pmatrix}$$

Mathematik kann so schön sein!

Übrigens, es gilt immer, dass die Determinante einer Drehung gleich 1 ist, denn:

$$|D_\gamma| = \det\begin{pmatrix} \cos\gamma & -\sin\gamma \\ \sin\gamma & \cos\gamma \end{pmatrix} = \cos^2\gamma + \sin^2\gamma = 1$$

Darüber hinaus gilt für eine Drehmatrix $D_\gamma := \begin{pmatrix} \cos\gamma & -\sin\gamma \\ \sin\gamma & \cos\gamma \end{pmatrix}$ allgemein, dass $D_\gamma \cdot D_\gamma^t = E_2 = D_\gamma^t \cdot D_\gamma$, also ist D_γ^t die Inverse zu D_γ:

$$D_\gamma \cdot D_\gamma^t = \begin{pmatrix} \cos\gamma & -\sin\gamma \\ \sin\gamma & \cos\gamma \end{pmatrix} \cdot \begin{pmatrix} \cos\gamma & \sin\gamma \\ -\sin\gamma & \cos\gamma \end{pmatrix}$$
$$= \begin{pmatrix} \cos^2\gamma + \sin^2\gamma & \cos\gamma \cdot \sin\gamma - \sin\gamma \cdot \cos\gamma \\ \sin\gamma \cdot \cos\gamma - \cos\gamma \cdot \sin\gamma & \sin^2\gamma + \cos^2\gamma \end{pmatrix} = \begin{pmatrix} 1 & 0 \\ 0 & 1 \end{pmatrix} = E_2$$

In der Literatur wird allgemein eine Matrix A mit den Eigenschaften $\det A = 1$ und $A^{-1} = A^t$ als *Drehmatrix* bezeichnet.

Berechnung des Drehwinkels in der Ebene

Eine Möglichkeit, den Drehwinkel einer Drehung $D_\gamma := \begin{pmatrix} \cos\gamma & -\sin\gamma \\ \sin\gamma & \cos\gamma \end{pmatrix}$ zu bestimmen, ist, sich vorzustellen, einen sehr einfachen Vektor zu drehen – beispielsweise den Vektor $\begin{pmatrix} 1 \\ 0 \end{pmatrix}$. Das Ergebnis wird dann der um den Winkel γ gedrehte Vektor sein, also $\begin{pmatrix} \cos\gamma \\ \sin\gamma \end{pmatrix}$. Somit können Sie über die Koordinaten des Bildes den Winkel berechnen.

Spiegelungen in der Ebene

Spiegelungen können Sie ebenfalls in die Matrixschreibweise pressen. Diesmal gebe ich Ihnen die Matrix vor: $S_{\frac{\gamma}{2}} := \begin{pmatrix} \cos\gamma & \sin\gamma \\ \sin\gamma & -\cos\gamma \end{pmatrix}$. Diese Matrix stellt eine lineare Abbildung dar, die

die Vektoren an der Spiegelachse, gegeben durch die Winkelhalbierende des Winkels γ, spiegelt. Schauen Sie sich dazu die beiden Vektoren der kanonischen Basis $e_1 := \begin{pmatrix} 1 \\ 0 \end{pmatrix}$ und $e_2 := \begin{pmatrix} 0 \\ 1 \end{pmatrix}$ an und betrachten Sie deren Bilder unter dieser Abbildungsmatrix. So erhalten Sie:

$$S_{\frac{\gamma}{2}} \cdot e_1 = \begin{pmatrix} \cos\gamma & \sin\gamma \\ \sin\gamma & -\cos\gamma \end{pmatrix} \cdot \begin{pmatrix} 1 \\ 0 \end{pmatrix} = \begin{pmatrix} \cos\gamma \\ \sin\gamma \end{pmatrix} \quad \text{und}$$

$$S_{\frac{\gamma}{2}} \cdot e_2 = \begin{pmatrix} \cos\gamma & \sin\gamma \\ \sin\gamma & -\cos\gamma \end{pmatrix} \cdot \begin{pmatrix} 0 \\ 1 \end{pmatrix} = \begin{pmatrix} \sin\gamma \\ -\cos\gamma \end{pmatrix}$$

Betrachten Sie dazu die grafische Darstellung in Abbildung 11.9.

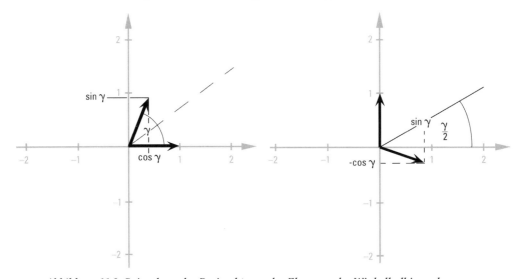

Abbildung 11.9: Spiegelung der Basisvektoren der Ebene an der Winkelhalbierenden von γ

Dass die Koordinaten des (normierten) Bildvektors im linken Teil der Abbildung 11.9 gerade durch $\begin{pmatrix} \cos\gamma \\ \sin\gamma \end{pmatrix}$ gegeben sind, haben wir bereits durch Anwendung einfacher trigonometrischer Argumente am rechtwinkligen Dreieck im Abschnitt *Drehungen in der Ebene* gesehen und werden nochmals im Abschnitt *Ablesens des Winkels der Spiegelachse* weiter hinten in diesem Kapitel vertieft.

 Im rechten Teil der Abbildung 11.9 hat der Bildvektor die Koordinaten $\begin{pmatrix} \sin\gamma \\ -\cos\gamma \end{pmatrix}$.

Das können Sie mit etwas mehr Aufwand wie folgt einsehen: Die Größe des Winkels zwischen dem Bildvektor und der x-Achse beträgt im mathematisch positiven Sinne (also entgegen dem Uhrzeigersinn) $270° + \gamma = \frac{3}{2}\pi + \gamma$. Die x-Koordinate ist daher durch $\cos\left(\frac{3}{2}\pi + \gamma\right)$ gegeben. Mithilfe der Additionstheoreme auf den Schummelseiten können Sie nun schließen, dass

$$\cos\left(\tfrac{3}{2}\pi + \gamma\right) = \cos\left(\tfrac{3}{2}\pi\right) \cdot \cos\gamma - \sin\left(\tfrac{3}{2}\pi\right) \cdot \sin\gamma = 0 \cdot \cos\gamma - (-1) \cdot \sin\gamma = \sin\gamma$$

Analog gilt für die y-Koordinate wie gewünscht, dass

$$\sin\left(\tfrac{3}{2}\pi + \gamma\right) = \cos\left(\tfrac{3}{2}\pi\right) \cdot \sin\gamma + \sin\tfrac{3}{2}\pi \cdot \cos\gamma = 0 \cdot \sin\gamma + (-1) \cdot \cos\gamma = -\cos\gamma$$

Da die Bilder der Basisvektoren sich genau so verhalten, wie wir es uns vorgestellt haben, können Sie aufgrund der Linearität der Abbildung von einer Spiegelung aller Vektoren in der Ebene ausgehen.

Übrigens, es gilt, dass die Determinante einer Spiegelung gleich -1 ist, denn:

$$\left|S_{\frac{\gamma}{2}}\right| = \det\begin{pmatrix} \cos\gamma & \sin\gamma \\ \sin\gamma & -\cos\gamma \end{pmatrix} = -\cos^2\gamma - \sin^2\gamma = -1$$

Darüber hinaus gilt für eine Spiegelungsmatrix $S_{\frac{\gamma}{2}} := \begin{pmatrix} \cos\gamma & \sin\gamma \\ \sin\gamma & -\cos\gamma \end{pmatrix}$ allgemein, dass $S_{\frac{\gamma}{2}} \cdot S_{\frac{\gamma}{2}}^t = E_2 = S_{\frac{\gamma}{2}}^t \cdot S_{\frac{\gamma}{2}}$, also ist $S_{\frac{\gamma}{2}}^t$ die Inverse zu $S_{\frac{\gamma}{2}}$:

$$S_{\frac{\gamma}{2}} \cdot S_{\frac{\gamma}{2}}^t = \begin{pmatrix} \cos\gamma & \sin\gamma \\ \sin\gamma & -\cos\gamma \end{pmatrix} \cdot \begin{pmatrix} \cos\gamma & \sin\gamma \\ \sin\gamma & -\cos\gamma \end{pmatrix} = \begin{pmatrix} \cos^2\gamma + \sin^2\gamma & \cos\gamma \cdot \sin\gamma - \sin\gamma \cdot \cos\gamma \\ \sin\gamma \cdot \cos\gamma - \cos\gamma \cdot \sin\gamma & \sin^2\gamma + \cos^2\gamma \end{pmatrix}$$

$$= \begin{pmatrix} 1 & 0 \\ 0 & 1 \end{pmatrix} = E_2$$

In der Literatur wird eine Matrix A mit den Eigenschaften $\det A = -1$ und $A^{-1} = A^t$ ganz allgemein als *Spiegelungsmatrix* bezeichnet.

Berechnung der Spiegelachse in der Ebene

Schauen Sie sich noch einmal Abbildung 11.9 an. Wenn Sie die Spiegelachse berechnen, können Sie dies etwas mathematischer ausdrücken, indem Sie versuchen, die Eigenschaften der Spiegelachse zu beschreiben. Eine Eigenschaft ist, dass es sich um eine Ursprungsgerade handelt, so dass es ausreicht, einen Vektor v in dieser Richtung (einen Richtungsvektor der Geraden) zu bestimmen. Eine andere Eigenschaft ist, dass ein solcher (Richtungs-)Vektor sich bei der Spiegelung $S_{\frac{\gamma}{2}}$ nicht verändert – man sagt: Er ist invariant unter dieser Abbildung, das heißt, es gilt die Gleichung $S_{\frac{\gamma}{2}} v = v$ oder etwas künstlicher geschrieben:

$S_{\frac{\gamma}{2}} v = 1 \cdot v$. Sie erkennen, dass ein solcher Vektor v offenbar ein Eigenvektor der Abbildung $S_{\frac{\gamma}{2}}$ zum Eigenwert 1 ist. Ist das nicht interessant, wie auf einmal die Eigenwerttheorie zur Anwendung kommt?

Berechnung der Eigenwerte und Eigenvektoren

Gehen Sie nun anders an die Sache heran. Zunächst vergewissern wir uns, dass 1 auch wirklich ein Eigenwert ist. Berechnen Sie das charakteristische Polynom von $S_{\frac{\gamma}{2}}$ – dies ist gerade das Polynom $p_{S_{\frac{\gamma}{2}}}(\alpha) = \det\left(S_{\frac{\gamma}{2}} - \alpha \cdot E_2\right)$, also:

$$p_{S_{\frac{\gamma}{2}}}(\lambda) = \det\begin{pmatrix} \cos\gamma - \lambda & \sin\gamma \\ \sin\gamma & -\cos\gamma - \lambda \end{pmatrix} = -(\cos\gamma - \lambda)(\cos\gamma + \lambda) - \sin^2\gamma$$

$$= -\cos^2\gamma + \lambda^2 - \sin^2\gamma = \lambda^2 - 1 = (\lambda - 1)(\lambda + 1)$$

Damit haben Sie die Eigenwerte $\lambda_1 = 1$ und $\lambda_2 = -1$. Berechnen Sie nun einen Eigenvektor zum Eigenwert $\lambda_1 = 1$. Lösen Sie dazu das homogene Gleichungssystem der Form: $\begin{pmatrix} \cos\gamma - 1 & \sin\gamma \\ \sin\gamma & -\cos\gamma - 1 \end{pmatrix} \cdot \begin{pmatrix} x \\ y \end{pmatrix} = \begin{pmatrix} 0 \\ 0 \end{pmatrix}$. Wenn Sie konkrete Zahlen in der Matrix stehen haben, ist das nicht so abstrakt, wie es jetzt wirken mag. Für einen beliebigen Winkel γ können Sie folgenden Vektor herausbekommen: $\begin{pmatrix} -\sin\gamma \\ \cos\gamma - 1 \end{pmatrix}$. Dieser ist also Lösung des obigen Gleichungssystems – probieren Sie es aus!

Normieren des Eigenvektors

Sie sind allerdings an einem Eigenvektor interessiert, der die Länge 1 hat, man spricht bei solchen Vektoren auch von *normierten Vektoren*. (Sie werden im Abschnitt *Ablesen des Winkels der Spiegelachse* noch sehen, warum dies wichtig ist.) Normieren ist ganz leicht. Berechnen Sie den Betrag und dividieren Sie jede Koordinate dadurch. (Den Betrag habe ich in Kapitel 9 im Abschnitt *Betrag eines Vektors* eingeführt.) Es gilt mittels verschiedener Anwendungen der trigonometrischen Additionstheoreme von der Schummelseite, dass:

$$\left|\begin{pmatrix} -\sin\gamma \\ \cos\gamma - 1 \end{pmatrix}\right| = \sqrt{\sin^2\gamma + (\cos\gamma - 1)^2} = \sqrt{\sin^2\gamma + \cos^2\gamma - 2\cos\gamma + 1}$$

$$= \sqrt{1 - 2\cos\gamma + 1} = \sqrt{2 - 2\cos\gamma} = \sqrt{2 - 2 \cdot \left(2\cos^2\left(\frac{\gamma}{2}\right) - 1\right)}$$

$$= \sqrt{4 - 4 \cdot \cos^2\left(\frac{\gamma}{2}\right)} = 2 \cdot \sqrt{1 - \cos^2\left(\frac{\gamma}{2}\right)} = 2 \cdot \sqrt{\sin^2\left(\frac{\gamma}{2}\right)} = 2\sin\left(\frac{\gamma}{2}\right)$$

Jetzt teilen Sie jede Koordinate durch diesen Betrag und erhalten jeweils:

✔ $\dfrac{-\sin\gamma}{2\sin\left(\frac{\gamma}{2}\right)} = \dfrac{-\sin\gamma}{\frac{\sin\gamma}{\cos\left(\frac{\gamma}{2}\right)}} = -\cos\left(\frac{\gamma}{2}\right)$

✓ $\dfrac{\cos\gamma - 1}{2\sin\left(\frac{\gamma}{2}\right)} = \dfrac{\left(1 - 2\sin^2\left(\frac{\gamma}{2}\right)\right) - 1}{2\sin\left(\frac{\gamma}{2}\right)} = -\sin\left(\frac{\gamma}{2}\right)$

Damit haben Sie den Vektor $\begin{pmatrix} -\cos\frac{\gamma}{2} \\ -\sin\frac{\gamma}{2} \end{pmatrix} = (-1) \cdot \begin{pmatrix} \cos\frac{\gamma}{2} \\ \sin\frac{\gamma}{2} \end{pmatrix}$ und damit auch $\begin{pmatrix} \cos\frac{\gamma}{2} \\ \sin\frac{\gamma}{2} \end{pmatrix}$ als Eigenvektor zum Eigenwert 1 nachgewiesen.

Ablesen des Winkels der Spiegelachse

Wenn Sie sich wieder das zum Vektor dazugehörige rechtwinklige Dreieck in Abbildung 11.10 anschauen, dann erkennen Sie, warum wir normiert haben – die Hypotenuse hat jetzt die Länge 1. Damit gilt nach dem Sinussatz, dass der Sinus des Winkels dieses Vektors (bezüglich der positiven x-Achse) gerade der Quotient aus der Gegenkathete und der Hypotenuse ist, also der y-Koordinate und 1.

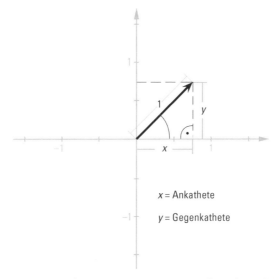

Abbildung 11.10: Die Koordinaten eines normierten Vektors bezüglich des Winkels

 Die y-Koordinate des normierten Eigenvektors zum Eigenwert 1 ist der Sinus des Winkels der Spiegelachse.

Drehungen im dreidimensionalen Raum

Ich werde Ihnen im dreidimensionalen Fall nur die Fakten nennen, ohne diese – wie im zweidimensionalen Fall – hinreichend zu motivieren. Hier geht es jetzt auch richtig zur Sache.

Eine Drehung im dreidimensionalen Raum ist beispielsweise die folgende Matrix

$$\begin{pmatrix} 1 & 0 & 0 \\ 0 & \cos\gamma & -\sin\gamma \\ 0 & \sin\gamma & \cos\gamma \end{pmatrix},$$

die Sie sich als Drehung um die x-Achse (das heißt um den ersten Basisvektor) in der y-z-Ebene um den Winkel γ vorstellen können.

Man kann sogar noch mehr zeigen: Für eine beliebige Drehung gibt es immer eine Basis des $\mathbb{R}^3$, durch die die ursprüngliche Drehung mittels Basistransformation auf die obige Form gebracht werden kann. Sie können hier erkennen, wie die verschiedenen theoretischen Zusammenhänge ineinandergreifen.

Somit können Sie davon ausgehen, dass bis auf Darstellung in einer geeigneten Basis eine Drehung immer die obige Gestalt hat. Man kann weiterhin zeigen, dass die Matrix wieder den Eigenwert 1 hat. Der Eigenvektor zum Eigenwert 1 ist erneut ein Richtungsvektor auf der Drehachse, denn dieser wird bei der Drehung nicht verändert – denken Sie darüber nach.

Wenn Sie die *Summe der Hauptdiagonale* betrachten – man nennt dies die *Spur einer Matrix* –, dann erhalten Sie im obigen Fall den Term $1 + 2\cos\gamma$. Also gilt umgestellt die Gleichung: $\cos\gamma = \frac{1}{2}(\text{Spur} - 1)$. Damit können Sie den Drehwinkel berechnen. Wenn Ihre Drehung nicht in der obigen Form ist, aber beispielsweise betreffs der kanonischen Basis des $\mathbb{R}^3$ gegeben ist, dann macht das gar nichts. Die Mathematik hinter dieser Theorie zeigt, dass die Spur unabhängig von der zur Darstellung gewählten Basis ist.

Man sagt auch, dass die Spur einer Matrix invariant unter Basistransformation ist.

Ein Beispiel: Die Matrix $A := \frac{1}{11} \cdot \begin{pmatrix} 2 & -6 & 9 \\ 6 & -7 & -6 \\ 9 & 6 & 2 \end{pmatrix}$ sei eine Abbildung (bezüglich der kanonischen Basis). Sie stellt eine Drehung dar. Die Spur beider Matrizen ist in beiden Fällen gleich $-\frac{3}{11}$, so dass für den Drehwinkel γ gilt: $\cos\gamma = \frac{1}{2}\left(-\frac{3}{11} - 1\right) = -\frac{7}{11}$. Aber es gibt zwei Lösungen für die Gleichung $\cos\gamma = -\frac{7}{11}$, nämlich $\gamma = 129{,}5°$ und $\gamma = 230{,}5°$. Woher wissen Sie nun, um welchen Winkel gedreht wird?

Beide Winkel sind möglich, denn es hängt nur von der Anschauung der Koordinatensysteme an. Da Sie Winkel immer entgegen dem Uhrzeigersinn messen, also im mathematisch positiven Sinn, ändert sich Ihre Blickrichtung, wenn Sie eine der Koordinatenachsen (der Drehebene) umkehren. Dadurch dreht sich Ihr *Orientierungssinn* und Sie messen andersherum. Betrachten Sie dazu die Abbildung 11.11.

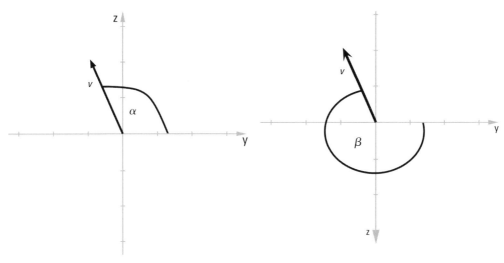

Abbildung 11.11: Messung eines Winkels in Abhängigkeit der Orientierung des Koordinatensystems

In der linken Abbildung sehen Sie den gemessenen Winkel zum Vektor v im mathematisch positiven Sinn betreffs des eingezeichneten Koordinatensystems. In der rechten Abbildung messen Sie den Winkel erneut, haben aber vorher die Orientierung der z-Achse so umgekehrt, dass sich der mathematisch positive Sinn umkehrt. Die Summe beider gemessener Winkel ist der Vollkreis, also 360 Grad.

Fortsetzung des Beispiels: Ein Eigenvektor zum Eigenwert 1 der Matrix $A := \frac{1}{11} \cdot \begin{pmatrix} 2 & -6 & 9 \\ 6 & -7 & -6 \\ 9 & 6 & 2 \end{pmatrix}$ ist etwa $\begin{pmatrix} 1 \\ 0 \\ 1 \end{pmatrix}$. Durch diesen Vektor ist die Drehachse gegeben. Normiert hat dieser (Eigen-)Vektor die Form $\begin{pmatrix} \frac{1}{\sqrt{2}} \\ 0 \\ \frac{1}{\sqrt{2}} \end{pmatrix}$. Weiterhin ist die Drehmatrix $D_1 := \frac{1}{11} \cdot \begin{pmatrix} 11 & 0 & 0 \\ 0 & -7 & 6\cdot\sqrt{2} \\ 0 & -6\cdot\sqrt{2} & -7 \end{pmatrix}$ dann die Darstellungsmatrix von A bezüglich der normierten Basis $B_1 := \left\{ \begin{pmatrix} \frac{1}{\sqrt{2}} \\ 0 \\ \frac{1}{\sqrt{2}} \end{pmatrix}, \begin{pmatrix} 0 \\ 1 \\ 0 \end{pmatrix}, \begin{pmatrix} \frac{1}{\sqrt{2}} \\ 0 \\ -\frac{1}{\sqrt{2}} \end{pmatrix} \right\}$. Bezüglich $B_2 := \left\{ \begin{pmatrix} \frac{1}{\sqrt{2}} \\ 0 \\ \frac{1}{\sqrt{2}} \end{pmatrix}, \begin{pmatrix} 0 \\ 1 \\ 0 \end{pmatrix}, \begin{pmatrix} -\frac{1}{\sqrt{2}} \\ 0 \\ \frac{1}{\sqrt{2}} \end{pmatrix} \right\}$, der anders orientierten, ebenfalls normierten Basis, ist dann die Matrix $D_2 := \frac{1}{11} \cdot \begin{pmatrix} 11 & 0 & 0 \\ 0 & -7 & -6\cdot\sqrt{2} \\ 0 & 6\cdot\sqrt{2} & -7 \end{pmatrix}$ die Darstellungsmatrix von A. Die unterschiedliche Orientierung (Achten Sie auf das Minuszeichen!)

beim jeweils dritten Vektor in B_1 bzw. B_2 bewirkt, dass die Matrix D_1 bezüglich der Basis B_1 eine Drehung um 230,5 Grad und schließlich D_2 bezüglich B_2 eine Drehung um 129,5 Grad darstellt.

Sie haben es geschafft! Mit diesen Überlegungen schließen wir unsere Betrachtungen in der linearen Algebra ab und atmen wieder kurz auf.

Nicht reell, aber real: Komplexe Zahlen

In diesem Kapitel

- Was ist eigentlich diese imaginäre Zahl »i«?
- Rechnen mit komplexen Zahlen
- Quadratische Gleichungen und komplexe Zahlen
- Komplexe Zahlen als Paare von reellen Zahlen und in Polarkoordinaten
- Anwendungen von komplexen Zahlen in den Naturwissenschaften

In diesem Kapitel geht es um die Erweiterung des Zahlbereichs. Sie kennen die natürlichen, die ganzen, die rationalen und die reellen Zahlen. Diese Zahlbereiche bilden eine aufsteigende Kette, das heißt, es gilt: $\mathbb{N} \subseteq \mathbb{Z} \subseteq \mathbb{Q} \subseteq \mathbb{R}$. Ich zeige Ihnen nun die Welt der komplexen Zahlen $\mathbb{C}$. Diese werden eine Erweiterung der reellen Zahlen sein. Ich werde Ihnen zeigen, wie komplexe Zahlen uns als Hilfsmittel zur Seite stehen können.

Komplexe Zahlen spielen in der Naturwissenschaft, vor allem in der Physik, eine wesentliche und nicht mehr wegzudenkende Rolle. Ich werde Ihnen kleine Ausblicke geben, die wir allerdings aufgrund der Komplexität des Inhalts nicht sehr tief beleuchten werden.

Was sind komplexe Zahlen?

Im Kapitel 10 haben wir uns umfassend mit dem Finden von Lösungsmengen von linearen Gleichungssystemen befasst. Bei anderen (nichtlinearen) Gleichungssystemen wird das Finden von Lösungen sehr schnell schwieriger. Im Teil I hatten wir uns einfache nichtlineare Gleichungssysteme angeschaut und das Lösungsverhalten ansatzweise untersucht. Außerdem war das Finden von Nullstellen von Polynomen in der Eigenwerttheorie ein wesentlicher Bestandteil.

Sie wissen, dass quadratische Gleichungen nicht immer eine (reelle) Lösung besitzen, wie beispielsweise die Gleichung $x^2 + 1 = 0$ oder eben äquivalent dazu $x^2 = -1$. Um unter anderem trotzdem mit Lösungen von solchen Gleichungen rechnen zu können, führte Leonard Euler 1777 eine neue *imaginäre Zahl* ein und bezeichnete diese mit dem Buchstaben i.

Man bezeichnet diese neue Zahl i als *imaginäre Einheit* und es wird festgesetzt, dass die Gleichung $i^2 = -1$ beziehungsweise $i = \sqrt{-1}$ gilt.

Dass Euler einen Buchstaben genommen hat, sollte Sie nicht überraschen. Sie kennen bereits wichtige Zahlen, die mit Buchstaben belegt sind, so etwa die Eulersche Zahl $e = 2{,}71\ldots$ oder die Kreiszahl $\pi = 3{,}14\ldots$. Nun kennen Sie noch eine weitere.

Offensichtlich ist i keine reelle Zahl, denn in den reellen Zahlen ist -1 keine Quadratzahl. Wir führen ganz naiv, ausgehend von dieser neuen Zahl, die so genannten komplexen Zahlen ein, indem Sie zunächst mit i rechnen, als würden die Gesetze gelten, die Sie von den reellen Zahlen her kennen. So können Sie beispielsweise Vielfache dieser imaginären Einheit bilden, indem Sie eine reelle Zahl b an i heran multiplizieren und Sie erhalten $b \cdot i$ oder kurz bi beziehungsweise ib. Weiterhin können Sie gemischte Summen bilden: Die Summe aus einer reellen Zahl a und einer rein imaginären Zahl $b \cdot i$ heißt dann *komplexe Zahl*. Die Menge der komplexen Zahlen wird dann mit $\mathbb{C}$ bezeichnet:

Die Menge der *komplexen Zahlen* $\mathbb{C}$ ist $\{a + ib \mid a, b \in \mathbb{R}\}$.

Einige Beispiele: Mit dieser Vorschrift sind $1 + 2i$ (mit $a = 1$ und $b = 2$) und $2i$ (mit $a = 0$ und $b = 2$), aber auch 1 (mit $a = 1$ und $b = 0$) komplexe Zahlen. Natürlich ist auch $e + i \cdot \pi$ mit $a = e$ und $b = \pi$ eine komplexe Zahl.

Für eine komplexe Zahl $z := a + i \cdot b$ nennt man a den *Realteil* von z und b den *Imaginärteil*; kurz schreibt man $a = \text{Re}(z)$ und $b = \text{Im}(z)$.

Beachten Sie, dass der Imaginärteil einer komplexen Zahl immer eine reelle Zahl ist; es gilt für $z = a + ib$ stets: $\text{Re}(z) = a$ und $\text{Im}(z) = b$, wobei a und b reelle Zahlen sind. Insbesondere kommt im Imaginärteil kein i vor!

Wir vereinbaren, dass zwei komplexe Zahlen genau dann gleich sind, wenn sie sowohl im Realteil als auch im Imaginärteil übereinstimmen.

Einige Beispiele: Für die drei komplexen Zahlen $z_1 = 1 + 2i$, $z_2 = 1 + \sqrt{2} \cdot i$ und $z_3 = \sqrt{1} + 2i$ gilt, dass $z_1 \neq z_2$ und $z_2 \neq z_3$, aber $z_1 = z_3$.

Insbesondere gilt, dass für jede komplexe Zahl $z := a + i \cdot b$, wobei der Imaginärteil gleich 0 ist, das heißt, $\text{Im}(z) = b = 0$, die komplexe Zahl z sogar eine reelle Zahl ist; auf diese Weise haben wir unsere bekannten Zahlen in den neuen Zahlbereich eingebettet, das heißt, Sie können diese im neuen Zahlbereich wiederfinden.

Es gilt $\mathbb{R} \subseteq \mathbb{C}$, das heißt, die komplexen Zahlen erweitern die reelle Achse.

Komplexe Rechenoperationen

Eigentlich haben wir bisher nur die Zahlenmengen ineinander eingebettet; es wäre sehr schön, wenn sich die Rechenoperationen auch übertragen lassen würden, das heißt, dass die komplexe Addition und Multiplikation so definiert werden, dass sie eine Fortführung der entsprechenden reellen Operationen sind – mit anderen Worten: Wenn Sie die komplexen Operationen auf die reellen Zahlen einschränken, sollten Sie wieder unsere bekannten reellen Verknüpfungen erhalten. Außerdem wäre es wünschenswert, dass die Fortsetzung der uns bekannten Operationen auf den neuen Zahlbereich dennoch eine schöne Struktur hervorbringt: Unser Ziel ist es, vergleichbare Rechengesetze zu erhalten, die Sie auch schon von den reellen Zahlen her kennen.

Die komplexe Addition

Diese Ziele vor Augen definieren Sie die gewünschten Verknüpfungen wie folgt – zunächst die komplexe Addition.

Für zwei komplexe Zahlen $z_1 = a + ib$ und $z_2 = c + id$ definiert man die komplexe Summe durch $z_1 + z_2 := (a+c) + i(b+d)$. Damit ist die Summe zweier komplexer Zahlen wieder eine komplexe Zahl.

Einige Beispiele: Es gilt $(1+2i)+(4+3i) = (1+4)+i \cdot (2+3) = 5+5i$, aber auch $(1+2i)+8i = 1+10i$ und ebenso $(1-2i)+(4+2i) = 5$.

Die Operation $+: \mathbb{C} \times \mathbb{C} \to \mathbb{C}$ ist sogar eine Fortsetzung der reellen Addition, denn zwei komplexe Zahlen $z_1 = a + ib$ und $z_2 = c + id$ mit $b = d = 0$ sind eigentlich reelle Zahlen, das heißt, $z_1, z_2 \in \mathbb{R}$. In diesem Fall gilt aber auch $\mathrm{Im}(z_1 + z_2) = 0$ und damit $z_1 +_\mathbb{C} z_2 = z_1 +_\mathbb{R} z_2$. In diesem Sinne verzichten Sie auf die Indizierung beim Operationszeichen.

Die komplexe Multiplikation

Die komplexe Multiplikation ist etwas komplizierter. Den Grund hierfür erzähle ich Ihnen anschließend.

Für zwei komplexe Zahlen $z_1 = a + ib$ und $z_2 = c + id$ definiert man das komplexe Produkt durch $z_1 \cdot z_2 := (ac - bd) + i(ad + bc)$. Damit ist das Produkt zweier komplexer Zahlen wieder eine komplexe Zahl.

Wie Sie leicht sehen können, ist auch die Multiplikation $\cdot : \mathbb{C} \times \mathbb{C} \to \mathbb{C}$ eine Fortsetzung der reellen Multiplikation, denn für zwei komplexe Zahlen $z_1 = a + ib$ und $z_2 = c + id$ mit $b = d = 0$ sind z_1, z_2 also eigentlich sogar schon reelle Zahlen und es gilt:

$$z_1 \cdot z_2 := (ac - bd) + i(ad + bc) = (ac - 0 \cdot 0) + i(a \cdot 0 + 0 \cdot c) = ac$$

Ein Beispiel: $(1+2i) \cdot (4+3i) = (1 \cdot 4 - 2 \cdot 3) + i(1 \cdot 3 + 2 \cdot 4) = -2 + 11i$

Die Konjugierte einer komplexen Zahl

Bevor wir nun die Division komplexer Zahlen behandeln, führen wir den dabei nützlichen Begriff der Konjugierten einer komplexen Zahl ein:

Für $z = a + ib$ nennen Sie $\overline{z} := a - ib$ die *Konjugierte* zu z.

Diese Operation hat folgende Eigenschaften: $\overline{z_1 + z_2} = \overline{z_1} + \overline{z_2}$ und $\overline{z_1 \cdot z_2} = \overline{z_1} \cdot \overline{z_2}$.

Ein Beispiel: Berechnen Sie die Konjugierte der Summe von $z_1 = 1 - 2i$ und $z_2 = 6 + 4i$. Gesucht ist also $\overline{z_1 + z_2}$. Das können Sie schrittweise berechnen.

1. Berechnen Sie zunächst die Summe beider Zahlen.

   $z_1 + z_2 = (1 - 2i) + (6 + 4i) = 7 + 2i$

2. **Berechnen Sie schließlich die Konjugierte dieser Summe.**
$\overline{z_1 + z_2} = \overline{7 + 2i} = 7 - 2i$

Die obige Formel berichtet Ihnen, dass Sie auch erst die Konjugierten der beiden Zahlen ausrechnen und anschließend die Summe hätten bilden können. Sie erhalten das gleiche Ergebnis – schauen Sie selbst:

1. **Berechnen Sie jeweils die beiden konjugierten Zahlen.**
$\overline{z}_1 := 1 + 2i$ beziehungsweise $\overline{z}_2 := 6 - 4i$

2. **Berechnen Sie die Summe dieser beiden Ergebnisse.**
$\overline{z_1 + z_2} = \overline{z}_1 + \overline{z}_2 = (1 + 2i) + (6 - 4i) = 7 - 2i$.

Die komplexe Division

Sie betrachten nun die Division zweier komplexer Zahlen. Betrachten Sie dazu für $z = a + ib$ mit $z \neq 0$ die komplexe Zahl $z' := \frac{1}{a^2+b^2} \cdot \overline{z}$. Beachten Sie, dass insbesondere $a^2 + b^2 \neq 0$ gilt, da $z \neq 0$. Weiterhin können Sie feststellen:

$$z \cdot z' = z' \cdot z = \frac{1}{a^2+b^2} \cdot \overline{z} \cdot z = \frac{1}{a^2+b^2} \cdot (a^2 + b^2) = 1$$

Damit ist z' das multiplikative Inverse von z und Sie bezeichnen im Folgenden z' mit z^{-1} oder auch $\frac{1}{z}$. Die Division komplexer Zahlen ist damit wie folgt gegeben – wir definieren den Quotienten $\frac{z_1}{z_2}$ beziehungsweise $z_1 : z_2$ als das komplexe Produkt $z_1 \cdot \frac{1}{z_2} = z_1 \cdot z_2^{-1}$. Insbesondere gilt dann, dass $z^{-1} = \frac{1}{z} = \frac{\overline{z}}{\overline{z} \cdot z} = \frac{1}{\overline{z} \cdot z} \cdot \overline{z}$, wobei die Zahl $\overline{z} \cdot z = a^2 + b^2$ für $z = a + ib$ eine reelle Zahl ist, so dass man diese Formel bequem für die Berechnung komplexer Inverser ausnutzen kann.

Ein Beispiel: Berechnen Sie den Quotienten $\frac{3-2i}{4+5i}$. Es gilt:

$$\frac{3-2i}{4+5i} = \frac{3-2i}{4+5i} \cdot \frac{4-5i}{4-5i} = \frac{12-15i-8i+10i^2}{16-25i^2} = \frac{12-10-23i}{16+25} = \frac{2-23i}{41} = \frac{2}{41} - i \cdot \frac{23}{41}$$

Insbesondere gilt für den Real- beziehungsweise Imaginärteil dieser komplexen Zahl $\operatorname{Re}\left(\frac{3-2i}{4+5i}\right) = \frac{2}{41}$ beziehungsweise $\operatorname{Im}\left(\frac{3-2i}{4+5i}\right) = -\frac{23}{41}$.

Zusammenhänge zwischen den komplexen Operationen

Die komplexe Multiplikation wurde etwas komplizierter gestaltet, damit man folgende Eigenschaften nachweisen kann. Vergleichen Sie diese mit den entsprechenden Zusammenhängen über reelle Zahlen.

Komplexe Addition:

✔ Assoziativität: $z_1 + (z_2 + z_3) = (z_1 + z_2) + z_3$

✔ Kommutativität: $z_1 + z_2 = z_2 + z_1$

- ✔ Neutrales Element: $0 + z = z$
- ✔ Additive Inverse: $z + (-z) = 0$ wobei $-z = -a + i \cdot (-b)$ für $z = a + ib$

Komplexe Multiplikation:

- ✔ Assoziativität: $z_1 \cdot (z_2 \cdot z_3) = (z_1 \cdot z_2) \cdot z_3$
- ✔ Kommutativität: $z_1 \cdot z_2 = z_2 \cdot z_1$
- ✔ Neutrales Element: $1 \cdot z = z$
- ✔ Multiplikatives Inverse: $z \cdot z^{-1} = 1$ wobei $z^{-1} = \frac{1}{\bar{z} \cdot z} \cdot \bar{z}$

Querverbindung:

- ✔ Distributivgesetz: $(z_1 + z_2) \cdot z_3 = z_1 \cdot z_3 + z_2 \cdot z_3$

Komplexe quadratische Gleichungen

Als eine erste Anwendung komplexer Zahlen betrachten Sie *quadratische Gleichungen* und suchen nach Lösungen. Zur Erinnerung: Eine quadratische Gleichung über den reellen Zahlen hat allgemein die Form $ax^2 + bx + c = 0$, wobei $a,b,c \in \mathbb{R}$ und $a \neq 0$. Aus der Theorie der reellen Zahlen kennen Sie die Lösungsformel: $x_{1,2} = \frac{-b \pm \sqrt{b^2 - 4ac}}{2a}$, sofern $D := b^2 - 4ac$ größer oder gleich 0 ist. Hierbei wird D als *Diskriminante* bezeichnet.

Mithilfe der komplexen Zahlen können Sie Wurzeln aus negativen Zahlen ziehen, beispielsweise ist $\sqrt{-4} = \sqrt{(-1) \cdot 4} = \sqrt{-1} \cdot \sqrt{4} = \pm 2i$.

Dieses Argument zeigt auch, dass für $z = \sqrt{a}$ mit $a < 0$ stets gilt:

$$z = \pm i \cdot \sqrt{-a}$$

Man kann leicht zeigen, dass sich dies auch für den Fall einer negativen Diskriminante bei quadratischen Gleichungen ausnutzen lässt; in diesem Fall (wenn $D < 0$) finden Sie auch die beiden komplexen Lösungen:

$$z_{1,2} = \frac{-b \pm i \cdot \sqrt{4ac - b^2}}{2a} = -\frac{b}{2a} \pm i \cdot \frac{\sqrt{4ac - b}}{2a}$$

Man kann sogar noch mehr zeigen: Diese Lösungsformel gilt auch für komplexe Koeffizienten a, b, c. Allerdings muss man dann unter Umständen die Quadratwurzel einer komplexen Zahl berechnen und dies kann aufwendig sein.

In diesem Zusammenhang möchte ich den folgenden Satz erwähnen, der in der Algebra eine wesentliche Rolle spielt und der Ihnen gleich noch nützlich erscheinen wird:

Fundamentalsatz der Algebra: Jede Gleichung n-ten Grades hat genau n komplexe Lösungen (Vielfachheiten mitgezählt). Oder anders: Jedes Polynom n-ten Grades hat genau n komplexe Nullstellen (Vielfachheiten mitgezählt).

Ein Beispiel: Betrachten Sie das folgende reelle Polynom $p_1(x) = x^2 - 4x + 4$. Dies können Sie mittels einer binomischen Formel (siehe Schummelseiten vorn in diesem Buch) wie folgt als Produkt $x^2 - 4x + 4 = (x-2) \cdot (x-2)$ darstellen, so dass Sie die doppelte (reelle) Nullstelle leicht ablesen können, nämlich $x = 2$.

Noch ein Beispiel: Betrachten Sie $p_2(x) = x^2 + 4$. Die Nullstellen dieses Polynoms erfüllen die Gleichung $x^2 + 4 = 0$, also auch $x^2 = -4$. Nach den obigen Überlegungen wissen Sie, dass es hier zwei komplexe Lösungen gibt, nämlich $x_1 = 2i$ und $x_2 = -2i$.

Und noch ein Beispiel: Betrachten Sie ein Polynom dritten Grades, nämlich $p_3(x) = x^3 + x + 10$. Stellen Sie dieses Polynom schrittweise um – es gilt:

$$\begin{aligned}x^3 + x + 10 &= x^3 - 2x^2 + 5x + 2x^2 - 4x + 10 = (x+2) \cdot (x^2 - 2x + 5) \\ &= (x+2) \cdot (x^2 - 2x + 1 + 4) = (x+2) \cdot (x^2 - 2x + 1 - 4i^2) \\ &= (x+2) \cdot ((x-1) - 2i) \cdot ((x-1) + 2i) \\ &= (x+2) \cdot (x - (1+2i)) \cdot (x - (1-2i))\end{aligned}$$

Damit haben Sie folgende drei Nullstellen gefunden: $x_1 = -2$, $x_2 = 1 + 2i$ und $x_3 = 1 - 2i$. Dieses Polynom hat also eine reelle und zwei nichtreelle Nullstellen.

Darstellung komplexer Zahlen als Paare reeller Zahlen

Nun kommen wir zur Darstellung komplexer Zahlen als Paare reeller Zahlen. Sie können eine komplexe Zahl $z = a + ib$ nämlich mit einem geordneten Paar reeller Zahlen $(a,b) \in \mathbb{R} \times \mathbb{R}$ ganz leicht identifizieren – das heißt, Sie können folgende Abbildung $\mathbb{C} \to \mathbb{R} \times \mathbb{R}$ betrachten, gegeben durch die Vorschrift: $a + ib \mapsto (a,b)$.

Diese Abbildung bildet eine komplexe Zahl z auf das Paar $(\operatorname{Re}(z), \operatorname{Im}(z))$ ab. Die Operationen »+« und »·« sehen in dieser Darstellung wie folgt aus:

✔ $(a,b) + (c,d) = (a+c, b+d)$

✔ $(a,b) \cdot (c,d) = (ac - bd, ad + bc)$

Insbesondere sieht man leicht, dass folgende Zuordnungen gelten, nämlich $1 \mapsto (1,0)$ und $i \mapsto (0,1)$. Mithilfe dieser Überlegung können Sie sich eine geometrische Darstellung komplexer Zahlen überlegen.

Da eine komplexe Zahl genau einem Paar von reellen Zahlen entspricht, können Sie versuchen, komplexe Zahlen in die reelle Ebene einzuzeichnen – in diesem Zusammenhang sei auch die *Gaußsche Zahlenebene* genannt. Betrachten Sie dazu Abbildung 12.1.

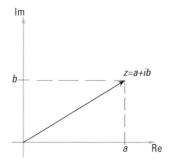
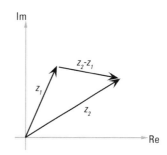

Abbildung 12.1: Die komplexen Zahlen in der Gaußschen Zahlenebene

Abbildung 12.2: Geometrische Interpretation der Addition komplexer Zahlen

Dabei interpretieren Sie eine komplexe Zahl entweder als den Punkt (a,b) in der Ebene oder als den dazugehörigen Ortsvektor. Im Folgenden werden wir beides parallel verwenden, vorzugsweise aber mit den Ortsvektoren arbeiten. Diese Art der Sichtweise können Sie insbesondere ausnutzen, wenn Sie die Addition *geometrisch* interpretieren wollen, wie etwa in der Abbildung 12.2 dargestellt (hier sogar der spezielle Fall der *Subtraktion*, denn es gilt:

$$z_2 - z_1 = z_2 + (-z_1)$$

Darstellung komplexer Zahlen durch Polarkoordinaten

Wenn wir uns die Multiplikation geometrisch überlegen wollen, dann ist eine andere Sichtweise der komplexen Zahlen besser geeignet – die Darstellung der komplexen Zahlen durch so genannte *Polarkoordinaten*.

Der Betrag einer komplexen Zahl

Zunächst benötigen Sie einen weiteren wichtigen Begriff über komplexe Zahlen:

Der *Betrag einer komplexen Zahl* $z = a + ib$ ist gegeben als:

$$|z| := \sqrt{a^2 + b^2} = \sqrt{\overline{z} \cdot z}$$

Wenn Sie sich überlegen, dass in der Darstellung mittels Ortsvektoren immer ein rechtwinkliges Dreieck entsteht, das aus den beiden Katheten a und b und der Hypotenuse $|z|$ besteht, dann wird Ihnen auch klar, dass der Betrag einer komplexen Zahl gerade der Länge des Ortsvektors entspricht. Schauen Sie sich dafür die Abbildung 12.3 an.

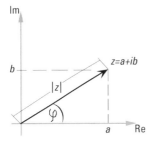
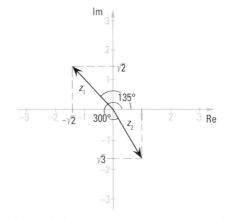

Abbildung 12.3: Der Betrag einer komplexen Zahl

Abbildung 12.4: Darstellung der komplexen Zahlen $z_1 = -\sqrt{2} + i\sqrt{2}$ und $z_2 = 1 - i\sqrt{3}$

Ein Beispiel: Schauen Sie sich die komplexe Zahl $z = 3 - 4i$ an. Ihr Betrag berechnet sich also durch:

$$|z| := \sqrt{a^2 + b^2} = \sqrt{3^2 + (-4)^2} = \sqrt{25} = 5$$

Einmal Polarkoordinaten und zurück

Der Ortsvektor eines Punktes (a,b) kann auch durch den Winkel φ und die Länge des Ortsvektors charakterisiert werden – was wiederum eine andere Sichtweise der komplexen Zahlen ist. Dabei gilt – aufgrund des Kosinussatzes im rechtwinkligen Dreieck – die Gleichung $a = |z| \cdot \cos\varphi$ und entsprechend $b = |z| \cdot \sin\varphi$ wegen des Sinussatzes. Somit gilt insbesondere:

$$z = a + ib = |z| \cdot \cos\varphi + i \cdot |z| \cdot \sin\varphi$$
$$= |z| \cdot (\cos\varphi + i \cdot \sin\varphi)$$

So kann man die so genannte *komplexe Exponentialfunktion* einführen. (Die reelle Exponentialfunktion habe ich Ihnen in Kapitel 3 gezeigt.) Sie finden in anderen Mathematikbüchern dann auch die Bezeichnung:

$$e^{i\varphi} = \cos\varphi + i \cdot \sin\varphi$$

Dann gilt offenbar für die Darstellung einer komplexen Zahl, dass $z = |z| \cdot e^{i\varphi}$. Somit haben Sie eine weitere Herangehensweise an die komplexen Zahlen gefunden: Sie können einer komplexen Zahl $z = a + ib$ mit $z \neq 0$ auf eindeutige Art und Weise das Paar $(|z|, \varphi)$ zuordnen, wobei φ der zum Ortsvektor gehörende Winkel entsprechend der obigen Abbildung ist. Dieser Winkel wird dabei so gewählt, dass $0 \leq \varphi < 2\pi$ gilt; damit wird der Vollkreis beschrieben.

Mit dieser Darstellungsform komplexer Zahlen wird auch die geometrische Deutung der Multiplikation komplexer Zahlen einfacher, denn es gilt:

$$\left(|z_1|\cdot e^{i\varphi_1}\right)\cdot\left(|z_2|\cdot e^{i\varphi_2}\right)=|z_1|\cdot|z_2|\cdot e^{i\cdot(\varphi_1+\varphi_2)}$$

Sie erkennen, dass sich die Winkel bei der Multiplikation addieren, das heißt, der eine Ortsvektor wird um den Winkel des anderen Ortsvektors gedreht, wobei sich die Längen der Ortsvektoren multiplizieren.

Umwandlung in Polarkoordinaten aus Koordinaten

Nun zeige ich Ihnen die zumindest in einer Richtung nicht ganz einfache Umwandlung in und aus Polarkoordinaten.

Es sei dafür eine komplexe Zahl $z = a + ib$ gegeben. Dann gilt offenbar $|z|=\sqrt{a^2+b^2}$ und den gewünschten Winkel erhalten Sie durch Anwendung von Trigonometrie – es ist:

$$\varphi = \begin{cases} \arccos\left(\frac{a}{|z|}\right) & \\ 2\pi - \arccos\left(\frac{a}{|z|}\right) & \end{cases} \text{falls} \begin{array}{l} b \geq 0 \\ b < 0 \end{array}$$

Ein Beispiel: Für die komplexe Zahl $z_1 = -\sqrt{2}+i\sqrt{2}$ ist ihr Betrag gleich $|z_1|=\sqrt{\left(-\sqrt{2}\right)^2+\left(\sqrt{2}\right)^2}=\sqrt{2+2}=2$ und da $b=\sqrt{2}\geq 0$, ist der gesuchte Winkel gleich $\varphi = \arccos\left(\frac{-\sqrt{2}}{2}\right)=\frac{3}{4}\pi = 135°$.

Noch ein Beispiel: Für die komplexe Zahl $z_2 = 1-i\sqrt{3}$ ist ihr Betrag gleich $|z_2|=\sqrt{1^2+\left(-\sqrt{3}\right)^2}=\sqrt{1+3}=2$ und da $b=-\sqrt{3}<0$ ist der gesuchte Winkel gleich $\varphi = 2\pi - \arccos\left(\frac{1}{2}\right)=2\pi-\frac{1}{3}\pi=\frac{5}{3}\pi=300°$.

Betrachten Sie zu beiden Beispielen die grafische Darstellung in Abbildung 12.4.

Umwandlung in Koordinaten aus Polarkoordinaten

Wenn Sie eine komplexe Zahl der Form $|z|\cdot e^{i\varphi}$ haben, dann können Sie mittels Abbildung 12.3 und den Winkelsätzen am rechtwinkligen Dreieck sehr schnell die Koordinatendarstellung finden. Es gilt nämlich: $a=|z|\cdot\cos\varphi$ und $b=|z|\cdot\sin\varphi$. Für diese Werte gilt dann schließlich, dass $a+ib=|z|\cdot e^{i\varphi}$.

Ein Beispiel: Betrachten Sie die komplexe Zahl $z = 2e^{i\pi}$. Dann ist ihr Betrag gleich 2 und ihre Koordinaten errechnen sich durch: $a=|z|\cdot\cos\varphi = 2\cdot\cos\pi = -2$ und $b=|z|\cdot\sin\varphi=2\cdot\sin\pi=0$, also ist $z=-2$.

Noch ein Beispiel: Betrachten Sie die komplexe Zahl $z=\sqrt{2}\cdot e^{i\cdot\frac{\pi}{4}}$. Dann ist der Betrag gleich $\sqrt{2}$. Für die Koordinaten berechnen Sie schrittweise:

✔ $a=|z|\cdot\cos\varphi = \sqrt{2}\cdot\cos\left(\frac{\pi}{4}\right)=\sqrt{2}\cdot\frac{\sqrt{2}}{2}=1$

✔ $b=|z|\cdot\sin\varphi = \sqrt{2}\cdot\sin\left(\frac{\pi}{4}\right)=\sqrt{2}\cdot\frac{\sqrt{2}}{2}=1$

Damit ist $z=\sqrt{2}\cdot e^{i\cdot\frac{\pi}{4}}$ die komplexe Zahl $1+i$.

Anwendungen komplexer Zahlen

Wie können uns die komplexen Zahlen nützlich sein? Es gibt viele Anwendungen innerhalb der Mathematik, die den Charakter eines Hilfseinsatzes der komplexen Zahlen haben. Sowohl in der Analysis als auch in der linearen Algebra sind die komplexen Zahlen allgegenwärtig. Ich werde Ihnen hier nur einen kurzen und speziellen Blick hinter die Kulissen geben.

Im Kapitel 11 haben Sie die Nützlichkeit der Eigenwerttheorie von linearen Abbildungen schätzen gelernt. Mithilfe von Eigenwerten und Eigenvektoren können Sie geeignete Matrizen diagonalisieren. Den Vorteil davon muss ich Ihnen nicht noch einmal erklären.

Erinnern Sie sich, eine Grundvoraussetzung war, dass das charakteristische Polynom der betrachteten linearen Abbildung in Linearfaktoren zerfällt, das bedeutet, dass ein solches Polynom vom Grade n auch wirklich n Nullstellen (mit Vielfachheiten) besitzt. Das war nicht die einzige Voraussetzung, damit die gegebene lineare Abbildung diagonalisierbar ist, aber immerhin eine grundlegende.

So haben Sie in Kapitel 11 die Matrix $A = \begin{pmatrix} 3 & 0 & 0 \\ 0 & 0 & -1 \\ 0 & 1 & 0 \end{pmatrix}$ betrachtet, die das erste Abbruchkriterium beim Diagonalisieren nicht überstand, da ihr charakteristisches Polynom $p_A(\lambda) = (3-\lambda)(\lambda^2 + 1)$ über den reellen Zahlen nicht in Linearfaktoren zerfiel. Wenn Sie nun dieses Polynom über den komplexen Zahlen betrachten, dann wissen Sie nach dem Fundamentalsatz der Algebra, dass auch dieses Polynom zerfallen wird – es gilt nämlich: $(3-\lambda)(\lambda^2 + 1) = (3-\lambda)(\lambda - i)(\lambda + i)$. Damit hat die Matrix die Eigenwerte $\lambda_1 = -3$, $\lambda_2 = i$ und $\lambda_3 = -i$. Insbesondere ist diese Matrix damit über den reellen Zahlen nicht, aber über den komplexen Zahlen durchaus diagonalisierbar.

Aufgrund des Fundamentalsatzes der Algebra zerfallen alle (charakteristischen) Polynome in Linearfaktoren, so dass dadurch mehr Matrizen über $\mathbb{C}$ als über $\mathbb{R}$ diagonalisierbar sind.

Wenn eine Matrix über $\mathbb{C}$, aber nicht über $\mathbb{R}$ diagonalisierbar ist, hat sie insbesondere auch komplexe Eigenwerte und die Diagonalmatrix, die dadurch entsteht, ist keine reelle Matrix mehr. Dadurch entstehen vielleicht andere Probleme, aber die gesamte Eigenwerttheorie kann man auch mit komplexen Zahlen entwickeln.

Bei all den positiven Nachrichten: Es gibt auch weiterhin Matrizen, die nicht diagonalisierbar sind – auch über den komplexen Zahlen.

Abschließend noch eine kurze Bemerkung zu den Anwendungen komplexer Zahlen in der Praxis der Naturwissenschaften: Komplexe Zahlen werden in der Physik als sehr nützlich angesehen und verdienen daher den Namen »imaginäre Zahlen« eigentlich nicht (allerdings ist dieser historisch gewachsen und so bleibt man natürlich dabei). Die komplexen Zahlen werden in der Physik unter anderem in der Quanten- und Relativitätstheorie angewendet, um Schwingungsvorgänge oder Phasenverschiebungen zu untersuchen – aber dies zu erklären würde hier zu weit führen.

Harmonische Schwingungen in der Physik komplex interpretieren

Ich möchte Ihnen eine wesentliche Anwendung der komplexen Zahlen in der Physik erläutern. Stellen Sie sich eine sinusförmige Schwingung vor, wie sie beispielsweise in der linken Abbildung zu sehen ist. In der rechten Abbildung sehen Sie einen rotierenden Zeiger, der sich immer um seine eigene Achse dreht. Betrachten Sie in der linken Abbildung die Funktionswerte $y(t)$, wenn Sie t immer größer werden lassen. Diese schwanken stetig zwischen -1 und 1 und umgekehrt. Das Gleiche erhalten Sie, wenn Sie den Zeiger in der rechten Abbildung rotieren lassen und ebenfalls die Werte auf der y-Achse verfolgen.

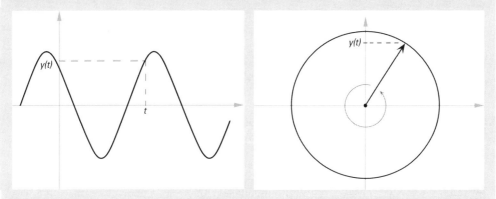

Eine harmonische Schwingung $y(t)$ als Funktion in Abhängigkeit der Zeit t auf der x-Achse und mit Werten $y(t)$ auf der y-Achse

Der Vorteil des rotierenden Zeigers ist die Möglichkeit, diese Kurve in der komplexen Zahlenebene zu interpretieren und so dieses Bild als Wertebereich einer komplexwertigen Funktion zu erfassen. Dabei erhalten Sie – wie gerade gesehen – den ursprünglichen Funktionswert der harmonischen Schwingung als Imaginärwert der komplexen Zahl. Die für das vollständige Verständnis notwendige physikalische Theorie erspare ich Ihnen hier, aber es sei dazu gesagt: Aus einer ursprünglichen Schwingungsgleichung $y(t) = \sin(\omega t + \varphi)$, wobei $y : \mathbb{R} \to \mathbb{R}$, ω die Kreisfrequenz und φ den Phasenwinkel angibt, wird eine Funktion $z(t) = e^{i \cdot (\omega \cdot t + \varphi)}$, wobei $z : \mathbb{R} \to \mathbb{C}$. Dann gilt, dass $y(t) = \mathrm{Im}(z(t))$. Der Vorteil dieser komplexen Sichtweise einer Schwingung liegt in der einfacheren Behandlung derselben aufgrund der einfacheren komplexen Rechengesetze, die damit einhergehen.

Teil V

Grundlagen der Statistik und der Wahrscheinlichkeitsrechnung

»Die Mannschaft hat sich gefragt, ob es vielleicht ein Wahrscheinlichkeitsmodell gibt, mit dem wir feststellen könnten, ob die Erde rund ist, statt blind bis an den Rand zu segeln und zu hoffen, dass wir nicht schreiend in ein endloses schwarzes Loch stürzen.«

In diesem Teil ...

Der Begriff *Daten* ist im Zusammenhang mit der heutigen Zahlenexplosion zum Schlagwort geworden. Sicher sind Ihnen Formulierungen bekannt wie »Können Sie diese Behauptung mit Daten belegen?«, »Welche Daten sprechen hierfür?«, »Die Statistik zeigt, dass...« oder »Die Daten bekräftigen dies ...«. In der Statistik geht es jedoch nicht nur um Daten. Die Statistik umfasst den gesamten Vorgang des Sammelns von Beweisen für bestimmte Annahmen über die Welt, wobei es sich bei den Beweisen um numerische Daten handelt.

In diesem Teil erkläre ich Ihnen grundlegende Begriffe und zeige Ihnen, wie Sie Daten verwalten, präsentieren und interpretieren. Sie werden lernen zu erkennen, wie wahrscheinlich das Eintreten besonderer Ereignisse ist. Dabei gebe ich Ihnen praktische Hilfsmittel und verschiedene Darstellungsformen an die Hand, die Ihnen das Leben im Umgang mit Wahrscheinlichkeiten erleichtern werden. Na dann los ...

Das Handwerkszeug des Statistikers

In diesem Kapitel

▶ Die wichtigsten Fachbegriffe aus der Statistik kurz und bündig kennen lernen

▶ Die Statistik als Vorgang begreifen

In diesem Kapitel lernen Sie die wichtigsten Fachbegriffe der Statistik kennen und erfahren, wie sich die Definitionen und Begriffe in den Gesamtprozess einfügen. Wenn Sie dann das nächste Mal jemanden sagen hören, »Diese Umfrage hatte eine Fehlergrenze von plus/minus drei Prozent«, wissen Sie, was das bedeutet. Bedenken Sie dabei: Jedes Fach hat sein Handwerkszeug und in der Statistik ist das nicht anders. Wenn Sie die Statistik als Folge von Stadien betrachten, die durchlaufen werden müssen, um eine Antwort auf eine Frage zu erhalten, vermuten Sie ganz richtig, dass es für jede Stufe Werkzeuge und Fachbegriffe oder einen Statistik-Jargon gibt. Keine Angst, mein Ziel ist es nicht, Sie zum Statistik-Experten zu machen, aber Sie sollten doch in der Lage sein, sich mit einem Statistiker unterhalten zu können. Details und Ausführungen der hier in diesem Kapitel nur angeschnittenen Materie können Sie in den zahlreichen Abschnitten der Kapitel 14 bis 18 nachlesen.

Die Grundgesamtheit

Für fast jede Fragestellung, die Sie untersuchen wollen, müssen Sie Ihre Aufmerksamkeit auf eine bestimmte Gruppe von Einheiten richten, zum Beispiel eine bestimmte Personengruppe, eine Gruppe von Städten, eine Gruppe von Tieren, von Steinen, von Examensergebnissen usw. Nachfolgend finden Sie ein paar Beispiele für Fragestellungen:

✔ Wie zufrieden sind die Deutschen mit der neuen Generation des Golf GTI?

✔ Wie viel Prozent der gepflanzten Kulturpflanzen wurde in Nordrhein-Westfalen im letzten Jahr durch Rotwild zerstört?

✔ Welcher Anteil an Halbleiterplatinen ist bei der aktuellen Produktion fehlerfrei?

✔ Wie lautet die Prognose für Brustkrebspatientinnen, die ein neues Arzneimittel testen?

✔ Wie viel Prozent aller Zahnpastatuben wird gemäß den Verpackungsangaben gefüllt?

✔ Welcher Anteil der Bevölkerung ist für die Einführung einer Höchstgeschwindigkeit von 300 Kilometer pro Stunde beim neuen ICE?

In allen genannten Beispielen wird eine Frage zu bestimmten Gruppen von Objekten gestellt, die untersucht werden muss: die Deutschen, alle neu gepflanzten Kulturpflanzen in Nordrhein-Westfalen, alle Brustkrebspatientinnen, alle Halbleiterplatinen und alle Zahnpastatuben usw. Die Menge aller Einheiten, die untersucht werden sollen, um die Frage zu beantworten, wird als *Grundgesamtheit* oder *Population* bezeichnet. Es ist jedoch nicht immer leicht, die Grundgesamtheit zu definieren. Gute Studien unterscheiden sich von schlechten beispielsweise dadurch, dass in guten Studien die Grundgesamtheit sehr klar definiert ist.

Die Frage, ob Babys mit Musik besser schlafen als ohne, ist ein gutes Beispiel dafür, wie schwierig die Definition der Grundgesamtheit sein kann. Wie sollte ein Baby definiert werden? Sollte das Baby bis zu drei Monaten oder bis zu einem Jahr alt sein? Und wollen Sie nur die Babys in Deutschland oder alle Babys weltweit untersuchen? Je nachdem, ob Sie ältere oder jüngere Babys, deutsche, europäische oder afrikanische Babys untersuchen, können die Ergebnisse stark voneinander abweichen.

Oder die Antwort auf die Frage, ob der neue Golf GTI gelungen ist, hängt sicherlich vom gefragten Publikum ab, entsprechend der Altersgruppe, der Lebensumstände, der Gehaltsklasse usw.

Wissenschaftler versuchen häufig, eine breite Grundgesamtheit zu untersuchen. Letztendlich läuft es dann jedoch oft aus Zeit- oder Geldmangel oder weil sie es nicht besser wissen, auf eine stark begrenzte Grundgesamtheit hinaus. Dies kann beim Ziehen von Schlussfolgerungen große Probleme verursachen.

Die Stichprobe

Wenn Sie beim Kochen die Suppe probieren, was genau machen Sie da? Sie rühren im Topf, greifen mit einem Löffel hinein, nehmen etwas Suppe heraus und kosten sie. Dann schließen Sie aus der Kostprobe auf den Inhalt des Suppentopfes, ohne dass Sie die gesamte Suppe gekostet haben. Wenn die Stichprobe angemessen ist, das heißt, wenn Sie nicht absichtlich nur die Leckerbissen herausgepickt haben, können Sie sich anhand der Kostprobe einen guten Eindruck vom Geschmack der Suppe bilden, ohne die gesamte Suppe essen zu müssen. Und genau so wird es auch in der Statistik gemacht. Wissenschaftler wollen etwas über eine Grundgesamtheit wissen, haben jedoch nicht die Zeit oder das Geld, jede einzelne Person oder jedes einzelne Objekt zu untersuchen. Und was tun sie also? Sie wählen eine kleine Gruppe von Personen oder Objekten geschickt aus, untersuchen diese und ziehen anhand der gewonnenen Daten Schlüsse über die Grundgesamtheit. Die ausgewählte Personengruppe oder Gruppe von Objekten wird als *Stichprobe* bezeichnet.

Das klingt schön, oder? Leider ist das nicht immer einfach. Beachten Sie den genauen Wortlaut: »Wählen Sie geschickt eine Stichprobe.« Die Art und Weise, in der die Stichprobe aus der Grundgesamtheit ausgewählt wird, kann sich erheblich darauf auswirken, ob die Ergebnisse korrekt und angemessen oder völlig unbrauchbar sind. Angenommen, Sie wollen anhand einer Stichprobe erheben, ob Jugendliche glauben, zu viel Zeit im Internet zu verbringen. Wenn Sie eine Umfrage per E-Mail verschicken, repräsentieren die Ergebnisse nicht die Meinung aller Teenager – was Sie eigentlich beabsichtigt hatten. Die Ergebnisse repräsentieren nur die Jugendlichen, die Zugang zum Internet haben und eine eigene E-Mail-Adresse besitzen. Kommt eine solche Unausgewogenheit in der Statistik häufig vor? Raten Sie mal!

Wenn Sie das nächste Mal mit den Ergebnissen einer Studie konfrontiert werden, sollten Sie versuchen, mehr über die Zusammensetzung der Stichprobe herauszufinden, und sich fragen, ob die Stichprobe die beabsichtigte Grundgesamtheit repräsentiert. Seien Sie vorsichtig mit Schlussfolgerungen, die sich auf eine breitere Grundgesamtheit erstrecken als die, die tatsächlich anhand der Stichprobe untersucht wurde.

Die Zufallsstichprobe

Die *Zufallsstichprobe* bietet jedem Teil der Grundgesamtheit die gleiche Chance, ausgewählt zu werden, denn für die Auswahl kommt der Mechanismus des Zufalls zum Einsatz. Das heißt, die Teilnehmer beschließen nicht selbst, an der Studie teilzunehmen, und im Auswahlprozess werden keine Personengruppen oder Objekte bevorzugt.

Ein Beispiel für Zufallsstichproben finden Sie im produzierenden Gewerbe und bei der Qualitätskontrolle. Die meisten Hersteller besitzen strenge Spezifikationen für die Produkte, die sie produzieren, und Fehler im Herstellungsprozess können Geld, Zeit und Vertrauen kosten. Viele Unternehmen versuchen Probleme abzufangen, bevor sie zu groß werden, indem sie ihre Produktionsprozesse überwachen und Statistik einsetzen um festzustellen, ob der Produktionsprozess korrekt verläuft oder gestoppt werden muss. Dies spielt beispielsweise in Laboren oder auch der Halbleiterproduktion eine große Rolle.

Wenn Sie das Ergebnis einer Studie betrachten, das auf einer Stichprobe basiert, sollten Sie zunächst das Kleingedruckte lesen und nach dem Begriff »Zufallsstichprobe« Ausschau halten. Falls Sie auf den Begriff stoßen, sollten Sie näher hinsehen, um festzustellen, wie die Stichprobe ausgewählt wurde, und anhand der obigen Definition überprüfen, ob die Objekte tatsächlich zufällig ausgewählt wurde.

Daten

Daten sind Messwerte, die im Rahmen von Studien erhoben werden. Daten sind in der Regel *numerisch* oder *kategorisch*.

- ✔ *Numerische Daten* sind Daten, die eine Bedeutung als Messwert haben, zum Beispiel die Größe oder das Gewicht einer Person, der Intelligenzquotient oder der Blutdruck, die Anzahl der Aktien, die eine Person besitzt, die Anzahl der Zähne, die ein Hund hat, oder sonstige zählbare Dinge. Statistiker bezeichnen numerische Daten als *quantitative Daten* oder *Messdaten*.

- ✔ *Kategorische Daten* repräsentieren Merkmale, zum Beispiel das Geschlecht, die Meinung, die Rasse oder sogar die Ausrichtung des Bauchnabels (nach innen oder nach außen gerichtet – es ist nichts mehr heilig). Die Merkmale können zwar numerische Werte haben, zum Beispiel eine »1« als Kennzeichen für männlich und eine »2« als Kennzeichen für weiblich, die Zahlen an sich haben jedoch keine besondere Bedeutung; man kann sie beispielsweise nicht addieren. Statistiker bezeichnen diese Art von Daten als *qualitative Daten*.

Eine Übersicht dieser Einteilung von Daten finden Sie in Abbildung 13.1. Ich werde darauf detaillierter in Kapitel 14 eingehen.

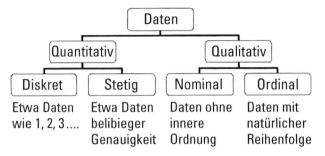

Abbildung 13.1: Klassifizierung von Daten

Statistik

Unter einer Statistik versteht man meistens eine Maßzahl, die Daten zusammenfasst, welche anhand einer Stichprobe erhoben wurden. Zur Zusammenfassung von Daten kommen die verschiedensten Statistiken zum Einsatz. Daten können beispielsweise zu *Prozentwerten* zusammengefasst werden (60 Prozent der ausgewählten Haushalte in den USA besitzen mehr als zwei Autos), es kann der *Durchschnittswert* der Daten ermittelt werden (der Durchschnittspreis für Eigenheime liegt in dieser Stichprobe bei 230.000 Euro), es kann der *Median* oder der *Mittelwert* gebildet werden (das Jahresdurchschnittsgehalt lag bei den 1.000 Computerspezialisten der Stichprobe bei 89.864 Euro) oder es kann ein *Perzentil* (beziehungsweise *Quantil*) angegeben werden (das Gewicht Ihres Babys liegt in diesem Monat basierend auf Daten, die von mehr als 10.000 Babys erhoben wurden, auf dem 90 Prozent-Perzentil) usw.

 Nicht alle Statistiker arbeiten angemessen und korrekt. Wenn Ihnen jemand eine Statistik in die Hand drückt, haben Sie noch lange keine Garantie dafür, dass die Ergebnisse wirklich wissenschaftlich untermauert oder seriös sind!

 Statistiken basieren auf den Daten aus einer Stichprobe, nicht auf Daten aus der Grundgesamtheit. Wenn Daten von der Grundgesamtheit erhoben werden, wird dies als *Vollerhebung* bezeichnet. Werden die Daten der Vollerhebung dann in eine Größe umgewandelt, handelt es sich bei ihr um einen Parameter, nicht um eine statistische Größe. Wissenschaftler versuchen die meiste Zeit, Parameter mittels statistischer Größen zu schätzen.

Das arithmetische Mittel – der Mittelwert

Das arithmetische Mittel wird häufig auch als Mittelwert oder Durchschnitt bezeichnet und ist die statistische Größe, die am häufigsten eingesetzt wird, um den Mittelpunkt eines numerischen Datensatzes, das heißt seine zentrale Tendenz, zu messen. Das arithmetische Mittel berechnet sich aus der Summe aller Werte dividiert durch ihre Anzahl.

Das arithmetische Mittel repräsentiert die Daten möglicherweise nicht angemessen, weil es leicht von Ausreißerwerten beeinflusst wird, das heißt von sehr kleinen oder sehr großen Werten im Datensatz, die für den Datensatz nicht typisch sind.

Der Median

Der *Median* ist wie das arithmetische Mittel ein Maß für den Mittelpunkt eines numerischen Datensatzes oder die zentrale Tendenz. Ein statistischer Median entspricht dem Mittelstreifen auf der Autobahn. Er verläuft immer in der Straßenmitte und auf jeder Seite gibt es die gleiche Anzahl an Spuren. Bei einem numerischen Datensatz ist der Median der Punkt, an dem oberhalb und unterhalb gleich viele Datenpunkte liegen. Somit ist der Median der eigentliche Mittelpunkt eines Datensatzes.

 Wenn das nächste Mal von einem Durchschnittswert die Rede ist, sollten Sie prüfen, ob auch der Median oder das arithmetische Mittel genannt sind. Falls nicht, sollten Sie sich unbedingt danach erkundigen! Das arithmetische Mittel und der Median sind zwei verschiedene Maße für die zentrale Tendenz eines Datensatzes und bieten häufig einen ganz unterschiedlichen Blickwinkel auf die Daten.

Die Standardabweichung

Haben Sie schon einmal gehört, dass ein bestimmtes Ergebnis »zwei Standardabweichungen über dem Mittel« lag? Immer mehr Menschen möchten wissen, wie signifikant ihre Ergebnisse sind, und die Bemessung in Form von der Anzahl an Standardabweichungen über oder unter dem Durchschnitt eignet sich hierfür hervorragend. Aber was genau ist die Standardabweichung?

Die Standardabweichung ist ein Maß für die Schwankungen oder die Streubreite der Werte in einer Stichprobe. Wie der Name schon sagt, ist eine Standardabweichung eine Abweichung vom Mittelwert, oder, wie Statistiker zu sagen pflegen, vom arithmetischen Mittel in üblicher Höhe. Die Standardabweichung ist also, grob gesagt, die durchschnittliche Entfernung beziehungsweise der durchschnittliche Abstand vom arithmetischen Mittel.

Die Standardabweichung wird auch eingesetzt, um zu beschreiben, in welchem Bereich die meisten Werte im Verhältnis zum Durchschnitt liegen sollten. In den meisten Fällen liegen 95 Prozent der Daten im Bereich zwischen zwei Standardabweichungen vom arithmetischen Mittel. Dies wird auch als 2σ-*Regel* bezeichnet (siehe Kapitel 14).

 Die Berechnungsformel für die Standardabweichung lautet:

$$s = \sqrt{\frac{\sum(x-\bar{x})}{n-1}},$$

wobei n die Anzahl der Werte in der Stichprobe, $\bar{x}$ das Stichprobenmittel und x ein einzelner Wert in der Stichprobe ist.

Beachten Sie: Die Standardabweichung ist zwar ein wichtiges statistisches Maß, sie wird jedoch in vielen Statistiken nicht angegeben. Ohne dieses Maß können Sie sich jedoch keinen Gesamteindruck von den Daten machen. Statistiker erzählen gerne die Geschichte vom Mann, der mit einem Fuß in einem Eimer mit eiskaltem und mit dem anderen Fuß in einem Eimer mit kochendem Wasser stand. Er sagte, im Durchschnitt fühle er sich großartig! Bedenken Sie jedoch, wie stark die beiden Temperaturen voneinander abweichen. Um ein etwas realitätsnäheres Beispiel zu nennen: Der Durchschnittspreis für Häuser sagt nichts über die Bandbreite an Preisen aus, auf die Sie bei der Haussuche stoßen werden. Das Durchschnittsgehalt ist kein sehr gutes Abbild für das, was in einem Unternehmen los ist, wenn die Gehälter sehr stark voneinander abweichen. (Bei der Verhandlung des Einstiegsgehalts könnte das eine große Rolle spielen!)

Perzentil vs. Quantil

Sie haben sehr wahrscheinlich schon einmal etwas von Perzentilen gehört. Wenn Sie bereits einmal an einem standardisierten Test teilgenommen haben, wissen Sie, dass neben dem Ergebnis auch immer ein Maß dafür angegeben wird, wie der Teilnehmer im Vergleich zu den anderen Testteilnehmern abgeschnitten hat. Ein solcher Vergleichswert ist das *Perzentil*. Das Perzentil gibt den Prozentsatz aller Teilnehmer der Stichprobe wieder, deren Ergebnis schlechter war als das Ihrige. Wenn Ihr Ergebnis auf dem 90sten Perzentil lag, bedeutet dies, dass 90 Prozent der Testteilnehmer schlechter abgeschnitten haben und zehn Prozent der Testteilnehmer besser als Sie. Teilen Sie das Perzentil durch 100 Prozent, erhalten Sie das so genannte *Quantil*. Das 90ste Perzentil entspricht daher dem 0,9er Quantil.

Perzentile und Quantile werden vielfältig eingesetzt, um Werte vergleichen und die relative Lage innerhalb einer Stichprobe ermitteln zu können und so festzustellen, wie die Werte einer Person im Vergleich zur Gruppe zu interpretieren sind. Das Gewicht von Babys wird beispielsweise häufig in Form von Perzentilen wiedergegeben. Perzentile werden auch von Unternehmen eingesetzt, um festzustellen, wie die Verkaufszahlen, die Gewinne, die Kundenzufriedenheit und Ähnliches im Vergleich zu anderen Unternehmen zu bewerten ist.

Der Standardwert

Der Standardwert eignet sich hervorragend, um Ergebnisse darzustellen, ohne viele Details angeben zu müssen. Der Standardwert repräsentiert die Anzahl der Standardabweichungen (des Ausgangswertes) über oder unter dem arithmetischen Mittel, ohne dabei direkt über die Standardabweichung oder das arithmetische Mittel sprechen zu müssen.

Angenommen, ein Junge namens Tim habe in einem landesweit durchgeführten Schultest 400 Punkte erreicht. Was bedeutet das? Sie können möglicherweise nichts mit dem Wert anfangen, weil Sie die 400 Punkte nicht in ein Verhältnis setzen können. Wissen Sie jedoch, dass Tims Standardwert im Test +2 beträgt, können Sie dies einordnen. Sie wissen dann nämlich, dass Tims Testergebnis zwei Standardabweichungen über dem arithmetischen Mittel liegt. (Bravo, Tim!) Was wäre, wenn Jakobs Standardwert bei −2 läge? Das wäre nicht gut für Jakob, da es bedeuten würde, dass sein Ergebnis zwei Standardabweichungen unter dem arithmetischen Mittel liegt.

Der Standardwert wird mit folgender Formel berechnet: Standardwert $= \frac{\text{Messwert} - \bar{x}}{s}$, wobei $\bar{x}$ der Durchschnitt aller Werte und s die Standardabweichung aller Werte darstellt.

Die Normalverteilung

Wenn numerische Daten organisiert werden, werden sie häufig vom kleinsten bis zum größten Wert unterteilt und nach Gruppen einer vernünftigen Größe geordnet. Das Ganze wird dann in ein Diagramm umgewandelt, um die Form oder Verteilung der Daten zu prüfen. Die gebräuchlichste Art der Verteilung ist die Glockenkurve, in der die meisten Daten um den Mittelpunkt angeordnet sind. Je weiter Sie sich vom Mittelpunkt entfernen, desto weniger Datenpunkte finden Sie. Abbildung 13.2 zeigt eine solche Verteilung. Beachten Sie, dass die Form der Kurve der einer Kirchturmglocke ähnelt.

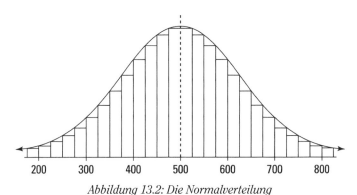

Abbildung 13.2: Die Normalverteilung

Statistiker benutzen für die Glockenkurve einen anderen Namen: Sie nennen diese die *Normalverteilung*. Die Verteilung beschreibt Daten, die einen glockenförmigen Verlauf haben. Wenn die Daten eine Normalverteilung annehmen, können Sie davon ausgehen, dass die meisten Werte innerhalb einer Spannweite von zwei Standardabweichungen vom Mittelwert liegen. Weil jede Datenmenge einen anderen Mittelwert und eine andere Standardabweichung hat, gibt es unzählige Normalverteilungen, die alle durch einen ihnen eigenen Mittelwert und eine ihnen eigene Standardabweichung charakterisiert sind.

Wenn ein Datensatz eine Normalverteilung aufweist und Sie alle Daten standardisieren, um Standardwerte zu erhalten, werden diese Standardwerte auch als *z-Werte* bezeichnet. Die Bezeichnung »z-Wert« weist auf den Bezug zur Normalverteilung (oder z-Verteilung) hin. Das »z« kommt hier von *Zentrierung*, ein anderes Wort für *Standardisierung*. Die Standardnormalverteilung ist eine besondere Form der Normalverteilung, bei der der Mittelwert bei 0 liegt und eine Standardabweichung den Wert 1 hat. Die Standardnormalverteilung ist nützlich, um Daten zu untersuchen und statistische Größen (wie Perzentile) zu ermitteln oder den Prozentsatz der Daten, die zwischen zwei Werten liegen zu ermitteln. Wenn Wissenschaftler feststellen, dass die Daten eine

Normalverteilung aufweisen, werden sie die Daten in der Regel als Erstes standardisieren, indem sie sie in z-Werte umwandeln und die Daten dann anhand der Standardnormalverteilung ausführlicher erkunden.

Schätzwerte

Ein beliebter Einsatzbereich der Statistik ist die Abgabe von Schätzwerten, wie in den folgenden Beispielen:

✔ Wie hoch ist das Durchschnittseinkommen in der Bundesrepublik Deutschland?

✔ Welcher Prozentsatz aller Haushalte hat dieses Jahr die Bambi-Verleihung am Bildschirm verfolgt?

✔ Wie hoch ist die durchschnittliche Lebenserwartung eines Babys heute?

✔ Wie wirksam ist ein neues Medikament?

✔ Wie sauber ist die Luft heute im Vergleich zu vor zehn Jahren?

Um derartige Fragen zu beantworten, muss ein numerischer Schätzwert abgegeben werden. Es kann jedoch eine große Herausforderung sein, faire und genaue Schätzwerte zu ermitteln.

Der Zentrale Grenzwertsatz

Der *Zentrale Grenzwertsatz* (ZGS) zählt zu den wesentlichen Wahrscheinlichkeitssätzen und besagt, dass sich eine Stichprobenstatistik einer Normalverteilung annähert, wenn die Stichprobengröße hinreichend groß ist.

Beachten Sie, dass die ursprüngliche Stichprobenstatistik X *eine beliebige* Verteilung haben kann: X kann für die Zeit stehen, die Sie benötigen, um eine Seite in einem Buch zu lesen (dies könnte auch eine Gleichverteilung sein; mehr dazu in Kapitel 18); es könnte die Zahl der Versuche darstellen, die Sie eine Münze werfen müssen, bevor Sie zum ersten Mal Kopf bekommen (dies wäre eine geometrische Verteilung; mehr dazu in Kapitel 18); oder es könnte das Verhältnis der zu erwartenden Freiwürfe in einem Basketballspiel darstellen (wobei auch eine Binomialverteilung im Spiel wäre; siehe Kapitel 18).

Dieses Ergebnis des Zentralen Grenzwertsatzes erleichtert die Berechnung von Wahrscheinlichkeiten für die Summe, den Durchschnitt oder Anteile, weil Sie die Schritte zur Ermittlung von Wahrscheinlichkeiten für eine gewöhnliche Normalverteilung verwenden können. Sie müssen nur den Durchschnitt und den Standardfehler kennen. (*Standardfehler* ist nur eine andere Bezeichnung für die Standardabweichung einer Stichprobenstatistik.)

Erlauben Sie mir eine Bemerkung zu der Formulierung »hinreichend groß« im Bezug auf die Stichprobengröße. Diese hängt nämlich von der Verteilung von X (bei einer einzelnen Beobachtung) ab:

✔ Falls die ursprüngliche Verteilung X die Normalverteilung ist, hat die Stichprobensumme eine genaue Normalverteilung, egal wie groß die Stichprobe ist, und Sie brauchen den Zentralen Grenzwertsatz gar nicht.

✔ Falls die ursprüngliche Verteilung von X (in ihrer grafischen Darstellung) zumindest hügelförmig (ein Hügel in der Mitte mit abfallenden Flanken auf beiden Seiten, man sagt auch glockenförmig) und symmetrisch ist (spiegelsymmetrisch zu einer Senkrechten durch die Mitte), muss die Stichprobengröße nicht sehr groß sein, um eine brauchbare Annäherung an die Normalverteilung zu erzielen.

✔ Falls die ursprüngliche Verteilung X schief ist (das heißt, wenn in der grafischen Darstellung auf einer Seite erheblich mehr Werte als auf der anderen liegen), benötigen Sie mehr Versuche, bevor sich der Durchschnitt der Stichprobensumme der Mitte annähert, da die Werte auf der anderen (weniger häufigen) Seite der schiefen Verteilung nicht sehr oft berechnet werden und deshalb mehr Versuche benötigt werden, um sie in die Stichprobe einzuschließen und den Durchschnitt zurück zur Normalverteilung zu bringen.

Das Gesetz der großen Zahlen

Am Ende wird alles gut – so könnte man salopp das *Gesetz der großen Zahlen* interpretieren. Aber Vorsicht: Kaum ein anderes Gesetz wurde in der Vergangenheit und im Alltag häufiger fehlinterpretiert als das Gesetz der großen Zahlen.

Ein Beipiel: Sie werfen eine Münze. Sie wissen, mit einer Wahrscheinlichkeit von 50 Prozent (also $\frac{1}{2}$) werfen Sie im ersten Wurf »Kopf«. Diese 50 Prozent bedeuten nicht, dass Sie im nächsten Wurf »Zahl« werfen werden; es heißt nicht einmal, dass es sehr wahrscheinlich ist. Die Wahrscheinlichkeit beträgt immer noch 50 Prozent, dass Sie im zweiten Wurf Zahl werfen – insbesondere ist die Wahrscheinlichkeit nicht größer geworden, nur weil Sie im ersten Wurf Kopf geworfen haben. Das leuchtet Ihnen sofort ein, oder? Aber dennoch, wie oft wird ein solcher Sachverhalt falsch interpretiert? Lassen Sie sich auch beirren?

Noch ein Beispiel: Sie beobachten ein Roulettespiel und es kam sechsmal hintereinander eine rote Zahl. Widerstehen Sie der Versuchung, Ihr Geld auf Schwarz zu setzen? – Müssen Sie nicht, schließlich stehen Sie zum Spielen vor dem Roulettetisch. Aber blenden Sie sich nicht selbst mit der falschen Aussage, dass nun, da bereits sechsmal Rot gefallen ist, es ja schon fast sicher sei, dass Schwarz kommen muss. Die Wahrscheinlichkeit für Schwarz hat sich nicht geändert – die Roulettekugel hat kein Gedächtnis; es sind unabhängige Ereignisse.

Die Lösung aus diesem Dilemma liefert uns das *Gesetz der großen Zahlen*, das besagt:

> *Gesetz der großen Zahlen:* Die relative Häufigkeit eines Zufallsergebnisses nähert sich immer mehr an die theoretische Wahrscheinlichkeit für dieses Ereignis (dem Erwartungswert) an, je häufiger Sie das Zufallsexperiment durchführen.

Dies bedeutet: Wenn Sie eine Münze immer und immer wieder werfen und jeweils das Ergebnis des einzelnen Wurfes protokollieren, dann werden Sie nach unzähligen Würfen (etwa unendlich vielen) die gleiche Anzahl bei Kopf und Zahl stehen haben. Also, je öfter Sie die

Münze werfen, desto näher ist die Anzahl von Kopf an der Anzahl von Zahl. Wenn Sie das Experiment unendlich oft protokollieren könnten, wären beide Anzahlen am Ende gleich. Wenn Sie jeweils die Anzahl für Kopf beziehungsweise Zahl durch die Gesamtanzahl der Würfe bis dahin teilten, haben Sie die *relative Häufigkeit* des Ereignisses »Kopf« beziehungsweise »Zahl«. Das Gesetz der großen Zahlen besagt dann hierauf angewendet, dass diese relative Häufigkeit beider Ereignisse immer näher an den erwarteten Wert herankommt, nämlich dem Erwartungswert, und diesen kennen Sie bereits für diese beiden Ereignisse, 50 Prozent oder eben $\frac{1}{2}$.

Das Konfidenzintervall

Wenn Sie Ihre Schätzwerte mit dem Stichprobenfehler kombinieren, erhalten Sie ein Konfidenzintervall. Angenommen, Sie benötigen durchschnittlich 35 Minuten, um zur Arbeit zu fahren, wobei die Fehlergrenze bei plus/minus fünf Minuten liegt. Die durchschnittliche Fahrtzeit läge dann irgendwo zwischen 30 und 40 Minuten. Dieser geschätzte Wertebereich wird als *Konfidenzintervall* bezeichnet. Mit dem Konfidenzintervall wird berücksichtigt, dass die Stichprobenergebnisse voneinander abweichen können. Das Konfidenzintervall gibt Ihnen einen Hinweis darauf, wie hoch die Abweichung erwartungsgemäß ausfallen wird.

Ein Konfidenzintervall ist daher eine Umschreibung für eine statistische Größe, die zusammen mit einer Fehlergrenze angegeben wird. Da die meisten statistischen Größen berechnet werden, um die Merkmale einer Grundgesamtheit (so genannte *Parameter*) anhand einer Stichprobe schätzen zu können, sollte immer eine Fehlergrenze als Maß für die Genauigkeit der Schätzung angegeben werden. Denn schließlich können die Ergebnisse variieren, wenn Sie Stichproben ziehen!

Konfidenzintervalle sind nicht alle gleich breit. Breite Konfidenzintervalle sind jedoch ungünstig, weil sie mit einer geringeren Genauigkeit gleichgesetzt werden können. Die Breite eines Konfidenzintervalls wird durch verschiedene Faktoren beeinflusst, wie den Stichprobenumfang, die Schwankungen in der Grundgesamtheit und dadurch, wie zuverlässig die Ergebnisse sein sollen. Die meisten Wissenschaftler sind zufrieden, wenn ihre Ergebnisse eine 95-prozentige Zuverlässigkeit aufweisen. Je mehr Sicherheit Sie haben möchten, desto breiter wird Ihr Intervall werden.

Korrelation und Kausalzusammenhang

Von allen Missbräuchen im Bereich der Statistik ist der der Postulierung von Kausalzusammenhängen der problematischste.

Korrelation bedeutet, dass zwischen zwei numerischen Variablen ein linearer Zusammenhang besteht. Wie häufig Grillen pro Sekunde zirpen, hängt beispielsweise mit der Außentemperatur zusammen. Wenn es draußen kalt ist, zirpen sie seltener, als wenn es warm ist. Ein weiteres Beispiel für Korrelation hat mit der Personalausstattung der Polizei zu tun. Die Anzahl der Pro-Kopf-Verbrechen hängt häufig mit der Anzahl der Streifenpolizisten zusammen, die in einem Bezirk eingesetzt werden. Wenn in einem Bezirk mehr Polizisten Streife fahren, sinkt in der Regel die Kriminalitätsrate.

Manchmal kann jedoch auch zwischen zwei Ereignissen, die scheinbar nichts miteinander zu tun haben, eine Korrelation gefunden werden. Ein Beispiel hierfür wäre die Korrelation zwischen dem Eis-Konsum in einem bestimmten Bezirk und der Anzahl der Gewaltverbrechen. Wenn mehr Polizisten auf Streife gehen, sinkt zwar die Kriminalitätsrate, aber lassen sich Verbrechen wirklich dadurch verhindern, dass die Bewohner des Bezirks mehr Eis essen? Worin besteht der Unterschied?

Bei der Korrelation wurde eine Verbindung zwischen den beiden Variablen x und y entdeckt. Beim *Kausalzusammenhang* wird behauptet, dass »eine Veränderung von x eine bestimmte Veränderung bei y bewirken wird«. In der Wissenschaft, in den Medien und auch in der Öffentlichkeit kommt es leider allzu häufig zu solch unzulässigen Interpretationen. Wann sind solche Schlussfolgerungen zulässig? Wenn eine wohl durchdachte Studie durchgeführt wird, bei der alle anderen Faktoren eliminiert werden, die mit dem Ergebnis zusammenhängen könnten.

Von Mittelwerten, Quantilen und vertrauenswürdigen Zusammenhängen

In diesem Kapitel

▶ Daten schnell zusammenfassen

▶ Häufig benutzte statistische Maße

▶ Erkennen, was Statistiken aussagen und was nicht

▶ Die Suche nach Zusammenhängen zwischen zwei Größen

In diesem Kapitel lernen Sie die wichtigsten statistischen Fachbegriffe aus der Praxis kennen und erfahren, wie sich die Definitionen und Begriffe in den Gesamtprozess einfügen. Eine *statistische Größe* ist eine Zahl, die Merkmale eines Datensatzes zusammenfasst. Von den mehreren Hundert statistischen Größen, die es gibt, werden nur einige wenige so häufig benutzt, dass Sie darauf an Ihrem Arbeitsplatz oder in Ihrem Alltag stoßen werden. Ich zeige Ihnen daher zum einen, welche statistischen Größen am häufigsten eingesetzt werden, was sie bedeuten und wie sie manchmal missbraucht werden.

Darüber hinaus gebe ich Ihnen etwas Hintergrundwissen: Jeder Datensatz hat eine Geschichte, und wenn statistische Größen korrekt eingesetzt werden, können sie viel über diese Geschichte aussagen. Werden statistische Größen jedoch unangemessen eingesetzt, können sie etwas ganz anderes oder nur einen Teil dessen aussagen, was die Daten tatsächlich hergeben. Um auf der Grundlage der Daten, die Ihnen zur Verfügung stehen, gute Entscheidungen treffen zu können, ist es deshalb wichtig, mehr über statistische Größen zu wissen. Ich zeige Ihnen daher zum anderen, was die statistischen Größen über qualitative und quantitative Daten aussagen und was nicht.

Daten mit statistischen Größen beschreiben

Statistische Größen werden eingesetzt, um die wichtigsten Informationen zu beschreiben, die in einem Datensatz enthalten sind. Solche Informationen können ganz unterschiedlichen Zwecken dienen. Stellen Sie sich vor, Ihr Chef käme zu Ihnen und stellte Ihnen die Frage: »Wie sieht unsere Zielgruppe aus und wer kauft unsere Produkte?« Wie würden Sie die Frage gern beantworten? Mit einer umfangreichen, komplizierten Folge von Zahlen und statistischen Größen, die dem Betrachter völlig leblos erscheint? Sehr wahrscheinlich nicht. Sie möchten die Zahlen so aufbereiten und präsentieren, dass sie die Zielgruppe klar und prägnant beschreiben, dass jeder sehen kann, wie brillant Sie sind, und Sie sofort losgeschickt werden, um festzustellen, wie Sie die Zielgruppe vergrößern können. (Das ist die Belohnung für Ihre Effizienz.) Statistische Größen werden also häufig eingesetzt, um Informationen in leicht verständlicher Form bereitzustellen, die gleichzeitig bestimmte Fragen beantworten (soweit dies möglich ist).

Die beschreibende Statistik verfolgt noch andere Zwecke. Nachdem alle Daten mit einer Umfrage oder einer anderen Art von Datenerhebung gesammelt wurden, besteht der nächste Schritt darin, die Daten so aufzubereiten, dass sie eine Aussage zu einer bestimmten Frage ermöglichen. In der Regel versuchen Wissenschaftler als Erstes, grundlegende statistische Kenngrößen zu ermitteln und sich so einen groben Eindruck von den Daten zu bilden. Später können sie weitere Analysen durchführen, um Aussagen über die Grundgesamtheit zu formulieren oder zu testen, um bestimmte Merkmale in der Grundgesamtheit einzuschätzen, um nach Verbindungen zwischen Merkmalen zu suchen, die erhoben wurden, usw.

Eine weitere Aufgabe der Forschung besteht darin, die Ergebnisse nicht nur Kollegen, sondern auch den Medien oder der Öffentlichkeit vorzustellen. Während die Forscherkollegen etwas über die komplexen Analysen hören möchten, die auf einen Datensatz angewendet wurden, ist die Öffentlichkeit weder in der Lage, mit solchen Analysen umzugehen, noch ist sie daran interessiert. Was möchte die Öffentlichkeit wissen? Grundlegende Informationen. Um den Medien und der Öffentlichkeit Informationen mitzuteilen, werden deshalb statistische Größen verwendet, die einen bestimmten Punkt klar und prägnant herausstellen.

Qualitative Daten beschreiben

Qualitative Daten umfassen Merkmale oder Ausprägungen eines Individuums wie die Augenfarbe, das Geschlecht, die Wahl einer politischen Partei oder die Meinung zu einem bestimmten Thema, die mit Kategorien wie »Zustimmung«, »Ablehnung« oder »Enthaltung« gemessen wird. Qualitative Daten lassen sich bestimmten Gruppen oder Kategorien zuordnen. Sie werden häufig mit Hilfe von Umfragen erhoben, sie können aber auch in Experimenten gesammelt werden. In einem Experimentaltest einer neuartigen medizinischen Behandlung setzen Wissenschaftler beispielsweise drei Kategorien ein, um das Ergebnis zu bewerten: Ging es dem Patienten nach der Behandlung besser, schlechter oder gleich wie zuvor?

Qualitative Daten werden häufig mit einer Angabe der Prozentsätze der Testpersonen beschrieben, die in jede Kategorie fallen, zum Beispiel der Prozentsatz der Wähler einer bestimmten Partei. Um die Prozentwerte zu berechnen, muss die Anzahl der Personen in der Kategorie durch die Gesamtanzahl der Testpersonen geteilt werden. Das Ergebnis muss dann mit 100 Prozent multipliziert werden. Wenn eine Erhebung bei 2.000 Teenagern beispielsweise 1.200 weibliche und 800 männliche Teenager umfasst, resultieren daraus die folgenden Prozentsätze: $\frac{1200}{2000} \cdot 100\% = 60\%$ weibliche Teenager und $\frac{800}{2000} \cdot 100\% = 40\%$ männliche Teenager.

Diese Kategorien lassen sich mit einer so genannten *Kreuztabelle* beziehungsweise *Kontingenztabelle* weiter unterteilen. Kontingenztabellen sind Tabellen, die die Daten von zwei qualitativen Variablen gleichzeitig darstellen, zum Beispiel das Geschlecht und die Zugehörigkeit zu einer politischen Partei, so dass Sie die Prozentsätze der Testpersonen in jeder Kategorienkombination leicht ablesen können.

Ein Beispiel: Die amerikanische Regierung nutzt sehr häufig Kontingenztabellen zur Beschreibung qualitativer Daten. Die amerikanische Bundesbehörde zur Durchführung von

14 ➤ Von Mittelwerten, Quantilen und vertrauenswürdigen Zusammenhängen

Volkszählungen zählt beispielsweise nicht nur die Bevölkerung, sondern sammelt auch Daten zu verschiedenen demografischen Merkmalen wie dem Geschlecht und dem Alter. Ein typisches Beispiel für eine Kreuztabelle zu einer Umfrage, die 2001 durchführt wurde, sehen Sie in Tabelle 14.1. (Normalerweise wird das Alter als numerische Variable behandelt, hier jedoch wurde das Alter in Kategorien unterteilt und so in eine qualitative Variable umgewandelt. Mehr zu numerischen Variablen finden Sie im nächsten Abschnitt.)

	Personen		Männliche Personen		Weibliche Personen	
Alter	Insgesamt	Prozent	Insgesamt	Prozent	Insgesamt	Prozent
Unter 5 Jahre	19.369.341	6,80	9.905.282	7,08	9.464.059	6,53
5 bis 9 Jahre	20.184.052	7,09	10.336.616	7,39	9.847.436	6,79
10 bis 14 Jahre	20.881.442	7,33	10.696.244	7,65	10.185.198	7,03
15 bis 19 Jahre	20.267.154	7,12	10.423.173	7,46	9.843.981	6,79
20 bis 24 Jahre	19.681.213	6,91	10.061.983	7,20	9.619.230	6,63
25 bis 29 Jahre	18.926.104	6,65	9.592.895	6,86	9.333.209	6,44
30 bis 34 Jahre	20.681.202	7,26	10.420.677	7,45	10.260.525	7,08
35 bis 39 Jahre	22.243.146	7,81	11.104.822	7,94	11.138.324	7,68
40 bis 44 Jahre	22.775.521	8,00	11.298.089	8,08	11.477.432	7,92
45 bis 49 Jahre	20.768.983	7,29	10.224.864	7,31	10.544.119	7,27
50 bis 54 Jahre	18.419.209	6,47	9.011.221	6,45	9.407.988	6,49
55 bis 59 Jahre	14.190.116	4,98	6.865.439	4,91	7.324.677	5,05

Tabelle 14.1: US-Bevölkerung unterteilt nach Alter und Geschlecht (2001)

Alter	Personen Insgesamt	Prozent	Männliche Personen Insgesamt	Prozent	Weibliche Personen Insgesamt	Prozent
60 bis 64 Jahre	11.118.462	3,90	5.288.527	3,78	5.829.935	4,02
65 bis 69 Jahre	9.532.702	3,35	4.409.658	3,15	5.123.044	3,53
70 bis 74 Jahre	8.780.521	3,08	3.887.793	2,78	4.892.728	3,37
75 bis 79 Jahre	7.424.947	2,61	3.057.402	2,19	4.367.545	3,01
80 bis 84 Jahre	5.149.013	1,81	1.929.315	1,38	3.219.698	2,22
85 bis 89 Jahre	2.887.943	1,01	926.654	0,66	1.961.289	1,35
90 bis 94 Jahre	1.175.545	0,41	303.927	0,22	871.618	0,60
95 bis 99 Jahre	291.844	0,10	58.667	0,04	233.177	0,16
100 Jahre und älter	48.427	0,02	9.860	0,01	38.567	0,03
Insgesamt	284.796.887	100	139.813.108	100	144.983.779	100

Tabelle 14.1: Fortsetzung

Anhand der Zahlen aus Tabelle 14.1 lassen sich Facetten der Bevölkerung näher untersuchen. Wenn Sie beispielsweise das Geschlecht näher betrachten, stellen Sie fest, dass der Anteil der Frauen etwas höher ist als der der Männer, weil die Bevölkerung im Jahr 2001 aus 51 Prozent Frauen (Gesamtanzahl der Frauen geteilt durch die Anzahl der Bürger insgesamt multipliziert mit 100 Prozent) und 49 Prozent Männern bestand. Sie können auch das Alter näher betrachten: Der Prozentsatz der Gesamtbevölkerung, die unter fünf Jahre alt war, lag bei 6,8 Prozent. Die größte Bevölkerungsgruppe bildeten die 40- bis 44-jährigen mit acht Prozent. Als Nächstes können Sie eine mögliche Verbindung zwischen dem Geschlecht und dem Alter näher untersuchen, indem Sie die entsprechenden Teile der Tabelle miteinander vergleichen. Sie können beispielsweise den Prozentsatz der Frauen und den der Männer in der Gruppe der über 80-Jährigen vergleichen. Weil die Daten jedoch in 5-Jahres-Schritte unterteilt sind, müssen Sie ein bisschen rechnen, um die Antwort zu erhalten. Der Prozentsatz der weiblichen Bevölkerung, die 80 Jahre und älter ist, liegt bei 2,22 + 1,35 + 0,6 + 0,16 + 0,03 = 4,36 Prozent.

Der Prozentsatz der Männer, die 80 Jahre und älter sind, liegt bei 1,38 + 0,66 + 0,22 + 0,04 + 0,01 = 2,31 Prozent. Dies zeigt, dass die Gruppe der Bürger ab 80 fast doppelt so viele Frauen wie Männer enthält. Diese Daten scheinen die allgemeine Auffassung zu bestätigen, dass Frauen in der Regel länger leben als Männer.

Wenn Sie die Anzahl der Personen in jeder Gruppe kennen, können Sie die Prozentsätze selbst ausrechnen. Kennen Sie hingegen nur die Prozentsätze, haben Sie keine Möglichkeit, etwas über die Anzahl der Personen in jeder Gruppe herauszufinden. So könnten Sie beispielsweise hören, dass 80 Prozent der Testpersonen lieber Käse- als Sesamkräcker essen. Wie viele Personen wurden jedoch befragt? Möglicherweise nur zehn Personen, denn alles, was Sie wissen, ist, dass 80 Prozent der Testpersonen eine Kräcker-Sorte bevorzugen. Das können acht von zehn oder 800 von 1.000 gewesen sein. Beides ergibt 80 Prozent. Statistisch gesehen hat es jedoch eine völlig andere Bedeutung, wenn acht von zehn Personen oder 800 von 1.000 Personen etwas bevorzugen. Im ersten Fall basiert die statistische Größe auf einer vielleicht irreführenden sehr kleinen Datenmenge, im zweiten Fall hingegen auf einer eher vertrauenswürdigen großen Datenmenge.

Quantitative Daten beschreiben

Mit numerischen oder quantitativen Daten lassen sich messbare Merkmale wie die Körpergröße, das Körpergewicht, der IQ, das Alter und das Einkommen mit Zahlen darstellen. Weil die Daten eine numerische Bedeutung haben, können Sie wesentlich mehr mathematische Berechnungen mit ihnen durchführen als mit qualitativen Daten. Es gibt verschiedene Merkmale numerischer Datensätze, die sich mit statistischen Größen beschreiben lassen, zum Beispiel die Lage des Mittelwerts oder anderer Kennwerte, die Streuung der Daten usw. Diese Art der Datenbeschreibung finden Sie in den Medien häufiger.

Wenn Sie wissen, was derartige statistische Größen aussagen und was eben nicht, können Sie die Forschungsergebnisse erheblich besser verstehen, die Ihnen in Ihrem Alltag begegnen.

Lagemaße

Das häufigste Maß zur Beschreibung numerischer Daten ist die Angabe des *Mittelpunkts*. Es gibt jedoch verschiedene Sichtweisen dessen, was der Mittelpunkt des Datensatzes sein könnte. Eine Möglichkeit besteht beispielsweise darin zu fragen, »was der typische Wert ist« oder »wo der mittlere Wert liegt«. Der Mittelpunkt eines Datensatzes kann in der Tat auf unterschiedliche Arten gemessen werden und die gewählte Methode kann die Schlussfolgerungen stark beeinflussen, die aus den Daten gezogen werden.

Die NBA-Gehälter im Durchschnitt

Ein Beispiel: Basketballspieler, die es bis in die amerikanische Profi-Liga NBA geschafft haben, verdienen viel Geld, oder? Im Vergleich zum Durchschnittsbürger mit Sicherheit. Aber wie viel verdienen sie wirklich und ist das Gehalt wirklich so hoch, wie Sie glauben? Die Antwort hängt davon ab, wie Sie das Gehalt beschreiben. Wie häufig hören Sie von Spielern wie Shaquille O'Neal, der in der Spielzeit 2001–2003 ca. 21,4 Millionen Dollar verdiente? Entspricht dies dem Durchschnittsgehalt eines NBA-Spielers? Nein. Shaquille O'Neal war in dieser Spielzeit der höchstbezahlte NBA-Spieler.

Wie viel verdient also ein NBA-Spieler im Durchschnitt? Um dies herauszufinden, könnten Sie das Durchschnittsgehalt betrachten. Der *Durchschnitt* ist sehr wahrscheinlich die statistische Größe, die am häufigsten überhaupt zum Einsatz kommt. Sie stellt eine Möglichkeit dar, den »Mittelpunkt« der Daten zu bestimmen.

Und nun erfahren Sie, welche Angaben Sie benötigen, um den Durchschnittswert für einen Datensatz zu bestimmen:

1. **Addieren Sie alle Daten, die in dem Datensatz enthalten sind.**
2. **Teilen Sie die Summe durch die Gesamtanzahl der Daten im Datensatz.**

Die Spielergehälter für die Spielzeit 2001–2002 für 13 Spieler der Los Angeles Lakers finden Sie in Tabelle 14.2. (Nicht berücksichtigt sind Spieler, deren Vertrag vorzeitig gekündigt wurde.)

Spieler	Gehalt	Spieler	Gehalt
Shaquille O'Neal	$ 21.428.572	Mitch Richmond	$ 1.000.000
Kobe Bryant	$ 11.250.000	Brian Shaw	$ 963.415
Robert Horry	$ 5.300.000	Devean George	$ 834.250
Rick Fox	$ 3.791.250	Mark Madsen	$ 759.960
Lindsey Hunter	$ 3.425.760	Jelani McCoy	$ 565.850
Derek Fisher	$ 3.000.000	Stanislav Medvedenko	$ 465.850
Samaki Walker	$ 1.400.000	**Gesamtsumme**	**$ 54.184.907**

Tabelle 14.2: NBA-Gehälter der Basketballspieler der Los Angeles Lakers in der Spielzeit 2001–2002

Insgesamt wurden 54.184.907 Dollar an Gehältern für dieses Team bezahlt. Wenn Sie diesen Wert durch die Gesamtanzahl der Spieler – also in diesem Fall durch 13 – teilen, erhalten Sie ein Durchschnittsgehalt von 4.168.069,77 Dollar. Nicht schlecht, oder? Beachten Sie jedoch, dass Shaquille O'Neal mit seinem Gehalt an der Spitze liegt und sein Gehalt das höchste in der gesamten NBA war. Ohne das Gehalt von Shaquille O'Neal läge das Durchschnittsgehalt bei 2.729.694,58 Dollar. Das ist zwar noch immer viel Geld, jedoch erheblich weniger als mit dem Gehalt von Shaquille O'Neal.

14 ➤ Von Mittelwerten, Quantilen und vertrauenswürdigen Zusammenhängen

 Der Durchschnitt wird häufig auch als *Mittelwert* oder als *arithmetisches Mittel* bezeichnet.

In der Spielzeit 2001–2002 lag also das Durchschnittsgehalt bei den Los Angeles Lakers bei rund 4,2 Millionen Dollar. Erfahren Sie damit jedoch etwas über die Gehaltsstruktur? In einigen Fällen kann der Durchschnittswert etwas irreführend sein und auch der vorliegende Fall gehört dazu. Und zwar deshalb, weil es jedes Jahr einige wenige Spieler gibt, die erheblich mehr verdienen als alle anderen. Werte wie das Gehalt von Shaq O'Neal werden als *Ausreißerwerte* bezeichnet. Ausreißer sind Zahlen in einem Datensatz, die im Vergleich zu den restlichen Daten extrem hoch oder niedrig sind. Bedingt durch die Art und Weise, in der der Durchschnitt oder Mittelwert berechnet wird, ziehen Ausreißerwerte wie das Gehalt von Shaq O'Neal den Durchschnitt nach oben. Ausreißerwerte, die extrem niedrig sind, ziehen hingegen den Durchschnitt nach unten.

Erinnern Sie sich noch an Ihre Schulzeit, als Sie wie der Rest der Klasse schlecht abschnitten und nur ein paar Verrückte 100 Punkte erreichten? Wissen Sie noch, dass der Lehrer die Benotungsskala nicht an die schlechte Leistung des Großteils der Klasse anpasste? Ihr Lehrer griff sehr wahrscheinlich auf den Durchschnitt zurück und dieser repräsentierte eben nicht den eigentlichen Mittelpunkt der Noten von Ihnen und Ihren Mitschülern.

Was gäbe es noch für Möglichkeiten, um zu zeigen, welches Gehalt ein »typischer« NBA-Spieler erhält oder welche Note für die Schüler in einer Klasse typisch ist? Eine weitere statistische Größe zur Bemessung der zentralen Tendenz eines Datensatzes ist der *Median*. Der Median wird als statistische Größe nicht annähernd so häufig eingesetzt, wie er sollte. Er erfreut sich jedoch wachsender Beliebtheit.

Der Median als Maß für die Gehaltsstruktur

Der Median eines Datensatzes ist der Wert, der genau in der Mitte liegt. Um den Median zu finden, gehen Sie wie folgt vor:

1. **Ordnen Sie die Zahlen in aufsteigender Reihenfolge, also vom kleinsten zum größten Wert.**

2. **Wenn der Datensatz eine ungerade Anzahl an Werten enthält, wählen Sie den Wert, der genau in der Mitte liegt.**

    Dies ist der Median.

3. **Wenn der Datensatz eine gerade Anzahl an Werten enthält, nehmen Sie die zwei Zahlen, die genau in der Mitte liegen, und bilden Sie deren Mittelwert.**

    Dieser Wert ist der Median.

Die Spielergehälter für die Los Angeles Lakers in der Spielzeit 2001–2002 sind in Tabelle 14.2 bereits in absteigender Reihenfolge geordnet. Weil die Liste die Namen und die Gehälter von 13 Spielern enthält, ist das mittlere Gehalt dasjenige des siebten Spielers von unten (oder von oben), das heißt das Gehalt von Samaki Walker, der in dieser Spielzeit bei den Lakers 1,4 Millionen Dollar verdiente. Dieser Wert ist der Median.

Das Median-Gehalt für die Lakers liegt deutlich unter dem Durchschnittsgehalt von 4,2 Millionen Dollar. Da das Durchschnittsgehalt auch Ausreißerwerte enthält (wie das Gehalt von Shaquille O'Neal), ist das Median-Gehalt repräsentativer für das mittlere Gehalt des Teams. (Beachten Sie, dass nur drei Spieler mehr als das Durchschnittsgehalt von 4,2 Millionen Dollar verdienten, wohingegen sechs Spieler mehr als das Median-Gehalt von 1,4 Millionen Dollar verdienten.) Der Median wird, anders als der Durchschnitt, nicht von den Gehältern der Spieler beeinflusst, die sich am unteren oder am oberen Ende der Gehaltsskala befinden. (Das Gehalt des am schlechtesten bezahlten Spielers der Lakers in der Spielzeit 2001–2002 lag übrigens bei 465.850 Dollar, was gemessen an einem Standardgehalt eines US-Bürgers viel Geld ist, jedoch im Verhältnis zum Gehalt der Top-Spieler eher bescheiden ausfällt!)

Die US-Regierung setzt den Median häufig ein, um die zentrale Tendenz von Daten zum Ausdruck zu bringen. So betrug der Median des Einkommens pro Haushalt im Jahr 2001 laut der Bundesbehörde zur Durchführung von Volkszählungen beispielsweise 42.228 Dollar, was gegenüber dem Jahr 2000 einen Rückgang von 2,2 Prozent darstellt, in dem der Median des Einkommens pro Haushalt bei 43.162 Dollar lag.

Eine Frage der Interpretation: Median und Mittelwert

Angenommen, Sie sind Spieler in einem NBA-Team und verhandeln über Ihr Gehalt. Wenn Sie die Eigentümer des Teams repräsentieren, möchten Sie zeigen, wie viel jeder verdient und wie viel Geld Sie ausgeben. Deshalb möchten Sie das Gehalt der Superstars einbeziehen und den Mittelwert angeben. Befinden Sie sich jedoch auf der Spielerseite, möchten Sie das Gehalt lieber mit dem Median wiedergeben, weil der Median repräsentativer für das ist, was ein Spieler verdient, der in der Mitte der Gehaltsliste liegt. Das Gehalt von 50 Prozent der Spieler liegt über dem Median und das der anderen 50 Prozent liegt unter dem Median. Deshalb heißt der Wert Median, weil er genau in der Mitte liegt.

Ein *Histogramm* ist eine grafische Darstellung, in der numerische Daten bildlich dargestellt werden, wobei Wertegruppen zusammen mit der Anzahl oder dem Prozentsatz der Werte angegeben werden, die in jede Gruppe fallen. Wenn es für die Daten Ausreißerwerte am oberen Ende gibt, ist das Histogramm *rechtsschief*, das heißt linksgipflig mit einem Ausläufer am rechten Rand, und der Mittelwert ist größer als der Median. (Siehe hierzu das obere Histogramm in Abbildung 14.1.) Liegen die Ausreißerwerte jedoch am unteren Ende der Werteskala, ist das Diagramm *linksschief*, das heißt rechtsgipflig mit einem Ausläufer am linken Rand und der Mittelwert ist kleiner als der Median. (Das mittlere Histogramm in Abbildung 14.1 zeigt ein Beispiel für ein linksschiefes Diagramm.) Sind die Daten symmetrisch, das heißt, haben sie rechts und links von der Mitte die gleiche Form, sind der Median und der Mittelwert identisch. (Das untere Histogramm in Abbildung 14.1 zeigt ein Beispiel für symmetrische Daten in einem Histogramm.)

14 ➤ Von Mittelwerten, Quantilen und vertrauenswürdigen Zusammenhängen

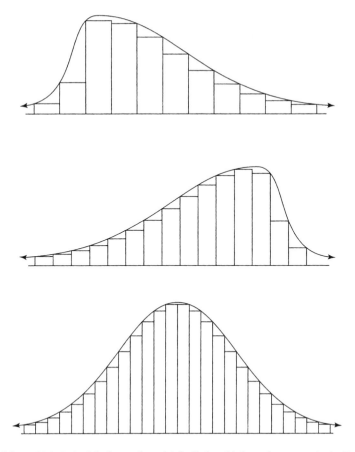

Abbildung 14.1: Beispiele für rechtsschiefe, linksschiefe und symmetrische Daten

 Der Durchschnitt eines Datensatzes (auch *Mittelwert* oder *arithmetisches Mittel* genannt) wird von Ausreißerwerten beeinflusst, nicht jedoch der Median. Wenn jemand über den Mittelwert berichtet, sollten Sie ihn auch nach dem Median fragen. Sie können die beiden statistischen Größen dann miteinander vergleichen und erhalten ein besseres Gefühl dafür, wie die Daten aussehen und was wirklich typisch für sie ist.

Berechnen von Variationen

In einem Datensatz gibt es unabhängig von den Merkmalen, die Sie messen, immer Variationen, weil Testpersonen in der Regel nie dieselben Werte bei jeder Variablen haben. Variationen machen die Statistik zu dem, was sie ist. So weichen beispielsweise die Preise für Häuser von Haus zu Haus, von Jahr zu Jahr und von Stadt zu Stadt voneinander ab. Das verfügbare Einkommen unterscheidet sich von Haushalt zu Haushalt, von Land zu Land und von Jahr zu Jahr. Die Zeit, die Sie benötigen, um zur Arbeit zu kommen, ändert sich von Tag zu Tag. Wenn Sie sich mit Variationen beschäftigen, werden Sie schnell feststellen, dass die Messung der Streuung die beste Möglichkeit ist, sie einzufangen.

Was ist eine Standardabweichung?

Das häufigste Maß für die Streuung ist die *Standardabweichung*. Sie repräsentiert die typische Abweichung eines Punktes von der Mitte. Es handelt sich dabei um die durchschnittliche Entfernung aller Punkte vom Mittelpunkt; der Mittelpunkt ist in diesem Fall der Mittelwert (arithmetisches Mittel). Die Standardabweichung wird normalerweise nicht separat genannt. Falls sie erwähnt wird (und häufig genug geschieht das nicht), wird sie sehr wahrscheinlich im Kleingedruckten angegeben.

Die Standardabweichung einer Grundgesamtheit wird üblicherweise mit dem griechischen Buchstaben σ bezeichnet. Die Standardabweichung für eine Stichprobe wird hingegen mit dem lateinischen Buchstaben s angegeben. Weil die Standardabweichung in der Grundgesamtheit in der Regel unbekannt ist, ließe sich meistens keine Formel, in der die Standardabweichung vorkommt, ohne einen Ersatz berechnen. Aber keine Sorge. Wenn Sie schon in Rom sind, verhalten Sie sich wie die Römer. Wenn Sie es mit Statistik zu tun haben, machen Sie es wie die Statistiker – immer, wenn Sie auf einem unbekannten Wert festsitzen, schätzen Sie ihn einfach und machen weiter. Die Standardabweichung s für die Stichprobe wird also immer eingesetzt, wenn die Standardabweichung σ für die Grundgesamtheit, unbekannt ist.

In diesem Buch wird mit der Standardabweichung immer die Standardabweichung in der Stichprobe bezeichnet. (Sollte einmal die Standardabweichung in der Grundgesamtheit gemeint sein, lasse ich es Sie wissen!)

Die Berechnung der Standardabweichung

Die Formel für die Standardabweichung lautet: $s = \sqrt{\frac{\sum_i (x_i - \bar{x})^2}{n-1}}$.

Statistiker teilen in der Formel durch $n-1$ statt durch n, damit die Standardabweichung für die *Stichprobe* Eigenschaften hat, für die alle Theorien gelten. (Wir können uns gern zu einem Kaffee treffen und die Details besprechen.) Wird die Formel durch $n-1$ geteilt, ist sichergestellt, dass die Standardabweichung nicht verzerrt ist, das heißt, dass sie nicht vom Mittelwert abweicht. Falls Sie bereits vorher schon verwirrt waren, können Sie die Verwirrung nun noch steigern: Falls Sie es jemals mit der *Grundgesamtheit* zu tun haben, können Sie zur Berechnung der Standardabweichung in der Grundgesamtheit die gleiche Formel wie für die Standardabweichung in der Stichprobe heranziehen; dividieren Sie jedoch (Aufpassen!) durch n und nicht durch $n-1$!

Ein Beispiel: Ihre Stichprobe bestehe aus den vier Werten 1, 3, 5 und 7. Der Mittelwert ist also $\frac{16}{4} = 4$. Wenn Sie den Mittelwert von jeder Zahl subtrahieren, erhalten Sie die Werte $1 - 4 = -3$, $3 - 4 = -1$, $5 - 4 = 1$ und $7 - 4 = 3$. Bilden Sie nun das Quadrat für jeden dieser Werte, erhalten Sie die Zahlen 9, 1, 1 und 9. Addieren Sie die Werte, erhalten Sie den Wert 20. In diesem Beispiel ist $n = 4$. Deshalb ist $n - 1 = 3$. Wenn Sie 20 durch 3 teilen, erhalten Sie den Wert $6\frac{2}{3} = \frac{20}{3}$, dessen Quadratwurzel etwa der Wert 2,58 ist. Und das ist die Standardabweichung dieses Datensatzes. Für den Datensatz bestehend aus den Werten 1, 3, 5 und 7 ist die typische Entfernung vom Mittelwert also 2,58.

 Weil die Berechnung der Standardabweichung in mehreren Schritten erfolgt, wird sie in den meisten Fällen mit dem Computer berechnet. Wenn Sie jedoch wissen, wie die Standardabweichung berechnet wird, können Sie diese statistische Größe besser interpretieren und es fällt Ihnen eher auf, wenn der Wert einmal falsch ist.

Die nützliche $k\sigma$-Regel

Die $k\sigma$-Regel besagt, dass bei Normalverteilungen

✔ ungefähr 68 Prozent aller Werte maximal eine Standardabweichung σ vom Mittelwert μ entfernt liegen, das heißt im Wertebereich, der von dem Mittelwert plus/minus einer Standardabweichung abgedeckt wird. In der Statistik wird dies wie folgt dargestellt: $\mu \pm \sigma$, die so genannten 1σ-Umgebung um den Mittelwert.

✔ ungefähr 95 Prozent aller Werte maximal zwei Standardabweichungen vom Mittelwert entfernt liegen, das heißt im Wertebereich, der vom Mittelwert plus/minus zwei Standardabweichungen abgedeckt wird. In der Statistik wird dies wie folgt dargestellt: $\mu \pm 2\sigma$, die so genannte 2σ-Umgebung um den Mittelwert.

✔ ungefähr 99 Prozent aller Werte (tatsächlich sogar 99,7 Prozent) maximal drei Standardabweichungen vom Mittelwert entfernt liegen, das heißt im Wertebereich, der vom Mittelwert plus/minus drei Standardabweichungen abgedeckt wird. In der Statistik wird dies wie folgt dargestellt: $\mu \pm 3\sigma$, die so genannten 3σ-Umgebung um den Mittelwert.

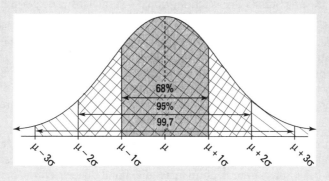

Interpretation der Standardabweichung

Es ist recht schwierig, die Standardabweichung als Einzelwert zu interpretieren. In der Regel bedeutet eine kleine Standardabweichung, dass die Werte im Datensatz sehr eng am Mittelwert liegen; während eine große Standardabweichung bedeutet, dass die Werte im Datensatz vom Mittelwert weiter entfernt sind.

Eine kleine Standardabweichung kann in Situationen wünschenswert sein, in denen die Ergebnisse begrenzt sind, zum Beispiel in der Produktion und bei der Qualitätskontrolle. Ein bestimmtes Autoteil, das einen Durchmesser von wenigen Zentimetern hat, sollte besser keine allzu große Standardabweichung haben, damit es auch wirklich passt. Eine große Standardabweichung würde in diesem Fall bedeuten, dass sehr viele Teile ausgemustert werden müssen, weil sie nicht richtig passen. Werden die Teile nicht ausgemustert, werden sich die Probleme spätestens beim Betrieb der Autos zeigen.

Wenn Sie Daten lediglich beobachten und aufzeichnen, ist eine große Standardabweichung nicht unbedingt etwas Schlechtes. Sie gibt nur wieder, dass es in der untersuchten Gruppe große Abweichungen gibt. Wenn Sie beispielsweise die Gehälter aller Mitarbeiter eines Unternehmens inklusive die von Aushilfskräften und von der Geschäftsführung betrachten, kann die Standardabweichung sehr hoch sein. Grenzen Sie hingegen die Gruppe ein und betrachten Sie beispielsweise nur die Gehälter der Aushilfskräfte oder etwa die der Führungskräfte, ist die Standardabweichung kleiner, weil die Gehälter der Personen innerhalb dieser beiden Gruppen weniger stark voneinander abweichen als in der gesamten Belegschaft.

Wenn Sie feststellen wollen, ob eine Standardabweichung groß ist, sollten Sie unbedingt auf die Einheiten achten. Eine Standardabweichung von 2 beim Einsatz der Einheit »Jahre« entspricht beispielsweise einer Standardabweichung von 24, wenn Monate als Einheit benutzt werden. Betrachten Sie außerdem den Mittelwert, wenn Sie die Standardabweichung aus dem richtigen Blickwinkel betrachten wollen.

Zwei Beispiele: Wenn ein Internet-Nutzer durchschnittlich an 5,2 Internet-Newsgroups eigene Beiträge sendet, und die Standardabweichung bei 3,4 liegt, ist die Abweichung relativ hoch. Wenn Sie jedoch das Alter der Newsgroup-User betrachten, dessen Mittelwert 25,6 Jahre beträgt, wäre eine Standardabweichung von 3,4 vergleichsweise gering.

Eine weitere Möglichkeit, um die Standardabweichung zu interpretieren, besteht darin, sie zusammen mit dem Mittelwert einzusetzen, um zu beschreiben, wo die meisten Daten liegen. Sind die Daten in einer glockenförmigen Kurve verteilt, falls sich also die meisten Werte in der Mitte befinden und es immer weniger Werte werden, je weiter Sie sich von der Mitte entfernen, können Sie die so genannte $k\sigma$-Regel verwenden, um die Standardabweichung zu interpretieren. Lassen Sie sich von den Details dieser Regel im grauen Kasten *Die nützliche $k\sigma$-Regel* beeindrucken.

Ein Beispiel: In einer Studie, in der untersucht wurde, wie Internet-Nutzer Freunde über Newsgroups finden, wurde beispielsweise festgestellt, dass das Durchschnittsalter der Newsgroup-User bei 31,65 Jahren liegt und dass die Standardabweichung 8,61 Jahre beträgt. Die Daten waren glockenförmig verteilt. Gemäß der $k\sigma$-Regel lag also das Alter von 68 Prozent der Newsgroup-User innerhalb des Wertebereichs, der vom Mittelwert (31,65 Jahre) plus/minus einer Standardabweichung (8,61 Jahre) definiert wird. Das Alter von 68 Prozent der Benutzer lag also zwischen $31,65 - 8,61 = 23,04$ und $31,65 + 8,61 = 40,26$ Jahren. Das Alter von ungefähr 95 Prozent der Benutzer lag zwischen $31,65 - 2 \cdot 8,61 = 14,43$ und $31,65 + 2 \cdot 8,61 = 48,87$ Jahren. Und das Alter von mehr als 99 Prozent der Internet-Nutzer lag also zwischen 5,82 und 57,48 Jahren. Haben Sie mitgerechnet?

Die meisten Wissenschaftler versuchen nicht, 99 Prozent der Werte eines Datensatzes abzudecken. Sie sind in der Regel mit 95 Prozent zufrieden, denn um diese zusätzlichen vier Prozent Sicherheit zu erhalten, muss man eine weitere Standardabweichung vom Mittelwert akzeptieren, was den meisten Wissenschaftlern gemessen an den Kosten, die dadurch verursacht werden, die Sache nicht wert zu sein scheint.

Die Eigenschaften der Standardabweichung

Nachfolgend sehen Sie einige Eigenschaften, die bei der Interpretation der Standardabweichung hilfreich sein können:

✔ Die Standardabweichung kann keine negative Zahl sein.

✔ Der kleinstmögliche Wert für die Standardabweichung ist 0 und dieser Wert tritt nur in äußerst gestellten Situationen auf, in denen alle Werte im Datensatz identisch sind und insofern auch keine Abweichung aufweisen.

✔ Die Standardabweichung wird von Ausreißerwerten, also von extrem hohen oder niedrigen Zahlen im Datensatz, beeinflusst. Das liegt daran, dass die Standardabweichung auf der Entfernung vom Mittelwert basiert und dass der Mittelwert von Ausreißerwerten beeinflusst wird.

✔ Die Standardabweichung hat dieselbe Einheit wie die ursprünglichen Werte.

Werbung für die Standardabweichung

Die Standardabweichung ist ein Wert, der in den Medien sehr selten genannt wird, und das stellt ein echtes Problem dar. Wenn Sie lediglich herausfinden, wo der Mittelpunkt der Daten liegt, ohne ein Maß dafür zu haben, wie variabel die Daten sind, kennen Sie nur einen Teil der Wahrheit. Möglicherweise entgeht Ihnen sogar der interessanteste Teil. In der Variation liegt die Würze des Lebens und ohne Hinweis darauf, wie unterschiedlich die Daten sind, erfahren Sie nicht, welche Würze die Daten haben.

Ohne die Standardabweichung zu kennen, können Sie nicht sagen, ob die Daten nahe am Mittelwert liegen (zum Beispiel die Durchmesser der Autoteile, die das Band verlassen, wenn alles funktioniert) oder ob die Daten weit verstreut sind (zum Beispiel die Gehälter bei den NBA-Spielern). Wenn Sie erfahren, dass das Einstiegsgehalt bei der Firma Statistix im Durchschnitt 70.000 Euro beträgt, denken Sie wahrscheinlich »Toll!« Aber wenn die Standardabweichung für Einstiegsgehälter bei der Firma Statistix bei 20.000 Euro liegt und Sie davon ausgehen, dass die Verteilung der Gehälter eine Glockenform hat, also eine so genannte Normalverteilung ist, könnte Ihr Einstiegsgehalt gemäß der $k\sigma$-Regel irgendwo zwischen 30.000 und 110.000 Euro liegen. Bei der Firma Statistix können die Gehälter sehr stark variieren. Das Durchschnittsgehalt von 70.000 Euro ist also letztendlich nur wenig aussagekräftig, oder? Läge die Standardabweichung hingegen bei 5.000 Euro, wüssten Sie genauer Bescheid, mit welchem Einstiegsgehalt Sie bei dieser Firma rechnen können.

 Ohne Kenntnis der Standardabweichung können Sie zwei Datensätze nicht vergleichen. Was wäre, wenn die beiden Datensätze den gleichen Mittelwert und den gleichen Median hätten? Würde das bedeuten, dass die Daten alle gleich sind? Nein, überhaupt nicht. Die Datensätze 199, 200, 201 und 0, 200, 400 haben beispielsweise den Mittelwert 200 und den Median 200. Sie haben jedoch unterschiedliche Standardabweichungen. Der erste Datensatz hat eine deutlich geringe Standardabweichung als der zweite Datensatz.

Journalisten geben die Standardabweichung häufig nicht an. Ein Grund wäre, dass die Leser nicht danach fragen – sehr wahrscheinlich ist die breite Öffentlichkeit für einen Wert wie die Standardabweichung noch nicht bereit. Eine Bezugnahme auf die Standardabweichung wird jedoch vielleicht üblicher werden, wenn mehr Leser entdecken, was sie durch die Standardabweichung alles über die Ergebnisse erfahren. Im Beruf gehört die Standardabweichung zum Alltag, weil diese statistische Größe ein Standard ist und ein anerkanntes Maß für die Bemessung der Variation. Konnte ich Sie in den Bann ziehen?

Mit Perzentilen die relative Position ermitteln

Jeder möchte wissen, wo er im Vergleich zu anderen steht. Wenn Sie in den USA studieren möchten, müssen Sie den TOEFL-Test ablegen. Bei diesem Test ist die Gesamtanzahl der Punkte jedes Jahr gleich, die Leistung der Teilnehmer unterscheidet sich jedoch, da sich die Prüfungsaufgaben jedes Jahr ändern. Zusammen mit Ihrem Testergebnis erhalten Sie deshalb immer eine Einschätzung dafür, wie sich Ihr Ergebnis im Verhältnis zu den anderen Testteilnehmern verhält. Das heißt, Sie erfahren, wo Sie in der Gruppe stehen.

Einführung in die Welt der Quantile und Perzentile

Das Perzentil ist das Maß, mit dem die relative Lage am häufigsten angegeben wird. Ein *Perzentil* ist der Prozentwert der Personen im Datensatz, die ein schlechteres Ergebnis als Sie selbst erzielt haben. Wenn Sie auf dem 90sten Perzentil liegen, bedeutet das, dass 90 Prozent der Prüfungsteilnehmer ein schlechteres Prüfungsergebnis als Sie erzielten und zehn Prozent der Prüfungsteilnehmer ein besseres, weil die Summe immer 100 Prozent ergeben muss. (Jeder, der an dem Test teilgenommen hat, muss ein Testergebnis erzielt haben, das relativ zu Ihrem Ergebnis liegt.)

Oft wird auch der Begriff des *Quantils* benutzt. Wenn Sie den Prozentwert des Perzentils wieder in den entsprechenden Wert zwischen 0 und 1 umwandeln (durch 100 Prozent teilen), haben Sie das entsprechende Quantil – das heißt, das 25er-Perzentil ist das 0,25er-Quantil usw. Das ist ganz einfach und daher beschränken wir uns im Folgenden auf Perzentile.

Ein Perzentil ist kein Wert für sich. Angenommen, Ihnen wurde mitgeteilt, dass Ihr Ergebnis beim TOEFL-Test auf dem 80sten Perzentil liegt. Das heißt nicht, dass Sie 80 Prozent der Fragen korrekt beantwortet haben, sondern dass 80 Prozent der Teilnehmer ein schlechteres Ergebnis erzielten als Sie und 20 Prozent der Teilnehmer besser abschnitten als Sie.

Perzentile berechnen

Um das k-te Perzentil zu berechnen (wobei k eine beliebige Zahl zwischen 1 und 100 ist), gehen Sie wie folgt vor:

1. **Ordnen Sie alle Werte eines Datensatzes in aufsteigender Reihenfolge.**

2. **Berechnen Sie k Prozent von der Gesamtanzahl der Werte n.**
3. **Runden Sie das Ergebnis auf die nächste ganze Zahl auf.**
4. **Zählen Sie die Werte in aufsteigender Reihenfolge, bis Sie den Wert aus Schritt 3 erreichen.**

Ein Beispiel: Angenommen, Sie haben die folgenden 25 Testwerte in aufsteigender Reihenfolge angeordnet: 43, 54, 56, 61, 62, 66, 68, 69, 69, 70, 71, 72, 77, 78, 79, 85, 87, 88, 89, 93, 95, 96, 98, 99, 99. Nun wollen Sie das 90ste Perzentil für diese Werte finden. Weil die Daten bereits geordnet sind, besteht der nächste Schritt darin, die Gesamtanzahl der Werte mal 90 Prozent zu nehmen, was $0{,}90 \cdot 25 = 22{,}5$ ergibt. Runden Sie diesen Wert nun zur nächsten ganzen Zahl auf, erhalten Sie 23. Dies bedeutet, dass Sie den 23sten Wert von links ermitteln müssen. Im Beispiel ist dies die Zahl 98, die das 90ste Perzentil dieses Datensatzes repräsentiert.

Das 50ste Perzentil (beziehungsweise das 0,5-Quantil) ist der Wert im Datensatz, der von 50 Prozent der Werte unterschritten und von 50 Prozent der Werte überschritten wird. Diesen Wert haben Sie bereits unter einem anderen Namen kennen gelernt – dem Median.

Ein hohes Perzentil bedeutet nicht immer etwas Gutes. Es kommt immer auf den Kontext an: Wenn die Stadt, in der Sie leben, beispielsweise bei der Kriminalitätsrate auf dem 90sten Perzentil liegt, bedeutet dies, dass die Kriminalitätsrate in 90 Prozent der Städte geringer ist als in Ihrer Stadt, was für Sie bestimmt nichts Positives ist.

Interpretation von Perzentilen

Ein Beispiel: Die US-Regierung gibt in ihren Datenbeschreibungen sehr häufig Perzentile an. Die Bundesbehörde zur Durchführung von Volkszählungen nannte als Median für das Jahreseinkommen pro Haushalt 42.228 Dollar. Die Bundesbehörde gab auch verschiedene Perzentile an, die in Tabelle 14.3 gezeigt werden.

Perzentil	Haushaltsjahreseinkommen	Perzentil	Haushaltsjahreseinkommen
10tes	$ 10.913	80stes	$ 83.500
20stes	$ 17.970	90stes	$ 116.105
50stes	$ 42.228	95stes	$ 150.499

Tabelle 14.3: Jahreseinkommen pro US-Haushalt in 2001

Wenn Sie diese Perzentile genauer betrachten, stellen Sie fest, dass die Einkommen in der unteren Hälfte näher zusammenliegen als am oberen Rand. Der Unterschied zwischen dem 50sten und dem 20sten Perzentil beträgt ca. 25.000 Dollar, wohingegen das 50ste und das 80ste Perzentil mehr als 41.000 Dollar auseinanderliegen. Und der Unterschied zwischen dem 10ten und dem 50sten Perzentil beträgt nur ca. 31.000 Dollar, wohingegen der Unterschied zwischen dem 90sten und dem 50sten Perzentil knapp 74.000 Dollar beträgt.

Wenn Sie diese Perzentile und ihre Verteilung genauer betrachten, stellen Sie fest, dass dieser Datensatz rechtsschief wäre, wenn er in einem Histogramm dargestellt werden würde. (Ein *Histogramm* ist ein Balkendiagramm, das die Daten in Gruppen unterteilt und die Anzahl der Werte pro Gruppe anzeigt.) Das liegt daran, dass die höheren Einkommen stärker gestreut sind als die geringen Einkommen. In diesem Bericht wurde der Mittelwert nicht angegeben, weil er sehr stark von den Ausreißerwerten, das heißt von den Haushalten mit einem sehr hohen Einkommen, beeinflusst worden wäre, was den Mittelwert nach oben getrieben und die Beschreibung des Jahreseinkommens der Haushalte in den USA künstlich abgeflacht hätte.

Perzentile beziehungsweise Quantile werden in den Medien häufig angegeben. Sie können viel über die Daten aussagen, zum Beispiel darüber, wie gleichmäßig die Daten verteilt sind, wie symmetrisch sie sind und welche wichtigen Meilensteine es gibt. Perzentile können Ihnen einen Eindruck davon vermitteln, wo Sie mit Ihrem Testwert innerhalb eines Datensatzes stehen. Manchmal ist der Durchschnittswert nicht wichtig, so lange Sie wissen, wie weit Sie sich über oder unter dem Durchschnitt befinden.

Unabhängig davon, welche Art von Daten beschrieben wird oder welche statistischen Größen verwendet werden, sollten Sie immer daran denken, dass statistische Größen nicht alles über Daten aussagen. Sind sie jedoch gut gewählt und nicht irreführend, erhalten Sie damit rasch zahlreiche wichtige Informationen. Prinzipiell können jedoch immer Auslassungsfehler auftreten. Deshalb sollten Sie auch über weniger bekannte statistische Größen Bescheid wissen, die Ihnen wichtige Hinweise über die Daten liefern können.

Der nützliche Boxplot

Menschen sind visuell veranlagt. Eine übersichtliche bildliche Darstellung wird Ihnen helfen, schnell ein Gefühl für Daten zu bekommen. Eine beliebte Möglichkeit ist der so genannte *Boxplot*. Schauen Sie sich dafür den Boxplot am Beispiel der Daten aus Tabelle 14.2 an und Sie werden schnell verstehen, wie er gezeichnet wird. Betrachten Sie dazu die Darstellung in Abbildung 14.2. Am linken beziehungsweise rechten Ende werden die Ausreißer am Rande dargestellt. Der linke Rand des Rechtecks ist das 25er-Perzentil, der rechte Rand des Rechtecks wird durch das 75er-Perzentil bestimmt. Mit der mittleren (gestrichelten) Linie geben Sie den Median an. Damit können Sie die bisher beschriebenen grundlegenden Eigenschaften über die Verteilung der Daten ablesen – so erkennen Sie an diesem Beispiel sofort, dass die Daten sehr linkslastig sind.

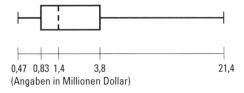

Abbildung 14.2: Boxplot zu den Daten aus Tabelle 14.2

Ein Beispiel: Behandlung von Bluthochdruck

In einer Gruppe von 16 Personen wird ein neues Medikament gegen Bluthochdruck erprobt. Der jeweils am Ende der Behandlung gemessene Wert wurde wie folgt der Reihe nach festgehalten:

189, 178, 182, 184, 174, 178, 186, 183, 182, 179, 175, 182, 176, 185, 190, 182

Zunächst ordnen Sie die einzelnen Werte der Reihe nach aufsteigend und erhalten:

174, 175, 176, 178, 178, 179, 182, 182, 182, 182, 183, 184, 185, 186, 189, 190

Dann erhalten Sie als 25er-Perzentil den Wert 178, als Median den Wert 182 und schließlich als 75er-Perzentil 184, so dass sich der Boxplot wie folgt ergibt:

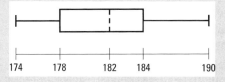

Die Suche nach dem Zusammenhang: Korrelationen und ihre Koeffizienten

Heute scheint jeder von den Zusammenhängen, Korrelationen und anderen Verbindungen zu berichten, die er gefunden hat. Viele dieser Zusammenhänge stammen aus der Medizin. Die Aufgabe von Wissenschaftlern in der Medizin besteht darin, Ihnen zu sagen, was Sie tun oder unterlassen sollten, um länger oder gesünder zu leben, zum Beispiel:

✔ Sitzende Tätigkeiten wie Fernsehen führen zu Fettleibigkeit und einem erhöhten Diabetesrisiko.

✔ Es besteht eine umgekehrte Beziehung zwischen dem Ausdruck von Ärger und dem Herzinfarktrisiko. (Bei denjenigen, die Ärger zum Ausdruck bringen, besteht ein geringeres Risiko.)

✔ Ein geringer oder mittlerer Alkoholkonsum reduziert bei Männern das Risiko für Herzerkrankungen.

✔ Die sofortige Behandlung hilft, das Fortschreiten des grünen Stars zu verzögern.

Journalisten berichten gerne über Zusammenhänge, da sie damit für Schlagzeilen sorgen können. Viele Verbindungen werden in den Medien als Kausalzusammenhänge gehandelt, aber sind die Berichte glaubwürdig? Sind Sie inzwischen so skeptisch, dass Sie gar nichts mehr glauben?

Stellen Sie sich vor, Sie sammeln in Ihren Studien jeweils zwei Daten, zum Beispiel das Alter und die politische Einstellung, um interessantere Prognosen für die nächste Wahl zu erhalten. Statistiker bezeichnen diese Art von zweidimensionalen Daten als *bivariate Daten*. Um

Daten sinnvoll interpretieren zu können, sollten Sie sie zunächst mit Hilfe einer Tabelle oder einem Diagramm anordnen. Handelt es sich um bivariate Daten und suchen Sie nach Verbindungen zwischen den beiden Variablen, müssen die Diagramme ebenfalls zwei Dimensionen haben. Nur so können Sie mögliche Zusammenhänge zwischen den Variablen feststellen. Sind beide Variablen in Ihrer Studie quantitativ, werden die bivariaten Daten in der Regel in einem Streudiagramm dargestellt.

Streudiagramme erstellen

Eine Beobachtung in ein Streudiagramm einzutragen oder dort zu finden, entspricht der Suche nach einer Stadt auf der Landkarte, in der Buchstaben und Zahlen verwendet werden, um die einzelnen Planquadrate zu kennzeichnen. Jede Beobachtung hat zwei Koordinaten. Die erste entspricht dem ersten Teil des Datenpaars, das heißt der x-Koordinate. Sie gibt an, wie weit Sie nach links oder rechts gehen müssen. Die zweite Koordinate entspricht dem zweiten Teil des Datenpaars, das heißt der y-Koordinate. Den Punkt tragen Sie an der Schnittstelle zwischen den beiden Koordinaten ein. Abbildung 14.3 zeigt ein Streudiagramm für das Grillenzirpen im Verhältnis zur Temperatur.

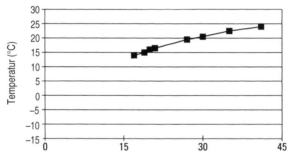

Abbildung 14.3: Streudiagramm für die Häufigkeit des Grillenzirpens im Verhältnis zur Außentemperatur

Interpretation eines Streudiagramms

Ein Streudiagramm interpretieren Sie, indem Sie den Blick von links nach rechts schweifen lassen und nach Trends Ausschau halten:

✔ Wenn die Daten aufsteigend verlaufen, das heißt, eine von links unten nach rechts oben verlaufende Gerade bilden, deutet dies auf einen *positiv linearen* oder proportionalen Zusammenhang hin. Wenn sich der Wert von x erhöht, das heißt um eine Einheit nach rechts verschiebt, erhöht sich auch der Wert von y um einen bestimmten Wert, das heißt, er verschiebt sich nach oben.

✔ Wenn die Daten absteigend (das heißt fallend) verlaufen, das heißt eine von links oben nach rechts unten verlaufende Gerade bilden, deutet dies auf einen *negativ linearen* oder inversen Zusammenhang hin. Wenn sich der Wert von x erhöht, also um eine Einheit nach rechts verschiebt, verringert sich der Wert von y, das heißt, er verschiebt sich nach unten.

✔ Scheinen die Daten keine Gerade zu bilden, bedeutet dies, dass *kein* linearer Zusammenhang zwischen ihnen besteht.

Werfen Sie einen Blick auf Abbildung 14.3, scheint ein positiv linearer Zusammenhang zwischen der Häufigkeit des Grillenzirpens und der Temperatur zu bestehen: Die Häufigkeit des Grillenzirpens erhöht sich also mit steigender Temperatur. Handelt es sich hierbei jedoch tatsächlich um eine so genannte *Ursache-Wirkungs-Beziehung*? Dies bleibt zu beweisen, weil die Daten nur aus einer Beobachtungsstudie und nicht aus einem Experiment stammen.

Die Beziehung zwischen zwei quantitativen Variablen quantifizieren

Nachdem die bivariaten Daten angeordnet wurden, können Sie statistische Methoden auf sie anwenden, die das Ausmaß und die Art der Beziehung quantifizieren können. Falls beide Variablen quantitativ sind, können Statistiker die Richtung und die Stärke der linearen Beziehung zwischen den Variablen x und y bestimmen. Denn auch wenn zwischen den Daten ein linearer positiver Zusammenhang zu bestehen scheint, muss es sich nicht notgedrungen um einen engen Zusammenhang handeln. Die Stärke des Zusammenhangs hängt davon ab, wie stark sie sich einer Gerade annähert. Zusätzlich müssen Sie zwischen dem positiven und dem negativen Zusammenhang unterscheiden. Kann es eine statistische Größe geben, die das alles misst? Klar!

Statistiker messen die Stärke und die Richtung eines linearen Zusammenhangs zwischen x und y mit dem so genannten *Korrelationskoeffizienten*.

Berechnung des Korrelationskoeffizienten

Die Formel für die Berechnung des Korrelationskoeffizienten ρ lautet wie folgt:

$$\rho = \frac{1}{n-1} \cdot \sum_{x,y} \frac{(x-\bar{x})(y-\bar{y})}{s_x \cdot s_y}$$

Ein Beispiel: Angenommen, Ihr Datensatz besteht aus den Datenpaaren $(3,2)$, $(3,3)$ und $(6,4)$. Berechnen Sie schrittweise den Korrelationskoeffizienten entsprechend der Formel. Die x-Werte sind 3, 3 und 6 und die y-Werte sind 2, 3 und 4. Dann ist $\bar{x}$ offenbar $\frac{12}{3} = 4$ und $\bar{y}$ ist $\frac{9}{3} = 3$. Die Standardabweichungen sind $s_x = \sqrt{3}$ und $s_y = 1$. Werden die Differenzen multipliziert, ergibt sich:

$(3-4) \cdot (2-3) = (-1) \cdot (-1) = 1$
$(3-4) \cdot (3-3) = (-1) \cdot 0 = 0$
$(6-4) \cdot (4-3) = 2 \cdot 1 = 2$

Die Addition dieser Ergebnisse ergibt: $1 + 0 + 2 = 3$. Teilen Sie das Ergebnis durch $s_x \cdot s_y$ und Sie erhalten $\frac{3}{\sqrt{3} \cdot 1} = \frac{\sqrt{3} \cdot \sqrt{3}}{\sqrt{3}} = \sqrt{3}$. Teilen Sie nun das Ergebnis durch $3 - 1 = 2$ und Sie erhalten schließlich das Endergebnis $\frac{\sqrt{3}}{2} \approx 0{,}87$. Der gesuchte Korrelationskoeffizient lautet also: $\rho = 0{,}87$.

Interpretation des Korrelationskoeffizienten

Der *Korrelationskoeffizient* ρ liegt immer zwischen −1 und +1.

- ✔ Eine Korrelation von −1 kennzeichnet einen *perfekt negativen linearen* Zusammenhang.
- ✔ Eine Korrelation nahe −1 kennzeichnet einen *starken negativen linearen* Zusammenhang.
- ✔ Eine Korrelation nahe 0 kennzeichnet, dass es *keinen linearen* Zusammenhang gibt.
- ✔ Eine Korrelation nahe +1 kennzeichnet einen *starken positiven linearen* Zusammenhang.
- ✔ Eine Korrelation von +1 kennzeichnet einen *perfekt positiven linearen* Zusammenhang.

Wie nah muss der Zusammenhang bei −1 oder +1 liegen, um einen starken linearen Zusammenhang zu kennzeichnen? Die meisten Statistiker wollen mindestens eine Korrelation von −0,6 (beziehungsweise +0,6) sehen, bevor sie in Aufregung geraten. Erwarten Sie jedoch nicht, dass die Korrelationen immer bei −0,99 oder 0,99 liegen. Schließlich handelt es sich um Daten aus der Realität und die sind nie perfekt.

Abbildung 14.4 zeigt Beispiele für verschiedene Korrelationen. Die Werte geben die Richtung und die Stärke des Zusammenhangs an.

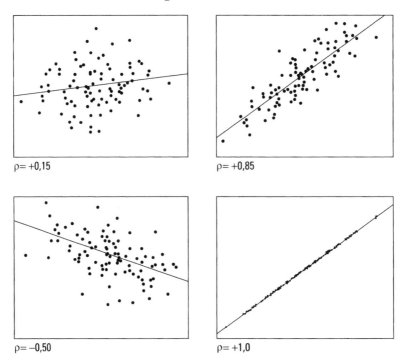

Abbildung 14.4: Streudiagramme für verschiedene Korrelationen

Korrelation zwischen Gewicht und Körpergröße eines Menschen

Aus einer Stichprobe, bestehend aus 20 Personen gleichen Geschlechts zwischen 30 und 40 Jahren, werden die Daten Gewicht und Körpergröße genommen. Es wird ein Zusammenhang vermutet, der mittels der Berechnung des Korrelationskoeffizienten bestärkt werden soll. Die Daten wurden wie folgt notiert:

Gewicht	86	62	56	58	47	68	72	85	51	85
Größe	185	169	164	155	164	174	180	184	158	180
Gewicht	91	65	77	99	51	52	61	65	67	74
Größe	179	164	178	186	160	159	164	167	174	172

Die arithmetischen Mittelwerte betragen $\bar{x}_{\text{Gewicht}} = 68{,}6$ und $\bar{y}_{\text{Größe}} = 170{,}8$. Sie berechnen weiterhin die fehlenden Stichprobenvarianzen als $s_x = \sqrt{\frac{\sum_i (x_i - \bar{x})^2}{n-1}} = \sqrt{217{,}9} = 14{,}8$ und $s_y = \sqrt{\frac{\sum_i (y_i - \bar{y})^2}{n-1}} = \sqrt{94{,}2} = 9{,}7$ und fassen schließlich alles zusammen in der endgültigen Formel:

$$\rho = \frac{1}{n-1} \cdot \sum_{x,y} \frac{(x-\bar{x})(y-\bar{y})}{s_x \cdot s_y} = \frac{1}{19} \cdot \frac{2464{,}4}{14{,}8 \cdot 9{,}7} = 0{,}9$$

Ein Korrelationskoeffizient von 0,9 bestärkt die Vermutung nach einem starken linearen Zusammenhang zwischen dem Gewicht und der Körpergröße, das heißt, Personen mit einem größeren Gewicht sind im Allgemeinen auch größer.

Die Eigenschaften des Korrelationskoeffizienten

Hier sind einige nützliche und hilfreiche Eigenschaften des Korrelationskoeffizienten:

✔ Der Korrelationskoeffizient hat keine Einheit. Dies bedeutet, dass Sie die Einheiten von x und von y ändern können, ohne dass sich dadurch der Korrelationskoeffizient ändert. (Wenn Sie beispielsweise von Fahrenheit zu Celsius wechseln, hat dies keine Auswirkung auf die Korrelation zwischen der Häufigkeit des Grillenzirpens und der Außentemperatur.)

✔ Die Werte von x und y können im Datensatz vertauscht werden, ohne dass sich die Korrelation dadurch ändert.

Damit schließen wir unsere Betrachtungen rund um aussagekräftige Lagemaße und verwandte Größen gegebener Daten.

Grundbegriffe der Wahrscheinlichkeitsrechnung

In diesem Kapitel

▶ Grundlegende Definitionen und Begriffe der Wahrscheinlichkeit

▶ Untersuchen, wie wahrscheinlich verschiedene Ereignisse sind

▶ Wahrscheinlichkeitsaufgaben mit einschlägigen Regeln und Formeln lösen

▶ Unabhängige und einander ausschließende Ereignisse erkennen und unterscheiden

▶ Grundlegende Zählregeln: Kombinatorik

Der erste Schritt zur erfolgreichen Lösung von Wahrscheinlichkeitsaufgaben besteht darin, sich die einschlägigen Begriffe, die Notation und die verschiedene Arten von Wahrscheinlichkeiten anzuzeigen und einzuprägen. Wenn Sie die Begriffe, die Notation und Typen auf die Lösung einfacher Aufgaben anwenden können, sind Sie gut auf komplexere Probleme vorbereitet. Dieses Kapitel weist Ihnen den richtigen Weg.

Arten der Wahrscheinlichkeit

Es gibt verschiedene Arten von Wahrscheinlichkeitsfragen, die immer wieder auftauchen: Fragen nach totalen Wahrscheinlichkeiten, nach Wahrscheinlichkeiten von Vereinigungen beziehungsweise Durchschnitten von Ereignissen, aber auch Fragen nach bedingten oder komplementären Wahrscheinlichkeiten.

Einige Beispiele: Sie werfen einen fairen Würfel, das heißt, einen Würfel, bei dem jede der sechs Seiten gleich wahrscheinlich ist. Wie hoch ist die Wahrscheinlichkeit, dass die geworfene Zahl gerade ist (*totale Wahrscheinlichkeit*)? Wie hoch ist die Wahrscheinlichkeit, dass die Zahl gerade *oder* kleiner als 4 ist (*Wahrscheinlichkeit der Vereinigung*)? Wie hoch ist die Wahrscheinlichkeit, dass die Zahl gerade ist *und* kleiner als 4 (*Wahrscheinlichkeit des Durchschnitts*)? Wie hoch ist die Wahrscheinlichkeit, dass die Zahl 5 ist, wenn Sie wissen, dass Sie eine ungerade Zahl geworfen haben (*bedingte Wahrscheinlichkeit*)? Diese Arten der Wahrscheinlichkeiten und ihre Notation werden auf den folgenden Seiten behandelt.

Auch wenn es manchmal leichter scheinen mag, Wahrscheinlichkeiten intuitiv ohne Formeln zu ermitteln, sollten Sie der Versuchung widerstehen und bei den Definitionen und Formeln bleiben. Ich höre immer wieder den Satz: »Das habe ich mir so überlegt.« Üben Sie die Zusammenhänge lieber an Beispielen, die Sie noch überschauen können. Wenn es komplizierter wird, werden Sie über geeignete Werkzeuge und Methoden für die Berechnung froh sein. Intuition liefert oft ein falsches Ergebnis.

Wahrscheinlichkeitsnotation

Um die Wahrscheinlichkeit eines Ereignisses (oder einer Menge von Ergebnissen) zu beschreiben, benötigen Sie eine abkürzende Notation. Doch um die Notation zu verstehen, müssen Sie wissen, was eine Wahrscheinlichkeit wirklich bedeutet. Sie beginnen mit einem *Ereignis*, etwa $A = \{1,2,3\}$, das gewisse Ergebnisse beim Werfen eines Würfels (mit sechs Seiten)I beschreibt. Um die Wahrscheinlichkeit zu ermitteln, dass A eintritt (das heißt, dass 1, 2 oder 3 geworfen wird), weisen Sie der Menge A eine Zahl zwischen 0 und 1 zu. (In diesem Fall beträgt die Zahl $\frac{3}{6}$ oder $\frac{1}{2}$, weil ein Würfel über sechs mögliche Zahlen verfügt, von denen drei in der Menge A enthalten sind, also drei von sechs.) Der Wert $\frac{1}{2}$ ist eine Wahrscheinlichkeit. Dies ist der klassische Ansatz zur Ermittlung einer Wahrscheinlichkeit, den wir immer wieder verwenden werden: Sie teilen die Anzahl der gewünschten Ergebnisse (Anzahl der Elemente in A) durch die Gesamtanzahl von Möglichkeiten (in diesem Fall die Seitenanzahl des Würfels).

Die Wahrscheinlichkeit eines Ereignisses A über einem *Ergebnisraum* Ω gleich wahrscheinlicher (Elementar-)Ereignisse berechnet sich durch:

$$P(A) = \frac{\text{Anzahl der für } A \text{ günstigen Ergebnisse}}{\text{Gesamtanzahl der überhaupt möglichen Ergebnisse}}$$

Eine Wahrscheinlichkeit ist eigentlich eine Abbildung (oder eine Zuordnung, Funktion) eines Ereignisraums Ω auf die Zahlen zwischen 0 und 1 auf dem Zahlenstrahl.

Ein Beispiel: Tabelle 15.1 zeigt diese Abbildung für einen Wurf eines Würfels. Beachten Sie, dass jede Wahrscheinlichkeit $\frac{1}{6}$ beträgt, weil es sechs mögliche Ergebnisse gibt, die alle gleich wahrscheinlich sind (einen fairen Würfel vorausgesetzt).

Ergebnis ω über Ω	Wahrsch. von ω	Ergebnis ω über Ω	Wahrsch. von ω	Ergebnis ω über Ω	Wahrsch. von ω
1	$\frac{1}{6}$	3	$\frac{1}{6}$	5	$\frac{1}{6}$
2	$\frac{1}{6}$	4	$\frac{1}{6}$	6	$\frac{1}{6}$

Tabelle 15.1: Wahrscheinlichkeitsabbildung für einen Würfelwurf $\Omega = \{1, 2, 3, 4, 5, 6\}$

Da die Wahrscheinlichkeit der Menge $\{1\}$ den Wert $\frac{1}{6}$ hat, schreiben Sie $P(\{1\}) = \frac{1}{6}$. Sie sagen: »Die Wahrscheinlichkeit (der Einermenge) von 1 beträgt $\frac{1}{6}$.« Analog schreiben Sie $P(\{2\}) = \frac{1}{6}$ usw. Bei der Menge $A = \{1,3,5\}$ schreiben Sie die Wahrscheinlichkeit wie folgt: $P(A) = \frac{3}{6}$ oder eben $\frac{1}{2}$, weil sie drei Elemente enthält, die jeweils die Wahrscheinlichkeit $\frac{1}{6}$ haben, also $\frac{1}{6} + \frac{1}{6} + \frac{1}{6} = \frac{1+1+1}{6} = \frac{1}{2}$. Sie sagen: »Die Wahrscheinlichkeit von A beträgt $\frac{1}{2}$ oder 0,5.« Wesentlich ist, dass Sie die Wahrscheinlichkeit einer *Menge* von Ereignissen ermitteln. Jede ermittelte Wahrscheinlichkeit ist eine Zahl zwischen 0 und 1 (wobei diese beiden Zahlen am Rand auch angenommen werden können). Die Wahrscheinlichkeit der leeren Menge ist 0, also $P(\emptyset) = 0$.

Sie müssen sich klarmachen, was die verschiedenen Teile einer Wahrscheinlichkeitsgleichung oder eines Ausdrucks bedeuten. Betrachten Sie das Beispiel $P(A) = 0,5$ aus dem vorhergehenden Absatz. Der Buchstabe A repräsentiert die Menge $\{1,3,5\}$; er ist nicht gleich 0,5. Es ist die Wahrscheinlichkeit von A, die gleich 0,5 ist.

Totale Wahrscheinlichkeit

Wenn Sie die Wahrscheinlichkeit einer Menge A ermitteln, geht es um die so genannte *totale Wahrscheinlichkeit* von A.

Ein Beispiel: Sie werfen einen fairen Würfel. Wie hoch ist die Wahrscheinlichkeit, dass die gewürfelte Zahl gerade ist? Das fragliche Ereignis ist $A = \{2,4,6\}$. Weil diese Menge drei gleich wahrscheinliche Ergebnisse enthält, beträgt die Wahrscheinlichkeit für eine gerade Zahl $P(A) = \frac{1}{6} + \frac{1}{6} + \frac{1}{6} = \frac{1+1+1}{6} = \frac{1}{2}$.

Bei der *totalen Wahrscheinlichkeit* interessieren Sie sich nur für ein einziges Merkmal eines Ereignisses. In dem Beispiel ging es nur darum, ob die geworfene Zahl gerade oder ungerade war.

Wahrscheinlichkeit der Vereinigung

Die *Wahrscheinlichkeit der Vereinigung* zweier Ereignisse A und B hat die Notation $P(A \cup B)$. Gesprochen wird die Vereinigung oft mit dem Wort »oder« verbunden. Anders ausgedrückt: $P(A \cup B)$ bedeutet die Wahrscheinlichkeit von dem Ereignis »A oder B«.

Ein Beispiel: Sie werfen einen fairen Würfel. A sei das Ereignis, dass die geworfene Zahl gerade ist: $A = \{2,4,6\}$; und B sei das Ereignis, dass sie kleiner als 4 ist: $B = \{1,2,3\}$. Die Vereinigung der Mengen A und B ist die Menge aller Zahlen, die in A oder in B (oder in beiden Mengen) enthalten sind, also $\{1,2,3,4,6\}$. Diese Vereinigung enthält fünf gleich wahrscheinliche Elemente, wodurch $P(A \cup B) = \frac{5}{6}$.

Bei *Wahrscheinlichkeiten von Vereinigungen* beobachten Sie zwei Eigenschaften eines Ereignisses sowie die Chance, dass die eine oder die andere (oder beide!) Eigenschaften vorhanden sind. Achtung: Das Wort »oder« wird nicht in dem Sinne von »entweder oder«, sondern in dem Sinn von »das eine oder das andere oder beides« verwendet.

Wahrscheinlichkeiten des Durchschnitts

Die *Wahrscheinlichkeit des Durchschnitts* zweier Ereignisse A und B hat die Notation ist $P(A \cap B)$. Sprachlich wird die Vereinigung oft mit dem Wort »und« verbunden. Anders ausgedrückt: $P(A \cap B)$ bedeutet die Wahrscheinlichkeit des Ereignisses »A und B«, das heißt, dass A und B gleichzeitig eintreten.

Ein Beispiel: Sie werfen einen fairen Würfel. A sei das Ereignis, dass die geworfene Zahl gerade ist: $A = \{2,4,6\}$; und B sei das Ereignis, dass sie kleiner als 4 ist: $B = \{1,2,3\}$. Der

Durchschnitt der Mengen A und B ist die Menge aller Zahlen, die sowohl in A als auch in B enthalten sind, in diesem Fall: $A \cap B = \{2\}$. Der Durchschnitt enthält nur ein Element, das eine Wahrscheinlichkeit von $\frac{1}{6}$ hat: $P(A \cap B) = \frac{1}{6}$.

Komplementäre Wahrscheinlichkeit

Das *Komplement* A^c eines Ereignisses A enthält alle Elemente des Ereignisraums Ω, die *nicht* in A enthalten sind.

Ein Beispiel: Sie werfen einen Würfel. Das gewünschte Ereignis sei $A = \{2,4\}$. Das Komplement von A ist das Ereignis $A^c = \{1,3,5,6\}$. Weil diese Menge die vier Ereignisse enthält, die in A nicht enthalten sind, hat A^c die Wahrscheinlichkeit $\frac{4}{6} = \frac{2}{3}$, weil alle Ereignisse gleich wahrscheinlich sind. Sie werden später noch sehen, wie hilfreich Komplemente sein können.

Bedingte Wahrscheinlichkeit

Manchmal kann die vorherige Kenntnis von Informationen über ein Ereignis die Wahrscheinlichkeit des Ereignisses ändern. Auch wenn Sie die Ereignisse in Untergruppen zerlegen (etwa: ungerade oder gerade Ergebnisse), ändern sich die Wahrscheinlichkeiten. Bedingte Wahrscheinlichkeiten befassen sich mit den Änderungen, die durch die Berücksichtigung vorheriger Informationen verursacht werden. Die Wahrscheinlichkeit eines Ereignisses, wenn ein anderes Ereignis bereits eingetreten ist, wird als *bedingte Wahrscheinlichkeit* bezeichnet.

Bedingte Wahrscheinlichkeiten ohne Formeln lösen

Bedingte Wahrscheinlichkeiten bieten die Möglichkeit, Gruppen zu vergleichen oder Informationen, die Sie bereits haben, zu Ihrem Vorteil zu verwenden. Die Wahrscheinlichkeit eines Ereignisses A unter der Bedingung, dass B bereits eingetreten ist, wird durch die folgende Notation ausgedrückt: $P(A|B)$ – gelesen als »Wahrscheinlichkeit von A unter der Bedingung B«.

 Die bedingte Wahrscheinlichkeit von B unter der Bedingung A ist etwas ganz anderes als die bedingte Wahrscheinlichkeit von A unter der Bedingung B.

Ein Beispiel: Sie werfen einen Würfel. Ein Wurf ergibt eine ungerade Zahl. Wie hoch ist die Wahrscheinlichkeit, dass eine 5 geworfen wurde? In Wahrscheinlichkeitsnotation ausgedrückt, suchen Sie P(Wurf ist eine 5 | Wurf ist ungerade) oder $P(B|A)$, wobei A das Ereignis ist, dass der Wurf ungerade ist, und B das Ereignis, dass der Wurf eine 5 ist. Nachdem Sie wissen, dass der Wurf ungerade ist, gibt es nur noch *drei* Möglichkeiten: 1, 3 oder 5; und alle sind gleich wahrscheinlich. Deshalb können Sie sagen: P(Wurf ist eine 5 | Wurf ist ungerade)$=\frac{1}{3}$. Klar geworden?

Bedingte Wahrscheinlichkeiten mit Formel lösen

Die bedingte Wahrscheinlichkeit von A unter der Bedingung B wird durch folgende Formel definiert:

$$P(A|B) = \frac{P(A \cap B)}{P(B)}$$

Sie berechnen zunächst die Wahrscheinlichkeiten des Durchschnitts von A und B und dividieren sie durch die Wahrscheinlichkeit von B. Der Zähler ist die Wahrscheinlichkeit des Durchschnitts, weil die Ereignisse von B auch in A enthalten sein sollen. Der Nenner ist die Wahrscheinlichkeit von B, weil B Ihr neuer Ereignisraum ist, denn Sie wissen bereits, dass das fragliche Element in der Menge B enthalten ist.

Sie können die bedingte Wahrscheinlichkeit von A unter der Bedingung B *nicht* berechnen, wenn $P(B) = 0$ ist oder – anders ausgedrückt – wenn B die leere Menge ist. Aber das ist auch kein Problem; falls B die leere Menge ist, sollten Sie sowieso nicht an der Wahrscheinlichkeit von A unter der Bedingung B interessiert sein, weil B gar nicht eintreten kann.

Ein Beispiel: Mit der Formel für bedingte Wahrscheinlichkeit können Sie die Antwort für die Beispielaufgabe aus dem vorhergehenden Abschnitt mit $A = \{1,3,5\}$ und $C = \{5\}$ berechnen. Aufgrund der Definition der bedingten Wahrscheinlichkeit gilt:

$$P(C|A) = \frac{P(C \cap A)}{P(A)} = \frac{\frac{1}{6}}{\frac{3}{6}} = \frac{1}{6} \cdot \frac{6}{3} = \frac{1}{3},$$

da $P(C \cap A) = \frac{1}{6}$, denn der Durchschnitt dieser beiden Mengen ist $\{5\}$ und dessen Wahrscheinlichkeit ist $\frac{1}{6}$. Außerdem stellen Sie jetzt fest: $P(A) = P(\{1,3,5\}) = \frac{3}{6}$. Somit erhalten Sie dieselbe Antwort wie vorhin.

Wahrscheinlichkeitsregeln verstehen und anwenden

Die Wahrscheinlichkeit von Ergebnissen, Ereignissen oder Kombinationen von Ergebnissen und/oder Ereignissen können durch Addition, Subtraktion, Multiplikation oder Division der Wahrscheinlichkeiten der ursprünglichen Ergebnisse und Ereignisse berechnet werden. Einige Kombinationen kommen so häufig vor, dass es dafür eigene Regeln und Formeln gibt. Je besser Sie die Überlegungen hinter den Formeln verstehen, desto besser können Sie sie behalten und erfolgreich anwenden.

Jede Wahrscheinlichkeit hat drei grundlegende Eigenschaften:

- ✔ Jede Wahrscheinlichkeit muss eine Zahl zwischen 0 und 1 sein. Wenn Sie berechnen, dass die Wahrscheinlichkeit eines Ereignisses größer als 1 oder negativ ist, haben Sie einen Fehler gemacht!
- ✔ Die Summe der Wahrscheinlichkeiten aller Ergebnisse in Ω muss 1 sein.

Auf den folgenden Seiten werden die grundlegenden Regeln und Formeln der Wahrscheinlichkeit dargestellt. Sie basieren auf diesen drei grundlegenden Eigenschaften.

Die Komplementärregel

Das *Komplement* (auch: *Gegenereignis*) A^c eines Ereignisses A aus einem Ereignisraum Ω ist die Menge aller Elemente des Ereignisraums, die nicht in A enthalten sind. Die Wahrscheinlichkeit des Komplements des Ereignisses A ist die Wahrscheinlichkeit, dass A nicht eintritt. Per Definition ergibt die Vereinigung von A und dem Komplement von A den gesamten Ereignisraum Ω; die entsprechende Wahrscheinlichkeit ist also 1; deshalb $P(A^c) + P(A) = 1$. Wenn Sie diese Gleichung nach $P(A)$ auflösen, erhalten Sie die so genannte *Komplementärregel*:

$$P(A) = 1 - P(A^c)$$

Häufig können Ereignisse nur schwierig abgegrenzt werden. Dann hilft oft das Komplement weiter; es kann leichter sein, die Ereignisse zu definieren, die Sie *nicht* haben wollen.

Dieser Gedanke soll am Werfen zweier Würfel dargestellt werden. Es gibt $6 \cdot 6 = 36$ mögliche Ereignisse: von $(1,1)$ bis $(6,6)$. Die Tabelle 15.2 zeigt die Menge aller möglichen Ergebnisse.

(1,1)	(2,1)	(3,1)	(4,1)	(5,1)	(5,1)
(1,2)	(2,2)	(3,2)	(4,2)	(5,2)	(5,2)
(1,3)	(2,3)	(3,3)	(4,3)	(5,3)	(5,3)
(1,4)	(2,4)	(3,4)	(4,4)	(5,4)	(5,4)
(1,5)	(2,5)	(3,5)	(4,5)	(5,5)	(5,5)
(1,6)	(2,6)	(3,6)	(4,6)	(5,6)	(5,6)

Tabelle 15.2: Die möglichen Ergebnisse beim Würfeln mit zwei Würfeln

Ein Beispiel: A ist das Ereignis, dass mindestens ein Würfel bei einem Wurf eine Zahl größer als 1 zeigt. Um diese Wahrscheinlichkeit zu ermitteln, müssen Sie die Wahrscheinlichkeiten aller Elementarereignisse addieren, die zu diesem Ereignis gehören. Das sind recht viele: alle Ereignisse in der ersten Spalte der Tabelle außer der ersten Zelle $(1,1)$ sowie alle Ereignisse in den restlichen fünf Spalten. Tatsächlich passen alle Ereignisse außer $(1,1)$ auf diese Beschreibung. Sie können also $P(A)$ berechnen, indem Sie alle Ereignisse ermitteln, die zu der Beschreibung passen, und deren Wahrscheinlichkeiten addieren; so erhalten Sie $\frac{35}{36}$. Doch mit dem Komplement geht es einfacher: Das Komplement von A ist die Menge aller Ereignisse in Ω, in denen *nicht* mindestens ein Würfel eine Zahl größer als 1 zeigt. Es gibt nur ein Ereignis, das dieses Kriterium erfüllt: $(1,1)$. Deshalb ist $A^c = \{(1,1)\}$. Da $P(A^c) = \frac{1}{36}$, erhalten Sie mit der Komplementärregel $P(A) = 1 - P(A^c) = 1 - \frac{1}{36} = \frac{35}{36}$. In diesem Fall lässt sich $P(A)$ viel einfacher mit der Komplementärregel berechnen.

Die Multiplikationsregel

Die Wahrscheinlichkeit des Durchschnitts zweier Ereignisse A und B wird mit der so genannten *Multiplikationsregel* berechnet. Sie ist aus der Definition der bedingten Wahrscheinlichkeit abgeleitet (siehe den Abschnitt *Bedingte Wahrscheinlichkeit* weiter vorn in diesem Kapitel); Sie erinnern sich bestimmt noch: $P(A|B) = \frac{P(A \cap B)}{P(B)}$.

Wenn Sie mit dem Nenner der rechten Seite multiplizieren, erhalten Sie:

$$P(A \cap B) = P(B) \cdot P(A|B)$$

Die Multiplikationsregel zerlegt die Wahrscheinlichkeit des Durchschnitts in zwei Faktoren; erst tritt B ein, und dann tritt A ein, vorausgesetzt, dass B eingetreten ist.

Aus einer totalen Wahrscheinlichkeit und einer bedingten Wahrscheinlichkeit können Sie mit der Multiplikationsregel die Wahrscheinlichkeit des Durchschnitts berechnen.

Ein Beispiel: Eine Gruppe besteht aus 60 Prozent Frauen, von denen 40 Prozent verheiratet sind. Wie hoch ist die Wahrscheinlichkeit, dass eine zufällig ausgewählte Person aus dieser Gruppe eine Frau und verheiratet ist? Nun, zunächst definieren Sie die Ereignisse $F = \{Frau\}$ und $V = \{verheiratet\}$. Sie suchen also $P(F \cap V)$, das heißt die Wahrscheinlichkeit des Durchschnitts von F und V. Sie wissen, dass 60 Prozent der Gruppe aus Frauen besteht, also ist $P(F) = 0,6$. Weiterhin wissen Sie, dass 40 Prozent der *Frauen* in der Gruppe verheiratet sind. Sie müssen eine bedingte Wahrscheinlichkeit benutzen, um die Aufgabe zu lösen, weil Sie die Frauen gesondert betrachten und die Wahrscheinlichkeit suchen, dass sie verheiratet sind: $P(V|F)$. Laut Multiplikationsregel gilt dann:

$$P(F \cap V) = P(F) \cdot P(V|F) = 0,6 \cdot 0,4 = 0,24$$

Das heißt, dass 24 Prozent der Personen in der Gruppe verheiratete Frauen sind; das bedeutet auch, dass die Wahrscheinlichkeit, eine verheiratete Frau aus der Gruppe auszuwählen, 24 Prozent beträgt. Einfach, oder?

Eine Wahrscheinlichkeit ist definitionsgemäß eine Zahl zwischen 0 und 1, aber sie wird manchmal als Prozentsatz ausgedrückt, weil sie so leichter zu interpretieren ist. Sie erhalten den Prozentsatz, indem Sie die Wahrscheinlichkeit mit 100 (Prozent) multiplizieren.

Achten Sie immer auf den Unterschied zwischen einer Wahrscheinlichkeit des Durchschnitts und einer bedingten Wahrscheinlichkeit. Die *Wahrscheinlichkeit des Durchschnitts* wird gesucht, wenn Sie ein Element einer Gruppe auswählen, das zwei Eigenschaften hat. Die *bedingte Wahrscheinlichkeit* wird gesucht, wenn Sie zunächst eine Untergruppe auswählen, deren Elemente eine der Eigenschaften haben, und dann die Wahrscheinlichkeit berechnen, dass ein Element aus dieser Untergruppe die zweite Eigenschaft aufweist.

Die Additionsregel

Die *Vereinigung* zweier Ereignisse A und B ist die Menge aller Ereignisse in dem Ereignisraum Ω, die in A *oder* in B (oder in beiden Mengen) enthalten sind. Um die Wahrscheinlichkeit der Vereinigung zweier Ereignisse A und B zu berechnen, legt die vorschnelle Intuition eine Addition der beiden Einzelwahrscheinlichkeiten nahe. Doch das reicht nicht (oder um genau zu sein: Es könnte bereits zu viel sein). Wenn Sie $P(A)$ und $P(B)$ addieren, zählen Sie die Ereignisse doppelt, die sowohl in A als auch in B enthalten sind. Anders ausgedrückt: Sie zählen die Ereignisse in $A \cap B$ doppelt. Weil dadurch die Wahrscheinlichkeit der Vereinigung zu groß wird, müssen Sie die Wahrscheinlichkeit $P(A \cap B)$ einmal abziehen. Somit wird die Wahrscheinlichkeit der Vereinigung von A und B folgendermaßen berechnet:

$$P(A \cup B) = P(A) + P(B) - P(A \cap B)$$

Diese Formel wird als *Additionsregel* bezeichnet.

Ein Beispiel: Eine Gruppe besteht aus 60 Prozent Frauen. Sie wissen, dass 40 Prozent aller Personen in der Gruppe verheiratet sind. Wie hoch ist der Prozentsatz der Personen in der Gruppe, die Frauen *oder* verheiratet (oder beides) sind, das heißt, welchen Wert hat $P(F \cup V)$? Laut Additionsregel ist $P(F \cup V) = P(F) + P(V) - P(F \cap V)$. Sie wissen, dass 60 Prozent der Gruppe aus Frauen besteht, also gilt $P(F) = 0{,}6$. Sie wissen, dass 40 Prozent der Gruppenmitglieder verheiratet sind, somit $P(V) = 0{,}4$ ist. Die Multiplikationsregel aus dem vorhergehenden Abschnitt ergibt $P(F \cap V) = 0{,}24$. Damit ist $P(F \cup V) = 0{,}6 + 0{,}4 - 0{,}24 = 0{,}76$, das heißt, 76 Prozent der Gruppenmitglieder sind verheiratet oder weiblich (oder eben beides).

Wie wahrscheinlich ist die Wettervorhersage?

Ein Beispiel: Sie wollen für eine bestimmte Region das Wetter vorhersagen. Experten haben dort ermittelt, dass, wenn es heute trocken ist, es morgen mit einer Wahrscheinlichkeit von 0,85 ebenfalls trocken ist. Ist es heute allerdings nass, dann wird es morgen mit einer Wahrscheinlichkeit von 0,6 regnen. Nehmen Sie an, heute ist Montag und es ist trocken. Was können Sie über das Wetter am Mittwoch aussagen?

$P(\text{Mi nass}) = 0{,}85 \cdot 0{,}15 + 0{,}15 \cdot 0{,}6 = 0{,}2175$, also knapp 22 Prozent.

$P(\text{Mi trocken}) = 0{,}85 \cdot 0{,}85 + 0{,}15 \cdot 0{,}4 = 0{,}7825$, also gut 78 Prozent.

Ein Unsicherheitsfaktor bleibt natürlich immer. Unsere tägliche Wettervorhersage ist natürlich wesentlich komplexer, aber Meteorologen arbeiten nach ähnlichen Prinzipien.

Wie Sie genau mit solchen mehrstufigen Rechnungen, bestehend aus jeweiligen Einzelwahrscheinlichkeiten, umgehen, zeige ich Ihnen unter anderem im Abschnitt *Wahrscheinlichkeiten mit Baumdiagrammen darstellen* des Kapitels 16.

Unabhängigkeit mehrerer Ereignisse

Eine der wichtigsten Annahmen der grundlegenden Wahrscheinlichkeitsmodelle ist Unabhängigkeit. Mehrere Ereignisse sind *unabhängig*, wenn das Wissen, dass ein Ereignis eingetreten ist, nicht die Wahrscheinlichkeit beeinflusst, dass ein anderes Ereignis eintritt. Anders ausgedrückt: Zu wissen, dass A eingetreten ist, ändert nicht die Wahrscheinlichkeit, dass B unter der Bedingung von A eintritt. Bei zwei unabhängigen Ereignissen A und B spielen bedingte Wahrscheinlichkeiten untereinander keine Rolle!

Es gibt zwei Methoden, um die Unabhängigkeit zweier Ereignisse zu prüfen:

✔ *Anhand der verbalen Definition der Unabhängigkeit:* Prüfen Sie, ob $P(A|B) = P(A)$ oder $P(B|A) = P(B)$ – vorausgesetzt, beide Ereignisse A und B haben positive Wahrscheinlichkeit. (Dafür sagen Sie auch, dass es sich um *mögliche* Ereignisse handelt.) Es genügt, eine Bedingung zu prüfen.

✔ *Anhand der Multiplikationsregel:* Wenn $P(A \cap B) = P(A) \cdot P(B)$, sind A und B unabhängig. (Dies ist im Allgemeinen auch die Definition, die Sie in der Literatur finden.)

Die Unabhängigkeit zweier Ereignisse anhand der Definition prüfen

Ein Beispiel: Sie werfen einen Würfel. Der Ereignisraum ist $\Omega = \{1,\ldots,6\}$. Sind die beiden Ereignisse A = {ungerade Zahl} und B = {Zahl ist eine 1} unabhängig? Um diese Frage zu beantworten, müssen Sie zunächst fragen: »Wenn ich weiß, dass das Ergebnis ungerade ist, wie hoch ist die Wahrscheinlichkeit, dass es eine 1 ist?« Die Antwort ist: $\frac{1}{3}$. Fragen Sie dann: »Wie hoch ist die Wahrscheinlichkeit, dass die Zahl eine 1 ist, ohne zu wissen, ob sie ungerade ist?« Die Antwort ist $\frac{1}{6}$. Die Wahrscheinlichkeiten sind verschieden, also sind die Ereignisse A und B nicht unabhängig. Die Kenntnis eines Ereignisses beeinflusst die Wahrscheinlichkeit des anderen Ereignisses.

Ziehen Sie jetzt ein weiteres Ereignis C = {Zahl ist eine 1 oder 2} in Betracht. Sind die Ereignisse A und C unabhängig? Um dies zu beantworten, prüfen Sie, ob $P(C) = P(C|A)$ oder $P(A) = P(A|C)$. Die Wahrscheinlichkeit von C ist $\frac{2}{6}$. Die Wahrscheinlichkeit von C unter der Bedingung A ist die Wahrscheinlichkeit, dass eine 1 oder 2 geworfen wurde, wenn bereits bekannt ist, dass das Ergebnis ungerade ist. Anhand der Definition der bedingten Wahrscheinlichkeit (siehe den Abschnitt *Bedingte Wahrscheinlichkeit* weiter vorn in diesem Kapitel), erhalten Sie $P(C|A) = \frac{P(C \cap A)}{P(A)}$.

Die Menge $C \cap A$ ist die Menge $\{1\}$, deren Wahrscheinlichkeit $\frac{1}{6}$ beträgt. Die Wahrscheinlichkeit von A ist $\frac{3}{6}$. Die Division dieser Wahrscheinlichkeiten ergibt $\frac{1}{3}$. Die Ereignisse A und C sind unabhängig, weil das Wissen, dass der Wurf ungerade ist, nichts an der Wahrscheinlichkeit ändert, dass das Ergebnis eine 1 oder eine 2 ist. Einige Informationen sind tatsächlich überflüssig, weil sie die Wahrscheinlichkeit des Ergebnisses nicht beeinflussen.

 Ein wichtiger Hinweis zu unabhängigen Ereignissen: Wenn zwei Ereignisse unabhängig sind, bedeutet dies nicht, dass sie nicht gleichzeitig eintreten können. Zwei unabhängige Ereignisse können durchaus gleichzeitig eintreten und nebeneinander existieren; sie beeinflussen sich nur nicht gegenseitig, wenn es um Wahrscheinlichkeiten geht.

Die Multiplikationsregel für unabhängige Ereignisse nutzen

Ein Beispiel: Sie wollen wissen, wie hoch die Wahrscheinlichkeit ist, dass fünf Ereignisse gleichzeitig eintreten. Wenn diese Ereignisse nicht unabhängig sind, müssen Sie bei jedem Schritt die bedingten Wahrscheinlichkeiten berechnen: Das zweite Ereignis würde von dem ersten Ereignis abhängen; das dritte Ereignis würde von dem ersten und dem zweiten Ereignis abhängen; das vierte Ereignis würde von den ersten drei Ereignissen abhängen; und das fünfte Ereignis würde von den ersten vier Ereignissen abhängen. Was für ein Durcheinander! Wenn dagegen alle Ereignisse unabhängig sind, besteht die Wahrscheinlichkeit des Durchschnitts aus dem Produkt der fünf Einzelwahrscheinlichkeiten der Elementarereignisse. Sehr viel einfacher! Sie können die Multiplikationsregel für unabhängige Ereignisse auf eine beliebige endliche Anzahl von Ereignissen ausweiten.

Wenn Sie wissen oder zeigen können, dass zwei Ereignisse unabhängig sind, können Sie Wahrscheinlichkeiten, die mit diesen Ereignissen verbunden sind, viel leichter berechnen, weil dann nämlich gilt: $P(A|B) = P(A)$ und $P(B|A) = P(B)$. Und was soll daran so großartig sein? Wenn Sie die Wahrscheinlichkeiten des Durchschnitts von A und B berechnen wollen, lautet die Formel:

$$P(A \cap B) = P(A) \cdot P(B|A) = P(A) \cdot P(B),$$

da A und B unabhängig sind. Deshalb ist die Wahrscheinlichkeit des Durchschnitts unabhängiger Ereignisse A und B gleich dem Produkt ihrer totalen (oder individuellen) Wahrscheinlichkeiten.

Es mag verlockend sein, immer $P(A) \cdot P(B)$ anzuwenden, wenn Sie $P(A \cap B)$ suchen; dies ist aber nur möglich, wenn A und B unabhängig sind. Andernfalls müssen Sie die Formel $P(A) \cdot P(B|A)$ anwenden und wohl oder übel mit bedingten Wahrscheinlichkeiten rechnen.

Ein Beispiel: Sie würfeln. Sie können davon ausgehen, dass sich die Ereignisse der Würfel nicht gegenseitig beeinflussen. Wenn Sie zwei Würfel werfen, wie hoch ist die Wahrscheinlichkeit, zwei 1en zu werfen? Laut Multiplikationsregel ist die Wahrscheinlichkeit dieses Ereignisses gleich dem Produkt der Einzelwahrscheinlichkeit für eine 1 mit einem Würfel, also jeweils $\frac{1}{6}$, und somit insgesamt $\frac{1}{36}$. Bei fünf Würfeln beträgt die Wahrscheinlichkeit, lauter 1en zu werfen: $\frac{1}{6} \cdot \frac{1}{6} \cdot \frac{1}{6} \cdot \frac{1}{6} \cdot \frac{1}{6} = \left(\frac{1}{6}\right)^5$. Verallgemeinert: Bei n Würfeln beträgt die Wahrscheinlichkeit, n-mal die 1 zu werfen, also $\left(\frac{1}{6}\right)^n$. Wenn Sie nun die Wahrscheinlichkeit suchen, bei fünf Würfen genau eine 1 zu werfen, wird es schwieriger, weil es verschiedene Möglichkeiten gibt, genau eine 1 zu erhalten, die Sie alle berücksichtigen müssen. (Einen allgemeinen Lösungsansatz hierfür finden Sie im Abschnitt *Wahrscheinlichkeiten mit Baumdiagrammen darstellen* des Kapitels 16.)

Einander ausschließende Ereignisse berücksichtigen

Oft treten unabhängige Ereignisse gleichzeitig ein, ohne sich gegenseitig zu beeinflussen; aber auch die entgegengesetzte Situation kommt vor, nämlich dass zwei Ereignisse gleichzeitig eintreten und sich stark beeinflussen. Zwei *Ereignisse A und B schließen einander aus*, wenn sie nicht gleichzeitig eintreten können, das heißt, wenn das eine eintritt, kann das andere nicht eintreten, und umgekehrt: $A \cap B = \emptyset$ (insbesondere gilt: $P(A \cap B) = 0$). Wenn Sie wissen, dass A eingetreten ist, wissen Sie, dass B nicht eintreten kann; und wenn Sie wissen, dass B eingetreten ist, wissen Sie, dass A nicht eintreten kann.

Wie bei unabhängigen Ereignissen (siehe den vorherigen Abschnitt) können einander ausschließende Ereignisse Ihre Berechnungen erheblich vereinfachen, weshalb Sie in Wahrscheinlichkeitsmodellen immer nach ihnen Ausschau halten sollten.

Einander ausschließende Ereignisse erkennen

Wenn zwei Ereignisse einander ausschließen, bedeutet dies nicht, dass das eine oder das andere Ereignis eintreten muss; es bedeutet nur, dass, falls ein Ereignis eintritt, das andere Ereignis nicht eintreten kann.

Ein Beispiel: Eine Verkehrsampel hat einen Ereignisraum $\Omega = \{\text{rot, gelb, grün}\}$. Betrachten Sie zwei Ereignisse: $A = \{\text{gelb}\}$ und $B = \{\text{grün}\}$. Wenn die Ampel grün ist, kann sie nicht gelb sein und umgekehrt. Diese beiden Ereignisse schließen einander aus. Egal wie groß $P(A)$ ist: Sie wissen, dass $P(A \mid B) = 0$ gilt.

Wenn A und B einander ausschließen, ist $P(A \cap B) = 0$, so dass gilt:

$$P(A|B) = \frac{P(A \cap B)}{P(B)} = \frac{0}{P(B)} = 0$$

Komplementäre Ereignisse bilden einen Sonderfall einander ausschließender Ereignisse: Im Hinblick auf ihre Ereignisse sind sie genau gegenteilig.

Ein Beispiel: Sie werfen eine Münze zweimal. Der Ereignisraum ist $\Omega = \{KK, KZ, ZK, ZZ\}$, also K für Kopf und Z für Zahl. Es sei A das Ereignis, dass zweimal Kopf auftritt: $A = \{KK\}$. Dann ist das Komplement A^c das Ereignis, das das Ereignis zweimal Kopf nicht enthält, also $A^c = \{KZ, ZK, ZZ\}$. Per Definition enthält A^c die Ereignisse in Ω, die *nicht* in A enthalten sind. Die Schnittmenge der Ereignisse A und A^c ist insbesondere natürlich leer: $A \cap A^c = \emptyset$. Dies bedeutet, dass die Ereignisse einander ausschließen.

Wenn A und B einander ausschließen, gilt $A \cup A^c = \Omega$ und $P(A) + P(A^c) = 1$.

Die Additionsregel mit einander ausschließenden Ereignissen vereinfachen

Wenn zwei Ereignisse einander ausschließen, ist ihre Schnittmenge leer; dadurch lässt sich die Additionsregel der Wahrscheinlichkeit erheblich vereinfachen. Die Additionsregel ermittelt die Wahrscheinlichkeit für die Vereinigung zweier Ereignisse A und B (siehe den Abschnitt *Die Additionsregel* weiter vorn in diesem Kapitel); sie gibt die Wahrscheinlichkeit an, dass ein Ereignis in A oder in B oder in beiden Mengen enthalten ist. Bei einander ausschließenden Ereignissen gibt es keine Ereignisse, die beiden Mengen angehören, wodurch sich die Additionsregel auf die Summe der Wahrscheinlichkeiten der beiden Ereignisse reduziert. Wegen $P(A \cap B) = 0$ vereinfacht sich die Additionsregel für zwei einander ausschließende Ereignisse A und B auf: $P(A \cup B) = P(A) + P(B)$.

Ein Beispiel: Sie ziehen eine Karte aus einem Standardkartenspiel mit 52 Karten. Wie hoch ist die Wahrscheinlichkeit, dass die Karte eine 2 oder eine 3 ist? Es sei A = {Karte ist eine 2} und B = {Karte ist eine 3}. Da das Spiel 52 Karten mit jeweils vier 2en und 3en enthält, sind $P(A) = \frac{4}{52}$ und $P(B) = \frac{4}{52}$. Da Sie die Wahrscheinlichkeit suchen, dass die Karte eine 2 *oder* eine 3 ist, müssen Sie die Wahrscheinlichkeit der Vereinigung berechnen: $P(A \cup B)$. Die Ereignisse A und B schließen einander aus, weil eine Karte nicht gleichzeitig eine 2 und eine 3 sein kann, so dass $P(A \cap B) = 0$. Deshalb beträgt die gesuchte Wahrscheinlichkeit: $P(A \cup B) = P(A) + P(B) = \frac{4}{52} + \frac{4}{52} = \frac{8}{52} = 0{,}154$ oder $15{,}4$ Prozent.

Unabhängige und einander ausschließende Ereignisse unterscheiden

Viele Studenten, die Vorlesungen zur Wahrscheinlichkeitsrechnung besuchen, haben häufig Schwierigkeiten, zwischen unabhängigen und einander ausschließenden Ereignissen zu unterscheiden. Beide Arten von Ereignissen sind, einzeln betrachtet, verständlich. Aber wenn sie miteinander verglichen werden, scheinen die Begriffe zu verschwimmen. Doch wenn Sie die Definitionen genauer betrachten, werden Sie einen Unterschied erkennen. Letztlich geht es um die Rolle der Wahrscheinlichkeiten von Durchschnitten.

Ein Vergleich von unabhängig und einander ausschließend

Wenn zwei Ereignisse A und B unabhängig sind, können sie gleichzeitig eintreten, das heißt, dass sie eine Schnittmenge haben können. Die Wahrscheinlichkeit für die Schnittmenge, also die Wahrscheinlichkeit des Durchschnitts, ist in diesem Fall $P(A \cap B) = P(A) \cdot P(B)$, das heißt, um die Wahrscheinlichkeit der beiden Ereignisse zu berechnen, multiplizieren Sie ihre totalen Wahrscheinlichkeiten. Doch wenn die Ereignisse A und B einander ausschließen, können sie nicht gleichzeitig eintreten, was bedeutet, dass sie keine (nichtleere) Schnittmenge haben können. Die Wahrscheinlichkeit des Durchschnitts ist gleich 0.

Ein Beispiel: A und B sind mögliche Ereignisse, das heißt, ihre Einzelwahrscheinlichkeiten sind ungleich 0 und darüber hinaus unabhängig. Können sie einander ausschließen? Nein; denn wenn sie einander ausschließen würden, müsste ihre Schnittmenge leer sein und somit wäre $P(A \cap B) = P(\emptyset) = 0$. Weil aber wegen der Unabhängigkeit $P(A \cap B) = P(A) \cdot P(B)$, kann dieses Produkt nur gleich 0 sein, wenn mindestens ein Faktor gleich 0 wäre, was aber in diesem Fall nicht gilt. Wenn also zwei mögliche Ereignisse unabhängig sind, können sie einander nicht ausschließen.

Nun die Umkehrung dieses Szenarios: Wenn A und B einander ausschließende und mögliche Ereignisse sind, können sie dann unabhängig sein? Nein. Dies ist eindeutig zu erkennen, wenn Sie sich die Definition von Unabhängigkeit anschauen. Angenommen, die Ereignisse

15 ➤ Grundbegriffe der Wahrscheinlichkeitsrechnung

A und B würden einander ausschließen. Diese beiden Ereignisse sind unabhängig, wenn $P(A|B) = P(A)$; aber Sie wissen, dass $P(A|B) = \frac{P(A \cap B)}{P(B)}$ und dass der Zähler gleich 0 ist, weil A und B einander ausschließen. Dies führt dazu, dass die gesamte bedingte Wahrscheinlichkeit $P(A \mid B)$ gleich 0 ist. Aber aufgrund der Unabhängigkeit gilt damit eben auch, dass die Einzelwahrscheinlichkeit $P(A)$ gleich 0 ist – das kann nach Voraussetzung aber nicht sein. Wenn also zwei mögliche Ereignisse A und B einander ausschließen, können sie nicht unabhängig sein.

Einander ausschließende Ereignisse können nicht unabhängig sein und unabhängige Ereignisse können einander nicht ausschließen – außer mindestens eines der beiden Ereignisse ist nicht möglich, das heißt, die Einzelwahrscheinlichkeit ist gleich 0.

Unabhängigkeit beziehungsweise einander Ausschließen in einem Kartenspiel prüfen

Ein Beispiel: Sie ziehen eine Karte aus einem Standardkartenspiel mit 52 Karten. Es seien die vier Mengen A = {Karte ist eine 2}, B = {Karte ist schwarz}, C = {Karte ist eine Bildkarte} und D = {Karte ist keine Bildkarte} gegeben. Dann ist offensichtlich $P(A) = \frac{4}{52} = \frac{1}{13}$, $P(B) = \frac{26}{52} = \frac{1}{2}$, $P(C) = \frac{12}{52} = \frac{3}{13}$ und schließlich $P(D) = 1 - \frac{3}{13} = \frac{10}{13}$. (Hierbei sind C und D komplementäre Ereignisse; mehr dazu im Abschnitt *Die Komplementärregel* weiter vorne in diesem Kapitel.) Schließen die Ereignisse A und B einander aus? Nein, denn sie haben eine (mögliche und damit insbesondere) nichtleere Schnittmenge: Zwei Karten in dem Spiel sind 2en und schwarz (♠2 und ♣2).

✔ Sind die Ereignisse A und B unabhängig?

Es ist $P(A \cap B) = \frac{2}{52} = \frac{1}{26}$; außerdem ist $P(A) \cdot P(B) = \frac{1}{13} \cdot \frac{1}{2} = \frac{1}{26}$. Da diese Wahrscheinlichkeiten gleich sind, sind die Ereignisse unabhängig. Dies kann man folgendermaßen erkennen: Wenn Sie wissen, dass eine Karte schwarz ist, beträgt die Wahrscheinlichkeit, dass sie eine 2 ist, eben $\frac{2}{26}$. Dies ist dieselbe Wahrscheinlichkeit, dass eine Karte eine 2 ist, wenn Sie nicht wissen, dass sie schwarz ist, nämlich $\frac{4}{52} = \frac{2}{26}$. Ihr Wissen, dass die Karte schwarz ist, hat also keinen Einfluss auf die Wahrscheinlichkeit, dass sie eine 2 ist.

✔ Was ist mit den Ereignissen A und C? Sind sie unabhängig?

Weil eine Karte nicht sowohl eine 2 als auch eine Bildkarte sein kann, ist ihr Durchschnitt die leere Menge, wodurch A und C sich einander ausschließen. Ihre Wahrscheinlichkeiten haben einen direkten Einfluss aufeinander. $P(A) = \frac{4}{52}$ und $P(A \mid C) = 0$; weil diese Zahlen nicht gleich sind, sind die Ereignisse *nicht* unabhängig.

✔ Was ist mit den Ereignissen A und D?

Ihre Schnittmenge ist die Menge aller Karten, die 2en und Nicht-Bildkarten sind, das sind alle vier 2en, dadurch ist $P(A \cap B) = \frac{4}{52}$. Deswegen schließen sich A und D nicht aus. Sind die Ereignisse nun unabhängig? Da $P(A) = \frac{4}{52}$ und $P(D) = \frac{40}{52}$, gilt $P(A) \cdot P(D) = \frac{4}{52} \cdot \frac{40}{52} = \frac{1}{13} \cdot \frac{10}{13} = \frac{10}{169} = 0,059$. Sie dürfen jedoch den Durchschnitt von A und

D nicht vergessen, der vier Karten (alle 2en) enthält, wodurch seine Wahrscheinlichkeit eben $\frac{4}{52} = 0{,}077$ beträgt. Weil diese beiden Wahrscheinlichkeiten nicht gleich sind, sind die Ereignisse A und D auch *nicht* unabhängig.

Damit zwei Ereignisse A und B unabhängig sind, muss $P(A)$ gleich $P(A|B)$ sein – nicht *ähnlich*, sondern *gleich*. In dem vorhergehenden Beispiel scheint der Unterschied zwischen den Wahrscheinlichkeiten 0,059 und 0,077 nicht groß zu sein, aber »dicht beieinander« zählt nicht, wenn es um Unabhängigkeit geht. Die Zahlen müssen genau gleich sein.

Wahrscheinlichkeitsmodelle anhand der Sprache erkennen

Das Wort »oder« ist ein Hinweis dafür, dass Sie die Wahrscheinlichkeit einer Vereinigung suchen müssen – beispielsweise wenn Sie die Wahrscheinlichkeit berechnen wollen, dass jemand mehr als ein Handy *oder* mehr als einen Festnetzanschluss besitzt. Das Wort »und« ist ein Hinweis darauf, dass Sie die Wahrscheinlichkeit eines Durchschnitts suchen müssen – beispielsweise wenn Sie die Wahrscheinlichkeit berechnen wollen, dass jemand wenigstens ein Handy *und* wenigstens einen Festnetzanschluss besitzt. Die Wörter *von/der/die/des* weisen darauf hin, dass Sie eine bedingte Wahrscheinlichkeit berechnen müssen – beispielsweise wenn Sie die Wahrscheinlichkeit berechnen wollen, dass Menschen, *die* einen Festnetzanschluss haben, auch Handys besitzen.

Nützliche Zählregeln und Kombinatorik

Alle Träumer und Spieler wollen wissen, wie hoch ihre Chance ist, in einer Lotterie zu gewinnen, oder wie hoch die Wahrscheinlichkeit ist, beim Poker einen Vierer zu bekommen. Die Chancen haben alle mit *Zählregeln* zu tun. Eine *Zählregel* ist eine mathematische Methode/Formel, mit der man *zählt*, wie oft ein bestimmtes Ergebnis eintreten kann. Zählregeln bringen Ordnung in einen scheinbar chaotischen Prozess.

Welche Möglichkeiten gibt es, mit zwei Würfen keine 7 zu werfen? Ohne eine systematische Methode wäre diese Frage schwierig zu beantworten, ganz zu schweigen von beispielsweise der gleichen Fragestellung nach fünf Würfen.

Wir verwenden hierbei die Notation des *Binomialkoeffizienten* »n über k«, geschrieben als $\binom{n}{k}$, die Sie aber nicht abschrecken sollte. Dieser ist definiert als $\binom{n}{k} = \frac{n!}{k!(n-k)!}$, wobei $n!$ (sprich: *n-Fakultät*) gegeben ist durch das folgende Produkt: $n! = n \cdot (n-1) \cdot \ldots \cdot 2 \cdot 1$.

Einige Beispiele: $3! = 3 \cdot 2 \cdot 1 = 6$, $2! = 2 \cdot 1 = 2$ und $1! = 1$. Per Definition ist $0! := 1$. Mehr dazu finden Sie in Kapitel 18.

Urnen und Kugeln

Stellen Sie sich eine Urne (oder ein anderes Gefäß) vor, die mit n Kugeln gefüllt ist. (In der Stochastik wird sehr oft mit *Urnen* argumentiert; Sie können sich auch gern einen Topf oder einen Eimer vorstellen, in dem verschiedene Bälle enthalten sind, oder eine bestimmte Anzahl an Schülern im Sportunterricht bei der Auslosung der Fußballmannschaft.) Stellen Sie sich außerdem vor, dass Sie nun nacheinander k Kugeln aus der Urne ziehen möchten. Dabei haben Sie unter anderem folgende verschiedene Möglichkeiten:

✔ Sie ziehen nacheinander Kugeln und legen diese wieder in die Urne zurück, und/oder

✔ Sie ziehen nacheinander Kugeln aus der Urne und merken sich dabei die Reihenfolge der gezogenen Kugeln.

Bei der ersten Variante könnten Sie ein und dieselbe Kugel mehrmals ziehen; dies ist nicht immer erwünscht – denken Sie an die Ziehung der Lottozahlen. In der zweiten Variante richtet sich Ihr Fokus auf die Reihenfolge innerhalb der Ziehung; dies kann manchmal wichtig sein, manchmal auch nicht – denken Sie wieder an die Lottozahlen.

Deswegen unterscheiden Sie grundsätzlich vier Arten von Ziehungen: eine Ziehung *mit oder ohne Wiederholung* (das heißt mit oder ohne Zurücklegen der Kugeln) und *mit oder ohne Berücksichtigung der Reihenfolge* (der gezogenen Kugeln).

In der Literatur finden Sie teilweise sehr unterschiedliche Bezeichnungen für diese vier Fälle. Die Begriffe *Variation* und *Kombination* werden am häufigsten vorkommen, aber manchmal finden Sie eben noch weitere Namen dafür, um jeden der vier Fälle mit einem eigenen Namen zu bezeichnen. Aber wie Sie wissen: Namen sind Schall und Rauch – Hauptsache ist, dass Sie wissen, worüber Sie sprechen, wenn Sie diese Bezeichnungen verwenden.

Ziehung mit Berücksichtigung der Reihenfolge

Diese Art der Ziehung wird als *Variation* bezeichnet. Sie unterscheiden zusätzlich nach der Art der Ziehung, nämlich ob Sie die Kugeln nach jeder Ziehung zurücklegen oder nicht. Je nachdem kann man die gleiche Kugel erneut ziehen oder eben nicht.

Variation ohne Wiederholung (ohne Zurücklegen)

Sie möchten k Kugeln aus einer Urne mit insgesamt n Kugeln ziehen, dabei legen Sie die gezogenen Kugeln nicht wieder in die Urne zurück und achten penibel auf die Reihenfolge während der Ziehung. Dann gibt es insgesamt $\frac{n!}{(n-k)!}$ Möglichkeiten.

Ein Beispiel: Sie sollen aus einer Gruppe von acht Schülern eine 4er-Staffel zusammenstellen. Dann ist $n = 8$, $k = 4$ und somit gibt es $\frac{8!}{(8-4)!} = \frac{8!}{4!} = 8 \cdot 7 \cdot 6 \cdot 5 = 1680$ Möglichkeiten. Da sollte man als Trainer lieber früher als später ein gutes Händchen bei der Auswahl haben.

Variation mit Wiederholung (mit Zurücklegen)

Nun möchten Sie k Kugeln aus der Urne mit insgesamt n Kugeln ziehen, legen dabei die gezogenen Kugeln aber immer wieder in die Urne zurück und achten natürlich immer noch penibel auf die Reihenfolge während der Ziehung. Dann gibt es insgesamt n^k Möglichkeiten.

Ein Beispiel: Sie wollen einen Safe knacken. Der Code besteht aus vier Stellen mit jeweils zehn Ziffern (0 bis 9). Dann ist $n = 10$, $k = 4$ und es gibt $n^k = 10^4 = 10000$ Möglichkeiten. Viel Glück!

Ziehung ohne Berücksichtigung der Reihenfolge

Diese Art der Ziehung wird allgemein als *Kombination* bezeichnet. Auch hier unterscheiden Sie noch nach der Art der Ziehung, nämlich ob Sie die Kugeln nach jeder Ziehung zurücklegen oder nicht.

Kombination ohne Wiederholung (ohne Zurücklegen)

Jetzt möchten Sie k Kugeln aus der Urne mit n Kugeln ziehen, dabei legen Sie die gezogenen Kugeln nicht wieder in die Urne zurück, aber diesmal ist Ihnen die Reihenfolge während der Ziehung egal. Dann gibt es insgesamt $\binom{n}{k} = \frac{n!}{k! \cdot (n-k)!} = \binom{n}{n-k}$ Möglichkeiten.

Ein Beispiel: Sie spielen Lotto (6 aus 49). Sie planen, den Jackpot zu knacken, fangen aber mit sechs Richtigen an: Hier ist $n = 49$ und $k = 6$. Dann gibt es insgesamt $\binom{n}{k} = \binom{49}{6} = \frac{49!}{6! \cdot (49-6)!} = \frac{49!}{6! \cdot 43!} = \frac{49 \cdot 48 \cdot 47 \cdot 46 \cdot 45 \cdot 44}{6 \cdot 5 \cdot 4 \cdot 3 \cdot 2 \cdot 1} = 13.983.816$, knapp 14 Millionen Möglichkeiten. Diese Zahl spricht für sich.

Kombination mit Wiederholung (mit Zurücklegen)

Diesmal möchten Sie k Kugeln aus der Urne mit n Kugeln ziehen, dabei legen Sie die gezogenen Kugeln immer wieder in die Urne zurück und Ihnen ist die Reihenfolge während der Ziehung immer noch egal. Dann gibt es insgesamt $\binom{n+k-1}{k} = \frac{(n+k-1)!}{k! \cdot (n-1)!}$ Möglichkeiten.

Ein Beispiel: Sie spielen Kniffel. Sie würfeln mit fünf Würfeln und schauen, was Sie bekommen. Wie viele Konstellationen der Würfel gibt es? Analysieren wir: Sie würfeln mit fünf Würfeln, das heißt, Sie erhalten fünf Zahlen, somit ist $k = 5$. Aber was ist n? In diesem Fall kommen Sie Zahlen jeweils von einem Würfel, also gibt es pro Würfel sechs Möglichkeiten: $n = 6$. Damit haben Sie alles zusammen. Es gibt dann insgesamt $\binom{n+k-1}{k} = \frac{(n+k-1)!}{k! \cdot (n-1)!} = \frac{(6+5-1)!}{5! \cdot (6-1)!} = \frac{10!}{5! \cdot 5!} = \frac{10 \cdot 9 \cdot 8 \cdot 7 \cdot 6}{5 \cdot 4 \cdot 3 \cdot 2 \cdot 1} = 252$ viele Konstellationen der fünf Würfel.

Abschließende Betrachtungen

In der Kombinatorik ist es sehr wichtig, dass Sie den Überblick behalten. Schauen Sie sich daher zusammenfassend in Tabelle 15.3 eine vergleichende Übersicht an:

15 ➤ Grundbegriffe der Wahrscheinlichkeitsrechnung

	Variation (mit Reihenfolge)	Kombination (ohne Reihenfolge)
Mit Wiederholung (mit Zurücklegen)	n^k	$\binom{n+k-1}{k} = \frac{(n+k-1)!}{k! \cdot (n-1)!}$
Ohne Wiederholung (ohne Zurücklegen)	$\frac{n!}{(n-k)!}$	$\binom{n}{k} = \frac{n!}{k! \cdot (n-k)!} = \binom{n}{n-k}$

Tabelle 15.3: Die vier Urnenmodelle im Vergleich

Die Schwierigkeit bei einer gestellten Aufgabe, in der Sie eine kombinatorische Zählregel anwenden sollen, besteht meistens darin, die Aufgabenstellung richtig zu interpretieren, das heißt, die Problemstellung irgendwie in eine (oder mehrere) der vier genannten Grundformen zu pressen. Nehmen Sie sich lieber mehr Zeit für die Analyse, um nicht das falsche Modell zu wählen.

Ein abschließendes, etwas komplexeres Beispiel: Sie wollen beim Lotto nicht wie im Beispiel weiter vorne in diesem Kapitel einen Sechser haben, sondern zusätzlich den Jackpot knacken. Dazu brauchen Sie einen Sechser und die richtige Superzahl. Sie wissen bereits, dass es 13.983.816 Möglichkeiten gibt, sechs Zahlen (aus den 49) auszuwählen. Die Superzahl wird nun aber extra gespielt. Also gibt es dafür noch einmal zehn Möglichkeiten. Wenn Sie beide Zahlen (das heißt beide Anzahlen der Möglichkeiten) multiplizieren, erhalten Sie die Möglichkeiten für diese insgesamt sieben Zahlenwerte – das ist nicht das Gleiche wie sieben aus 49. Klar, oder? Wie Sie sehen können, gibt es für den Jackpot insgesamt knapp 140 Millionen Möglichkeiten. Somit ist die Wahrscheinlichkeit, diesen zu knacken, gerade mal $\frac{1}{139838160} = 0{,}000000007 = 0{,}0000007$ Prozent. Das ist wirklich nur eine richtig kleine Chance zu gewinnen!

Verkraften Sie 5 Richtige im Lotto?

Die Gewinnchance für einen 6er im Lotto auszurechnen, war nicht wirklich schwer. Aber wie sieht es mit fünf Richtigen aus? Hier gilt es, verschiedene Ansätze zu kombinieren. Bei fünf richtigen Gewinnzahlen haben Sie genau fünf Zahlen richtig und genau eine Zahl falsch getippt.

Wie viele Möglichkeiten gibt es, fünf der sechs Gewinnzahlen zu wählen – das kennen Sie bereits, das sind $\binom{6}{5} = \frac{6!}{5! \cdot (6-5)!} = \frac{6 \cdot 5!}{5! \cdot 1!} = 6$ Möglichkeiten. Wie viele Möglichkeiten gibt es nun für die jeweils sechste falsche Zahl? Sie haben noch $49 - 6 = 43$ Zahlen übrig. Jede dieser Zahlen kommt in Frage. Damit gibt es insgesamt also $6 \cdot 43 = 258$ Möglichkeiten für einen 5er.

Somit beträgt die Chance auf 5 Richtige beim Lotto:

Gewinnchance $= \frac{\text{Anzahl der 3er}}{\text{Gesamtanzahl}} = \frac{258}{13.983.816} = 0{,}000.0184$, daher also nur knapp 0,002 Prozent.

Ähnlich können Sie auch ganz allgemein die Anzahl der 3er im Lotto bestimmen:

$$\binom{6}{3} \cdot \binom{43}{3} = \frac{6!}{3! \cdot (6-3)!} \cdot \frac{43!}{3! \cdot (43-3)!} = \frac{6 \cdot 5 \cdot 4 \cdot 3!}{3 \cdot 2 \cdot 1 \cdot 3!} \cdot \frac{43 \cdot 42 \cdot 41 \cdot 40!}{3 \cdot 2 \cdot 1 \cdot 40!} = 20 \cdot 12.341 = 246.820$$

Somit beträgt die Chance auf 3 Richtige beim Lotto:

Gewinnchance = $\frac{\text{Anzahl der 3er}}{\text{Gesamtanzahl}} = \frac{246.820}{13.983.816} = 0,01765$, also etwa 1,8 Prozent.

Teil VI

Fortgeschrittene Statistik und Wahrscheinlichkeitsrechnung

»Mach dich bereit. Ich glaube, sie beginnen abzuschweifen.«

In diesem Teil ...

In diesem Teil lernen Sie ein überzeugendes Hilfsmittel kennen, das Ihnen das Leben einfacher gestalten wird: Baumdiagramme und Venn-Diagramme. Ich zeige Ihnen, wie Sie diese Tools für sich ausnutzen können. Außerdem lernen Sie die praxisrelevanten Wahrscheinlichkeitsverteilungen kennen. Sie erfahren, mit welchen Werkzeugen Sie Erwartungswerte und Varianzen sowie Wahrscheinlichkeiten für einige grundlegende Zufallsvariablen berechnen können.

Wenn Sie mich fragen, ist die Wahrscheinlichkeit recht hoch, dass Sie Ihren Spaß haben werden!

Wahrscheinlichkeiten darstellen: Venn-Diagramme und der Satz von Bayes

In diesem Kapitel

▶ Wahrscheinlichkeiten mit Venn-Diagrammen und Baumdiagrammen darstellen

▶ Komplexe Wahrscheinlichkeitsaufgaben mit Diagrammen lösen

▶ Wahrscheinlichkeiten mit dem Gesetz der totalen Wahrscheinlichkeit ermitteln

▶ Mehrstufige Wahrscheinlichkeiten mit dem Satz von Bayes berechnen

---

Wahrscheinlichkeitsaufgaben können schnell kompliziert werden – insbesondere wenn Sie mehrere Ereignisse gleichzeitig berücksichtigen müssen oder wenn die Informationen stufenweise auftreten. Die kompliziertesten Wahrscheinlichkeitsaufgaben sind nur aufgrund der gegebenen Informationen kompliziert, verglichen mit den benötigten Informationen. Ich denke da an zwei sehr häufig auftretende Sachverhalte:

✔ *Erstens:* Sie erhalten die bedingte Wahrscheinlichkeit von A unter der Bedingung B und des zugehörigen Komplements (siehe Kapitel 15) sowie die totalen Wahrscheinlichkeiten für B und B^c und Sie müssen die totale Wahrscheinlichkeit von A ermitteln.

✔ *Zweitens:* Sie erhalten die bedingte Wahrscheinlichkeit für B unter der Bedingung A und des zugehörigen Komplements A^c und Sie müssen die bedingte Wahrscheinlichkeit von A unter der Bedingung B ermitteln (anders ausgedrückt: die bedingte Wahrscheinlichkeit in der umgekehrten Reihenfolge).

Für die Lösung der beiden Aufgaben benötigen Sie zwei wichtige Werkzeuge: eine Grafik und eine Formel.

In diesem Kapitel lernen Sie verschiedene Methoden kennen, Wahrscheinlichkeiten grafisch darzustellen und anhand dieser Darstellungen Techniken zur Lösung komplexer Wahrscheinlichkeitsaufgaben zu entwickeln. Sie lernen auch Formeln kennen, die Sie zur Lösung solcher Aufgaben benötigen. Je nach Sachverhalt sind einige Methoden geeigneter als andere (wann welche besser ist, erfahren Sie natürlich auch).

Wahrscheinlichkeiten mit Venn-Diagrammen darstellen

Eine Methode, mit der Sie die gegebenen Daten einer Wahrscheinlichkeitsaufgabe ordnen können, besteht in der grafischen Darstellung der beteiligten Komponenten: den Stichprobenraum (die Menge aller möglichen Ergebnisse), alle beteiligten Ereignisse (Mengen oder Teilmengen des Stichprobenraums) und alle Teilmengen, die sich ergeben, wenn sich die Ereignisse überschneiden können. Anders ausgedrückt: Sie zerlegen einen Sachverhalt grafisch in kleinere Teile, die Sie auf dem Weg zur Lösung leichter identifizieren und bearbeiten können. Eine der gebräuchlichsten Diagrammformen zur Darstellung von Wahrscheinlichkeiten ist das Venn-Diagramm.

Ein *Venn-Diagramm* ist eine Grafik, in der der Stichprobenraum Ω durch ein Rechteck dargestellt wird. Kreise (oder Ellipsen) in diesem Rechteck stellen die verschiedenen Ereignisse der Aufgabe dar. Falls sich Ereignisse überschneiden können, überlappen sich die Kreise. Wenn die Ereignisse einander ausschließen (das heißt, dass der Durchschnitt leer ist), werden die Kreise nicht überlappend dargestellt. Abbildung 16.1 zeigt zwei Beispiele für Venn-Diagramme mit zwei Ereignissen A und B. Das linke Diagramm zeigt sich überschneidende Ereignisse, und das rechte Diagramm zeigt einander ausschließende Ereignisse.

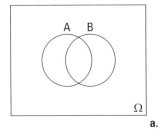
a.
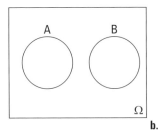
b.

Abbildung 16.1: Zwei Beispiele für Venn-Diagramme

Das Ω in der unteren rechten Ecke des jeweiligen Rechtecks zeigt an, dass die gesamte Menge der Stichprobenraum Ω ist. Sie können diese Notation weglassen, es sei denn, Sie verringern den Stichprobenraum; wenn Sie beispielsweise nur die Teilgruppe der Frauen aus einer Gruppe herausgreifen, können Sie an dieser Stelle ein F setzen, um Ihren neuen Stichprobenraum anzuzeigen.

Mit Venn-Diagrammen Wahrscheinlichkeiten ermitteln

Die wichtigste Anwendung eines Venn-Diagramms besteht darin, Wahrscheinlichkeiten zu finden, die in der Aufgabe nicht gegeben sind. Sie kennen den Ablauf: Sie erhalten Informationen über eine Aufgabenstellung und müssen anhand dieser Informationen zahlreiche Fragen beantworten. Manchmal scheinen Sie Stroh in Gold verwandeln zu müssen, oder? Mit einem Venn-Diagramm können Sie die verfügbaren Informationen darstellen. Mit den Regeln für Mengen und Wahrscheinlichkeiten können Sie anhand des Diagramms die gegebenen Wahrscheinlichkeiten ordnen und andere gesuchte Wahrscheinlichkeiten identifizieren.

Bevor Sie anfangen, eine Aufgabe zu lösen, sollten Sie zuerst Ihr Venn-Diagramm erstellen und ausfüllen. Dies könnte der Schlüssel zum Erfolg sein.

16 ➤ Wahrscheinlichkeiten darstellen: Venn-Diagramme und der Satz von Bayes

Beziehungen mit Venn-Diagrammen ordnen und darstellen

Mit Venn-Diagrammen können Sie sämtliche Mengen und Teilmengen eines Wahrscheinlichkeitsszenarios ordnen. Jede Komponente des Diagramms hat eine Bedeutung und eine Wahrscheinlichkeit. Wenn Sie die Wahrscheinlichkeiten aller Komponenten identifiziert haben, können Sie verschiedene Arten an Aufgaben lösen. Abbildung 16.1 zeigt ein Venn-Diagramm, das eine Menge A und ihr Komplement A^c darstellt. (Die gestrichelte Fläche steht für A^c. Zur Erinnerung: Das Komplement A^c einer Menge A enthält alle Elemente des Stichprobenraums, die nicht in der Menge A enthalten sind.)

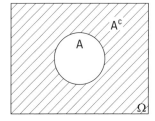
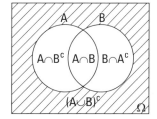

Abbildung 16.2: Die Mengen A und A^c, dargestellt durch ein Venn-Diagramm

Abbildung 16.3: Mengen mit einem Venn-Diagramm zerlegen

Mit Venn-Diagrammen können Sie auch wichtige Beziehungen zwischen zwei Ereignissen darstellen. Abbildung 16.3 zeigt zwei Mengen A und B, die beide Ereignisse A und B darstellen, die sich überschneiden können. Alle Komponenten des Diagramms werden durch die entsprechende Mengennotation gekennzeichnet:

✔ Die Menge $A \cap B$ stellt die Menge aller Ergebnisse in Ω, die sowohl in A als auch in B enthalten sind, dar.

✔ Die Menge $A \cap B^c$ stellt alle Ergebnisse in Ω, die in A, aber nicht in B enthalten sind, dar. Die Menge $B \cap A^c$ stellt alle Ergebnisse in Ω, die in B, aber nicht in A enthalten sind, dar. $(A \cup B)^c$ gehört zu dem Teil des Rechtecks, der außerhalb der beiden Kreise liegt, und stellt alle Ereignisse, die weder in A noch in B liegen, dar.

Die ersten drei Mengen stellen zusammen die Vereinigungsmenge von A und B, also $A \cup B$, dar. Alles, was außerhalb dieser drei Mengen liegt, muss zu dem Komplement der Vereinigung von A und B gehören und wird durch die Menge $(A \cup B)^c$ dargestellt. Wenn Sie alle vier Teilmengen vereinigen, erhalten Sie den gesamten Stichprobenraum Ω. Mit einem Venn-Diagramm können Sie diese verzwickten Mengen und ihre Beziehungen hervorragend darstellen.

 Wenn Sie die Vereinigung aller Mengen bilden, die Sie in dem Venn-Diagramm bestimmt haben, muss die Summe aller ihrer Wahrscheinlichkeiten 1 ergeben.

Ein Beispiel: Sie werfen zwei Würfel, einen roten und einen gelben. A sei das Ereignis, eine ungerade Zahl bei dem roten Würfel zu erhalten, und B sei das Ereignis, eine gerade Zahl bei dem gelben Würfel zu erhalten. Hier gibt es vier mögliche Möglichkeiten: ungerade bei Rot und gerade bei Gelb; gerade bei Rot und ungerade bei Gelb; ungerade sowohl bei Rot als auch bei Gelb; und gerade sowohl bei Rot als auch bei Gelb. Weil damit alle möglichen Fälle erfasst sind, muss die Summe ihrer Wahrscheinlichkeiten 1 sein. Anhand von Abbildung 16.3 können Sie sehen, wie Sie all diese Möglichkeiten mit einem Venn-Diagramm darstellen können:

- Die Menge $A \cap B$ steht für ein ungerades Ergebnis bei dem roten Würfel und ein gerades Ergebnis bei dem gelben Würfel (zum Beispiel 1 bei Rot und 2 bei Gelb).
- Die Menge $(A \cup B)^c = A^c \cap B^c$ steht für ein gerades Ergebnis bei dem roten Würfel und ein ungerades Ergebnis bei dem gelben Würfel (zum Beispiel 2 bei Rot und 1 bei Gelb).
- Die Menge $A \cap B^c$ steht für ein ungerades Ergebnis bei beiden Würfeln (zum Beispiel 1 bei Rot und 3 bei Gelb).
- Die Menge $A^c \cap B$ steht für ein gerades Ergebnis bei beiden Würfeln (zum Beispiel 2 bei Rot und 4 bei Gelb).

Erinnern Sie sich an das Kommutativgesetz der Algebra? Es lautet: $a + b = b + a$. Anders ausgedrückt: Wenn Sie zwei Zahlen addieren, spielt deren Reihenfolge keine Rolle. Das gilt auch für die Vereinigung beziehungsweise den Durchschnitt zweier Mengen A und B, nämlich $A \cup B = B \cup A$ und $A \cap B = B \cap A$.

Umwandlungsregeln für Mengen in Venn-Diagrammen

Wenn Sie komplexe Mengen (und ihre Wahrscheinlichkeiten) mit Venn-Diagrammen darstellen, sind bestimmte Regeln für Mengen hilfreich, um bestimmte Gleichheiten zu zeigen. Hier sind zwei dieser Regeln:

- $(A \cup B)^c = A^c \cap B^c$
- $(A \cap B)^c = A^c \cup B^c$

Diese beiden Wahrscheinlichkeitsregeln beschreiben, wie Vereinigungen und Durchschnitte zweier Mengen umgewandelt werden. Sie werden auch als *De Morgansche Gesetze* bezeichnet.

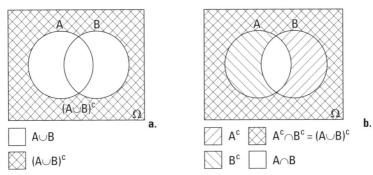

Abbildung 16.4: Darstellung von $(A \cup B)^c = A^c \cap B^c$ mittels Venn-Diagrammen

Diese Wahrscheinlichkeitsregeln kann man sich (wie viele Ergebnisse über Mengen und Wahrscheinlichkeiten) mit Venn-Diagrammen herleiten. Abbildung 16.4 zeigt eine Grafik des De Morganschen Gesetzes für die erste Regel.

Das linke Venn-Diagramm in Abbildung 16.4 stellt die linke Seite der Gleichung und das rechte Venn-Diagramm ihre rechte Seite dar. Die Flächen mit den sich kreuzenden Linien stehen für die Mengen auf den beiden Seiten der Gleichung. Sie sind in beiden Diagrammen gleich.

Abbildung 16.5 zeigt die Grafik für die zweite Wahrscheinlichkeitsregel.

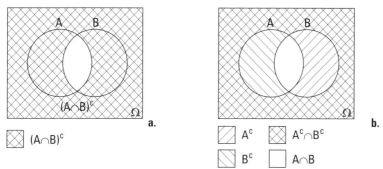

$A^c \cup B^c$ - diagonal und kreuzschraffierte Flächen

Abbildung 16.5: Veranschaulichung von $(A \cap B)^c = A^c \cup B^c$ mittels Venn-Diagrammen

Das linke Venn-Diagramm in Abbildung 16.5 stellt die linke Seite der Gleichung und das rechte Venn-Diagramm ihre rechte Seite dar. Da das Diagramm auf der rechten Seite eine Vereinigung darstellt, gehört jede (rechts, links oder in beide Richtungen) gestrichelte Fläche zu der gesuchten Menge. Diese Fläche ist erwartungsgemäß genauso groß wie die gestrichelte Fläche im linken Diagramm.

Die Grenzen von Venn-Diagrammen

Venn-Diagramme sind am hilfreichsten, wenn Sie Wahrscheinlichkeiten von Ereignissen (das heißt ihre *totalen Wahrscheinlichkeiten*) und Wahrscheinlichkeiten von Durchschnitten (siehe Kapitel 15) suchen. Dann können Sie die Wahrscheinlichkeiten aller anderen Komponenten des Venn-Diagramms ermitteln, zum Beispiel die Wahrscheinlichkeit, dass weder A noch B eintritt, oder die Wahrscheinlichkeit, dass genau A und/oder genau B eintritt. Mit Venn-Diagrammen können Sie allerdings nicht jede Art von Wahrscheinlichkeitsaufgabe lösen.

Venn-Diagramme sind weniger gut geeignet, wenn Ihnen eine Aufgabe nur Teilinformationen liefert, zum Beispiel die bedingte Wahrscheinlichkeit von A unter der Bedingung B (geschrieben als $P(A|B)$; siehe Kapitel 15) oder wenn die Aufgabe den Stichprobenraum über eine Reihe von Schritten oder eine Folge von Ereignissen erstellt, die in einer bestimmten Reihenfolge eintreten. Bei solchen Sachverhalten benötigen Sie andere Methoden, um den Stichprobenraum darzustellen (so genannte *Baumdiagramme*; siehe den Abschnitt *Wahrscheinlichkeiten mit Baumdiagrammen darstellen* weiter hinten in diesem Kapitel).

Mathematik für Naturwissenschaftler für Dummies

 Wenn Sie eine Wahrscheinlichkeitsaufgabe in Angriff nehmen, sollten Sie zunächst die vorliegenden Informationen überdenken und herausfinden, wie Sie diese Aufgabe am besten grafisch darstellen. Im Allgemeinen verwenden Sie Venn-Diagramme, wenn totale Wahrscheinlichkeiten von Durchschnitten für A und B gegeben sind und Sie Wahrscheinlichkeiten von Kombinationen und/oder Komplementen dieser Ereignisse berechnen sollen.

Wahrscheinlichkeiten in komplexen Aufgaben mit Venn-Diagrammen ermitteln

Die Darstellung der gesuchten Wahrscheinlichkeiten hilft Ihnen, komplexere Aufgaben in leichter lösbare Teile zu zerlegen.

Ein Beispiel: Eine Straße hat zwei Verkehrsampeln. Die Wahrscheinlichkeit, dass die erste Ampel Rot ist, beträgt 0,4 (also 40 Prozent) und die Wahrscheinlichkeit, dass die zweite Ampel Rot ist, beträgt 0,3 (also 30 Prozent). Die Ampeln sind so eingestellt, dass die Wahrscheinlichkeit, dass beide gleichzeitig auf Rot stehen, nur 0,1 (also zehn Prozent) beträgt. Ihre Aufgaben:

✔ *Frage 1:* Wie hoch ist die Wahrscheinlichkeit, dass keine Ampel Rot zeigt?

✔ *Frage 2:* Wie hoch ist die Wahrscheinlichkeit, dass genau eine Ampel Rot zeigt?

Im Folgenden zeige ich Ihnen, wie Sie diese Aufgaben Schritt für Schritt lösen können.

Das Diagramm zeichnen

Zunächst definieren Sie den Stichprobenraum Ω und die Ereignisse der Aufgabe. Hier enthält Ω alle möglichen Einstellungen der beiden Verkehrsampeln: Beide zeigen Rot, beide zeigen nicht Rot oder eine steht auf Rot und die andere nicht. Die anderen Farben der Ampeln (Gelb und Grün) spielen in dieser Aufgabe keine Rolle, weil es nur darum geht, ob die Ampel Rot zeigt oder nicht. Der Stichprobenraum lautet also:

$\Omega = \{$(beide Ampel rot); (erste Ampel rot, zweite nicht);

(zweite Ampel rot, erste nicht); (beide Ampeln nicht rot)$\}$

Fortsetzung des Beispiels: Abbildung 16.6 zeigt das entsprechende Venn-Diagramm. Die Ereignisse sind: $A = \{$erste Ampel rot$\}$ und $B = \{$zweite Ampel rot$\}$.

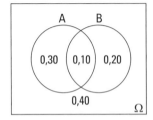

Abbildung 16.6: Venn-Diagramm für die Aufgabe mit der roten Ampeln

16 ➤ Wahrscheinlichkeiten darstellen: Venn-Diagramme und der Satz von Bayes

Alle Bestandteile des Venn-Diagramms enthalten ihre Wahrscheinlichkeit. Sie können diese Wahrscheinlichkeiten berechnen, indem Sie die Regeln der Wahrscheinlichkeiten aus Kapitel 15 auf die jeweiligen Komponenten des Venn-Diagramms anwenden.

Sie wissen, dass $P(A) = 0{,}4$ und $P(B) = 0{,}3$. Diese Wahrscheinlichkeiten sollten Sie jedoch noch nicht in das Venn-Diagramm eintragen, weil Sie A in zwei Teilmengen zerlegen müssen: $A \cap B$ und $A \cap B^c$ (siehe den Abschnitt *Beziehungen mit Venn-Diagrammen ordnen und darstellen* weiter vorn in diesem Kapitel). Weil die Vereinigung von $A \cap B$ und $A \cap B^c$ gleich A ist (laut Additionsregel; siehe Kapitel 15), gilt:

$$P(A \cap B) + P(A \cap B^c) = P(A) = 0{,}4$$

Die Wahrscheinlichkeit von A und B ist zehn Prozent, also $P(A \cap B) = 0{,}1$ ist. Für $P(A \cap B^c)$ erhalten Sie $0{,}4 - 0{,}1 = 0{,}3$. Jetzt können Sie diese Wahrscheinlichkeit in das Venn-Diagramm eintragen; sie stellt den Teil der Menge A dar, der nicht in B enthalten ist.

Anhand derselben Überlegungen berechnen Sie nun $P(B \cap A^c)$ – die Wahrscheinlichkeit des Teils der Menge B, der nicht in der Menge A enthalten ist. Sie wissen, dass die Menge B gleich der Vereinigung zweier Teilmengen ist: $B \cap A$ und $B \cap A^c$. Weil diese Mengen einander ausschließen (ihre Schnittmenge ist leer; siehe Kapitel 15), werden ihre Wahrscheinlichkeiten einfach addiert. Also gilt schließlich:

$$P(B \cap A^c) = P(B) - P(B \cap A) = 0{,}3 - 0{,}1 = 0{,}2$$

Vielleicht haben Sie die Einzelwahrscheinlichkeiten für das zu füllende Venn-Diagramm bereits berechnet, aber Sie haben es noch nicht vollständig ausgefüllt. Dass Sie noch nicht fertig sind, können Sie daran erkennen, dass die bis jetzt eingetragenen Wahrscheinlichkeiten nicht die (Gesamt-)Summe 1 ergeben. Ein vorzeitiger Abbruch ist die Quelle vieler Fehler bei der Berechnung von Wahrscheinlichkeiten.

Eine Wahrscheinlichkeit bleibt noch zu betrachten: die Wahrscheinlichkeit außerhalb der Kreise (siehe den Abschnitt *Beziehungen mit Venn-Diagrammen ordnen und darstellen* weiter vorn in diesem Kapitel), weil ein Ergebnis zwar zu Ω, aber weder zu A noch zu B gehören kann.

Alle anderen Komponenten des Venn-Diagramms verfügen über eine Wahrscheinlichkeit. Da die Wahrscheinlichkeit des gesamten Stichprobenraums Ω den Wert 1 hat, muss die verbleibende Wahrscheinlichkeit gleich 1 minus der Summe alle anderen Wahrscheinlichkeiten sein, also $1 - (0{,}3 + 0{,}1 + 0{,}2) = 0{,}4$. In der Mengennotation wird diese Menge wie folgt dargestellt: $(A \cup B)^c$, das heißt, alle Elemente, die in Ω, aber weder in A noch in B enthalten sind.

Antwort auf die erste Frage: Keine Ampel zeigt Rot

Anhand des Venn-Diagramms können Sie diese Frage beantworten. Es wird die Wahrscheinlichkeit gesucht, dass keine Ampel Rot zeigt; das heißt, Sie suchen die Wahrscheinlichkeit, dass die erste Ampel nicht Rot zeigt und die zweite Ampel nicht Rot zeigt, in der Wahrscheinlichkeitsnotation: $P(A^c \cap B^c)$. In Abbildung 16.6 wird sie durch die Fläche außerhalb der beiden Kreise für A und B dargestellt, so dass Sie die Antwort auch ohne Berechnungen am Venn-Diagramm ablesen können. Doch wenn Sie die Aufgabe mit der Wahrscheinlichkeitsnotation lösen wollen, wenden Sie zunächst die erste Umwandlungsregel der Wahrscheinlichkeit in umgekehrter Reihenfolge an: $P(A^c \cap B^c) = P((A \cup B)^c) = 1 - P(A \cup B)$. Das letzte Gleichungszeichen in der Formel gilt aufgrund der Komplementärregel (siehe Kapitel 15). Mit den Werten aus dem vorhergehenden Abschnitt erhalten Sie die gesuchte Wahrscheinlichkeit: $1 - (0,3 + 0,1 + 0,2) = 0,4$ oder 40 Prozent.

Antwort auf die zweite Frage: Genau eine Ampel zeigt Rot

Nun berechnen Sie die Wahrscheinlichkeit, dass *genau* eine Ampel Rot zeigt. Bevor Sie sich das Venn-Diagramm anschauen oder die Wahrscheinlichkeitsregeln und -formeln anwenden, sollten Sie überlegen, was gesucht wird. Was bedeutet es, dass genau eine Ampel Rot zeigt? Es bedeutet, dass eine Ampel Rot zeigt und die andere nicht. Dabei gibt es zwei Möglichkeiten, wie dieses Ereignis eintreten kann. Sie müssen die Wahrscheinlichkeiten beider Ereignisse finden, um die richtige Antwort zu erhalten. Entweder zeigt die erste Ampel Rot und die zweite nicht oder die zweite Ampel zeigt Rot und die erste nicht.

Im Venn-Diagramm wird das Ereignis, dass die erste Ampel auf Rot steht und die zweite nicht, durch die halbmondförmige Fläche dargestellt, die die Menge A, aber nicht die Menge B umfasst. (Diese Fläche wird in Abbildung 16.7 durch eine »1« markiert.) In der Ereignis- oder Mengennotation entspricht diese Fläche $A \cap B^c$. Sie hat im Venn-Diagramm die Wahrscheinlichkeit 0,3. Die halbmondförmige Fläche, die die Menge B, aber nicht die Menge A umfasst, stellt das Ereignis, dass die zweite Ampel Rot zeigt, aber die erste nicht, dar. (Diese Fläche wird in Abbildung 16.7 durch eine »2« markiert und entspricht der Menge $A^c \cap B$.) Sie hat im Venn-Diagramm die Wahrscheinlichkeit 0,2. Zur Ermittlung der Wahrscheinlichkeit, dass genau eine Ampel Rot zeigt, müssen diese beiden Mengen einander ausschließen (das heißt, ihre Schnittmenge ist leer), wodurch Sie ihre Wahrscheinlichkeiten laut Additionsregel (siehe Kapitel 15) addieren können: $0,3 + 0,2 = 0,5$ oder 50 Prozent.

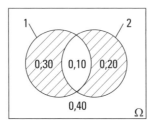

Abbildung 16.7: Venn-Diagramm für den Fall, dass genau eine Ampel Rot zeigt

Wahrscheinlichkeiten mit Baumdiagrammen darstellen

Einige Wahrscheinlichkeitsaufgaben haben mit mehrstufigen Prozessen oder einer Folge von Ereignissen zu tun. In solchen Fällen brauchen Sie eine Methode, mit der Sie den Stichprobenraum so darstellen, dass die Schritte des Prozesses, das heißt alle Ergebnisse

16 ➤ Wahrscheinlichkeiten darstellen: Venn-Diagramme und der Satz von Bayes

aller Stufen und alle Kombinationen, gezeigt werden, die zu dem Ergebnis führen. Dies alles wird von der Baumdiagramm-Methode geleistet.

In einem *Baumdiagramm* werden die einzelnen Stufen durch Zweige und ihre Verzweigungen dargestellt. Jedes mögliche Ergebnis innerhalb einer Stufe wird durch einen weiteren Zweig des Baumes dargestellt. Anhand des fertigen Baumes können Sie allen Verzweigungen folgen, um alle Elemente des Stichprobenraums Ω zu finden; jedes Element im Baumdiagramm verfügt über seinen eigenen Verzweigungspfad oder Zweig.

Ein Beispiel: Werfen Sie eine Münze zweimal. Es handelt sich dabei um einen zweistufigen Prozess; beim ersten Wurf erhalten Sie entweder Kopf oder Zahl (die erste Stufe hat also zwei Zweige); beim zweiten Wurf erhalten Sie wieder Kopf oder Zahl (die zweite Stufe hat daher jeweils zwei Zweige). Der Stichprobenraum zeigt die Kombinationen aller möglichen Ergebnisse der beiden Schritte: $\Omega = \{KK, KZ, ZK, ZZ\}$, wobei K = Kopf und Z = Zahl bedeutet. Abbildung 16.8 zeigt das Baumdiagramm für diesen Stichprobenraum.

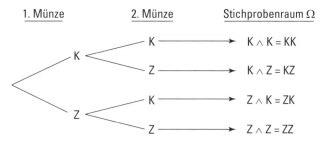

Abbildung 16.8: Baumdiagramm für das zweimalige Werfen einer Münze

Die Zweige K und Z stehen für den ersten Münzwurf. Von jedem Zweig geht das mögliche Ergebnis des zweiten Wurfs, K und Z, aus. Sie erhalten dabei insgesamt $2 \cdot 2 = 4$ Verzweigungspfade in dem Baum, die die vier möglichen Ergebnisse des Stichprobenraums darstellen.

Fortsetzung des Beispiels: Wenn Sie dem oberen Verzweigungspfad des Baumdiagramms folgen, erhalten Sie das Ergebnis KK; Sie könnten dies auch als $K \wedge K$ schreiben, aber wir sparen uns zusätzliche Zeichen, wenn es der Zusammenhang erlaubt. Wenn Sie dem unteren Verzweigungspfad folgen, erhalten Sie das Ergebnis ZZ (oder eben $Z \wedge Z$). Der zweite Verzweigungspfad von oben, KZ oder $K \wedge Z$, steht für die Folge »erst Kopf, dann Zahl«; der dritte steht für die Folge »erst Zahl, dann Kopf«, nämlich ZK, auch $Z \wedge K$.

 Das Symbol »∧« in dem obigen Beispiel »$Z \wedge K$« ist dabei nicht optimal, da es eine Vertauschbarkeit (Kommutativität) andeutet (nämlich des Symbols für »und«), die nicht vorliegt. Eigentlich wäre es besser, dies als (geordnete) Folge zu schreiben, etwa »(Z,K)«, aber das sind noch mehr Zeichen. Daher kürzen Sie dies mit »ZK« ab. Beachten Sie, dass es hier auf die Reihenfolge ankommt: »ZK« bedeutet etwas anderes als »KZ«. Manche Autoren verwenden abkürzend an dieser Stelle das Symbol für den Durchschnitt »∩«, aber dies birgt mehr Gefahren, denn Sie verknüpfen hier keine Ereignisse/Mengen, sondern »ZK« ist *ein* Ergebnis in diesem zweistufigen Prozess und wäre als Einzelereignis eher als »{ZK}« anzusehen. Dennoch werden wir weiter hinten in diesem Kapitel im Abschnitt *Antwort auf Frage 1: Die A-posteriori-Wahrscheinlichkeit* noch einmal darauf zurückkommen.

Es gibt zahlreiche Anwendungsbereiche für Baumdiagramme. Mit ihnen können Sie viele verschiedene Arten von Wahrscheinlichkeitsaufgaben lösen – insbesondere Aufgaben mit totalen und bedingten Wahrscheinlichkeiten. In den folgenden Abschnitten wird ausführlicher beschrieben, wann Baumdiagramme für die Berechnung geeignet sind.

Mehrstufige Ergebnisse mit einem Baumdiagramm darstellen

Eine der gebräuchlichsten Anwendungen für Baumdiagramme ist die *Darstellung eines Stichprobenraums*. Bei Aufgaben, die aus vielen Schritten oder einer langen Folge von Ereignissen bestehen, müssen Sie jede Stufe des Prozesses darstellen können, um alle möglichen Ergebnisse in dem Stichprobenraum festzustellen und zu zählen.

Ein Beispiel: Sie nehmen Bestellungen in einer Pizzeria entgegen. Eine Bestellung läuft folgendermaßen ab:

1. **Der Kunde kann eine von drei Größen bestellen: klein (K), mittel (M) oder groß (G).**
2. **Der Kunde kann entweder eine normale Kruste (Kn) oder eine kräftige Kruste (Kk) bestellen.**
3. **Der Kunde kann bis zu zwei Pizzabeläge bestellen: Peperoni (BP) und/oder Artischocken (BA).**

Der Stichprobenraum ist das Ergebnis aus vier Schritten:

✔ Pizzagröße (K, M, G)

✔ Art der Kruste (Kn, Kk)

✔ Peperoni (ja oder nein)

✔ Artischocken (ja oder nein)

Abbildung 16.9 zeigt das Baumdiagramm für alle möglichen Pizzabestellungen. Es enthält insgesamt $3 \cdot 2 \cdot 2 \cdot 2 = 24$ mögliche Verzweigungspfade, die den 24 möglichen Ergebnissen in dem Stichprobenraum Ω entsprechen. Anders ausgedrückt: Mit diesen Möglichkeiten können Sie bis zu 24 verschiedene Pizzen backen.

Der erste Verzweigungspfad ganz oben steht für eine kleine Pizza mit normaler Kruste, Peperoni und Artischocken; der letzte Verzweigungspfad ganz unten steht für eine große Pizza mit kräftiger Kruste, ohne Peperoni und ohne Artischocken.

Vielleicht haben Sie gedacht, dass dieses Baumdiagramm aus drei Schritten bestehen sollte: Pizzagröße (K, M, G), Krustenart (Kn, Kk) und Beläge (Peperoni auf einem Zweig, Artischocken auf einem anderen Zweig). Doch ein dreistufiger Baum wäre falsch. Sie könnten dann beispielsweise keine Pizza mit Peperoni und Artischocken bestellen, weil der Baum keinen entsprechenden Verzweigungspfad enthielte. Sie müssen daher genau überlegen, wie Sie die

Aufgabe anhand des Baumdiagramms darstellen können. Alle möglichen Ergebnisse in dem Stichprobenraum müssen im Baum über einen eigenen Verzweigungspfad verfügen, den Sie von Anfang bis Ende verfolgen können.

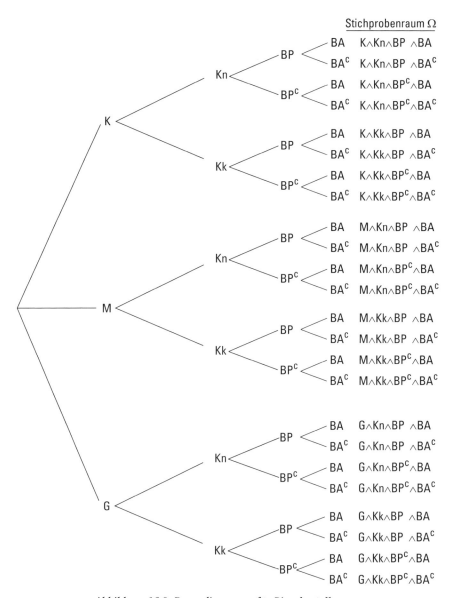

Abbildung 16.9: Baumdiagramm für Pizzabestellungen

Bedingte Wahrscheinlichkeiten mit einem Baumdiagramm darstellen

Nachdem Sie alle möglichen Ergebnisse in einem Baumdiagramm dargestellt haben (siehe den vorherigen Abschnitt), tragen Sie dort die Wahrscheinlichkeiten für alle einzelnen Zweige ein. Die Werte entnehmen Sie der Aufgabenstellung oder Sie berechnen sie mit der Komplementärregel. Ordnen Sie totale Wahrscheinlichkeiten (Wahrscheinlichkeit des Ereignisses, das zuerst passierte, und ihr Komplement) der ersten Menge der Zweige und die bedingten Wahrscheinlichkeiten (die Wahrscheinlichkeit, dass das zweite Ereignis unter der Bedingung des ersten eingetreten ist) den Zweigen der zweiten Stufe zu. Diese zweite Menge von Zweigen des Baumdiagramms ist besonders dann nützlich, wenn die beiden Ereignisse abhängig sind, da die Wahrscheinlichkeit für den zweiten Zweig davon abhängt, was mit dem ersten Zweig passiert. Das Baumdiagramm hilft Ihnen, mit diesen bedingten Wahrscheinlichkeiten zu arbeiten. In diesem Abschnitt lernen und üben Sie die Berechnung von Wahrscheinlichkeiten sowohl bei Sachverhalten mit unabhängigen als auch bei Sachverhalten mit abhängigen Ereignissen.

Wahrscheinlichkeiten für unabhängige Ereignisse organisieren

Wenn sich zwei Ereignisse nicht beeinflussen, werden ihre Ergebnisse als *unabhängig* bezeichnet. Abbildung 16.10 zeigt die Wahrscheinlichkeiten für das Beispiel mit den zwei Münzen. Bei jedem Wurf erhalten Sie entweder Kopf oder Zahl jeweils mit der Wahrscheinlichkeit $\frac{1}{2}$. Weil sich die Münzen nicht beeinflussen, sind ihre Ergebnisse unabhängig. Um die Wahrscheinlichkeiten des Durchschnitts zu berechnen (die Wahrscheinlichkeit, dass zwei Ergebnisse der Münzen gleichzeitig auftreten), multiplizieren Sie die totalen Wahrscheinlichkeiten (die Wahrscheinlichkeit eines Einzelergebnisses jeder Münze).

Ein Beispiel: Die Wahrscheinlichkeit des oberen Verzweigungspfads in dem Baum, »KK«, wird folgendermaßen berechnet: $P(K) \cdot P(K) = \frac{1}{2} \cdot \frac{1}{2} = \frac{1}{4}$. Abbildung 16.10 zeigt die Wahrscheinlichkeiten aller Zweige sowie die Wahrscheinlichkeiten von Durchschnitten für jedes Ergebnis in dem Stichprobenraum. Beachten Sie, dass die Summe der Wahrscheinlichkeiten 1 beträgt, weil der gesamte Stichprobenraum durch das Baumdiagramm dargestellt wird.

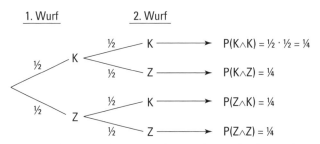

Abbildung 16.10: Baumdiagramm der Wahrscheinlichkeiten für das Werfen zweier Münzen

Wahrscheinlichkeiten für abhängige Ereignisse organisieren

Baumdiagramme sind auch bei zwei abhängigen Ereignissen nützlich. Sie wissen, dass Ereignisse abhängig sind, weil die bedingte Wahrscheinlichkeit von A unter der Bedingung B nicht gleich der totalen Wahrscheinlichkeit von A ist (siehe Kapitel 15).

16 ➤ Wahrscheinlichkeiten darstellen: Venn-Diagramme und der Satz von Bayes

Ein Beispiel: Eine Gruppe enthält vier Frauen und zwei Männer. Sie müssen zwei Personen für einen Ausschuss auswählen. Da die Auswahl fair und neutral sein soll, wählen Sie die Teilnehmer zufällig aus; doch Sie wissen, dass Sie eine Person nicht zweimal auswählen können. Abbildung 16.11 zeigt das Baumdiagramm für die Wahl dieses Ausschusses. Da Sie

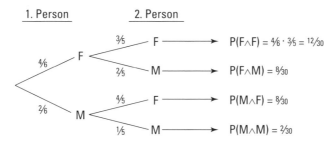

Abbildung 16.11: Ein Baumdiagramm für die Auswahl zweier Personen eines Ausschusses aus einer Gruppe von sechs Personen

sich für die geschlechtliche Zusammensetzung des Ausschusses interessieren, verzeichnen Sie für jeden Zweig die Ergebnisse als M (für Mann) oder F (für Frau); es gibt zwei Zweige, weil Sie zwei Personen auswählen.

Das Baumdiagramm aus Abbildung 16.11 hat auf der ersten Stufe zwei Zweige, weil Sie einen Mann oder eine Frau wählen können. Für jeden dieser Zweige wählen Sie ein zweites Mal wiederum einen Mann oder eine Frau. Insgesamt gibt es also $2 \cdot 2 = 4$ mögliche Verzweigungspfade in dem Baumdiagramm und damit auch vier mögliche Ergebnisse in dem Stichprobenraum: $\Omega = \{FF, FM, MF, MM\}$.

Der Unterschied zwischen diesem Beispiel und dem Werfen zweier Münzen aus dem vorherigen Abschnitt ist nicht das Aussehen des Baumdiagramms, sondern die Wahrscheinlichkeiten. Auf der ersten Stufe des Beispiels wählen Sie eine Frau (aus insgesamt vier) oder einen Mann (aus insgesamt zwei). Das bedeutet, dass die Wahrscheinlichkeit für die Wahl einer Frau »4 aus 6« oder $\frac{4}{6}$ und die Wahrscheinlichkeit für die Wahl eines Mannes »2 aus 6« oder $\frac{2}{6}$ beträgt. Abbildung 16.11 zeigt diese Wahrscheinlichkeiten für die erste Stufe unter »1. Person«.

 Die Wahrscheinlichkeiten aller Zweige auf der ersten Stufe summieren sich zu 1, weil sie komplementär sind. Auf jeder Stufe eines Baumdiagramms beträgt die Summe aller Zweige dieser Stufe ausgehend von der Wurzel wiederum 1, weil diese Zweige alle möglichen Ergebnisse dieser Stufe darstellen.

Jetzt müssen Sie die zweite Person aus der Gruppe wählen. Dabei ändern sich die Wahrscheinlichkeiten. Sie können dieselbe Person nicht zweimal wählen. Wenn Sie bei der ersten Wahl eine Frau gewählt haben, bleiben insgesamt fünf Personen zur Auswahl übrig – drei Frauen und zwei Männer. Wenn Sie also aus diesem ersten Zweig der ersten Stufe kommen, beträgt deshalb für die zweite Stufe die Wahrscheinlichkeit für die Wahl einer Frau »3 aus 5« oder $\frac{3}{5}$ und für die eines Mannes »2 aus 5« oder $\frac{2}{5}$. Sie sehen, dass sich diese zwei Wahrscheinlichkeiten zu 1 summieren; denn nachdem Sie auf der ersten Stufe eine Frau gewählt haben, wählen Sie auf der zweiten Stufe entweder eine Frau oder einen Mann. Deshalb müssen sich die bedingten Wahrscheinlichkeiten für alle zweiten Zweige eines ersten Zweigs jeweils zu 1 summieren. Denn nachdem das erste Ereignis eingetreten ist, tritt das zweite Ereignis entweder ein oder nicht. Damit kennen Sie die möglichen Ergebnisse der beiden oberen Verzweigungspfade des Baumes: FF und FM.

Nun zu den beiden unteren Verzweigungspfaden des Baumdiagramms aus Abbildung 16.11. Wenn Sie auf der ersten Stufe einen Mann wählen, stehen für die zweite Stufe ebenfalls nur fünf Personen zur Wahl – ein Mann und vier Frauen. Das bedeutet, von diesem ersten Zweig ausgehend hat die Wahl einer Frau die Wahrscheinlichkeit $\frac{4}{5}$ und die eines Mannes die Wahrscheinlichkeit $\frac{1}{5}$ (auch hier summieren sich die Werte zu 1). Die beiden möglichen Ergebnisse dieser beiden Verzweigungspfade sind also MF und MM.

Die Gesamtzahl der Ergebnisse in diesem Stichprobenraum ist deshalb vier, aber da die beiden Schritte nicht unabhängig voneinander sind, ändern sich die Wahrscheinlichkeiten von der ersten Stufe zur zweiten Stufe. Und auch wenn das Beispiel aus dem vorherigen Abschnitt vier Ergebnisse hat, sind die Wahrscheinlichkeiten der Endergebnisse offensichtlich verschieden!

Wenn Sie die Wahrscheinlichkeiten entlang aller Zweige des Baumes multiplizieren und die Ergebnisse addieren, erhalten Sie die Summe 1, da die Zweige zusammen alle möglichen Kombinationen der beiden Ereignisse in dem gesamten Stichprobenraum darstellen.

Die Zweige des Baums mit den Regeln der Wahrscheinlichkeit verbinden

Alle Elemente eines Baumdiagramms haben Beziehungen zu den Definitionen und Regeln der Wahrscheinlichkeit (siehe Kapitel 15). Die Stufe-1-Wahrscheinlichkeiten aus dem vorhergehenden Abschnitt können als *totale Wahrscheinlichkeiten* angesehen werden, weil Sie nur die Wahrscheinlichkeit für die Wahl eines Mannes oder einer Frau auf der ersten Stufe betrachten. In unserer Beispielaufgabe gilt demnach:

$$P(F) = \tfrac{4}{6} \quad \text{und} \quad P(M) = \tfrac{2}{6}$$

Die Stufe-2-Wahrscheinlichkeiten können daher auch als *bedingte Wahrscheinlichkeiten* bezeichnet werden, weil sie davon abhängen, was auf der ersten Stufe passiert ist. Die zweite Stufe des oberen Zweigs hat die Wahrscheinlichkeit $P(F|F) = \tfrac{3}{5}$, weil Sie bereits eine Frau gewählt haben und jetzt eine weitere Frau wählen. Die anderen Stufe-2-Wahrscheinlichkeiten sind: $P(M|F) = \tfrac{2}{5}$, $P(F|M) = \tfrac{4}{5}$ und $P(M|M) = \tfrac{1}{5}$. Um die Wahrscheinlichkeiten der Ergebnisse in dem Stichprobenraum zu berechnen, multiplizieren Sie laut Multiplikationsregel die Stufe-1-Wahrscheinlichkeiten mit den Stufe-2-Wahrscheinlichkeiten.

Die Wahrscheinlichkeit für die Wahl zweier Frauen ist laut Multiplikationsregel $P(FF) = P(F) \cdot P(F|F) = \tfrac{4}{6} \cdot \tfrac{3}{5} = \tfrac{2}{5}$. Das Baumdiagramm erleichtert die Berechnungen, weil Sie nur den Zweigen eines Verzweigungspfads folgen müssen, um zu dem Ergebnis FF zu kommen; dabei multiplizieren Sie die Wahrscheinlichkeiten der einzelnen Zweige.

In dem Beispiel mit der Münze aus dem Abschnitt *Wahrscheinlichkeiten für unabhängige Ereignisse organisieren* weiter vorn in diesem Kapitel wenden Sie dieselben Regeln und

Die Grenzen der Baumdiagramme

Konzepte an. Da aber die Schritte unabhängig sind, müssen Sie keine bedingten Wahrscheinlichkeiten berücksichtigen. Die Stufe-2-Wahrscheinlichkeiten sind dieselben wie die Stufe-1-Wahrscheinlichkeiten, wodurch jeder Verzweigungspfad die Wahrscheinlichkeit $\frac{1}{2} \cdot \frac{1}{2} = \frac{1}{4}$ hat. Dies gilt nur, wenn die beiden Anfangsereignisse gleiche Wahrscheinlichkeiten haben und die Schritte unabhängig sind.

Die Grenzen der Baumdiagramme

Baumdiagramme eignen am besten für Aufgaben, in denen Ergebnisse des Stichprobenraums durch eine Reihe von Schritten oder einer Folge von Ereignissen zustande kommen. In solchen Fällen enthalten die Aufgaben normalerweise die Wahrscheinlichkeiten der Stufe-1-Ereignisse (anders ausgedrückt: die totalen Wahrscheinlichkeiten – siehe Kapitel 15) und die bedingten Wahrscheinlichkeiten der Stufe-2-Ereignisse unter der Bedingung der jeweiligen Stufe-1-Ergebnisse. Dann können Sie alle Ergebnisse und den Stichprobenraum mit einem mehrstufigen Baumdiagramm ordnen und darstellen. Das hilft Ihnen, die Wahrscheinlichkeiten jedes Verzweigungspfades oder einer Kombination von Verzweigungspfaden zu berechnen.

Doch mit Baumdiagrammen können Sie nicht alle Wahrscheinlichkeitsaufgaben lösen. Baumdiagramme eignen sich nicht, wenn die Aufgaben nicht bedingte, sondern *Wahrscheinlichkeiten von Durchschnitten* betreffen (die Wahrscheinlichkeit, dass zwei Ereignisse gleichzeitig eintreten – siehe Kapitel 15). Sie helfen auch nicht, wenn Sie Ihren Stichprobenraum nicht in eine Reihe von Schritten oder eine Folge von Ereignissen zerlegen können. In solchen Fällen sind Venn-Diagramme viel nützlicher (siehe den Abschnitt *Wahrscheinlichkeiten mit Venn-Diagrammen darstellen* ganz vorn in diesem Kapitel).

Mit einem Baumdiagramm Wahrscheinlichkeiten für komplexe Ereignisse ermitteln

Mit einem Baumdiagramm können Sie die Wahrscheinlichkeiten für komplizierte Ereignisse ermitteln, die als Folge von Ereignissen oder Schritten eines Prozesses eintreten. Nehmen Sie (wie in dem Abschnitt *Wahrscheinlichkeiten für abhängige Ereignisse organisieren* weiter vorn in diesem Kapitel) an, dass Sie aus einer Gruppe von sechs Personen – vier Frauen und zwei Männer – zwei Personen für einen Ausschuss wählen müssen. Sie suchen folgende Wahrscheinlichkeiten:

✔ *genau* eine Frau zu wählen

✔ *mindestens* eine Frau zu wählen

✔ zwei Personen desselben Geschlechts zu wählen

Sie können diese Wahrscheinlichkeiten mit dem Baumdiagramm aus Abbildung 16.11 und seinen Wahrscheinlichkeiten berechnen.

Beispiel 1: Wahrscheinlichkeit der Wahl »genau einer Frau«

Um die Wahrscheinlichkeit für die Wahl genau einer Frau zu ermitteln, müssen Sie zunächst überlegen, mit welchen Ergebnissen diese Wahrscheinlichkeit verbunden ist. Es gibt zwei Möglichkeiten, genau eine Frau zu wählen: erst eine Frau und dann einen Mann zu wählen (FM, der zweite Verzweigungspfad von oben) oder erst einen Mann und dann eine Frau zu wählen (MF, der dritte Verzweigungspfad von oben). Der zweite und der dritte Verzweigungspfad bilden zusammen das Ereignis, dass Sie genau eine Frau wählen, weil es zwei Möglichkeiten gibt, genau eine Frau zu wählen: FM oder MF. Die Wahrscheinlichkeit für die Wahl genau einer Frau ist die Wahrscheinlichkeit von $\{FM\} \cup \{MF\}$.

Diese Wahrscheinlichkeit berechnen Sie mit der Additionsregel (siehe Kapitel 15). Weil diese beiden Ereignisse einander ausschließen (sie haben offensichtlich keine Elemente gemeinsam), addieren Sie laut Additionsregel die Wahrscheinlichkeiten: $\left(\frac{4}{6} \cdot \frac{2}{5}\right) + \left(\frac{2}{6} \cdot \frac{4}{5}\right) = \frac{16}{30} = \frac{8}{15}$.

In der Terminologie eines Baumdiagramms ausgedrückt, definieren Sie Wahrscheinlichkeiten von Vereinigungen als Summen der Wahrscheinlichkeiten der Verzweigungspfade, die an der Vereinigung beteiligt sind. Nachdem Sie die Wahrscheinlichkeiten für alle Ergebnisse in dem Stichprobenraum berechnet haben, addieren Sie die Wahrscheinlichkeiten der Ergebnisse, die zu dem gewünschten Ereignis gehören.

Beispiel 2: Wahrscheinlichkeit der Wahl »mindestens einer Frau«

Um die Wahrscheinlichkeit der Wahl mindestens einer Frau anhand des Baumdiagramms aus Abbildung 16.11 zu ermitteln, müssen Sie herausfinden, was »mindestens eine« bedeutet. Sie müssen zwei Personen für den Ausschuss auswählen. Darunter können null, eine oder zwei Frauen sein. Dass Sie mindestens eine Frau haben wollen, bedeutet *eine* oder *mehr* Frauen. Anders ausgedrückt: Sie suchen die Wahrscheinlichkeit der Wahl genau einer Frau oder zweier Frauen. Klar, oder?

Die Wahrscheinlichkeit von genau einer Frau ist die Summe der Verzweigungspfade 2 und 3, das Ergebnis lautet $\frac{8}{15}$. Die Wahrscheinlichkeit der Wahl zweier Frauen ist die Wahrscheinlichkeit des ersten (oberen) Verzweigungspfades: FF; sie beträgt $\frac{4}{6} \cdot \frac{3}{5} = \frac{2}{5}$. Laut Additionsregel addieren Sie diese Wahrscheinlichkeiten erneut zusammen und erhalten schließlich $\frac{8}{15} + \frac{2}{5} = \frac{14}{15}$ für die gesuchte Wahrscheinlichkeit, mindestens eine Frau der Gruppe zu wählen. Diese Wahrscheinlichkeit ist hoch, weil es in der ursprünglichen Gruppe doppelt so viele Frauen wie Männer gibt.

Die Komplementregel (siehe Kapitel 15) bietet eine andere Möglichkeit, das zweite Beispiel zu lösen; »mindestens eine Frau« ist das Komplement von »keine Frau«. Das Ereignis »keine Frau« entspricht dem vierten Verzweigungspfad des Baums aus Abbildung 16.11, also MM, so dass wie gewünscht gilt:

$P(\text{mindestens eine Frau}) = 1 - P(\text{keine Frau}) = 1 - \frac{1}{15} = \frac{14}{15}$

Beispiel 3: Wahrscheinlichkeit, dass beide »gewählten Personen dasselbe Geschlecht« haben

Für die Wahrscheinlichkeit, dass beide gewählten Personen dasselbe Geschlecht haben, ermitteln Sie zunächst die Einzelergebnisse, aus denen dieses Ereignis besteht. Sie können zwei Frauen (FF, oberer Verzweigungspfad) oder zwei Männer (MM, unterer Verzweigungspfad) wählen. Die Wahrscheinlichkeit des oberen Pfades ist $\frac{4}{6} \cdot \frac{3}{5} = \frac{2}{5}$, die des unteren Pfades $\frac{2}{6} \cdot \frac{1}{5} = \frac{1}{15}$. Laut Additionsregel addieren Sie diese Wahrscheinlichkeiten und erhalten schließlich $\frac{2}{5} + \frac{1}{15} = \frac{7}{15}$.

Das Gesetz der totalen Wahrscheinlichkeit und der Satz von Bayes

In der Wahrscheinlichkeitsrechnung kommen zwei grundsätzliche Aufgabenstellungen recht häufig vor; beide haben mit mehrstufigen Stichprobenräumen zu tun. Die erste Aufgabe ist die Ermittlung einer totalen Wahrscheinlichkeit $P(A)$ (siehe Kapitel 15) für ein Ereignis A, wenn mehrere bedingte Wahrscheinlichkeiten und totale Wahrscheinlichkeiten für Ereignisse, die mit A zu tun haben, gegeben sind, nicht aber die direkte Wahrscheinlichkeit von A.

Ein Beispiel: Die Kundenzufriedenheit dreier Supermärkte einer Gemeinde wird zusammen mit ihren Umsatzanteilen (in Prozent) in der Zeitung veröffentlicht. Wie können Sie die gesamte Kundenzufriedenheit, unabhängig von dem konkret besuchten Supermarkt, berechnen? Sie können diese Art von Aufgabe mit dem Gesetz der totalen Wahrscheinlichkeit lösen, zu dem wir im nächsten Abschnitt kommen werden.

Die zweite Aufgabe beschäftigt sich mit der Ermittlung einer bedingten Wahrscheinlichkeit $P(A|B)$ (siehe Kapitel 15) eines Ereignisses A unter der Bedingung eines Ereignisses B, wenn Sie $P(B|A)$ und ihr Komplement sowie die totale Wahrscheinlichkeit für B und sein Komplement kennen.

Fortsetzung des Beispiels: Sie wissen, dass eine Person in einem der drei Supermärkte eingekauft hat und zufrieden war. Jetzt möchten Sie im Nachhinein wissen, welchen Supermarkt der Kunde am wahrscheinlichsten besucht hat. Sie können diese Art von Aufgabe mit dem Satz von Bayes lösen.

Auf den folgenden Seiten lernen Sie, wie Sie die Formeln für das Gesetz der totalen Wahrscheinlichkeit und den Satz von Bayes anwenden können. Die Formeln können auf den ersten Blick recht einschüchternd aussehen, aber wenn Sie erst einmal verstehen, was dahintersteht und wie Sie die gegebenen Informationen anwenden müssen, um die gewünschte Wahrscheinlichkeit zu berechnen, sehen die Formeln längst nicht mehr so kompliziert aus.

Eine totale Wahrscheinlichkeit mit dem Gesetz der totalen Wahrscheinlichkeit berechnen

Manchmal enthält eine Aufgabe mehrere verschiedene bedingte Wahrscheinlichkeiten und/oder Wahrscheinlichkeiten von Durchschnitten (siehe Kapitel 15), die alle ein Ereignis

A betreffen, ohne die Wahrscheinlichkeit $P(A)$ zu nennen. Ihre Aufgabe ist es, $P(A)$ zu berechnen.

Ein Beispiel: Vielleicht kennen Sie die Wahrscheinlichkeit, dass sich eine Person verspäten wird, wenn sie mit einer der Fluglinien A, B oder C fliegt. Sie sollen nun aber die gesamte Wahrscheinlichkeit berechnen, dass sich die Person verspätet, unabhängig von der benutzten Fluglinie. Hier kommt das Gesetz der totalen Wahrscheinlichkeit ins Spiel.

Das *Gesetz der totalen Wahrscheinlichkeit* in dem obigen Beispiel besagt, dass Sie alle Wahrscheinlichkeiten der verschiedenen bedingten Szenarien, gewichtet mit dem Verhältnis der Häufigkeit ihres Eintretens, addieren. Das heißt: Wenn sich jemand bei 60 Prozent der Flüge mit Fluglinie A verspätet, die Fluglinie A aber nur fünf Prozent aller Flüge durchführt, trägt dies nur wenig zur allgemeinen Wahrscheinlichkeit einer Verspätung bei. Wenn die Fluglinie A dagegen 90 Prozent der Flüge anbieten würde, wäre ihr Einfluss auf diese Wahrscheinlichkeit beträchtlich. Daher ist diese Gewichtung notwendig.

Noch ein Beispiel: Ein Kunde kann unter drei Restaurants wählen: Restaurant 1, Restaurant 2 und Restaurant 3. Frühere Datenerhebungen haben gezeigt, dass diese Restaurants 50 Prozent, 30 Prozent und 20 Prozent des Umsatzes auf sich ziehen. Sie wissen auch, dass 70 Prozent der Kunden von Restaurant 1 zufrieden und 30 Prozent nicht zufrieden sind; bei Restaurant 2 sind 60 Prozent der Kunden zufrieden und 40 Prozent unzufrieden; und bei Restaurant 3 sind 50 Prozent zufrieden und 50 Prozent unzufrieden. Wie hoch ist die Wahrscheinlichkeit, dass jemand, der in einem dieser Restaurants essen geht, zufrieden sein wird? Anders ausgedrückt: Wie hoch ist die Wahrscheinlichkeit eines bestimmten Stufe-2-Ergebnisses? Um dies zu ermitteln, formulieren Sie das Gesetz der totalen Wahrscheinlichkeit, erstellen ein Baumdiagramm und berechnen aus den einzelnen Wahrscheinlichkeiten Ihre Antwort.

Die Formel des Gesetzes der totalen Wahrscheinlichkeit

Das *Gesetz der totalen Wahrscheinlichkeit* lautet:

$$P(B) = \sum_i P(A_i) \cdot P(B|A_i).$$

Dabei addieren Sie zunächst die Wahrscheinlichkeiten aller Verzweigungspfade, die zu dem Ereignis B auf der zweiten Stufe führen. In dem Beispiel mit dem Restaurant aus dem vorhergehenden Abschnitt steht A_i für ein Stufe-1-Ereignis, das eintreten muss, um das Stufe-2-Ereignis B zu erreichen. Für jedes Ereignis A_i berechnen Sie mit dem Produkt $P(A_i) \cdot P(B|A_i)$ die Wahrscheinlichkeit des jeweiligen Verzweigungspfades. Die Gesamtwahrscheinlichkeit von Ereignis B ist gleich der Summe der Wahrscheinlichkeiten aller Verzweigungspfade.

Manche haben Schwierigkeiten, die Formel für das Gesetz der totalen Wahrscheinlichkeit zu verstehen. Ein schrittweises Vorgehen kann hier helfen: Zunächst stellen Sie die Zweige und ihre Wahrscheinlichkeiten in dem Baumdiagramm dar. Dann ermitteln Sie die Wahrscheinlichkeiten für jeden einzelnen Zweig, dessen Ergebnis zu dem gesuchten Ereignis gehört. Schließlich addieren Sie die einzelnen Wahrscheinlichkeiten dieser Zweige. Damit ist die Aufga-

16 ➤ Wahrscheinlichkeiten darstellen: Venn-Diagramme und der Satz von Bayes

be gelöst. Die Baumdarstellung vereinfacht die Lösung komplizierter Aufgaben erheblich. Der Trick besteht nur darin, daran zu denken, das Gesetz der totalen Wahrscheinlichkeit anzuwenden: Wenn der Stichprobenraum in Schritte oder Stufen zerlegbar ist und die totale Wahrscheinlichkeit eines Stufe-2-Ereignisses gesucht wird, können Sie das Gesetz bequem anwenden.

In dem Restaurantbeispiel suchen Sie die Gesamtwahrscheinlichkeit, dass ein Kunde unabhängig von dem besuchten Restaurant zufrieden ist. Sie kennen die Umsatzanteile der Restaurants und damit deren Einfluss auf die Gesamtzufriedenheit der Kunden. Mit dem Gesetz der totalen Wahrscheinlichkeit berechnen Sie den Wert dieser Gesamtzufriedenheit. Doch vor den Berechnungen sollten Sie den Sachverhalt grafisch darstellen.

Das Baumdiagramm erstellen

Der erste Schritt bei der Anwendung des Gesetzes der totalen Wahrscheinlichkeit besteht darin, die Ereignisse und die Wahrscheinlichkeiten mit einem Baumdiagramm grafisch darzustellen. Im Beispiel mit dem Restaurant kann ein Kunde eins von drei Restaurants auswählen (erste Stufe); nach dem Besuch ist der Kunde entweder zufrieden oder unzufrieden (zweite Stufe). Das Baumdiagramm aus Abbildung 16.12 stellt diesen Sachverhalt dar: R1, R2 und R3 stehen für die drei Restaurants, Z bedeutet, dass der Kunde zufrieden ist, und Z^c bedeutet, dass der Kunde unzufrieden ist.

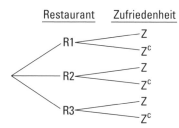

Abbildung 16.12: Ein Baumdiagramm zur Darstellung der Kundenzufriedenheit

Die Wahrscheinlichkeiten eintragen

Nachdem Sie das Baumdiagramm erstellt haben, tragen Sie die Wahrscheinlichkeiten ein. Die erste Stufe steht für die Wahrscheinlichkeiten für den Besuch der Restaurants: 0,5 für R1 (Restaurant 1), 0,3 für R2 und 0,2 für R3. Von R1 zweigen die Wahrscheinlichkeiten ab, dass der Kunde zufrieden (0,7) oder unzufrieden (0,3) ist.

 Es handelt sich um bedingte Wahrscheinlichkeiten, da Sie wissen, dass der Kunde Restaurant R1 besucht (der gegebene Teil), und Sie die Wahrscheinlichkeit suchen, dass er zufrieden oder unzufrieden ist. Die Wahrscheinlichkeiten für die Zufriedenheit und Unzufriedenheit sind natürlich komplementär:

$P(Z^c|R1) = 1 - P(Z|R1) = 1 - 0,7 = 0,3$

Für Restaurant 2 gilt entsprechend: $P(Z|R2) = 0,6$, weil 60 Prozent der Kunden von Restaurant 2 zufrieden sind, und $P(Z^c|R2) = 1 - 0,6 = 0,4$.

Und für Restaurant 3: Zufriedenheit $P(Z|R3) = 0,5$ und Unzufriedenheit $P(Z^c|R3) = 1 - 0,5 = 0,5$.

Abbildung 16.13 zeigt Wahrscheinlichkeiten für dieses Baumdiagramm.

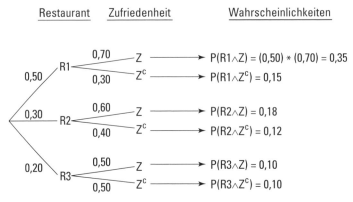

Abbildung 16.13: Wahrscheinlichkeiten für Zufriedenheit und Unzufriedenheit in dem Baumdiagramm des Restaurantbeispiels

 Es ist hilfreich, die Wahrscheinlichkeiten aller Zweige zu ermitteln, bevor Sie versuchen, die Frage zu beantworten. Laut Multiplikationsregel (siehe Kapitel 15) multiplizieren Sie für alle Zweige die Stufe-1-Wahrscheinlichkeit mit der Stufe-2-Wahrscheinlichkeit unter der Bedingung der Stufe-1-Wahrscheinlichkeit. Abbildung 16.13 zeigt alle multiplikativen Wahrscheinlichkeiten.

Die Gesamtwahrscheinlichkeit aus den Einzelwahrscheinlichkeiten berechnen

In dem Beispiel zu Beginn des Abschnitts *Eine totale Wahrscheinlichkeit mit dem Gesetz der totalen Wahrscheinlichkeit berechnen* weiter vorn in diesem Kapitel wird die Wahrscheinlichkeit gesucht, dass ein Kunde, der in einem der drei Restaurants essen geht, zufrieden sein wird. Seine Zufriedenheit stellt sich auf drei Wegen ein:

✔ Der Kunde besucht Restaurant 1 und ist zufrieden, also $R1 \wedge Z$.

✔ Der Kunde besucht Restaurant 2 und ist zufrieden, also $R2 \wedge Z$.

✔ Der Kunde besucht Restaurant 3 und ist zufrieden, also $R3 \wedge Z$.

Diese Ereignisse haben keine gemeinsamen Elemente (in diesem Fall bedeutet es nichts anderes, als dass sie verschieden sind), so dass Sie die Wahrscheinlichkeit ihrer Vereinigung mit der Additionsregel (siehe Kapitel 15) durch Addition der einzelnen Wahrscheinlichkeiten berechnen können. Sie erhalten $P(Z)$, die Wahrscheinlichkeit, dass ein Kunde, der in einem Restaurant essen geht, zufrieden sein wird.

Alle erforderlichen Wahrscheinlichkeiten werden durch einen Verzweigungspfad des Baumes dargestellt:

✔ Der obere Verzweigungspfad stellt Kunden dar, die Restaurant 1 besuchen und zufrieden sind. Die Wahrscheinlichkeit ist: $0,5 \cdot 0,7 = 0,35$.

✔ Pfad drei (von oben) stellt Kunden dar, die Restaurant 2 besuchen und zufrieden sind. Die Wahrscheinlichkeit ist: $0,3 \cdot 0,6 = 0,18$.

✔ Pfad fünf (von oben) stellt Kunden dar, die Restaurant 3 besuchen und zufrieden sind. Die Wahrscheinlichkeit ist: $0,2 \cdot 0,5 = 0,1$.

Die gesuchte Gesamtwahrscheinlichkeit ist daher: $P(Z) = 0,35 + 0,18 + 0,1 = 0,63$. Das heißt, die Wahrscheinlichkeit, dass ein Kunde eines der drei Restaurants zufrieden verlässt, beträgt 63 Prozent. Nicht übel, oder?

Beschädigte Computerchips in der Produktion

Eine Fabrik stellt empfindliche Computerchips her. Der Anteil der beschädigten Chips innerhalb der Produktion beträgt vier Prozent. Am Ende der Produktion gibt es eine Endkontrolle, die jeweils zur Verbesserung der Auslese zweimal durchlaufen wird. Ein solcher Kontrolldurchlauf erfasst jeweils 80 Prozent der defekten Chips, allerdings werden auch fälschlicherweise zehn Prozent der nicht beschädigten Chips aussortiert. Betrachten Sie das folgende Baumdiagramm, wobei Sie mit dem Ereignis D meinen, dass ein Chip beschädigt ist, mit den Ereignissen E_1 beziehungsweise E_2, dass Chips in der ersten beziehungsweise zweiten Endkontrolle aussortiert wurden:

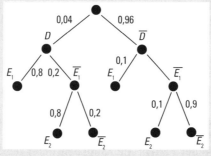

D = Chip beschädigt. E_1 bzw. E_2 = Chip in 1. bzw. 2. Kontrolle aussortiert. $\overline{D}$, $\overline{E}_1$ bzw. $\overline{E}_2$ sind die entsprechenden Komplementärereignisse.

Dann können Sie Folgendes ablesen:

✔ Die Wahrscheinlichkeit, dass ein Chip in einer der beiden Endkontrollen aussortiert wurde, beträgt dann offenbar:

$P(\text{Aussortiert}) = 0,04 \cdot 0,8 + 0,04 \cdot 0,2 \cdot 0,8 + 0,96 \cdot 0,1 + 0,96 \cdot 0,9 \cdot 0,1 = 0,2208$

✔ Die Wahrscheinlichkeit, dass ein defekter Chip aussortiert wurde, beträgt:

$P(\text{defekter Chip aussortiert}) = 0,8 + 0,2 \cdot 0,8 = 0,96$.

✔ Die Wahrscheinlichkeit, dass ein defekter Chip nicht aussortiert wurde, beträgt:

$P(\text{defekter Chip nicht aussortiert}) = 0,2 \cdot 0,2 = 0,04$.

✔ Die Wahrscheinlichkeit, dass ein nicht defekter Chip aussortiert wurde, beträgt:

$P(\text{nicht defekter Chip aussortiert}) = 0{,}1 + 0{,}9 \cdot 0{,}1 = 0{,}19$.

Somit werden 22,1 Prozent der Chips aussortiert. Ein beschädigter Chip wird in 96 Prozent der Fälle auch wirklich erkannt. Ein nicht beschädigter Chip wird allerdings auch in 19 Prozent der Fälle aussortiert.

Die A-posteriori-Wahrscheinlichkeit mit dem Satz von Bayes berechnen

Es gibt Wahrscheinlichkeiten, die Sie sehr gut kennen, ohne sie jedes Mal praktisch neu ermitteln zu müssen, etwa die Wahrscheinlichkeit des Eintretens einer 6 beim einmaligen Würfeln. Darüber hinaus gibt es aber auch Wahrscheinlichkeiten, die Sie nicht so gut im Griff haben. Das sind Problemstellungen, die Sie in der Praxis lösen müssen, aber bei denen Sie keinen theoretischen Ansatz zur Verfügung haben.

Die *A-posteriori-Wahrscheinlichkeit* wird auch als *statistische Wahrscheinlichkeit* bezeichnet, da hierfür anhand einer langen Reihe von Zufallsexperimenten zunächst empirisch Schätzwerte für die Auftretenswahrscheinlichkeiten einzelner Ereignisse ermittelt werden müssen.

Ich zeige Ihnen in diesem Abschnitt ein konkretes Anwendungsgebiet: Die hier betrachtete *A-posteriori*-Wahrscheinlichkeit ist eine bedingte Wahrscheinlichkeit $P(A|B)$ eines Ereignisses A unter der Bedingung B, wobei das Ereignis B tatsächlich zuerst eintritt.

Ein Beispiel: Eine bestimmte Krankheit ist ohne Bluttest nur schwer zu diagnostizieren. Das heißt, ein Patient hat entweder die Krankheit oder er hat sie nicht. Unter der Annahme, dass der Patient die Krankheit hat, hoffen die Ärzte, dass die Wahrscheinlichkeit für einen positiven Test hoch und die Wahrscheinlichkeit für einen negativen Test gering ist. Die Wissenschaftler, die den Bluttest entwickeln, wollen die Wahrscheinlichkeit für einen positiven Test unter der Bedingung wissen, dass der Patient die Krankheit hat. Aber der Arzt möchte die Wahrscheinlichkeit, dass der Patient die Krankheit unter der Bedingung eines positiven Tests hat, wissen. Das heißt, er möchte die *A-posteriori*-Wahrscheinlichkeit wissen – eine Wahrscheinlichkeit, die nach Eintritt eines Ergebnisses gefunden wird, also in der umgekehrten Richtung, wie die Ereignisse tatsächlich eintreten.

Bei einigen Wahrscheinlichkeitsaufgaben ist die Wahrscheinlichkeit von B unter der Bedingung A gegeben; gesucht wird die bedingte Wahrscheinlichkeit von A unter der Bedingung B, geschrieben $P(A|B)$ – mit anderen Worten die Wahrscheinlichkeit, dass sich A auf der ersten Stufe ereignet hat, wenn man bereits weiß, dass B auf der zweiten Stufe eingetreten ist. Diese Wahrscheinlichkeit kann ebenfalls mit dem *Satz von Bayes* ermittelt werden. Gehen Sie folgendermaßen vor, wenn Sie $P(A|B)$ suchen – also einen Verzweigungspfad eines Baumdiagramms in umgekehrter Reihenfolge durchlaufen:

1. **Ermitteln Sie die Wahrscheinlichkeit des Verzweigungspfades durch A und B.**
2. **Dividieren Sie den Wert durch die Gesamtwahrscheinlichkeit aller Verzweigungspfade, die zu B führen.**

16 ➤ Wahrscheinlichkeiten darstellen: Venn-Diagramme und der Satz von Bayes

Noch ein Beispiel: Ein Kunde kann unter drei Restaurants wählen: Restaurant 1, Restaurant 2 und Restaurant 3. Frühere Datenerhebungen haben gezeigt, dass diese Restaurants 50 Prozent, 30 Prozent und 20 Prozent des Umsatzes auf sich ziehen. Sie wissen auch, dass 70 Prozent der Kunden von Restaurant 1 zufrieden und 30 Prozent nicht zufrieden sind; bei Restaurant 2 sind 60 Prozent der Kunden zufrieden und 40 Prozent unzufrieden; und bei Restaurant 3 sind 50 Prozent zufrieden und 50 unzufrieden. Sie wissen nun, dass ein Kunde nach seinem Restaurantbesuch zufrieden ist. Sie könnten sich nun zwei Fragen stellen:

✔ *Frage 1:* Wie hoch ist die Wahrscheinlichkeit, dass er Restaurant 2 besucht hat (die *A-posteriori*-Wahrscheinlichkeit)?

✔ *Frage 2:* Welches der drei Restaurants hat er höchstwahrscheinlich besucht?

Zunächst erstellen Sie ein Baumdiagramm; dann tragen Sie die Wahrscheinlichkeiten in das Diagramm ein; schließlich berechnen Sie die gesuchten Wahrscheinlichkeiten mit dem Satz von Bayes, dessen Formel im nächsten Abschnitt erklärt wird.

Der Satz von Bayes

Die *Formel von Bayes* lautet:

$$P(A_i|B) = \frac{P(A_i) \cdot P(B|A_i)}{\sum_i P(A_i) \cdot P(B|A_i)}$$

Hierbei ist A_i das Stufe-1-Ereignis, dessen Wahrscheinlichkeit gesucht wird, wenn Sie wissen, dass auf der zweiten Stufe das Ereignis B eingetreten ist.

Fortsetzung des Beispiels: Die Fragen von weiter vorn könnten in das folgende Szenario eingebettet werden: Sie sind der Bürgermeister der Stadt, in der sich die Restaurants befinden. Sie kennen die Gesamtzufriedenheit der Restaurantbesucher sowie die einzelnen Kundenzufriedenheiten für jedes Restaurant. Sie kennen auch den Umsatz der einzelnen Restaurants, anhand dessen Sie ablesen können, wie viel das jeweilige Restaurant zur gesamten Kundenzufriedenheit beiträgt. Nun sagt Ihnen ein Besucher, er habe in einem der drei Restaurants gegessen und sei zufrieden gewesen. Insgeheim fragen Sie sich, welches Restaurant er wohl besucht hat. Wie können Sie das herausfinden? Nun, mit dem Satz von Bayes. Mit diesem Satz können Sie solche Fragen sozusagen von hinten aufrollen und rückwärts von bekannten Gesamtwerten zu den konstituierenden Einzelwerten gehen. Vor den Berechnungen sollten Sie wieder die Informationen darstellen.

Das Baumdiagramm erstellen und die Wahrscheinlichkeiten eintragen

Stellen Sie die Aufgabe zunächst als Baumdiagramm dar und tragen Sie Wahrscheinlichkeiten für die Zweige des Baums ein. Das Baumdiagramm ist dasselbe wie in Abbildung 16.12, weil die Ausgangsdaten dieselben sind.

Antwort auf Frage 1: Die A-posteriori-Wahrscheinlichkeit

Ein Kunde hat eines der drei Restaurants besucht und war zufrieden. Dies bedeutet, dass das Ereignis Z auf der zweiten Stufe des Prozesses eingetreten ist, Sie aber nicht wissen, was auf der ersten Stufe passiert ist (anders ausgedrückt: welches Restaurant der Kunde besucht hat). Sie suchen also die Wahrscheinlichkeit, dass der Kunde Restaurant 2 besucht hat, unter der Bedingung, dass er zufrieden ist, das heißt die bedingte Wahrscheinlichkeit $P(R2|Z)$. Aufgrund der Definition der bedingten Wahrscheinlichkeit (die Wahrscheinlichkeit von A unter der Bedingung B ist gleich der Wahrscheinlichkeit von $A \cap B$ geteilt durch die Wahrscheinlichkeit von B; siehe Kapitel 15) erhalten Sie folgende Gleichung: $P(R2|Z) = \frac{P(R2 \cap Z)}{P(Z)}$.

 Haben Sie bemerkt, dass wir trotz meiner Warnung nun doch das Durchschnittssymbol in $R2 \cap Z$ benutzt haben? Eigentlich müssten wir hier ein wenig mehr ausholen und etwa den Stichprobenraum geeignet konzipieren und Paare (r,z) betrachten, wobei beispielsweise r für ein Restaurant und z für (un-)zufrieden steht. Aber diese Details ersparen wir uns und kürzen hier geschickt ab.

Der Nenner der Gleichung ist $P(Z)$; wie er berechnet wird, finden Sie in dem Abschnitt *Die Gesamtwahrscheinlichkeit aus den Einzelwahrscheinlichkeiten berechnen* weiter vorne in diesem Kapitel. Sie wissen, dass es sich um $P(Z)$ handelt, weil der Kunde zufrieden ist. Der Zähler ist $P(R2 \cap Z)$, also die Wahrscheinlichkeit, dass der Kunde Restaurant 2 besucht hat und zufrieden war. Der Zähler ist gleich dem Produkt der Wahrscheinlichkeiten von R2 und Z, also $P(R2 \cap Z) = P(R2) \cdot P(Z|R2)$, der beiden Zweige des dritten Verzweigungspfads.

Nun wissen Sie, dass der Kunde (auf der zweiten Stufe) zufrieden war, so dass er einen der Verzweigungspfade 1, 3 oder 5 (jeweils von oben) des Baumdiagramms durchlaufen haben muss. Die Gesamtwahrscheinlichkeit der Zufriedenheit auf der zweiten Stufe ist gleich der Summe der Wahrscheinlichkeiten dieser Zweige. Also: Sie suchen jetzt die Wahrscheinlichkeit, dass der Kunde Restaurant 2 unter der Bedingung besucht hat, dass er zufrieden war. Deshalb dividieren Sie die Wahrscheinlichkeit von Verzweigungspfad 3 (der darstellt, dass der Kunde Restaurant 2 besucht hat und zufrieden war) durch die Gesamtwahrscheinlichkeit von Z, somit rechnen Sie schnell wie folgt: $\frac{0,3 \cdot 0,6}{0,5 \cdot 0,7 + 0,3 \cdot 0,6 + 0,2 \cdot 0,5} = \frac{0,18}{0,63} = 0,286$. Sie erhalten somit 28,6 Prozent. Die Wahrscheinlichkeit, dass der Kunde Restaurant 2 unter der Bedingung besucht hat, dass er zufrieden war, beträgt daher 28,6 Prozent.

Antwort auf Frage 2: Das wahrscheinlichste Restaurant

Welches Restaurant hat der Kunde am wahrscheinlichsten besucht, wenn Sie wissen, dass er zufrieden war? Hier müssen Sie drei Wahrscheinlichkeiten vergleichen: $P(R1|Z)$, $P(R2|Z)$ und $P(R3|Z)$ – die Wahrscheinlichkeiten, dass der Kunde Restaurant 1, 2 oder 3 jeweils unter der Bedingung besucht hat, dass er zufrieden war. Da es um *A-posteriori*-Wahrscheinlichkeiten geht, können Sie sie mit dem Satz von Bayes berechnen.

Aus dem vorhergehenden Abschnitt wissen Sie, dass $P(R2|Z) = 0,286$ ist. Laut dem Satz von Bayes gilt:

$$P(R1|Z) = \frac{P(R1 \cap Z)}{P(Z)} = \frac{P(R1) \cdot P(Z|R1)}{P(Z)} = \frac{0,5 \cdot 0,7}{0,63} = \frac{0,35}{0,63} = 0,556$$

$P(R1|Z)$ ist die Wahrscheinlichkeit, dass das Ergebnis auf dem ersten Verzweigungspfad liegt, geteilt durch die Summe der Wahrscheinlichkeiten für die Verzweigungspfade 1, 3 und 5 (die zusammen die Gesamtwahrscheinlichkeit für die Zufriedenheit ausmachen).

Schließlich ergibt sich analog für $P(R3|Z)$:

$$P(R3|Z) = \frac{P(R3 \cap Z)}{P(Z)} = \frac{P(R3) \cdot P(Z|R3)}{P(Z)} = \frac{0{,}2 \cdot 0{,}5}{0{,}63} = \frac{0{,}1}{0{,}63} = 0{,}159$$

Die drei *A-posteriori*-Wahrscheinlichkeiten ergeben (von Rundungsfehlern abgesehen) die Summe 1. Nachdem Sie $P(R1|Z)$ und $P(R2|Z)$ ermittelt haben, wissen Sie also, dass $P(R3|Z)$ gleich 1 minus der Summe dieser beiden Wahrscheinlichkeiten ist, weil sie komplementär sind. Sie hätten die Berechnung der letzten Wahrscheinlichkeit, $P(R3|Z)$, also auch abkürzen können.

Da $P(R1|Z) = 0{,}556$, also 55,6 Prozent, die höchste der drei Wahrscheinlichkeiten ist, ziehen Sie den Schluss, dass der Kunde, weil er zufrieden war, am wahrscheinlichsten Restaurant 1 besucht hat. Dies ist auch plausibel, da Restaurant 1 den höchsten Umsatz und die höchste Kundenzufriedenheit hat.

Der Satz von Bayes bei der Krankheitsdiagnostik

Mediziner testen anhand des Satzes von Bayes die Wirksamkeit ihrer Tests zur Diagnose von Krankheiten. Das heißt, sie prüfen ihre Tests an Personen, die die Krankheit *bekanntermaßen* haben, und an anderen, die die Krankheit *bekanntermaßen nicht* haben. Deshalb bildet die erste Stufe des Baumdiagramms Folgendes ab: »die Krankheit haben« und »die Krankheit nicht haben«. In jeder Gruppe sind die Testergebnisse entweder positiv oder negativ; sie bilden die zweite Stufe des Baumdiagramms. Die folgende Abbildung zeigt das Baumdiagramm für diesen Sachverhalt.

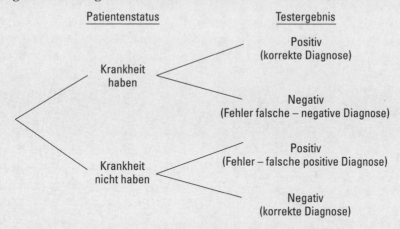

Wenn Sie die Wahrscheinlichkeit suchen, dass ein Test die richtige Diagnose liefert, können Sie das Gesetz der totalen Wahrscheinlichkeit anwenden und die Wahrscheinlichkeiten für den ersten Verzweigungspfad des Baumes (Person hat die Krankheit und testet positiv) und den vierten Verzweigungspfad (Person hat die Krankheit nicht und testet negativ) addieren. Doch bei medizinischen Tests liefern positive Tests nicht immer die richtige Diagnose. Die Summe der Wahrscheinlichkeiten der Verzweigungspfade 1 und 3 ergibt die Gesamtwahrscheinlichkeit, positiv getestet zu werden, unabhängig davon, ob die Krankheit vorliegt oder nicht. Auch diese Wahrscheinlichkeit kann hilfreich sein.

Die große Frage lautet jedoch, wie wirksam kann die Krankheit mit dem Test diagnostiziert werden. Angenommen, jemand wird positiv auf die Krankheit getestet. Wie hoch ist die Wahrscheinlichkeit, dass er die Krankheit tatsächlich hat? In der Wahrscheinlichkeitsnotation fragen Sie nach: P(Krankheit haben|positiv getestet). Beachten Sie, dass dies die umgekehrte Reihenfolge ist, in der die Daten in dem Baumdiagramm angeordnet sind. Dies bedeutet, dass Sie mit dem Satz von Bayes eine *A-posteriori*-Wahrscheinlichkeit berechnen müssen. Sie dividieren also die Wahrscheinlichkeit vom ersten Verzweigungspfad durch die Summe der Wahrscheinlichkeiten für Verzweigungspfad 1 und 3, weil Sie wissen, dass die Person positiv getestet wurde, so dass nur diese beiden Zweige in Frage kommen. Die Wahrscheinlichkeit, die Krankheit zu haben, ist die Wahrscheinlichkeit vom ersten Verzweigungspfad (die Krankheit haben und positiv testen). Deshalb dividieren Sie die Wahrscheinlichkeit vom ersten Verzweigungspfad durch die Wahrscheinlichkeit von »positiv getestet« (Verzweigungspfad 1 + Verzweigungspfad 3). Ich gebe hier lieber kein Zahlenbeispiel an, da ein solches eine Gefahr für Ihr Vertrauen in ärztliche Tests darstellen könnte.

Grundlagen der Wahrscheinlichkeitsverteilungen

In diesem Kapitel

▶ Entdecken Sie, was eine Wahrscheinlichkeitsverteilung ist

▶ Wahrscheinlichkeiten mit Wahrscheinlichkeitsverteilungen berechnen

▶ Erwartungswerte, Varianzen und Standardabweichungen bestimmen und interpretieren

---

Manchmal ist es notwendig, individuelle Wahrscheinlichkeitsszenarios und die damit verbundenen Ereignisse und Berechnungen zu verlassen und Sachverhalte zu analysieren, in denen Wahrscheinlichkeiten einem bestimmten vorhersagbaren Muster folgen, mit dem Sie ein Wahrscheinlichkeitsmodell erstellen können.

Ein Wahrscheinlichkeitsmodell hilft Ihnen, die Wahrscheinlichkeit herauszufinden, dass ein Telefonanruf länger als zehn Minuten dauern wird; ein anderes Modell hilft Ihnen, zu bestimmen, wie oft Sie im Durchschnitt Lotto spielen müssen, bevor Sie etwas gewinnen.

Ein Wahrscheinlichkeitsmodell liefert Ihnen Formeln, um Wahrscheinlichkeiten zu berechnen, langfristige Durchschnittsergebnisse zu ermitteln und den Umfang der Variabilität festzustellen, die Sie in den Ergebnissen von einem Zufallsexperiment zum nächsten erwarten können. Für unterschiedliche Sachverhalte gibt es viele verschiedene Wahrscheinlichkeitsmodelle.

In diesem Kapitel lernen Sie die grundlegenden Begriffe von Wahrscheinlichkeitsmodellen kennen. Anwendungen auf konkrete Modelle finden Sie im Kapitel 18.

Die Wahrscheinlichkeitsverteilung einer diskreten Zufallsvariablen

Ein *Wahrscheinlichkeitsmodell* ist ein mathematisches Modell für einen bestimmten Sachverhalt. Jeder Sachverhalt muss je nach Modell verschiedene Annahmen erfüllen, damit die Ergebniswahrscheinlichkeiten, die mit dem Modell ermittelt werden, möglichst nah an der Realität liegen. Hauptbestandteil eines Wahrscheinlichkeitsmodells ist dabei die Zufallsvariable mit ihrer Wahrscheinlichkeitsverteilung.

Was ist eine Zufallsvariable?

Eine *Zufallsvariable* ist eine Funktion, die den Ergebnissen eines Stichprobenraums Ω Zahlenwerte zuordnet. Zufallsvariablen werden mit Großbuchstaben wie X, Y usw. bezeichnet. Obwohl sich der Stichprobenraum für ein Experiment nicht ändert, wenn er einmal ermittelt worden ist, können viele verschiedene Zufallsvariablen mit ihm verbunden sein.

Ein Beispiel: Sie werfen zwei Würfel. Der Stichprobenraum Ω besteht aus 36 möglichen Ergebnissen: $\{(1,1);(1,2);\ldots;(1,6);(2,1);\ldots;(6,6)\}$. Eine uns interessierende Zufallsvariable stellt die Summen der möglichen Ergebnisse der Würfe dar; diese Zufallsvariable heißt X. Tabelle 17.1 zeigt alle Ergebnisse von Ω und die zugehörigen Werte der Zufallsvariablen X.

Ergebnis	X-Wert	Ergebnis	X-Wert	Ergebnis	X-Wert	Ergebnis	X-Wert	Ergebnis	X-Wert	Ergebnis	X-Wert
1.1	2	2.1	3	3.1	4	4.1	5	5.1	6	6.1	7
1.2	3	2.2	4	3.2	5	4.2	6	5.2	7	6.2	8
1.3	4	2.3	5	3.3	6	4.3	7	5.3	8	6.3	9
1.4	5	2.4	6	3.4	7	4.4	8	5.4	9	6.4	10
1.5	6	2.5	7	3.5	8	4.5	9	5.5	10	6.5	11
1.6	7	2.6	8	3.6	9	4.6	10	5.6	11	6.6	12

Tabelle 17.1: Zufallsvariable X = Summe der Ergebnisse zweier Würfel

Es gibt zwei Hauptarten von Zufallsvariablen:

✔ Diskrete Zufallsvariablen

✔ Stetige Zufallsvariablen

Diskrete Zufallsvariablen haben entweder eine endliche oder eine (abzählbar) unendliche Anzahl möglicher Werte.

Ein Beispiel: Es sei X die Gesamtanzahl der Ergebnisse, dass eine Münze »Kopf« zeigt, wenn sie tausendmal geworfen wird; oder Y sei die Gesamtzahl der Unfälle an einer bestimmten Kreuzung in einem bestimmten Jahr. Im ersten Fall ist X eine diskrete Zufallsvariable, weil sie eine endliche Zahl möglicher Werte annehmen kann: $0,1,2,\ldots,1000$. Im zweiten Fall hat Y eine abzählbar unendliche Zahl möglicher Werte: $0,1,2,\ldots,1000,\ldots$ usw. Warum ist Y abzählbar unendlich? Obwohl es an der Kreuzung in einem Jahr keine unendliche Zahl von Unfällen geben kann, ist es unmöglich, eine Obergrenze für den Wert von Y anzugeben. Natürlich gilt, dass extrem hohen Werten von Y immer kleiner werdende Wahrscheinlichkeiten zugeordnet werden.

Eine *stetige* (manchmal auch *kontinuierliche*) *Zufallsvariable* hat eine überabzählbar unendliche Anzahl möglicher Werte; das heißt, Sie können sie nicht mittels der natürlichen Zahlen aufzählen.

Ein Beispiel: Sei X die zeitliche Länge eines Telefonanrufs, die bis auf das Millionstel einer Sekunde (oder eben noch genauer, zumindest theoretisch beliebig genau) bestimmt werden kann. (Selbst wenn Sie den Anruf nur in Minuten und Sekunden messen, existieren so viele mögliche Werte für X, dass Sie die Dauer ebenso gut als überabzählbare Zufallsvariable behandeln können; eine gängige Praxis, die Statistiker oft anwenden.)

17 ➤ Grundlagen der Wahrscheinlichkeitsverteilungen

Ein anderes Beispiel: Es sei Y die Durchschnittsnote der Studenten, die an einer Prüfung teilnehmen. Für alle Absichten und Zwecke kann Y eine überabzählbare unendliche Anzahl möglicher Werte annehmen und wird deshalb den stetigen Zufallsvariablen zugeordnet, denn es könnten beliebig genaue Durchschnittsnoten berechnet werden – auch wenn anschließend sofort auf ein Standardsystem von Noten gerundet wird.

Die Grundlagen der Wahrscheinlichkeitstheorie werden in diesem Kapitel hauptsächlich anhand von diskreten Zufallsvariablen beschrieben – aber spätestens im nächsten Kapitel lernen Sie beide Arten an Beispielen im Detail kennen.

Die Wahrscheinlichkeitsverteilung finden und anwenden

Die *Wahrscheinlichkeitsfunktion* (WF) einer diskreten Zufallsvariablen X ist eine Funktion, die jedem Wert x von X eine Wahrscheinlichkeit zuordnet. Die allgemeine Notation für eine Wahrscheinlichkeitsfunktion ist $P(x)$ für einen Wert x von X. Wenn X stetig ist, wird das Gegenstück dieser Funktion als *Dichtefunktion* oder *Dichte* von X bezeichnet; die Notation ist $f(x)$. Wenn man mehrere Zufallsvariablen gleichzeitig betrachtet, kennzeichnet man dies manchmal zusätzlich durch einen Index, etwa wie bei $P_X(x)$ beziehungsweise $f_X(x)$.

Ein Beispiel: Tabelle 17.1 zeigt die möglichen Werte von X für die Aufgabe mit den Würfeln aus dem Abschnitt *Was ist eine Zufallsvariable?* weiter vorn in diesem Kapitel: 2, 3, 4, ..., 12. Die Wahrscheinlichkeit, dass X den Wert 2 annimmt, also formal $P(X = 2)$, finden Sie, wenn Sie zurück zu dem Stichprobenraum gehen und die Wahrscheinlichkeiten aller Ergebnisse berechnen, die mit dem Wert $X = 2$ verbunden sind. In diesem Falle gibt es nur ein einziges Ergebnis, nämlich $(1,1)$, das eine Wahrscheinlichkeit von $\frac{1}{36}$ hat. Tabelle 17.2 zeigt die Wahrscheinlichkeiten für alle möglichen Werte von X. Von allen möglichen 36 Ergebnissen hat nur eines, nämlich $(1,1)$, den Wert 2.

In der Wahrscheinlichkeitsnotation ist $P(X = 2) = \frac{1}{36}$. Eine andere kürzere Möglichkeit, diese Wahrscheinlichkeit zu schreiben, ist $P(2) = \frac{1}{36}$, wenn klar ist, welche Zufallsvariable zugrunde liegt. In diesem Buch werden beide Notationen verwendet. Die kürzere Variante ist aber mit Vorsicht zu genießen.

Ähnlich ist die Wahrscheinlichkeit für $X = 3$:

$$P(X = 3) = P(\{(1,2),(2,1)\}) = P(\{(1,2)\}) + P(\{(2,1)\}) = \frac{1}{36} + \frac{1}{36} = \frac{2}{36} = \frac{1}{18}$$

Können Sie die Klammern in $P(\{(1,2),(2,1)\})$ richtig deuten? Zunächst betrachten Sie die beiden Elementarereignisse $(1,2)$ sowie $(2,1)$ und fassen diese in einer Menge zusammen, nämlich in $\{(1,2),(2,1)\}$; diese nennen Sie die Menge A. Von dieser Menge A suchen Sie die Wahrscheinlichkeit, also $P(A)$ und somit schließlich $P(\{(1,2),(2,1)\})$.

Also ist $P(X = 3) = \frac{1}{18}$. Die Wahrscheinlichkeit, dass die Summe gleich 3 ist, ist höher als die Wahrscheinlichkeit, dass die Summe gleich 2 ist, weil die Summe 3 aus mehr Würfelkombinationen zusammengesetzt werden kann als die Summe 2. Tabelle 17.2 zeigt die *Wahrscheinlichkeitsfunktion* von X. Die Tabelle enthält alle möglichen Werte von X und die zugehörigen Wahrscheinlichkeiten.

x	$P(X = x)$	x	$P(X = x)$	x	$P(X = x)$
2	$\frac{1}{36}$	6	$\frac{5}{36}$	10	$\frac{3}{36}$
3	$\frac{2}{36}$	7	$\frac{6}{36}$	11	$\frac{2}{36}$
4	$\frac{3}{36}$	8	$\frac{5}{36}$	12	$\frac{1}{36}$
5	$\frac{4}{36}$	9	$\frac{4}{36}$		

Tabelle 17.2: Wahrscheinlichkeitsfunktion von X = Summe zweier Würfel

Eine *Wahrscheinlichkeitsverteilung* von X ist eine Aufzählung aller möglichen Werte von X mit den zugehörigen Wahrscheinlichkeiten dieser Werte. Die Wahrscheinlichkeitsverteilung einer diskreten Zufallsvariablen X hat die folgenden Eigenschaften:

- ✔ $P(X = x)$ liegt für jeden Wert der Zufallsvariablen X zwischen 0 und 1.

- ✔ Um die Wahrscheinlichkeit für Werte a oder b zu berechnen, werden $P(X = a)$ und $P(X = b)$ addiert, weil die einzelnen Werte von X einander ausschließen.

- ✔ Weil jedes Element aus dem Stichprobenraum einem Wert von X zugewiesen ist, müssen alle Wahrscheinlichkeiten in der Wahrscheinlichkeitsverteilung von X die Summe 1 ergeben.

Nachdem Sie die Wahrscheinlichkeitsverteilung einer Zufallsvariablen erstellt haben, können Sie prüfen, ob die Wahrscheinlichkeiten die Summe 1 ergeben. (*Achtung*: Es ist nur eine notwendige – nicht hinreichende – Bedingung für die Korrektheit!) Andernfalls ist etwas falsch. Übrigens: Die Wahrscheinlichkeiten in Tabelle 17.2 haben die Summe 1.

Wahrscheinlichkeitsverteilungen darstellen: Ein Histogramm zeichnen

Wahrscheinlichkeitsverteilungen einer diskreten Zufallsvariablen X können mit einem Diagramm dargestellt werden, das als *Histogramm der relativen Häufigkeiten* bezeichnet wird. Ein solches Histogramm ist im Wesentlichen ein Balkendiagramm, das die numerischen Werte auf der x-Achse und den Prozentsatz (beziehungsweise Anteil oder relative Häufigkeit) des Eintretens jedes Wertes auf der y-Achse anzeigt. Abbildung 17.1 zeigt die Wahrscheinlichkeitsverteilung des Beispiels aus den Tabellen 17.1 und 17.2.

Beachten Sie, dass Abbildung 17.1 die Wahrscheinlichkeiten für alle einzelnen Werte von X als Höhe des Balkens anzeigt und dass die Balken verbunden sind, obwohl es zwischen zwei benachbarten Werten von X keine Zwischenwerte (wie 2,5 oder 3,2) gibt. Dennoch hat sich diese Art der Darstellung von Histogrammen mit Häufigkeiten und relativen Häufigkeiten eingebürgert, unabhängig davon, ob die möglichen Werte von X natürliche oder reelle Zahlen auf einem Zahlenstrahl sind. Doch aus dem Kontext der jeweiligen Aufgabe sollte eigentlich hervorgehen, um welche Art von Werten es sich handelt.

17 ➤ Grundlagen der Wahrscheinlichkeitsverteilungen

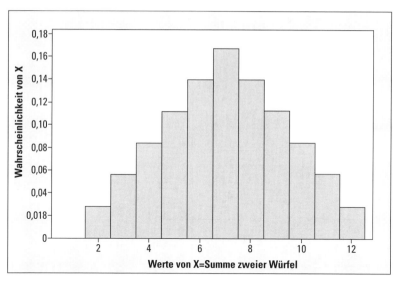

Abbildung 17.1: Dieses Histogramm der relativen Häufigkeiten zeigt die Wahrscheinlichkeitsverteilung von X = Summe zweier Würfel.

Ein kennzeichnender Faktor einer Wahrscheinlichkeitsverteilung ist die Form, die sie als Histogramm annehmen kann. Abbildung 17.2 zeigt einige der Formen, die Wahrscheinlichkeitsverteilungen annehmen können. Abbildung 17.2a zeigt eine Glockenform, bei der die Werte von X in der Mitte höhere Wahrscheinlichkeiten als die Werte an den Rändern haben. Abbildung 17.2b zeigt die Form einer diskreten Gleichverteilung, die flach ist. Die flache Form zeigt an, dass alle Werte von X die gleiche Wahrscheinlichkeit haben. Abbildung 17.2c zeigt eine steigende Treppe, die anzeigt, dass die Wahrscheinlichkeiten für höhere Werte von X zunehmen. Abbildung 17.2d zeigt eine absteigende Treppe, die anzeigt, dass die Wahrscheinlichkeiten für höhere Werte von X immer niedriger werden.

Die Wahrscheinlichkeitsverteilung von X für das Beispiel mit den Würfeln (siehe Abbildung 17.1) hat eine Glockenform und ist symmetrisch. Die Summe 7 hat die höchste Wahrscheinlichkeit. Rechts und links der 7 nehmen die Wahrscheinlichkeiten ab, bis sie bei zwei Werten von X die niedrigsten Werte erreichen: $X = 2$ und $X = 12$. Diese Summen sind am schwierigsten zu erzielen, weil die wenigsten Zahlenkombinationen diese Ergebnisse haben. Eigentlich klar, oder?

Wahrscheinlichkeiten berechnen: »höchstens«, »mindestens« und vieles mehr

Mit einer Wahrscheinlichkeitsverteilung können Sie verschiedene Wahrscheinlichkeiten berechnen. Beispielsweise können Sie anhand der Tabellen 17.1 und 17.2 des Beispiels die Wahrscheinlichkeit berechnen, dass die Summe der beiden Würfel

mindestens 7	kleiner als 7	höchstens 10	mehr als 10

beträgt. Diese Sachverhalte stellen Ereignisse dar. Ein *Ereignis* ist eine Teilmenge bestehend aus einem oder mehreren möglichen Ergebnissen eines Stichprobenraumes Ω.

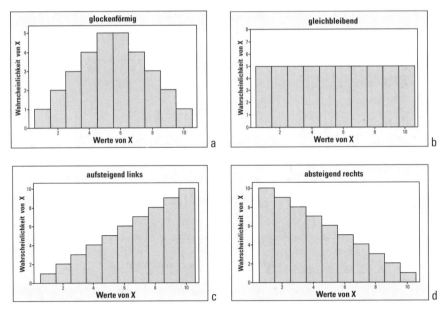

Abbildung 17.2: Formen verschiedener Wahrscheinlichkeitsverteilungen

Das Ereignis »mindestens 7« bedeutet, dass 7 der kleinstmögliche Wert ist; von dort gehen die Werte bis zum größtmöglichen Wert. In diesem Beispiel geht X von 7 bis 12 (einschließlich beider Grenzwerte). Sie addieren die Wahrscheinlichkeiten dieser Werte:

$$P(7 \leq X \leq 12) = \sum_{x=7}^{12} P(X = x) = P(X = 7) + P(X = 8) + \ldots + P(X = 12)$$

$$= \tfrac{6}{36} + \tfrac{5}{36} + \tfrac{4}{36} + \tfrac{3}{36} + \tfrac{2}{36} + \tfrac{1}{36} = \tfrac{21}{36} = \tfrac{7}{12} \approx 0{,}58$$

Das Ereignis »kleiner als 7« bedeutet alle Werte unter 7 (ohne den Grenzwert). Besser wäre es zu sagen, dass X von 2 bis 6 geht (einschließlich der Grenzen). Sie addieren wieder die Wahrscheinlichkeiten dieser Werte:

$$P(X < 7) = P(X \leq 6) = \sum_{x=2}^{6} P(X = x) = P(X = 2) + \ldots + P(X = 6)$$

$$= \tfrac{1}{36} + \tfrac{2}{36} + \tfrac{3}{36} + \tfrac{4}{36} + \tfrac{5}{36} = \tfrac{15}{36} = \tfrac{5}{12} \approx 0{,}42$$

Die Ereignisse »X ist mindestens 7« und »X ist kleiner als 7« sind komplementär, was bedeutet, dass sie den Stichprobenraum in zwei separate (disjunkte) Mengen zerlegen, die keine Elemente gemeinsam haben. Weil sie komplementär sind, addieren sich die Wahrscheinlichkeiten der beiden Ereignisse zu 1. Falls Sie $P(7 \leq X \leq 12)$ bereits berechnet haben, erhalten Sie: $P(X < 7) = 1 - P(7 \leq X \leq 12)$

Das Ereignis »höchstens 10« bedeutet, dass der höchstmögliche Wert 10 beträgt und dass alle kleineren Werte in dem Ereignis enthalten sind. In diesem Beispiel geht X von 2 bis 10 (einschließlich beider Grenzen). Sie addieren wieder die einzelnen Wahrscheinlichkeiten:

$$P(2 \leq X \leq 10) = \sum_{x=2}^{10} P(X = x) = P(X = 2) + \ldots + P(X = 10)$$

Diese Summe enthält sehr viele Summanden. Eigentlich enthält diese Aufgabe weit weniger Elemente, die Sie *nicht* ermitteln müssen. Deshalb sollten Sie an die Komplementärregel denken, die sagt, dass die Wahrscheinlichkeit des Komplements eines Ereignisses gleich 1 minus die Wahrscheinlichkeit des Ereignisses ist. Mit der Komplementärregel erhalten Sie:

$$P(2 \leq X \leq 10) = 1 - P(11 \leq X \leq 12) = 1 - \left(\tfrac{2}{36} + \tfrac{1}{36}\right) = \tfrac{33}{36} = \tfrac{11}{12} \approx 0,92$$

Das Ereignis »mehr als 10« bedeutet alle Werte über 10 (hier ist 10 selbst ausgeschlossen), das heißt, es geht nur um die beiden Werte 11 und 12. Sie addieren wieder die Wahrscheinlichkeiten der Werte:

$$P(X > 10) = P(X \geq 11) = P(X = 11) + P(X = 12) = \tfrac{2}{36} + \tfrac{1}{36} = \tfrac{1}{12} \approx 0,08$$

Auch hier sind die Ereignisse »X ist höchstens 10« und »X ist mehr als 10« komplementär, so dass sich ihre Wahrscheinlichkeiten wieder zu 1 addieren.

Die Begriffe »mindestens« und »kleiner als« werden leicht verwechselt, obwohl sie etwas ganz anderes bedeuten. Anhand eines Zahlenstrahls können Sie leicht darstellen, was mit diesen beiden Ausdrücken gemeint ist. Eine andere Möglichkeit sind Eselsbrücken: »Sie müssen mindestens 18 sein, um hier Alkohol trinken zu dürfen.« Das bedeutet, 18 oder älter. Ähnliches gilt für die Begriffe »höchstens« und »mehr als«. Hier hilft ein Vergleich mit Geld: Wenn Sie höchstens zehn Euro für ein Essen ausgeben können, können Sie für zehn Euro oder weniger essen – anders ausgedrückt: Sie haben nur zehn Euro in der Tasche. Oder wenn Sie mehr als 50.000 Euro pro Jahr verdienen wollen, müssen Sie 50.001 Euro oder mehr bekommen.

Die Verteilungsfunktion ermitteln und anwenden

Im vorhergehenden Abschnitt haben Sie immer wieder viele Wahrscheinlichkeiten addiert, um die Wahrscheinlichkeiten zu ermitteln, dass X »mindestens«, »kleiner als«, »höchstens« oder »größer als« einem bestimmten Vergleichswert ist. Diese Additionen können mit einer besonderen Funktion, der so genannten *Verteilungsfunktion* von X, vereinfacht werden. Sie stellen die Wahrscheinlichkeit dar, dass X kleiner oder gleich einem Vergleichswert ist. Diese Wahrscheinlichkeit ist die Summe aller Wahrscheinlichkeiten der Werte, die kleiner oder gleich dem Vergleichswert sind. Die Wahrscheinlichkeitsnotation für die Verteilungsfunktion lautet:

$$F(a) = \sum_{x \leq a} P(X = x)$$

Fortsetzung des Beispiels: In der Beispielaufgabe mit den Würfeln aus den Tabellen 17.1 und 17.2 ist die Wahrscheinlichkeit, dass X kleiner als oder gleich 6 ist:

$$P(X \leq 6) = \sum_{x=2}^{6} P(X = x) = \sum_{x \leq 6} P(X = x) = \tfrac{15}{36} = F(6)$$

etwa 42 Prozent. Mit der Verteilungsfunktion von X entspricht dies also dem Wert $F(6) = \tfrac{15}{36} \approx 0{,}42$. Tabelle 17.3 zeigt die komplette Verteilungsfunktion von X für das Beispiel mit den Würfeln.

a	$F(a)$	a	$F(a)$
$a < 2$	0 oder 0%	$7 \leq a < 8$	$\tfrac{21}{36} = 0{,}583$ oder 58,3%
$2 \leq a < 3$	$\tfrac{1}{36} = 0{,}028$ oder 2,8%	$8 \leq a < 9$	$\tfrac{26}{36} = 0{,}722$ oder 72,2%
$3 \leq a < 4$	$\tfrac{3}{36} = 0{,}083$ oder 8,3%	$9 \leq a < 10$	$\tfrac{30}{36} = 0{,}833$ oder 83,3%
$4 \leq a < 5$	$\tfrac{6}{36} = 0{,}167$ oder 16,7%	$10 \leq a < 11$	$\tfrac{33}{36} = 0{,}917$ oder 91,7%
$5 \leq a < 6$	$\tfrac{10}{36} = 0{,}277$ oder 27,7%	$11 \leq a < 12$	$\tfrac{35}{36} = 0{,}972$ oder 97,2%
$6 \leq a < 7$	$\tfrac{15}{36} = 0{,}417$ oder 41,7%	$a \geq 12$	$\tfrac{36}{36} = 1$ oder 100%

Tabelle 17.3: Verteilungsfunktion für X = Summe zweier Würfel

Jedem möglichen Wert a von $-\infty$ bis ∞ ist ein Wert $F(a)$ zugeordnet, weil $F(a)$ für jeden Wert von a als die Wahrscheinlichkeit definiert ist, dass X kleiner als oder gleich a ist; eventuell ist sie trivial, nämlich gleich 0 oder 1.

Die Verteilungsfunktion interpretieren

Da die (kumulative) Verteilungsfunktion für alle Werte von $-\infty$ bis ∞ definiert ist, müssen Sie sich neu orientieren, wenn Sie eine Verteilungsfunktion im Vergleich zu einer Wahrscheinlichkeitsfunktion (siehe Tabelle 17.2 für ein Beispiel) interpretieren wollen.

Fortsetzung des Beispiels: In der Beispielaufgabe mit den Würfeln aus den Tabellen 17.1 und 17.2 existieren für Werte a kleiner als 2 keine (positiven) Wahrscheinlichkeiten, die akkumuliert werden müssten, so dass $F(a) = 0$ ist. An dem Punkt $a = 2$ springt die Funktion auf den Wert $\tfrac{1}{36}$, weil diese die Wahrscheinlichkeit für $X = 2$ ist. Jetzt behält die Funktion für alle Werte von 2 an aufwärts bis 3 ausschließlich den Wert $\tfrac{1}{36}$, weil keine neuen Wahrscheinlichkeiten hinzukommen. Beispielsweise gehört die Zahl 2,5 nicht zu den Werten der Zufallsvariablen X. Trotzdem können Sie $P(X \leq 2{,}5) = F(2{,}5)$ ermitteln. Die Wahrscheinlichkeit, dass X kleiner oder gleich 2,5 ist, ist in diesem Fall gleich der Wahrscheinlichkeit, dass X gleich 2 ist, also $\tfrac{1}{36}$ oder ca. 2,8 Prozent.

In der Tat beträgt die Wahrscheinlichkeit, dass X kleiner oder gleich 2,6 ist, ebenfalls $\tfrac{1}{36}$, und die kumulative Wahrscheinlichkeit bleibt bis zu der Zahl 3 bei $\tfrac{1}{36}$. Bei 3 macht sie wie-

17 ➤ Grundlagen der Wahrscheinlichkeitsverteilungen

der einen Sprung:

$$F(3) = P(X \leq 3) = P(X = 2) + P(X = 3) = \frac{1}{36} + \frac{2}{36} = \frac{3}{36}$$

Das Ergebnis liegt bei 8,3 Prozent. Für jeden Wert von 3 an aufwärts bis 4 ausschließlich behält die kumulierte Wahrscheinlichkeit den Wert $\frac{1}{36} + \frac{2}{36} = \frac{3}{36}$. Weitere Sprünge erfolgen bei 4, 5 bis schließlich 11 und 12, weil bei diesen ganzzahligen Werten weitere Wahrscheinlichkeiten kumuliert werden, dennoch passiert bei den Zwischenwerten nichts, so dass die Verteilungsfunktion dort ihren Wert behält.

Die Verteilungsfunktion grafisch darstellen

Für jede Zahl können Sie die Wahrscheinlichkeit, dass X kleiner als oder gleich dieser Zahl ist, an dem Graphen der Verteilungsfunktion ablesen. Abbildung 17.3 zeigt den Graphen der kumulativen Verteilungsfunktion für X. In diesem Fall sind die möglichen Werte von X ganzzahlig (ganze Zahlen können positiv, negativ oder 0 sein). Die ganzen Zahlen 2, 3,..., 12 scheinen jeweils zwei mögliche Werte für $F(a)$ zu haben, einen mit einem ausgefüllten Kreis und einen mit einem leeren Kreis. Der ausgefüllte Kreis ist der maßgebende Wert von $F(a)$ an diesem Punkt.

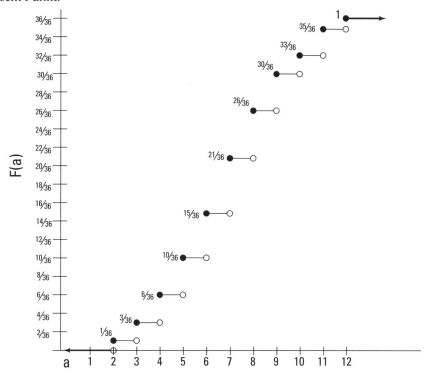

Abbildung 17.3: Graph der Verteilungsfunktion für F (Summe zweier Würfel)

Wenn a größer wird, nehmen die entsprechenden Werte von $F(a)$ sprungweise bis zur 1 zu; nach $a = 12$ bleiben sie konstant. Bei $a = 12$ haben Sie alle Wahrscheinlichkeiten kumuliert und für alle Werte größer als 12 hat die Verteilungsfunktion den Wert 1. Die allgemeine

Form ist bei allen kumulativen Verteilungsfunktionen gleich. Die Werte von $F(a)$ beginnen im negativ Unendlichen immer bei 0 bis zu dem ersten Wert von X mit positiver Wahrscheinlichkeit. Danach nimmt ihr Wert zu, bis $F(a)$ den Wert 1 an dem Punkt erreicht, an dem die letzte Wahrscheinlichkeit für X gegeben ist. Danach bleibt $F(a)$ konstant gleich 1 für alle Werte bis ins (positive) Unendliche.

Diskrete Zufallsvariablen haben Verteilungsfunktionen, die als *Treppenfunktionen* bezeichnet werden. Sie sind nicht überall stetig, sondern haben für ein gewisses Intervall einen festen Wert und springen von einem Punkt, dem eine Wahrscheinlichkeit zugeordnet ist, auf den nächsten Wert. Dort bleiben sie bis zum nächsten Punkt mit einer positiven Wahrscheinlichkeit. Der Name der Funktion ergibt sich aus ihrem Aussehen. Stetige Zufallsvariablen betrachten wir später in Kapitel 18; ein Beispiel sehen Sie in Abbildung 18.7.

Wahrscheinlichkeiten mit der Verteilungsfunktion ermitteln

Mit der Verteilungsfunktion können Sie Wahrscheinlichkeiten für X ermitteln. Sie ist besonders hilfreich, wenn Wahrscheinlichkeiten für Intervalle gefragt sind: X kleiner als a, X größer als a oder X zwischen zwei Werten.

Ein Beispiel: Sie müssen die folgenden sieben Wahrscheinlichkeiten für das Beispiel mit den Würfeln aus den Tabellen 17.1 bis 17.3 anhand der Verteilungsfunktion ermitteln:

(i) $P(X \leq 8)$ (ii) $P(X < 8)$ (iii) $P(X \geq 5)$ (iv) $P(X > 5)$
(v) $P(5 < X < 8)$ (vi) $P(5 \leq X \leq 8)$ (vii) $P(5 \leq X < 8)$

Die Wahrscheinlichkeiten der verschiedenen Intervalle ermitteln

Fall (i) steht für $F(8) = \frac{26}{36}$ (ca. 72 Prozent; siehe Tabelle 17.3). Fall (ii) muss jedoch umgeschrieben werden, weil $F(a)$ die Wahrscheinlichkeit für »kleiner oder gleich« und nicht einfach »kleiner als« angibt. Sie müssen zur nächstkleineren ganzen Zahl gehen, weil die Wahrscheinlichkeiten hier nur für ganze Zahlen kumuliert werden. Sie erhalten: $P(X < 8) = P(X \leq 7)$. Die Antwort ist $F(7) = \frac{21}{36}$ (ca. 58 Prozent; siehe Tabelle 17.3).

Im Fall (iii) wird die Wahrscheinlichkeit gesucht, dass der Wert größer oder gleich 5 ist. Sie müssen den Fall umschreiben, so dass Werte für X mit »kleiner oder gleich«-Wahrscheinlichkeiten (anders ausgedrückt: Komplemente) gesucht werden, damit Sie die Verteilungsfunktion verwenden können. Beachten Sie, dass $P(X \geq 5) = 1 - P(X < 5) = 1 - P(X \leq 4)$. Die auszuschließenden Werte sind also alle kleiner als 5, also 4 und kleiner. Sie erhalten $1 - F(4) = 1 - \frac{6}{36} = \frac{30}{36}$ (ca. 83 Prozent). Im Fall (iv) werden Werte gesucht, die größer als 5 sind (also 5 ausschließlich), so dass hier ein anderes Komplement greift: $P(X > 5) = 1 - P(X \leq 5) = 1 - F(5) = 1 - \frac{10}{36} = \frac{26}{36}$ (ca. 72 Prozent).

Das Komplement von »größer als a« ist »kleiner oder gleich a«. Das Komplement von »größer oder gleich a« ist »kleiner oder gleich $a-1$«. Sie sollten dies nicht stur auswendig lernen. Versuchen Sie, es zu verstehen. Das Problem dabei sind die Grenzen. Sie müssen darauf achten, ob die Grenzwerte eingeschlossen oder ausgeschlossen werden sollen. Dabei spielen die Komplemente eine wichtige Rolle.

Die Wahrscheinlichkeiten von Werten in einem Intervall

In den Fällen (v), (vi) und (vii) werden Wahrscheinlichkeiten gesucht, deren Werte zwischen zwei anderen Werten liegen. Um diese Wahrscheinlichkeiten mit der Verteilungsfunktion zu ermitteln, subtrahieren Sie die Wahrscheinlichkeit für den unteren Grenzwert von der Wahrscheinlichkeit für den oberen Grenzwert. Die Schwierigkeit ist: Soll der jeweilige Grenzwert eingeschlossen oder ausgeschlossen werden? Dies hängt natürlich wieder davon ab, ob Sie es mit »kleiner als«- oder »kleiner gleich«-Wahrscheinlichkeiten zu tun haben.

Im Fall (v) wird die Wahrscheinlichkeit gesucht, dass ein Wert zwischen 5 und 8 (jeweils *ausschließlich*) liegt. Die Grenzwerte 5 und 8 sollen also nicht zu dem Intervall gehören. Mit $P(X \leq 7) - P(X \leq 5)$ wählen Sie die Wahrscheinlichkeit von X für 2 bis 7 minus der Wahrscheinlichkeit von X für 2 bis 5 aus und erhalten die Wahrscheinlichkeit, dass X gleich 6 oder 7 ist. Das ist genau, was Sie suchen: $F(7) - F(5) = \frac{21}{36} - \frac{10}{36} = \frac{11}{36}$ (ca. 31 Prozent, siehe Tabelle 17.3).

In Aufgabe (vi) wird die Wahrscheinlichkeit gesucht, dass ein Wert zwischen 5 und 8 (jeweils *einschließlich*) liegt. Die Grenzwerte 5 und 8 sollen also diesmal zu dem Intervall gehören. Deshalb müssen Sie deren Wahrscheinlichkeiten einschließen. Sie nehmen die kumulative Wahrscheinlichkeit $F(8)$ für X von 2 bis 8 und subtrahieren alle (aufsummierten) Wahrscheinlichkeiten bis zur unteren Grenze des Intervalls einschließlich 4, also $F(4)$. Die Antwort ist daher $F(8) - F(4) = \frac{26}{36} - \frac{6}{36} = \frac{20}{36}$ (ca. 56 Prozent).

Aufgabe (vii) ist eine Kombination der Aufgaben (v) und (vi). Die Untergrenze des Intervalls 5 soll eingeschlossen, die Obergrenze 8 soll ausgeschlossen werden, somit betrachten Sie $F(7) - F(4) = \frac{21}{36} - \frac{6}{36} = \frac{15}{36}$ (ca. 42 Prozent).

Es ist grundsätzlich nicht schwer, die geeigneten Komplemente auszuwählen, um die Verteilungsfunktion anwenden zu können. Man muss sich dabei nur konzentrieren, um nicht einen Wert zu vergessen und damit unnötig wertvolle Punkte in einer Klausur zu verschenken.

Die Wahrscheinlichkeitsfunktion aus der Verteilungsfunktion herleiten

Bei manchen Wahrscheinlichkeitsaufgaben ist eine Verteilungsfunktion $F(a)$ gegeben. Das heißt, Sie sollen die Wahrscheinlichkeitsfunktion für X ermitteln. Anders ausgedrückt: Sie sollen die Einzelwerte von X mit ihrer Wahrscheinlichkeit und deren Höhe ermitteln. Diese Frage lässt sich durch einen Blick auf die Sprünge in dem Graphen von $F(a)$ beantworten.

Ein Beispiel: In Abbildung 17.3 springt die Verteilungsfunktion von $\frac{26}{36}$ bei $a = 8$ auf $\frac{30}{36}$ bei $a = 9$. Sie können daran ablesen, dass $P(X = 9) = \frac{30}{36} - \frac{26}{36} = \frac{4}{36}$.

So können Sie von der Wahrscheinlichkeitsfunktion zur Verteilungsfunktion und umgekehrt gehen.

Noch ein Beispiel: Eine Zufallsvariable X stehe für die Zahl der Kühlschränke, die ein Verkäufer eines Einrichtungshauses pro Tag verkauft. Tabelle 17.4 zeigt die Verteilungsfunktion von X, Abbildung 17.4 den zugehörigen Graphen.

a	$F(a)$	a	$F(a)$
$a < 0$	0	$3 \leq a < 4$	0,9
$0 \leq a < 1$	0,3	$4 \leq a < 5$	0,95
$1 \leq a < 2$	0,65	$5 \leq a < 6$	0,98
$2 \leq a < 3$	0,8	$a \geq 6$	1

Tabelle 17.4: Die Verteilungsfunktion von X = Anzahl der pro Tag verkauften Kühlschränke

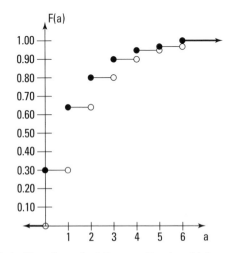

Abbildung 17.4: Graph der Verteilungsfunktion von X = Anzahl der pro Tag verkauften Kühlschränke

Wenn die Verteilungsfunktion und ihr Graph gegeben sind, können Sie die Wahrscheinlichkeitsfunktion für X daraus herleiten. Beachten Sie zunächst, dass alle Werte kleiner als 0 keine positive kumulierte Wahrscheinlichkeit haben und dass der erste Sprung der Verteilungsfunktion bei $a = 0$ erfolgt. Dort springt sie von 0 auf 0,3. Dies bedeutet, die Wahrscheinlichkeit, dass $X = 0$ eintritt, ist $P(X = 0) = 0,3$. Der nächste Sprung erfolgt bei $a = 1$, wo die Verteilungsfunktion von 0,3 auf 0,65 springt. Das bedeutet, dass die Wahrscheinlichkeit, dass $X = 1$, um den Nettowert der neuen Wahrscheinlichkeit, also $0,65 - 0,3 = 0,35$, höher ist. Der nächste Sprung erfolgt bei $a = 2$, wo die Verteilungsfunktion von 0,65 auf 0,8 springt, so dass $P(X = 2) = 0,8 - 0,65 = 0,15$. Die restlichen Sprünge erfolgen bei 3, 4, 5 und 6; die zugehörigen Wahrscheinlichkeiten sind:

$$0,9 - 0,8 = 0,1;\ 0,95 - 0,9 = 0,05;\ 0,98 - 0,95 = 0,03;\ 1 - 0,98 = 0,02$$

Erwartungswert, Varianz und Standardabweichung einer diskreten Zufallsvariablen

Mit der Wahrscheinlichkeitsfunktion können Sie das langfristige Durchschnittsergebnis, den so genannten *Erwartungswert*, einer Zufallsvariablen sowie die Variabilität in einer Menge von Ergebnissen, die so genannte *Varianz*, berechnen. Sie können auch die Standardabweichung berechnen, um die Varianz der Ergebnisse zu interpretieren. Die Formeln für diese Größen sind Gegenstand der folgenden Abschnitte.

Den Erwartungswert von X berechnen

Der *Erwartungswert* einer Zufallsvariablen ist der langfristige Durchschnittswert eines Experiments, wenn dieses unendlich oft wiederholt wird. Anders ausgedrückt: Er ist das mathematische Gegenstück eines gewichteten Durchschnitts aller möglichen Werte von X, gewichtet mit der Häufigkeit des langfristig erwarteten Eintretens eines Wertes. Diese Häufigkeit des Eintretens eines Wertes x, seine Erfolgswahrscheinlichkeit, wird mit $P(x)$ bezeichnet. Die Notation für den Erwartungswert von X ist $E(X)$ und die Formel für den Erwartungswert ist:

$$E(X) = \sum_x (x \cdot P(x))$$

$E(X)$ wird oft mit dem griechischen Buchstaben μ (oder als gewichtetes Mittel) bezeichnet. Der Erwartungswert einer (endlichen und diskreten) Zufallsvariablen X wird also entsprechend der Formel mit den folgenden Schritten ermittelt:

1. **Multiplizieren Sie den ersten Wert von X mit seiner Wahrscheinlichkeit.**
2. **Wiederholen Sie Schritt 1 für alle möglichen Werte von X.**
3. **Addieren Sie die Ergebnisse.**

Ein Beispiel: Die Wahrscheinlichkeitsverteilung von X der Beispielaufgabe mit den Würfeln aus den Tabellen 17.1 bis 17.3 wird in Tabelle 17.2 gezeigt. Bevor Sie $E(X)$ berechnen, können Sie raten, welcher Wert sich ergeben sollte. Wenn Sie zwei Würfel immer wieder werfen und den Durchschnitt der Summen der beiden Würfel bilden, welchen Durchschnitt werden Sie erhalten? Weil der Durchschnitt eines Wurfes 3,5 beträgt (die Mitte zwischen 1 und 6), beträgt der Durchschnitt zweier Würfel 7. Mit der Formel für $E(X)$ erhalten Sie:

$$2 \cdot \tfrac{1}{36} + 3 \cdot \tfrac{2}{36} + 4 \cdot \tfrac{3}{36} + 5 \cdot \tfrac{4}{36} + 6 \cdot \tfrac{5}{36} + 7 \cdot \tfrac{6}{36} + 8 \cdot \tfrac{5}{36} + 9 \cdot \tfrac{4}{36} + 10 \cdot \tfrac{3}{36} + 11 \cdot \tfrac{2}{36} + 12 \cdot \tfrac{1}{36}$$
$$= \tfrac{2}{36} + \tfrac{6}{36} + \tfrac{12}{36} + \tfrac{20}{36} + \tfrac{30}{36} + \tfrac{42}{36} + \tfrac{40}{36} + \tfrac{36}{36} + \tfrac{30}{36} + \tfrac{22}{36} + \tfrac{12}{36} = \tfrac{252}{36} = 7$$

Wenn Sie also zwei Würfel unendlich oft werfen und die Summen aufzeichnen, beträgt die Durchschnittssumme aller Würfe 7. Beeindruckend, oder? Wenn Sie mit Würfeln spielen wollen, sollten Sie wissen, dass Sie immer näher an die Wahrheit kommen, je öfter Sie die Würfel werfen, selbst wenn dafür Hunderte von Würfen erforderlich sein sollten. Deshalb sind die Formeln für die Wahrscheinlichkeit so hilfreich!

Beachten Sie, dass die Durchschnittssumme der beiden Würfel genau die Mitte von 2 und 12 ist. Doch dies ist nicht immer der Fall. Wenn die Wahrscheinlichkeitsfunktion von X symmetrisch ist, ist $E(X)$ der mittlere Wert, aber wenn die Wahrscheinlichkeitsfunktion von X nicht symmetrisch ist (zum Beispiel wenn sie fällt oder steigt – siehe Abbildung 17.2), beeinflusst dies $E(X)$. Deshalb verwenden Sie die Wahrscheinlichkeiten von X als Gewichte und nicht den Durchschnitt der möglichen Werte von X, um den Erwartungswert zu berechnen.

Abbildung 17.5 zeigt den Graphen der Wahrscheinlichkeitsfunktion aus dem Beispiel mit dem Kühlschrank (siehe den Abschnitt *Die Wahrscheinlichkeitsfunktion aus der Verteilungsfunktion herleiten* weiter vorn in diesem Kapitel).

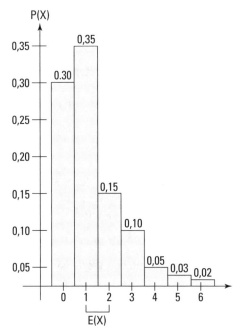

Abbildung 17.5: Graph der Wahrscheinlichkeitsfunktion von X = Zahl der pro Tag verkauften Kühlschränke

Die Wahrscheinlichkeitsfunktion fällt nach rechts. Die Werte 0,1,2 haben ein höheres Gewicht, danach geht es abwärts. Sie können den Erwartungswert als Gleichgewichtspunkt des Graphen der Wahrscheinlichkeitsfunktion auffassen. Bei dem Graphen aus Abbildung 17.5 sollte dieser Punkt nach links verschoben, ungefähr bei 1 oder 2, liegen, weil diese Seite wichtiger ist. Dagegen haben Zahlen wie 5 oder 6 weniger Gewicht. Um $E(X)$ zu berechnen, erhalten Sie:

$$E(X) = 0 \cdot 0{,}3 + 1 \cdot 0{,}35 + 2 \cdot 0{,}15 + 3 \cdot 0{,}1 + 4 \cdot 0{,}05 + 5 \cdot 0{,}03 + 6 \cdot 0{,}02 = 1{,}42$$

Langfristig darf dieser Verkäufer anhand der gesammelten Daten also erwarten, durchschnittlich 1,42 Kühlschränke pro Tag zu verkaufen.

17 ➤ Grundlagen der Wahrscheinlichkeitsverteilungen

Der Erwartungswert von X muss nicht gleich einem der möglichen Werte von X sein, weil dieser einen langfristigen Durchschnittswert darstellt. Doch der Wert muss zwischen dem kleinstmöglichen und dem größtmöglichen Wert von X sein, so dass diese Grenzwerte eine gewisse Kontrolle der Berechnung von $E(X)$ ermöglichen. Beachten Sie auch, dass $E(X)$ keine Wahrscheinlichkeit ist; er muss also nicht zwischen 0 und 1 liegen.

Die Varianz von X berechnen

Die *Varianz* einer Zufallsvariablen ist die erwartete Variabilität in den Ergebnissen, nachdem ein Experiment theoretisch unendlich oft wiederholt worden ist. Die Notation für die Varianz von X ist $V(X)$ oder auch σ^2 und die Formel ist:

$$V(X) := \sigma^2 := E\left((X-\mu)^2\right) = \sum_x \left(P(x)\cdot(x-\mu)^2\right)$$

Betrachten Sie noch einmal die letzte Gleichung. Vorsicht, jetzt wird's mathematisch: Das erste und zweite Gleichheitszeichen sind als Definition zu verstehen. Auch das Quadrat in σ^2 können Sie zunächst als eine Art Bezeichnung auffassen; das wird im Zusammenhang mit der Standardabweichung noch deutlicher. Beim dritten Gleichheitszeichen müsste ich Ihnen eigentlich eine Begründung geben, dann würde ich Ihnen etwas über transformierte Zufallsvariablen und ihre Auswirkungen bei der Anwendung der Definition des Erwartungswertes erzählen.

Die tatsächliche Varianz hängt davon ab, welche Häufigkeit Sie für jeden Wert von X erwarten und wie weit die X-Werte von dem Erwartungswert von X entfernt sind. Sie können die Varianz von X als den gewichteten quadrierten Durchschnittsabstand von $E(X)$ auffassen, wobei die Wahrscheinlichkeiten der Werte von X als Gewichte dienen.

Die Varianz einer (endlichen und diskreten) Zufallsvariable X wird also folgendermaßen berechnet:

1. **Subtrahieren Sie μ von dem ersten Wert von X und quadrieren Sie.**

2. **Multiplizieren Sie mit der Wahrscheinlichkeit für diesen Wert x von X.**

3. **Wiederholen Sie die Schritte 1 und 2 für jeden weiteren Wert x von X.**

4. **Addieren Sie alle Teilergebnisse für alle Werte von X.**

Die Differenzen in der Varianzformel werden quadriert, um ein positives Ergebnis zu erzeugen. Beachten Sie jedoch, dass dadurch auch die Einheiten von X quadriert werden. Es gibt auch eine Kurzform dieser Formel für die Varianz, die Sie häufig in der Literatur finden können: $V(X) = \sigma^2 = E(X^2) - E(X)^2$, aber auch diese fordert eigentlich eine Begründung zur Rechtfertigung. Wahr sind diese Gleichungen aber trotzdem; vertrauen Sie mir. Anders ausgedrückt: Diese Gleichung ist der Erwartungswert von X^2 minus dem Quadrat des Erwartungswertes von X. Hierbei wird $E(X^2)$ mit der folgenden Formel berechnet:

$$E(X^2) = \sum_x \left(x^2 \cdot P(x)\right)$$

Die Varianz von X wird mit der Kurzformel folgendermaßen berechnet:

1. **Berechnen Sie $E(X^2)$.**

2. **Berechnen Sie $E(X)$ und schließlich durch Quadrieren $E(X^2)$.**

3. **Berechnen Sie die gewünschte Differenz: $E(X^2) - E(X^2)$.**

Fortsetzung des Beispiels: Die Wahrscheinlichkeitsverteilung von X des Kühlschrankverkäuferbeispiels aus dem vorhergehenden Abschnitt wird in dem Abschnitt *Die Wahrscheinlichkeitsfunktion aus der Verteilungsfunktion herleiten* weiter vorn in diesem Kapitel gezeigt. In dem Abschnitt *Den Erwartungswert von X berechnen* weiter vorn in diesem Kapitel wurde 1,42 als Erwartungswert von X berechnet. Das bedeutet, dass $E(X)^2 = \mu^2 = 1{,}42^2 = 2{,}02$. Jetzt müssen Sie nur den folgenden Wert berechnen:

$$E(X^2) = 0^2 \cdot 0{,}3 + 1^2 \cdot 0{,}35 + 2^2 \cdot 0{,}15 + 3^2 \cdot 0{,}1 + 4^2 \cdot 0{,}05 + 5^2 \cdot 0{,}03 + 6^2 \cdot 0{,}02$$
$$= 0 + 0{,}35 + 0{,}6 + 0{,}9 + 0{,}8 + 0{,}75 + 0{,}72 = 4{,}12$$

Deshalb ist $V(X) = 4{,}12 - 2{,}02 = 2{,}1$.

Die Standardabweichung von X berechnen

Es ist schwer, die Varianz von X zu interpretieren, weil es sich um quadrierte Einheiten von X handelt; deshalb wird die erwartete Variation normalerweise mit der Quadratwurzel von $V(X)$ beschrieben. Die Quadratwurzel der Varianz wird als *Standardabweichung* von X, kurz σ, bezeichnet. Ihre Formel lautet:

$$\sigma = \sqrt{\sigma^2} = \sqrt{V(X)}$$

Die Standardabweichung hat dieselbe Einheit wie X, weil durch die Wurzel die Quadrierung bei der Berechnung der Varianz umgekehrt wird. In dem Kühlschrankbeispiel beträgt die Standardabweichung von X daher $\sigma = \sqrt{2{,}1} = 1{,}45$. Sie können den Wert der Standardabweichung als den Betrag interpretieren, um den der Kühlschrankverkauf langfristig Tag für Tag von dem Erwartungswert abweicht.

Die Varianz von X muss per Definition größer oder gleich 0 sein. Die einzige Möglichkeit, dass $V(X)$ gleich 0 ist, ist gegeben, wenn X nur einen möglichen Wert mit der Wahrscheinlichkeit 1 annimmt (kein besonders interessanter Sachverhalt). Nach oben hin gibt es keine Grenze für $V(X)$. Wenn die Werte für X eng beieinanderliegen, wird $V(X)$ relativ klein sein, aber wenn sie weit auseinanderliegen, wird $V(X)$ relativ groß sein. Dasselbe gilt dann natürlich auch für die jeweilige Standardabweichung.

Erwartungswert, Varianz und Standardabweichung einer stetigen Zufallsvariablen

Bisher gingen wir davon aus, dass eine Zufallsvariable (und damit ihre Verteilung) diskret war. Eine *stetige Zufallsvariable* ist eine Funktion mit überabzählbar vielen Werten. (*Vorsicht*: Nicht jede Abbildung beschreibt eine stetige Zufallsvariable. Hier kommen Begriffe wie *integrierbare* oder sogar *messbare Funktionen* ins Spiel. Konzentrieren wir uns zunächst auf das Wesentliche und kommen gleich noch einmal darauf zurück.)

Bei *stetigen Zufallsvariablen* ändern sich nur einige wenige (aber entscheidende) Elemente, auf die ich Sie an dieser Stelle kurz aufmerksam machen möchte:

✔ Eine *stetige* Zufallsvariable X hat keine Wahrscheinlichkeitsfunktion, sondern eine so genannte *Dichtefunktion*, die angibt, wie dicht oder gewichtig die Konzentration der Wahrscheinlichkeit für X an bestimmten Punkten ist. Die Dichtefunktion für X wird als $f(X)$ bezeichnet.

✔ Für jedes Intervall $[a,b]$ von X-Werten gibt es eine Wahrscheinlichkeit. Die Wahrscheinlichkeit über einem Intervall ist gerade die »Fläche unter der Kurve« des Graphen von $f(X)$, das heißt, $P(a < X < b) = \int_a^b f(x)\,dx$. Die Fläche unter der gesamten Kurve ist 1, das heißt, $P(-\infty < X < \infty) = \int_{-\infty}^{\infty} f(x)\,dx = 1$.

✔ Die Dichtefunktion wird in den meisten für uns interessanten Fällen stetig sein; allgemein muss sie aber nur integrierbar sein, das heißt, das Integral über $f(x)$ muss existieren. Dadurch lassen sich stetige Zufallsvariablen charakterisieren, nämlich durch die Existenz einer integrierbaren Dichtefunktion.

✔ Die Wahrscheinlichkeit, dass X einen bestimmten Wert hat, ist 0, da $P(X = x_0) = \int_{x_0}^{x_0} f(x)\,dx = 0$.

✔ Hieraus folgt noch eine weitere wesentliche Eigenschaft, die im starken Gegensatz zu den diskreten Zufallsvariablen stehen: da einzelne Punkte keine positive Wahrscheinlichkeit haben, gilt: $P(X < x) = P(X \leq x)$ und $P(X > x) = P(X \geq x)$.

Keine Angst, Sie werden jetzt nicht ständig Integrale lösen müssen. Das haben Mathematiker für uns übernommen. Aber die Rolle der endlichen bzw. unendlichen Summe (Reihe) im diskreten Fall übernehmen jetzt Integrale im stetigen Fall. So wird es Sie auch nicht verwundern, dass die Formeln für Erwartungswert und Varianz entsprechend aussehen – Sie ersetzen die Summen- durch Integralzeichen, einfach oder?

✔ Der Erwartungswert ist durch $E(X) = \int_{-\infty}^{\infty} x \cdot f(x)\,dx$ gegeben.

✔ Die Varianz wurde bereits oben allgemein definiert als:
$$V(X) = \sigma^2 = E(X^2) - E(X)^2 = \int_{-\infty}^{\infty} x^2 \cdot f(x)\,dx - \left(\int_{-\infty}^{\infty} x \cdot f(x)\,dx\right)^2$$

Erkennen Sie die Ähnlichkeit zum diskreten Fall? Aber wie gesagt, ich lasse Sie im nächsten Kapitel höchstens ein wenig am Integral schnuppern – nicht mehr!

Die wunderbare Welt der Wahrscheinlichkeitsverteilungen

In diesem Kapitel

▶ Wichtige diskrete Verteilungen
▶ Wichtige stetige Verteilungen

Wahrscheinlichkeitsmodelle wurden entwickelt, weil es viele einfache Anwendungen gibt. Jedes dieser Modelle hat einen Namen, eigene Formeln für die Wahrscheinlichkeiten und eigene Formeln für Erwartungswert, Varianz und Standardabweichung. In diesem Kapitel lade ich Sie zu einem Streifzug durch die Welt der Wahrscheinlichkeitsverteilungen ein. Sie lernen die wichtigsten Verteilungen kennen – ihre Unterschiede und ihre Anwendungen.

Diskrete Wahrscheinlichkeitsverteilungen

In Kapitel 17 habe ich Ihnen die diskrete Zufallsvariable erklärt; jetzt zeige ich Ihnen verschiedene Beispiele und ihre Anwendungen.

Diskrete Gleichverteilung

Das grundlegendste Wahrscheinlichkeitsmodell ist die *diskrete Gleichverteilung*. Eine diskrete Gleichverteilung liegt vor, wenn eine Zufallsvariable X die folgenden zwei Voraussetzungen erfüllt:

✔ Die möglichen Werte von X sind aufeinanderfolgende ganze Zahlen von a bis b (einschließlich der Grenzen).
✔ Alle möglichen Werte von X haben die gleiche Wahrscheinlichkeit.

Wahrscheinlichkeitsfunktion der diskreten Gleichverteilung

Da alle Werte von X die gleiche Wahrscheinlichkeit haben, ist die Wahrscheinlichkeitsfunktion von X gegeben durch: $P(x) = \frac{1}{b-a+1}$, für $a \leq x \leq b$.

Zwei Beispiele: Es sei $a = 0$ und $b = 9$. Es gibt $b - a + 1 = 10$ mögliche Werte von X; jeder hat die Wahrscheinlichkeit $\frac{1}{(9-0+1)} = \frac{1}{10} = 0{,}1$. Nun sei $a = 5$ und $b = 9$. Jetzt gibt es $9 - 5 + 1 = 5$ mögliche Werte von X mit der Wahrscheinlichkeit $\frac{1}{(9-5+1)} = \frac{1}{5} = 0{,}2$.

Wenn X in dem Beispiel mit dem Würfel aus den Tabellen 17.1 bis 17.3 das Ergebnis eines Wurfs mit einem Würfel bedeutet, ergibt sich das Wahrscheinlichkeitsmodell einer diskreten Gleichverteilung, da die möglichen Werte von X fortlaufende ganze Zahlen von 1 bis 6 sind, die alle dieselbe Wahrscheinlichkeit haben (einen fairen Würfel angenommen). Mit der Formel für die Wahrscheinlichkeitsfunktion von X für eine diskrete Gleichverteilung erhalten Sie schließlich: $\frac{1}{6-1+1} = \frac{1}{6}$.

Doch die Summen zweier Würfel ergeben keine Gleichverteilung. Zwar sind die möglichen Werte von X = »Summe zweier Würfel« fortlaufende ganze Zahlen von 2 bis 12, aber sie haben nicht dieselbe Wahrscheinlichkeit. Ein Blick auf die Wahrscheinlichkeitsfunktion von X für die Summe zweier Würfel (siehe Tabelle 17.2) oder auf den Graphen der Wahrscheinlichkeitsfunktion aus Abbildung 21.1 (das Histogramm der relativen Häufigkeiten) reicht aus, um dies zu erkennen. Der Graph der Wahrscheinlichkeitsfunktion ist hügelförmig; der Graph einer Gleichverteilung verläuft dagegen waagerecht (oder gleichförmig). Abbildung 17.2b zeigt eine diskrete Gleichverteilung.

Verteilungsfunktion der diskreten Gleichverteilung

Die (kumulative) *Verteilungsfunktion* einer gleichverteilten diskreten Zufallsvariablen wird durch folgende Formel bestimmt:

$$F(x) = \begin{cases} 0, \text{ für } x < a \\ \frac{x-a+1}{b-a+1}, \text{ für } a \leq x < b \\ 1, \text{ für } x \geq b \end{cases}$$

Ein Beispiel: Beim Werfen eines einzigen Würfels in dem Beispiel aus dem vorhergehenden Abschnitt *Wahrscheinlichkeitsfunktion der diskreten Gleichverteilung* für $a = 1$, $b = 6$ gilt $P(X \leq 3) = F(3) = \frac{3-1+1}{6-1+1} = \frac{3}{6} = \frac{1}{2}$. Sie können diesen Wert durch Addition der Wahrscheinlichkeiten für X verifizieren:

$$P(X=1) + P(X=2) + P(X=3) = \frac{1}{6} + \frac{1}{6} + \frac{1}{6} = \frac{3}{6} = \frac{1}{2}$$

Bei der Verteilungsfunktion der diskreten Gleichverteilung ist es meist einfacher, die gewünschten Wahrscheinlichkeiten zu addieren. Bei den späteren Verteilungen, die wir uns noch in diesem Kapitel anschauen werden, werden Sie die jeweilige Verteilungsfunktion allerdings noch sehr zu schätzen wissen.

Erwartungswert der diskreten Gleichverteilung

Wenn X eine diskrete Gleichverteilung hat, ist der *Erwartungswert* von X gleich $\frac{a+b}{2}$. Er stellt den Mittelpunkt zwischen a und b dar.

Wenn Sie in die Formel für den Erwartungswert $E(X) = \sum_x x \cdot P(x)$ die Einzelwahrscheinlichkeiten einsetzen, erhalten Sie schließlich

$$E(X) = \sum_x \left(x \cdot \frac{1}{b-a+1} \right) = \frac{1}{b-a+1} \cdot \frac{(a+b)(b-a+1)}{2} = \frac{a+b}{2},$$

da $\sum_{i=1}^{n} i = \frac{n \cdot (n+1)}{2}$ und damit für ganzzahlige Werte x gilt $\sum_{x=a}^{b} x = \frac{b \cdot (b+1)}{2} - \frac{(a-1) \cdot a}{2} = \frac{(a+b)(b-a+1)}{2}$. Obwohl Sie die Herleitung der Formel für $E(X)$ für eine diskrete Gleichverteilung nicht unbedingt kennen müssen, ist es hilfreich, die grundlegenden Ideen dahinter zu verstehen.

Ein Beispiel: Bei der Beispielaufgabe mit dem Würfel aus dem vorhergehenden Abschnitt ist $a = 1$ und $b = 6$, so dass $E(X) = \frac{a+b}{2} = \frac{1+6}{2} = 3{,}5$. (Mehr zum Thema Erwartungswert finden Sie in Kapitel 17.)

Varianz der diskreten Gleichverteilung

Wenn X eine diskrete Gleichverteilung hat, so ist ihre *Varianz* gegeben durch $V(X) = \frac{(b-a+2)(b-a)}{12}$ und damit die Standardabweichung $\sigma = \sqrt{\frac{(b-a+2)(b-a)}{12}}$.

Ein Beispiel: Bei der Beispielaufgabe mit dem Würfel aus dem vorhergehenden Abschnitt ist $a = 1$ und $b = 6$, so dass gilt $V(X) = \frac{(6-1+2)(6-1)}{12} = \frac{7 \cdot 5}{12} = 2{,}92$ und schließlich $\sigma = \sqrt{\frac{(6-1+2)(6-1)}{12}} = \sqrt{\frac{7 \cdot 5}{12}} = \sqrt{2{,}92} = 1{,}71$. Sie können erwarten, dass das Ergebnis eines Würfels von einem Wurf zum nächsten durchschnittlich um 1,71 von dem Mittelwert 3,5 abweicht.

Binomialverteilung

In der Praxis gibt es zahlreiche Anwendungen zum binomialverteilten Wahrscheinlichkeitsmodell. Dieses Modell beschreibt Sachverhalte, in denen zwei Ergebnisse möglich sind, die als *Erfolg* (Eintreten eines Ereignisses) oder *Misserfolg* (Nichteintreten eines Ereignisses) bezeichnet werden.

Einige Beispiele: Sie gewinnen im Lotto oder nicht; Sie treffen auf eine rote Ampel oder nicht; ein Medikament hat Nebenwirkungen oder nicht. Viele Wissenschaftler interessieren sich für die Wahrscheinlichkeit, dass ein Erfolg oder Misserfolg eintritt, für den Prozentsatz der Erfolge in der Population oder für die Wahrscheinlichkeit, dass bestimmte Ergebnisse in einer Erfolgs-/Misserfolgssituation eintreten.

Voraussetzungen für eine Binomialverteilung

Jedes Wahrscheinlichkeitsmodell verfügt über bestimmte Eigenschaften oder Voraussetzungen, an denen Sie es erkennen können. Wenn eine Zufallsvariable X diese Eigenschaften hat oder diese Voraussetzungen erfüllt, kann sie mit dem jeweiligen Wahrscheinlichkeitsmodell beschrieben werden.

Die Voraussetzungen für eine Binomialverteilung sind:

- ✔ Es gibt eine vorgegebene Anzahl von Versuchen, die einem Zufallsprozess unterliegen; n sei die Anzahl der Versuche.
- ✔ Das Ergebnis jedes Versuches kann einer von zwei Gruppen zugeordnet werden: Erfolg oder Misserfolg.
- ✔ Die Erfolgswahrscheinlichkeit ist für jeden Versuch dieselbe; p sei die Erfolgswahrscheinlichkeit, das Komplement $1 - p$ die Misserfolgswahrscheinlichkeit.

✔ Die Versuche sind unabhängig, was bedeutet, dass das Ergebnis eines Versuches das Ergebnis eines anderen Versuches nicht beeinflusst.

Falls ein Sachverhalt alle diese Voraussetzungen erfüllt, sei x die Gesamtanzahl der Erfolge, die bei n Versuchen eintreten; die Anzahl der Misserfolge ist dann $n-x$. Der Sachverhalt kann dann mit einer Binomialverteilung mit n Versuchen und der Erfolgswahrscheinlichkeit p beschrieben werden.

Die Wahrscheinlichkeitsfunktion der Binomialverteilung

Die Wahrscheinlichkeitsfunktion für eine binomialverteilte Zufallsvariable X ist gegeben durch $P(x) = \binom{n}{x} \cdot p^x \cdot (1-p)^{n-x}$, wobei n die vorgegebene Anzahl der Versuche, x die angegebene Anzahl der Erfolge, $n-x$ die Anzahl der Misserfolge, p die Erfolgswahrscheinlichkeit jedes einzelnen Versuches und $1-p$ die Misserfolgswahrscheinlichkeit jedes einzelnen Versuches ist.

Ein Beispiel: Wenn Sie die Wahrscheinlichkeit suchen, bei fünf Würfen einer Münze dreimal Kopf zu bekommen, zählen Sie alle Möglichkeiten, wie dieses Ereignis eintreten kann, und multiplizieren diese Zahl mit der Wahrscheinlichkeit, dreimal Kopf nacheinander gefolgt von zweimal Zahl zu bekommen.

Die Notation $\binom{n}{x}$ ist der Binomialkoeffizient »n über x« und ist definiert als $\binom{n}{x} = \frac{n!}{x!(n-x)!}$, wobei $n!$ (sprich: n-Fakultät) gegeben ist durch: $n! = n \cdot (n-1) \cdot \ldots \cdot 2 \cdot 1$. (Die Fakultätsfunktion haben Sie bereits in Kapitel 15 kennen gelernt.) Diese Bezeichnung $\binom{n}{x}$ können Sie auch interpretieren als die Anzahl der Möglichkeiten, bei n Versuchen x Erfolge zu erzielen.

Fortsetzung des Beispiels: $\binom{3}{2}$ bedeutet »3 über 2« und steht für die Anzahl der Möglichkeiten, bei drei Versuchen zwei Erfolge zu erzielen. Wenn der Wurf von Kopf einen Erfolg und der Wurf von Zahl einen Misserfolg bedeutet, gibt es drei Möglichkeiten, genau zweimal Kopf zu erhalten: KKZ, KZK oder ZKK.

Je größer die Anzahl der Versuche wird, desto umständlicher wird es, alle Möglichkeiten aufzuschreiben. Deswegen benötigen Sie eine Formel: $\binom{n}{x} = \frac{n!}{x!(n-x)!}$. Damit ergibt sich für »3 über 2« folgende Gleichung: $\binom{3}{2} = \frac{3!}{2!(3-2)!} = \frac{3 \cdot 2 \cdot 1}{(2 \cdot 1) \cdot 1} = \frac{6}{2 \cdot 1} = 3$.

Die Formel für die Wahrscheinlichkeitsfunktion anwenden

Mit der Wahrscheinlichkeitsfunktion für die Binomialverteilung können Sie Fragen nach den Wahrscheinlichkeiten am Anfang dieses Abschnitts beantworten. Wenn Sie eine faire Münze dreimal werfen, ist die Wahrscheinlichkeit, nur Kopf zu bekommen, gegeben durch $P(X=3)$, weil X die Häufigkeit von Kopf zählt. Es sind also $n=3$, $p=\frac{1}{2}$ und $x=3$, so dass Sie Folgendes erhalten:

$$P(3) = \binom{3}{3} \cdot \left(\frac{1}{2}\right)^3 \cdot \left(1 - \frac{1}{2}\right)^{3-3} = 1 \cdot \frac{1}{8} \cdot 1 = \frac{1}{8}$$

Wenn Sie die Wahrscheinlichkeit suchen, mehr als einmal Zahl zu werfen, dürfen Sie nicht vergessen, dass X die Häufigkeit von Kopf zählt, weshalb Sie die Aufgabe erst so umformulieren müssen, damit es auch um Kopf geht. Wenn Sie beim dreimaligen Werfen einer Münze mehr als einmal Zahl geworfen haben, müssen Sie zwei- oder dreimal Zahl geworfen haben. Deshalb ist die Wahrscheinlichkeit, mehr als einmal Zahl zu werfen, gleich der Wahrscheinlichkeit, einmal oder keinmal Kopf zu werfen: $P(1) + P(0) = \frac{3}{8} + \frac{1}{8} = \frac{4}{8} = \frac{1}{2}$.

Noch ein Beispiel: Die Erfolgswahrscheinlichkeit sei nicht unbedingt 50 Prozent. Nehmen Sie an, Sie müssten auf dem Weg zur Arbeit drei Verkehrsampeln passieren; die Wahrscheinlichkeit, dass eine Ampel Rot zeigt, beträgt jeweils 0,7. Die Ampeln sind unabhängig voneinander. Sie suchen die Wahrscheinlichkeitsfunktion der Anzahl der roten Ampeln auf Ihrem Weg; diese Anzahl sei x; entsprechend ist $n-x$ die Anzahl der nichtroten Ampeln. Die Wahrscheinlichkeit für eine rote Ampel ist $p = 0{,}7$ und die Wahrscheinlichkeit für eine nichtrote Ampel ist daher $1 - p = 1 - 0{,}7 = 0{,}3$. Mit der Formel für die Wahrscheinlichkeitsfunktion von X erhalten Sie:

$$P(0) = \binom{3}{0} \cdot 0{,}7^0 \cdot (1-0{,}7)^{3-0} = \tfrac{3!}{0!(3-0)!} \cdot 1 \cdot 0{,}3^3 = 1 \cdot 0{,}3^3 = 0{,}027$$

$$P(1) = \binom{3}{1} \cdot 0{,}7^1 \cdot (1-0{,}7)^{3-1} = \tfrac{3!}{1!(3-1)!} \cdot 0{,}7^1 \cdot 0{,}3^2 = 3 \cdot 0{,}7^1 \cdot 0{,}3^2 = 0{,}189$$

$$P(2) = \binom{3}{2} \cdot 0{,}7^2 \cdot (1-0{,}7)^{3-2} = \tfrac{3!}{2!(3-2)!} \cdot 0{,}7^2 \cdot 0{,}3^1 = 3 \cdot 0{,}7^2 \cdot 0{,}3^1 = 0{,}441$$

$$P(3) = \binom{3}{3} \cdot 0{,}7^3 \cdot (1-0{,}7)^{3-3} = \tfrac{3!}{3!(3-3)!} \cdot 0{,}7^3 \cdot 0{,}3^0 = 1 \cdot 0{,}7^3 \cdot 1 = 0{,}343$$

Beachten Sie, dass alle Wahrscheinlichkeiten größer oder gleich 0 sind und sich zu 1 addieren.

Die binomialverteilte Wahrscheinlichkeitsfunktion grafisch darstellen

Manchmal werden Sie aufgefordert, die Wahrscheinlichkeitsfunktion der Binomialverteilung grafisch darzustellen, damit Sie ihre Form, ihre erwartete Mitte (den *Erwartungswert*) und die zu erwartende Variabilität der Ergebnisse erkennen können. Einige Binomialverteilungen sind symmetrisch und haben (gespiegelt) rechts und links der Mitte dieselben Wahrscheinlichkeiten; bei einigen liegt der höchste Punkt nicht in der Mitte, wodurch eine Flanke stärker ansteigt oder abfällt als die andere. Die Form hängt von dem Wert von p ab.

Eine Wahrscheinlichkeitsfunktion wird durch ein *Histogramm der relativen Häufigkeiten* grafisch dargestellt. Der Graph zeigt die möglichen Werte von x sowie ihre relativen Häufigkeiten (Prozentsätze) an. Abhängig von den Werten von n und p erhalten Sie verschiedene Graphen. Jeder mögliche Wert von x (von 0 bis n) wird in dem Histogramm der relativen Häufigkeiten durch jeweils einen eigenen Balken dargestellt. Je größer n ist, desto mehr Balken hat der Graph. Der Wert von p ist eine Wahrscheinlichkeit, kann also jeden Wert zwischen 0 und 1 annehmen. Wenn $p = \frac{1}{2}$, wie dies beim Werfen einer Münze der Fall ist, ist die Wahrscheinlichkeitsfunktion von X symmetrisch, weil die Wahrscheinlichkeiten für Erfolg und Misserfolg gleich sind. Abbildung 18.1 zeigt den Graphen der Wahrscheinlichkeitsfunktion von X für diesen Fall.

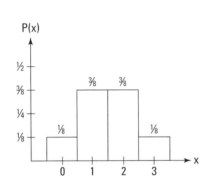

Abbildung 18.1: Graph der Wahrscheinlichkeitsfunktion von X = Häufigkeit von Kopf bei drei Würfen einer fairen Münze, $p = 0,5$

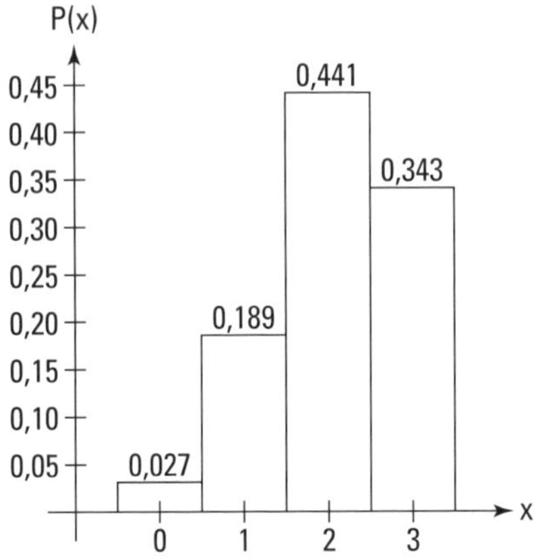

Abbildung 18.2: Graph der Wahrscheinlichkeitsfunktion von X = Häufigkeit der roten Verkehrsampeln, $p = 0,7$

Wenn p größer als 0,5 ist, sollte die Form der Wahrscheinlichkeitsverteilung von X, wie in dem Verkehrsampelbeispiel, nicht symmetrisch sein. Weil die Erfolgswahrscheinlichkeit größer als 0,5 ist, sind die Wahrscheinlichkeiten für größere Werte von X höher als die für kleinere Werte. Anders ausgedrückt: Wenn $p > \frac{1}{2}$, ist der Scheitel des Graphen der Wahrscheinlichkeitsfunktion nach rechts verschoben. In dem Beispiel mit der Ampel ist $p = 0,7$. Abbildung 18.2 zeigt die Wahrscheinlichkeitsfunktion.

Die Verteilungsfunktion der Binomialverteilung

Die Berechnung der Wahrscheinlichkeitsfunktion, die mehrere Werte von X umfasst, kann sehr zeitaufwendig sein. Bei Aufgabenstellungen, die mehr als zwei Werte von X umfassen, geht es mit der Formel für die *Verteilungsfunktion* schneller.

Ein Beispiel: Sie suchen die Wahrscheinlichkeit, dass X kleiner oder gleich 6 ist, wenn $n = 10$ und $p = 0,5$. Das bedeutet, Sie suchen die Wahrscheinlichkeit, dass X gleich 0, 1, 2, 3, 4, 5 oder 6 ist, also $P(X=0) + \cdots + P(X=6)$. Jede dieser Wahrscheinlichkeiten ist die Wahrscheinlichkeit eines einzigen Wertes von X, den Sie mit der Wahrscheinlichkeitsfunktion berechnen müssen. Dafür brauchen Sie viel Zeit und viele Berechnungen. Dafür gibt es die Verteilungsfunktion.

18 ➤ Die wunderbare Welt der Wahrscheinlichkeitsverteilungen

Die Verteilungsfunktion von X ist die Wahrscheinlichkeit, dass X kleiner oder gleich einer gegebenen Zahl a ist; ihre Notation ist $F(a)$. Die Verteilungsfunktion liefert Ihnen für jede reelle Zahl a die kumulierte Wahrscheinlichkeit bis a. Die Verteilungsfunktion für das Binomialmodell wird mit der folgenden Formel ermittelt:

$$F(a) = \sum_{x \leq a} P(x) = \sum_{x \leq a} \binom{n}{x} \cdot p^x \cdot (1-p)^{n-x}$$

Ein Beispiel: Sie suchen die Verteilungsfunktion für das Beispiel mit den Ampeln aus dem vorangegangenen Abschnitt. Tabelle 18.1 zeigt die Wahrscheinlichkeitsfunktion von X. Sie addieren für alle Werte von X alle Wahrscheinlichkeiten von 0 bis a, um die Verteilungsfunktion an der Stelle a zu ermitteln, also

$F(0) = P(X \leq 0) = P(X = 0) = 0{,}027$

$F(1) = P(X \leq 1) = P(X = 0) + P(X = 1) = 0{,}027 + 0{,}189 = 0{,}216$

$F(2) = P(X \leq 2) = 0{,}027 + 0{,}189 + 0{,}441 = 0{,}657$

$F(3) = P(X \leq 3) = 0{,}027 + 0{,}189 + 0{,}441 + 0{,}343 = 1$

Für jede Zahl a größer als 3 ist $F(a) = 1$. Für jede Zahl a kleiner als 0 ist $F(a) = 0$.

Erwartungswert und Varianz der Binomialverteilung

Obwohl es möglich wäre, den Erwartungswert und die Varianz einer Binomialverteilung mit den im vorangegangenen Abschnitt erklärten Formeln von Grund auf zu berechnen, können Sie sich auf Experten verlassen, die diese Aufgabe bereits erledigt haben. Das heißt, Sie können auf die Ergebnisse dieser hilfsbereiten Menschen zurückgreifen, ohne zusätzliche Berechnungen durchführen zu müssen.

Der *Erwartungswert* einer Zufallsvariablen ist der Durchschnitt ihrer möglichen Werte jeweils gewichtet mit ihren Wahrscheinlichkeiten. Er stellt den langfristigen Durchschnittswert von X über eine unendliche Anzahl von Versuchen dar und wird mit $E(X)$ bezeichnet. In diesem Fall erhalten Sie:

$$E(x) = \sum_x x \cdot P(x) = \sum_x x \cdot \binom{n}{x} \cdot p^x \cdot (1-p)^{n-x} = \ldots = n \cdot p$$

Zwischen dem ersten und dem letzten Teil der Gleichung finden einige kompliziertere algebraische Berechnungen statt, aber das gehört nicht zum Thema dieses Buches. Es reicht, wenn Sie das Ergebnis kennen, das eine einfache Formel ohne Summationszeichen enthält.

Ein Beispiel: Sie werfen eine faire Münze 100-mal: $n = 100$ und $p = 0{,}5$. Wie viele Kopfwürfe dürfen Sie langfristig im Durchschnitt erwarten? Intuitiv würden Sie wahrscheinlich 50 sagen. Und wenn Sie $n \cdot p$ berechnen, erhalten Sie diesen Wert.

Die *Varianz* einer Zufallsvariablen ist die gewichtete quadrierte Durchschnittsabweichung vom Mittelwert (Erwartungswert). Sie stellt die langfristige durchschnittliche Variabilität von X über eine unendliche Anzahl von Versuchen dar und wird als $V(X)$ bezeichnet. In unserem Fall erhalten wir:

$$V(X) = E(X^2) - E(X)^2 = \cdots = n \cdot p \cdot (1-p)$$

Die *Standardabweichung* ist die Quadratwurzel der Varianz, in diesem Fall also $\sigma = \sqrt{n \cdot p \cdot (1-p)}$.

Aufgehende Blumensamen in der Gärtnerei

In einer Gärtnerei werden Sonnenblumensamen gepflanzt. Unter den vorherrschenden Bedingungen weiß man aus Erfahrung, dass 75 Prozent der Samen aufgehen werden. Mit welcher Wahrscheinlichkeit gehen nur höchstens 15 Samen auf, wenn man 25 Samen pflanzt? (Wir hoffen natürlich, dass dies eine kleine Wahrscheinlichkeit ist.)

Da jeder Samen für sich aufgeht oder nicht, liegen die Bedingungen für eine Binomialverteilung vor. Dabei ist $n = 25$ und $p = 0{,}75$. Gesucht ist die Wahrscheinlichkeit $P(X \leq 15) = F(15)$ für die Binomialverteilung in den obigen Parametern. In der Tabelle (in Anhang A.1) lesen Sie das Ergebnis ab und erhalten: $P(X \leq 15) = F(15) = 0{,}071$. Das bedeutet: Die Wahrscheinlichkeit, dass sich höchstens 15 von den 25 Samen entwickeln, beträgt ungefähr 7,1 Prozent – also ein gerade noch vertretbares Risiko. (Sie können weiterhin ablesen, dass es höchstens 14 Erfolge mit einer Wahrscheinlichkeit von drei Prozent und schließlich höchstens 13 Erfolge bereits nur zu gut einem Prozent wahrscheinlich ist.)

Poissonverteilung

Mit der Poissonverteilung können Sie Fragen über die Anzahl des Eintretens von Ereignissen beantworten, die innerhalb einer festgelegten Zeitspanne eintreten: zum Beispiel die Anzahl der Flugzeuge, die innerhalb von zwei Stunden auf einem Flughafen landen, oder die Anzahl der Unfälle an einer Kreuzung innerhalb eines Monats. Mit der Poissonverteilung werden oft Geburts- und Todesraten dargestellt, weil diese bestimmte Ereignisse darstellen, die innerhalb einer gegebenen Zeitspanne eintreten. Mit der Poissonverteilung können auch Ereignisse dargestellt werden, die in einem festgelegten Bereich auftreten, zum Beispiel die Anzahl der Webfehler in einem Teppich.

Voraussetzungen für eine Poissonverteilung

Je mehr Wahrscheinlichkeitsmodelle Sie kennen, desto wichtiger wird es, auch die Voraussetzungen zu kennen, unter denen die einzelnen Modelle angewendet werden können. Wenn Sie eine Wahrscheinlichkeitsaufgabe mit einer Poissonverteilung lösen wollen, müssen Sie zunächst prüfen, ob dieses Modell für die Aufgabe geeignet ist.

Eine Zufallsvariable X hat eine Poissonverteilung, wenn die folgenden Voraussetzungen erfüllt sind:

- ✔ X zählt die Ereignisse oder Vorkommnisse innerhalb einer festgelegten Zeit oder eines festgelegten Bereichs.
- ✔ Die Ereignisse treten unabhängig voneinander ein.
- ✔ Zwei Ereignisse können nicht genau gleichzeitig eintreten.

18 ➤ Die wunderbare Welt der Wahrscheinlichkeitsverteilungen

Weil Sie die Ereignisse oder Vorkommnisse innerhalb einer festgelegten Zeit oder eines festgelegten Bereichs zählen, kann die Zufallsvariable der Poissonverteilung jede positive ganze Zahl von 0 bis ∞ (das heißt 0, 1, 2, 3 usw.) annehmen; deshalb ist eine Poisson-Zufallsvariable eine diskrete Zufallsvariable mit einer abzählbar unendlichen Anzahl möglicher Werte.

Um das benötigte Wahrscheinlichkeitsmodell richtig ermitteln zu können, müssen Sie den Unterschied zwischen der Poissonverteilung und der Binomialverteilung kennen. Beide Verteilungen sind diskret, was bedeutet, dass sie zum Zählen von Ergebnissen verwendet werden können. Das Binomialmodell zählt die *Erfolge* (Ergebnisse mit einer gewünschten Eigenschaft) in n festgelegten Versuchen, wodurch X nur ganzzahlige Werte von 0 bis n (die Anzahl der Versuche) annehmen kann. Dagegen hat die Poissonverteilung keine *Versuche*; sie beobachtet einen Sachverhalt über eine festgelegte Zeitspanne oder in einem festgelegten Bereich und zählt darin die interessanten Vorkommnisse. Weil die Poissonverteilung keinen festgelegten zeitlichen Endpunkt hat, kann X beliebig viele ganze Zahlen von 0 bis unendlich annehmen.

Ein Beispiel: Sie sitzen an einer Kreuzung und beobachten den Verkehr. Jetzt sollen Sie zählen, wie viele Autos innerhalb von zwei Stunden das Stoppschild überfahren. Hier ist die Zeitspanne, aber nicht die Anzahl der Versuche festgelegt. (Sie können gar nicht wissen, wie viele Autos diese Kreuzung passieren werden.) In diesem Fall sollten Sie die Poissonverteilung verwenden.

Wahrscheinlichkeitsfunktion und Verteilungsfunktion der Poissonverteilung

Die *Wahrscheinlichkeitsfunktion*, bezeichnet mit $P(n)$, liefert Ihnen die Formel für die Berechnung der Wahrscheinlichkeit, dass X gleich einer bestimmten Zahl ist. Die Formel der Wahrscheinlichkeitsfunktion für die Poissonverteilung lautet: $P(n) = \frac{e^{-\lambda}\lambda^n}{n!}$, für $n = 0, 1, 2, 3, \ldots$.

Hierbei bezeichnet λ die so genannte *Ereignisrate*, die durchschnittliche (oder mittlere) Rate des Eintretens des Ereignisses innerhalb einer festgelegten Zeitspanne oder eines festgelegten Bereichs. (Die Aufgabenstellung muss Ihnen diesen Mittelwert geben.) Wenn Fachleute auf Daten stoßen, die zu diesem Modell passen, sagen sie, X habe eine Poissonverteilung mit der Ereignisrate λ.

Ein Beispiel: Sie arbeiten bei einer Hotline. Aus Erfahrung wissen Sie, dass Sie normalerweise durchschnittlich zehn Anfragen pro Stunde erhalten. Unter der Annahme, dass nicht zwei Anfragen zu genau demselben Zeitpunkt eingehen, hätte das Wahrscheinlichkeitsmodell für X – die tatsächliche Zahl der Anfragen pro Stunde – eine Poissonverteilung mit einer Ereignisrate λ gleich zehn pro Stunde. Die zugehörige Wahrscheinlichkeitsfunktion von X ist $P(x) = \frac{e^{-10} \cdot 10^x}{x!}$ für $x = 0, 1, 2, 3, \ldots$.

Abbildung 18.3 zeigt den Graphen der Wahrscheinlichkeitsfunktion, Abbildung 18.4 den Graphen der Verteilungsfunktion der Poissonverteilung mit dieser Ereignisrate λ.

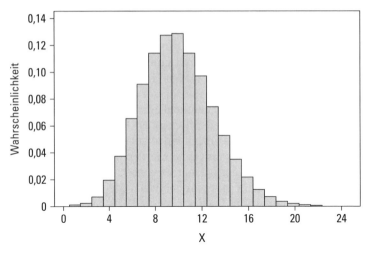

Abbildung 18.3: Eine Poissonverteilung mit der Ereignisrate $\lambda = 10$

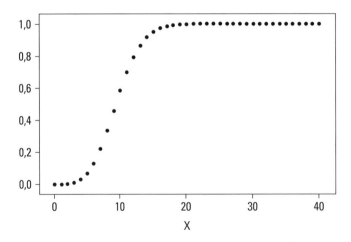

Abbildung 18.4: Die Verteilungsfunktion einer Poissonverteilung mit der Ereignisrate $\lambda = 10$

Der Graph der Wahrscheinlichkeitsfunktion aus Abbildung 18.3 ist folgendermaßen zu interpretieren: Die Wahrscheinlichkeiten starten niedrig bei $X = 0$. Denn wenn Sie zehn Anfragen pro Stunde erwarten, ist die Wahrscheinlichkeit eher gering, nur wenige Anfragen zu erhalten. Allerdings nehmen die Wahrscheinlichkeiten mit X zunächst zu. Der Graph erreicht etwa bei zehn (die erwartete Anzahl der Anfragen pro Stunde) das Maximum; dann werden die Werte immer kleiner, je größer X wird. Nach dem Wert $X = 22$ sind fast keine Wahrscheinlichkeiten mehr vorhanden. Auch dies liegt daran, dass Sie zehn Anfragen pro Stunde erwarten; denn dann sollten mehr als 22 Anfragen in einer Stunde sehr selten vorkommen.

Sie können mit der Wahrscheinlichkeitsfunktion auch die Wahrscheinlichkeit berechnen, eine bestimmte Anzahl von Anfragen pro Stunde zu bekommen.

Ein Beispiel: Sie suchen die Wahrscheinlichkeit, 15 Anfragen in der nächsten Stunde zu bekommen: $P(X = 15) = P(15) = \frac{e^{-10}10^{15}}{15!} = 0{,}035$.

Bei Poisson-Wahrscheinlichkeitsmodellen müssen Sie auf die Einheiten achten. In dem vorhergehenden Beispiel gilt die Ereignisrate $\lambda = 10$ für die erwartete Anzahl der Anfragen pro Stunde, und Sie müssen dieses »pro Stunde« in Ihrer Beschreibung von X berücksichtigen.

Die *Verteilungsfunktion*, bezeichnet mit $F(a)$, liefert Ihnen die Formel für die Berechnung der kumulierten Wahrscheinlichkeit von 0 bis zu einem bestimmten Wert a. Mit der Verteilungsfunktion können Sie die Wahrscheinlichkeit berechnen, dass X kleiner oder größer als ein Wert ist oder zwischen zwei Werten liegt. Die Formel der Verteilungsfunktion der Poissonverteilung lautet $F(a) = P(X \leq a) = \sum_{n=0}^{a} \frac{e^{-\lambda}\lambda^n}{n!}$ für $a = 0,1,2,3,\ldots$

Erwartungswert und Varianz der Poissonverteilung

Der *Erwartungswert der Poissonverteilung* sagt Ihnen, wie viele Ereignisse Sie innerhalb einer festgelegten Zeitspanne oder einem festgelegten Raum erwarten können. Die Varianz sagt Ihnen, mit welcher Variabilität dieser Ergebnisse Sie von einem Experiment zum nächsten rechnen müssen. Das Interessante an der Poissonverteilung ist die sehr enge Beziehung zwischen dem Erwartungswert und der Varianz. Der *Erwartungswert* der Poissonverteilung ist $E(X) = \mu = \lambda$.

Die Varianz einer Verteilung ist der quadrierte Gesamtdurchschnitt der Abstände vom Mittelwert. Sie wird mit σ^2 bezeichnet. Die *Standardabweichung* ist die Quadratwurzel aus der Varianz. Sie wird mit σ bezeichnet. Bei der Poissonverteilung ist die *Varianz* $\sigma^2 = \lambda$ und somit $\sigma = \sqrt{\lambda}$.

Ein Beispiel: Die Kunden einer Bank treffen mit einer Ereignisrate $\lambda = 20$ pro Stunde ein; ihr Eintreffen folgt einer Poissonverteilung. In diesem Falle ist der Erwartungswert $\mu = 20$ Kunden pro Stunde, und die Standardabweichung ist $\sigma = \sqrt{\lambda} = \sqrt{20} = 4{,}47$ Kunden pro Stunde.

Die Poissonverteilung in der Praxis

Es gibt zahlreiche praktische Anwendungen für die Poissonverteilung. Mit diesen Verteilungen werden beispielsweise Warteschlangen oder auch die Anzahl der Blitzeinschläge pro Jahr pro Hektar simuliert – in Deutschland sind es durchschnittlich $\lambda = 0{,}1$ Einschläge pro Jahr pro Hektar. Das bedeutet, dass zwar mit neunprozentiger Wahrscheinlichkeit $(P(1) = \frac{e^{-0{,}1} \cdot 0{,}1^1}{1!} \approx 0{,}09 = 9$ Prozent$)$ der Blitz irgendwo pro Jahr einschlägt, aber es ungefähr mit einem halben Prozent $(P(2) = \frac{e^{-0{,}1} \cdot 0{,}1^2}{2!} \approx 0{,}005 = 0{,}5$ Prozent$)$ wahrscheinlich ist, dass pro Jahr zweimal der Blitz in ein und denselben Hektar einschlägt – beruhigend zu wissen.

Lebensversicherungen berechnen damit Geburts- und Todesraten, um ihre Beiträge festzulegen, und ermitteln so, wann die Leistungen ausgezahlt werden müssen. Straßenverkehrsbehörden stellen damit das Unfallaufkommen verschiedener Verkehrswege dar, um deren Gefährlichkeit abzuschätzen.

Zu langweilig? Nun, mit der Poissonverteilung wird auch gewährleistet, dass Ihr Fruchtjoghurt Stückchen enthält, die zumindest wie Früchteteile aussehen. Der Hersteller setzt die Ereignisrate der Poissonverteilung, mit der die Anzahl der farbigen Stückchen in dem Joghurt gemessen wird, so hoch an, dass die Wahrscheinlichkeit, dass keine Stückchen in dem Joghurt sind, fast 0 ist. Was für ein Trost!

Poissonverteilung als Näherung der Binomialverteilung

Jetzt müssen Sie stark sein. Am Anfang des Abschnitts über die Poissonverteilung habe ich Ihnen gesagt, dass Sie sehr wohl gut zwischen der Binomial- und der Poissonverteilung unterscheiden müssen. Das gilt auch immer noch. Aber manchmal kann es sein, dass die Ausdrücke für die Binomialverteilung für sehr große n, also der Anzahl der betrachteten Objekte, sehr kompliziert werden. Mathematiker haben dafür eine Abkürzung herleiten können, die die Poissonverteilung nutzt. Sehen Sie selbst:

Für immer größer werdende Stückzahlen n und kleinere Erfolgswahrscheinlichkeit p nähert sich die Binomialverteilung mit den Parametern n und p der Poissonverteilung mit dem Parameter $\lambda := np$ an, das heißt, für große n und kleine p wird die Annäherung immer genauer:

$$\binom{n}{k} \cdot p^k \cdot (1-p)^{n-k} \approx \frac{e^{-n \cdot p} \cdot (n \cdot p)^k}{k!}.$$

Ein Beispiel: Bei der Herstellung von Halbleitern sind etwa 0,6 Prozent der gefertigten Teile beschädigt. Wie groß ist nun die Wahrscheinlichkeit, dass bei 1000 gefertigten Halbleitern mehr als zwei beschädigte Halbleiter dabei sind?

Nach Beschreibung können Sie bei der beschriebenen Zufallsgröße X von einer Binomialverteilung mit $n = 1000$ und $p = 0{,}006$ ausgehen. Die gesuchte Wahrscheinlichkeit ist dann also:

$$P(X > 2) = 1 - P(X = 2) - P(X = 1) - P(X = 0)$$
$$= 1 - \binom{1000}{2} \cdot 0{,}006^2 \cdot 0{,}994^{998} - \binom{1000}{1} \cdot 0{,}006^1 \cdot 0{,}994^{999} - \binom{1000}{0} \cdot 0{,}006^0 \cdot 0{,}994^{1000}$$

Da die Stückzahl $n = 1000$ hier Ihnen Schwierigkeiten bei der Berechnung bereiten wird, ist eine Näherung durch die Poissonverteilung sehr willkommen. Damit erhalten Sie nämlich:

$$P(X > 2) \approx 1 - \tfrac{6^2}{2!} e^{-6} - \tfrac{6^1}{1!} e^{-6} - \tfrac{6^0}{0!} e^{-6} = 1 - \tfrac{6^2}{2!} e^{-6} - 6 e^{-6} - e^{-6} \approx 0{,}94$$

Das war viel einfacher zu berechnen und ist in der Regel eine sehr gute Näherung des gesuchten Wertes.

Geometrische Verteilung

Mithilfe der geometrischen Verteilung können Sie Wahrscheinlichkeiten darstellen und berechnen, in denen Sie einen Versuch so lange ausführen, bis ein Erfolg eintritt.

Einige Beispiele: Wie hoch ist die Wahrscheinlichkeit, dass Sie mehr als zehn Lose kaufen müssen, um in einer Lotterie zu gewinnen? Wie hoch ist die Wahrscheinlichkeit, dass der erste Unfall an einer Kreuzung erst nach zehn Tagen passiert? Wie hoch ist die Wahrscheinlichkeit, dass eine Sekretärin mehr als zehn Seiten tippt, bevor sie einen Fehler macht?

Voraussetzungen für eine geometrische Verteilung

Eine Zufallsvariable X in einer Wahrscheinlichkeitsaufgabe hat eine geometrische Verteilung, wenn die folgenden Voraussetzungen erfüllt sind:

- ✔ Die Aufgabe präsentiert eine Folge unabhängiger Versuche eines Zufallsprozesses.
- ✔ Das Ergebnis eines Versuchs gehört zu einer von zwei Gruppen: Erfolg oder Misserfolg.
- ✔ Die Erfolgswahrscheinlichkeit muss für jeden Versuch gleich sein. Wenn p die Erfolgswahrscheinlichkeit ist, ist $1 - p$ die Misserfolgswahrscheinlichkeit.
- ✔ X zählt die Versuche bis zu dem ersten Erfolg.

Im Binomialmodell werden die Erfolge bei einer vorgegebenen Anzahl n von Versuchen gezählt, wodurch X nur ganzzahlige Werte von 0 bis n annehmen kann. Bei der geometrischen Verteilung ist die Anzahl der Versuche dagegen nicht festgelegt. Die Versuche werden so lange ausgeführt, bis der erste Erfolg eintritt, und dann abgebrochen. Deshalb ist die Zufallsvariable X die Anzahl der Versuche bis zum ersten Erfolg.

In einigen Aufgaben werden Szenarien beschrieben, die für die Binomialverteilung, die geometrische Verteilung oder sogar die Poissonverteilung sehr ähnlich klingen, so dass Sie die Unterschiede dieser Verteilungen ganz genau kennen müssen.

Ein Beispiel: Sie beobachten am Eingang der Mensa die eintreffenden Studenten. Sie sollen 50 Studenten zufällig auswählen und zählen, wie viele einen Rucksack tragen. Welches Modell wenden Sie an: eine Binomialverteilung oder eine geometrische Verteilung? Da die Anzahl der Versuche ($n = 50$) festgelegt ist und jeder Versuch mit gleicher Wahrscheinlichkeit ein Erfolg oder Misserfolg ist (da Sie eine zufällige Stichprobe gezogen haben), gilt hier das Binomialmodell. Das passende Modell erkennen Sie hier an der vorgegebenen Anzahl der Versuche.

Wahrscheinlichkeitsfunktion und Verteilungsfunktion für die geometrische Verteilung

Die *Wahrscheinlichkeitsfunktion* einer diskreten Zufallsvariablen X gibt die möglichen Werte von X und die zugehörigen Wahrscheinlichkeiten an. Die Formel für die Wahrscheinlichkeitsfunktion der geometrischen Verteilung ist $P(X = n) = P(n) = p \cdot (1-p)^{n-1}$ für $n = 1, 2, 3, \ldots$. Hierbei bezeichnet n die Anzahl der Versuche bis zum ersten Erfolg (einschließlich) und p die Erfolgswahrscheinlichkeit.

Die *Verteilungsfunktion* liefert die Wahrscheinlichkeit, dass X kleiner oder gleich einer Zahl a ist. In unserem Fall erhalten Sie hier:

$$F(a) = P(X < a) = \sum_{n=0}^{a} p \cdot (1-p)^n = p \cdot \frac{(1-p)^{a+1}-1}{(1-p)-1} = 1 - (1-p)^{a+1}$$

Erwartungswert und Varianz der geometrischen Verteilung

Der Erwartungswert einer geometrischen Verteilung entspricht überraschend oft dem, was Sie erwarten.

Ein Beispiel: Sie werfen einen Würfel, bis eine 1 fällt. Die Wahrscheinlichkeit, bei einem einzigen Wurf eine 1 zu werfen, ist $\frac{1}{6}$. Wie oft müssen Sie den Würfel Ihrer Meinung nach durchschnittlich werfen, bis eine 1 fällt? Wahrscheinlich vermuten Sie: sechs Würfe. Sie werden gleich sehen, dass dies durch die Formeln bestätigt wird. Denn die Formeln für die Varianz und die Standardabweichung sind auch mit der Erfolgswahrscheinlichkeit verbunden.

Die Formel für den *Erwartungswert* (die Anzahl der zu erwartenden Versuche) einer geometrischen Verteilung lautet $E(X) = \frac{1}{p}$, wobei p die Wahrscheinlichkeit für einen Erfolg bei einem Versuch ist. Angewendet auf das Beispiel mit dem Würfel mit $p = \frac{1}{6}$ erhalten Sie $E(X) = \frac{1}{\frac{1}{6}} = 6$, was genau Ihrer Intuition entspricht.

Stellen Sie sich vor, Sie wollen die Megalotterie gewinnen, in der ein 100 Millionen Euro großer Jackpot auf Sie wartet. Die Wahrscheinlichkeit beträgt schlappe »1 zu 143 Millionen«. Wie viele Lose müssen Sie wohl kaufen, bevor Sie einen Gewinn erwarten dürfen? Richtig – 143 Millionen Lose! Natürlich gibt es immer Menschen, die mit sehr viel weniger Versuchen gewinnen, weil auch die Ergebnisse einer geometrischen Verteilung der Variabilität unterliegen, aber solche Sofortgewinne fallen nur einer geringen Anzahl von Glückspilzen in den Schoß, verglichen mit der riesigen Anzahl von Menschen, die trotz fleißigen Loskaufs nie gewinnen.

Die *Varianz* der Ergebnisse einer geometrischen Verteilung wird mit folgender Formel berechnet: $V(X) = \frac{1-p}{p^2}$. Die Misserfolgswahrscheinlichkeit steht im Zähler. Wenn sie klein ist, ist die Erfolgswahrscheinlichkeit groß. Das Quadrat dieser Zahl steht im Nenner, wodurch die Gesamtvarianz klein ist. Die *Standardabweichung* der geometrischen Verteilung ist die Quadratwurzel aus der Varianz, also $\sigma = \sqrt{\frac{1-p}{p^2}} = \frac{\sqrt{1-p}}{p}$.

> *Zeitspannen mit der geometrischen Verteilung berechnen*
>
> Die geometrische Verteilung wird immer dann verwendet, wenn man die Anzahl der Versuche darstellen will, die ausgeführt werden müssen, *bevor* der erste Erfolg eintritt. Beispielsweise können Spieler mit dieser Verteilung die wahrscheinliche Anzahl der Spiele an einem Spielautomaten berechnen, bevor sie einen großen Gewinn erzielen. Umgekehrt können Hersteller von Spielautomaten mit der Verteilung berechnen, wie lange die Spieler wahrscheinlich spielen müssen, bevor sie den ersten Gewinn machen. Mit diesen Informationen können sie die Wahrscheinlichkeiten für die Geräte ihren Zielen entsprechend einstellen, das heißt, je nachdem wie großzügig die Hersteller sind, soll der Spieler früher oder später (oder auch sehr viel später) gewinnen.

Hypergeometrische Verteilung

Die *hypergeometrische Verteilung* ist längst nicht so kompliziert, wie ihr Name vermuten lässt. Mit ihr werden Sachverhalte dargestellt, in denen Sie eine Stichprobe ohne Zurücklegen ziehen und die Wahrscheinlichkeit suchen, dass eine bestimmte Anzahl von Elementen der Stichprobe bestimmte Eigenschaften hat. Sie ähnelt stark der Binomialverteilung, außer dass die Stichprobe ohne Zurücklegen gezogen wird (was bedeutet, dass ein der Population entnommenes Element nicht wieder in die Population eingefügt wird). Um Wahrscheinlichkeiten für die hypergeometrische Verteilung zu berechnen, teilen Sie die Population im Wesentlichen in zwei Gruppen: die Gruppe, deren Elemente über die gewünschte Eigenschaft verfügen; und die Gruppe, deren Elemente diese Eigenschaft nicht haben. Um die benötigte Stichprobe zu ziehen, entnehmen Sie jeder Gruppe eine gewisse Anzahl von Elementen.

Voraussetzungen für die hypergeometrische Verteilung

Folgende Voraussetzungen müssen erfüllt sein, damit eine Zufallsvariable X eine *hypergeometrische Verteilung* hat:

- ✔ Sie ziehen eine Stichprobe ohne Zurücklegen aus einer Population mit insgesamt N Elementen.
- ✔ Jedes Element der Population hat die gleiche Chance, gezogen zu werden.
- ✔ Die Population kann in zwei Gruppen oder Subpopulationen aufgeteilt werden:
  - *Die markierte Subpopulation:* Gruppe der Elemente mit der gewünschten Eigenschaft. Beispiele: Handybesitzer, Landbewohner, Menschen mit besonderer Krankheit.
  - *Die nichtmarkierte Subpopulation:* Gruppe aller anderen Elemente ohne die gewünschte Eigenschaft.
- ✔ Der Umfang der markierten sowie der nichtmarkierten Subpopulation liegt fest und ist bekannt.
- ✔ X zählt die Elemente mit der gewünschten Eigenschaft in der Stichprobe.

Ein Beispiel: Aus einer Gruppe von 20 Personen, bestehend aus zwölf Männern und acht Frauen, wählen Sie zufällig fünf Personen für einen Ausschuss aus. Alle ausgewählten fünf Personen sind Männer. Wie hoch ist die Wahrscheinlichkeit, dass dies eintritt? Sie können diese Frage mit einer hypergeometrischen Verteilung beantworten. Warum?

Überlegen Sie: Sie wählen fünf Personen aus der Population von 20 Personen ohne Zurücklegen aus. Da die Auswahl zufällig erfolgt, hat jede Person dieselbe Chance, gewählt zu werden. Sie können die gesamte (vorgegebene) Population von 20 Personen in zwei Gruppen aufteilen: zwölf Männer und acht Frauen – beide Zahlen sind vorgegeben.

Sie definieren X als die Gesamtanzahl der Männer in der Stichprobe, weil Sie an dieser Gruppe interessiert sind – Sie suchen die Wahrscheinlichkeit, fünf Männer zu wählen, also $P(X = 5)$. In diesem Beispiel bilden die zwölf Männer die markierte Population. Die acht Frauen bilden die nichtmarkierte Population. (Da Sie in dieser Aufgabe fünf Personen auswählen und alle Männer sind, muss die Anzahl der ausgewählten Frauen 0 sein.)

Wahrscheinlichkeitsfunktion und Verteilungsfunktion der hypergeometrischen Verteilung

Die hypergeometrische Verteilung arbeitet mit Kombinationen, um Wahrscheinlichkeiten zu ermitteln. Eine *Kombination*, die durch den Binomialkoeffizienten gegeben ist, gibt die Anzahl der Möglichkeiten an, eine bestimmte Anzahl von Elementen einer Gruppe ohne Zurücklegen auszuwählen. Dabei spielt die Reihenfolge der Elemente keine Rolle. (Mehr zu diesem Thema finden Sie am Ende von Kapitel 15.) Die Wahrscheinlichkeitsfunktion der hypergeometrischen Verteilung lautet:

$$P(x) = \frac{\binom{M}{x}\binom{N-M}{n-x}}{\binom{N}{n}}, \text{ wobei } \max(0, M + n - N) \leq x \leq \min(M, n)$$

Hierbei ist n die Stichprobengröße, x ist die Anzahl der markierten Elemente in der Stichprobe, N ist die Populationsgröße und M ist die Gesamtanzahl der markierten Elemente in der Population. Abbildung 18.5 veranschaulicht, was bei der Auswahl passiert, um die hypergeometrische Verteilung zu erhalten.

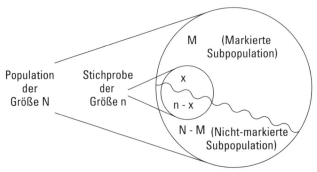

Abbildung 18.5: Stichprobe mit markierten und nichtmarkierten Elementen bei der hypergeometrischen Verteilung

18 ➤ Die wunderbare Welt der Wahrscheinlichkeitsverteilungen

Ein Beispiel: Sie bilden aus 20 Personen, zwölf Männern und acht Frauen, einen Ausschuss mit fünf Personen. Die Stichprobengröße beträgt also $n = 5$. Die Gesamtanzahl der Männer in dem Ausschuss sei x. Der Umfang der Population ist $N = 20$; die Gesamtanzahl der Männer in der Population ist $M = 12$. Damit erhalten Sie für dieses Beispiel die folgende Wahrscheinlichkeitsfunktion:

$$P(X = x) = \frac{\binom{M}{x}\binom{N-M}{n-x}}{\binom{N}{n}} = \frac{\binom{12}{x}\binom{20-12}{5-x}}{\binom{20}{5}}$$

Schauen Sie sich die (doppelte) Ungleichung in der Definition der Wahrscheinlichkeitsfunktion für das Ausschussbeispiel an: $\max(0; 12 + 5 - 20) \leq x \leq \min(12; 5)$, vereinfacht: $0 \leq x \leq 5$. Das ist eingängig, da x die Anzahl der Männer in der Stichprobe darstellt und die Stichprobengröße 5 beträgt. Wenn Sie die obigen Werte und $x = 5$ in die Wahrscheinlichkeitsfunktion der hypergeometrischen Verteilung einsetzen, erhalten Sie:

$$P(X = 5) = \frac{\binom{12}{5}\binom{20-12}{5-5}}{\binom{20}{5}} = \frac{\binom{12}{5}\binom{8}{0}}{\binom{20}{5}} = \frac{\frac{12!}{5! \cdot 7!} \cdot 1}{\frac{20!}{5! \cdot 15!}} = \frac{792}{15504} = 0,05$$

Anders ausgedrückt: Wenn eine Gruppe aus zwölf Männern und acht Frauen besteht und zufällig fünf Personen für einen Ausschuss ausgewählt werden, beträgt die Wahrscheinlichkeit, nur Männer auszuwählen, etwa fünf Prozent. Nicht sehr viel, oder?

Tabelle 18.1 zeigt die gesamte Wahrscheinlichkeitsfunktion von X für das Beispiel mit dem Ausschuss. Sie zeigt die Wahrscheinlichkeit für die Wahl von Männern für den Ausschuss für alle möglichen Werte von x:

x	$P(X = x)$	x	$P(X = x)$	x	$P(X = x)$
0	0,004	2	0,238	4	0,255
1	0,054	3	0,397	5	0,051

Tabelle 18.1: Die Wahrscheinlichkeitsfunktion von X = »Anzahl der Männer« in einem fünfköpfigen Ausschuss ($M = 12$, $N = 20$)

Für die Verteilungsfunktion gibt es keine schönere Vereinfachung, die ich Ihnen anbieten könnte, als die, die durch die Definition gegeben ist:

$$F(k) = P(X \leq k) = \sum_{i=0}^{k} \frac{\binom{M}{i}\binom{N-M}{n-i}}{\binom{N}{n}}$$

Erwartungswert und Varianz der hypergeometrischen Verteilung

Der *Erwartungswert* E(X) der hypergeometrischen Verteilung ist die erwartete Anzahl der markierten Elemente in der Stichprobe. Die Anzahl der markierten Elemente in der Population ist M und die Populationsgröße selbst ist N; der Anteil der markierten Elemente in der Population beträgt also $\frac{M}{N}$. Sie müssen diesen Wert mit der Stichprobengröße multiplizieren, um den erwarteten Anteil der markierten Elemente in der Stichprobe zu erhalten. Dies liefert Ihnen die Formel für den Erwartungswert, also: $E(X) = n \cdot \frac{M}{N}$.

Fortsetzung des Beispiels: In der Beispielaufgabe mit dem Ausschuss hat die Population den Umfang $N = 20$ Personen. Die Anzahl der markierten Elemente ist $M = 12$ Männer. Sie wollen eine zufällige Stichprobe der Größe $n = 5$ für einen Ausschuss auswählen. Welchen Erwartungswert hat die Anzahl der Männer für den Ausschuss? Laut der obigen Formel können Sie $E(X) = n \cdot \frac{M}{N} = 5 \cdot \frac{12}{20} = 3$ Männer erwarten.

Die *Varianz* $V(X) = \sigma^2$ einer Verteilung ist die langfristige durchschnittliche quadrierte Abweichung (der Abstand) vom Mittelwert zum Quadrat. Die Formel für die Varianz der hypergeometrischen Verteilung lautet:

$$V(X) = \frac{n \cdot M}{N^2 \cdot (N-1)} \cdot (N-M) \cdot (N-n)$$

Die Standardabweichung der hypergeometrischen Verteilung ist – wie immer – die Quadratwurzel aus der Varianz.

Wenn Sie diese Formel auf das obige Beispiel anwenden, erhalten Sie folgende Werte:

$$V(X) = \frac{n \cdot M}{N^2 \cdot (N-1)} \cdot (N-M) \cdot (N-n) = \frac{5 \cdot 12}{20^2 \cdot (20-1)} \cdot (20-12) \cdot (20-5)$$
$$= \frac{60}{7.600} \cdot 8 \cdot 15 = \frac{7200}{7600} = 0{,}947$$

Die Standardabweichung ist die Wurzel aus der Varianz, also $\sigma = \sqrt{0{,}947} = 0{,}973$. Somit können Sie in diesem Beispiel im Durchschnitt mit drei Männern rechnen; schauen Sie sich zusätzlich die 1σ-Umgebung an, dann wissen Sie, dass Sie in den meisten Fällen mit zwei bis vier Männern rechnen können – das spiegelt sich auch klar in den Wahrscheinlichkeiten in Tabelle 18.1 wider.

Die Größe einer Population abschätzen

Oft ist die Populationsgröße bekannt, wenn Sie mit einer Verteilung arbeiten müssen; doch was machen Sie, wenn diese Größe nicht bekannt ist?

Eines der größten Anwendungsgebiete der hypergeometrischen Verteilung ist die Abschätzung von Populationsgrößen. Diese Verteilung eignet sich besonders bei Sachverhalten, in denen die Population *verborgen* (das heißt, nicht offensichtlich) oder *klein* ist (das heißt, nur wenige Elemente enthält). Die Technik, mit der die Größe einer Population abgeschätzt wird, wird als *Capture-Recapture-Methode* bezeichnet.

Sie wollen die Anzahl der Fische in einem See schätzen. Sie fangen einige Fische, markieren sie und setzen sie dann wieder aus. Am nächsten Tag ziehen Sie erneut eine

Stichprobe der Fische und zählen, wie viele markierte Fische Sie gefangen haben, und dann setzen Sie sie wieder aus.

Übertragen auf die hypergeometrische Verteilung bedeutet dies: Am ersten Tag teilen Sie die Fische in zwei Populationen auf: die markierte Population M und die nichtmarkierte Population $N - M$. Am zweiten Tag ziehen Sie eine Stichprobe der Größe n, die Sie in zwei Gruppen unterteilen: eine Gruppe mit markierten Fischen (R, von engl. *recaptures*, die wiedergefangenen Fische) und eine Gruppe mit den nichtmarkierten Fischen $n - R$. Sie *könnten* jetzt Wahrscheinlichkeiten für bestimmte Ergebnisse berechnen, aber am häufigsten wird die hypergeometrische Verteilung in dieser Situation verwendet, um die Populationsgröße N zu schätzen. Wie gehen Sie dabei vor? (Die folgende Beschreibung geht davon aus, dass die Voraussetzungen für eine hypergeometrischen Verteilung erfüllt sind; siehe die einschlägigen Abschnitte weiter oben.)

Sie können erwarten, dass die Anzahl R der wiedergefangenen Fische verglichen mit der Stichprobengröße n proportional zu der Anzahl M der markierten Fische in der Gesamtanzahl N der Fische in dem See ist; anders ausgedrückt: $\frac{R}{n} = \frac{M}{N}$. Drei dieser Werte sind bekannt: n ist die Stichprobengröße am zweiten Tag, R ist die Anzahl der wiedergefangenen markierten Fische am zweiten Tag, und M ist die Anzahl der am ersten Tag markierten Fische. N wird gesucht. Sie müssen die Gleichung nur nach N auflösen, also $N = \frac{n \cdot M}{R}$.

Am ersten Tag fangen und markieren Sie $M = 20$ Fische. Am zweiten Tag ziehen Sie eine Stichprobe von $n = 50$ Fischen; darunter befinden sich $R = 5$ markierte, also wiedergefangene Fische. Mit diesen Werten erhalten Sie die folgende Gesamtanzahl der Fische in dem See: $N = \frac{n \cdot M}{R} = \frac{20 \cdot 50}{5} = 200$. Sie schätzen, dass der See etwa 200 Fische enthält.

Die *Capture-Recapture-Methode* ist eine nützliche Methode, um von Stichproben auf Populationsgrößen zurückzuschließen.

Stetige Wahrscheinlichkeitsverteilungen

In zweiten Teil des Kapitels lernen Sie nun stetige Wahrscheinlichkeitsmodelle kennen. Sie werden bei Aufgaben eingesetzt, in denen Messungen erfolgen, und haben zahlreiche praktische Anwendungen.

Einige Beispiele: Wollten Sie nicht schon immer wissen, wie lange ein Energy-Drink vorhält? Eine Exponentialverteilung zeigt Ihnen die Lösung an. Wollen Sie die Wahrscheinlichkeit berechnen, Ihre Pechsträhne bei der nächsten Prüfung zu beenden? Verwenden Sie eine Normalverteilung. Sollen alle Möglichkeiten die gleiche Wahrscheinlichkeit haben? Verwenden Sie die Gleichverteilung. Sie können diese Aufgaben algebraisch, mit fertigen Formeln, mit Tabellen oder geometrisch lösen.

Eine *stetige Zufallsvariable* X ist eine Zufallsvariable, die eine überabzählbare Anzahl möglicher Werte annehmen kann. Beispielsweise könnte X die Zeitspanne darstellen, die zur Erledigung einer Aufgabe benötigt wird. (Diese Zeit kann mit einer beliebigen Anzahl von Dezimalstellen genau gemessen werden.) Die Variable könnte auch Höhen, Gewichte, Notendurchschnitte oder andere Werte darstellen, die gemessen statt gezählt werden. Die *Dich-*

tefunktion ist die Funktion, die im Wesentlichen angibt, wie stark sich die Wahrscheinlichkeit von X an bestimmten Punkten konzentriert; sie wird mit $f(x)$ bezeichnet.

Erinnern Sie sich noch an die Bemerkungen am Ende des vorangegangenen Kapitels: Die Wahrscheinlichkeiten für eine stetige Verteilung wird mittels Integralen über die Dichtefunktion berechnet, etwa $P(a < X < b) = \int_a^b f(x)\,dx$. Daher ist diese Wahrscheinlichkeit im Gegensatz zu diskreten Verteilungen an einem einzelnen Punkt ebenfalls immer 0, denn $P(X = x_0) = \int_{x_0}^{x_0} f(x)\,dx = 0$.

Stetige Gleichverteilung

Die stetige Gleichverteilung weist für alle möglichen Werte einer Zufallsvariablen X die gleiche Dichte auf; hierbei ist X auf einem Intervall mit den Grenzen a und b definiert. Um die Wahrscheinlichkeit zu ermitteln, dass X zwischen zwei Grenzen liegt, berechnen Sie die Fläche unter der Dichtefunktion zwischen den Grenzen. Dies ist bei der Gleichverteilung besonders einfach, da der Graph der Dichtefunktion aus einer geraden, horizontalen Gerade besteht. Damit ist die zu bestimmende Fläche ein Rechteck.

Dichtefunktion und Verteilungsfunktion einer stetigen Gleichverteilung

Wenn X über dem Intervall $[a,b]$ gleichverteilt ist, dann ist die Dichtefunktion gegeben durch $f(x) = \frac{1}{b-a}$ für $a < x < b$ und $f(x) = 0$ sonst.

Ein Beispiel: X hat eine stetige Gleichverteilung über dem Definitionsbereich $[5,10]$. Dann ist $f(x) = \frac{1}{10-5} = \frac{1}{5}$ für x zwischen 5 und 10, und 0 sonst.

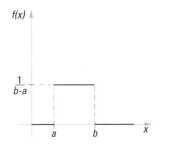
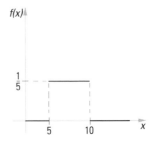

Abbildung 18.6: Graph von $f(x)$ einer stetigen Gleichverteilung allgemein und am Beispiel

Es sei nun $P(X < 9)$ gesucht. Gesucht ist also eine Fläche unter der Funktion in Abbildung 18.6. Dabei ist die Fläche des Rechtecks zwischen 5 und 9 gefragt: Höhe · Breite $= \frac{1}{5} \cdot (9-5) = \frac{4}{5} = 0{,}8$. Diese Fläche entspricht 80 Prozent des Rechtecks.

Sie können Folgendes festhalten: Bei einer stetigen Gleichverteilung gilt für alle x mit $a < x < b$ offenbar:

$$P(X < x) = (x-a) \cdot f(x) = (x-a) \cdot \frac{1}{b-a} = \frac{x-a}{b-a}$$

Für $x \leq a$ gilt $P(X < x) = 0$ und schließlich für $x \geq b$ gilt $P(X < x) = 1$. Dies ist gerade die Verteilungsfunktion $F(x)$ einer stetigen Gleichverteilung. Abbildung 18.7 zeigt den Graphen von $F(x)$ allgemein und am vorangegangenen Beispiel.

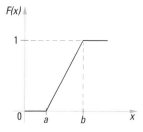
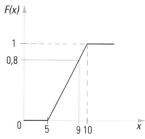

Abbildung 18.7: Der Graph von $F(x)$ für die stetige Gleichverteilung allgemein und am Beispiel

Erwartungswert und Varianz der stetigen Gleichverteilung

Der *Erwartungswert* $E(X)$ einer Zufallsvariablen ist der erwartete langfristige Durchschnittswert von X. Bei einer stetigen Gleichverteilung ist die Dichtefunktion $f(x)$ eine horizontale Gerade; deshalb ist der erwartete Gesamtdurchschnittswert von X der Punkt, der genau in der Mitte zwischen a und b liegt, nämlich $E(X) = \frac{a+b}{2}$. Die *Varianz* $V(X)$ der stetigen Gleichverteilung ist $V(X) = \frac{(b-a)^2}{12}$.

Beides lässt sich mit den Formeln aus Kapitel 17 berechnen, also ist der Erwartungswert wie folgt:

$$E(X) = \int_a^b x \cdot f(x) dx = \int_a^b x \cdot \frac{1}{b-a} dx = \frac{1}{b-a} \cdot \int_a^b x \, dx = \frac{1}{b-a} \cdot \frac{x^2}{2}\Big|_a^b$$
$$= \frac{1}{b-a} \cdot \left(\frac{b^2}{2} - \frac{a^2}{2}\right) = \frac{1}{b-a} \cdot \left(\frac{b^2-a^2}{2}\right) = \frac{1}{b-a} \cdot \frac{(b-a)(b+a)}{2} = \frac{b+a}{2} = \frac{a+b}{2}$$

Normalverteilung

Alle Normalverteilungen haben eine ähnliche Form: eine Glocke. Sie unterscheiden sich durch die Lage ihres Mittelpunktes und die Breite dieser Glocke. X hat eine Normalverteilung, wenn ihre Werte in ein glockenförmiges und symmetrisches Muster fallen. Abbildung 18.8 zeigt drei verschiedene Normalverteilungen mit verschiedenen Mittelwerten und Standardabweichungen.

Der Abstand vom Mittelwert zu einem der Wendepunkte ist bei der Normalverteilung gleich der Standardabweichung. Fast alle Werte einer Normalverteilung sind höchstens drei Standardabweichungen vom Mittelwert entfernt. (Siehe Kapitel 17 für Details der allgemeinen $k\sigma$-Regel.)

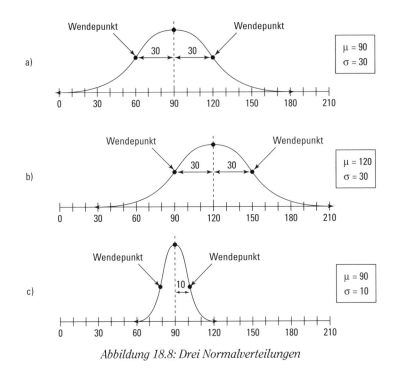

Abbildung 18.8: Drei Normalverteilungen

Die Verteilungen aus den Abbildungen 18.8a und 18.8b haben dieselbe Standardabweichung, wodurch ihre durchschnittliche Spreizung um den Mittelwert gleich ist, aber sie haben verschiedene Mittelwerte; in Abbildung 18.8b ist der Mittelwert größer, so dass die gesamte Verteilung um 30 Einheiten nach rechts verschoben ist. Die Verteilungen aus den Abbildungen 18.8a und 18.8c haben denselben Mittelwert, aber verschiedene Standardabweichungen. Das bedeutet, dass die Werte in 18.8c dichter um den Mittelwert konzentriert sind als in Abbildung 18.8a.

Die Dichtefunktion $f(x)$ für die Normalverteilung ist eine stetige Funktion, deren Formel die Art von Graph erzeugt, die Sie in den Abbildungen 18.8 und 18.9 sehen. Die Dichtefunktion für eine Normalverteilung mit dem Mittelwert μ und der Standardabweichung σ ist für $-\infty < x < +\infty$ gegeben durch die Funktion:

$$f(x) = \frac{1}{\sigma \cdot \sqrt{2\pi}} \cdot e^{-\left(\frac{x-\mu}{\sigma}\right)^2}$$

Mit dieser Dichtefunktion zu arbeiten ist noch komplizierter als ihr Aussehen. Um die Wahrscheinlichkeiten für eine stetige Zufallsvariable zu berechnen, ermittelt man normalerweise die Fläche unter der Kurve zwischen den beiden Punkten, die das Intervall begrenzen, dessen Wahrscheinlichkeit Sie suchen; doch diese Funktion ist so komplex, dass man zur Berechnung dieser Fläche einen Computer benötigt. Doch Schluss mit der Einschüchterung; es gibt auch gute Nachrichten: Alle grundlegenden Ergebnisse, die Sie zur Berechnung von Wahrscheinlichkeiten mit beliebigen Normalverteilungen benötigen, sind in einer Tabelle, der so genannten *z-Tabelle* oder *Standardnormalverteilungstabelle* enthalten, die auf einer besonderen Normalverteilung, der so genannten *Standardnormalverteilung* oder *z-Verteilung*, basieren. Sie brauchen nur eine Formel, um Ihre gegebene Normalverteilung X in die Standardnormalverteilung oder z-Verteilung zu transformieren und anhand der Tabelle die gesuchte Wahrscheinlichkeit zu ermitteln. (Die z-Tabelle finden Sie im Anhang in: Tabelle A.2.)

Die Standardnormalverteilung (z-Verteilung)

Die Familie der Normalverteilungen enthält ein sehr besonderes Mitglied, die so genannte *Standardnormalverteilung* oder *z-Verteilung*. Die Standardnormalverteilung hat den Mittelwert $\mu = 0$ und die Standardabweichung/Varianz $\sigma = \sigma^2 = 1$; ihr Graph wird in Abbildung 18.9 gezeigt. Die Dichtefunktion für die Standardnormalverteilung ist dieselbe wie für andere Normalverteilungen, nur mit den Werten $\mu = 0$ und $\sigma = 1$. Ihre Formel lautet also:

$$f(z) = \frac{1}{1\cdot\sqrt{2\pi}} \cdot e^{-\left(\frac{z-0}{1}\right)^2} = \frac{1}{\sqrt{2\pi}} e^{-z^2}$$

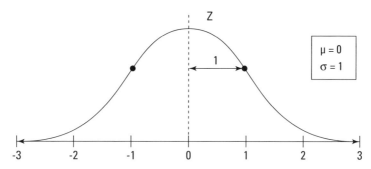

Abbildung 18.9: Die Standardnormalverteilung oder z-Verteilung ist eine Normalverteilung mit dem Mittelwert 0 und der Standardabweichung 1

Wahrscheinlichkeitstheoretiker bezeichnen die z-Verteilung als *Standardnormalverteilung*, weil sie der Standard ist, an dem alle anderen Normalverteilungen gemessen werden. Die z-Verteilung ist der Schlüssel zur Ermittlung der Wahrscheinlichkeiten für jede Normalverteilung.

x-Einheiten in *z*-Einheiten umrechnen

Um eine gegebene Normalverteilung X mit dem Mittelwert μ und der Standardabweichung σ in die Standardnormalverteilung oder z-Verteilung mit Mittelwert 0 und Standardabweichung 1 umzuwandeln, benötigen Sie zwei Schritte:

1. **Subtrahieren Sie den Mittelwert μ, um die Mitte der Normalverteilung von μ nach 0 zu verschieben.**

2. **Dividieren Sie dann durch die Standardabweichung σ, um die Einheit der Standardabweichung von σ in 1 umzurechnen.**

Die allgemeine Formel für die Umrechnung eines Wertes von X (nennen Sie diesen X-Wert) in einen Wert von Z – dem z-Wert – ist:

$$Z = \frac{X-\mu}{\sigma}$$

Der wesentliche Aspekt bei der Lösung einer Wahrscheinlichkeitsaufgabe mit einer Normalverteilung mithilfe der z-Tabelle ist, dass der Wechsel von der ursprünglichen X-Verteilung zu der z-Verteilung keinen Einfluss auf die Wahrscheinlichkeiten und damit die Lösung der Aufgabe hat.

Die Berechnung der Wahrscheinlichkeiten für eine Normalverteilung mit der Dichtefunktion ist zu komplex, so dass Sie sich auf Wahrscheinlichkeitstabellen verlassen müssen, die bereits per Computer berechnet wurden. Doch es ist unmöglich, für jede mögliche Normalverteilung mit eigenem Mittelwert und eigener Standardabweichung eine Tabelle zu erstellen. Daher gibt es nur eine Normalverteilung, für die eine Tabelle der Wahrscheinlichkeiten berechnet worden ist: die Standardnormalverteilung oder z-Verteilung. Im nächsten Abschnitt zeige ich Ihnen, wie Sie mit der z-Verteilung Wahrscheinlichkeitsaufgaben für jede Normalverteilung X lösen können.

Wahrscheinlichkeiten für eine Normalverteilung berechnen und anwenden

Bei Normalverteilungen gibt es zwei Hauptarten von Aufgaben:

- ✔ Aufgaben zur *Normalverteilung*: Bei diesem Aufgabentyp werden ein oder zwei Grenzpunkt(e) für X gegeben. Gesucht wird die Wahrscheinlichkeit, dass ein Wert kleiner oder größer als ein Grenzpunkt ist oder dass er zwischen zwei Grenzpunkten liegt.

- ✔ Aufgaben zur *Normalperzentil*: Bei diesem Aufgabentyp ist das Perzentil (die Wahrscheinlichkeit, dass ein Wert kleiner oder größer als ein Grenzpunkt x ist) gegeben; der zugehörige Grenzpunkt x wird gesucht.

Um die Wahrscheinlichkeiten in einer gewöhnlichen Normalverteilung zu ermitteln, müssen Sie die folgenden Schritte ausführen:

1. **Zeichnen/Skizzieren Sie den Graphen der Verteilung.**

2. **Übertragen Sie die Aufgabenstellung mit der Wahrscheinlichkeitsnotation in einen der folgenden Ausdrücke: $P(X < a)$, $P(X > b)$ oder $P(a < X < b)$. Markieren Sie die entsprechende Fläche in Ihrem Graphen.**

3. **Wandeln Sie a (und/oder b) mit der z-Formel $Z = \frac{X-\mu}{\sigma}$ in einen z-Wert um.**

4. **Schlagen Sie den Wert in der z-Tabelle nach (siehe Anhang A.2).**

5. **Ist das Ergebnis eine »kleiner als«-Aufgabe, dann sind Sie an dieser Stelle fertig. Bei einer »größer als«-Aufgabe subtrahieren Sie das Ergebnis aus Schritt 3 von 1. Bei einer »zwischen«-Aufgabe führen Sie die Schritte 1 bis 3 für b (den größeren der beiden Werte) und dann für a (den kleineren der beiden Werte) aus und subtrahieren die Ergebnisse.**

6. Beantworten Sie die ursprüngliche Frage im Kontext (in der Version von X, nicht von Z). Die Antwort bleibt gleich.

Ein Beispiel: Sie nehmen an einem Angelwettbewerb teil. Geangelt wird an einem See mit Fischen, deren Längen durch eine Normalverteilung mit dem Mittelwert $\mu = 16$ cm und einer Standardabweichung $\sigma = 4$ cm beschrieben werden können. Sie sollen die folgenden Fragen beantworten:

✔ **Aufgabe 1:** Wie hoch ist die Wahrscheinlichkeit, einen kleinen Fisch zu fangen – *klein* bedeutet: unter acht Zentimeter?

✔ **Aufgabe 2:** Jeder Fisch über 24 Zentimeter gewinnt einen Sonderpreis. Wie hoch ist die Wahrscheinlichkeit, einen Fisch dieser Größe zu fangen?

✔ **Aufgabe 3:** Wie hoch ist die Wahrscheinlichkeit, einen durchschnittlichen Fisch zu fangen, der zwischen 16 und 24 Zentimeter lang ist?

In den nächsten Abschnitten werden diese Aufgaben Schritt für Schritt gelöst, so dass Sie alle Wahrscheinlichkeiten für X auf Ihrer Normalverteilung mit Mittelwert μ und der Standardabweichung σ finden können.

Den Graphen zeichnen

Bevor Sie versuchen, Aufgaben zur Normalverteilung zu lösen, sollten Sie den Graphen der Verteilung zeichnen oder mindestens skizzieren. So können Sie sich die Aufgabe besser vorstellen und erkennen mögliche Fehler schneller. Abbildung 18.10 zeigt den Graphen der Verteilung von X für die drei Aufgaben. Sie können unmittelbar erkennen, wo die Längen der Fische einzuordnen sind, die in diesen Aufgaben erwähnt werden.

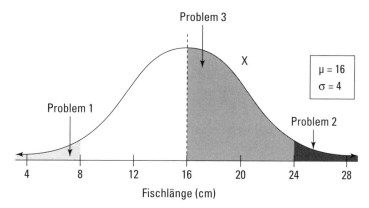

Abbildung 18.10: Die Verteilung der Größen der Fische in einem See (Normalverteilung mit Mittelwert 16 Zentimeter und Standardabweichung 4 Zentimeter)

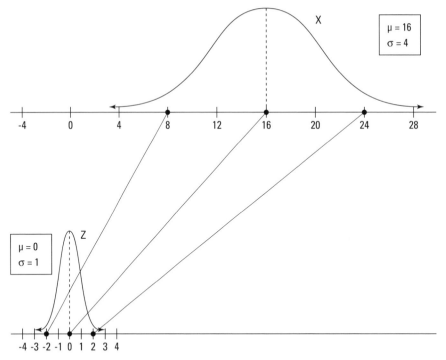

Abbildung 18.11: Zahlen einer Normalverteilung in entsprechende Zahlen der z-Verteilung umwandeln

Eine Aufgabenstellung in die Wahrscheinlichkeitsnotation übersetzen

Wenn Sie eine Wahrscheinlichkeitsaufgabe mit einer Normalverteilung lösen wollen, müssen Sie die Aufgabenstellung zunächst in die Wahrscheinlichkeitsnotation übersetzen. In allen drei Aufgaben mit den Fischen aus dem vorhergehenden Abschnitt sind Werte von X (einer oder zwei) gegeben und es wird eine Wahrscheinlichkeit in der Normalverteilung gesucht:

✔ **Aufgabe 1:** Sie sollen die Wahrscheinlichkeit ermitteln, dass der Fisch kürzer als acht Zentimeter lang ist. Da X die Länge des Fisches darstellt, suchen Sie $P(X < 8)$.

✔ **Aufgabe 2:** Sie sollen die Wahrscheinlichkeit suchen, dass der Fisch länger als 24 Zentimeter ist; Sie suchen also $P(X > 24)$.

✔ **Aufgabe 3:** Sie sollen die Wahrscheinlichkeit suchen, dass die Länge des Fisches zwischen zwei Werten (16 und 24) liegt. Sie suchen also $P(16 < X < 24)$.

 Beachten Sie, dass es keine Rolle spielt, ob Sie 16 und/oder 24 in der obigen Wahrscheinlichkeit tatsächlich einbeziehen, weil X eine stetige Zufallsvariable ist. Denn $P(X = 16)$ und $P(X = 24)$ sind sowieso 0.

Die z-Formel anwenden

Nachdem Sie eine Aufgabenstellung in die Wahrscheinlichkeitsnotation übersetzt und den Typ der Aufgabe identifiziert haben, müssen Sie sie in eine äquivalente Aufgabe der z-Verteilung übertragen, damit Sie die z-Tabelle (siehe Anhang) zur Lösung anwenden können. Die Einheiten der ursprünglichen Verteilung (X-Einheiten) werden mit der *z-Formel* $Z = \frac{X-\mu}{\sigma}$ in Einheiten der Standardnormalverteilung (z-Einheiten) umgewandelt.

In Aufgabe 1 des Beispiels mit den Fischen wandeln Sie $X = 8$ in den entsprechenden z-Wert um, also $Z = \frac{8-16}{4} = -2$.

Sie können eine Zahl der z-Verteilung als die Zahl der Standardabweichungen über (falls positiv) oder unter (falls negativ) dem Mittelwert interpretieren. Ein acht Zentimeter langer Fisch entspricht $Z = -2$ der z-Verteilung, was bedeutet, dass Fische dieser Größe längenmäßig zwei Standardabweichungen unter dem Mittelwert liegen. Am Graphen der z-Verteilung können Sie ablesen, dass nicht viele Fische so klein sind.

In Aufgabe 2 des Beispiels wandeln Sie $X = 24$ in den entsprechenden z-Wert $Z = \frac{24-16}{4} = 2$ um. Ein 24 Zentimeter langer Fisch liegt längenmäßig zwei Standardabweichungen über dem Mittelwert (nicht viele Fische sind so groß!).

Abbildung 18.11 zeigt einen Vergleich der X-Verteilung und der z-Verteilung für die X-Werte 8, 16 und 24 sowie die z-Werte −2, 0 und +2.

Mit der z-Tabelle die Wahrscheinlichkeit ermitteln

Nachdem Sie die Aufgabe in die Wahrscheinlichkeitsnotation übersetzt und die x-Werte in entsprechende z-Werte übertragen haben, können Sie (endlich!) die Wahrscheinlichkeit für die Aufgabenstellung ermitteln. Die Tabelle A.2 im Anhang, gewöhnlich als *z-Tabelle* bezeichnet, enthält die Werte der Verteilungsfunktion einer Standardnormalverteilung oder z-Verteilung für alle Werte von Z.

Um aus der z-Tabelle (Tabelle A.2 im Anhang) die Wahrscheinlichkeit abzulesen, dass Z kleiner als ein Wert z ist, gehen Sie folgendermaßen vor:

1. **Gehen Sie in die Zeile, die die erste Ziffer Ihres z-Wertes und die erste Ziffer nach dem Dezimalkomma darstellt.**

2. **Gehen Sie in die Spalte, die die zweite Ziffer nach dem Dezimalkomma Ihres z-Wertes darstellt.**

3. **Gehen Sie zum Schnittpunkt dieser Zeile und Spalte.**

   Diese Zahl stellt schließlich die gesuchte Wahrscheinlichkeit: $P(Z < z)$ dar.

In Aufgabe 1 des Beispiels aus dem vorhergehenden Abschnitt suchen Sie $P(X < 8)$, also $P(Z < -2)$. Abbildung 18.12 zeigt die beiden entsprechenden Flächen für die X- und die z-Verteilung.

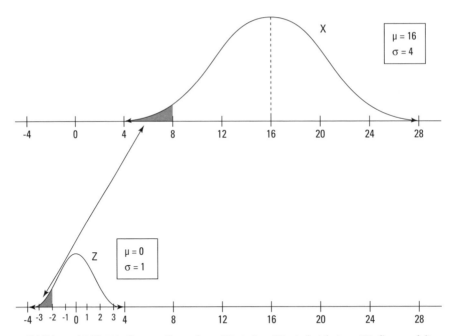

Abbildung 18.12: Die Umwandlung der x-Werte in z-Werte hat keinen Einfluss auf die Wahrscheinlichkeiten

Die z-Tabelle enthält kumulative »kleiner als«-Wahrscheinlichkeiten für alle Werte von −3,69 bis +3,69. In Aufgabe 1 des Beispiels mit den Fischen suchen Sie $P(X < 8) = P(Z < -2)$. Mit zwei Stellen nach dem Komma suchen Sie die Wahrscheinlichkeit für $Z = -2,00$. In der Zeile für 2,0 und der Spalte für 0,00 (die erste Spalte) finden Sie 0,0228. Die Wahrscheinlichkeit, dass ein Fisch kleiner als acht Zentimeter ist, beträgt also 0,0228; etwa 2,3 Prozent, das ist erwartungsgemäß keine große Zahl.

 Am Schluss beantworten Sie die Frage immer in der Sprache der X-Verteilung, also den ursprünglichen Einheiten. Der z-Wert ist nur ein Mittel zum Zweck. Natürlich ist es wichtig zu zeigen, wie Sie den z-Wert ermittelt haben, aber letztlich müssen Sie die ursprüngliche Frage beantworten. Schließlich geht es um Fische, nicht um Z!

In Aufgabe 2 des Beispiels rechnen Sie mithilfe der Komplementärregel wie folgt:

$$P(X > 24) = P(Z > 2) = 1 - P(Z < 2) = 1 - 0,9772 = 0,0228$$

Die Wahrscheinlichkeit, dass ein Fisch länger als 24 Zentimeter ist, beträgt etwa 2,3 Prozent.

In Aufgabe 3 des Beispiels gehen Sie wie folgt vor:

$$P(16 < X < 24) = P(0 < Z < 2) = P(Z < 2) - P(Z < 0) = 0,9772 - 0,5 = 0,4772$$

18 ➤ Die wunderbare Welt der Wahrscheinlichkeitsverteilungen

Sie müssen darauf achten, die »zwischen«-Wahrscheinlichkeiten in der richtigen Reihenfolge zu subtrahieren. Wenn Sie $P(Z < b)$ von $P(Z < a)$ subtrahieren, erhalten Sie eine negative Zahl. Ein solcher Wert ist für eine Wahrscheinlichkeit nicht nur unmöglich, sondern wird wahrscheinlich auch Ihren Dozenten verärgern.

Große Tomaten ernten

Auf einer Plantage werden Tomaten gezüchtet. Ziel ist es, möglichst große Tomaten zu ernten. Erfahrungen zeigen, dass Sie hier von einer Normalverteilung ausgehen können. Der Mittelwert liegt bei ca. 4,1 Zentimetern, die Standardabweichung bei etwa 1,2 Zentimetern. Wie viel Prozent der Tomaten sind größer als 6,5 Zentimetern?

Sie berechnen den z-Wert: $Z = \frac{6,5 - 4,1}{1,2} = 2$ (Standardabweichungen). Da 95 Prozent einer normalverteilten Population innerhalb von plus/minus 2 Standardabweichungen liegen (siehe den grauen Kasten *Die nützliche $k\sigma$-Regel* in Kapitel 14), sind daher $\frac{100-95}{2} = 2,5$ Prozent der Tomaten größer als 6,5 Zentimeter.

Aufgaben zur Normalverteilung mit Rückwärtsrechnung

Bei Aufgaben zur Normalverteilung mit Rückwärtsrechnung werden die Schritte einer gewöhnlichen Aufgabe zur Normalverteilung in umgekehrter Reihenfolge ausgeführt. Daher wohl der Name.

Die Aufgabe mit den Fischen wird um eine Aufgabenstellung ergänzt:

✔ **Aufgabe 4:** Welche Länge markiert die unteren zehn Prozent aller Fischlängen in dem See?

Jetzt suchen Sie den Wert x auf der X-Verteilung, bei dem die Wahrscheinlichkeit kleiner als 0,1 ist, also: $P(X < x) = 0,1$. Damit haben Sie die Aufgabenstellung in die Wahrscheinlichkeitsnotation übersetzt. Sie wissen genau, was es bedeutet und was gesucht wird. Abbildung 18.13 zeigt den Graphen für diese Aufgabe.

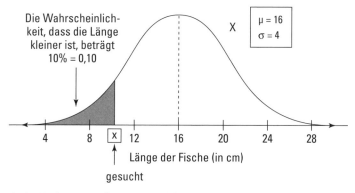

Abbildung 18.13: Die längenmäßig unteren zehn Prozent der Fische in dem See (Mittelwert ist 16 Zentimeter, Standardabweichung ist 4 Zentimeter)

Die z-Tabelle (Tabelle A.2 im Anhang) enthält Zeilen und Spalten, die die z-Werte angeben; die Werte in der Tabelle stellen die zugehörigen Wahrscheinlichkeiten $P(Z < z)$ dar. Bei gewöhnlichen Aufgaben zur Normalverteilung gehen Sie von einem gegebenen z-Wert aus und suchen die zugehörige Wahrscheinlichkeit. Bei einer Rückwärtsrechnung gehen Sie umgekehrt vor: Sie gehen von der gegebenen Wahrscheinlichkeit in der Tabelle aus und suchen dann den entsprechenden z-Wert, indem Sie dessen Zeile und Spalte aus der Tabelle ablesen.

In Aufgabe 4 suchen Sie x für $P(X < x) = 0{,}1$. In der z-Tabelle (Tabelle A.2 im Anhang) ist die Wahrscheinlichkeit, die 0,1 am nächsten kommt etwa 0,1003. Sie liegt in der Zeile für $-1{,}2$ und der Spalte für 0,08. Also ist der gesuchte z-Wert $Z = -1{,}28$. Ein Fisch, der zu den unteren zehn Prozent gehört, liegt längenmäßig im zehnten Perzentil und 1,28 Standardabweichungen unter dem Mittelwert.

Sie dürfen die Zeilen- und Spaltenwerte nicht einfach addieren. Das würde zwar bei positiven Werten nichts machen, aber bei negativen z-Werten zu falschen Ergebnissen führen. Hängen Sie die zweite Dezimalstelle des Spaltenkopfes an den Zeilenkopf an: Wenn die Wahrscheinlichkeit in Zeile $-1{,}2$ und Spalte 0,08 liegt, ist ihr z-Wert $-1{,}28$ und nicht $-1{,}2 + 0{,}08 = -1{,}12$.

Nachdem Sie den z-Wert für die gegebene Wahrscheinlichkeit (oder ihr Komplement) durch Rückwärtsrechnung ermittelt haben, müssen Sie in einem letzten Schritt den z-Wert in die ursprünglichen X-Einheiten umwandeln, damit Sie die ursprüngliche Frage im Kontext der Aufgabe beantworten können. Die Gleichung (Formel) für die Berechnung von Z aus X ist: $Z = \frac{X-\mu}{\sigma}$. Die Gleichung für die Berechnung von X aus Z ist dementsprechend: $X = Z \cdot \sigma + \mu$.

In Aufgabe 4 sollen Sie die Länge eines Fisches suchen, der der Länge nach zu den unteren zehn Prozent gehört. Die oben berechnete (z-)Länge liegt also 1,28 Standardabweichungen unter dem Mittelwert. Mit der nach X aufgelösten z-Formel erhalten Sie $X = -1{,}28 \cdot 4 + 16 = 10{,}88$ cm. Also ist die Länge von 10,88 Zentimeter der Grenzpunkt für die der Länge nach unteren zehn Prozent der Fische.

Exponentialverteilung

Die *Exponentialverteilung* ist ein Modell für stetige Verteilungen, deren Dichtefunktion $f(x)$ die Form einer Exponentialfunktion hat. Die Verteilung schneidet die y-Achse bei einem positiven Wert (genannt λ) und fällt dann in einer Kurve abwärts, die sich umso mehr der 0 annähert, je größer die Werte der Zufallsvariablen werden. Sie basiert auf einer Exponentialfunktion $f(x)$ und wird für Geburts- und Sterbemodelle (in der Biologie), Zerfallsraten und Zinsraten verwendet. Andere Praxisbeispiele für die Anwendung eines Exponentialmodells umfassen beispielsweise die Lebensdauer von (Halbleiter-)Produkten, die Abstände zwischen Telefonanrufen und die Wartezeiten in einer Warteschlange.

Ein Beispiel: Abbildung 18.14 zeigt ein Beispiel für die exponentielle Dichtefunktion $f(x) = e^{-x}$ für $x \geq 0$. Wie stark die Kurve fällt, wird allgemein durch eine Konstante λ bestimmt.

18 ➤ Die wunderbare Welt der Wahrscheinlichkeitsverteilungen

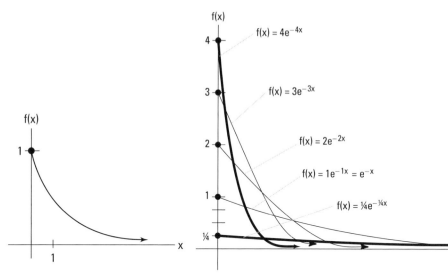

Abbildung 18.14: Graph der exponentiellen Dichtefunktion mit $\lambda = 1$: $f(x) = e^{-x}$

Abbildung 18.15: Dichtefunktionen von Exponentialverteilungen für verschiedene Werte von λ

Voraussetzungen und Dichtefunktion der Exponentialverteilung

Für die Exponentialverteilung gibt es keine besonderen Voraussetzungen, mit denen Sie prüfen können, ob Sie die richtige Verteilung anwenden. Diese Verteilung ist ein Modell, das Wahrscheinlichkeitstheoretiker auf bestimmte Arten von Daten anwenden, und innerhalb dieses Modells suchen sie nach Wahrscheinlichkeiten, Erwartungswerten und Varianzen. Sie wissen jedoch, dass mit Exponentialverteilungen häufig die Zeit gemessen wird, die vergeht, bis ein Ereignis eintritt. Wenn Sie vor eine Wahrschein-lichkeitsaufgabe mit einer Exponentialverteilung gestellt werden, informiert man Sie höchstwahrscheinlich in der Aufgabenstellung darüber. Das heißt, Ihnen wird die Dichtefunktion vorgegeben und Sie werden aufgefordert, damit zu arbeiten. Deshalb ist es besonders wichtig, die Dichtefunktion einer Exponentialverteilung zu identifizieren.

Die *Dichtefunktion* einer Exponentialverteilung hat die allgemeine Form $f(x) = \lambda \cdot e^{-\lambda x}$ für $x > 0$ und $f(x) = 0$ sonst; hierbei ist λ konstant und wird als der *Parameter der Exponentialverteilung* bezeichnet. Alle Funktionen dieser Form bilden gewissermaßen eine Familie. Mit dem Parameter λ wird sowohl der Schnittpunkt einer Kurve mit der y-Achse als auch die Steigung bestimmt, mit der sie abfällt. Abbildung 18.15 zeigt verschiedene Graphen von Dichtefunktionen einer Exponentialverteilung für verschiedene Werte von λ.

Da die Gesamtfläche unter $f(x)$ über dem Definitionsbereich von X gleich 1 sein muss, ist auch das Integral über $f(x)$ von 0 bis unendlich gleich 1:

$$\int_0^\infty \lambda e^{-\lambda x} dx = -e^{-\lambda x} \Big|_0^\infty = -\left(\lim_{x \to \infty} e^{-\lambda x} - e^{-0}\right) = 0 + 1 = 1$$

Wahrscheinlichkeiten für eine Exponentialverteilung berechnen

Sie berechnen die Wahrscheinlichkeiten für die Exponentialverteilung, indem Sie die Fläche unter der Kurve der Dichtefunktion $f(x)$ ermitteln. Grundsätzlich lassen sich die Wahrscheinlichkeiten für die Exponentialverteilung (und für andere stetige Zufallsvariablen), die in Aufgaben gesucht werden, in drei Kategorien einteilen: »kleiner als«-, »größer als«- und »zwischen«-Wahrscheinlichkeiten:

- Eine »kleiner als«-Wahrscheinlichkeit $P(X < x)$ ist hier bei stetigen Zufallsvariablen dieselbe wie die »kleiner oder gleich«-Wahrscheinlichkeit $P(X \leq x)$. Weiterhin gilt:

$$P(X < x) = \int_0^x \lambda e^{-\lambda z} dz = -e^{-\lambda z} \Big|_0^x = -e^{-\lambda x} + 1 = 1 - e^{-\lambda x}$$

- Eine »größer als«-Wahrscheinlichkeit $P(X > x)$ ist hier bei stetigen Zufallsvariablen dieselbe wie die »größer oder gleich«-Wahrscheinlichkeit $P(X > x)$. Weiterhin gilt:

$$P(X > x) = \int_x^\infty \lambda e^{-\lambda z} dz = -e^{-\lambda z} \Big|_x^\infty = 0 + e^{-\lambda x} = e^{-\lambda x}$$

- Die »zwischen«-Wahrscheinlichkeit ist die Wahrscheinlichkeit, dass x zwischen zwei Werten a und b liegt, wobei a kleiner als b ist; es gilt:
$P(a < X < b) = P(X < b) - P(X < a) = (1 - e^{-\lambda b}) - (1 - e^{-\lambda a}) = e^{-\lambda a} - e^{-\lambda b}$

Erwartungswert und Varianz der Exponentialverteilung

Mit dem Erwartungswert, der Varianz und der Standardabweichung der Exponentialverteilung können Fragen über Lebensdauer und Wartezeiten beantwortet werden: Wie lange müssen Sie durchschnittlich warten, wenn Sie die Hotline Ihres Computerlieferanten anrufen? Wie stark variieren die Zeitabstände der Kundenbesuche in einer Bank?

Der *Erwartungswert* einer Exponentialverteilung ist $E(X) = \frac{1}{\lambda}$. Je größer λ wird, desto kleiner wird der Erwartungswert, und umgekehrt.

Ein Beispiel: Wenn die Wartezeit in einer Warteschlange eine Exponentialverteilung mit $\lambda = 4$ Stunden hat, beträgt die durchschnittliche Wartezeit $E(X) = \frac{1}{4}$ Stunden, also $0,25 \cdot 60 = 15$ Minuten.

Die *Varianz* der Exponentialverteilung ist: $V(X) = \frac{1}{\lambda^2}$. Dementsprechend ist die Standardabweichung der folgende Ausdruck: $\sigma = \sqrt{\frac{1}{\lambda^2}} = \frac{1}{\lambda}$.

Der Erwartungswert und die Standardabweichung sind bei einer Exponentialverteilung gleich. Anders ausgedrückt: Je länger die zu erwartende Wartezeit ist, desto größer ist deren Variabilität von Person zu Person, und umgekehrt.

Sie können die Formeln aus dem letzten Abschnitt über stetige Zufallsvariablen aus dem Abschnitt *Erwartungswert, Varianz und Standardabweichung einer stetigen Zufallsvariablen* des Kapitels 17 verwenden, um den Erwartungswert und die Varianz durch Integration zu bekommen. Schauen Sie sich nur den Erwartungswert an: $E(X) = \int_0^\infty x \cdot f(x)\, dx$. Mit partieller Integration erhalten Sie schließlich: $\int_0^\infty x \cdot \lambda \cdot e^{-\lambda x} dx = -x \cdot e^{-\lambda x} \Big|_0^\infty + \int_0^\infty e^{-\lambda x} dx$. Der erste Summand ist 0; da steckt einiges dahinter – durchschauen Sie die Grenzwertrechnung? Für den zweiten Summanden gilt: $\int_0^\infty e^{-\lambda x} dx = \frac{1}{\lambda} \cdot \int_0^\infty \lambda \cdot e^{-\lambda x} dx = \frac{1}{\lambda} \cdot 1 = \frac{1}{\lambda}$. Also gilt insgesamt: $E(X) = \frac{1}{\lambda}$. Mathematik kann so schön sein.

Die Exponentialverteilung wird häufig in einem Spezialgebiet der Statistik eingesetzt, das die Theorie von *Warteschlangen* behandelt. Eine Warteschlange ist eine Reihe von Elementen, die darauf warten, nacheinander bedient, versorgt oder abgefertigt zu werden. Warteschlangen sind allgegenwärtig: an der Ampel, am Bankschalter, in einem Stau, beim Warten am Telefon (Sie nehmen alle Anrufe in der Reihenfolge ihres Eingangs entgegen. Sie müssen schätzungsweise x Minuten warten ... – usw.).

Beziehungen zwischen Poisson- und Exponentialverteilungen

Mit der Poissonverteilung werden Ergebnisse dargestellt, die sich innerhalb einer Zeitspanne ereignen. Sie hat eine direkte und interessante Beziehung zur Exponentialverteilung (die die Zeitspanne modelliert, bis ein Ereignis eintritt).

Ein Beispiel: Es stehe X für die Zahl der Telefonanrufe, die bei einer Hotline eingehen. Nehmen Sie an, X habe eine Poissonverteilung mit einer Ereignisrate von zehn Anrufen pro Stunde. Wie lang ist die erwartete Zeitspanne zwischen den Anrufen? Wenn zehn Anrufe pro Stunde eingehen, können Sie umgekehrt sagen, dass pro Stunde zehn Anrufe zu erwarten sind, was etwa einen Anruf alle sechs Minuten bedeutet. (Sechs Minuten entsprechend $\frac{1}{10} = 0{,}1$ Stunden.)

Also: Wenn X, die Zahl der Anrufe pro Stunde, eine Poissonverteilung mit einer Ereignisrate von zehn Anrufen pro Stunde hat, hat Y, die Zeit zwischen zwei Anrufen, eine Exponentialverteilung mit einem Mittelwert von 0,1 Stunden oder sechs Minuten.

Teil VII

Der Top-Ten-Teil

»Ich schlafe mich vor einer Matheklausur immer gut aus, damit ich am nächsten Morgen entspannt und aufmerksam bin. Dann nehme ich meinen Stift, esse eine Banane und bin fit für den Test.«

In diesem Teil ...

Entspannen Sie sich. Sie haben es fast geschafft.

Zum Schluss kommt vielleicht das Beste, auf das Sie als treuer Leser der ... *für Dummies*-Reihe vielleicht schon gewartet haben – der Top-Ten-Teil. In diesem Fall präsentiere ich Ihnen ein paar wirklich gut gemeinte Ratschläge zum Nachdenken aber auch Schmunzeln.

Und glauben Sie mir, Sie werden diese im Alltag zu schätzen wissen, aber lesen Sie sie genau, denn der Teufel steckt manchmal im Detail.

Los geht's ...

Zehn häufig gemachte Fehler im (Stochastik-) Alltag

In diesem Kapitel

▶ Typische Fehler, die Sie in Klausuren oder im Spielkasino vermeiden können
▶ Typische Fehler, unter denen Sie und Ihre Noten nicht leiden müssen
▶ Typische Fehler, mit denen Sie andere positiv überraschen können

Mathematik löst viele Alltagsprobleme – mehr, als Sie glauben. Aber wenn man nicht aufpasst, passieren unnötige Fehler. Ich möchte in diesem Kapitel zehn typische Fehler aus der Welt der Stochastik ansprechen, die Sie leicht vermeiden können. Gerade in diesem Teilgebiet der Mathematik, also der praktischen Wahrscheinlichkeitsrechnung und der täglichen Statistik, kann Sie Ihre Intuition in erhebliche Schwierigkeiten bringen.

Ein Beispiel: Eine Frau mit drei Töchtern könnte glauben, dass die Wahrscheinlichkeit, beim nächsten Mal einen Sohn zu bekommen, größer als $\frac{1}{2}$ sein *muss*, warum sollte sie es also nicht probieren? Falsch. In diesem Kapitel beschreibe ich solche beliebten Fehler.

Vergessen, dass eine Wahrscheinlichkeit zwischen 0 und 1 liegen muss

Ja, Sie können den Wald vor lauter Bäumen aus den Augen verlieren; ja, Sie können vergessen, woran Sie eigentlich arbeiten, weil Sie so viele Formeln verwenden müssen; und ja, Wahrscheinlichkeitsprobleme können gemein, hässlich und kompliziert werden. Doch eines dürfen Sie nie vergessen: Eine Wahrscheinlichkeit muss zwischen 0 und 1 liegen! Ein Ereignis wird nicht wahrscheinlicher, wenn Sie über die 1 hinausgehen. Wenn Sie die 1 erreicht haben, ist es sowieso schon sichergestellt.

Sie können auch in Prozenten rechnen, dann liegen Ihre Angaben zwischen 0 und 100 Prozent. Aber haben wir nicht alle schon einmal jemanden sagen hören, dass dieser sich »200-prozentig« sicher ist? Das ergibt keinen Sinn, denn, wenn er sich mit einer Wahrscheinlichkeit von 100 Prozent sicher ist, dann gibt es daran nichts mehr zu rütteln.

Kleine Wahrscheinlichkeiten fehlinterpretieren

Die Wahrscheinlichkeit, von einem Blitz getroffen und getötet zu werden, beträgt beispielsweise in den USA etwa 80 zu 300.000.000. In Dezimalform beträgt diese Wahrscheinlichkeit 0,000.000.267. Die Gewinnchance auf den Jackpot beim 6-aus-49-Lotto beträgt etwa 1 zu 140 Millionen. In Dezimalform beträgt diese Wahrscheinlichkeit 0,000.000.007. Nach diesen Berechnungen ist es knapp 38-mal wahrscheinlicher, vom Blitz getroffen zu werden, als den Jackpot in der Lotterie zu gewinnen. Wenn Sie also noch nicht vom Blitz getroffen wurden, sagt dies nichts darüber aus, ob Sie den Jackpot knacken werden.

Lassen Sie sich nicht täuschen: Es ist wichtig, Wahrscheinlichkeiten als Zahlen zwischen 0 und 1 zu interpretieren. Je kleiner die Wahrscheinlichkeit, desto unwahrscheinlicher ist es, dass ein Ereignis einer einzelnen Person zustößt. Deswegen muss das eine nichts mit dem anderen zu tun haben!

Wahrscheinlichkeiten für kurzfristige Vorhersagen verwenden

Sie werfen eine Münze fünfmal und bekommen jedes Mal Kopf. Sie wissen, dass die Wahrscheinlichkeit, fünfmal Kopf hintereinander zu werfen, klein ist, so dass es beim nächsten Wurf wahrscheinlicher sein sollte, Zahl zu werfen. Oder nicht?

Nein, es ist nicht wahrscheinlicher. Obwohl es unwahrscheinlich sein mag, mit einer fairen Münze sechsmal Kopf hintereinander zu werfen, kommt es vor. Doch was wichtiger ist: Die Münze und der gesamte Prozess des Münzewerfens wissen nichts von den vergangenen Würfen. Weil Sie davon ausgehen, dass Ihre Münzwürfe unabhängig voneinander sind, müssen Sie sagen, dass die Wahrscheinlichkeit, beim nächsten Mal Zahl zu werfen, wie bei den vorhergehenden fünf Würfen, immer noch $\frac{1}{2}$ beträgt.

Nicht glauben, dass 1-2-3-4-5-6 gewinnen kann

Darf ich Sie daran erinnern, dass alle möglichen Kombinationen der Zahlen von 1 bis 49 bei diesen sechs Kugeln dieselbe Chance haben, einzutreten? Doch die Spieler wetten auf bestimmte Kombinationen häufiger als auf andere. Beispielsweise wählen die Spieler häufiger Zahlen aus, die Monate oder Tage repräsentieren, weil sie in Geburtstagen vorkommen. Die Spieler ignorieren andere Kombinationen, weil sie »scheinbar« eine kleinere Chance haben, einzutreten. So kommt die Kombination 1-2-3-4-5-6 seltener vor. Warum eigentlich, diese ist doch genauso wahrscheinlich!

Wenn ich einen Tipp geben darf: Spielen Sie die scheinbar unwahrscheinlicheren Zahlenreihen, denn diese gewinnen zwar mit der gleichen Wahrscheinlichkeit wie auch alle anderen, aber es ist vielleicht unwahrscheinlicher, sich den Gewinn – im Falle des Gewinnes – mit anderen teilen zu müssen, denn wahrscheinlich haben diese Zahlenreihen nicht viele angekreuzt. Damit steigern Sie zwar nicht Ihre Gewinnchance, aber zumindest die Gewinnsumme, da weniger Spieler gewinnen – vielleicht, wer weiß.

An Glückssträhnen beim Würfeln glauben

Wenn Sie jemals ein Spielkasino besucht haben, haben Sie sie gesehen, die Besucher, die über den Tischen hängen und glauben, dass die Glücksfee auf ihrer Seite sei, dass sie nichts falsch machen könnten und dass sie eine Glückssträhne hätten. Wenn Sie das nächste Mal einen solchen armen Träumer sehen, sollten Sie sich vornehmen, einige Minuten später noch einmal an diesen Tisch zu kommen, um sich über den neuesten Stand zu informieren. Oft werden Sie feststellen, dass die Partie schon längst vorbei ist und alle gegangen sind. Der Traum platzt, weil es bei Glücksspielen so etwas wie eine Serie nicht gibt. Die Ergebnisse sind von einem Versuch zum nächsten unabhängig – sie beeinflussen sich nicht.

Jeder Situation eine 50-50-Chance einräumen

Wahrscheinlichkeiten werden durch den langfristigen Prozentsatz definiert, mit dem bestimmte Ereignisse eintreten. Doch Vorsicht! Betrachten Sie folgende Frage: »Wenn Sie beim Basketball einen Freiwurf haben, wie hoch ist die Wahrscheinlichkeit, dass Sie einen Korb werfen?« Darauf hören Sie die Antwort: »Die Wahrscheinlichkeit beträgt 50-50, das heißt 50 Prozent für einen Korb und 50 Prozent für einen Fehlwurf.« Die Begründung? Entweder trifft man oder nicht. Wenngleich plausibel – es ist falsch!

Sie dürfen Ereignissen nur dann eine 50-50-Chance zuschreiben, wenn sie nur zwei mögliche Ergebnisse haben und beide mit gleicher Wahrscheinlichkeit eintreten können. Diese beiden Bedingungen sind nur erfüllt, wenn die Situation dem Wurf einer fairen Münze entspricht. Situationen wie Freiwürfe funktionieren nicht so. Glauben Sie mir, wenn ich Körbe werfe, bezeugt meine Quote ganz klar das Gegenteil. Warum auch sonst versuchen die Profispieler, ihre Quote ständig zu verbessern?

Bedingte Wahrscheinlichkeiten verwechseln

Wenn in einer Aufgabe über bedingte Wahrscheinlichkeiten die Wörter »unter der Bedingung« oder »gegeben« auftauchen, haben die meisten Studenten keine Schwierigkeiten, aber sobald dieselbe bedingte Wahrscheinlichkeit mit einer anderen Formulierung beschrieben wird, können viele sie nicht erkennen.

Um ein Problem mit bedingten Wahrscheinlichkeiten wirklich zu verstehen und zu lösen, müssen Sie zwei Elemente isolieren. Erstens: Was ist *bekannt*? Das heißt, welche Informationen oder Ereignisse werden in der Fragestellung gegeben? Dieses Ereignis steht bei der bedingten Wahrscheinlichkeit hinter dem Symbol »|« – es ist das A in $P(B|A)$. Zweitens: Was ist *gesucht*? Das heißt, wofür wird eine Wahrscheinlichkeit gesucht? Dieses Ereignis steht bei der bedingten Wahrscheinlichkeit vor dem Symbol »|« – es ist das B in $P(B|A)$.

Die falsche Wahrscheinlichkeitsverteilung anwenden

Eine Ihrer großen Herausforderungen in einem Kurs über Wahrscheinlichkeitstheorie besteht darin herauszufinden, welches Wahrscheinlichkeitsmodell Sie in einer bestimmten Situation anwenden müssen. Beispielsweise könnten Sie in einer Frage Ihrer Abschlussklausur aufgefordert werden, die Häufigkeit von Kopf bei 100 Münzwürfen zu ermitteln, bei einer zweiten, die Zeit zwischen Telefonanrufen zu messen, und bei einer dritten, die Zahl der Fruchtstückchen in einem Frühstücksjoghurt zu zählen. Dies alles habe ich Ihnen in Kapitel 18 erklärt.

Die Voraussetzungen für ein Wahrscheinlichkeitsmodell nicht richtig prüfen

Jedes Wahrscheinlichkeitsmodell wird durch bestimmte Eigenschaften charakterisiert. Gleichzeitig müssen bestimmte Voraussetzungen erfüllt sein, damit es angewendet werden kann. Bei jedem Wahrscheinlichkeitsproblem ist es wichtig, diese Bedingungen zu prüfen.

Die Prüfung der Voraussetzungen kann Ihnen auch helfen festzustellen, welches Modell Sie wann verwenden sollten. Auch dies ist Bestandteil des Kapitels 18.

Unabhängigkeit von Ereignissen annehmen

Die Unabhängigkeit zweier Ereignisse A und B ist für Wahrscheinlichkeitstheoretiker immer erstrebenswert, aber in der Praxis ist sie nicht sehr häufig gegeben, es sei denn, die Dinge werden entsprechend arrangiert.

Ein Beispiel: Eine Urne enthält zehn schwarze und zehn rote Kugeln. Sie entnehmen zwei Kugeln einmal mit und einmal ohne Zurücklegen.

Nehmen Sie an, Sie haben jeweils beim ersten Zug eine rote Kugel gezogen. Dann legen Sie diese im ersten Experiment wieder zurück und haben wieder die Chance, eine von 10 (roten) Kugeln zu ziehen. Diese Wahl ist völlig unabhängig von der ersten. Im zweiten Experiment sind aber nur noch 9 rote Kugeln in der Urne, denn Sie legen die gezogene nicht wieder zurück – beide Ziehungen sind jetzt nicht voneinander unabhängig! Die Wahrscheinlichkeit beim zweiten Zug wieder eine rote Kugel zu ziehen, ist beim zweiten Experiment geringer als beim ersten.

Zehn Ratschläge für einen erfolgreichen Abschluss Ihres Mathekurses

In diesem Kapitel

▶ Gute Ratschläge für den erfolgreichen Abschluss Ihres (Mathematik-) Kurses

▶ Gute Ratschläge, die jeder kennt, aber viele dennoch ignorieren

▶ Gute Ratschläge, die keiner bezweifelt und die doch manchmal vergessen werden

---

Es gibt immer wieder Dinge, die jedem klar sind und die dennoch immer wieder umgangen werden. Ich möchte zehn Sachverhalte ansprechen, die jeder von uns kennt und bei denen man doch oftmals mit dem inneren Schweinehund zu kämpfen hat.

Der Kurs beginnt pünktlich in der ersten Vorlesung

Etwas, was ich persönlich nicht leiden kann, ist Unpünktlichkeit. Denken Sie nicht, dass Dozenten so etwas nicht mitbekommen. Ich beispielsweise kann mir Gesichter sehr gut merken und nutze dies manchmal auch aus, um Zuspätkommende namentlich zu begrüßen – tun Sie mir (und sich selbst) das nicht an.

Aber das ist nur die eine Seite der Medaille. Gehen Sie überhaupt zur Vorlesung und vor allem bereits zur ersten Veranstaltung. Bei den Kursen gibt es keine Aufwärmphase, die Sie mal schnell überspringen können – Sie verpassen Grundlegendes und haben dann Stress, sich diese fehlenden Informationen zu beschaffen. Seien Sie pünktlich in der ersten Vorlesung und gehen Sie somit das Semester ruhig an.

Besuchen Sie die Vorlesungen und Übungen

Eine Veranstaltung besteht aus Vorlesungen und Übungen, auch *Tutorien* genannt. Oft muss ich bemerken, dass kaum zu den Übungen gegangen wird, und zur Vorlesung gehen ist sowieso nicht nötig. Woher kommt diese Fehleinschätzung? Ich kann nicht verstehen, wenn in der ersten halben Stunde der ersten Vorlesung der Saal voll ist, und plötzlich, nachdem man den bürokratischen Teil abgeschlossen hat und man endlich mit dem Stoff loslegen möchte, verlässt ein Drittel die Vorlesung. Erschreckend war meine Feststellung, dass ich die meisten Gesichter bereits kannte – nämlich von vorhergehenden Jahrgängen. Woher nehmen diese Leute das Selbstvertrauen, die Vorlesung nicht hören zu müssen – es wird doch Gründe geben, wieso sie die Klausuren des letzten Semesters nicht bestanden haben? Seien Sie anders!

Nutzen Sie die Chancen, die Ihnen die Uni bietet. Selbst wenn der Dozent ein Skript benutzt – seien Sie froh, dann müssen Sie nicht alles haarklein mitschreiben. Aber Notizen sind dennoch wichtig. Selten wird das Skript nur vorgelesen – auf die kleinen Zusatzdetails kann es ankommen. In den Übungen werden die Aufgaben durchgesprochen, die den Stoff vertiefen. Lassen Sie sich doch solche Besprechungen der Anwendungen des Vorlesungsstoffes nicht entgehen!

Verschaffen Sie sich ordentliche Mitschriften

Wenn es ein Skript gibt, super! Wenn nicht, schreiben Sie ordentlich mit. Das ist nicht immer einfach, aber versuchen Sie es. Und wenn es gar nicht anders geht, kopieren Sie sich die Mitschriften von einem Kommilitonen. Saubere und vollständige Mitschriften sind das A und O bei der Klausurvorbereitung. Sie müssen sich in ihnen auch zurechtfinden. Deswegen ist eine strukturierte Mitschrift sehr wichtig. Finden Sie Ihr System und setzen Sie es um.

Schauen Sie auch in die Bücher

Ihre Vorlesungsmitschrift ist jetzt natürlich super in Schuss, aber manchmal sind andere Gesichtspunkte, ergänzende Kommentare oder ein weiteres Beispiel aus anderen Büchern sehr hilfreich. Schmökern Sie ein wenig in der Bibliothek herum – es lohnt sich!

Manchmal finden Sie auch Ideen für Lösungsansätze Ihrer Übungsaufgaben in Büchern. Glauben Sie nicht, dass Sie der erste Jahrgang sind, der solche Aufgaben rechnen muss. Aber aufpassen: Sammeln Sie Ideen – schreiben Sie nicht blind die Lösung ab. Dann haben Sie nichts gelernt.

Lösen Sie die wöchentlichen Übungsaufgaben

In den meisten Mathematikkursen gibt es wöchentliche Übungsaufgaben zum selbstständigen Üben. Mathematik lernt man nicht allein, indem man sich in der Vorlesung etwas vortragen lässt. Prüfen Sie sich selbst: Der Vortragende verkauft Ihnen eine Beweisidee, die Ihnen total einleuchtet und die Sie natürlich auch gehabt hätten, wenn Sie ein wenig nachgedacht hätten – schon mal ausprobiert? Einen Tag später bei einer entsprechenden Übungsaufgabe sieht die Welt dann nicht mehr so rosig aus. Nutzen Sie die Chancen, üben Sie!

Übrigens, Abschreiben kann Ihnen zwar helfen, die notwendigen Punkte zu erhalten, aber das hilfreiche Wissen und die notwendige Erfahrung durch das Üben fehlt Ihnen weiterhin. Übertreiben Sie das Abschreiben nicht – es rächt sich schneller, als Sie vielleicht glauben.

Gruppenarbeit nicht ausnutzen

Teamwork – jawohl, eine super Sache. Alle arbeiten an einer Aufgabe: Gemeinsam sind wir stark, gemeinsam schaffen wir es. Ja, genau! So viel zur Theorie. Und wie sieht die Wirklichkeit in den meisten Fällen aus? Jeder löst eine Aufgabe, die jeweils andere »schaue ich mir später an« – klar doch. Oder noch schlimmer, mein Lieblingssatz: »Kann ich meinen Namen noch mit auf die Lösung schreiben?« Super umgesetzte Teamarbeit!

Knocken Sie sich nicht selbst aus. Nutzen Sie das System nicht aus. In einer funktionierenden Teamarbeit kann man gemeinsam Aufgaben diskutieren, Ideen sammeln und umsetzen. Das kann sehr viel bewirken. Den Namen blind mit auf die Lösung schreiben, hat nichts mit Teamwork zu tun.

Lernen Sie nicht nur für die Klausur

Ich mache mir nichts vor. Hauptsache erst einmal, Sie bestehen die Klausur und können den Kurs abhaken. Klar. Aber bedenken Sie, wenn in Ihrem Studienfach ein solcher Kurs von Ihnen verlangt wird, hat das in der Regel seine Gründe. Vielleicht brauchen Sie den Stoff wirklich noch. Und eine Sache kann ich Ihnen in jedem Fall mitgeben: Wenn Sie den Mathematikkurs erfolgreich überstanden haben, sollten Sie zumindest die strukturierte Denkweise erlernt haben. Dies wird Sie auch im täglichen Leben beeinflussen. Ein erfolgreicher und guter Mathematikkurs verändert Sie – im positiven Sinne. In der Klausur zeigen Sie nur zwischenzeitlich, dass Sie den Stoff auch verstanden haben. Gebrauchen werden Sie ihn erst anschließend ...

Klausurvorbereitung beginnt nicht einen Tag vorher

Manchmal belächeln mich die Studenten, wenn ich zu Beginn des Sommersemesters im April die Klausurtermine angebe – typischerweise einer im Juli und der zweite Anfang Oktober. Ja, das ist noch weit entfernt. Aber bedenken Sie, bis dahin lernen Sie jede der ca. 15 Wochen jede Menge Stoff. Bleiben Sie am Ball. Fangen Sie nicht erst mit der Vorbereitung an, wenn Sie kurz vor der Klausur stehen. Die einfachste und effektivste Vorbereitung, die Sie während des Kurses absolvieren können und sollten, sind die Übungsaufgaben, die Ihnen gestellt werden. Der Tag der Klausur kommt schneller, als Sie glauben – und in der Regel ist es dann nicht die einzige Klausur.

Aus Fehlern lernen

Sie haben eine falsche Idee während der Teamarbeit beim Lösen der Übungsaufgaben. Nicht schlimm. Sie haben sich verrechnet während der Klausur. Schlimmer, aber kein Weltuntergang. Lernen Sie aus den Fehlern. Schauen Sie sich die Lösungen der Übungsaufgaben an, die in den Übungen besprochen werden. Rechnen Sie die nicht bestandene Klausur noch einmal nach, wenn Sie die Möglichkeit dazu haben. Gehen Sie zur Klausureinsicht, schauen Sie sich Ihre Fehler an und lernen Sie daraus. Sammeln Sie Tipps und Hinweise.

Lernen Sie auch aus Fehlern, die vielleicht mit Ihrem Arbeitsstil zu tun haben. Bewahren Sie in der Klausur die Ruhe. Nehmen Sie sich beim stupiden Rechnen lieber ein paar Sekunden mehr Zeit, als dass Sie sich anschließend ein paar Minuten gönnen müssen, weil Sie alles noch einmal rechnen müssen. Lesen Sie die Aufgabenstellungen langsam und gewissenhaft durch. Sie sollten genau wissen, was die Aufgabe von Ihnen verlangt und vor allem, was von Ihnen erwartet wird!

Der eigene Kurs ist immer der wichtigste!

Ja, bei einigen Dozenten könnte man vermuten, dass sie so etwas denken. Ich bin da manchmal nicht anders, aber doch ein wenig realistischer, so dass mir durchaus Folgendes bewusst ist: Wenn Ihnen der Mathematikkurs das Wichtigste am ganzen Studium wäre, dann hätten Sie vielleicht doch eher ein Mathematikstudium angefangen, oder?

Aber dennoch: Der Mathematikkurs ist Bestandteil Ihres Studiums und das aus gutem Grunde. Mathematik ist nicht umsonst eine Grundlagenwissenschaft, die in viele Bereiche des täglichen Berufslebens ganz verschiedenartig hineinspielt. Sei es, dass Sie nur das strukturelle Denken benötigen oder dass Sie wirklich eine Formel anwenden müssen, um eine Lösung der konkreten Aufgabe zu erhalten. Unterschätzen Sie nicht, wie wichtig die Mathematik in Ihrem späteren Studium und sogar Ihrem späterem Berufsleben immer mal wieder sein kann. Wäre doch echt schade, wenn Ihre Tochter besser die prozentuale Aufbesserung ihres Taschengeldes berechnen könnte als Sie – diese Blöße müssen Sie sich doch nicht geben, oder?

Tabellen beliebter Verteilungsfunktionen

*I*n diesem Anhang finden Sie gebräuchliche Tabellen zur Ermittlung von Wahrscheinlichkeiten für drei wichtige Verteilungen: die **Binomialverteilung**, die **Normalverteilung** und die **Poissonverteilung**. Mehr zu den einzelnen Wahrscheinlichkeitsverteilungen finden Sie in Kapitel 18.

Tabelle für die Binomialverteilung

Tabelle A.1 zeigt die *Verteilungsfunktion* (VF) der Binomialverteilung. Die Wahrscheinlichkeit ist die Gesamtwahrscheinlichkeit bis zu einem bestimmten Punkt einschließlich. Um Tabelle A.1 nutzen zu können, benötigen Sie drei Informationen über das anstehende Problem:

✔ Die Stichprobengröße n

✔ Die Erfolgswahrscheinlichkeit p

✔ Den Wert von X, dessen kumulative Wahrscheinlichkeit Sie suchen

Wenn Sie diese Informationen ermittelt haben, gehen Sie zu dem Teil von Tabelle A.1, der Ihrer Stichprobengröße n entspricht. Der Schnittpunkt der Zeile mit Ihrem x und der Spalte mit Ihrem p enthält die Wahrscheinlichkeit, dass X kleiner oder gleich Ihrem x ist. Um die Wahrscheinlichkeiten zu ermitteln, dass X (echt) kleiner, (echt) größer, größer oder gleich, oder zwischen zwei Werten liegt, müssen Sie die Werte aus Tabelle A.1 mit den Methoden manipulieren, die in Kapitel 17 beschrieben werden.

n=5

x	,01	,05	,10	,20	,25	,30	,40	,50	,60	,70	,75	,80	,90	,95	,99
0	,951	,774	,590	,328	,237	,168	,078	,031	,010	,002	,001	,000	,000	,000	,000
1	,999	,977	,919	,737	,633	,528	,337	,187	,087	,031	,016	,007	,000	,000	,000
2	1,000	,999	,991	,942	,896	,837	,683	,500	,317	,163	,104	,058	,009	,001	,000
3	1,000	1,000	1,000	,993	,984	,969	,913	,812	,663	,472	,367	,263	,081	,023	,001
4	1,000	1,000	1,000	1,000	,999	,998	,990	,969	,922	,832	,763	,672	,410	,226	,049
5	1,000	1,000	1,000	1,000	1,000	1,000	1,000	1,000	1,000	1,000	1,000	1,000	1,000	1,000	1,000

n=6

x	,01	,05	,10	,20	,25	,30	,40	,50	,60	,70	,75	,80	,90	,95	,99
0	,941	,735	,531	,262	,178	,118	,047	,016	,004	,001	,000	,000	,000	,000	,000
1	,999	,967	,886	,655	,534	,420	,233	,109	,041	,011	,005	,002	,000	,000	,000
2	1,000	,998	,984	,901	,831	,744	,544	,344	,179	,070	,038	,017	,001	,000	,000
3	1,000	1,000	,999	,983	,962	,930	,821	,656	,456	,256	,169	,099	,016	,002	,000
4	1,000	1,000	1,000	,998	,995	,989	,959	,891	,767	,580	,466	,345	,114	,033	,001
5	1,000	1,000	1,000	1,000	1,000	,999	,996	,984	,953	,882	,822	,738	,469	,265	,059
6	1,000	1,000	1,000	1,000	1,000	1,000	1,000	1,000	1,000	1,000	1,000	1,000	1,000	1,000	1,000

n=7

x	,01	,05	,10	,20	,25	,30	,40	,50	,60	,70	,75	,80	,90	,95	,99
0	,932	,698	,478	,210	,133	,082	,028	,008	,002	,000	,000	,000	,000	,000	,000
1	,998	,956	,850	,577	,445	,329	,159	,063	,019	,004	,001	,000	,000	,000	,000
2	1,000	,996	,974	,852	,756	,647	,420	,227	,096	,029	,013	,005	,000	,000	,000
3	1,000	1,000	,997	,967	,929	,874	,710	,500	,290	,126	,071	,033	,003	,000	,000
4	1,000	1,000	1,000	,995	,987	,971	,904	,773	,580	,353	,244	,148	,026	,004	,000
5	1,000	1,000	1,000	1,000	,999	,996	,981	,937	,841	,671	,555	,423	,150	,044	,002
6	1,000	1,000	1,000	1,000	1,000	1,000	,998	,992	,972	,918	,867	,790	,522	,302	,068
7	1,000	1,000	1,000	1,000	1,000	1,000	1,000	1,000	1,000	1,000	1,000	1,000	1,000	1,000	1,000

n=8

x	,01	,05	,10	,20	,25	,30	,40	,50	,60	,70	,75	,80	,90	,95	,99
0	,923	,663	,430	,168	,100	,058	,017	,004	,001	,000	,000	,000	,000	,000	,000
1	,997	,943	,813	,503	,367	,255	,106	,035	,009	,001	,000	,000	,000	,000	,000
2	1,000	,994	,962	,797	,679	,552	,315	,145	,050	,011	,004	,001	,000	,000	,000
3	1,000	1,000	,995	,944	,886	,806	,594	,363	,174	,058	,027	,010	,000	,000	,000
4	1,000	1,000	1,000	,990	,973	,942	,826	,637	,406	,194	,114	,056	,005	,000	,000
5	1,000	1,000	1,000	,999	,996	,989	,950	,855	,685	,448	,321	,203	,038	,006	,000
6	1,000	1,000	1,000	1,000	1,000	,999	,991	,965	,894	,745	,633	,497	,187	,057	,003
7	1,000	1,000	1,000	1,000	1,000	1,000	,999	,996	,983	,942	,900	,832	,570	,337	,077
8	1,000	1,000	1,000	1,000	1,000	1,000	1,000	1,000	1,000	1,000	1,000	1,000	1,000	1,000	1,000

Tabelle A.1: Die kumulative Verteilungsfunktion für die Binomialverteilung. Die Zahlen in der Tabelle repräsentieren $P(X \leq x)$.

n=9

x	,01	,05	,10	,20	,25	,30	,40	,50	,60	,70	,75	,80	,90	,95	,99
0	,914	,630	,387	,134	,075	,040	,010	,002	,000	,000	,000	,000	,000	,000	,000
1	,997	,929	,775	,436	,300	,196	,071	,020	,004	,000	,000	,000	,000	,000	,000
2	1,000	,992	,947	,738	,601	,463	,232	,090	,025	,004	,001	,000	,000	,000	,000
3	1,000	,999	,992	,914	,834	,730	,483	,254	,099	,025	,010	,003	,000	,000	,000
4	1,000	1,000	,999	,980	,951	,901	,733	,500	,267	,099	,049	,020	,001	,000	,000
5	1,000	1,000	1,000	,997	,990	,975	,901	,746	,517	,270	,166	,086	,008	,001	,000
6	1,000	1,000	1,000	1,000	,999	,996	,975	,910	,768	,537	,399	,262	,053	,008	,000
7	1,000	1,000	1,000	1,000	1,000	1,000	,996	,980	,929	,804	,700	,564	,225	,071	,003
8	1,000	1,000	1,000	1,000	1,000	1,000	1,000	,998	,990	,960	,925	,866	,613	,370	,086
9	1,000	1,000	1,000	1,000	1,000	1,000	1,000	1,000	1,000	1,000	1,000	1,000	1,000	1,000	1,000

n=10

x	,01	,05	,10	,20	,25	,30	,40	,50	,60	,70	,75	,80	,90	,95	,99
0	,904	,599	,349	,107	,056	,028	,006	,001	,000	,000	,000	,000	,000	,000	,000
1	,996	,914	,736	,376	,244	,149	,046	,011	,002	,000	,000	,000	,000	,000	,000
2	1,000	,988	,930	,678	,526	,383	,167	,055	,012	,002	,000	,000	,000	,000	,000
3	1,000	,999	,987	,879	,776	,650	,382	,172	,055	,011	,004	,001	,000	,000	,000
4	1,000	1,000	,998	,967	,922	,850	,633	,377	,166	,047	,020	,006	,000	,000	,000
5	1,000	1,000	1,000	,994	,980	,953	,834	,623	,367	,150	,078	,033	,002	,000	,000
6	1,000	1,000	1,000	,999	,996	,989	,945	,828	,618	,350	,224	,121	,013	,001	,000
7	1,000	1,000	1,000	1,000	1,000	,998	,988	,945	,833	,617	,474	,322	,070	,012	,000
8	1,000	1,000	1,000	1,000	1,000	1,000	,998	,989	,954	,851	,756	,624	,264	,086	,004
9	1,000	1,000	1,000	1,000	1,000	1,000	1,000	,999	,994	,972	,944	,893	,651	,401	,096
10	1,000	1,000	1,000	1,000	1,000	1,000	1,000	1,000	1,000	1,000	1,000	1,000	1,000	1,000	1,000

n=15

x	,01	,05	,10	,20	,25	,30	,40	,50	,60	,70	,75	,80	,90	,95	,99
0	,860	,463	,206	,035	,013	,005	,000	,000	,000	,000	,000	,000	,000	,000	,000
1	,990	,829	,549	,167	,080	,035	,005	,000	,000	,000	,000	,000	,000	,000	,000
2	1,000	,964	,816	,398	,236	,127	,027	,004	,000	,000	,000	,000	,000	,000	,000
3	1,000	,995	,944	,648	,461	,297	,091	,018	,002	,000	,000	,000	,000	,000	,000
4	1,000	,999	,987	,836	,686	,515	,217	,059	,009	,001	,000	,000	,000	,000	,000
5	1,000	1,000	,998	,939	,852	,722	,403	,151	,034	,004	,001	,000	,000	,000	,000
6	1,000	1,000	1,000	,982	,943	,869	,610	,304	,095	,015	,004	,001	,000	,000	,000
7	1,000	1,000	1,000	,996	,983	,950	,787	,500	,213	,050	,017	,004	,000	,000	,000
8	1,000	1,000	1,000	,999	,996	,985	,905	,696	,390	,131	,057	,018	,000	,000	,000
9	1,000	1,000	1,000	1,000	,999	,996	,966	,849	,597	,278	,148	,061	,002	,000	,000
10	1,000	1,000	1,000	1,000	1,000	,999	,991	,941	,783	,485	,314	,164	,013	,001	,000
11	1,000	1,000	1,000	1,000	1,000	1,000	,998	,982	,909	,703	,539	,352	,056	,005	,000
12	1,000	1,000	1,000	1,000	1,000	1,000	1,000	,996	,973	,873	,764	,602	,184	,036	,000
13	1,000	1,000	1,000	1,000	1,000	1,000	1,000	,995	,965	,920	,833	,451	,171	,010
14	1,000	1,000	1,000	1,000	1,000	1,000	1,000	1,000	,995	,987	,965	,794	,537	,140
15	1,000	1,000	1,000	1,000	1,000	1,000	1,000	1,000	1,000	1,000	1,000	1,000	1,000	1,000	1,000

Tabelle A.1: Die kumulative Verteilungsfunktion für die Binomialverteilung. Die Zahlen in der Tabelle repräsentieren $P(X \leq x)$.

n=20

x	,01	,05	,10	,20	,25	,30	,40	,50	,60	,70	,75	,80	,90	,95	,99
0	,818	,358	,122	,012	,003	,001	,000	,000	,000	,000	,000	,000	,000	,000	,000
1	,983	,736	,392	,069	,024	,008	,001	,000	,000	,000	,000	,000	,000	,000	,000
2	,999	,925	,677	,206	,091	,035	,004	,000	,000	,000	,000	,000	,000	,000	,000
3	1,000	,984	,867	,411	,225	,107	,016	,001	,000	,000	,000	,000	,000	,000	,000
4	1,000	,997	,957	,630	,415	,238	,051	,006	,000	,000	,000	,000	,000	,000	,000
5	1,000	1,000	,989	,804	,617	,416	,126	,021	,002	,000	,000	,000	,000	,000	,000
6	1,000	1,000	,998	,913	,786	,608	,250	,058	,006	,000	,000	,000	,000	,000	,000
7	1,000	1,000	1,000	,968	,898	,772	,416	,132	,021	,001	,000	,000	,000	,000	,000
8	1,000	1,000	1,000	,990	,959	,887	,596	,252	,057	,005	,001	,000	,000	,000	,000
9	1,000	1,000	1,000	,997	,986	,952	,755	,412	,128	,017	,004	,001	,000	,000	,000
10	1,000	1,000	1,000	,999	,996	,983	,872	,588	,245	,048	,014	,003	,000	,000	,000
11	1,000	1,000	1,000	1,000	,999	,995	,943	,748	,404	,113	,041	,010	,000	,000	,000
12	1,000	1,000	1,000	1,000	1,000	,999	,979	,868	,584	,228	,102	,032	,000	,000	,000
13	1,000	1,000	1,000	1,000	1,000	1,000	,994	,942	,750	,392	,214	,087	,002	,000	,000
14	1,000	1,000	1,000	1,000	1,000	1,000	,998	,979	,874	,584	,383	,196	,011	,000	,000
15	1,000	1,000	1,000	1,000	1,000	1,000	1,000	,994	,949	,762	,585	,370	,043	,003	,000
16	1,000	1,000	1,000	1,000	1,000	1,000	1,000	,999	,984	,893	,775	,589	,133	,016	,000
17	1,000	1,000	1,000	1,000	1,000	1,000	1,000	1,000	,996	,965	,909	,794	,323	,075	,001
18	1,000	1,000	1,000	1,000	1,000	1,000	1,000	1,000	,999	,992	,976	,931	,608	,264	,017
19	1,000	1,000	1,000	1,000	1,000	1,000	1,000	1,000	1,000	,999	,997	,988	,878	,642	,182
20	1,000	1,000	1,000	1,000	1,000	1,000	1,000	1,000	1,000	1,000	1,000	1,000	1,000	1,000	1,000

n=25

x	,01	,05	,10	,20	,25	,30	,40	,50	,60	,70	,75	,80	,90	,95	,99
0	,778	,277	,072	,004	,001	,000	,000	,000	,000	,000	,000	,000	,000	,000	,000
1	,974	,642	,271	,027	,007	,002	,000	,000	,000	,000	,000	,000	,000	,000	,000
2	,998	,873	,537	,098	,032	,009	,000	,000	,000	,000	,000	,000	,000	,000	,000
3	1,000	,966	,764	,234	,096	,033	,002	,000	,000	,000	,000	,000	,000	,000	,000
4	1,000	,993	,902	,421	,214	,090	,009	,000	,000	,000	,000	,000	,000	,000	,000
5	1,000	,999	,967	,617	,378	,193	,029	,002	,000	,000	,000	,000	,000	,000	,000
6	1,000	1,000	,991	,780	,561	,341	,074	,007	,000	,000	,000	,000	,000	,000	,000
7	1,000	1,000	,998	,891	,727	,512	,154	,022	,001	,000	,000	,000	,000	,000	,000
8	1,000	1,000	1,000	,953	,851	,677	,274	,054	,004	,000	,000	,000	,000	,000	,000
9	1,000	1,000	1,000	,983	,929	,811	,425	,115	,013	,000	,000	,000	,000	,000	,000
10	1,000	1,000	1,000	,994	,970	,902	,586	,212	,034	,002	,000	,000	,000	,000	,000
11	1,000	1,000	1,000	,998	,989	,956	,732	,345	,078	,006	,001	,000	,000	,000	,000
12	1,000	1,000	1,000	1,000	,997	,983	,846	,500	,154	,017	,003	,000	,000	,000	,000
13	1,000	1,000	1,000	1,000	,999	,994	,922	,655	,268	,044	,011	,002	,000	,000	,000
14	1,000	1,000	1,000	1,000	1,000	,998	,966	,788	,414	,098	,030	,006	,000	,000	,000
15	1,000	1,000	1,000	1,000	1,000	1,000	,987	,885	,575	,189	,071	,017	,000	,000	,000
16	1,000	1,000	1,000	1,000	1,000	1,000	,996	,946	,726	,323	,149	,047	,000	,000	,000
17	1,000	1,000	1,000	1,000	1,000	1,000	,999	,978	,846	,488	,273	,109	,002	,000	,000
18	1,000	1,000	1,000	1,000	1,000	1,000	1,000	,993	,926	,659	,439	,220	,009	,000	,000
19	1,000	1,000	1,000	1,000	1,000	1,000	1,000	,998	,971	,807	,622	,383	,033	,001	,000
20	1,000	1,000	1,000	1,000	1,000	1,000	1,000	1,000	,991	,910	,786	,579	,098	,007	,000
21	1,000	1,000	1,000	1,000	1,000	1,000	1,000	1,000	,998	,967	,904	,766	,236	,034	,000
22	1,000	1,000	1,000	1,000	1,000	1,000	1,000	1,000	1,000	,991	,968	,902	,463	,127	,002
23	1,000	1,000	1,000	1,000	1,000	1,000	1,000	1,000	1,000	,998	,993	,973	,729	,358	,026
24	1,000	1,000	1,000	1,000	1,000	1,000	1,000	1,000	1,000	1,000	,999	,996	,928	,723	,222
25	1,000	1,000	1,000	1,000	1,000	1,000	1,000	1,000	1,000	1,000	1,000	1,000	1,000	1,000	1,000

Tabelle A.1: Die kumulative Verteilungsfunktion für die Binomialverteilung. Die Zahlen in der Tabelle repräsentieren $P(X \leq x)$.

Tabelle für die Normalverteilung

Tabelle A.2 zeigt die Verteilungsfunktion der Normalverteilung. Um Tabelle A.2 nutzen zu können, benötigen Sie drei Informationen über das anstehende Problem:

✔ Den Mittelwert von X (die gegebene Normalverteilung) μ

✔ Die Standardabweichung σ

✔ Den Wert von X, dessen kumulative Wahrscheinlichkeit Sie suchen

Nachdem Sie diese Informationen ermittelt haben, wandeln Sie Ihren X-Wert in einen Z-Wert um, indem Sie den Mittelwert von Ihrem X-Wert subtrahieren und durch die Standardabweichung dividieren (siehe Kapitel 17). Die entsprechende Formel lautet:

$$Z = \frac{X-\mu}{\sigma}$$

Schlagen Sie dann diesen Wert von Z in Tabelle A.2 nach. Die Zeile wird durch die erste Stelle vor und die erste Stelle nach dem Dezimalkomma von Z bestimmt, die Spalte durch die zweite Stelle nach dem Dezimalkomma. Der Schnittpunkt repräsentiert die Wahrscheinlichkeit, dass Z kleiner oder gleich Ihrem Z-Wert ist.

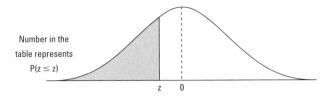

Number in the table represents P(z ≤ z)

z	0,00	0,01	0,02	0,03	0,04	0,05	0,06	0,07	0,08	0,09
−3,6	,0002	,0002	,0001	,0001	,0001	,0001	,0001	,0001	,0001	,0001
−3,5	,0002	,0002	,0002	,0002	,0002	,0002	,0002	,0002	,0002	,0002
−3,4	,0003	,0003	,0003	,0003	,0003	,0003	,0003	,0003	,0002	,0002
−3,3	,0005	,0005	,0005	,0004	,0004	,0004	,0004	,0004	,0003	,0003
−3,2	,0007	,0007	,0006	,0006	,0006	,0006	,0006	,0005	0005	,0005
−3,1	,0010	,0009	,0009	,0009	,0008	,0008	,0008	,0008	,0007	,0007
−3,0	,0013	,0013	,0013	,0012	,0012	,0011	,0011	,0011	,0010	,0010
−2,9	,0019	,0018	,0018	,0017	,0016	,0016	,0015	,0015	,0014	,0014
−2,8	,0026	,0025	,0024	,0023	,0023	,0022	,0021	,0021	,0020	,0019
−2,7	,0035	,0034	,0033	,0032	,0031	,0030	,0029	,0028	,0027	,0026
−2,6	,0047	,0045	,0044	,0043	,0041	,0040	,0039	,0038	,0037	,0036
−2,5	,0062	,0060	,0059	,0057	,0055	,0054	,0052	,0051	,0049	,0048
−2,4	,0082	,0080	,0078	,0075	,0073	,0071	,0069	,0068	,0066	,0064
−2,3	,0107	,0104	,0102	,0099	,0096	,0094	,0091	,0089	,0087	,0084
−2,2	,0139	,0136	,0132	,0129	,0125	,0122	,0119	,0116	,0113	,0110
−2,1	,0179	,0174	,0170	,0166	,0162	,0158	,0154	,0150	,0146	,0143
−2,0	,0228	,0222	,0217	,0212	,0207	,0202	,0197	,0192	,0188	,0183
−1,9	,0287	,0281	,0274	,0268	,0262	,0256	,0250	,0244	,0239	,0233
−1,8	,0359	,0351	,0344	,0336	,0329	,0322	,0314	,0307	,0301	,0294
−1,7	,0446	,0436	,0427	,0418	,0409	,0401	,0392	,0384	,0375	,0367
−1,6	,0548	,0537	,0526	,0516	,0505	,0495	,0485	,0475	,0465	,0455
−1,5	,0668	,0655	,0643	,0630	,0618	,0606	,0594	,0582	,0571	,0559
−1,4	,0808	,0793	,0778	,0764	,0749	,0735	,0721	,0708	,0694	,0681
−1,3	,0968	,0951	,0934	,0918	,0901	,0885	,0869	,0853	,0838	,0823
−1,2	,1151	,1131	,1112	,1093	,1075	,1056	,1038	,1020	,1003	,0985
−1,1	,1357	,1335	,1314	,1292	,1271	,1251	,1230	,1210	,1190	,1170
−1,0	,1587	,1562	,1539	,1515	,1492	,1469	,1446	,1423	,1401	,1379
−0,9	,1841	,1814	,1788	,1762	,1736	,1711	,1685	,1660	,1635	,1611
−0,8	,2119	,2090	,2061	,2033	,2005	,1977	,1949	,1922	,1894	,1867
−0,7	,2420	,2389	,2358	,2327	,2296	,2266	,2236	,2206	,2177	,2148
−0,6	,2743	,2709	,2676	,2643	,2611	,2578	,2546	,2514	,2483	,2451
−0,5	,3085	,3050	,3015	,2981	,2946	,2912	,2877	,2843	,2810	,2776
−0,4	,3446	,3409	,3372	,3336	,3300	,3264	,3228	,3192	,3156	,3121
−0,3	,3821	,3783	,3745	,3707	,3669	,3632	,3594	,3557	,3520	3483
−0,2	,4207	,4168	,4129	,4090	,4052	,4013	,3974	,3936	,3897	,3859
−0,1	,4602	,4562	,4522	,4483	,4443	,4404	,4364	,4325	,4286	,4247
−0,0	,5000	,4960	,4920	,4880	,4840	,4801	,4761	,4721	,4681	,4641

Tabelle A.2: Die Verteilungsfunktion für die Z-Verteilung (die Z-Tabelle). Die Zahlen in der Tabelle repräsentieren $P(Z \leq z)$.

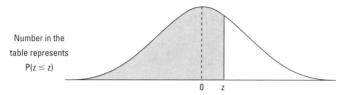

z	0,00	0,01	0,02	0,03	0,04	0,05	0,06	0,07	0,08	0,09
0,0	,5000	,5040	,5080	,5120	,5160	,5199	,5239	,5279	,5319	,5359
0,1	,5398	,5438	,5478	,5517	,5557	,5596	,5636	,5675	,5714	,5753
0,2	,5793	,5832	,5871	,5910	,5948	,5987	,6026	,6064	,6103	,6141
0,3	,6179	,6217	,6255	,6293	,6331	,6368	,6406	,6443	,6480	,6517
0,4	,6554	,6591	,6628	,6664	,6700	,6736	,6772	,6808	,6844	,6879
0,5	,6915	,6950	,6985	,7019	,7054	,7088	,7123	,7157	,7190	,7224
0,6	,7257	,7291	,7324	,7357	,7389	,7422	,7454	,7486	,7517	,7549
0,7	,7580	,7611	,7642	,7673	,7704	,7734	,7764	,7794	,7823	,7852
0,8	,7881	,7910	,7939	,7967	,7995	,8023	,8051	,8078	,8106	,8133
0,9	,8159	,8186	,8212	,8238	,8264	,8289	,8315	,8340	,8365	,8389
1,0	,8413	,8438	,8461	,8485	,8508	,8531	,8554	,8577	,8599	,8621
1,1	,8643	,8665	,8686	,8708	,8729	,8749	,8770	,8790	,8810	,8830
1,2	,8849	,8869	,8888	,8907	,8925	,8944	,8962	,8980	,8997	,9015
1,3	,9032	,9049	,9066	,9082	,9099	,9115	,9131	,9147	,9162	,9177
1,4	,9192	,9207	,9222	,9236	,9251	,9265	,9279	,9292	,9306	,9319
1,5	,9332	,9345	,9357	,9370	,9382	,9394	,9406	,9418	,9429	,9441
1,6	,9452	,9463	,9474	,9484	,9495	,9505	,9515	,9525	,9535	,9545
1,7	,9554	,9564	,9573	,9582	,9591	,9599	,9608	,9616	,9625	,9633
1,8	,9641	,9649	,9656	,9664	,9671	,9678	,9686	,9693	,9699	,9706
1,9	,9713	,9719	,9726	,9732	,9738	,9744	,9750	,9756	,9761	,9767
2,0	,9772	,9778	,9783	,9788	,9793	,9798	,9803	,9808	,9812	,9817
2,1	,9821	,9826	,9830	,9834	,9838	,9842	,9846	,9850	,9854	,9857
2,2	,9861	,9864	,9868	,9871	,9875	,9878	,9881	,9884	,9887	,9890
2,3	,9893	,9896	,9898	,9901	,9904	,9906	,9909	,9911	,9913	,9916
2,4	,9918	,9920	,9922	,9925	,9927	,9929	,9931	,9932	,9934	,9936
2,5	,9938	,9940	,9941	,9943	,9945	,9946	,9948	,9949	,9951	,9952
2,6	,9953	,9955	,9956	,9957	,9959	,9960	,9961	,9962	,9963	,9964
2,7	,9965	,9966	,9967	,9968	,9969	,9970	,9971	,9972	,9973	,9974
2,8	,9974	,9975	,9976	,9977	,9977	,9978	,9979	,9979	,9980	,9981
2,9	,9981	,9982	,9982	,9983	,9984	,9984	,9985	,9985	,9986	,9986
3,0	,9987	,9987	,9987	,9988	,9988	,9989	,9989	,9989	,9990	,9990
3,1	,9990	,9991	,9991	,9991	,9992	,9992	,9992	,9992	,9993	,9993
3,2	,9993	,9993	,9994	,9994	,9994	,9994	,9994	,9995	,9995	,9995
3,3	,9995	,9995	,9995	,9996	,9996	,9996	,9996	,9996	,9996	,9997
3,4	,9997	,9997	,9997	,9997	,9997	,9997	,9997	,9997	,9997	,9998
3,5	,9998	,9998	,9998	,9998	,9998	,9998	,9998	,9998	,9998	,9998
3,6	,9998	,9998	,9999	,9999	,9999	,9999	,9999	,9999	,9999	,9999

Tabelle A.2: Die Verteilungsfunktion für die Z-Verteilung (die Z-Tabelle). Die Zahlen in der Tabelle repräsentieren $P(Z \leq z)$.

Tabelle für die Poissonverteilung

Tabelle A.3 zeigt die Verteilungsfunktion der Poissonverteilung. Um Tabelle A.3 nutzen zu können, benötigen Sie zwei Informationen über das anstehende Problem:

✔ Den Mittelwert von X (die gegebene Poissonverteilung) λ

✔ Den Wert von X, dessen kumulative Wahrscheinlichkeit Sie suchen

Suchen Sie in Tabelle A.3 den Schnittpunkt der Spalte für Ihren Wert λ und die Zeile für Ihren Wert X. Dort finden Sie die Wahrscheinlichkeit, dass X kleiner oder gleich Ihrem Wert ist.

A ➤ Anhang

						λ				
	,1	,2	,3	,4	,5	,6	,7	,8	,9	1,0
0	,905	,819	,741	,670	,607	,549	,497	,449	,407	,368
1	,995	,982	,963	,938	,910	,878	,844	,809	,772	,736
2	1,000	,999	,996	,992	,986	,977	,966	,953	,937	,920
x 3		1,000	1,000	,999	,998	,997	,994	,991	,987	,981
4				1,000	1,000	1,000	,999	,999	,998	,996
5							1,000	1,000	1,000	,999
6										1,000

						λ					
	2,0	3,0	4,0	5,0	6,0	7,0	8,0	9,0	10,0	15,0	20,0
0	,135	,050	,018	,007	,002	,001	,000	,000	,000	,000	,000
1	,406	,199	,092	,040	,017	,007	,003	,001	,000	,000	,000
2	,677	,423	,238	,125	,062	,030	,014	,006	,003	,000	,000
3	,857	,647	,433	,265	,151	,082	,042	,021	,010	,000	,000
4	,947	,815	,629	,440	,285	,173	,100	,055	,029	,001	,000
5	,983	,916	,785	,616	,446	,301	,191	,116	,067	,003	,000
6	,995	,966	,889	,762	,606	,450	,313	,207	,130	,008	,000
7	,999	,988	,949	,867	,744	,599	,453	,324	,220	,018	,001
8	1,000	,996	,979	,932	,847	,729	,593	,456	,333	,037	,002
9		,999	,992	,968	,916	,830	,717	,587	,458	,070	,005
10		1,000	,997	,986	,957	,901	,816	,706	,583	,118	,011
11			,999	,995	,980	,947	,888	,803	,697	,185	,021
12			1,000	,998	,991	,973	,936	,876	,792	,268	,039
13				,999	,996	,987	,966	,926	,864	,363	,066
14				1,000	,999	,994	,983	,959	,917	,466	,105
15					,999	,998	,992	,978	,951	,568	,157
16					1,000	,999	,996	,989	,973	,664	,221
17						1,000	,998	,995	,986	,749	,297
x 18							,999	,998	,993	,819	,381
19							1,000	,999	,997	,875	,470
20								1,000	,998	,917	,559
21									,999	,947	,644
22									1,000	,967	,721
23										,981	,787
24										,989	,843
25										,994	,888
26										,997	,922
27										,998	,948
28										,999	,966
29										1,000	,978
30											,987
31											,992
32											,995
33											,997
34											,999
35											,999
36											1,000

Tabelle A.3: Die Verteilungsfunktion für die Poissonverteilung. Die Zahlen in der Tabelle repräsentieren $P(X \leq x)$.

Stichwortverzeichnis

A

Ableitung
  Definition 103
  existiert nicht 104
  fallende 132
  höhere 114
  Kurve 98
  negative 120
  positive 120
  Test mit der ersten 122
  Test mit der zweiten 124
  zweite und dritte 95
Abnahme
  exponentielle 75
Absolut konvergent 159
Achilles und die
  Schildkröte 149
Additionsregel 364
Adjunkte 278
Adjunktivität 54
Allgemeine Lösung 244
Alternierende Reihe 158
Anstieg
  Formel 136
  Steigung 95
A-posteriori-
  Wahrscheinlichkeit 398
Äquivalenz 34, 35
Arithmetisches Mittel 326, 327, 341, 343
Assoziativität 54, 217, 312
Asymptote 79
  horizontale 90
  vertikale 82
Auslegerarm 249
Ausreißerwert 341
Aussage 33
  Verknüpfungen 34
Ausschließlichkeit von
  Ereignissen 366, 368

B

Basis 223, 269
  kanonische 224
Basistransformation 282, 287
Baumdiagramm 384
  abhängige Ereignisse 388
  bedingte Wahrscheinlichkeit 388
  Gesetz der totalen
    Wahrscheinlichkeit 395
  Grenzen 391
  komplexe Ereignisse 391
  Stichprobenraum 386
  Wahrscheinlichkeiten 390
Bayes, Satz von 399
Bedingte Wahrscheinlichkeit 357, 360
  Baumdiagramm 388
  mit Formeln berechnen 361
  Multiplikationsregel 363
  ohne Formeln ermitteln 360
  verwechseln 459
Benchmark-Reihe 153
Betrag 40, 46, 218, 219, 304
Bijektiv 68
Bild 266
Binomialkoeffizient 370, 424
Binomialverteilung 423
  Bedingungen 423
  Erwartungswert 427
  Graph 425
  Standardabweichung 428
  Varianz 427
  Verteilungsfunktion 426
  Wahrscheinlichkeitsfunktion 424
Binomisch 423
Bivariate Daten 351
Bogenlänge 207, 208
Boxplot 350

Bruch
  erweitern 38
  kürzen 38
  Operationen 38
  Polynom 73
Bruchrechnung 38

C

Capture-Recapture-
  Methode 438
Charakteristisches
  Polynom 295
Cramersche Regel 276

D

Darstellungsmatrix 268, 285
Daten
  bivariate 351
  kategorische 325
  numerische 325
  qualitative 325, 335, 336
  quantitative 325
De Morgansche Gesetze 54, 380
Defekt 266
Definitionsbereich Extrem-
  werte 126
Determinante 271
  2×2-Matrix 271
  3×3-Matrix 272
  Flächen und Volumina 279
  Laplacescher
    Entwicklungssatz 273
  Rechenregeln 274
  Schachbrettmuster 273
  übergreifende
    Zusammenhänge 275
Diagonalgestalt 259
Diagonalisierung 294
Diagonalmatrix 250

Dichtefunktion 419
  Exponentialverteilung 451
  Normalverteilung 442
  Stetige Gleichverteilung 443
Differentiation
  implizite 111
  logarithmische 112
  Regeln 95, 105, 106, 107, 108, 109, 112, 114
  umgekehrte 174
Differenz 54
Differenzenquotient 103, 104, 105, 173
Differenzierbarkeit 104
Dimension 225, 294
Dimensionssatz 266
Disjunkt 53
Disjunktion 34
Diskrete Gleichverteilung 421
  Erwartungswert 422
  Standardabweichung 423
  Varianz 423
  Verteilungsfunktion 422
  Wahrscheinlichkeitsfunktion 421
Diskrete Wahrscheinlichkeitsverteilung 421
Diskrete Zufallsvariable 404
  Erwartungswert 415
  Standardabweichung 418
  Varianz 417
Diskriminante 313
Distributivität 54, 57, 218, 313
Divergenz 146, 148, 150
  Reihen 151
Drehmatrix 301
Drehoberfläche 208
Drehung 298, 308
Drehwinkel 301
Dreiecksgestalt 259
Dreiecksmatrix 250
Dreipunktegleichung 230
Druckkraft 250
Durchschnitt 53, 326, 341, 343, 380
  Multiplikationsregel 363
Durchschnittswahrscheinlichkeit 359

E

E(X) 415
Ebene 248
Ebenengleichung
  Dreipunktegleichung 230
  Koordinatengleichung 231
  Parametergleichung 229
  Umrechnungen 231
Eigenraum 294
  Dimension 294
Eigenvektor 290, 292, 304
Eigenwert 290, 304
Einander ausschließende Ereignisse 366
Eindeutigkeitseigenschaft 68
Einermenge 358
Einheit 223
  imaginäre 309
Einheitsmatrix 251
Einheitsvektoren 223
Elementarereignis 358
Ereignis 358
  Ausschließlichkeit 366, 368
  Komplement 360
  Unabhängigkeit 364, 368
Ereignisrate 429
Ergebnis 358
Ergebnisraum 358
Erwartungswert 415
  Binomialverteilung 427
  diskrete Gleichverteilung 422
  diskrete Zufallsvariable 415
  Exponentialverteilung 452
  geometrische Verteilung 434
  hypergeometrische Verteilung 438
  Poissonverteilung 431
  stetige Gleichverteilung 441
  stetige Zufallsvariable 419
Erweitern
  Bruch 38
Erzeugendensystem 223
Explizite Funktion 111
Exponent 39
Exponentialfunktion 74
  differenzieren 106
Exponentialverteilung 450
  Dichtefunktion 451

Erwartungswert 452
Standardabweichung 452
und Poissonverteilung 453
Varianz 452
Wahrscheinlichkeit 452
Extrempunkt 117
Extremwert 120
  absoluter, im Definitionsbereich 126
  absoluter, im abgeschlossenen Intervall 124
  allgemeines Kriterium 120
  hinreichende Bedingung 120
  lokaler 121, 133
  notwendige Bedingung 120

F

Faktorisieren 86
Fakultät 157, 370, 424
Falsch 33
Fehler
  50-50-Irrtum 459
  aus solchen lernen 463
  bedingte Wahrscheinlichkeit verwechseln 459
  Bedingungen nicht prüfen 459
  bei Wahrscheinlichkeit 457
  falsche Verteilung wählen 459
  kurzfristige Vorhersagen 458
  Lauf bei Glücksspiel 458
  Muster fehlinterpretieren 458
  Unabhängigkeit annehmen 460
Fläche 167, 174, 190, 204, 279
  annähern 168
  exakte 167
  Substitutionsmethode 190
Flächenfunktion 167, 176, 177, 184
Folge 145, 148
freier Fall 73
Fundamentalsatz der Algebra 314
Funktion 67
  explizite 111

exponentielle, differenzieren 106
inverse 76
inverse trigonometrische 79
inverse, differenzieren 113
logarithmische, differenzieren 106
monoton fallend 75
monoton steigend 75
periodische 78
rationale 84
stückweise 81
trigonometrische, differenzieren 106

G

Ganze Zahl 36
Gaußsche Zahlenebene 314
Gaußscher Algorithmus 256
Gegenereignis 362
Gemischte Zahl 39
Geometrische Verteilung
   Bedingung 433
   Erwartungswert 434
   Standardabweichung 434
   Varianz 434
   Verteilungsfunktion 434
   Wahrscheinlichkeitsfunktion 434
   Zeitspannen berechnen 435
Geordnetes Paar 55
Gerade
   Steigung 97
Geradengleichung
   Parametergleichung 228
   Zweipunktegleichung 229
Gesamtfläche Kurve 167
Gesetz der großen Zahlen 331
Gesetz der totalen
   Wahrscheinlichkeit 394
   Baumdiagramm 395
   Formel 394
Gleich wahrscheinlich 358
Gleichung 40
   Betrag 46
   lineare 40, 41
   quadratische 42
Gleichverteilung
   diskrete 421
Glockenförmig 331, 407, 441

Grafische Darstellung 68
Grenzwert 80, 146
   bei unendlich 90
   Definition 82
   einfacher 86
   einseitiger 81
   l'Hospital 147
   Regeln 146, 147
   Stetigkeit 83
   unendlicher 82
Grenzwertkriterium 155, 156
Grenzwert-Sandwich 88
Größe
   skalare 214
   vektorielle 214
Große Zahlen, Gesetz der 331
Grundbegriff, Statistik 326
Grundgesamtheit 49, 323, 324, 344
Grundwert 60, 62

H

Harmonische Reihe 152
Häufigkeit, relative 406
Hauptdiagonale 272
Hauptsatz der Differential- und Integralrechnung 179, 182, 184
Histogramm 342, 350, 406
Homogen 244
Hügelförmig 331
Hypergeometrische Verteilung 435
   Erwartungswert 438
   Formel 436
   Populationen abschätzen 438
   Standardabweichung 438
   Varianz 438
   Verteilungsfunktion 437
   Wahrscheinlichkeitsfunktion 436

I

Idempotenz 54
Identität
   trigonometrische 79
Imaginäre Einheit 309
Imaginäre Zahl 309

Imaginärteil 310
Implikation 34, 35
Implizite Differentiation 111
Implizite Funktion 111
Inhomogen 244
Injektiv 68
Integral 167, 419
   bestimmtes 173, 174
   Kosinus 198
   mit Sinus und Kosinus 198
   Regeln 183, 186, 193, 200
   Sinus 198
   trigonometrisches 193
   unbestimmtes 175
   zerlegen 193
Integralkriterium 163
Integration
   partielle 193, 196, 197
   teilweise 193, 196
Interpretation
   gefährliche 331
Intervall 52, 125
   fallendes 132
   steigendes 132
   Wahrscheinlichkeit 412
Inverse 217
   Adjunkte Matrix 278
Inverse Funktion 76
Inverse Matrix 255

J

Jahreszinsen 63

K

$k\sigma$-Regel 345
Kanonische Basis 224
Kategoriale Daten 325
Kausalzusammenhang 333
Kern 266
Kettenregel 108, 109, 111, 189
Klammer 37
Koeffizient 243
   gleichsetzen 203
Koeffizientenmatrix
   erweiterte 263
Koeffizientenregel 106
Koeffizientenvergleich 203
Kombination 371, 436
Kombinatorik 370

Kommutatives Diagramm 288
Kommutativität 54, 217, 312
Komplement 54, 360, 362, 379, 412, 413
Komplementär
   Ereignis 367
Komplementäre
   Wahrscheinlichkeit 360
Komplementarität 54
Komplementärregel 362
Komplexe Zahl 37, 309
   Anwendung 318
   Darstellung 314, 315
Konfidenzintervall 332
Konjugierte 311
Konjunktion 34
Konkav 118, 124
Konstante
   Vielfache 106
Konstantenregel 105
Konvergenz 145, 146, 148, 149, 150
   absolute und bedingte 158, 159
   Reihen 151
Konvergenz/Divergenz
   Direkter Vergleich 153
   Grenzwertkriterium 155
   Integralkriterium 163
   Leibniz-Kriterium 159
   Majorantenkriterium 153
   Quotientenkriterium 156
   Wurzelkriterium 157
Konvex 118, 124, 129
Kooeffizientenmatrix 294
Koordinatenabbildung 285
Koordinatengleichung 231
Koordinatensystem 71, 223
   Orientierung 307
Körper 218
Korrelation 332, 351
   Interpretation 354
Korrelationskoeffizient
   Berechnung 353
   Eigenschaft 355
   Formel 353
Kosekans 78
Kosinus 77
   Integral 198
Kotangens 78
Kraft 250

Kreuzprodukt 56, 281
Kritischer Punkt 120
Kugel 370
Kumulative
   Verteilungsfunktion 410
Kurve
   Ableitung 98
   Fläche 204
Kürzen, Bruch 38

L

l'Hospital, Grenzwert 147
Lagebeziehung 233
   zwischen Gerade und Ebene 238
   zwischen Geraden 233
Lagebeziehungen
   zwischen Ebenen 235
Lagemaß 339
Länge 220
Laplacescher Entwicklungssatz 273
Lauf bei Glücksspielen 458
Leibniz-Kriterium 159
LGS siehe Lineares Gleichungssystem
Linear unabhängig 223
Lineare Abbildung 264
   Bild 266
   Darstellung durch Matrizen 268
   Kern 266
Lineares Gleichungssystem 243
   Cramersche Regel 276
   Gaußscher Algorithmus 256
   grafische Lösung 246
   homogen 244, 263
   inhomogen 244, 263
   nicht lösbar 246
   quadratisch 245
   überbestimmt 245
   übergreifende Zusammenhänge 275
   unterbestimmt 245
Linearkombination 223
Linksschief 342
Logarithmusfunktion 75
   differenzieren 107
Logik 33

Lösung
   allgemeine 244
   spezielle 244
Lösungsmenge 243
Lotto 373

M

Majorantenkriterium 154
Markierte Subpopulation 435
Mathematisch positiver Sinn 306
Mathematische Logik 33
Matrix 250
   Addition 251
   Adjunkte 278
   als lineare Abbildung 265
   Bild 266
   charakteristisches Polynom 295
   Cramersche Regel 276
   Darstellungs- 285
   Diagonal- 250
   Diagonalgestalt 259
   Diagonalisierung 294
   Dreh- 301
   Dreiecks- 250
   Dreiecksgestalt 259
   Eigenvektor 290, 292
   Eigenwert 290
   Einheits- 251
   erweiterte Koeffizientenmatrix 263
   Gaußscher Algorithmus 256
   Hauptdiagonale 272
   inverse 255
   Inverse finden 262
   Kern 266
   Kreuzprodukt 281
   Null- 251
   Produkt 251
   quadratische 250
   Rang einer 260
   Regel von Sarrus 272
   Skalarmultiplikation 251
   Spiegelungs- 302
   Spur einer 306
   symmetrische 254, 297
   transponierte 254

Stichwortverzeichnis

übergreifende
   Zusammenhang 275
   Zeilenstufenform 258
Matrixprodukt 251
Maximum 117
   globales 119, 126
   lokales 120, 132, 133
Median 326, 327, 341
   berechnen 341
   vs. Mittelwert 342
Menge 49, 50, 53, 358
   Differenz 54
   Durchschnitt 53
   Komplement 54
   Kreuzprodukt 56
   leere 51
   Operation 52
   Potenz- 54
   Regel 54
   Teil- 52
   Umwandlungsregeln 380
   Venn-Diagramme 57
   Vereinigung 53
   Wahrscheinlichkeit einer 358
Mengengleichheit 53
Messdaten 325
Minimum
   globales 119, 126
   lokales 119, 120, 132, 133
   relatives 119
Minorantenkriterium 154
Mittelpunkt 339
Mittelwert 326, 341, 343
   vs. Median 342
Mittelwertsatz 117, 134, 135
Monoton 75
Multiplikation
   konjugierte 86, 87
   skalare 218
Multiplikationsregel 363

N

Natürliche Zahl 36, 59
Nebendiagonale 272
Negation 34
Nichtmarkierte Subpopulation 435
Normalperzentilproblem 444

Normalverteilung 33, 49, 67, 95, 117, 145, 167, 193, 213, 243, 271, 309, 323, 329, 335, 357, 377, 403, 421, 457, 461
   Form 441
   Graph 445
   Rückwärtsrechnung 449
   Standardnormalverteilung 329, 443
   Wahrscheinlichkeit ermitteln 444
   z-Formel 447
   z-Tabelle 447
   z-Verteilung 443
Normalverteilung
   Dichtefunktion 442
Normalverteilungsproblem 444
Normierter Vektor 304
Notation
   für Wahrscheinlichkeit 358
Null 182
Nullmatrix 251
Nullvektor 217
Numerische Daten 325

O

oder (Operator) 359
Orientierung 307
Ortsvektor 226

P

Paar
   geordnetes 55
   ungeordnetes 55
Parameter 40, 326
Parameter der
   Exponentialverteilung 451
Parametergleichung 228, 229
Partialbruchzerlegung 193, 200
Partialsumme 148
Partielle Integration 193, 195, 196, 197
Periode 78
Perzentil 326, 328, 348
   berechnen 348
   Interpretation 349
Poissonverteilung 428, 431

Bedingung 428
   und Exponentialverteilung 453
   Verteilungsfunktion 431
   Wahrscheinlichkeitsfunktion 429
Poissonverteilung
   Erwartungswert 431
Polarkoordinaten 315
Polynom 70, 73, 226
   Stetigkeit 84
Polynomdivision 200, 292
Population 324
   abschätzen 438
Potenz 39, 74
   Regeln 39
Potenzmenge 54
Potenzregel 105, 187
   umgekehrte 187
p-q-Formel 42
Produktregel 108
Prozentrechnung 60, 63
Prozentsatz 60, 62
Prozentwert 60, 62
Punkt 226, 248
   kritischer 120
Pythagoräische Identität 198

Q

Quadrant 71
Quadratformel 42
Quadratische Gleichung 313
Quadratische Matrix 250
quadratische Ungleichung 45
Qualitative Daten 325, 336
Quantil 326, 328, 348
Quantor 35
Quotientenkriterium 156
Quotientenregel 108

R

Radikant 39
Rang 260, 266
Raten-und-Prüfen-Methode 187
Rationale Funktion 73
Rationale Zahl 36
Realteil 310
Rechteck 167

linkes, Regel 170
Rechtecksumme 168
  linke 170
Rechtsschief 342
Reelle Zahl 36
Regel von l'Hospital 88, 140, 147, 163
Regel von Sarrus 272
Reihe 148
  alternierende 158
  Divergenz 151
  geometrische 151
  geometrische, Regel 151
  harmonische 152
  Konvergenz 145, 150, 151
  konvergierende 149
  Teleskop- 153
Reihenfolge
  mit oder ohne Berücksichtigung der 371
Relative Häufigkeit 406
Richtungsvektor 228
Riemannsumme 175
Rückwärtsrechnung 449

S

Sandwich-Kriterium 146
Sandwich-Methode 88
Sarrus
  Regel von 272
Sattelpunkt 119, 121
Sättigungsgrad 164
Satz von Bayes 398
  Formel 399
  Krankheitsdiagnostik 401
Schachbrettmuster 273
Schätzen-und-Prüfen-Methode 187
Scheitelpunkt 119
Schwingung 319
Sekans 78
Sekante 100
Serien beim Würfeln 458
Sinus 77
  Integral 198
Skalare Größe 214
Skalarmultiplikation 218, 220
Skalarprodukt 220
Spat 280
Spezielle Lösung 244

Spiegelachse 303
Spiegelung 298, 301
Spiegelungsmatrix 302, 303
Spur einer Matrix 306
Stammfunktion 167, 174, 175, 186
  Umkehrregeln 186
Stammfunktion 186
Standardabweichung 327, 344
  berechnen 344
  Bezeichnung 344
  Binomialverteilung 428
  diskrete Gleichverteilung 423
  diskrete Zufallsvariable 418
  Eigenschaften 347
  Exponentialverteilung 452
  Formel 327, 344
  geometrische Verteilung 434
  hypergeometrische Verteilung 438
  interpretieren 345
  stetige Gleichverteilung 441
Standardfehler 330
Standardnormalverteilung 329, 443
Standardnormalverteilungstabelle 442
Standardwert
  Formel 329
Startkapital 63
Statistische Größe 335
Steigung 95, 136
  einer 97, 98
  fallende 132
  Gerade 97
  maximale 133
  negative 117
  positive 117
Stetige Gleichverteilung
  Eigenschaft 440
  Erwartungswert 441
  Standardabweichung 441
  Varianz 441
  Verteilungsfunktion 441
Stetige Verteilung 440
Stetige Zufallsvariable 404, 419, 439
Stetigkeit
  Definition 85

Grenzwert 83
Stichprobe 324, 344
  ohne Zurücklegen ziehen 435
Stichprobenraum visualisieren 386
Streudiagramm 352
  Interpretation 352
Stufe-1-Wahrscheinlichkeit 390
Stufe-2-Wahrscheinlichkeit 390
Stützvektor 228
Subpopulation
  markierte 435
  nichtmarkierte 435
Substitutionsmethode 188, 189, 190
  Flächenbestimmung 190
Summationsindex 172
Summe
  linke 168
  partielle 148
Summenregel 106
Summenzeichen 37
Surjektiv 68
Symbol 95
Symmetrische Matrix 297

T

Tageszins 64
Tageszinssatz 64
Tangens 77
Tangente 100, 101, 104
Taylorpolynom 137
Teilmenge 52
Teleskop-Reihe 153
Totale Wahrscheinlichkeit 357, 359
Transponierte Matrix 254
Trigonometrische Funktion 77

U

Überbestimmt 245
Umkehrfunktion 76, 113
Unabhängige Ereignisse 364, 368
Unabhängigkeit 460
Unbekannte 243

Stichwortverzeichnis

und (Operator) 359
Ungeordnetes Paar 55
Ungleichung 40, 43
    Betrag 46
    echte 45
    quadratische 45
Unstetigkeitsstelle 84, 104
Unterbestimmt 245
Untervektorraum 222
Urne 370
Ursache-Wirkungs-Beziehung 353

V

V(X) 417
Variable 33, 243
Varianz 415
    Binomialverteilung 427
    diskrete Gleichverteilung 423
    diskrete Zufallsvariable 417
    Exponentialverteilung 452
    geometrische Verteilung 434
    hypergeometrische Verteilung 438
    Poissonverteilung 431
    stetige Gleichverteilung 441
    stetige Zufallsvariable 419
Variation 371
    berechnen 343
Vektor 213
    Betrag eines 219, 304
    Länge eines 220
    linear unabhängig 223
    normierter 304
Vektoraddition 218
Vektor
    innerhalb eines Dreiecks 242
    Stauchung und Streckung von 217
    Summe von 216
    Winkel zwischen 221
Vektorielle Größe 214
Vektorraum 217, 292
    Basis 269
    der Polynome 226
    Dimension eines 225
    reeller 218

Vektorraumaxiom 218
Venn-Diagramm 57, 378
    Grenze 381
Vereinigung 53, 380
    Additionsregel 364
Vergleich, direkter 153
Verteilung siehe Wahrscheinlichkeitsverteilung
    Binomialverteilung 423
    diskrete Gleichverteilung 421
    Exponentialverteilung 450
    Hypergeometrische 435
    linksschief 342
    Normalverteilung 33, 49, 67, 95, 117, 145, 167, 193, 213, 243, 271, 309, 323, 335, 357, 377, 403, 421, 441, 457, 461
    Poissonverteilung 428
    rechtsschief 342
    stetige Gleichverteilung 440
Verteilungsfunktion 409, 410, 411
    Binomialverteilung 426
    diskrete Gleichverteilung 422
    geometrische Verteilung 434
    Hypergeometrische Verteilung 437
    Poissonverteilung 431
    und Wahrscheinlichkeitsfunktion 413
    Wahrscheinlichkeit ermitteln 412
Verteilungsfunktion 410
Vollerhebung 326
Vollkreis 307
Vollständige Induktion 58
Volumen 279
Vorschrift 67
Vorzeichengraph 123, 129

W

Wachstum
    exponentielles 74
Wahr 33
Wahrscheinlichkeit

abhängige Ereignisse 388
a-posteriori 398
Art 357
Baumdiagramm 384
bedingte 357, 360, 459
einer Vereinigung 359
eines Durchschnitts 359
Exponentialverteilung 452
Fehler 457
fehlinterpretieren 457
komplementäre 360
mit der Verteilungsfunktion ermitteln 412
Normalverteilung 444
Notation 358
Stufe-1 390
Stufe-2 390
totale 357, 359
unabhängige Ereignisse 388
von Intervallen 412
Wahrscheinlichkeitsfunktion 405
    Binomialverteilung 424
    diskrete Gleichverteilung 421
    geometrische Verteilung 434
    Hypergeometrische Verteilung 436
    Poissonverteilung 429
    und Verteilungsfunktion 413
Wahrscheinlichkeitsmodell 403, 459
    sprachlich erkennen 370
Wahrscheinlichkeitsregel 361
    Additionsregel 364
    Komplementärregel 362
    Multiplikationsregel 363
Wahrscheinlichkeitsverteilung 405, 406
    diskrete 421
    stetige 439
Warteschlangentheorie 453
Wendepunkt 104, 118, 129, 133
    hinreichende Bedingung 121
    horizontaler 120
Wert, kritischer 121

Wiederholung, mit oder ohne 371
Windschief 233
Winkel 77, 221
Winkelhalbierende 71
Wurzel 39
   Regeln 39
Wurzelkriterium 157

X

x-Einheit 443

Z

Zahl
   ganze 36
   gemischte 39
   imaginäre 309
   komplexe 37, 309
   natürliche 36, 59
   rationale 36
   reelle 36, 52, 310
Zahlbereich 36, 52
Zählregel 370
Zeilenstufenform 258
z-Einheit 443
Zeitspanne
   mit der geometrischen Verteilung berechnen 435
Zentraler Grenzwertsatz 330
z-Formel 447
   nach X auflösen 450

ZGS *siehe* Zentraler Grenzwertsatz
Zins 63
Zinseszinsrechung 64
Zinsrechnung 63
Zinssatz 63
z-Tabelle 442, 447
Zufallsstichprobe 325
Zufallsvariable 403, 406
   diskrete 404
   stetige 404, 419, 439
Zugkraft 250
z-Verteilung 329, 443
Zweipunktegleichung 229
z-Wert 329
Zwischenwertsatz 134

D(U+M)+(M-I^E)/S = MATHE SCHNELL, LEICHT UND MIT VIEL SPASS GELERNT

Algebra für Dummies
ISBN 978-3-527-70267-1

Analysis für Dummies
ISBN 978-3-527-70336-4

Fortgeschrittene Statistik für Dummies
ISBN 978-3-527-70413-2

Geometrie für Dummies
ISBN 978-3-527-70298-5

Lineare Algebra für Dummies
ISBN 978-3-527-70316-6

Statistik für Dummies
ISBN 978-3-527-70108-7

Trigonometrie für Dummies
ISBN 978-3-527-70297-8

Übungsbuch Statistik für Dummies
ISBN 978-3-527-70390-6

Wahrscheinlichkeitsrechnung
für Dummies
ISBN 978-3-527-70304-3

Wirtschaftsmathematik für Dummies
ISBN 978-3-527-70375-3

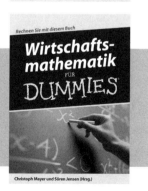

Die Chemie muss immer stimmen

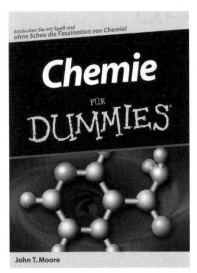

ISBN 978-3-527-70473-6
2. Auflage

Dieses etwas andere Chemiebuch zeigt, dass Chemie nicht nur aus Formeln, sondern vor allem aus unzähligen interessanten Stoffen, Versuchen und Reaktionen besteht.

John T. Moore macht kaum vorstellbare Begriffe wie Atom, Molekül oder Base begreiflich und erklärt, wie man mit dem Periodensystem umgeht. Außerdem gibt es viel wissenswertes über chemische Phänomene im Alltag.

ISBN 978-3-527-70292-3

»Organische Chemie für Dummies« führt zu den spannendsten und wichtigsten Bereichen, den Basen, den Säuren, den Alkanen und Alkenen und vielem mehr. Trotz des komplizierten Themas gelingt es Arthur Winter, den Bogen zwischen Wissensvermittlung und Freude am Lesen zu schlagen. Das Buch ist so die ideale Einführung in die Organische Chemie.

DER SCHNELLE EINSTIEG IN DIE NATURWISSENSCHAFTEN

Anatomie und Physiologie für Dummies
ISBN 978-3-527-70284-8

Astronomie für Dummies
ISBN 978-3-527-70370-8

Biologie für Dummies
ISBN 978-3-527-70386-9

Chemie für Dummies
ISBN 978-3-527-70144-5

Genetik für Dummies
ISBN 978-3-527-70272-5

Logik für Dummies
ISBN 978-3-527-70382-1

Nanotechnologie für Dummies
ISBN 978-3-527-70299-2

Organische Chemie für Dummies
ISBN 978-3-527-70292-3

Physik für Dummies
ISBN 978-3-527-70396-8

FÜR EINEN ERFOLGREICHEN BERUFSEINSTIEG

Börse für Dummies
ISBN 978-3-527-70367-8

Businessplan für Dummies
ISBN 978-3-527-70178-0

Erfolgreich bewerben für Dummies
ISBN 978-3-527-70325-8

Existenzgründung für Dummies
ISBN 978-3-527-70341-8

Neue deutsche Rechtschreibung
für Dummies
ISBN 978-3-527-70351-7

Überzeugende Antworten im
Bewerbungsgespräch für Dummies
ISBN 978-3-527-70422-4

MIT WEG ZUM ERFOLG IM BUSINESS

Businessplan für Dummies
ISBN 978-3-527-70178-0

Controlling für Dummies
ISBN 978-3-527-70153-7

Erfolgreiches Stressmanagement
für Dummies
ISBN 978-3-527-70362-3

Management für Dummies
ISBN 978-3-527-70240-4

Projektmanagement für Dummies
ISBN 978-3-527-70345-6

Prozessmanagement für Dummies
ISBN 978-3-527-70371-5

Strategische Planung für Dummies
ISBN 978-3-527-70365-4

Zeitmanagement für Dummies
ISBN 978-3-527-70363-0

Statistik – Kein Buch mit sieben Siegeln!

ISBN 978-3-527-70108-7

Statistik kann auch Spaß machen! Dieses Buch vermittelt das notwendige Handwerkszeug, um einen Blick hinter die Kulissen der so beliebten Manipulation von Zahlenmaterial werfen zu können: von der Stichprobe, Wahrscheinlichkeit und Korrelation bis zu den verschiedenen grafischen Darstellungsmöglichkeiten.

ISBN 978-3-527-70413-2

Statistik ist nicht jedermanns Sache, fortgeschrittene Statistik erst recht nicht. In diesem Buch erklärt die Autorin verständlich, wann und wie Varianzanalyse, Chi-Quadrat-Test, Regressionen und Co. eingesetzt werden. Denn die nächste Prüfung kommt bestimmt!

ISBN 978-3-527-70390-6

Übung macht den Meister. Ob bei der Vorbereitung auf eine Prüfung oder einfach aus Spaß an der Freude: Wer Statistik richtig verstehen und anwenden möchte, sollte üben, üben, üben. Dieses Buch bietet Hunderte von Übungen zur Festigung des Lernstoffs, natürlich mit Lösungen und Ansätzen zum Finden des Lösungswegs.

ISBN 978-3-527-70269-5

SPSS ist das am häufigsten eingesetzte Softwaretool zur statistischen Datenanalyse. Ansprechend geschrieben, führt dieses Buch in die unzähligen Möglichkeiten des Programms ein. Damit werden ungeordnete Datenmengen zu wichtigen Informationsquellen und zur Basis fundierter Entscheidungen.